U0261939

人工智能
（第3版）

史蒂芬·卢奇(Stephen Lucci)

（美）　萨尔汗·M.穆萨 (Sarhan M. Musa)　著　　　　王斌 王鹏鸣 王书鑫 译

丹尼·科佩克 (Danny Kopec)

人民邮电出版社

北京

图书在版编目（CIP）数据

人工智能 : 第3版 / （美）史蒂芬·卢奇
(Stephen Lucci)，（美）萨尔汗·M.穆萨
(Sarhan M. Musa)，（美）丹尼·科佩克 (Danny Kopec)
著；王斌，王鹏鸣，王书鑫译. -- 北京 : 人民邮电出
版社，2023.11
国外著名高等院校信息科学与技术优秀教材
ISBN 978-7-115-62343-0

Ⅰ．①人… Ⅱ．①史… ②萨… ③丹… ④王… ⑤王
… ⑥王… Ⅲ．①人工智能－高等学校－教材 Ⅳ.
①TP18

中国国家版本馆CIP数据核字(2023)第136636号

版 权 声 明

- ◆ 著　　　[美] 史蒂芬·卢奇（Stephen Lucci）

　　　　　　[美] 萨尔汗·M.穆萨（Sarhan M. Musa）

　　　　　　[美] 丹尼·科佩克（Danny Kopec）

　　译　　　王　斌　王鹏鸣　王书鑫

　　责任编辑　李　瑾

　　责任印制　王　郁　焦志炜

- ◆ 人民邮电出版社出版发行　　北京市丰台区成寿寺路 11 号

　　邮编　100164　　电子邮件　315@ptpress.com.cn

　　网址　https://www.ptpress.com.cn

　　固安县铭成印刷有限公司印刷

- ◆ 开本：787×1092　1/16

　　印张：37　　　　　　　　　2023 年 11 月第 1 版

　　字数：941 千字　　　　　　2025 年 1 月河北第 6 次印刷

　　著作权合同登记号　图字：01-2018-7741 号

定价：119.80 元

读者服务热线：(010)81055410　印装质量热线：(010)81055316
反盗版热线：(010)81055315
广告经营许可证：京东市监广登字 20170147 号

内 容 提 要

　　作为计算机科学的一个分支，人工智能主要研究、开发用于模拟、延伸和扩展人类智能的理论、方法、技术及应用系统，涉及机器人、语音识别、图像识别、自然语言处理和专家系统等方向。

　　本书包括引言、基础知识、基于知识的系统、人工智能高级专题、人工智能的现在和未来以及安全与编程六部分内容。第一部分从人工智能的定义讲起，对人工智能的早期历史、思维和智能的内涵、图灵测试、启发式方法、新千年人工智能的发展进行了简要论述。第二部分详细讲述了人工智能中的盲目搜索、知情搜索、博弈中的搜索、人工智能中的逻辑、知识表示和产生式系统等基础知识。第三部分介绍并探究了人工智能领域的成功案例，如DENDRAL、MYCIN、EMYCIN 等经典的专家系统，振动故障诊断、自动牙科识别等新的专家系统，也介绍了机器学习、深度学习以及受到自然启发的搜索算法等。第四部分介绍了自然语言处理和自动规划等高级专题。第五部分对人工智能的历史和现状进行了梳理，回顾了几十年来人工智能所取得的诸多成就，并对其未来进行了展望。第六部分主要介绍人工智能的安全以及编程问题。

　　本书系统、全面地讲解了人工智能的相关知识，既简明扼要地介绍了这一学科的基础知识，也对自然语言处理、自动规划、神经网络等内容进行了拓展，更辅以实例，可以帮助读者扎扎实实打好基础。本书内容易读易学，适合人工智能相关领域和对该领域感兴趣的读者阅读，也适合高校计算机专业的教师和学生参考。

献　词

献给我的父母路易斯和康尼·卢奇，他们一直鼓励我接受教育。

——史蒂芬·卢奇（Stephen Lucci）

献给我的父母穆罕默德·穆萨和法特梅·侯赛因，他们永远在我心中。

——萨尔汗·M.穆萨（Sarhan M.Musa）

译 者 序

近年来人工智能的发展可谓日新月异：2016年3月，谷歌的AlphaGo战胜围棋世界冠军李世石，从此深度学习的威力深入人心。2022年11月，OpenAI的ChatGPT横空出世，掀起了一场大模型革命，也让大家看到了通用人工智能的曙光。随着技术的快速发展，人工智能已经深刻地改变着我们的工作和生活，人们理解和掌握人工智能的需求越来越高。人工智能已经不再只是一门专业学科，而是成为了一门基础学科。

然而，对于初学者而言，人工智能的概念、流派、技术纷繁复杂，理解和掌握人工智能是一件极具挑战性的事情，需要一本基础教材来帮忙。本书就是一本非常经典的人工智能教材，由三位资深的人工智能学者共同编写。本书从第1版到第3版历时10余年，经历了时间的考验和反复的修改，也受到读者的广泛欢迎。

本书的特点之一是它的全面性。它涵盖了人工智能的各个方面，包括人工智能的历史、思维和智能之辩、图灵测试、搜索、博弈、知识表示、产生式系统、专家系统、机器学习、深度学习、自然语言处理、自动规划、遗传算法、模糊控制、安全等。此外，它还介绍了一些新技术和应用，如机器人、高级计算机博弈等。

本书的另一个特点是它的实用性。本书不仅是一本理论教材，还包含了大量习题和案例，帮助读者将理论知识应用到实际问题之中。这些案例涵盖了各种各样的应用场景，如计算机博弈游戏、医疗诊断等。

本书还具有很好的可读性和趣味性。书中介绍了很多与人工智能相关的杰出人物，介绍了他们的经历和对人工智能领域的贡献，这些材料很难在其他教材中见到，但是对于了解人工智能是非常有益的补充。本书使用了简单明了的语言和图表，可以使读者轻松地理解复杂的概念和算法。此外，本书还提供了大量的教辅材料、参考文献和扩展阅读材料，一方面可以帮助授课教师教学，另一方面还可以帮助读者深入了解人工智能领域的新进展。

总之，如果你想了解人工智能的基本概念和技术，那么这本经典教材值得推荐。它不仅适合于大学人工智能课程的教学，也适合于自学者和业界从业者学习参考。无论你是初学者还是专业人士，本书都值得一读。

本书第3版中文版由三位人工智能从业者共同翻译而成。王斌博士翻译了第1~7章、第19章，王书鑫博士翻译了第8~12章，王鹏鸣博士翻译了第13~18章，最后由王斌博士统稿。第3版的翻译大量借鉴了第2版中文版的内容，感谢第2版译者林赐提供的良好基础。

在翻译本书第3版的过程中，译者也就原文中的疑问及问题和原作者进行了沟通，澄清了对原文的一些理解并体现在译文中，同时也修正了部分原文中的错误。特别是原书第19章的程序代码中存在部分错误，译者进行了订正并在编程环境中一一调通。

感谢人民邮电出版社信息技术出版分社社长陈冀康、责任编辑李瑾在整个翻译过程中的支持和帮助。感谢我的同事Daniel Povey博士、我的同学刘俊东教授对部分疑难翻译的支持。为了准确翻译一张图，我们讨论交互了十余次，对于我的骚扰，他们不厌其烦。感谢崔宝秋、屈恒、许多、王扉、王旭、王刚等同事对我翻译本书的鼓励。我们三位译者都特别感谢我们的家人一直以来的理解和支持。

在翻译本书的过程中，ChatGPT 横空出世，我也尝试用 ChatGPT 对几十句原文进行翻译，在没有精心对提示语（prompt）进行调优的情况下，总体结果超过预期。虽然说目前在专业领域 ChatGPT 的翻译还没有超过高水平的人类专家级选手，但是基于大模型的人机结合的翻译势必成为这一行业的未来，翻译的效率和效果会大幅度提高和改善。

需要指出的是，本书是一本基础教材，涵盖的知识面非常广，可以让读者快速入门。但是，人工智能的发展日新月异，读者要想深入了解更多更新的人工智能进展，还需要结合其他的一些图书进行补充阅读。比如，如果读者想要深入了解深度学习的进展，可以参考近年来出版的有关深度学习的图书；读者要深入了解大模型的进展，可以参考新近出版的有关大模型的图书。

虽然我从事人工智能这一行业已经 20 余年，翻译的相关图书也不下 10 本，但是每次翻译时我仍然充满敬畏之心。虽然我们三位译者非常努力，但是限于能力，现有译稿肯定多有不足，希望读者不吝指正。读者可以在异步社区提交勘误信息，也可以直接将反馈信息发送到邮箱 wbxjj2008@gmail.com，同以前一样，对本书的翻译质量我们会负责到底。

在写这篇译者序时，我已经从学术界投身到工业界 5 年。这 5 年，我不仅有幸经历了 AI 技术的巨大进步，更令我激动的是，我几乎每天都能见到可以应用 AI 技术的诸多场景。不论是提升产品体验，还是提高业务运营效率，都有大量有趣的事情可以做。将 AI 技术和场景有机结合，可能的空间以前真是无法想象。拥抱 AI，改变未来。希望更多的人能加入这个行列！

王　斌

2023 年 10 月 7 日于北京小米科技园

第 3 版　前言

观点和需求

我们的观点是，人工智能是由人（people）、想法（idea）、方法（method）、机器（machine）和结果（outcome）等对象组成的。首先，组成人工智能的是人。人有想法，并把这些想法变成了方法。这些想法可以用算法、启发式方法、程序或作为计算骨干的系统来表达。最后，我们得到了这些机器（程序）的产物，我们称之为"结果"。每个结果都可以根据其价值、效果、效率等进行衡量。

我们发现，现有的人工智能图书往往漏掉了上述对象中的一个或多个。没有人，就没有人工智能。因此，我们决定通过在本书中添加"人物轶事"专栏，介绍对人工智能的发展做出贡献的人。从人到想法再到方法，这些内容贯穿于本书的全部章节。与数学、物理、化学和生物学等其他科学相比，人工智能和计算机科学相对年轻。但是，人工智能是一门真正跨领域的学科，它结合了其他领域的许多元素。

机器/计算机是人工智能研究人员的工具，它们允许研究人员进行实验、学习和改进求解问题的方法，这些方法可以应用于可能对人类有益的许多有趣的领域。很重要的一点是，由于将人工智能应用到各种各样的问题和学科，我们也得到了可测量的结果，这提醒我们人工智能也必须是可计算的。在本书的许多地方，你会发现关于"表现"（performance）和"能力"（competence）之间区别的讨论。随着人工智能的成熟和进步，这两者都是必需的。

此外，学生需要亲自实践，求解问题，也就是说，学生需要用第 2～4 章中详细介绍的搜索技术基础知识、第 5 章中的逻辑方法以及第 6 章中知识表示在人工智能中的作用等内容，动手求解问题。第 7 章为学习模糊逻辑（第 8 章）和专家系统（第 9 章）做了铺垫。

第 10～12 章详细介绍了神经网络、深度学习和遗传算法等先进方法。第 13～16 章分别介绍了自然语言处理、规划、机器人和高级计算机博弈等主题。第 17 章是大事记，总结了我们一起学习人工智能的历程，并对未来进行了展望。第 18 章介绍了人工智能在网络安全领域的应用和前景，而第 19 章则介绍了三种常见的人工智能编程语言：Prolog、Python 和 MATLAB。

教师资源

本书提供了丰富的教师资源，包括教学 PPT、教学指导和教学大纲、练习题解决方案、参考试题等。

此外，本书配套资源还提供了书中的全部图片、示例源代码及与 AI 相关的其他材料。

共同愿景

　　本书的编写并非一蹴而就。我们对材料编写和开发的方法纵然有所不同，但在许多方面仍是互补的。

　　我们相信，这本综合性的教材可以为任何对人工智能感兴趣的人员提供坚实的基础，并使他们能够有充分的机会，来积累这个领域的知识、经验和方法。很幸运的是，作者和出版商 Mercury Learning and Information 的总裁兼创始人 David Pallai 对本书有着共同的目标和愿景。大家一致同意编写本书的基本原则，那就是本书应该做到：理论和应用相平衡，内容准确，方便教学，定价合理。

　　我们希望您能从我们的努力中受益。

纽约市立大学
史蒂芬·卢奇

普雷里维尤农工大学
萨尔汗·M.穆萨

纽约市立大学 布鲁克林学院
丹尼·科佩克（已故）

第 3 版　致谢

编写这样一本书不仅仅是一份工作，在某种意义上足以代表人工智能本身，它就像是用诸多小块拼凑出一幅复杂而巨大的拼图。

2010 年春夏，Debra Luca 女士为我们准备和完成手稿提供了许多帮助。2011 年，Sharon Vanek 女士帮助我们获得了图片的使用权。2011 年夏，布鲁克林学院计算机科学系的研究生 Shawn Hall 和 Sajida Noreen 也为我们提供了帮助。

在许多关键时刻，David Kopec 成功、高效地为我们解决了软件问题。

感谢以各种方式为本书的编写做出贡献的学生，他们是（按我们感知的贡献大小排序）：Dennis Kozobov、Daniil Agashiyev、Julio Heredia、Olesya Yefimzhanova、Oleg Yefimzhanov、Pjotr Vasilyev、Paul Wong、Georgina Oniha、Marc King、Uladzimir Aksionchykau 和 Maxim Titley。

感谢布鲁克林学院计算机科学系的行政人员 Camille Martin、Natasha Dutton、Audrey Williams、Lividea Jones 以及计算机系统管理员 Lawrence Goetz 先生为我们提供了帮助。

非常感谢 Graciela Elizalde-Utnick 教授允许我们继续在教学中心工作。感谢信息技术副总裁 Mark Gold 为我们提供了计算机设备。

此外，还要感谢与我们合作的所有人工智能研究人员，让我们有权在本书中使用他们的图片。如在致谢中有所遗漏，敬请谅解，谢谢大家的帮助！

丹尼·科佩克要感谢他的妻子 Sylvia 和儿子 David 对这个很大的写作项目的支持和理解。"感谢达特茅斯学院的 Larry Harris 教授，是他于 1973 年将人工智能（AI）作为计算机科学学科介绍给了我。我因此而遇见了 Donald Michie 教授，他让作为博士生和研究员的我度过了令人难忘的 6 年岁月（1976—1982），并教会我许多生活经验。"

"感谢密歇根大学电气工程与计算机科学系的 Dragomir Radev 教授，他就第 13 章应包含的主题提出了建议。"

"同时感谢以下人员的协助：编写了第 13 章中几小节的 Harun Iftikhar；编写和编辑了第 14 章的圣约翰大学的 Christina Schweikert 博士；编写了 3.7.3 节的布鲁克林学院的 Erdal Kose；提供第 6 章关于 Baecker 的工作（见 6.11.3 节）中材料的 Edgar Troudt。"

"感谢布鲁克林学院为本书的编写提供了极大支持的其他同事，包括 Keith Harrow 教授、James Cox、Neng-Fa Zhou、Gavriel Yarmish、Noson Yanofsky、David Arnow、Ronald Eckhardt 和 Myra Kogen。布鲁克林学院图书馆的 Jill Cirasella 教授在我们编写和研究计算机博弈历史的过程中提供了帮助。"

丹尼·科佩克还要感谢以下给予他帮助的人："感谢布鲁克林学院计算机科学系原主任 Aaron Tenenbaum 多年来为我提供工作机会，鼓励我编写本书，并给出了一些重要的建议。感谢布鲁克林学院计算机科学系主任 Yedidyah Langsam 教授为我提供了教学和工作条件，使本书得以完成。感谢 James Davis 教授和 Paula Whitlock 教授，是他们鼓励我在 2008—2010 年担任布鲁克林学院教学中心主任，从而有助于本书的完成。"

史蒂芬·卢奇要感谢纽约市立大学以及该校的研究生院和大学中心，因为他在那里获得了优秀的教育经历:"许多年前,我的学术导师 Michael Anshel 教授在指导我的论文研究中非常耐心。他教会了我'从盒子外部进行思考',即在计算机科学中,看似无关的话题之间往往存在着关系。Gideon Lidor 教授也是我的导师,在我早期的职业生涯中,他教会了我在课堂上表现卓越的价值所在。Valentin Turchin 教授始终尊重我的能力。我将 George Ross 教授视为我的行政导师。在我获得博士学位之前,他帮助我在学术界找到了一份教师的工作。在他的坚持下,我在纽约市立大学计算机科学系担任副主任多年,这份工作经验让我在后来的 6 年中担任了系主任。在我的职业发展中,他总是尽力支持我。我也要感谢 Izidor Gertner 教授,他非常欣赏我的写作水平。我还要感谢 Gordon Bassen 博士和 Dipak Basu 博士,从博士生时代起我们就一直是亲密的朋友和同事。我也要衷心地感谢班上的许多学生,在过去几年里是他们给了我启发。"

"编写教科书非常富有挑战性。一路走来,许多人都提供了让我感激万分的协助。谢谢他们!"

"在工作的早期,Tayfun Pay 贡献了技术专长。他绘制了第 2 章中的国际象棋棋盘以及第 2 章和第 4 章中的许多搜索树,第 5 章中三位智者的图片的选用也得益于他的艺术眼光。"

"Jordan Tadeusz 为本书后面一些章节的编写倾注了大量的心血。他负责了第 10 章和第 11 章的许多图片。第 10 章中的向量方程也来自他奇迹般的工作。"

"Junjie Yao、Rajesh Kamalanathan 和 Young Joo Lee 帮助我们尽早完成了任务。Nadine Bennett 对第 4 章和第 5 章中的内容进行了最后的润色。Ashwini Harikrishnan(Ashu)在本书的后期给予了技术协助。Ashu 还在编辑过程中'优化'了一些图片。以下学生也为本书贡献了他们的时间和才华:Anuthida Intamon、Shilpi Pandey、Moni Aryal、Ning Xu 和 Ahmet Yuksel。最后,我要感谢我的姐妹 Rosemary。"

在本书第 2 版中,我们感谢 Daniil Agashiyev 对第 13 章和第 14 章中隐喻和 SCIBox 小节的贡献。感谢 Sona Brambhatt 允许我们使用她硕士论文的语音理解部分,这部分由 Mimi-Lin Gao 进行了修订和精简。她还为机器人应用(ASIMO)和 Lovelace 项目贡献了部分内容。Peter Tan 帮助编写了有关机器人应用的小节,包括 Big Dog、Cog 和 Google Car 等内容。他还获得了许多出现在新版本中的图像的使用权。Oleg Tosic 准备了有关 CISCO 语音系统的应用之窗。Chris Pileggi 间接提供了一些新的练习题。

在本书第 3 版中,萨尔汗·M.穆萨(Sarhan M.Musa)要感谢很多人:"向我的家庭、我的妻子 Lama 以及我的孩子 Mahmoud、Ibrahim 和 Khalid 表达最深切的感谢,感谢他们一直以来对我的支持、爱和耐心。"

此外,我们非常高兴 Mercury Learning 公司的创始人兼总裁 David Pallai 先生鼓励和支持我们努力完成这本教材的又一次修订。我们还很幸运被许多教师和学生包围,他们帮助我们发现了本书第 2 版中的错误并编写了新内容。

如何使用本书

本书内容繁多，如果时间有限，第六部分"安全和编程"可以以学生阅读的方式进行，教师不再讲授。其余内容，建议按照如下学时来讲述（不含第六部分，共计 51 学时，本科生课程可适当缩减，或者本科生课程和研究生课程在课程讲授深度和习题难度上做区分）。

第一部分　引言，介绍人工智能的基本概念和历史。建议 **3 学时**。

第 1 章人工智能概述，介绍人工智能的定义、处理的问题领域和发展历史。建议 3 学时。

第二部分　基础知识，介绍人工智能的基础技术，包括搜索、逻辑、知识表示和产生式系统，建议 **18 学时**。

第 2 章盲目搜索，介绍人工智能中的盲目搜索算法，包括深度优先和广度优先等算法。建议 2 学时。

第 3 章知情搜索，介绍人工智能中的知情搜索算法，包括爬山法、分支定界、约束满足、与或树等。建议 4 学时。

第 4 章博弈中的搜索，介绍计算机博弈游戏中的搜索方法，包括博弈树、极小化极大评估、α-β剪枝、机会博弈等。建议 4 学时。

第 5 章人工智能中的逻辑，介绍人工智能中的逻辑系统，包括命题逻辑、谓词逻辑和其他形式的逻辑等。建议 2 学时。

第 6 章知识表示，介绍人工智能中的知识表示方法，包含图、产生式系统、框架、脚本、语义网络、关联及概念图，并介绍智能体的概念。建议 4 学时。

第 7 章产生式系统，介绍人工智能中的产生式系统及冲突消解、前向链接、后向链接等推理方法。建议 2 学时。

第三部分　基于知识的系统，介绍基于知识的人工智能系统，包括知识的不确定性表示和推理、专家系统与知识工程、传统的机器学习和深度学习方法，以及受大自然界启发的搜索方法。建议 **15 学时**。

第 8 章人工智能中的不确定性，介绍人工智能的不确定性知识的表示和推理，包括模糊逻辑、模糊推理和概率论等。建议 2 学时。

第 9 章专家系统，介绍专家系统及历史上多个著名的专家系统案例。建议 4 学时。

第 10 章机器学习第一部分：神经网络，介绍机器学习的基本概念、决策树及其不同变种、神经网络的基本概念和训练方法等。建议 4 学时。

第 11 章机器学习第二部分：深度学习，介绍基本的深度学习模型，包括卷积神经网络、循环神经网络、递归神经网络、长短期记忆网络等。建议 4 学时。

第 12 章受大自然启发的搜索，介绍一些受大自然启发的搜索算法，包括模拟退火、遗传算法及规划、禁忌搜索等。建议 1 学时。

第四部分　高级专题，介绍人工智能的一些高级专题，包括自然语言理解、自动规划等。建议 **9 学时**。

第 13 章自然语言理解，介绍自然语言处理（NLP），包括 NLP 的历史及流派、句法分析、统计方法、数据集合、信息提取、问答和语音理解等。建议 6 学时。

第 14 章自动规划，介绍自动规划，包括规划的基本概念、方法及一些有代表性的规划系统。建议 3 学时。

第五部分　现在和未来，介绍人工智能现在和未来发展的一些方向和技术，包括机器人、高级计算机博弈等。建议 **6 学时**。

第 15 章机器人技术，介绍机器人技术的历史、技术及应用。建议 1 学时。

第 16 章高级计算机博弈，介绍一些更高级的计算机博弈技术，包括跳棋、国际象棋和其他一些博弈游戏。建议 4 学时。

第 17 章 AI 大事记，对本书内容进行回顾和总结，介绍 IBM 沃森智能问答系统，并对未来的人工智能进行展望。建议 1 学时。

第六部分　安全和编程（选读），主要介绍网络安全问题和人工智能编程工具。建议 3 学时。

第 18 章网络安全中的人工智能，介绍网络安全的基本概念，包括不同协议、安全策略、入侵检测、可信系统等。建议 1 学时。

第 19 章人工智能编程工具，介绍三种用于人工智能的编程语言，包括 Prolog、Python 和 MATLAB。建议 2 学时。

资源与支持

资源获取

本书提供如下资源：
- 本书附录；
- 教学指导及教学大纲；
- 教学PPT；
- 练习题解决方案；
- 参考试题；
- 示例源代码；
- 本书图片；
- 本书思维导图；
- 异步社区7天VIP会员。

要获得以上资源，您可以扫描下方二维码，根据指引领取。

提交勘误信息

作者、译者和编辑尽最大努力来确保书中内容的准确性，但难免会存在疏漏。欢迎您将发现的问题反馈给我们，帮助我们提升图书的质量。

当您发现错误时，请登录异步社区（https://www.epubit.com），按书名搜索，进入本书页面，单击"发表勘误"，输入勘误信息，单击"提交勘误"按钮即可（见下图）。本书的作者、译者和编辑会对您提交的勘误信息进行审核，确认并接受后，您将获赠异步社区的100积分。积分可用于在异步社区兑换优惠券、样书或奖品。

与我们联系

我们的联系邮箱是 contact@epubit.com.cn。

如果您对本书有任何疑问或建议，请您发邮件给我们，并请在邮件标题中注明本书书名，以便我们更高效地做出反馈。

如果您有兴趣出版图书、录制教学视频，或者参与图书翻译、技术审校等工作，可以发邮件给我们。

如果您所在的学校、培训机构或企业，想批量购买本书或异步社区出版的其他图书，也可以发邮件给我们。

如果您在网上发现有针对异步社区出品图书的各种形式的盗版行为，包括对图书全部或部分内容的非授权传播，请您将怀疑有侵权行为的链接发邮件给我们。您的这一举动是对作者权益的保护，也是我们持续为您提供有价值的内容的动力之源。

关于异步社区和异步图书

"异步社区"（www.epubit.com）是由人民邮电出版社创办的 IT 专业图书社区，于 2015 年 8 月上线运营，致力于优质内容的出版和分享，为读者提供高品质的学习内容，为作译者提供专业的出版服务，实现作者与读者在线交流互动，以及传统出版与数字出版的融合发展。

"异步图书"是异步社区策划出版的精品 IT 图书的品牌，依托于人民邮电出版社在计算机图书领域 30 余年的发展与积淀。异步图书面向 IT 行业以及各行业使用 IT 的用户。

目　　录

第三部分　基于知识的系统

第四部分　高级专题

第一部分 引　言

本部分只包含第 1 章，它为后续各章奠定了基础。第 1 章首先介绍了人工智能的历史及其背后的最初动机，这个动机源自 1956 年的达特茅斯会议（Dartmouth Conference）。

思维和智能的概念引发了人们对图灵测试的讨论，以及围绕着图灵测试的各种争论和批评，这为区分强人工智能（Strong AI）和弱人工智能（Weak AI）埋下了伏笔。本章介绍了人工智能的不同学科和方法，如搜索、神经计算、模糊逻辑、自动推理和知识表示等等。这种讨论逐渐过渡到对人工智能的历史的概述，并过渡到最近的发展领域、问题以及我们对所面临的问题的思考。

第 1 章　人工智能概述

　　早期的人类必须通过轮子、火之类的工具和武器与自然做斗争。15 世纪，约翰内斯·谷登堡[①]发明的印刷机使人们的生活发生了广泛的变化。19 世纪，工业革命利用自然资源开发能源，这促进了制造、交通和通信的发展。20 世纪，人类通过对天空以及太空的探索，通过计算机的发明及其微型化所诞生的个人计算机、互联网、万维网和智能手机，持续不断地取得进步。过去的 60 年已经见证了一个世界的诞生，这个世界拥有海量的必须转换为知识的数据、事实和信息（其中一个例子是包含在人类基因编码中的数据，如图 1.0 所示）。本章将介绍人工智能（Artificial Intelligence，AI）这门学科的基本概念，并阐述其成功应用的领域和方法、近期的历史和未来的前景。

艾伦·图灵（Alan Turing）

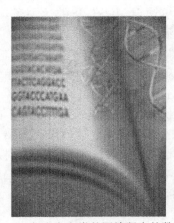

图 1.0　包含在人类基因编码中的数据

1.0　引言

　　对人工智能的理解因人而异。一些人认为，人工智能等同于任何由非生命系统实现的智能。他们坚持认为，即使这类智能行为的实现与人类智能的依赖机制不同也无关紧要。而另一些人则认为，人工智能系统必须能够模仿人类智能。当然，没有人会反对这样一个前提，即研究人工智能或实现人工智能系统，首先应理解人类如何获得智能行为，这对我们大有裨益。也就是说，我们必须从智力、科学、心理和技术意义上理解被视为智能的活动。例如，如果我们想要开发一个能够像人类一样行走的机器人，那么首先必须从上述每个角度来了解行走的过程。然而，人们并不通过不断陈述和遵循一套预先设定的用于解释行走的形式化规则来完成运动。事实上，人类专家越被要求解释他们为何在学科或事业中获得如此成就，他们就越可能失败。例如，当人们要求某些战斗机飞行员解释他们的飞行能力时，他们的表现实际上会变差[1]。专家的表现并

---

① 约翰内斯·谷登堡（Johannes Gutenberg，1397—1468），德国人，欧洲地区第一位发明活字印刷术的人，他的发明引发了一场媒介革命，并被广泛认为是现代史上最为重要的事件之一。——译者注

不来于不断地、有意识地分析,而是来自于大脑的潜意识层面。你能想象高峰时段在高速公路上开车时,你会有意识地权衡控制车辆的每个决策吗?

想象一下力学教授和独轮脚踏车手的故事[2]。当力学教授试图骑独轮车并将其成功驾驭独轮车归功于有人要求他应用的力学原理时,那么他注定要失败。同样,如果独轮脚踏车手试图学习这些力学知识,并在他展现车技时应用这些知识,那么他注定也要失败,也许还会发生悲剧性的事故。许多学科的技能和专业知识是在人类的潜意识中发展和存储的,而不是通过对记忆或第一性原理①的显式要求而变得可用。

1.0.1 人工智能的定义

人工智能中的"人工"一词是英文单词"artificial"的中文翻译结果。而在日常用语中,"artificial"一词的意思是合成的(即人造的),这通常具有负面含义,即"人造物体只是真实物体的次要形式"。然而,人造物体通常优于真实或自然物体。例如,人造花是用丝和线制成的类似花蕾或花簇的物体,不需要以阳光或水分作为养料,却可以为家庭或企业提供实用的装饰功能。虽然人造花给人的手感及香味可能不如天然的花朵,但它们看起来和真实的花朵如出一辙。

另一个例子是由蜡烛、煤油灯或电灯泡产生的人造光。显然,只有当太阳出现在天空时,阳光才会出现,但我们可以很容易地获得人造光。就这一点来讲,人造光优于自然光。

最后,考虑一下人工交通工具(如汽车、火车、飞机和自行车),它们与跑步、步行和其他自然形式的交通(如骑马)相比,在速度和耐久性方面有很多优势。当然,人工形式的交通也有一些显著的缺点——高速公路在地球上无处不在,整个大气环境中充满了汽车尾气,人们内心的宁静(以及睡眠)常常被飞机的轰鸣声打断等等[3]。

和人造光、人造花、交通工具一样,人工智能不是自然的,而是人造的。要确定人工智能的优缺点,就必须首先理解和定义智能。

1.0.2 思维与智能

智能(intelligence)的定义可能比人工的定义更加让人难以捉摸。R.斯腾伯格(R. Sternberg)在一篇有关人类意识的文章中给出了如下有用的定义:

智能是个体从经验中学习、正确推理、记忆重要信息,以及应对日常生活需求的认知能力[4]。

我们都很熟悉标准化测试(standardized test,也称标准化考试或标准化测验)的问题。比如,给定如下数列:1,3,6,10,15,21。要求给出下一个数字是什么。

有人也许会注意到,上述连续数字之间的差值的间隔均为1。例如,从1到3差值为2,从3到6差值为3,以此类推,可以得到问题的正确答案是28。这个问题的设计目的在于衡量你在模式识别中对显著性特征的熟练程度。我们可以通过从经验中学习来发现模式。

不妨用下面的数列来试试运气:

a. 1, 2, 2, 3, 3, 3, 4, 4, 4, 4, …

b. 2, 3, 3, 5, 5, 5, 7, 7, 7, 7, …

既然上面已经给出了智能的一个定义,那么接下来大家可能会有以下疑问:

(1)如何判定某个人或物是否有智能?

---

① 第一性原理(first principle),哲学与逻辑名词,它是一个最基本的命题或假设,不能被省略或删除,也不能被违反。第一性原理相当于数学中的公理,最早由亚里士多德提出。——译者注

（2）动物是否有智能？

（3）如果动物有智能，那么如何评估它们的智能？

大多数人可以很容易地回答第一个问题。我们可以通过与其他人交流（如发表意见或提出问题）来观察他们的反应，每天多次重复这一过程，以此评估他们的智能。虽然我们没有直接进入他们的大脑，但是相信通过问答这种间接的方式，就可以为我们提供内部大脑活动的准确评估。

当然，如果坚持使用问答的方式来评估智能，那么如何评估动物的智能呢？如果你养过宠物，那么你可能已经有了答案。小狗似乎记得隔了一两个月没见的人，并且可以在迷路后自行回家。小猫在晚餐时间听到开罐头的声音时常常表现得很兴奋。这只是简单的巴甫洛夫条件反射的问题，还是小猫有意识地将开罐头的声音与晚餐的快乐联系了起来？

关于动物智能，还有一则有趣的轶事：在 1900 年前后，德国柏林有一匹人称"聪明的汉斯"（Clever Hans）的马，据说这匹马精通数学（见图 1.1）。

当汉斯做加法或计算平方根时，观众们都惊呆了。后来，人们观察到，如果没有观众，汉斯的表现就不会那么出色。事实上，汉斯的天赋在于它能够识别人类的情绪，而非精通数学。马一般具有敏锐的听觉，当汉斯接近正确的答案时，观众们都变得相对兴奋，心跳加速。也许，汉斯有一种出奇的能力，它能够感受到观众的这些变化，从而获

图 1.1   "聪明的汉斯"（Clever Hans）——
一匹能做运算的马？

得正确的答案[5]。虽然大家可能不愿意把汉斯的这种行为归于智能，但在得出结论之前，应该参考一下 R.斯腾伯格早期对智能的定义。

有些生物只在群体中才表现出智能。例如，蚂蚁是一种简单的昆虫，它们的孤立行为很难归类到人工智能的主题中。但是，蚁群对复杂的问题展现出了非凡的解决能力，比如从蚁巢到食物源之间找到一条最佳路径、携带重物以及搭建桥梁等。集体智慧（Collective Intelligence，也称集体智能）源于个体昆虫之间的有效沟通。第 12 章在对高级搜索方法进行讨论时，将更多地探讨涌现智能（Emergent Intelligence）和群体智能（Swarm Intelligence）。

脑的质量大小以及脑与身体的质量比通常被视为动物智能的指标。海豚在这两个指标上都与人类相当。海豚的呼吸是自主控制的，这除了说明其脑的质量过大之外，还说明一个有趣的事实，即海豚的两个半脑交替休眠。在动物自我意识测试（如镜子测试）中，海豚得到了很高的分数，它们可以意识到镜子中的图像实际上是它们自己的像。海洋世界等公园的游客还可以看到，海豚可以玩十分复杂的戏法。这说明海豚具有记住序列和执行复杂身体运动的能力。工具的使用是智能的另一个"试金石"，并且这常常用于将直立人与更早的人类祖先区别开来。海豚与人类都具备这个能力。例如，在觅食时，海豚使用深海海绵（一种多细胞动物）来保护它们的嘴。显而易见，智能不是人类独有的特性。在某种程度上，许多生命也都具有智能。到这里，大家应该问一下自己："有生命是拥有智能的必要先决条件吗？"或者"无生命物体，如计算机，可能拥有智能吗？"人工智能宣称的目标是创建可以与人类思维媲美的计算机软件和/或硬件系统，换句话说，即表现出与人类智能相关的特性。于是，这里引出一个关键的问题，"机器能思考吗？"这个问题的更一般形式是，"人类、动物或机器拥有智能吗？"

此时此刻，强调思维和智能的区别是十分明智的。思维是推理、分析、评估、形成思想和概念的工具。并不是所有能够思维的物体都有智能。智能也许就是高效以及有效的思维。许多人对这个问题怀有偏见，他们说："计算机是由硅和电源组成的，因此不能思考。"或者走向另一个极端："计算机运行起来比人快很多，因此比人更智能。"真相很可能介于上述两个极端之间。

正如我们所讨论的，不同的动物物种具有不同程度的智能。我们将详细介绍人工智能社区开发出的软件和硬件系统，它们也具有不同程度的智能。我们对评价动物的智能以发展出标准化的动物智商测试不太关注，但是对确定机器智能是否存在的测试非常感兴趣。

也许拉斐尔（Raphael）[6]的说法最贴切："人工智能是一门科学，这门科学让机器做人类需要智能才能完成的事。"

1.1 图灵测试

"如何确定智能？"以及"动物有智能吗？"这两个问题已经得到了解决。而第二个问题的答案不一定是简单的"有"或"没有"，因为一些人比另一些人聪明，一些动物也会比另一些动物聪明。机器智能存在同样的问题。

艾伦·图灵（Alan Turing）寻求可操作的方式来回答智能的问题，他想把功能（functionality，即智能能做的事情）与实现（implementation，即如何实现智能）分离开来。

补充资料

抽象

抽象（abstraction）是一种忽略对象或概念的实现（例如内部的运行情况）的策略，这样就可以获得更清晰的对象及其与外部世界关系的描述。换句话说，可以将对象当作一个**黑盒**（black box），只关注对象的输入和输出（见图 1.2）。

图 1.2 黑盒的输入和输出

抽象通常是一种有用且必要的工具。例如，如果想学习开车，把车当作一个黑盒可能是一个好主意。不必一开始就努力学习自动变速器和动力传动系统，而应该把注意力集中在系统的输入（如油门踏板、刹车、转向信号灯）和输出（如前进、停车、左转和右转）上。

数据结构的课程也使用了抽象，因此如果想了解堆栈的行为，则可以专注于基本的堆栈操作，比如 pop（出栈）和 push（压栈），而不必陷入如何构造一个表结构的细节（例如，使用线性链表还是循环链表，使用链接存储还是连续分配空间）中。

1.1.1 图灵测试的定义

艾伦·图灵[7]提出了两个**模拟游戏**（imitation game）。在模拟游戏中，一个人或实体会表现得仿佛是另一个人或实体。在图灵提出的第一个模拟游戏中，有一个中央装有隔帘的房间，帘子的两侧各有一人，其中一侧的人称为询问者，他必须确定另一侧的人是男还是女。询问者（其性别无关紧要）通过询问一系列的问题来完成这个任务。该游戏假定男性可能会在回答中撒谎，而女性则总是诚实的。为了使询问者无法从语音中确定被询问者的性别，要求其通过计算机而不是说话的方式同被询问者进行交流，如图 1.3 所示。如果帘子的另一侧是男人，并且他成功地欺骗了询问者，那么这个男人就赢了。图灵测试的原始形式是，一个男人和一个女人坐在帘子的后面，询问者必须同时正确地识别出两人的性别（可能受到那个时代流行游戏的启发，图灵发明了这个测试，这个测试成为他的机器智能测试背后的推动力）。

埃里希·弗罗姆（Erich Fromm）写道[8]：男女平等，但不一定表现都一样。例如，不同性别的人对于颜色和花朵的了解可能不同，花在购物上的时间也不同。

那么，区分男女与智能问题又有什么关系呢？图灵认为，可能存在不同类型的思考方式，了解并容忍这些差异是非常重要的。图 1.4 给出了**图灵测试**（Turing test）的第二个版本，即第二个模拟游戏。

图 1.3　第一个模拟游戏　　　　　图 1.4　第二个模拟游戏

第二个模拟游戏更适合人工智能的研究。在该游戏中，询问者仍然在有帘子的房间里。但这一次，帘子的后面可能是一台计算机或一个人。这里的机器扮演男性的角色，偶尔会撒谎，但人一直是诚实的。询问者提问，然后对返回的回答进行评估，以确定与其交流的到底是人还是机器。如果计算机成功地欺骗了询问者，那么它就通过了图灵测试，因此也就被认为是有智能的。

众所周知，在执行算术运算时，机器比人快很多倍。如果帘子后面的"人"可以在几微秒内得到三角函数的泰勒级数近似的结果，那么就可以不费吹灰之力辨别出帘子后面的是计算机而不是人。自然地，在任意的图灵测试中，计算机能够成功欺骗询问者的机会微乎其微。为了得到有效的反映智能的指标，这个测试要执行许多次。同样，在原始版本的图灵测试中，人和计算机都在帘子后面，询问者必须同时正确地辨别它们。

补充资料

图灵测试

到目前为止，还没有计算机系统被正式认可通过了图灵测试。然而在 1990 年，慈善家 Hugh Gene Loebner 举办了一项旨在实现图灵测试的比赛。第一台通过图灵测试的计算机将被授予金牌以及 100 000 美元的 Loebner 奖。同时，每年在这项比赛中表现最好的计算机将被授予铜牌以及大约 2000 美元的奖金。

在图灵测试中，如果你是询问者的话，你会提出什么问题？考虑下面的例子。

- **1 000 01[7] 的平方根是多少？** 像这样的计算型问题可能并不好。记住，计算机也会试图欺骗询问者。对于这类问题，计算机可能不会在一微秒内做出响应并给出正确答案，它可能会有意地花费更长的时间，也许还会犯点错误，因为它"知道"人类并不擅长这些计算。

- **当前的天气怎样？** 假设计算机不可能看到窗外，因此询问者可能会试着问一下天气。但是，计算机通常连着万维网，因此在回答之前，它可能已经连接到了天气网站。

- **你害怕死亡吗？** 因为计算机难以伪装人的情绪，所以询问者可能会提出这个或其他类似的问题："黑暗给你的感觉如何？"或者"坠入爱河的感觉如何？"但是请记住，现在的目标是试图判定智能，而人类的情绪也许不是反映智能的有效指标。

图灵早在他的最初论文中就预料到会有许多人反对他提出的"机器智能"的想法[7]。其中一个就是所谓的"鸵鸟式"异议（指有点自欺欺人）。有人相信思维能力使人成为天地万物的主宰，而承认计算机能够思考，可能挑战了这个仅由人类享有的崇高地位。图灵认为对于存有这种顾虑的人要更多地安慰，而不是反驳。图灵预期的另一类反对的声音来自神学。许多人认为，正是人的灵魂让人们可以思考，如果我们创造出拥有这种能力的机器，那么将会篡夺"上帝"的权威。图灵反驳了这个观点，他提出我们只是准备等待灵魂注入的容器以执行"上帝"的旨意而已。最后，我们提一下洛夫莱斯伯爵夫人（Lady Lovelace）的反对意见（她通常在文献中被称为第一位计算机程序员）。在评论分析引擎时，她认为"单单这台机器不可能给我们带来惊喜"。她重申了许多人的信念：一台计算机不能执行任何未预编程的行为。图灵反驳说，机器一直都让他很惊喜。他坚持认为，这种反对意见的支持者信奉的是，人类的头脑可以瞬间推断出给定事实或行动的所有后果。感兴趣的读者可以参考图灵的最初论文[7]，该论文收集了上述异议以及其他的反对意见。1.1.2 节将介绍一些值得注意的有关图灵测试的批评意见。

1.1.2 图灵测试的争议和批评

布洛克对图灵测试的批评

内德·布洛克（Ned Block）认为，英语文本是以 ASCII 编码的，换句话说，英语文本在计算机中是由一系列的 0 和 1 表示的[9]。因此，一个特定的图灵测试，也就是一系列的问题和回答，可以存储为一个非常大的数。例如，假设图灵测试的长度有一个上限，在图灵测试中，将"Are you afraid of dying?"（你害怕死亡吗？）中开始的前三个字符作为二进制数存储，如图 1.5 所示。

假设典型的图灵测试持续一小时，在此期间，测试者大约会提出 50 个问题，得到 50 个回答，那么对应于图灵测试的二进制数应该非常长。现在，假设有一个很大的数据库，其中存储了所有的图灵测试，这些图灵测试包含 50 个或更少的已有合理回答的问题。然后，计算机可以用查表的方法来通过图灵测试。当然我们必须承认，一个能够处理这么大量数据的计算机目前还不存在。但是，如果存在这样的计算机通过了图灵测试，布洛克问："你会觉得这样的机器有智能吗？"换句话说，布洛克的批评意见是，可以用机械的查表方法而不是智能来通过图灵测试。

塞尔的批评：中文房间问题

约翰·塞尔（John Searle）对图灵测试的批评更为根本[10]。想象一下，询问者仍然像人们预期的那样询问问题，只不过这次用的是中文。而另一个房间里的那个人不懂中文，但是拥有一本详细的中文规则手册。虽然这本手册里的中文问题以潦草的笔迹呈现，但是房间里的人会参考其中的规则，根据规则来处理中文字符，并使用中文写出回答，如图 1.6 所示。

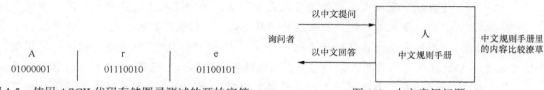

A	r	e
01000001	01110010	01100101

图 1.5　使用 ASCII 代码存储图灵测试的开始字符　　　　图 1.6　中文房间问题

如果询问者获得语法上正确、语义上合理的问题的回答，那么这意味着房间里的人懂中文吗？如果回答是"不懂"，那么房间里的人有了中文规则手册就算懂中文吗？答案依然是"不懂"——房间里的人并不是在学习或理解中文，而仅仅是在处理符号而已。同样，运行程序的计算机只需要接收、处理以及使用符号来回答问题，而不必学习或理解符号本身的真正含义。

　　除了上述单人加规则手册这种场景之外，塞尔还假想出很多人在一个体育馆里相互传递便条的场景。当某个人接到这样的一张便条时，规则手册将确定这个人应该生成一个输出，还是仅仅将信息传递给体育馆里的另一个人。该场景如图 1.7 所示。

　　在这个场景中，中文的知识到底存在于何处？存在于这群人之中，还是存在于体育馆中？

　　考虑最后一个例子。想象一个真正通晓中文的人的大脑，如图 1.8 所示。这个人可以接收用中文提出的问题，并准确地用中文进行解释和回答。

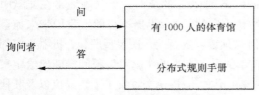

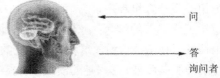

图 1.7　中文房间问题的一个变体　　　　　图 1.8　中文说话者用中文接收和回答问题

　　同样，中文的知识存在于何处？存在于单个神经元中，还是存在于这些神经元的集合中？但无论如何，它们必须存在于某处！

　　布洛克和塞尔对图灵测试进行批评的关键点在于，图灵测试仅从外部观察，不能洞察某个实体的内部状态。也就是说，我们不应该指望通过将拥有智能的对象（人或机器）视为黑盒来学习到一些关于智能的新东西。但是，这种想法并不总是正确的。在 19 世纪，物理学家欧内斯特·卢瑟福（Ernest Rutherford）通过用 α 粒子轰击金箔，正确地推断出物质的内部状态——主要由空白空间组成。卢瑟福预测，这些高能粒子要么穿过金箔，要么稍微偏转。这个结果与他的原子轨道理论一致：原子由轨道电子和它们包围着的一个致密核组成。这就是现在的原子模型，我们许多人在高中学习化学时对此非常熟悉。卢瑟福通过外部观察就成功地了解了原子的内部状态。

　　总而言之，定义智能很难。正是由于定义智能以及判定某个对象是否拥有这一特性很困难，因此图灵开发了图灵测试。在论文中，他含蓄地指出，任何能够通过图灵测试的智能体必然拥有"脑能力"来应对任何合理的、在普遍认可的意义上相当于人类水平的智力挑战[11]。

人物轶事

艾伦·图灵（Alan Turing）

　　艾伦·图灵（1912—1954）是一位英国数学家，也是计算机科学史上的杰出人物。学习过人工智能、计算机科学和密码学课程的学生应该熟悉他所做出的贡献。他对人工智能的贡献在于著名的为测试人工智能开发的图灵测试。他试图解决人工智能中有争议的问题，如"计算机是否有智能？"，由此提出了这一测试方法。在理论计算机科学中，有一门课程就是研究图灵机的计算模型。

图灵机是一个捕捉计算本质的数学模型，它的设计旨在回答如下问题："函数可计算意味着什么？"[12]让人钦佩的是，早在第一台数字计算机出现的七八年前，图灵就在本质上讨论了使用算法来解决特定问题的概念。

　　大家可能已经看过有关第二次世界大战期间英国之战的电影。1940—1944 年间，德国飞机在英国丢下了近 20 万吨炸弹。在伦敦郊外的布莱奇利公园，图灵带领一队数学家执行着一项密码破译任务，破译的目标是被人称为"恩尼格玛密码"（Enigma Code）的德军密码。

他们最终用恩尼格玛密码机破解了这一德军密码。该设备破译了发送到德军船只和飞机的所有军事命令。图灵小组的成功对盟军的胜利可能发挥了十分关键的作用。

艾伦·图灵和人工智能

图灵被认为是**存储程序概念**（stored program concept）的发明者，这一概念是所有现代计算机的基础。早在 1935 年之前，图灵就已经描述了一台具有无限存储空间的抽象计算机器——它具有一个读取头（扫描器），会在存储空间中来回移动，同时读取和写入同样存储于存储空间中的程序所规定的符号。这一概念被称为**通用图灵机**（Universal Turing Machine）。

图灵很早就对神经系统可以通过组织促进大脑功能提出了自己的见解。Craig Webster 在其文章中阐释了图灵的论文 "Computing Machinery and Intelligence"（"计算机器与智能"，这篇论文最终于 1950 年发表在 *Mind* 上），他将图灵 B 型网络作为无组织的机器做了介绍，这个 B 型网络在人类婴儿的大脑皮层中可以发现。这种有远见的观察会让我们想起基于智能体来看世界这一视角，读者将在第 6 章中阅读到这部分内容。

图灵论述了两种类型的无组织机器，它们被称为类型 A 机器和类型 B 机器。类型 A 机器由与非门（NAND gate）组成，其中每个节点都有两个状态，分别用 0 和 1 表示。每个节点有两个输入，输出则可以有任意个。每个 A 型网络都以特定的方式与另外 3 个 A 型节点相交，产生组成 B 型节点的二进制脉冲。图灵已经认识到训练的可能性以及自我刺激反馈循环的需要（见第 11 章中的相关内容）。图灵还认为需要用"遗传搜索"来训练 B 型网络，这样就可以发现令人满意的值（或模式）。这是对本书将在第 12 章中解释的遗传算法的深刻理解。

在布莱奇利公园，图灵经常与唐纳德·米基（Donald Michie，图灵的同事和追随者）讨论机器如何从经验中学习和解决新问题的概念。后来，这被称为基于启发式方法的问题求解（见第 3 章、第 6 章和第 9 章）和机器学习（见第 10 章和第 11 章）。

图灵很早就对用国际象棋游戏作为人工智能测试平台的问题求解方法有了深刻的认识。虽然那个时代的计算机器还不足以开发出强大的国际象棋程序，但是图灵意识到了国际象棋程序面临的挑战（具有 10^{120} 种可能的合法棋局）。前面曾提到，图灵发表于 1950 年的论文"计算机器与智能"为此后所有的国际象棋程序奠定了基础，人们在 20 世纪 90 年代发展出了可以与世界冠军竞争的大师级机器（见第 16 章）。

参考资料

Turing A M. Computing Machinery and Intelligence[J]. *Mind*, New Series, 59(236): 433-460, 1959.

Webster C. Unorganized Machines and the Brain—Description of Turing's Ideas.

Hodges A. *Alan Turing: The Enigma*. London: Vintage, Random House（这本书是于 2014 年在美国上映的获奖电影《模仿游戏》的原著）。

1.2 强人工智能与弱人工智能

多年来，人工智能的研究发展出两种截然不同但又普遍存在的学派。一个学派与麻省理工学院（MIT）相关，它将任何表现出智能行为的系统都视为人工智能的范例。这个学派认为，人造物是否使用与人类相同的方式执行任务无关紧要，唯一的标准就是程序能够正确执行。在电子工程、机器人及相关领域，人工智能项目主要关注的是得到令人满意的执行结果。这种方法被称为**弱人工智能**（Weak AI）。

另一学派以卡内基•梅隆大学（CMU）研究人工智能的方法为代表，他们主要关注生物可行性。也就是说，当人造物展现出智能行为时，它的表现应该基于与人类相同的方法。例如，考虑一个具有听觉的系统。弱人工智能的支持者仅仅关注系统的表现，而**强人工智能**（Strong AI）的支持者的目标在于，通过模拟人类听觉系统，使用相当于人类耳蜗、耳道、鼓膜和耳朵其他部分的部件（每个部件都可以在系统中执行其所需执行的任务）来成功地获得听觉。弱人工智能的支持者仅仅基于系统的表现来衡量系统是否成功，而强人工智能的支持者关注他们所构建系统的结构。有关这种区别的进一步讨论参见第 16 章。

弱人工智能的支持者认为，人工智能研究的存在理由是解决困难问题，而不必理会实际解决问题的方式。然而，强人工智能的支持者则坚持认为，完全依靠人工智能程序的启发式方法、算法和知识，计算机就可以获得意识和智能。好莱坞属于后者的阵营，一些电影，如《机械公敌》（*I, Robot*）、《人工智能》（*AI*）和《银翼杀手》（*Blade Runner*），马上就会在我们的脑海中出现。

1.3 启发式方法

人工智能应用经常依赖于启发式方法的应用。**启发式方法**是解决问题的经验法则。换句话说，启发式方法是一组常常用于解决问题的指导法则。这里将启发式方法与算法做个比较，算法是预先设定的用于解决问题的一组规则，其输出是完全可预测的。毫无疑问，读者熟悉计算机程序中使用的许多算法，如排序算法（包括冒泡排序和快速排序）以及搜索算法（包括顺序查找和二分查找）。而使用启发式方法，则可以但不能保证得到一个不错的结果。在人工智能研究的早期，包括 20 世纪 50 年代和 60 年代，启发式方法大受欢迎。

在日常生活中，大家可能会采用启发式方法。例如，许多人在开车时很讨厌问路，然而在夜间离开高速公路后，有时很难驶回主路。一种已被证明有效的策略是，每当碰到道路岔口时，就朝着有更多路灯的方向前进。大家可能会用自己最喜欢的方法来找回丢失的隐形眼镜，或在拥挤的购物中心找到停车位，这两个都是运用启发式方法的例子。

1.3.1 长方体的对角线：解决一个相对简单但相关的问题

关于启发式方法的一部优秀文献是乔治•波利亚（George Polya）的经典著作《How to Solve It》[13]。他所描述的启发式方法是，当面对一个困难的问题时，首先尝试解决一个相对更简单但与原始问题相关的问题。这通常会为原始问题的求解提供有用的思路。

例如，长方体对角线的长度是多少？对于那些最近没有修完立体几何课程的人而言，也许会发现这是一个很困难的问题。按照波利亚的启发式方法，应首先解决一个相对简单但相关的问题，这时大家可能会想到计算矩形的对角线，如图 1.9 所示。

使用勾股定理，可以计算出矩形的对角线 $d = \text{Sqrt}(h^2 + w^2)$。有了上述认识之后，就可以重新回到原来的问题，如图 1.10 所示。

现在，可以观察到长方体的对角线长度等于：

$$对角线 = \text{Sqrt}(d^2 + \text{depth}^2) = \text{Sqrt}(h^2 + l^2 + \text{depth}^2)$$

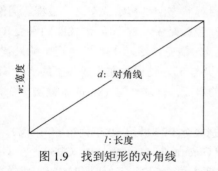

图 1.9　找到矩形的对角线

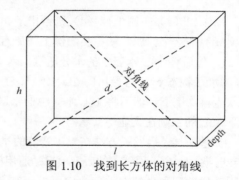

图 1.10　找到长方体的对角线

从上面的例子可以看出，解决相对简单的问题（计算矩形的对角线）有助于解决相对困难的问题（计算长方体的对角线）。

1.3.2　水壶问题：反向倒推

波利亚的第二个例子是**水壶问题**（Water Jug Problem）。假设现有容量分别为 m 和 n 的两个水壶，要求通过这两个水壶量出体积为 r 的水，其中 m、n 和 r 各不相等。参考图 1.11，当只有两个容量分别为 8L 和 18L 的水壶时，如何从水龙头处或水井里准确量出 12L 的水？

一种问题求解方法是不断试错，希望能得到最好的结果。然而，波利亚给出的建议却是使用从目标状态开始并反向倒推的启发式方法，如图 1.12 所示。

在图 1.12（a）中，我们观察到 18L 的水壶已经倒满，而在 8L 的水壶里，却只有 2L 的水。这个状态离目标状态只有一步之遥。此时，只需要从大壶将 6L 的水倒入 8L 的水壶中，大壶中就刚好剩余 12L 的水。图 1.12（b）～图 1.12（d）则描述了到达图 1.12（a）所示

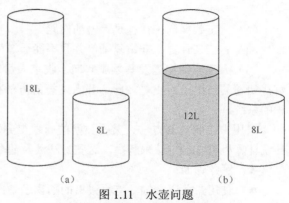

图 1.11　水壶问题
（a）初始状态（b）最终状态

的倒数第二个状态的必要步骤。这时应该将注意力转移到图 1.12（d），寻找出回到图 1.12（b）所示状态的方法，这样就可以看到图 1.12（a）对应状态之前的所有状态。

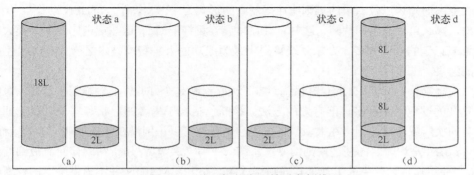

图 1.12　从目标状态开始反向倒推

上面展示了如何利用倒推法解决用容量分别为 18L 和 8L 的两个水壶量出 12L 水的水壶问

题，图 1.12（a）～图 1.12（d）则给出了如何从期望的目标状态回到初始状态这一过程。当然，要实际解决这个问题，就需要颠倒上面所有状态的顺序。也就是说，首先倒满 18L 的水壶（状态 d），然后将 18L 水壶中的水分两次倒入 8L 的水壶并及时清空，这样 18L 的水壶中就只剩下 2L 的水（状态 c）。将最后的 2L 水倒入 8L 的水壶中（状态 b），使用水龙头或井里的水将 18L 的水壶再次倒满，然后将 18L 水壶中的水再次倒满 8L 的水壶，这就使得 18L 的水被倒掉 6L，剩下 12L 的水则在大壶中（状态 a）。

如前所述，启发式方法在人工智能的早期研究中特别流行（20 世纪 50 年代至 60 年代）。在这一时期，一个里程碑式的研究项目是**通用问题求解器**（General Problem Solver，GPS）[14]。GPS 使用人类的问题求解方法解决问题。研究人员让问题求解人员在解决各种问题时说出问题的解决方法，然后收集解决问题所必需的启发式方法。

1.4 识别适用人工智能来求解的问题

随着我们对人工智能了解的深入，以及理解人工智能与传统的计算机科学如何截然不同，我们必须回答这样一个问题：什么样的问题适合用人工智能来解决？大部分人工智能问题有 3 个主要的特征。

（1）人工智能问题往往是大型的问题。

（2）它们在计算上非常复杂，并且不能通过简单直接的算法来解决。

（3）人工智能问题及其领域倾向于收录大量的人类专门知识，特别是在用强人工智能方法解决问题的情况下，更是如此。强人工智能方法指的是拥有大量领域知识并能够解释其推理过程的系统。

采用人工智能的方法，某些类型的问题得到了更好的解决；而另一些类型的问题则适合用传统计算机科学的方法来解决，这些方法涉及简单决策或精确计算。考虑下面的几个例子：

- 医疗诊断；
- 使用带条码扫描功能收银机的购物场景；
- 自动柜员机；
- 二人博弈游戏，比如象棋和跳棋。

多年来，医疗诊断这个科学领域一直在采用人工智能的方法，并对来自于人工智能的贡献，特别是利用**专家系统**（expert system）的发展乐见其成。专家系统通常会内置于领域，其中包含大量人类专家的知识以及大量的规则 [这些规则的形式为"IF（条件），THEN 动作"。例如，如果你头痛，那么可以服用两片阿司匹林，并在早晨给我打电话]。这些规则比任何人类大脑能够记忆或希望记忆的规则都多。专家系统算得上最为成功的人工智能技术之一，它可以生成全面而有效的结果。

有人可能会问："为什么对专家系统而言，医疗诊断是个好的候选领域？"首先，医疗诊断是一个复杂的过程，有许多可能有效的方法。诊断包括基于患者的症状和病史以及前期病例，确定患者的疾病或治疗问题。在大多数情况下，不存在可以识别潜在疾病或病症的确定性算法。例如，MYCIN 是最著名的基于规则的专家系统（见 1.7.2 节），用于帮助诊断血液细菌感染。MYCIN 主要用作培训学生的工具，其规则超过 400 条[15]。MYCIN 并不提供确定的诊断结果，而是提供最可能存在的疾病的概率，以及诊断正确的程度。人们将开发这些规则的过程称为**知识工程**（knowledge engineering）。知识工程师会与领域专家见面，在这个例子中，领域专家是指医生或者其他专业医疗人士，知识工程师在与领域专家的密集访谈过程中收集专家知识，使其变成离散规则的形式。专家系统的另一个特征是，它们有时得到的结论甚至让设计它们的领域专家也会大吃一惊。这是由于专家规则可能的排列数量比任何人在他们大脑中记住的都多。适用于构建专家系统的候选领域具有以下特征。

- 包含大量领域相关的知识（可以是有关特定问题领域的知识，如医疗诊断；也可以是人类努力开拓领域的相关知识，如确保核电站安全操作的控制机制）。
- 允许领域知识分层。
- 可以发展成为存储了若干专家知识的知识库。

因此，专家系统不仅仅是构建该系统的专家的知识的总和。第 9 章将专门介绍和讨论专家系统。在超市购物时，通过扫描条形码将产品扫描到收银机，这一行为通常不被视为属于人工智能领域。然而，想象一下杂货店的购物体验发展到与智能机器交互的阶段。机器可能会提醒顾客要购买什么产品："你不需要一盒洗衣粉吗？"（因为机器已经知道顾客从某一天开始还没购买过这些产品）。系统还可以提示顾客购买一些与已购食物很相配的食物。这个系统可以作为平衡营养饮食的食物顾问，并且可以针对个人的年龄、体重、疾病和营养目标进行调整。由于包含了关于饮食、营养、健康和各种产品的诸多知识，因此它就是一种智能系统。此外，它还可以做出智能决策，并以建议的方式提供给顾客。

人类在过去 30 年里使用的自动柜员机（ATM）并不是人工智能系统。但是，假定这台机器可以作为一名财务总顾问来使用，它追踪了一个人的支出，以及所购买物品的类别和频率。这台机器可以用于说明一个人在娱乐、必需品购置、旅游和其他类型消费上的支出，并且可以提供建议来更合理地改变消费模式（比如，"你真的需要花那么多钱在高档餐馆吗？"）。如果是这样的话，我们就认为这里所描述的自动柜员机是一种智能系统。

智能系统的另一个例子是下国际象棋。虽然国际象棋的规则很容易学习，但是想要下国际象棋达到专家级别并非易事。关于国际象棋的图书比所有其他游戏的图书的总和还多。人们普遍接受的是，国际象棋有 10^{42} 种可能合理的棋局（"合理"棋局的数目与之前给出的 "可能"棋局的数目 10^{120} 不同）。

这是一个非常大的数字，即使动用全世界最快的计算机一起来解决国际象棋游戏（即开发一个程序来下完美的国际象棋，这个完美程序的每步棋子移动总是最优的），这些计算机也无法在 50 年内完成这盘棋局。具有讽刺意味的是，尽管国际象棋是一个**零和博弈**（zero-sum game，意味着双方一开始都没有优势），并且是一个具有**完美信息**（perfect information）的二人博弈游戏（既不涉及概率，也不存在对任何一方有利的未知因素），但其依然存在以下问题。

- 完美博弈的结果如何？白方胜，黑方胜，还是双方打平？大部分人认为这会是一个平局。
- 对于白方而言，最好的第一步是什么？大多数人相信是 1.e4 或 1.d4，这是国际象棋中的概念，指的是将白方国王前面的兵向前移动两个方格（1.e4），或将白方皇后前面的兵向前移动两个方格（1.d4）。统计数据支持这种观点，但是没有确凿的证据证明这种观点是正确的。

任何强大的国际象棋程序（大师级水平以上）的编写目前都基于一个假设，即大师级水平的国际象棋程序需要并展示出智能。

2007 年 7 月，跳棋游戏获得一个较弱的解决方案，相关讨论参见 16.1.5 节。

在过去的几十年间，所开发的计算机国际象棋程序，可以击败包括顶尖棋手在内的所有棋

手。但是，没有一款计算机程序是官方认可的世界国际象棋冠军。到目前为止，所有人机比赛都相对较短，并且计算机程序利用了人的弱点（人会疲劳、焦虑等）。在人工智能领域，许多人强烈认为，程序还没有比所有人都下得好。此外，尽管最近国际象棋程序获得成功，但是这些程序不一定使用了"强人工智能的方法"。

一个真正智能的计算机国际象棋程序不仅会以世界冠军级的水准下棋，还能够解释行棋背后的推理过程。这需要大量关于国际象棋的知识（特定领域知识），并且要求程序能够将其作为决策过程的一部分，共享和呈现这些知识。

1.5　应用和方法

一个系统要展示智能，就必须与现实世界交互。为了做到这一点，它必须有一个可以用来表示外部现实世界的形式化框架（如逻辑）。与世界交互也蕴含一定程度的不确定性。例如，造成患者发烧可能有细菌感染、病毒攻击或一些内脏器官发炎等几种可能的因素，医疗诊断系统必然要极力应对这些因素。

无论是医疗状况还是汽车事故，识别事件的原因通常需要大量的知识。从症状到最终原因的推理也涉及合理的推理规则。因此，在设计专家系统和自动推理系统方面，人工智能研究者们付出了相当大的努力。

在下棋中表现出的实力，通常被视为智力的标志。人工智能研究的第一个 50 年见证了人们为设计更好的跳棋和国际象棋程序而付出的努力。下棋的专家知识往往取决于一些搜索算法，这些搜索算法可以预见到某个落子对后续棋局产生的长期后果。因此，有很多研究都聚焦于高效搜索算法的发现和发展。

大家可能听说过这样一个笑话："我如何去卡内基音乐厅？"回答是"练习，练习，练习"[①]。这个笑话体现的关键点是，学习是任何可行人工智能系统的一个必要组成部分。人们已经证明，基于动物神经系统（神经计算）和人类进化（进化计算）的人工智能方法是非常有价值的学习范式。

构建智能系统是一项艰巨的任务。一些研究人员致力于让系统在几条简单规则的控制下，从一些"种子"中"涌现"或"成长"。**细胞自动机**（CA）就是这样的一个理论系统，它可以展示如何从简单的规则生成复杂的模式。细胞自动机给我们带来了希望，也许有一天，我们真有能力创造出人类级别的人工智能系统。下面列出了上述人工智能研究领域的一些应用。

- 搜索算法和拼图问题。
- 二人博弈[②]。
- 自动推理。
- 产生式系统和专家系统。
- 细胞自动机。
- 神经计算。
- 遗传算法。
- 知识表示。

---

① 这个笑话的一个版本是，有人在去纽约的卡内基音乐厅看演出时迷路，问到一位路人，这位路人给出的回答是"练习，练习，练习"。原来这位路人是一位音乐家。这是一个故意答非所问而又一语双关的笑话。——译者注
② 英文单词 game 在博弈论中常常被翻译成"博弈"，本书根据上下文环境将其分别翻译成"博弈""游戏"或"博弈游戏"。——译者注

● 不确定性推理。

下面分别介绍这些应用。当然，这里的介绍仅仅是概述，后续章节将会对这些应用进行更完整的阐述。

1.5.1　搜索算法和拼图问题

下面将 **15 拼图**（15-puzzle）及相关的搜索拼图（如 **8 拼图**和 **3 拼图**）问题作为搜索算法、问题求解技术和启发式方法的应用示例。在 15 拼图问题中，数字 1～15 被写在小塑料方块中，这些小塑料方块则被排列放置在更大的塑料方块中。其中一个位置留空，以便小塑料方块可以从 4 个方向滑入这个空位，如图 1.13 所示。

你可以注意到，方块 3 可以自由向下移动，而方块 12 可以自由向右移动。这种拼图问题的较小实例更便于处理，包括 8 拼图和 3 拼图问题。例如，考虑一下图 1.14 所示的 3 拼图问题，处理就变得简单起来。显然，在这些拼图中，我们很自然地会去考虑那些可以滑动的带编号方块，但是考虑那个空白方块的移动更便于进行处理。

2	5	6	1
4	9	15	11
8	7	13	3
14	10	12	

图 1.13　使用 15 拼图

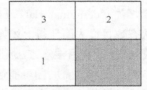

图 1.14　使用 3 拼图

空白方块可以沿下列 4 个方向之一移动：

● 上（↑）；
● 下（↓）；
● 右（→）；
● 左（←）。

当试图依次移动空白方块时，我们应该遵循上述优先顺序。在 3 拼图中，任何时刻最多只有两种可能的移动方式。

为解决拼图问题，我们需要定义初始状态和目标状态，就像在水壶问题中所做的那样。首先，初始状态可以是任意的。其次，目标状态也可以是任意的。这些方块通常是按照数字大小顺序排列的，如图 1.15 所示。

这个拼图问题的目的是从**初始状态**（start state）通过移动到达**目标状态**（goal state）。在有些情况下，人们希望得到移动次数最少的解决方案。对应于给定问题的所有可能状态的结构被称为**状态空间图**（state-space graph）。状态空间图可以被认为是问题的**论域**（universe of discourse），因为其描述了拼图可能的每一种配置。状态空间图包括了该问题所有可能的状态，这些状态由节点表示，并用弧表示状态之间的所有合法转换（即拼图中的合法移动）。**空间树**（space tree）通常是状态空间图的真子集，它的根节点是初始状态，它的一个或多个叶子节点是目标状态。

一种可用于遍历状态空间图的搜索方法名为**盲目搜索**（blind search）。这种方法假设对问题的搜索空间一无所知。我们在数据结构和算法的课程中经常探讨两种经典的盲目搜索算法：**深度**

优先搜索（Depth First Search，DFS）和**广度优先搜索**（Breadth First Search，BFS）。在深度优先搜索中，要尽可能地深入搜索树。也就是说，当有一个移动需要选择时，通常（但不一直）向左子树移动。而在使用广度优先搜索时，首先访问所有靠近根节点的节点，通常从左向右移动，逐级搜索。

如图 1.16 所示，树的 DFS 遍历将会按照 A、B、D、E、C、F、G 的顺序访问节点。同时，树的 BFS 遍历将按照 A、B、D、E、C、F、G 的顺序访问节点。第 2 章将应用这两种搜索算法来解决 3 拼图问题。

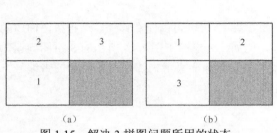

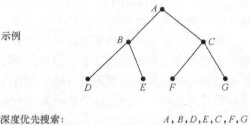

示例

深度优先搜索： A, B, D, E, C, F, G
广度优先搜索： A, B, C, D, E, F, G

图 1.15　解决 3 拼图问题所用的状态　　　　图 1.16　对比某状态空间图的 DFS 遍历和 BFS 遍历
（a）初始状态　（b）目标状态

组合爆炸（combinatorial explosion）是人工智能领域的一个被反复研究的问题。这意味着拼图的可能状态数目过大而使得上述方法不太实用。在求解一个大小合理的问题时，由于其搜索空间增长太快，以至于盲目搜索方法无法成功（不管未来计算机的计算速度有多快，这依然会是事实）。例如，15 拼图的状态空间图可能包含超过 16!（$\leqslant 2.09228 \times 10^{13}$）种状态。由于组合爆炸问题的存在，人工智能问题的成功更多地取决于启发式方法的成功应用，而不是设计更快的计算机。

有一类启发式搜索算法会向前观察状态空间图。每当出现两条或更多条备选路径时，这些算法就会选择最接近目标的一条或多条路径。精明的读者当然会问："在到达目标的移动序列无法事先知道的情况下，这些算法如何能够知道沿着任何一条能感知的路径到达目标状态的距离？"答案是，它们不可能知道。但是，这些算法可以使用启发式方法来估计到达目标状态的剩余距离。

在这种"向前看"的搜索方法中，其中 3 种是**爬山法**（hill climbing）、**集束搜索**（beam search）和**最佳优先搜索**（best first search）。我们将在第 3 章中深入探讨这些搜索方法。

还有一类启发式搜索算法通过连续地测量它们到根的距离来向目标前进。这种"向后看"的搜索方法被称为**分支定界**（branch-and-bound）法，又称分支定界算法或分支定界搜索算法。这些搜索方法也将在第 3 章中讨论。例如，A *算法就是一种众所周知的分支定界法，它用估计的总路径成本来确定寻找答案的顺序。

然而，A*算法也会同时"向前看"，我们将在后续章节中加以讨论。

1.5.2　二人博弈

二人博弈包括 Nim 取物游戏①、井字游戏和国际象棋等。它们与拼图游戏有一个本质的区别：

---

① 这个游戏涉及几堆石头，两个玩家交替地从其中一堆石头里移除一些石头。在这个游戏的一个版本中，移除最后一块石头的人算输。

在玩二人博弈时，不能只专注于自己目标的达成，还必须保持警惕，监视和阻止对手的行进。在人工智能研究的前半个世纪，这些对抗性游戏一直是研究的主流。这些游戏会遵循一些包含许多现实世界场景属性的规则，尽管这些场景做了简化处理。

虽然博弈常常具有现实世界场景的属性，但是其不会在真实世界中产生后果，因此是良好的人工智能方法的测试平台。

在二人博弈问题中，有一个名为**迭代的囚徒困境**（Iterated Prisoner's Dilemma）的游戏，这个游戏充满了紧张气氛。警察逮捕了两个犯罪嫌疑人，马上将他们带到不同的牢房，并向每个嫌疑人承诺，如果他供出同伙，就可以缩短刑期，否则就可能被判处更长的刑期。在这种情况下，每个嫌疑人应该怎么做？自然地，如果嫌疑人打算在这个事件后"改邪归正"，那么供出同伙无疑是最好的选择。

然而，如果嫌疑人打算继续犯罪，那么供出同伙将会带来沉重的代价。如果他再次被捕，那么其同伙就会记得他的背叛行为，从而对他进行报复。计算机博弈是第 4 章和第 16 章的重点。

1.5.3 自动推理

在**自动推理**（automated reasoning）系统中，我们将一系列事实输送给软件进行处理。演绎推理（deduction）是推理的一种，在推理过程中，给定的信息用于派生出新的、希望有用的事实。假设有一道如下的智力题：有两个人分别是迈克尔（Michael）和路易斯（Louis），他们各有一份工作，这两份工作分别是邮局职员（post office clerk）和法语教授（French professor）。其中，迈克尔只说英语，而路易斯拥有法语博士学位。那么，这两人的工作分别是什么？

首先，为了在自动推理程序中表示这些信息，就必须使用合适的表示语言。比如，如下语句就可以用于表示上述问题：

Works_As (clerk, Michael) | Works_As(clerk, Louis)

这样的逻辑语句被称为子句。第一个竖杠可解释为"或"（or）。这个语句的意思是：要么 Michael 是职员，要么 Louis 是职员。

即使将这个题目翻译成适合输入程序的语句，也仍然没有足够的信息来解决它。这是因为软件缺少**常识**（common sense）或**世界知识**（world knowledge）。比如，如果拥有一辆汽车，则意味着拥有它的方向盘，这就是常识。再比如，根据世界知识可以推理出，当温度为 0℃ 或更低时，降水将以雪的形式存在。在上面这道智力题中，常识告诉我们，法语教授必须能说法语。但是，大家可以考虑一下，除非给推理程序提供了这样的知识，否则它又怎么会知道这一点呢？

试想一下，我们可能还会使用其他的附加知识来解决上述问题，比如 Michael 只说英语这一事实，就使得他不可能是法语教授。虽然不需要任何帮助就可以轻松解决上述问题，但是当问题相对较大且更加复杂难懂时，使用自动推理程序来协助解决问题将会大有裨益。

1.5.4 产生式规则和专家系统

在人工智能中，**产生式规则**（production rule）是一种知识表示的方法，它的一般形式如下：
IF（条件），THEN 动作
或者
IF（条件），THEN 事实

约翰·麦卡锡（John McCarthy）

约翰·麦卡锡（1927—2011）在 1956 年的达特茅斯会议上创造了"人工智能"这个词，如果不对故去的他致以敬意，则任何一本人工智能教科书都不是完整的。

麦卡锡教授曾在麻省理工学院、达特茅斯学院、普林斯顿大学和斯坦福大学工作过。他职业生涯的大部分时间在斯坦福大学度过，是斯坦福大学的荣誉退休教授。

对于 LISP 编程语言的发明，他功不可没。多年来，特别是在美国，LISP 已经成为开发人工智能程序的标准语言。麦卡锡极具数学天分，他在 1948 年获得加州理工学院数学学士学位。1951 年，他在所罗门·莱夫谢茨（Solomon Lefschetz）的指导下，获得普林斯顿大学数学博士学位。

麦卡锡教授兴趣广泛，其贡献涵盖人工智能的许多领域。例如，他在多个领域都有学术论文或者著作，包括逻辑与自然语言处理、计算机国际象棋、认知、反设事实、常识等，他还站在人工智能立场提出了一些哲学问题。

作为人工智能的奠基人或者说"人工智能之父"，麦卡锡经常在他的论文［如"Some Expert Systems Need Common Sense"（1984）和"Free Will Even for Robots"］中发表观点，指出人工智能系统需要什么才能真正实用有效。

由于对人工智能做出了巨大贡献，麦卡锡于 1971 年获得图灵奖。他所获得的其他奖项包括在数学、统计和计算科学方面的美国国家科学奖，在计算机和认知科学方面的本杰明·富兰克林奖等等。

下面给出了一些常见示例。

IF（头痛），THEN 服用两片阿司匹林，并在早上打电话给我。

IF((A> B)并且(B> C))，THEN A> C

产生式系统的一个应用领域是专家系统的设计，我们在 1.4 节中已经做过介绍。专家系统是一个软件，该软件拥有某个有限问题领域的详尽知识。用于汽车诊断的专家系统的某处可能包含了以下规则：

IF（汽车不启动），THEN 检查车头灯；

IF（车头灯工作），THEN 检查油量表；

IF（油箱空），THEN 向油箱中添加汽油；

IF（车头灯不工作），THEN 检查电池。

只要提供了一套广泛的产生式规则，即使对机械不太敏锐的人，也可以正确诊断出车辆故障。20 世纪 70 年代初，人们开发出了最初的专家系统（MYCIN、DENDRAL 和 PROSPECTOR），该领域直到 20 世纪 80 年代后期才逐渐成熟。本书将在第 6 章、第 7 章和第 9 章中探讨产生式系统和专家系统的架构。

1.5.5　细胞自动机

细胞自动机（Cellular Automata，CA）可以视为 n 维空间中细胞的集合。每个细胞都可以处于少量几个状态中的任何一种状态，其中典型的状态数目为 2。例如，一个细胞可以为黑色或白色。系统中每个细胞的邻域都有若干相邻细胞。CA 还可以使用如下两个额外的性质进行表征。

（1）物理拓扑，指 CA 的形状，如矩形或六边形。

（2）更新规则，根据细胞当前状态及其邻域内若干细胞的状态决定该细胞的下一个状态。细胞自动机是同步系统，这个系统会在固定的时间间隔进行更新。

图 1.17 显示了具有矩形拓扑的 CA。通常假定在每个维度上，CA 是无界的。每个细胞可以处于两种状态中的一种，分别表示为"0"和"1"。

有时候，我们将状态为 1 的细胞称为"活细胞"，而将状态为 0 的细胞称为"死细胞"。活细胞通常有阴影（见图 1.18），死细胞通常不出现阴影。在许多例子中，一个细胞通常有 8 个邻居细胞，它们分别位于与这个细胞直接相连的上方、下方、左侧、右侧以及对角线的上方和下方。如图 1.18 所示，中央细胞的邻居细胞用阴影表示。

细胞自动机的不凡之处在于：通过应用几个简单的规则，就可以创建出非常复杂的模式。

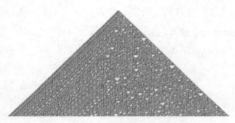

图 1.17　一维 CA 的一部分

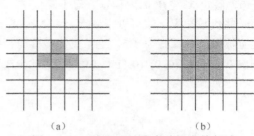

图 1.18　二维矩形细胞自动机中的邻域
（a）诺伊曼邻域　（b）摩尔邻域

1.5.6　神经计算

在人工智能的探索过程中，研究人员经常基于地球上最佳智能范例的架构来设计系统。**神经网络**（neural network）试图捕捉人类神经系统的并行分布式结构。**神经计算**（neural computing）的早期工作开始于 20 世纪 40 年代麦卡洛克（McCulloch）和皮茨（Pitts）所做的研究[17]。这种系统的基本构件是人工神经元，而人工神经元又可以通过**阈值逻辑单元**（Threshold Logic Unit，TLU）进行建模，如图 1.19 所示。

在图 1.19 所示的例子中，假设人工神经元的输入 X_1 和 X_2 都是二值变量。这些输入经过实值权重 W_1 和 W_2 进行加权求和，而 TLU 的最终输出也假定为 0 或 1。当输入向量和权重向量的内积（又称点积）大于或等于某个阈值（该阈值也是一个实数）时，TLU 的输出为 1，否则为 0。

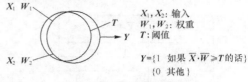

X_1, X_2：输入
W_1, W_2：权重
T：阈值

$Y = \{1$　如果 $\overline{X} \cdot \overline{W} \geqslant T$ 的话$\}$
　　$\{0$　其他$\}$

图 1.19　阈值逻辑单元

两个向量 $\overline{X}$ 和 $\overline{W}$ 的内积可表示为 $\overline{X} \cdot \overline{W}$，具体则等于这两个向量对应分量的乘积之和。

例如，图 1.20 所示的 TLU 实现了基于双输入的布尔与（AND）函数。

只有当两个输入都等于 1 时，这两个输入与两个权重的加权求和值才大于或等于阈值。

如图 1.21 所示，当两个输入都等于 1 时，输入向量与权重向量的内积才大于或等于 1.5。那么，这些权重是怎么得到的呢？详见第 11 章，它们是**迭代学习算法**（iterative learning algorithm）[也就是**感知器学习规则**（perceptron learning rule）] 的结果。基于这个规则，只要系统输出的结果不正确，权重就会发生变化。这种算法是迭代进行的，也就是说，输入每通过系统一次，系统的输出结果就会朝着所需的权重方向收敛。一旦系统只产生正确的输出结果，学习的过程就得以完成。

补充资料

生命游戏

 英国数学家约翰·霍顿·康威（John Horton Conway）于 1970 年设计了"生命游戏"（Game of Life）。从它的规则出现在 *Scientific American*（《科学美国人》）中马丁·加德纳（Martin Gardner）的"数学游戏"栏目中的那一刻起，它就变得十分有名[16]。本书将在第 7 章中与细胞自动机一同详细描述"生命游戏"，并探讨它们与人工智能的关系。

当 $\overline{X}$ 和 $\overline{W}$ 的内积大于或等于阈值 T 时，TLU 的输出应该等于 1；否则，TLU 的输出应该等于 0。假定 $\overline{X}$ 与 $\overline{W}$ 的内积正好等于阈值 T，这时对于权重 W_1 和 W_2，假设都用 1 代入，然后使用一些代数知识，就可以得到 $X_2 = -X_1 + 1.5$。这是一条直线的方程，其斜率为 -1，并且在 X_2 所在坐标轴上的截距为 1.5。这条直线被称为**判别式**（discriminant），如图 1.21 所示，旨在将产生输出 0 的输入 $[(0, 0), (0,1), (1,0)]$ 与产生输出 1 的输入 $(1,1)$ 区分开来。

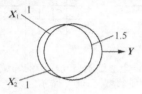

$$(X_1 W_1) + (X_2 W_2) = T$$
$$X_2 W_2 = -W_1 X_1 + T$$
$$X_2 = -((W_1/W_2) X_1) + (T/W_2)$$
$$X_2 = -X_1 + 1.5$$

（a）

X_1	X_2	$\overline{X} \cdot \overline{W}$	Y
0	0	0	0
0	1	1	0
1	0	1	0
1	1	2	1

（b）

图 1.20　模拟与（AND）函数的 TLU

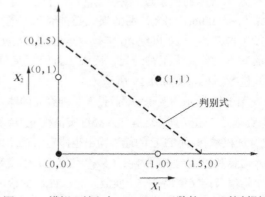

图 1.21　模拟双输入与（AND）函数的 TLU 的判别式

自然而然地，具备实用价值的模式识别任务需要多个阈值单元。由几百个甚至数千个上述简单 TLU 组成的神经网络可用于执行有实用价值的数据处理任务，如读取手写文本，或基于最近的历史活动预测股票的未来价格。第 11 章将描述适合这些更复杂网络的**学习规则**（learning rule）。人们相信大脑就是由大量如此简单的处理元件组成的互联网络。

1.5.7　遗传算法

作为试图模拟人类神经系统的软件系统，神经网络为人工智能研究提供了多姿多彩的舞台。

另一个前途无量的范式是达尔文的进化论。在自然界中，自然选择以几千年或数百万年的速度发生。而在计算机内部，进化（或迭代过程，通过应用小增量变化来改进问题的拟解决方案）的速度则有点快。这可以与动植物世界中的进化过程进行对比和对照——在动植物世界中，物种通过自然选择、繁殖、突变和重组等遗传操作来适应环境。**遗传算法**（Genetic Algorithm，GA）是来自一个名为**进化计算**（evolutionary computation）的一般领域的具体方法。进化计算是人工智能的一个分支。在进化计算中，问题的拟解决方案可以适应环境，就像在真实世界中动物适应环境一样。在 GA 中，问题被编码为串。回想一下，在 3 拼图问题中，空白方块的一系列移动可以被编码成 0 和 1 组成的序列。GA 开始于随机选择的大量二进制串。然后，系统对这些串系统性地应用遗传算子，并且使用**适应度函数**（fitness function）来收集相对更优的串。在 3 拼图问题中，适应度函数将给那些让拼图状态更接近目标状态的移动序列串赋予更高的值。回到图 1.14 所示的 3 拼图问题。我们用 00 表示（空白方块的）向上移动，用 01 表示向下移动，用 10 表示向右移动，最后用 11 表示向左移动。接下来参考图 1.15 所示的拼图示例，每个长度为 8 的二进制串都可以解释为拼图中的 4 步移动。这里比较一下 11100010 和 00110110 这两个串，为什么后一个串可以分配到更高的值呢？第 12 章将给出遗传算法更详细的例子。

1.5.8 知识表示

只要提到人工智能问题，就不能不提表示问题。为了处理知识、产生智能结果，人工智能系统需要获取和存储知识，从而也就需要能够识别和表示知识。选择何种表示方法与解决、理解问题的内在本质紧密相关。正如波利亚[13]所点评的那样，选择一种好的表示方法与为特定问题设计算法或解决方案一样重要。良好而自然的表示方法有利于快速得到可理解的解决方案，而差的表示方法则可能导致问题重重。例如，考虑一下那个大家都熟悉的**传教士与野人问题**（Missionaries and Cannibals Problem）。这个问题的目标是，用一条小船将三个传教士和三个野人从一条河的西岸运到这条河的东岸。在从西岸到东岸运送过程中的任何时刻，通过选择合适的表示，可以很快地发现和理解解决方案的路径。约束条件也可以被高效地表示出来，例如在任何时刻，小船只能容纳两个人，并且任一河岸的野人人数都不能超过同岸的传教士人数。解决上述问题的一种表示方法是用 W:3M3CB（三个传教士和三个野人与小船在河的西岸）表示初始状态。目标状态是 E:3M3CB。用小船传送一个传教士和一个野人可以表示为 E:1M1CB。小船正在离开可以表示为 W:2M2C ～～～～～～～ E:1M1CB。该问题的另一种表示方法是通过绘画，用简笔人物画表示传教士和野人，当每一次运送过程发生时，用草图表示每个岸边的小船。

自从 AI 诞生以来，人工智能研究者就用**逻辑**（logic）来进行知识表示和问题求解，这开始于纽厄尔（Newell）和西蒙（Simon）的**逻辑理论家**（Logic Theorist）程序[18]以及基于拉塞尔（Russell）和怀特黑德（Whitehead）的 *Principia Mathematica* 开发[19]的通用问题求解（GPS）系统[14]。逻辑理论家程序和 GPS 系统使用逻辑规则来进行问题求解。使用逻辑进行知识表示和语言理解的一个开创性的例子是威诺格拉德（Winograd）的积木世界（Blocks World）（1972）[20]。在这个积木世界中，一条机器人手臂与桌面上的积木进行交互。这个程序包括了语言理解、场景分析以及人工智能其他方面的问题。许多人工智能研究者基于逻辑的方法开启他们的研究，其中包括尼尔斯·尼尔森（Nils Nilsson）（*Principles of Artificial Intelligence*）[21]、杰娜西雷斯（Genesereth）和尼尔森（Nilsson）[22]、艾伦·邦迪（Alan Bundy）（*The Computer Modeling of Mathematical Reasoning*）[23]等等。

回顾 1.5.4 节，许多成功的专家系统是用产生式规则和产生式系统构建的。产生式规则和专家系统的吸引力在于可以非常清晰、简明地表示启发式方法的可行性。数千种已经构建好的专家系统都结合了上述做法。

然而，作为知识表示的可替代方案之一，基于图的方法在感官上更有吸引力，包括视觉感、空间感和运动感。最早的基于图的方法可能是状态空间表示法，这种方法给出了系统所有可能的状态（回想一下 1.5.1 节中对 15 拼图的讨论）。**语义网络**（semantic network）是另一种基于图的知识表示方法，尽管它很复杂。关于语义网络，我们可以追溯到奎利恩（Quillian）所做的工作[24]。

语义网络是面向对象编程语言的前身。面向对象使用了继承（其中来自某个特定类的对象继承了超类的许多属性）的思想。有关语义网络的许多工作都集中于关注语言知识和结构的表示，例如斯图尔特·夏皮罗（Stuart Shapiro）的 SNePS[25]（语义网络处理系统）和罗杰·尚克（Roger Schank）在自然语言处理方面所做的工作[26]。

人工智能研究的奠基人和思想家马文·明斯基（Marvin Minsky）[27]引入了**框架**（frame），这是另一种主要的基于图的知识表示方法。框架可以系统性、层次化且十分简洁地描述对象。一般来说，它们通常通过表格（表格可以与类似的二维平面进行关联）中的**槽和槽填充值**（slot and filler）进行组织，或用三维方式对某些概念（三维方式应用了现实世界中结构的典型本质）进行表示。它们也采用了继承的思想，以方便复用、可预测并以不同的形式定义现实世界中的对象，比如包括建筑物、教师、行政人员和学生这些元素在内的大学。虽然这些元素的细节因大学而异，但是框架可以很容易地捕捉到这种多样性。

在第 6 章中，我们将通过例子对框架进行详细介绍。

脚本（script）[28]是对框架的扩展，它进一步利用了人类交互中固有的预期能力。通过一系列工作，尚克（Schank）和阿贝尔松（Abelson）已经能够构建许多系统，这些系统看起来能够理解良好设定下的描述。索瓦（Sowa）[29]、诺瓦克（Novak）和高文（Gowin）[30]的**概念图**（conceptual graph）是一种简化但具有普适性的启发式技术，常常用于表示学科中的知识。

主流计算机科学"吸收"了许多人工智能领域早期的研究贡献。这样的例子有很多，例如，推动面向对象范式发展的编程语言 Smalltalk、层次化方法和框架等等。

1985 年，马文·明斯基出版了 *Society of Mind*（《心智社会》）[31]，提出了一套理论来解释人类心智的组织。他认为整个智能世界可以通过智能体来运行。这些智能体本身没有智能，但它们可以通过精妙的方式组合形成一个可以展示出智能行为的社会。通过智能体模型，明斯基给出了一些概念，如多层次结构、尺度（scale）、学习、记忆、感知相似性、情绪和框架等等。

1.5.9　不确定性推理

传统数学通常处理确定性问题。集合 A 要么是集合 B 的子集，要么不是。而人工智能系统则与生活本身类似，也会受到**不确定性**（uncertainty）的困扰。概率是我们日常生活中不可避免的一部分。例如，当你早上乘公交或地铁上班时，如果坐在你旁边的乘客咳嗽或打喷嚏，那么你有可能感冒，当然也可能不会。考虑一下这样的两个集合：对工作满意的人的集合和对工作不满意的人的集合。有些人可能同时属于上述两个集合，这是非常正常的。一些人可能喜欢他们的工作，但同时又觉得薪酬太低。这时可以考虑将对工作满意的人的集合视为模糊集[32]，因为它会随着条件的变化而变化。通常而言，一个人可以对工作本身满意，但同时对薪酬不太满意。也就是说，一个人可以在一定程度上对工作感到满意。对于这个集合，某个具体成员的隶属度可以从 1.0（一些人完全热爱工作）一直变化到 0.0。当然，隶属度为 0.0 的人应该认真考虑一下是否需要转行。

许多领域都存在模糊集：相机根据太阳光量改变快门速度，洗衣机根据衣物的脏污程度来控制洗涤周期，恒温器通过确保温度实际上落在可接受的范围内而不是通过精确的值来调节室温，汽车根据天气情况调节制动压力。在这些设备上，都可以找到模糊逻辑控制器。第 8 章将更全面地讨论不确定性在人工智能中所扮演的角色。

1.6 人工智能的早期历史

一直以来，构建智能机器就是人类的梦想。为此，古埃及人走了一条"捷径"——他们建造了雕像，让牧师藏在其中，看上去是雕像，实际上却是这些牧师为民众提供"明智的建议"。遗憾的是，这种类型的骗局在整个人工智能的历史中都曾经出现过。这个领域在试图成为公认的科学学科——人工知识界（artificial intelligentsia）的同时，也因此类骗局的出现而备受玷污。

最强大的人工智能基础来自于亚里士多德（公元前 350 年）建立的逻辑前提论。亚里士多德建立了科学思维和严密思考的模式，这成了当今科学方法的标准。他对物质和形式的区分是当今计算机科学中最重要的概念——数据抽象的先驱性工作。数据抽象旨在将方法（形式）与封装方法的壳体（shell）区别开来，或将概念的形式与其实际的表示区分开来（回顾 1.1 节中的补充资料部分对抽象所做的讨论）。

亚里士多德也强调了人类推理的能力，他坚持认为，正是这种能力将人类与所有其他生物区分开来。建立人工智能机器的任何尝试都需要这种推理能力。这就是 19 世纪英国逻辑学家乔治·布尔（George Boole）的工作如此重要的原因——他所建立的表达逻辑关系的系统后来被称为布尔代数。

13 世纪的西班牙隐士和学者雷蒙德·卢尔（Raymond Llull）可能是第一个尝试将人类思维过程机械化的人。他的工作早于布尔 5 个多世纪。卢尔是一名虔诚的基督徒，为了证明基督教的教义是真的，他建立了一套基于逻辑的系统。

在《伟大的艺术》（*Ars Magna*）一书中，卢尔用几何图和原始逻辑装置来实现这个目标。卢尔的著作启发了后来的先驱者，其中就包括威廉·莱布尼茨（Wilhelm Leibniz）（1646—1716）。莱布尼茨凭借自身的努力成为伟大的数学家和哲学家，他将卢尔的想法推进了一步。他认为可以建立一种"逻辑演算"或"通用代数"，从而解决所有的逻辑论证，并推理出几乎任何东西。他还认为，所有的推理只是字符的连接和替换运算，无论这些字符是字、符号还是图片。

人物轶事

乔治·布尔（Georage Boole）

对于一段能够显示任何类型的智能的计算机程序来说，必须事先决定它能够进行推理。

英国数学家乔治·布尔（1815—1864）建立了一套表示人类逻辑法则的数学框架。他的著作包括约 50 篇个人论文，其主要成就在于著名的发表于1859 年的"差分方程论"。随后于 1860 年，他发表了"有限差分运算论"，后一篇著作是前一篇著作的续篇。布尔在《思维的规律》(*Laws of Thought*)一书中给出了符号推理的一般性方法，这或许是他最大的成就。给定具有任意项的逻辑命题，布尔用纯粹的符号处理这些前提，展示如何进行合理的逻辑推断。

在《思维的规律》一书的第二部分，布尔试图发明一种通用的方法，旨在通过对事件系统的先验概率进行转换，来确定任何与给定事件有逻辑关联的其他事件的后验概率。

布尔建立的代数语言（或符号）允许变量基于仅仅两个状态（真和假）进行交互（或建立关系）。他建立了目前为人熟知的布尔代数，其中包含 and、or 和 not 三个逻辑运算符。布尔代数和逻辑规则的组合使得自动证明成为可能。因此，能够做到这一点的机器在某种意义上是能够推理的[33]。

一个布尔逻辑的例子如下所示：

IF A≥B and B≥C，THEN A≥C

这就是传递性定律——IF A 蕴含 B and B 蕴含 C，THEN A 蕴含 C。

两个多世纪后，库尔特·戈德尔（Kurt Gödel，1931）[34]证明了莱布尼茨的目标过度乐观。戈德尔证明了任何一个自完备的数学分支，只使用本数学分支的规则和公理，就总是有一些命题不能被证明为真或假。伟大的法国哲学家雷内·笛卡儿（Rene Descartes）[35]在 *Meditations* 一书中，通过认知内省解决了物理现实的问题。他通过思想的现实来证明自己的存在，最终提出了著名的 "Cogito ergo sum" —— "我思故我在"。就这样，笛卡儿和追随他的哲学家建立了独立的心灵世界和物质世界。最终，这促使了当代身心在本质上是相同的这一观点的提出。

逻辑学家与逻辑机器

世界上第一台真正的逻辑机器是由英国第三代斯坦诺普伯爵查尔斯·斯坦诺普（Charles Stanhope，1753—1816）建造的。众所周知，斯坦诺普演示器（Stanhope Demonstrator）大约在 1775 年建成，它是由两片透明玻璃制成的彩色幻灯片，一片为红色，另一片为灰色，用户可以将幻灯片推入盒子侧面的插槽，如图 1.22 所示。

借助操作演示器，用户可以验证简单演绎论证的有效性，这个简单的演绎论证涉及两个假设和一个结论[33]。尽管这台机器有其局限性，但斯坦诺普演示器是机械化思维过程的第一步。1800 年，斯坦诺普刊印了一本书的前几章，并在其中解释了自己的机器，但是直到他逝世（1879 年）后 60 年，罗伯特·哈莱牧师（Reverend Robert Harley）才发表了关于斯坦诺普演示器的第一篇文章。

图 1.22　斯坦诺普演示器

最著名的也是第一台原型的现代计算机，是查尔斯·巴贝奇（Charles Babbage）的差分机。巴贝奇是一位非常有才华的多产发明家，他建造了第一台通用的可编程计算机，但是没有获得足够的资金（仅有来自英国财政大臣的 1500 英镑）来完成该项目。巴贝奇用自己的资源继续资助该项目，直到再被资助 3000 英镑。然而，他的计划变得更加野心勃勃（例如，计算到 20 位小数而不是原来的 6 位小数），由于资金供应停止，他未能完成这个差分机。

巴贝奇也从没实现他建造分析机（分析机是差分机的下一代产品）的计划，如图 1.23 所示。他想让分析机执行不同的任务，这些任务需要人类的思维，如博弈的技能，这些技能与跳棋、井字游戏和国际象棋等类似。巴贝奇与他的合作者洛夫莱斯伯爵夫人一起，设想分析机既可以使用抽象的概念，也可以使用数字进行推理。人们认为洛夫莱斯伯爵夫人是世界上的第一位程序员。她是拜伦勋爵（Lord Byron）的女儿，并且编程语言 Ada 就是以她的名字来命名的[33]。

巴贝奇的思想至少比编写第一个国际象棋程序的时间早 100 年，他肯定意识到了建立一台机械下棋设备在逻辑和计算方面的复杂程度。

图 1.23　巴贝奇的分析机

我们先前介绍过，乔治·布尔的工作对人工智能的基础以及逻辑定律的数学形式化非常重要——逻辑定律的数学形式化提供了计算机科学的基础。布尔代数为逻辑电路的设计提供了大量的信息。布尔建立系统的目标，与现代人工智能的研究者非常接近。他在 *An Investigation of Logic and Probabilities* 一书中指出："人们运用思维进行推理，是为了研究思维运行的基本定律；同时，为了使用演算的符号语言来表示这些基本定律，在这个基础上，建立逻辑科学，构建其方法；最终，在探究过程中，从这些进入人类视野真理中那些不同的元素，收集一些关注人类思想的组成和本质的可能暗示[38]。"

布尔系统非常简单和形式化，它发挥了逻辑的全部作用，是其后所有系统的基础。

补充资料

《人月神话》

巴贝奇试图资助差分机的故事是一个长篇传奇故事的序章，这个长篇故事是弗雷德里克·布鲁克斯（Frederick Brooks）的标志性著作《人月神话》[37]的基础。给项目增加更多的软件工程师并不能保证最终结果的连贯性。在开始实际实现之前，最好把更多的时间用于规划。

时至今日，人工智能领域的质疑声不断，人们更多地认为人工智能的进步是基于炒作，而不是实质上的进步。

克劳德·香农（Claude Shannon，1916—2001）是公认的"信息学之父"。他关于符号逻辑在继电器电路上的应用[39]的开创性论文，是以他在麻省理工学院的硕士论文为基础完成的。他的开创性工作对电话和计算机的运行都很重要。香农有关计算机学习和博弈的研究，在人工智能领域也做出了贡献。关于计算机国际象棋程序，他所写的突破性论文对这个领域影响深远，并延续至今[40]。

Nimotron 建造于 1938 年，是第一台可以发挥完整游戏技能的机器。它由爱德华·康登（Edward Condon）、杰拉德·特沃尼（Gerald Twoney）和威拉德·德尔（Willard Derr）设计，并且申请了专利，可以进行 Nim 取物游戏。他们开发了一个算法，在棋局的任何一步，都可以得到最好的下一步移动（有关 Nim 取物游戏和其他游戏的详细讨论，见第 4 章）。这是机器人技术的前奏（见第 15 章）。

在发展思维机器的过程中，最著名的尝试是"The Turk"，它是由维也纳王室的力学顾问 Baron von Kempelen 于 1790 年开发的。这台机器在欧洲巡回展览多年，欺骗了很多人，使他们认为自己正在与机器博弈。事实上，盒子里隐藏着一位大师级的人类棋手。

托雷斯·克韦多（Torresy Quevedo）（1852—1936）是一位多产的西班牙发明家，可能是他建立了第一个专家系统。为了进行 KRK（King and Rook vs. King）残局游戏，他创建了第一个基于规则的系统。规则是以这 3 枚棋子的相对棋局位置为基础的，如图 1.24 所示。

康拉德·楚泽（Konrad Zuse）（1910—1995）是德国人，他发明了第一台使用电的数字计算机。楚泽独立工作，最初致力于纯数字运算。楚泽认识到工程和数学逻辑之间的联系，并且明白了布尔代数中的计算与数学中的命题演算是等价的。他开发了一个系统，对应于继电器条件命题的布尔代数。

图 1.24　托雷斯·克韦多的机器

由于在人工智能中，许多工作都基于能够处理条件命题（即 IF-THEN 命题）而开展，因此我们可以看到楚泽所做工作的重要性。他在逻辑电路方面的工作比香农的论文早了几年。楚泽认识到需要一种高效和庞大的存储器，并基于真空管和机电存储器改进了计算机，他将这些计算机命名为 Z1、Z2 和 Z3。人们普遍认可 Z3（1941 年 5 月 12 日）是世界上第一台基于浮点数的、可靠的、可自由编程的计算机。这台机器在第二次世界大战中被炸毁了，但是它的仿制品目前展示在慕尼黑的德意志博物馆。

1.7　人工智能的近期历史到现在

自第二次世界大战及计算机问世以来，通过让计算机不断挑战并掌握复杂广泛的棋类游戏，计算机科学取得了巨大的进步，编程技术也日臻成熟。一些人机博弈的例子，包括国际象棋、跳棋、围棋和奥赛罗等游戏，均受益于对人工智能的深度理解及其方法的应用。

1.7.1　计算机博弈

计算机博弈激起了人们对人工智能的兴趣，促进了人工智能的发展。1959 年，亚瑟·塞缪尔（Arthur Samuel）在西洋跳棋博弈方面的著作是早期的一个亮点[41]。他的程序基于 50 个启发式策略组成的策略表，与自身的多个不同版本进行博弈。在一系列比赛中失败的程序将采用获胜程序的启发式策略。这一程序虽然下西洋跳棋很厉害，却从未达到精通的地步。第 16 章将详细讨论塞缪尔对西洋跳棋博弈程序做出的贡献。

几个世纪以来，人们一直试图让机器下出厉害的国际象棋。人类对国际象棋机器的迷恋可能源于一个普遍接受的观点，即只有足够聪明，才能下好国际象棋。1959 年，纽厄尔（Newell）、西蒙（Simon）和肖恩（Shawn）开发了第一个真正的国际象棋博弈程序，这个程序遵循香农-图灵（Shannon-Turing）模式[40,42]。理查德·格林布拉特（Richard Greenblatt）编写了第一个俱乐部级别的国际象棋博弈程序。

20 世纪 70 年代，计算机国际象棋程序的水平稳步提高，到了 70 年代末，已达到专家级别（相当于国际象棋锦标赛棋手的前 1%）。1983 年，肯尼思·莱恩·汤普森（Ken Thompson）的 Belle 是第一个正式达到大师级水平的程序。随后，来自卡内基·梅隆大学的 Hitech 也获得了成功[44]；同时，作为第一个特级大师级（超过 2400 分）程序，Hitech 也成了一个重要的里程碑。不久之后，程序 Deep Thought（也来自卡内基·梅隆大学）也被开发出来，并且成了第一个能够稳定击败国际特级大师（Grandmasters）的程序[45]。20 世纪 90 年代，当 IBM 接手这个项目时，Deep Thought 进化成了"深蓝"（Deep Blue）。在 1996 年的费城，世界冠军加里·卡斯帕罗夫（Garry Kasparov）"拯救了人类"，在 6 场比赛中，他以 4∶2 击败了深蓝。然而 1997 年，在对抗"深蓝"的后继者 Deeper Blue 的比赛中，卡斯帕罗夫却以 2.5∶3.5 败北，当时的国际象棋界为之震动。在随后的 6 场比赛中，在对抗卡斯帕罗夫、克拉姆尼克（Kramnik）和其他世界冠军级别棋手的过程中，程序表现得也很出色，但这些不是世界冠军比赛。虽然人们普遍认同这些程序可能依然略逊于最好的人类棋手，但是大多数人也不得不承认，顶级国际象棋程序与最强大的人类棋手之间的水平可以说不分伯仲（说到这，大家可能会想起图灵测试），并且毫无疑问，在未来 10 到 15 年的某个时间，程序很有可能夺走国际象棋的世界冠军。

1989 年，埃德蒙顿阿尔伯塔大学的乔纳森·舍弗尔（Jonathan Schaeffer）[47]开始实施他的长期目标，即利用程序 Chinook 征服跳棋游戏。1992 年，在与长期占据跳棋世界冠军宝座的马里昂·廷斯利（Marion Tinsley）的一场 40 局的比赛中，Chinook 以 34 平 2 胜 4 负输掉了比赛。1994 年，双方在前 6 局打平之后，廷斯利由于健康原因主动放弃了比赛。从那时起，舍弗尔及其团队努力求解如何博弈残局（只有 8 枚棋子或更少棋子的残局）以及从开局就开始的博弈。

AlphaGo 一开始是通过对围棋高手的棋谱进行简单的卷积神经网络训练来进行的，它也是 Deep Mind 使用游戏作为真实世界的微观模拟战略的一部分，这有助于我们研究人工智能并训练出能够解决世界上最复杂问题的学习智能体。在 AlphaGo 中，"慢思考模式"由蒙特卡洛树搜索（Monte Carlo Tree Search）执行，从给定棋局出发，通过扩展可表示未来己方下法和对方下法的游戏树来进行规划。AlphaGo 高效地使用了树搜索、神经网络、深度学习和强化学习方法。

使用人工智能技术的其他人机博弈游戏（见第 16 章）还包括西洋双陆棋、扑克、桥牌、奥赛罗和围棋（通常被称为"人工智能的新果蝇"[①]）。

1.7.2 专家系统

某些领域的研究几乎与人工智能本身的历史一样长，专家系统就是其中之一。这是在人工智能领域可以宣称获得巨大成功的一个领域。专家系统具有许多特性，这使得其十分适合于人工智能的研究和开发。这些特性包括知识库与推理机的分离、系统的知识超过任何专家或所有专家的知识的总和、知识与搜索技术的关系、推理以及不确定性等等。

最早也是最常提及的一个系统是使用启发式方法的 DENDRAL。人们建立这个系统的目的是基于质谱图鉴定未知的化合物[48]。DENDRAL 由斯坦福大学开发，目的是对火星的土壤进行化学分析。这是最早的能够展示使用特定领域专家知识进行编码的可行性的系统之一。MYCIN 也许称得上最著名的专家系统，这个系统也来自斯坦福大学（1984 年）。MYCIN 是为了方便传染性血液疾病的研究而开发的。然而更重要的是，MYCIN 为所有未来基于知识的系统设计树立了一个典范。MYCIN 有超过 400 条的规则，这些规则最终被用于对斯坦福医院实习医生的培训对话中。20 世纪 70 年代，斯坦福大学开发了 PROSPECTOR 用于矿物勘探[49]。PROSPECTOR 也是早期较有价值的使用推理网络的例子。

20 世纪 70 年代之后，其他的取得成功的著名系统如下：大约有 10 000 条规则的 XCON，

---

① 由于与果蝇类似，国际象棋是一种易于进行且相对简单的游戏，但是通过对这种游戏进行探索，可以产生更复杂问题的重要知识。因此，麦卡锡将国际象棋称为"人工智能的果蝇"。围棋由于越来越引起大家的兴趣，因此被称为"人工智能的新果蝇"。
——译者注

它用于帮助配置 VAX 计算机上的电路板[50]；辅导系统 GUIDON[51]，它是 MYCIN 的一个分支；TEIRESIAS，它是 MYCIN 的一个知识获取工具[52]；HEARSAY I 和 HEARSAY II，它们是使用黑板（Blackboard）架构进行语音理解的最早的例子[53]。道格·莱纳特（Doug Lenat）的 AM（人工数学家）系统[54]是 20 世纪 70 年代另一个重要的研发成果。此外，还有用于在不确定性条件下进行推理的 Dempster-Schafer 理论（简称 DS 证据理论），以及扎德（Zadeh）在模糊逻辑方面所做的工作[32]。

自 20 世纪 80 年代以来，人们在配置、诊断、教学、监测、规划、预判病情、治疗和控制等领域已经开发了数千个专家系统。如今，除了独立运行的专家系统之外，出于控制的目的，还有许多专家系统被嵌入其他软件系统中，包括那些安装在医疗设备和汽车上的软件系统（例如，当我们需要对汽车进行牵引力控制的时候）。

此外，许多专家系统的壳层（shell），例如 Emycin[55]、OPS[56]、EXSYS 和 CLIPS[57]，已经成为工业标准。人们也开发出了众多知识表示语言。现在，许多专家系统都在幕后工作，增强了日常体验，如在线购物车。第 9 章将讨论一些主要的专家系统，包括它们的方法、设计、目的和主要特点。

1.7.3　神经计算

1.5.6 节提到了麦卡洛克和皮茨在神经计算方面进行的早期研究[17]。他们试图理解动物神经系统的行为，但他们的人工神经网络（ANN）模型有一个严重的缺点，即不包括学习机制。

弗兰克·罗森布拉特（Frank Rosenblatt）[58]开发了一种名为**感知器学习规则**（Perceptron Learning Rule）的迭代算法，以便在单层网络（网络中的所有神经元直接连接到输入）中找到适当的权重。在这个新兴学科领域，由于明斯基和帕普特[59]宣称某些问题（如异或 XOR 函数）不能通过单层感知器解决，因此研究遭遇了重重障碍。支持神经网络研究的美国联邦基金马上被大大削减。

20 世纪 80 年代初，由于霍普菲尔德（Hopfield）的工作，这个领域迎来了第二次爆发[60]。霍普菲尔德的异步网络模型（即 Hopfield 网络）使用能量函数找到了 NP 完全问题的近似解[61]。20 世纪 80 年代中期，人工智能领域出现了**反向传播**（backpropagation）算法，这是一种适合于多层网络的学习算法。人们一般采用基于反向传播的网络来预测道琼斯（Dow Jones）指数的平均值，以及在光学字符识别系统中读取印刷材料（详细信息见第 11 章）。神经网络也可以用于控制系统。ALVINN 是卡内基·梅隆大学的项目[62,63]，在这个项目中，反向传播网络能够感知高速公路并协助 Navlab 车辆转向。这项研究的一个直接应用是，无论何时，当车辆偏离车道时，系统都会提醒由于睡眠不足或其他因素而使判断力受到削弱的司机。

1.7.4　进化计算

在 1.5.7 节中，我们讨论了遗传算法。人们笼统地将这些算法归类为进化计算。回想一下，遗传算法使用概率和并行性来解决组合问题（也称为优化问题）。这种搜索方法是由约翰·霍兰德（John Holland）开发的[64]。

然而，进化计算不仅仅涉及优化问题。麻省理工学院计算机科学和人工智能实验室的前主任罗德尼·布鲁克斯（Rodney Brooks）放弃了基于符号的方法，转用自己的方法成功地创造了一个人类水平的人工智能，在论文中[65]，他巧妙地将这个人类水平的人工智能称为"人工智能研究的圣杯"。基于符号的方法依赖于启发式方法（见 1.3 节）和表示范式（见 1.5.3 节和 1.5.4 节）。在他的**包容体系架构方法**（subsumption architectural approach）中（可以将智能系统设计为层次结构，其中的高层级依赖于其下面的层级。例如，如果要建立避障机器人，那么避障这个例程就必须建立在较低的层级，而这个较低层级可能仅仅负责机器人的运动），布鲁克斯主张世界本身就应该作为我们的表示。布鲁克斯坚持认为，智能体正是通过与环境交互才出现智能。他最著名的成就可能就是在实验室里建立的类似昆虫的机器人，其中，一群自主机器人既与环境交互，也彼此交互，这体现了他的智能哲学。第 12 章将探讨进化计算领域。

> **补充资料**
>
> NETtalk[63]是一个学习英语文本正确发音的反向传播应用。程序员宣称这个软件的英语发音具有 95%的准确性。显然，由于英语单词发音中固有的不一致性，如 rough（粗糙）和 through（通过），以及不同外来词的发音，如 pizza（比萨）和 fizzy（泡沫），因此软件也会出现问题。第 11 章将探讨神经计算对智能系统设计的贡献。

1.7.5　自然语言处理

如果希望建立一个智能系统，那么要求该智能系统拥有语言理解能力看起来是非常自然的事情。对于许多早期从业者而言，这个道理不言自明。两个非常著名的早期应用分别是约瑟夫·魏岑鲍姆（Joseph Weizenbaum）的 Eliza 和特里·威诺格拉德（Terry Winograd）的 SHRDLU[20]。

在莱诺铸排机（Linotype）上，英语中最为常用的两组字母是 ETAOIN 和 SHRDLU。威诺格拉德的程序就是以上面的第二组字母命名的。

约瑟夫·魏岑鲍姆是麻省理工学院的计算机科学家，他与来自斯坦福大学的精神科医生肯尼思·科尔比（Kenneth Colby）一起工作并开发了 Eliza[66]。Eliza 旨在模仿卡尔·罗杰斯（Carl Rogers）学派的精神病学家所担任的角色。例如，如果用户键入"我感到疲劳"，Eliza 可能会回答："你说你觉得累了。请告诉我更多内容。"这种"谈话"将会以这种方式继续。就对话的原创性而言，机器几乎没有或者只有很少的贡献。真正的精神分析师可能就是以这种方式工作的，他们希望患者能从中发现自己真实的（也许是隐藏的）感受和挫败感。同时，Eliza 仅仅使用模式匹配的方式来伪装成类似于人类的交互。

当人与机器（例如人形机器人）之间的界限变得不太清楚时，会发生什么？也许在大约 50 年后，这些机器人将不那么像浊骨凡胎，而更像是永生不朽者。

令人好奇的是，魏岑鲍姆的学生及普通公众对于和 Eliza 互动充满了兴趣，即使他们完全意识到 Eliza 只是一个程序，这让魏岑鲍姆感到非常不安。同时，精神科医生科尔比仍然致力于该项目，他写出了一个成功的程序（名为 DOCTOR）。尽管 Eliza 对自然语言处理（NLP）的贡献不大，但是这种软件假装拥有了我们残留的最后一点"特殊"能力，即感知情绪的能力。

NLP 领域的下一个里程碑式的工作不会引起任何争议。特里·威诺格拉德[20]开发了 SHRDLU，这是他在攻读麻省理工学院博士学位时所发表论文中的项目。SHRDLU 使用意义、语法、演绎推理来理解和响应英文命令，它的会话世界是一个桌面，上面放着各种形状、大小和颜色的积木（1.5.8 节介绍了威诺格拉德的积木世界）。

人物轶事

谢里·特克尔（Sherry Turkle）

对许多人来说，他们认为一些人沉迷于类似 Eliza 的程序似乎有点令人遗憾，他们认为这体现出一些人对生活感到沮丧的迹象。2006 年夏，在达特茅斯学院校园举行的人工智能@ 50 研讨会（"达特茅斯人工智能研讨会：下一个五十年"）上，与会者在闲聊中表达了他们对 Eliza 的这种关注。这场讨论中的一名参与者是谢里·特克尔，她是一名进行分析型训练的心理学家，在麻省理工学院的科学、技术和社会的项目中工作。自然地，特克尔很有同情心。

特克尔[67]对她所谓的"关系型人造物"（relational artifact）进行了大量的研究。这些设备（包括玩具和机器人）所定义的属性并非它们的智能，而是它们能够唤起与之交互者的关爱行为的能力。1997 年，美国的第一个关系型人造物 Tamagotchis 诞生，它们是液晶显示屏上的虚拟动物。为了让这些生物"成长"为健康的"成年动物"，许多孩子（及其父母）不得不不断地"喂养""清洁"和"培养"它们。最近，研究者开发了一些 MIT 机器人（包括 Cog、Kismet 和 Paro），使它们具有伪装人类情感的神奇能力，并能够唤起与之交互的人的情绪反应。特克尔研究了疗养院中儿童和老年人与这些机器人形成的关系，这些关系涉及真正的情感和关怀。特克尔谈到，或许需要重新定义"关系"一词，使之包括人们与这些所谓的"关系型人造物"的相遇。但是，她仍然相信，这样的关系永远不会取代那种只能发生在必须每天面对死亡的人与人之间的联系。

机器人手臂可以与这个桌面互动，实现各种目标。例如，如果要求 SHRDLU 举起一个上面有一个小绿色积木的红色积木，那么它知道在举起红色积木之前，必须先移除绿色积木。与 Eliza 不同，SHRDLU 能够理解英文命令并做出适当的回应。

HEARSAY[68]是一个雄心勃勃的语音识别程序（见 1.7.2 节），该程序采用了**黑板架构**（blackboard architecture）。在黑板架构中，组成语言的各种成分（如语音和短语）对应的独立知识源（智能体）之间可以自由通信。该程序使用语法和语义信息来去除不太可能的单词组合。

HWIM（发音为"whim"，是 Hear What I Mean 的缩略形式）项目[69]使用增强的转移网络来理解口语。它有一张由 1000 个单词组成的词汇表，用于旅行预算的管理。也许由于这个项目的目标范围过大，因此它的表现不如 HEARSAY II。

在这些成功的自然语言程序中，语法分析都发挥了不可或缺的作用。SHRDLU 采用上下文无关的语法来分析英文命令。上下文无关语法提供了所处理符号串的句法结构。然而，为了有效地处理自然语言，还必须考虑语义。

补充资料

语法分析树提供了构成句子的单词之间的关系。例如，许多句子可以分解为主语和谓语。而主语又可以分解为一个名词短语，后面跟着一个介词短语，等等。本质上，通过分析树可以给出句子的语义，即句子的含义。

前面提到的每个早期的语言处理系统，在某种程度上采用的都是世界知识（比如，北京是中国的首都）。然而，20 世纪 80 年代后期，NLP 进步的最大障碍是常识问题（比如，北京是中国的首都，因此北京必须是一座城市，而且不可能是其他国家的首都）。尽管在 NLP 和人工智能

的特定领域有很多成功的应用，但它们经常被批评只是**微观世界**（microworld），意思是程序并没有一般的现实世界的知识或者说常识。

例如，虽然程序可能知道很多关于特定场景（比如在餐馆点餐）的知识，但是其没有男女服务员是否活跃或者他们是否穿着通常的衣服这些知识。在过去的25年里，得克萨斯州奥斯汀MCC的道格拉斯·莱纳特（Douglas Lenat）[70]已经建立了最大的常识知识库来解决这个问题。

近年来，NLP领域出现了一个非常重大的范式转变。在这种相对较新的范式中，统计方法而不是世界知识被用于生成句子的语法分析树。

查尼阿克（Charniak）[71]介绍了如何增强上下文无关的语法，以赋予每条规则相关的概率。例如，这些相关概率可以从**宾州树库**（Penn Treebank）中获取[72]。宾州树库包含了手动分析的超过100万个单词的英文文本，这些文本大部分来自《华尔街日报》。查尼阿克展示了这种统计方法如何成功地分析《纽约时报》头版中的一个句子（即使对大多数人而言，这种分析也并非雕虫小技）。

第13章将进一步描述NLP的统计方法和机器翻译最近取得的成功。

1.7.6　生物信息学

生物信息学是将计算机科学的算法和技术应用于分子生物学的一门新兴学科，主要关注生物数据的管理和分析。在结构基因组学中，人们尝试为每个观察到的蛋白质指定一个结构。自动发现和数据挖掘可以帮助人们实现这种目标[73]。胡里斯卡（Juristica）和格拉斯哥（Glasgow）展示了基于案例的推理能够协助发现每个蛋白质的代表性结构。在关于人工智能和生物信息学的2004年度AAAI特刊中，胡里斯卡、格拉斯哥和罗斯特在他们所写的综述性文章中指出："在生物信息学近期的活动中，发展最快的领域可能是微阵列数据的分析。"[74]

对于可获得的数据，不论在种类上还是在数量上，都对微生物学家造成了重负——这要求他们完全基于庞大的数据库来理解分子序列、结构和数据。许多研究人员相信，来自知识表示和机器学习的人工智能技术也将会被证明大有用处。

1.8　新千年人工智能的发展

人工智能是一门独特的学科，它允许我们探索未来生活的诸多可能性。在人工智能短暂的历史中，它的方法论已经被吸纳到计算机科学的标准技术中。比如，在人工智能研究中产生的搜索技术和专家系统现在都已经被嵌入许多控制系统、金融系统和基于Web的应用中。

- ALVINN是一个基于神经网络的系统，用于控制车辆，它曾被用来控制车辆围绕卡内基·梅隆校区行驶。
- 目前，许多人工智能系统被用于控制财务决策，如买卖股票。这些系统使用了各种人工智能技术，如神经网络、遗传算法和专家系统。
- 基于互联网的智能体被用于搜索万维网，寻找用户感兴趣的新闻文章。

科技进步显著地影响了我们的生活，这种趋势无疑将会继续。最终，作为人类的意义何在？这个问题很可能会成为一个讨论的焦点。

如今，有人活到八九十岁并不罕见，人的寿命将继续延长。医疗加上药物、营养以及关于人类健康的知识将继续取得显著进步，从而能够击败疾病和死亡的各种成因。此外，先进的义肢装置将帮助残疾人在较少身体限制的状态下生活。最终，小型、不显眼的嵌入式智能系统将能够维护和增强人们的思维能力。在某个时间点，我们将会面临这样的问题："人类在哪里结束是否意味着机器就从哪里开始？反之成立吗？"

最初，这样的系统非常昂贵，并非普通消费者所能承受，而且会产生一些其他问题，比如人们会担心谁应该秘密参与这些先进的技术。随着时间的推移，标准规范将会出现。平均寿命超过 100 年的人组成的社会，其结果将会是什么呢？如果接受嵌入式混合材料（如硅电路）可使生命得以延续 100 年以上，谁不愿意接受呢？如果地球上的老年人口过多，生活会有什么不同呢？谁将解决人们的居住问题？生命的定义又是什么？也许更重要的是，生命在何时结束？这些确实是道德和伦理难题。

> 科幻小说改编的经典电影《超世纪谍杀案》（*Soylent Green*）从一个有趣的视角探讨了人工智能的未来。

在生活中，哪种 AI 方法将在未来为人类的最大进步铺平道路时脱颖而出？人工智能会在逻辑、搜索或知识表示方面取得进展吗？或者说，我们可否从由看起来简单的系统组织成具有非常多可能性的复杂系统的方式中学习（例如，从细胞自动机、遗传算法和智能体中学习）？专家系统将会为我们做些什么？对人工智能而言，模糊逻辑是否会成为迄今为止未被发掘的展示平台？在自然语言处理、视觉、机器人技术方面有什么进步？神经网络和机器学习提供了什么可能性？虽然这些问题的答案很难获得，但可以肯定的是，随着影响生活的人工智能技术的持续涌现，大量的科技将会使我们的生活更加方便。

任何技术的进步都会带来各种奇妙的可能性，同时也会带来新的危险。这些危险可能与组件和环境的意外交互有关，这些交互可能导致事故甚至灾难。同样危险的是，与人工智能结合的先进技术也可能落入坏人之手。想象一下，如果具备作战能力的机器人被恐怖分子挟持，将会造成多大的破坏和混乱！当然，这可能不会阻碍技术的进步。人们可能会明确或默认接受这些带来惊人可能性的技术所带来的风险，以及它们可能产生的不良后果。

机器人的概念甚至在人工智能之前就已经存在了。目前，机器人在机器装配中起着重要工具的作用，如图 1.25 所示。此外，机器人显然能够帮助人类做一些常规的体力活，如吸尘和购物，并且在更具挑战性的领域（如搜索、救援以及远程医疗）也有帮助人类的潜力。随着时间的推移，机器人还会展示情感、感觉和爱（考虑一下 Paro 和 Cog 机器人）[67]，以及我们通常认为只有人类才有的一些行为。机器人将能够在生活的各个方面帮助我们，其中许多方面人类目前无

图 1.25　新千年的机器人汽车装配

法预见。然而，有人认为机器人也许会模糊"在线生活"和"现实世界生活"之间的区别，这也并非不着边际。我们何时将"人"定义为"人形机器人"？如果机器人的智能超过人类（何时？），会发生什么事情？在试图预测人工智能的未来时，我们希望能够充分思考这些问题，以便在未来的变幻莫测前做出更充分的准备。

1.9　本章小结

本章设定了思考人工智能的基调，解决了一些基本问题，例如"人工智能的定义是什么？"

"思维是什么？""智能是什么？"读者应该思考人类智能与其他智能的区别是什么，以及动物智能是如何衡量的。

本章介绍了图灵测试的定义，以及围绕图灵测试的争议和批评，如塞尔的中文房间问题等等。

本章还介绍了强人工智能方法和弱人工智能方法的区别，并讨论了典型的人工智能问题以及它们的解决方案。在强人工智能方法和解决方案中，启发式方法的重要性得到了强调。

考虑哪些类型的问题适合使用人工智能来解决而哪些问题不适合是非常合理的做法。例如，医疗领域的挑战以及类似的积累了大量人类专业知识（如国际象棋游戏）的领域特别适合使用人工智能来解决。另一些只要用简单和单纯的计算就可以获得解决方案或答案的领域则不适合使用人工智能来解决。

本章就人工智能的应用及其方法进行了探讨，包括搜索算法、拼图问题和二人博弈问题。本章的内容也表明，自动推理与许多人工智能解决方案密切相关，这通常是人工智能解决方案基础的一部分。本章在产生式系统和专家系统领域，从早期人工智能的棋手和机器的独特历史视角呈现了大量的实际应用。本章也从计算机博弈、专家系统、神经计算、进化计算和自然语言处理方面，回顾了人工智能最近的发展史。虽然细胞自动机和神经计算等相当复杂的领域并非完全基于知识，但仍产生了良好的结果。

我们讨论了一个具有伟大前景的新的人工智能领域——进化计算，并且探讨了知识表示，提供了多种可能的表示方法，供人工智能研究者设计解决方案。很明显，采用统计和概率决策的不确定性推理已成为应对许多人工智能挑战的流行且卓有成效的方法。本章也回答了一些重要的问题，比如"谁做了这些工作，是谁将我们带领到现在的位置？"以及"这些工作是如何实现的？"等等。

讨论题

1．你如何定义人工智能？

2．区分强人工智能和弱人工智能。

3．ALICE 是最近几次赢得 Loebner 奖的软件。请从线上找到该软件的一个版本并介绍一些关于 ALICE 的情况。

4．艾伦·图灵对人工智能的重要贡献是什么？

5．约翰·麦卡锡对人工智能的贡献是什么？

6．为什么 ATM 及其编程不是人工智能编程的一个好例子？

7．为什么对于人工智能研究而言，医疗诊断是一个非常典型且适合的领域？

8．为什么对于人工智能而言，二人博弈是一个非常适合研究的领域？

9．解释计算机国际象棋对人工智能研究起到的作用。

10．简述专家系统的定义。

11．给出 3 种形式的知识表示方法。

练习题

1．图灵测试的一种变体是**逆图灵测试**（inverted Turing test）；在这个测试中，计算机必须确定它是在与人打交道还是在与另一台计算机打交道。请想象一下这种版本的图灵测试可能的任何实际应用。（提示：近年来，大家试过在线购买热门体育或娱乐活动的门票吗？）

2．图灵测试的另一种变体是**个人图灵测试**（personal Turing test）。想象一下，你试图确定与你交流的是你朋友还是一台假装是你朋友的计算机。如果计算机通过了这个测试，试想可能会产生什么法律或道德问题。

3．许多人认为语言的使用是智能的必要属性。Koko 是一只大猩猩，她经过斯坦福大学的弗朗西斯·帕特森博士培训后会使用美国手语。Koko 能够表达她不知道的单词组合。例如，她用已知的"手镯"和"手指"这样的词来表示戒指。这只"具备一定知识"的大猩猩是否改变了你对动物智能这个主题的思考？如果是，请回答在什么方面改变了？你能够想象给 Koko 来一次智力测试吗？

4．假定通过如下测试的城市被认定为大城市。

● 它应该可能在凌晨 3:00 提供牛排餐。

● 每个夜晚，在城市范围内的某个地方都应该安排一场古典音乐会。

● 每个夜晚都应该安排一场重要的体育赛事。

假设美国的某个小镇上的居民想通过这个测试，他们为此开了一家 24 小时营业的牛排店，聘请了一支交响乐团并获得了大型体育特许经营权。那么大家觉得这个小镇能够通过上述大城市认定的测试吗？请将这个讨论与通过原始图灵测试和拥有智能的标准相关联（Dennett，2004）。

5．假设要设计一个阈值逻辑单元（TLU）来模拟双输入的或（OR）函数，你能否确定一个阈值和所有权重来完成这一任务？

6．考虑迭代囚徒困境游戏的一种策略：对于某个未知数 n，游戏重复 n 次。从长远来看，如何衡量该策略是否成功？

7．采用遗传算法来解决本章中提供的 3 拼图问题，建议使用字符串来表达可能的解。这里大家会建议使用什么适应度函数？

8．给出一个启发式方法，使你能够在高峰时段出租车稀缺时，乘坐出租车访问纽约市（或任何其他主要城市）。

9．狮子在追击猎物时，可能会使用什么启发式方法？

10．假设要设计一个专家系统，用于帮助家庭选择合适的狗，请建议一些可能的规则。

11．在哥白尼之前，地球被认为是宇宙的中心。在哥白尼之后，人类明白了地球只是绕着太阳旋转的众多行星之一。在达尔文之前，人类认为自己是与这个行星中的其他生命有机体分离开来的物种（并且高于其他物种？）。在达尔文之后，人类明白了自己只是从单细胞生物演化而来的另一种动物。假设人类级别的人工智能在 50 年后已经实现，并且进一步假设机器人 Cog、Paro 和 Kismet 的继承者实际上体验到了情绪，而不是假装有这样的情绪。在人类历史上的这样一个时刻，作为形成人类"特殊性"的核心，人类应该坚持什么主张？这些主张是不是必要的？抑或甚至是大家想要的吗？

12．假设在将来的某一天，美国宇航局计划在木星的卫星 Europa 上进行一次无人任务。假设在启动任务时，我们对 Europa 卫星的表面了解甚少。相对于发送一两台相对重要的机器，发送"一群"罗德尼·布鲁克斯昆虫型机器人有什么优势？

13．Eliza 应该被视为一种关系型人造物？请给出是或不是的理由。

14．请听 The Killers 乐团的歌曲 *Human*，其中的歌词"Are We Human or Are We Dancer"是什么含义？它们与我们学习的课程有什么相关性？关于这一点，大家可以参与在线的热烈讨论（这首歌曲可以在 YouTube 上找到）。

15．人工智能问题与其他类型的问题有什么不同？列举常用的 5 种用于人工智能的问题解决技巧。

16. 请为人工智能设计一个新的适用于今天的图灵测试方法。

17. 研究一下 Lovelace 2 机器人测试。大家觉得这个图灵机器人的新测试标准是否可以接受？如何对其与习题 2 的解答进行比较？

关键词

15 拼图问题	判别式	神经网络
3 拼图问题	领域知识	Nim 取物游戏
8 拼图问题	进化计算	分析树
A*算法	专家系统	通过图灵测试
抽象	适应度函数	感知机学习规则
对抗性游戏	框架	完美信息
智能体	功能	产生式规则
算法	生命游戏	脚本
人工智能（AI）	通用问题求解器（GPS）	语义网络
自动推理	遗传算法	槽和槽填充值
反向传播	目标状态	空间树
集束搜索	启发式方法	初始状态
最佳优先搜索	爬山法	状态空间图
黑盒	模拟游戏	存储程序概念
黑板架构	实现	强人工智能
盲目搜索	智能	图灵测试
积木世界	迭代囚徒困境	阈值逻辑单元（TLU）
分支定界	迭代学习算法	通用图灵机
宽度优先搜索	知识工程师	不确定性
细胞自动机（CA）	学习规则	论域
组合爆炸	逻辑	水壶问题
常识	逻辑理论家	弱人工智能
概念图	微观世界	世界知识
上下文无关语法	传教士与野人问题	零和游戏
深度优先搜索	神经计算	

参考资料

[1] Dreyfus H L, Dreyfus S E. Mind Over Machine. New York, NY: TheFree Press, 1986.

[2] Michie D L. On Machine Intelligence, 2nd edition. Chichester, England: Ellis Horwood, 1986.

[3] Sokolowksi R. Natural and Artificial Intelligence. In The Artificial Intelligence Debate, ed. S. R. Graubard. Cambridge, MA: The MIT Press, 1989.

[4] Sternberg R J. In Search of the Human Mind. 395-396. New York, NY: Harcourt-Brace, 1994.

[5] Reader's Digest. Intelligence in Animals. London, England: Toucan Books Limited, 1994.

[6] Raphael B. The Thinking Computer. San Francisco, CA: W.H. Freeman, 1976.

[7] Turing A M. Computing Machinery and Intelligence. Mind L I X 236: 433-460, 1950.

[8] Fromm E. The art of loving. (Paperback ed). Harper Perennial, 1956.

[9] Block N. Psychoanalysis and behaviorism. Reprinted in The Turing Test. Ed. S. Shieber. Cambridge, MA: The MIT Press, 2004.

[10] Searle J R. Minds, brains, and programs. Reprinted in The Turing Test. Ed. S. Shieber. Cambridge, MA: The MIT Press, 2004.

[11] Dennett D C. Can machines think? Reprinted in The Turing Test. Ed. S. Shieber. Cambridge, MA: The MIT Press, 2004.

[12] Turing A M. On computable numbers, with an application to the entscheidongs problem. In Proceedings of the London Mathematical Society 2: 230-265, 1936.

[13] Polya G. How to solve it, 2nd ed, Princeton, NJ: Princeton University Press, 1957.

[14] Newell A, Simon H A. GPS: a program that simulates human thought. In Computers and thought, ed. Feigenbaum and Feldman. New York, NY: McGraw Hill, 1963.

[15] Shortliffe E H. Computer-based medical consultation: MYCIN. Amsterdam, London, New York, NY: Elsevier-North-Holland, 1976.

[16] Gardner M. Mathematical games: The fantastic combinations of John Conway's new solitaire game "life". Scientific American 223 (October): 120-123, 1970.

[17] McCulloch W S, Pitts W. A logical calculus of the ideas imminent in nervous activity. Bulletin of Mathematical Biophysics 5: 115-133, 1943.

[18] Newell A, Simon H A. Empirical explorations with the logic theory machine: A case study in heuristics. In Computers and thought, ed. Feigenbaum and Feldman., New York, NY: McGraw Hill, 1963.

[19] Whitehead A N, Russell B. Principia Mathematica, 2nd ed. London, England: Cambridge University Press, 1950.

[20] Winograd T. Understanding natural language. New York, NY: Academic Press, 1972.

[21] Nilsson N. Principles of Artificial Intelligence. Palo Alto, CA: Tioga, 1980.

[22] Genesereth M, Nilsson, N. Logical foundations of Artificial Intelligence. Los Altos, CA: Morgan Kaufmann, 1987.

[23] Bundy A. The computer modeling of mathematical reasoning. Academic Press, San Diego, CA, 1983.

[24] Quillian M R. World concepts: A theory and simulation of some basic semantic capabilities. In Readings in Knowledge Representation, ed, 1967 R. Brachman and H. Levesque. Los Altos, CA: Morgan Kaufmann, 1985.

[25] Shapiro S C. The SNePS semantic network processing system. In Associative networks: Representation and use of knowledge by computers, ed. N.V. Findler, 179-203. New York, NY: Academic Press, 1979.

[26] Schank R C, Rieger, C. J. Inference and the computer understanding of natural language. Artificial Intelligence, 5(4): 373-412, 1974.

[27] Minsky M. A framework for representing knowledge. In Readings in Knowledge Representation, ed, 1975 R. Brachman and H. Levesque. Los Altos, CA: Morgan Kaufmann, 1985.

[28] Schank R C, Abelson R Scripts, plans, goals, and understanding. Hillsdale, NJ: Erlbaum, 1977.

[29] Sowa J F. Conceptual structures: Information processing in mind and machine. Reading, MA: Addison-Wesley, 1984.

[30] Nowak J D, Gowin R B. Learning how to learn. Cambridge, England: Cambridge University Press, 1985.

[31] Minsky M. A society of mind. New York, NY: Simon and Schuster. 1985.

[32] Zadeh L. Commonsense knowledge representation based on fuzzy logic. Computer, 16: 61-64, 1983.

[33] Levy D N L. Robots unlimited: Life in the virtual age. Wellesley, MA: AK Peters, LTD, 2006.

[34] Godel K. On formally undecideable propositions of 'principia mathematica' and related systems (Paperback). New York, NY: Dover Publications, 1931.

[35] Descartes R. Six metaphysical meditations. Wherein it is proved that there is a God and the man's mind is really distinct from his body. Translated by W. Moltneux. London: Printed for B. Tooke, 1680.

[36] Luger G F. Artificial Intelligence: Structures and strategies for complex problem solving. Reading, MA: Addison-Wesley, 2002.

[37] Brooks F P. The mythical man-month: Essays on software engineering paperback. Reading, MA: Addison-Wesley, 1975/1995 2nd ed.

[38] Boole G. An investigation of the laws of thought. London, England: Walton & Maberly, 1854.

[39] Shannon C E. A symbolic analysis of relay and switching circuits. Transactions American Institute of Electrical Engineers 57: 713-723, 1938.

[40] Shannon C E. Programming a computer for playing chess. Philosophical Magazine 7th Ser., 41: 256-275, 1950.

[41] Samuel A L. Some studies in machine learning using the game of checkers. IBM Journal of Research and DevelopmenM t 3(3), 1959.

[42] Turing A M. Digital computers applied to games. In Faster than thought, ed. B. V. Bowden, 286-310. London, England: Pitman, 1953.

[43] Greenblatt R. D, Eastlake III D E, Crocker S D. The Greenblatt chess program. In Proceedings of the Fall Joint Computing Conference 31: 801-810. San Francisco, New York, NY: ACM, 1976.

[44] Berliner H J Ebeling C. Pattern knowledge and search: The SUPREM architecture. Artificial Intelligence 38: 161-196, 1989.

[45] Hsu F H, Anantharaman T, Campbell M, Nowatzyk A. A grandmaster chess machine. Scientific American 2634, 1990.

[46] Kopec D. Kasparov vs. Deep Blue: Mankind is safe-for now. Chess Life May: 42-51, 1996.

[47] Schaeffer J. One jump ahead. New York, NY: Springer-Verlag, 1997.

[48] Buchanan B G, Feigenbaum E A. Dendral and meta-dendral: Their applications dimensions. Intelligence Artificial 11, 1978.

[49] Duda R O Gaschnig J, Hart P E. Model design in the PROSPECTOR consultant for mineral exploration. In Expert systems in the microelectronic age, ed. D. Michie. Edinburgh, Scotland: Edinburgh University Press, 1979.

[50] McDermott J. R1: A rule-based configurer of computer systems. Artificial Intelligence 19(1), 1982.

[51] Clancey W J, Shortliffe E H, eds. Readings in medical Artificial Intelligence: The first decade. Reading, MA: Addison-Wesley, 1984.

[52] Davis R, Lenat D B. Knowledge-based systems in artificial intelligence. New York, NY: McGraw-Hill, 1982.

[53] Erman L D, Hayes-Roth F Lesser V et al. The HEARSAY II speech understanding system: Integrating knowledge to resolve uncertainty. Computing Surveys 12(2): 213-253, 1980.

[54] Lenat D B. On automated scientific theory formation: A case study using the AM program. Machine Intelligence 9: 251-256, 1977.

[55] Van Melle W Shortliffe E H. Buchanan B G. EMYCIN: A domainindependent system that aids in constructing knowledge-based consultation programs. Machine Intelligence. Infotech State of the Art Report 9, no. 3, 1981.

[56] Forgy C L. On the efficient implementation of production systems. PhD thesis, Carnegie- Mellon University, 1979.

[57] Giarratano J. CLIPS user's guide. NASA, Version 6.2 of CLIPS, 1993.

[58] Rosenblatt F. The perceptron: A probabilistic model for information storage and organization in the brain. Psychological Review 65: 386-408, 1958.

[59] Minsky M. and Papert S. Perceptrons: An introduction to computational geometry. Cambridge, MA: The MIT Press, 1969.

[60] Hopfield J J. Neural networks and physical systems with emergent collective computational abilities. In Proceedings of the National Academy of Sciences 79: 2554-2558, 1982.

[61] Hopfield J J, Tank D. Neural computation of decisions in optimization problems. Biological Cybernetics 52: 141-152, 1985.

[62] Sejnowski T J, Rosenberg C R. Parallel networks that learn to pronounce English text. Complex Systems 1: 145-168, 1987.

[63] Pomerleau D A. ALVINN: An autonomous land vehicle in a neural network. In Advances in neural information processing systems 1. Palo Alto, CA: Morgan Kaufman, 1989.

[64] Holland J H. Adaptation in natural and artificial systems. Ann Arbor, Michigan: University of Michigan Press, 1975.

[65] Brooks R A. The cog project. Journal of the Robotics Society of Japan, Special Issue (Mini) on Humanoid, ed. T. Matsui. 15(7), 1996.

[66] Weizenbaum J. Eliza-A computer program for the study of natural language communication between man and machine. Communications of the ACM 9: 36-45, 1966.

[67] Turkle S. Artificial Intelligence at 50: From building intelligence to nurturing sociabilities. In Proceedings of ai @ 50, Dartmouth College, Hanover, New Hampshire, 2006.

[68] Fennell R D, Lesser V R. Parallelism in Artificial Intelligence Problem-Solving: A case study of Hearsay-II. Tutorial on parallel processing 185-198. New York, NY: IEEE Computer Society, 1986.

[69] Wolf J J, Woods W A. The Journal of the Acoustical Society of America 60(S1): 811, 1976.

[70] Lenat D B. Cyc: A large-scale investment in knowledge infrastructure. Communications of the ACM 38(11), 1995.

[71] Charniak E. Why natural language processing is now statistical natural language processing. In Proceedings of AI @50, Dartmouth College, Hanover, New Hampshire, 2006.

[72] Marcus M P, Santorini B, and Marcinkiewicz M A. Building a large annotated corpus of English: The Penn Treebank. Computational Linguistics 19(2): 313-330, 1993.

[73] Livingston G R. Rosenberg J M Buchanan B J. Closing the loop: Heuristics for autonomous discovery. In

Proceedings of the 2001 IEEE International Conference on Data Mining 393-400. San Jose, CA: IEEE Computer Society Press, 2001.

[74] Glasgow J Jurisica I. Rost B AI and Bioinformatics (Editorial). AI Magazine Spring: 7-8, 2004.

书目

[1] Boole G. The Mathematical Analysis of Logic: Being an Essay Towards a Calculus of Deductive Reasoning. Cambridge: Macmillan Barclay and MacMillan, 1847.

[2] Brachman R J, Levesque J. Readings in Knowledge Representation. Los Altos, CA: Morgan Kaufmann, 1985.

[3] Brooks R A, "Elephants Don't Play Chess." Robotics and Autonomous Systems 6 (1990): 3-15.

[4] Buchanan B G, Feigenbaum E A. Rule-Based Expert Programs: The MYCIN Experiments of the Stanford University Heuristic Programming Project. Reading, Massachusetts: Addison-Wesley, 1984.

[5] Glasgow J, Jurisica I, Burkhard R. "AI and Bioinformatics." AI Magazine 25, 1 (Spring 2004): 7-8.

[6] Kopec D. Advances in Man-Machine Play. In Computers, Chess and Cognition, Edited by T.A. Marsland and J. Schaeffer, 9-33. New York: Springer-Verlag, 1990.

[7] Kopec D, Shamkovich L, Schwartzman G. Kasparov-Deep Blue. Chess Life Special Summer Issue (July 1997): 45-55.

[8] Levy David N L. Chess and Computers. Rockville, Maryland: Computer Science Press, 1976.

[9] Michie D. "King and Rook against King: Historical Background and a Problem for the Infinite Board." In Advances in Computer Chess I. Edited by M. R. B. Clarke. Edinburgh, Scotland: Edinburgh University Press, 1977.

[10] Michie D."Chess with Computers". Interdisciplinary Science Reviews 5, 3(1980): 215-227.

[11] Michie D. (with R. Johnston). The Creative Computer. Harmondsworth, England: Viking, 1984.

[12] Molla M, Waddell M, Page D, Shavlik J. "Using Machine Learning to Design and Interpret Gene-Expression Microarrays". AI Magazine 25 (2004): 23-44.

[13] Nair R, Rost B. "Annotating Protein Function Through Lexical Analysis". AI Magazine 25, 1 (Spring 2004): 44-56.

[14] Newborn M. Deep Blue: An Artificial Intelligence Milestone. New York: Springer-Verlag, 2002.

[15] Rich E. Artificial Intelligence. New York: McGraw-Hill, 1983.

[16] SAT: Aptitude and subject exams administered several times annually by the College Board.

[17] Standage T. The Turk. New York: Walker Publishing Company, 2002.

第二部分 基础知识

许多 AI 研究人员认为搜索及其执行方法是 AI 的基础。第 2 章主要关注盲目搜索及其执行的方式。

第 3 章介绍启发式方法的概念和利用这些启发式方法开发出的搜索技术。这一章将介绍搜索中的最优性概念，这些搜索技术包括分支定界技术以及相对被忽略的双向搜索技术。第 4 章将重点介绍计算机博弈。特别是在二人博弈中，明确的规则和目标使得可以开发诸如极小化极大（minimax）、α-β 剪枝和期望极小化极大的方法来高效地指导计算机下棋。

有些研究人员将逻辑视为 AI 的基础。第 5 章将介绍表示逻辑、命题逻辑、谓词逻辑和其他逻辑。另一些研究人员则认为，表示方式的选择是人类和机器问题求解不可分割的一部分。第 6 章将介绍图、框架、概念图、语义网络以及基于智能体的世界视图的概念。第 7 章有关 AI "强" "弱" 方法的讨论，为产生式系统提供了一个背景。在 AI 中，产生式系统（第 7 章将介绍）是一种公认的强有力的知识表示和问题求解方法。此外，第 7 章还将介绍细胞自动机和马尔可夫链。

第 2 章 盲 目 搜 索

人工智能中经常遇到的最为重要的一个问题是搜索，本章就从这个搜索问题开始学习。本书的目标是介绍用于解决 AI 问题的三个最为流行的方法：搜索、知识表示和学习。一开始我们将学习基本的搜索算法，这些算法被称为"盲目搜索"或者"无信息搜索"，它们不依赖问题域的任何特定知识。正如我们将看到的那样，这些算法通常需要大量的空间和时间。

图 2.0　本章习题 10 的过河问题

2.0　简介：智能系统中的搜索

搜索是大多数人生活中很自然的一部分。我们当中有谁没有把房屋钥匙或电视遥控器放错地方，然后沿着在家里走过的路线翻翻靠垫、检查口袋呢？有时候，搜索可能更多是在大脑中进行。大家可能有过这样的经历，就是想不起来自己去过的地方的名字或非常喜欢的电影中演员的名字，甚至不记得曾经非常熟悉的歌词。要想起来这些事，可能需要几秒钟，并且随着年龄的增长，可能需要的时间会更长。

许多算法专门用表结构来进行搜索和排序。大家都会同意这一点，即如果数据按照逻辑顺序组织的话，那么搜索起来就会比较方便。想象一下如果姓名和电话号码随机排列，那么搜索较大城市的电话簿会有多么麻烦！因此，搜索和信息组织在智能系统的设计中发挥着重要作用，这一点并不足奇。也许我们要搜索曾经去过的地方的名字或序列中的下一个数字（见第 1 章），抑或搜索井字游戏或跳棋游戏中下一步最佳移动（见第 4 章和第 16 章）。人们会认为，能够非常快地解决此类问题的人，通常比其他人更聪明。软件系统通常也使用相同的说法。例如，更好的国际象棋博弈程序比同类型的其他程序更加智能。

本章介绍几种基本的搜索算法。2.1 节解释了**状态空间图**（state-space graph），这是一种有助于形式化搜索过程的数学结构。在著名的**假币问题**（False Coin Problem）中，人们必须通过对两个或更多的硬币进行称重来识别假币，其中就展示了这种结构。2.2 节解释了**生成-测试**（generate-and-test）搜索范式。生成器模块系统地提出了问题的可能解，而测试器模块则验证这些解的正确性。

本章还引入了两种经典的搜索方法：**贪心算法**（greedy algorithm）和**回溯法**（backtracking）。这两种搜索方法都首先将问题分成若干步骤。例如，如果要将 8 个皇后放在国际象棋的棋盘上，要求其中任何两个皇后都不会互相攻击，也就是说，任何两个皇后都不占据同一行、同一列或同一对角线；那么第 1 步就是将第一个皇后放在棋盘上，第 2 步就是将第二个皇后放在安全的方格中，其余以此类推。正如你将在 2.2 节中看到的那样，上述两种搜索方法的具体选择标准互不相同。

2.3 节解释了盲目搜索（Blind Search，也称无信息搜索）算法。盲目搜索算法是一种不需要使用问题域知识的搜索方法。例如，假设你正在迷宫中寻找出路。在盲目搜索中，你可能总是选择最左边的路线，而不考虑任何其他可替代的路线。两种典型的盲目搜索算法是广度优先搜索（Breath First Search，BFS）和深度优先搜索（Depth First Search，DFS）算法，这两种算法在前面的第 1 章中已经做了简要介绍。在继续搜索之前，BFS 在离起始位置的指定距离处仔细查看当前所有可能的选项。BFS 的优点是，如果一个问题存在解，那么 BFS 就一定能够找到它。

但是，如果在每个时刻的可选项非常多，那么 BFS 可能会因为需要消耗太多的内存而变得不实用。然而，DFS 采用了不同的策略来达成目标：在寻找可替代路径之前，追求寻找单一的路径来实现目标。DFS 的内存需求合理，但是 DFS 可能会因为偏离起始位置过远而错过相对靠近搜索起始位置的解。迭代加深的 DFS 是介于 BFS 和 DFS 之间的一种折中方案，旨在将 DFS 有限的空间需求与 BFS 能找到解的确定性结合到一起。

2.1 状态空间图

状态空间图（state-space graph）是对问题的一种表示方法。通过状态空间图，人们可以探索和分析通往解的可能的可选路径。某个具体问题的解将对应状态空间图中的一条路径。有时，只需要搜索问题的任意一个解即可；而有时，我们希望得到一条最短路径或最优解。本章主要关注所谓的盲目搜索，即寻求发现问题的任意一个解。第 3 章将重点关注知情搜索（Informer Search），知情搜索算法通常可以发现问题的最优解。

假币问题

在计算机科学中，一个非常著名的问题是**假币问题**（False Coin Problem）。有 12 枚硬币，已知其中一枚是假的或伪造的，但是不知道这枚假币比真币轻还是重。普通的天平可以用于确定任何两组硬币的质量是否相等，或者一组硬币比另一组硬币轻还是重。为了解决这个问题，你可以建立一个过程，只需要称三次（每次对两组硬币进行比较），就可以找出那枚假币。

在这里，我们将解决一个更简单的问题，该问题只涉及 6 枚硬币。与上述原始问题一样，该问题也需要比较三组硬币，只不过在这种情况下，任何一组硬币的枚数相对较小而已。我们将这个 6 枚硬币的问题称为**微型假币问题**（Mini False Coin Problem）。我们使用符号 $C_{i1} C_{i2}\cdots C_{ir}$: $C_{j1} C_{j2}\cdots C_{jr}$ 来表示 r 枚硬币 $C_{i1} C_{i2}\cdots C_{ir}$ 与另外 r 枚硬币 $C_{j1} C_{j2}\cdots C_{jr}$ 的质量比较。比较结果是，要么这两组硬币一样重，要么不一样重。在接下来的讨论中，我们不需要进一步知道到底是左边重还是右边重这一额外信息（如果要解决 12 枚硬币的问题，则需要知道这一额外信息）。最后，我们使用$[C_{k1} C_{k2}\cdots C_{km}]$来表示 m 枚硬币组成的集合，该集合是所知的包含假币的大小为 m 的最小子集。图 2.1 给出了微型假币问题的一个解。

在求解过程中，可以有意忽略系统的某些细节，这样就可以允许在合理的层面与系统进行交互，这就是第 1 章中定义的抽象。例如，如果你想打棒球，那么抽象就可以更好地让你练习如何打弧线球，而不是让你花 6 年时间成为研究物体如何移动的力学博士。

解决这个问题的人可能穿着一件蓝色的衬衫，或者另外一个人在处理 12 枚硬币的问题之前需要喝一大杯咖啡，上述这些可能都会出现在真实场景中。但是，这些细节应该与解毫无关系。抽象允许我们抛开这样的细节。

图 2.1 给出了一棵**状态空间树**（state-space tree）。状态空间树由节点和分支组成。每个椭圆

是一个节点，代表问题的一个状态。节点之间的弧表示将状态空间树移动到新节点的运算符（或应用该运算符的结果）。请观察图 2.1 中标有"*"的节点。节点$[C_1\ C_2\ C_3\ C_4]$表示假币可能是 C_1、C_2、C_3 或 C_4 中的某一个。我们决定对 C_1 和 C_2 以及 C_5 和 C_6 之间的质量大小（应用运算符）进行比较。如果比较结果是这两个集合中的硬币质量相等，那么可以确定假币必然是 C_3 或 C_4 中的某一个。而如果这两个集合中的硬币质量不相等，那么可以确定 C_1 或 C_2 是假币。得到上述结果的原因是什么呢？我们回到状态空间树，其中有两种特殊类型的节点。其中一种是表示问题**起始状态**（start state）的**起始节点**（start node）。在图 2.1 中，起始节点是$[C_1\ C_2\ C_3\ C_4\ C_5\ C_6]$，这表明在起始状态时，假币可以是 6 枚硬币中的任何一枚。另一种特殊类型的节点对应于问题的终点或终止状态。图 2.1 所示的状态空间树中有 6 个终止节点，被标记为$[C_i]$（$i = 1, \cdots, 6$），其中 i 的值表明哪枚硬币是假币。

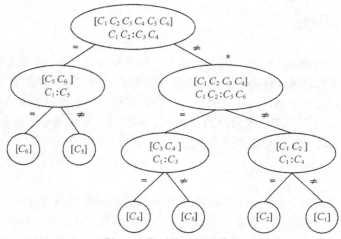

图 2.1   微型假币问题的解

问题的状态空间树包含了问题可能出现的所有状态以及这些状态之间所有可能的转换。事实上，由于回路或者说环经常出现，因此这样的结构通常被称为状态空间图。问题的解通常需要在这个结构中进行搜索（无论它是树还是图），搜索始于起始节点，止于终点或**目标状态**（goal state）。有时，我们关心的是找到一个解（而不考虑代价）；但有时，我们可能希望找到具有最小代价的解。

提到解的代价，这里指的是到达目标状态所需的运算符的数量，而不是实际找到此解所需的工作量。计算机科学与此类似，解的代价相当于运行时间，而不是软件开发时间。

到目前为止，我们不加区别地使用了节点（node）和状态（state）两个术语。但是，这是两个不同的概念。通常情况下，状态空间图可以包含代表相同问题状态的多个节点，如图 2.2 所示。回顾微型假币问题可知，通过对两个不同集合的硬币进行称重，可以到达表示相同状态的不同节点。

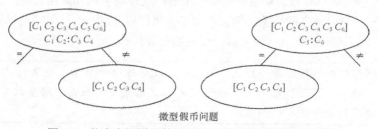

微型假币问题

图 2.2   状态空间图中的不同节点可以表示相同的状态

2.2 生成-测试范式

问题求解的一种直接方式就是先给出可能的解,再检查每个可能的解,看是否有候选解能够构成问题的解。这种方式被称为**生成-测试范式**(generate-and-test paradigm)。本节用 n 皇后问题来解释这种方式,如图 2.3 所示。

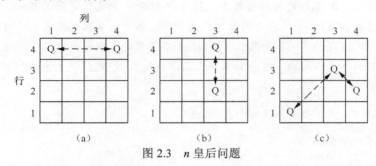

图 2.3 n 皇后问题

(a)任何两个皇后都不应该占据相同的行 (b)任何两个皇后都不应该占据相同的列

(c)任何两个皇后都不应该占据相同的对角线

n 皇后问题(n-Queens Problem)指的是将 n 个皇后放置在一个 $n \times n$ 的棋盘上,使得任何两个皇后都不互相攻击。也就是说,任何两个皇后都不占据相同的行、列或对角线。这些条件被称为问题的**约束条件**。而图 2.4(a)~图 2.4(c)中给出的结果都违反了这个问题的约束条件。图 2.4(d)则给出了 4 皇后问题的一个解。

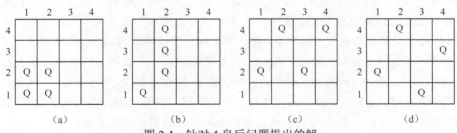

图 2.4 针对 4 皇后问题提出的解

(a)违反了所有约束条件 (b)两个皇后出现在同一对角线上,3 个皇后出现在同一列中

(c)皇后出现在同一行中 (d)某个找到的解

在这个问题中,4 个皇后需要放置在一个 4×4 的棋盘上。如果不考虑约束条件,那么总共有 C_{16}^4 或者说 1820 种摆法。但是如图 2.4 所示,这些摆法中有很多违反了问题的一个或多个约束条件。为了不丢失解,一个可靠的生成器必须给出满足问题约束的、大小为 4 的所有子集。更一般地说,如果这个生成器给出了每个可能的解,那么该生成器就是**完备的**(complete)。此外,如果某个给出的解被拒绝,那么这个解就不会再次被给出(事实上,即使是成功的解也只能给出一次)。换句话说,一个好的生成器应该是**非冗余**(noredundant)的。最后,回想一下,将 4 个皇后摆在一个 4×4 的棋盘上,共有 1820 种摆法。如果生成器没有给出明显不可行的解,那么这个生成器相对高效。图 2.4(a)给出了一个例子,这个例子违反了所有的问题约束条件。如果生成器有一些信息,允许其对给出的解做出一些限制,那么这个生成器就是**知情的**(informed)。

生成-测试范式的过程看起来大致如下:

```
{While 没有找到解，但仍有候选方案
      [生成可能的解
        测试其是否满足所有的问题约束条件]
End While}
IF 找到某个解，则宣布成功，并输出此解
Else 宣布没有找到解
```

例 2.1　素数的生成与测试

给定一个介于 3 和 100 之间的整数（包括 3 和 100），确定其是否为素数。回想一下素数的定义：对于整数 $N \geq 2$，如果它的因数只能是 1 和它本身，那么它就是一个素数。因此，17 和 23 是素数，而 33 是 3 和 11 的乘积，所以 33 不是素数。假设要在不能使用计算机或袖珍计算器的情况下解决这个问题。首先尝试用上面提到的生成-测试范式来求解。求解的伪代码如下所示：

```
{While 问题还没有解决，并且 Number 这个数仍存在可能的因数
      [为该数生成一个可能的因数
      / *可能的因数会按照
      2,3,4,5,…,Number
      这样的顺序生成
      */
      测试：If Number/（可能的因数）是一个不小于 2 的整数
            Then 返回 Number 不是素数]
End While}
If 可能的因数等于 Number 本身
Then 返回 Number 是素数
```

如果上述代码中的 Number 为 85，那么 2、3 和 4 作为因数的可能性测试都会失败。但是，由于 85/5 等于 17，因此可以推断 85 不是素数。如果 Number 为 37，由于得到的因数可能等于 37，因此上述程序会退出 While 循环，并返回"37 是素数"的结论。

更知情的生成器仅检查可能的因数，这个因数最大可能等于 Number 的平方根向下取整的结果。回想一下，一个数向下取整（floor）的结果应该是小于或等于这个数的最大整数。例如，floor(3.14)=3，floor(2)=2，floor(−5.17)=−6。在前面的例子中，对于等于 37 的数，只需要在检查 2、3、4、5、6 这些可能的因数之后，便可返回"37 是素数"的结论（这是因为 37 的平方根向下取整等于 6）。更知情的生成器可以大大节省时间，降低复杂度。

2.2.1　回溯法

求解 4 皇后问题的第一种方法就是上面采用的生成器方法，在最坏的情况下，生成器将检查 1820 种将 4 个皇后放在 4×4 棋盘上的每一种摆法。

大家会注意到，图 2.5（a）所描述的摆法并不是 4 皇后问题的解。事实上，这种摆法违反了 4 皇后问题的每一个约束条件。我们可以有把握地假设图 2.5（a）中的解是通过一次生成一个皇后（而不管位置）而得到的结果。

假设前两个皇后的摆法如图 2.5（b）所示，这种摆法被称为**部分解**（partial solution）。

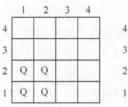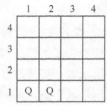

图 2.5　4 皇后问题
（a）4 个皇后在一个 4×4 的棋盘上
（b）两个皇后在一个 4×4 的棋盘上，继续往后摆放皇后是否明智？

完全枚举法（exhaustive enumeration）也是一种搜索方法，它会查看所有情况以寻找问题的解，甚至在已经发现当前步骤不可能成功得到解的情况下，还可能从部分解开始进一步往后搜索。

从图 2.5（b）所示的部分解开始，完全枚举法会继续将另外两个皇后摆放在棋盘上。不管以何种方式摆放这些皇后，得到的解注定是失败的。这要求测试者在每一步给出部分解后，都要检查以保证问题的约束条件没有被违反。

回溯法（backtracking）是对完全枚举法的一种改进。针对某个问题，给出解的过程会被分成多个步骤。在 4 皇后问题中，我们很自然地会将在棋盘上摆放一个皇后作为每一步。下面考虑将皇后按照一定的顺序摆放在棋格中的过程。假设在第 i 步，前面的第 1, 2, …, $i-1$ 步都成功摆放了皇后，接下来将第 i 个皇后摆放在棋格中。如果第 i 个皇后摆放在任意棋格中都违反约束条件，那么必须返回到第 $i-1$ 步。也就是说，必须回溯考虑摆放第（$i-1$）个皇后的那一步。撤销第（$i-1$）步皇后摆放的位置，选择下一个可能的皇后摆放位置，然后返回到第 i 步。如果不能成功地摆放第（$i-1$）个皇后，则继续回溯到第（$i-2$）步。

我们可以将回溯法和生成-测试范式结合起来使用。在求解过程中，允许测试模块查看一个可能的解。下面尝试使用在棋盘中的每一列放置一个皇后的生成器，而不考虑使用 C_{16}^4 或者说 1820 种放置方案的更少信息的生成器。这种算法包含 4 个步骤，如图 2.6 所示。

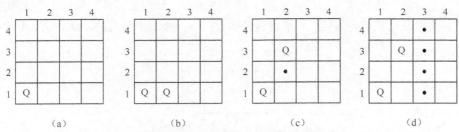

图 2.6 基于回溯的 4 皇后问题的解

（a）第 1 步，将皇后 1 摆放在第 1 行第 1 列 （b）第 2 步，将皇后 2 摆放在第 1 行第 2 列 （c）对于（b）中的摆放方式，测试模块将返回"无效"。皇后 2 接下来被摆放在第 2 行，然后被摆放在第 2 列第 3 行 （d）第 3 步，我们试图在第 3 列摆放一个皇后，但是这无法实现，因此有必要回溯到第 2 步

在第 1 步，我们试着将皇后 1 摆放在第 1 列。图 2.6 说明了 4 皇后问题的回溯解的起始情况。棋盘位置可以使用具有 4 个行分量的向量来表示，比如(1, 3, -, -)代表的就是图 2.6（c）所示的部分解。

该向量表示皇后 1 在第 1 列第 1 行，皇后 2 在第 2 列第 3 行，第 3、第 4 个分量则表示皇后 3 和皇后 4 还未被放置在剩余的两行中。向量(1, 3, -, -)代表了问题的部分解，但是如图 2.6（d）所示，通过这个解不可能得到完全解（total solution）。当算法试图将一个皇后放置在第 3 列中时，我们得出了这个结论。在可能成功将皇后 3 和皇后 4 摆放在棋盘上之前，我们首先需要回溯到第 2 步，然后最终回溯到第 1 步。图 2.7 给出了这些步骤。

这个解可以使用向量(2, 4, 1, 3)来表示。是否存在其他的解？如果存在，应该如何找到这些解？

实际上，4 皇后问题还有另外一个解。要找到这个解，请首先输出图 2.8 所示的解，然后将该解设置成无效并继续调用回溯功能。图 2.9 显示了发现第二个解的步骤，这个解是(3, 1, 4, 2)。

最终，4 皇后问题有两个互相对称的解：(2, 4, 1, 3)和(3, 1, 4, 2)。事实上，通过一个解将棋盘垂直翻转就可以获得另一个解（在第 4 章的习题中，我们将进一步探讨对称性及其进一步所起的作用）。

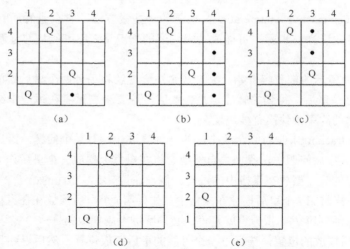

图 2.7　基于回溯的 4 皇后问题的解（续）

（a）回溯到第 2 步；将皇后 2 摆放在第 4 行，返回到第 3 步。皇后 3 可能不能摆放在第 1 行（为什么？），将皇后 3 摆放在第 2 行。这个图可以用向量(1, 4, 2, -)来表示　（b）第 4 步，算法找不到位置来摆放皇后 4，需要返回到第 3 步　（c）第 3 步，皇后 3 不能成功摆放在第 3 列，需要回溯到第 2 步　（d）在第 2 步，由于仍然没有找到位置来摆放皇后 2，因此必须再次回溯　（e）第 1 步，将皇后 1 摆放在第 2 行第 1 列[1]

　　该算法最终将回溯到第 1 步，即皇后 1 位于第 2 行，如图 2.7（e）所示。在此基础上，该算法准备再次出发寻找求解路径。在求解路径的过程中，接下来经过的步骤如图 2.8 所示。

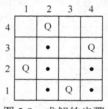

图 2.8　求解的步骤

基于回溯的 4 皇后问题最终得到了结果。在第 2 步，皇后 2 最终被放在了第 4 行。在第 3 步，皇后被放在了第 1 行。而在第 4 步，皇后被放在了第 3 行

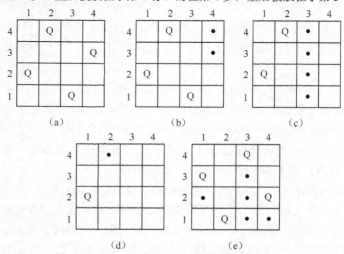

图 2.9　4 皇后问题——找到第二个解

（a）第一个解　（b）先前的摆放方式(2, 4, 1, 3)宣布无效，开始回溯　（c）没有位置来摆放皇后 3　（d）回溯到第 2 步，皇后没有地方摆放，回溯到第 1 步　（e）找到第二个解

图 2.6～图 2.8 给出了用回溯法寻找 4 皇后问题的第一个解的过程，这个过程也可以用图 2.10 中的搜索树来表示。

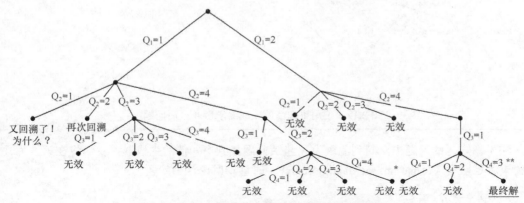

图 2.10 基于回溯法求解 4 皇后问题的搜索树

这棵树的 4 层对应于问题的 4 步，从根开始的左子树对应于将皇后 1 放置在第 1 行的所有部分解

在左子树的第 4 层中，用*标记的节点对应于给出的解(1, 4, 2, 4)。测试器显然会否定这个给出的解。在这棵树中，回溯意味着返回更靠近根的上一层，(1, 4, 2, 4)将导致搜索返回到根。搜索将会在右子树中继续，这对应于皇后 1 在第 2 行的所有部分解。我们在标记为**的叶节点上，发现了最终解。

例 2.2　使用回溯法求解 4 皇后问题

回想一下，好的生成器应该拥有一些信息（知情）。假设我们的生成器基于洞察的结果，即 4 皇后问题的任何解都只能在每行每列中放置一个皇后。也就是说，问题的解只可能是相对应的整数 1、2、3 和 4 的排列向量。图 2.11 表示了基于这一生成器的回溯搜索过程。

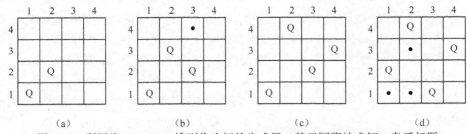

图 2.11　利用将{1, 2, 3, 4}排列作为解的生成器，基于回溯法求解 4 皇后问题
（a）(1, 2, -, -)被拒绝　　（b）(1, 3, 2, -)和(1, 3, 4, -)均被拒绝　　（c）给出解(1, 4, 2, 3)，但是测试器拒绝
（d）(2, 1, -, -)失败，但是(2, 4, 1, 3)最终求解成功

例 2.2 中的生成器相比前面的生成器拥有更多的信息。在该生成器中，最坏情况下全部的可能性只有 $4! = 24$ 种，而前面的生成器有 $4^4 = 256$ 种可能性。当然，这两种生成器相对于完全枚举法，都进步了一大截——完全枚举法给出的解高达 $C_{16}^4 = 1820$ 个！对应于例 2.2 的搜索树如图 2.12 所示。

我们观察到，在找到最终解之前，上述方法只探索了较小部分的状态空间。

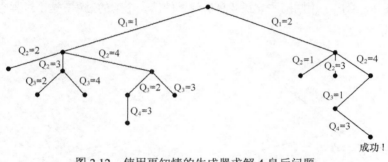

图 2.12　使用更知情的生成器求解 4 皇后问题

在本章末尾的习题中，问到能否为 4 皇后问题找到更知情的生成器。我们将在第 3 章中介绍**约束满足搜索**（constraint satisfaction search）时重新讨论这个问题。

2.2.2　贪心算法

2.2.1 节介绍了回溯法，这是一种将搜索分成多个步骤的搜索过程，每一步都会按照规定的方式做出选择。如果问题的约束条件得到满足，那么搜索将进行到下一步。如果任何选择都得不到可行的部分解，那么搜索将回溯到前一步，撤销前一步的选择，继续下一个可能的选择结果。

利用**贪心算法**（greedy algorithm），我们可以得到另外一种搜索方法。这种搜索方法也是先将一个问题分成几个步骤进行求解，其中每次只考虑一个输入。贪心算法总是包含一个必须优化（即最大化或最小化）的**目标函数**（objective function）。典型的目标函数可以是旅行距离、开销或持续时间。

图 2.13 给出了几个城市的地理位置。假设销售人员从成都开始，想找到一条去哈尔滨的最短路径。假设这条路径只经过成都（V_1）、北京（V_2）、哈尔滨（V_3）、杭州（V_4）和西安（V_5）5 个城市。这 5 个城市之间的距离用千米（km）表示。在第 1 步，贪心算法会选择从成都去西安，因为这两个城市的距离只有 606 km。此时，西安就是离成都最近的城市。图 2.14 给出了贪心算法的后续步骤[①]。

（1）第 1 步，因为西安离成都最近，所以选择 V_1 到 V_5 这条直连的路径（V_1 到 V_5：606 km）。

（2）下面只考虑那些之前没有访问过的顶点的路径，也就是说，接下来考虑 V_1 到除了 V_5 之外的顶点的最短路径。第 2 步，下一条生成的路径是从 V_1 直连到 V_2，开销（即距离）为 1518 km。这条直连的路径比 V_1 经过 V_5 再到达 V_2 的路径更短，后者的开销为 606 km + 914 km = 1520 km（V_1 到 V_2：1518 km）。

（3）第 3 步，V_1 到 V_3 的最短路径是由 V_1 到某个中间节点（V_i）的最短路径加上 V_i 到 V_3 的最短路径构成的。这里的 V_i 等于 V_2，即 V_1 到 V_3 的最短路径经过了 V_2，开销为 1518 km + 1061 km = 2579 km。然而，V_1 到 V_4 的直接路径较短（1539 km），所以下一步是去 V_4（即杭州）（V_1 到 V_4：1539 km）。

（4）第 4 步，接下来搜索从 V_1 开始可达的下一条最短路径。前面已经得到了 V_1 到 V_5 的最短路径，开销为 606 km。第二条最短路径为 V_1 到 V_2 的直接路径，开销为 1518 km。而 V_1 到 V_4 的直接路径（1539 km）比经过 V_5 的路径（606 km + 1150 km = 1756 km）以及经过 V_2 的路径（1518 km + 1134 km = 2652 km）都要短。因此，下一条最短路径是那条到达 V_3 的路径（2579 km）（V_1 到 V_3：2579 km）。从 V_1 到 V_3 其实有如下几种可能的路径。

---

① 第 1 步是找到离 V_1 最近的城市，第 2 步是找到离 V_1 第二近的城市，第 3 步是找到离 V_1 第三近的城市，其余依此类推。——译者注

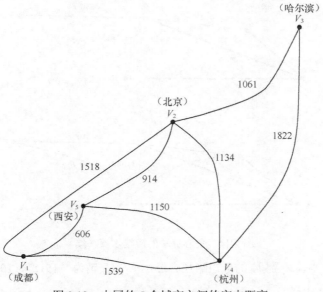

图 2.13 中国的 5 个城市之间的空中距离

- V_1 先到 V_5（开销为 606 km），再从 V_5 到 V_2（开销为 914 km），从 V_1 经过 V_5 到达 V_2 的开销为 1520 km；最后从 V_2 到 V_3（开销为 1061 km）。因此，从 V_1 经过 V_5 和 V_2 到达 V_3 的总开销为 1520 km + 1061 km = 2581 km。
- V_1 先到 V_2（开销为 1518 km），再从 V_2 到 V_3（开销为 1061 km），这条路径的总开销为 2579 km。
- V_1 先到 V_4（开销为 1539 km），再从 V_4 到 V_3（开销为 1822 km），这条路径的总开销为 3361 km。

最后，我们选用从 V_1 经过 V_2 到达 V_3 的路径，这条路径的总开销为 2579 km。

图 2.14（a）～图 2.14（d）展示了使用贪心算法寻找从成都到哈尔滨（V_1 到 V_3）的最短路径的各个步骤。

上述步骤只考虑了在到达之前没有被访问过的顶点的路径。在第 2 步，下一条生成的路径为 V_1 到 V_2 的直接路径。

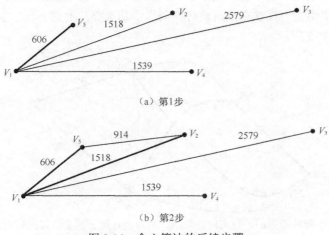

图 2.14 贪心算法的后续步骤

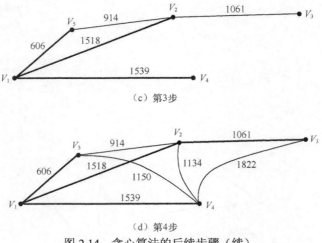

（c）第3步

（d）第4步

图 2.14　贪心算法的后续步骤（续）

在图 2.14（b）中，V_1 到 V_3 的最短路径会经过 V_2，开销为（1518 + 1061）km。从 V_1 到 V_4 的直接路径的开销较小。

在图 2.14（c）中，开销最小的路径是 V_1 到 V_5 的路径，开销第二小的路径是 V_1 到 V_2 的直接路径，开销第三小的路径是 V_1 经 V_2 到达 V_3 的路径。

图 2.13 和图 2.14 给出的是 Dijkstra 最短路径算法（简称 Dijkstra 算法）的一个具体示例，而 Dijkstra 算法又是贪心算法的典型代表。使用贪心算法求解问题的效率很高，但遗憾的是，计算机科学中的一些问题并不能使用这种范式来求解。接下来将要描述的旅行商问题就是这样的一个问题。

数学中的拟阵（matroid）理论可以用于识别那些不能成功使用贪心算法的问题。

2.2.3　旅行商问题

在**旅行商问题**（Traveling Salesperson Problem，TSP，也称旅行销售员问题）中，给定 n 个顶点的加权图（即每条边上带有开销值），求从某个顶点 V_i 出发经过加权图中的所有顶点（每个顶点只经过一次），然后返回到 V_i 的最短路径。回到 2.2.2 节中的例子，假设销售员住在西安，他必须按照某种次序依次访问成都、北京、杭州和哈尔滨，然后回到西安。也就是说，需要寻找最短的回路。如果用贪心算法来求解旅行商问题，那么算法的每一步将总是访问离当前城市最近的城市，如图 2.15 所示。

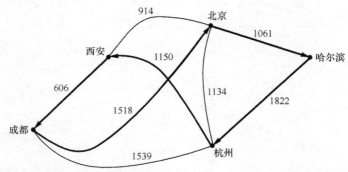

图 2.15　利用贪心算法得到的旅行商问题的解。销售员开始于西安，首先访问成都，因为距离只有 606 km。然后依次访问北京、哈尔滨、杭州，最后回到西安

贪心算法会依次访问成都、北京、哈尔滨、杭州，最终回到西安。这条路径的开销为 606 km + 1518 km + 1061 km + 1822 km + 1150 km = 6057 km。如果销售员依次访问北京、哈尔滨、杭州、成都，然后返回西安，那么总的开销为 914 km + 1061 km + 1822 km + 1539 km + 606 km = 5942 km。显然，贪心算法未能找到最佳路径。

人物轶事

埃德斯加·迪杰斯特拉（Edsgar Dijkstra）

埃德斯加·迪杰斯特拉（1930—2002）是一位荷兰的计算机科学家，他早期学的是理论物理学，而他最为人熟知的成就是关于良好编程风格（如结构化编程）、良好教育技术的著作，以及以他名字命名的在图中寻找最短路径的 Dijkstra 算法。

因为在开发编程语言方面做出了重要贡献，迪杰斯特拉获得 1972 年的图灵奖。他在 1984 年至 2000 年，担任得克萨斯大学奥斯汀分校计算机科学的斯伦贝谢纪念主席（Schlumberger Centennial Chair）。他喜欢结构化编程语言，如 ALGOL60（他帮助开发了该语言），但不喜欢教 BASIC。在写作方面，迪杰斯特拉也获得了相当高的声誉。例如，他的那封写给《ACM 通讯》（*Communications of the ACM*）编辑的题为 "Go To Statement Considered Harmful" 的信（1986 年）就非常有名。

自 20 世纪 70 年代以来，迪杰斯特拉的大部分工作是开发程序正确性证明的形式化验证方法。他希望用优雅的数学而不是通过复杂的正确性证明进行验证，这种正确性证明的复杂性通常会变得让人难以理解。迪杰斯特拉手写了超过 1300 个的 "EWD"（他的名字的英文首字母缩写），这是他写给自己的个人笔记。此后，迪杰斯特拉与其他人分享了这些笔记，并最终得以出版。

在他去世前不久，由于在程序计算自稳定方面所做的工作，迪杰斯特拉获得了分布式计算原理（ACM Principles of Distributed Computing，ACM PODC）影响力论文奖（PODC Influential Paper Award in Distributed Computing）。为了向他表达敬意，这个奖项后来更名为 Dijkstra 奖。

参考资料

Dijkstra E W. Letters to the editor: Go to statement considered harmful. Communications of the ACM 11(3): 147-148, 1968.

Dahl O-J, Dijkstra E. W, Hoare C A R. Structured programming, London: Academic Press, 1972.

Dijkstra E W. Self-stabilizing systems in spite of distributed control. Communications of the ACM 17(11): 643-644, 1974.

Dijkstra E W. A discipline of programming. Prentice-Hall Series in Automatic Computation. Prentice-Hall, 1976.

分支定界（branch and bound）算法是广度优先搜索的一种变体。在这种搜索算法中，节点按照开销不减少的原则进行探索。分支定界算法又称为**统一代价搜索**（uniform cost search），该算法将在第 3 章中探讨，我们发现这种搜索策略可以成功解决旅行商问题的实例。

2.3　盲目搜索算法

如前所述，盲目搜索算法是不使用问题域知识的不知情搜索算法。这些算法假定不知道状态空间的任何信息。3 种主要的盲目搜索算法如下：**深度优先搜索**（DFS）、**广度优先搜索**（BFS）和**迭代加深的深度优先搜索**（DFS-ID）。这些算法都具有如下两个性质。

（1）它们不使用启发式估计。如果使用启发式估计，那么搜索将沿着最有希望得到解的路径前进。

（2）它们的目标是找出给定问题的某个解。

第 3 章将介绍一些搜索算法，这些搜索算法依赖于某些启发式方法的合理应用来减少搜索的时间。其中有一些搜索算法试图寻找最优解，这导致搜索时间增加。但是如果打算多次使用最优解的话，那么做一些额外的工作可能是值得的。

2.3.1　深度优先搜索

深度优先搜索（DFS），顾名思义，就是试图尽可能快地深入树中进行搜索。每当搜索方法可以做出选择时，就选择最左（或最右）分支（通常选择最左分支）。我们可以将图 2.16 所示的树作为 DFS 的一个例子。

树的遍历算法将多次"访问"某个节点。例如，在图 2.16 中，算法将依次访问节点 A、B、D、B、E、B、A、C、F、C、G。按照传统做法，每个节点只有第一次访问才会被声明。

如图 2.17 所示，在计算机和视频游戏出现之前，15 拼图是一个流行的儿童游戏。在这个游戏中，16 个方格组成的塑料方框内装入了 15 个带编号的方块，剩下的那个方格是空的，这样周边的方块就可以通过朝某个方向移动来填充这个空白方格（后文简称空白块）。

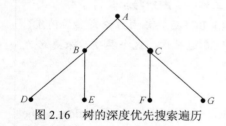

图 2.16　树的深度优先搜索遍历

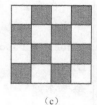

图 2.17　15 拼图问题

（a）初始状态　　（b）目标状态　　（c）在计算可达状态时有用

如图 2.17（a）所示，方块 1 可以向南滑动一格，方块 7 可以向北移动一格，方块 2 可以向东移动一格，方块 15 可以向西移动一格。拼图游戏的目标是，从某个任意的初始状态开始，通过重新排列所有带编号的方块，以达到目标状态。图 2.17（b）所示的目标状态由按编号从小到大的顺序排列的方块组成，当然也可以选择任意的排列结果作为目标状态。从一个给定的初始状态开始，在所有可能的排列中，正好有一半的排列是可达的（参考定理 2.1）。如图 2.17（b）中的目标状态所示，将方格的位置依次编号为 1～16。空白块占据位置 16。Location(i)代表编号为 i 的方块的初始状态的位置编号。Less(i)代表满足 $j < i$ 且 Location(j) > Location(i)的编号为 j 的方块的数目。

如图 2.17（a）中的初始状态所示，因为编号为 2 的方块是比编号为 4 的方块出现在更高位置的唯一方块，所以 Less(4)等于 1。

定理 2.1

只有满足 $\sum_{j=1}^{16}(\text{Less}(j)+x)$ 为偶数的初始状态，才能达到图 2.17（b）所示的目标状态。其中，初始状态中如果空白块是图 2.17（c）中的阴影块，那么 x 的值为 1，否则 x 的值为 0。

要想了解关于 15 拼图的更多信息，可以参考霍罗威茨（Horowitz）等人的成果[2]。要想了解定理 2.1 背后有关群论的更多见解，可以参考罗特曼（Rotman）的成果[3]。

回想一下，拼图问题的状态空间可以大到令人难以置信：15 拼图有 $16! \approx 2.09 \times 10^{13}$ 种不同布局。根据定理 2.1，以图 2.17 为例，任意从某个指定初始状态开始到达目标状态的搜索过程，都必须探索包含上述半数布局组成的空间。上述拼图游戏的其他流行版本是 8 拼图和 3 拼图问题，如图 2.18 所示。

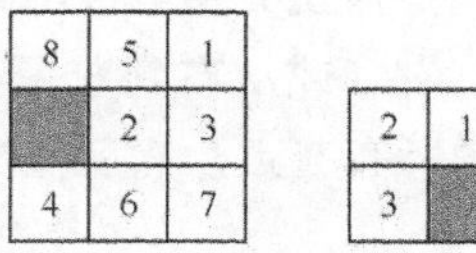

为表达清晰起见，下面以 3 拼图问题为例介绍几种搜索算法。

图 2.18 拼图问题
（a）8 拼图 （b）3 拼图

例 2.3　使用 DFS 求解 3 拼图问题

图 2.19 给出了一个具体的 3 拼图问题，其初始状态和目标状态分别如图 2.19（a）和图 2.19（b）所示，下面利用 DFS 求解这个问题。

在图 2.19（a）中，方块 1 可以向南移动一格，方块 2 可以向东移动一格。当然也可以反向考虑，即假设空白块可以移动。在图 2.19（a）中，空白块可以向北移动或向西移动。也就是说，通过 4 种操作符可以改变拼图的状态，它们分别对应空白块可以向北、向南、向东或向西移动。因为必须按照这种顺序尝试可能的移动，所以下面使用箭头来指向 N、S、E 和 W 这 4 个可能的移动方向。尽管必须事先指定某种尝试的移动顺序，但这种顺序完全可以是任意的。对于这个具体的 3 拼图问题，下面采用 DFS 来求解。搜索的结果如图 2.20 所示。

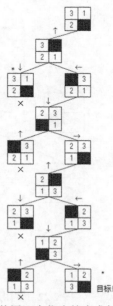

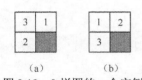

图 2.19　3 拼图的一个实例
（a）初始状态　　（b）目标状态

图 2.20　使用深度优先搜索求解 3 拼图问题
按以下顺序尝试操作符：↑ ↓ → ←。放弃的重复状态用×标记

在搜索过程中，每一步都应用了集合{N, S, E, W}中的第一个操作符。这里并没有花费精力进行最快求解——从这个意义上讲，搜索是盲目的。当然，搜索避免了重复状态。从根节点开始，首先应用 N 操作，然后应用 S 操作，便到达一个用*标记的状态，如图 2.20 所示。正如我们将在 2.4 节中看到的那样，避免重复状态是许多高效搜索算法的基本特征。

2.3.2 广度优先搜索

广度优先搜索（BFS）是另一种盲目搜索算法。使用 BFS，从树的顶部到树的底部，按照从左到右（或从右到左，不过从左到右更常见）的方式，可以逐层访问节点。必须首先访问第 i 层的所有节点，然后才能访问第 $i+1$ 层的节点。图 2.21 给出了 BFS 遍历的一个例子。

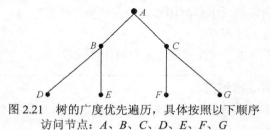

图 2.21 树的广度优先遍历，具体按照以下顺序
访问节点：A、B、C、D、E、F、G

例 2.4 使用 BFS 求解 3 拼图问题

为了使用 BFS 找到 3 拼图问题的解，下面再次求解图 2.19 所示的拼图问题。这次使用 BFS 的搜索过程如图 2.22 所示。注意：这里在深度为 4 的位置找到了解（通常认为根的深度为 0），这意味着空白块需要移动 4 次才能到达目标状态。

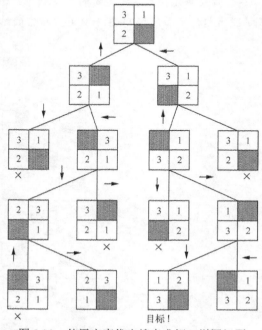

图 2.22 使用广度优先搜索求解 3 拼图问题
按以下顺序尝试操作符：↑ ↓ → ←。
放弃的重复状态用×标记

DFS 和 BFS 的实现以及这两种搜索的相对优点将在 2.4 节中讨论。接下来，考虑 AI 中的一个著名问题——**传教士与野人**（Missionaries and Cannibals）问题，这是一个带有约束条件的搜索问题。

例 2.5 传教士与野人问题

3 个传教士与 3 个野人位于河的西岸。附近有一条可以容纳一人或两人的小船。所有人以何种方式渡河到东岸，才能使得任一时刻任一河岸的野人数目都不会超过传教士的数目？如果任一河岸或船上野人的数目超过传教士的数目，那么传教士将会被野人吃掉。

在开始搜索之前，必须确定问题的表示方式。这里可以使用"3m3c; 0m0c; 0"来表示起始状态。这表示 3 个传教士（3m）和 3 个野人（3c）在西岸，没有传教士（0m）或野人（0c）在东岸。最后一个 0 表示船在西岸，如果这个位置为 1，那么表示船在东岸（用于问题求解的计算机程序会将起始状态表示为 33000，这里使用"3m3c; 0m0c; 0"来表示，是为了让读者看起来更清晰）。

目标状态也相应地使用"0m0c; 3m3c; 1"来表示。下面将尝试按照以下顺序进行移动：m、mc、2c、c。这分别代表一个传教士、一个传教士和一个野人、两个野人、一个野人渡河（注意：这里不考虑使用 2m）。很明显，可以根据小船的位置确定行驶的方向。为了确保上述标记方法的清晰性，图 2.23 给出了传教士与野人问题的广度优先搜索过程，搜索已经扩展到了两层。

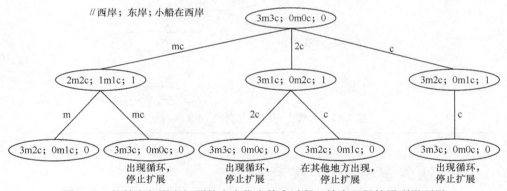

图 2.23　传教士与野人问题的广度优先搜索过程，搜索已经扩展到了两层

> **注意**：禁止进行导致任何一边河岸处于不安全状态的移动，且重复的状态也会被剪枝掉。请按照以下顺序尝试移动：m、mc、2c、c。

图 2.24 给出了传教士与野人问题的 DFS 求解过程。

> **注意**：禁止进行导致任何一边河岸处于不安全状态的移动，循环出现的状态也不再探索。

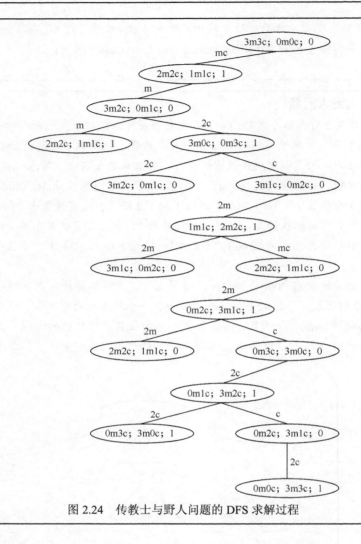

图 2.24　传教士与野人问题的 DFS 求解过程

2.4　盲目搜索算法的实现和比较

前面已经笼统地讨论了状态空间图的两种盲目搜索算法：深度优先搜索（DFS）和广度优先搜索（BFS）。DFS 要求尽快地深入状态空间图，而 BFS 在进入下一层之前，先遍历了从根开始算起指定距离内的所有节点。本节将提供实现这两种搜索算法的伪代码，并讨论它们在问题求解中的相对优势以及它们的时空需求。

2.4.1　深度优先搜索的实现

本章和第 3 章中介绍的各种搜索算法在树的探索方式上差别很大，但是这些搜索算法有一个共同的做法，就是要维护两张表，一张开放表（open list）和一张封闭表（closed list）。开放表中包含了树中所有待探索（或扩展）的节点，而封闭表中则包含了所有已探索和不再考虑的节点。回想一下，DFS 会尽快地深入搜索树。如图 2.25 中的伪代码所示，DFS 的搜索过程通过栈结构维护开放表来实现。栈是一种后进先出（LIFO）的数据结构。

```
Begin
Open? [Start state] // The open list is
// maintained as a stack. i.e., a list in which the last
// item inserted is the first item deleted. This is often referred
// to as a LIFO list.
Closed ? [ ] // The closed list contains nodes that have
// already been inspected; it is initially empty.

While Open not empty
    Begin
        Remove first item from open, call it X
        If X equals goal then return Success
        Else
         Generate immediate descendants of X
        Put X on Closed List.
        If children of X already encountered then discard
// loop check

        Else place children not yet encountered on Open
        // end else
    // end While
Return Goal not Found
```

图 2.25 深度优先搜索的伪代码

某个节点一旦被访问，就被移到开放表的头部，以确保下一次能生成其子节点。图 2.26 所示的搜索树应用了这一算法。

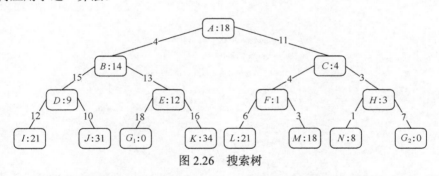

图 2.26 搜索树

弧或者说边上的数字表示节点与其直接后代之间的实际距离。例如，根的左分支所标记的 4 表示从节点 A 到节点 B 的距离为 4。节点字母旁边的数字表示从该节点到目标节点的启发式评估值，例如，节点 E 旁边的 12 表示从节点 E 到某个目标节点的估计剩余距离为 12。

本章中的盲目搜索算法以及第 3 章中的启发式搜索将使用图 2.26 所示的搜索树来说明。图 2.27 重新绘制了这棵搜索树，但是不再标有启发式评估值和节点到节点之间的距离，这是因为 DFS 并不使用这些值。图 2.27 所示的搜索树应用了深度优先搜索算法。

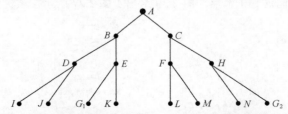

图 2.27 旨在说明深度优先搜索算法的搜索树。由于 DFS 是盲目搜索，因此所有启发式评估值和节点到节点的距离都被忽略

图 2.28 给出了上述搜索（见图 2.26 和图 2.27）的结果。

```
Open=[A];                    Closed=[]
Open=[B, C];                 Closed=[A];
Open=[D, E, C];              Closed=[B, A];
Open=[I, J, E, C];           Closed=[D, B, A];
Open=[J, E, C];              Closed=[I, D, B, A];
Open=[E, C];                 Closed=[J, I, D, B, A];
Open=[G₁, K, C];             Closed=[E, J, I, D, B, A];
```

图 2.28　图 2.27 所示的搜索树应用了深度优先搜索算法，算法成功返回，找到目标节点 G_1

广度优先搜索则探索靠近根的所有节点，然后才深入探索搜索树。BFS 的伪代码如图 2.29 所示。

```
Begin
 Open ? [ Start state ]  // The open list is
 // maintained as a queue, i.e., a list in which the
 // first item inserted is the first item deleted. This is
 // often referred to as a FIFO list.
 Closed ? [ ]  // The closed list contains nodes
 // that have already been inspected; it is initially empty.

While Open not empty
 Begin
            Remove first item from Open, call it X.
            If X equals goal then return Success
            Else
             Generate immediate descendants of X
             Put X on Closed List..
            If children of X already encountered
             then discard.  // loop check
            Else place children not yet encountered on Open
            // end else
            // end while
            Return, Goal not found
End Algorithm breadth first search
```

图 2.29　广度优先搜索的伪代码

2.4.2　广度优先搜索的实现

广度优先搜索用队列来表示开放表。队列是一种先进先出（FIFO）的数据结构。一旦节点被扩展，其子节点就会移动到开放表的尾部。因此，只有在其父节点所在层中的每个其他节点都被访问之后，才会访问这些子节点。图 2.30 给出了图 2.27 所示搜索树的 BFS 搜索过程。

```
Open=[A];                        Closed=[]
Open=[B, C];                     Closed=[A];
Open=[C, D, E];                  Closed=[B, A];
Open=[D, E, F, H];               Closed=[C, B, A];
Open=[E, F, H, I, J];            Closed=[D, C, B, A];
Open=[F, H, I, J, G₁, K];        Closed=[E, D, C, B, A];
Open=[H, I, J, G₁, K, L, M];     Closed=[F, E, D, C, B, A];
...直到 G₁ 位于开放表的左边
```

图 2.30　图 2.27 所示的搜索树应用了广度优先搜索算法，算法成功返回，找到目标节点 G_1

2.4.3　问题求解性能的衡量指标

为了确定某个具体问题更适合应用哪种方法，可以对 DFS 和 BFS 进行比较。但是在此之前，给出搜索算法的性能衡量指标将很有帮助。接下来将介绍 4 种衡量指标（第 3 章将提供其他的一些指标）。

完备性

当问题存在解时，如果搜索算法可以保证找到一个解，就说这个算法是**完备的**（complete）。假设使用本章先前介绍的生成-测试范式，来识别介于 100 和 1000 之间的所有整数中（包括 100 和 1000）完美的三次方数 x。换句话说，我们想知道所有的 x（$100 \leqslant x \leqslant 1000$），$x = y^3$，其中 y 是整数。如果生成器检查了 100 和 1000 之间的所有整数，包括 100 和 1000，那么这个搜索应该是完备的。事实上，最终得到的结果将是 125、216、343、512、729 和 1000，它们是完美的三次方数。

最优性

如果搜索算法能提供所有解中那个开销最低的解，则认为这个算法是**最优的**（optimal）。图 2.20 给出了一个 3 拼图问题的 DFS 解，其搜索路径长度为 8。图 2.22 则给出了同一个 3 拼图问题的 BFS 解，其搜索路径长度为 4。因此，DFS 并不是最优搜索算法。

时间复杂度

搜索算法的**时间复杂度**（time complexity）关注的是找到解需要花费的时间。这里可以根据搜索期间生成（或扩展）的节点数量来衡量时间。

空间复杂度

搜索算法的**空间复杂度**（space complexity）关注的是内存开销。我们必须确定存储到内存中的最大节点数目。AI 中的复杂度是用如下 3 个参数表示的。

（1）节点的**分支因子**（branching factor，记为 b），指的是从节点出发的分支数（见图 2.31）。

（2）参数 d 给出的是最浅目标节点的深度。

（3）参数 m 给出的是状态空间中所有路径的最大长度。

如果某棵搜索树中的每个节点的分支因子都是 b，那么这棵搜索树的分支因子也等于 b。

图 2.31　节点 A 的分支因子等于 3

2.4.4　DFS 和 BFS 的比较

前面介绍了两种盲目搜索算法——DFS 和 BFS，那么哪种更好呢？

在比较之前，我们先澄清一下比较标准。所谓"更好"，到底是说哪种搜索算法找到一条路径所需的工作量更少？还是说找到的路径更短？在上述两种标准下，正如大家预期的那样，都要根据具体情况来选择更好的搜索算法。

在下列情况下，优选深度优先搜索。

- 树很深。
- 分支因子不太大，并且
- 解出现在树中的位置相对较深。

如果是以下情况，则优选广度优先搜索。

- 搜索树的分支因子不太大（一个适度的 b 值）。当整棵树的分支因子实际上很大时，BFS 会因为有过多的路径需要探索而不堪重负。

- 解出现在树中的位置在合理的深度（一个适度的 d 值），并且
- 所有路径都不是特别深。

深度优先搜索具有中等的存储空间需求。对于具有分支因子 b 和最大深度 m 的状态空间而言，DFS 仅需要 $b * m + 1$ 个节点，即 $O(b * m)$ 的内存。回溯法实际上是 DFS 的一种变体。在回溯法中，一次只生成一个节点的后继节点（例如，第三个皇后应该放在哪一行？）。回溯法只需要 $O(m)$ 的内存。

DFS 是完备的吗？考虑一下图 2.32 中的搜索空间。正如图 2.32 所示的那样，DFS 不是完备的。在搜索空间的左侧部分，搜索可能在相对较长甚至无限长的路径中迷失，而同时位于搜索树右上部分的目标节点依然没有被探索到。回想一下，DFS 也不是最优的（见图 2.20 和图 2.22）。

一个很浅的目标
节点(d较小)

一条较长的路径(m较大)

图 2.32　在深度优先搜索进展不怎么顺利的搜索空间中，DFS 会在搜索空间的左侧"迷失"。位于搜索树右上部分的目标节点可能永远都不会被搜索到

如果搜索空间的分支因子是有限的，那么 BFS 是完备的。在 BFS 中，首先搜索根的所有 b 个子节点，然后搜索所有的 b^2 孙子节点，最后在第 d 层，搜索所有的 b^d 个节点。上述观点应该能够让读者相信：BFS 首先会找到"最浅"的目标节点。但是，这并不一定意味着 BFS 是最优的。如果路径开销是节点深度的非递减函数，那么 BFS 是最优的。

BFS 的时间复杂度 $T(n)$ 呈指数增长。如果搜索树的分支因子等于 b，则根节点将具有 b 个子节点。这 b 个子节点中的每一个也都有自己的 b 个子节点。事实上，除了处于第 d 层的最后一个节点，这种方法需要扩展所有其他的节点，总的时间复杂度为

$$T(n) = b + b^2 + b^3 + \cdots + (b^{d-1} - b) = O(b^{d+1})$$

因为生成的每个节点必须保留在内存中，所以 BFS 的空间复杂度 $S(n)$ 也是 $O(b^{d+1})$。实际上，由于搜索树的根必须也被存储，因此 $S(n) = T(n) + 1$。

对 BFS 而言，最尖锐的批评来自其指数级的空间复杂度。即使问题的规模不太大，BFS 也很快就变得不可行。结合 DFS 的中等存储空间需求，去除寻找长路径的倾向，可以得到迭代加深的 DFS，即 DFS-ID（DFS With Iterative Deepening）。

DFS-ID 执行一个 DFS 算法，其状态空间的深度的界为 0，如图 2.33 所示。图 2.33 对图 2.27 中的例子应用了 DFS-ID。如果没有找到目标，就执行另一个 DFS 算法，此时深度的界为 1。继续以这种方式搜索，在每次迭代中，深度的界都会增加 1。在每次迭代中，一个完备的 DFS 都要执行到当前深度。在每次迭代中，搜索都要重新开始。

必须强调的是，图 2.33 中的每一棵树都是从头开始绘制的。没有任何一棵树是从深度的界比其小 1 的树上建立起来的。

在深度为 1 的搜索空间中，b 个节点生成了 d 次。在深度为 2 的搜索空间中，b^2 个节点生成了 $d-1$ 次，以此类推。最终，在深度为 d 的搜索空间中，b^d 个节点只生成一次。因此，生成的节点总数为 $((d+1) * 1) + (d * b) + (d-1) * b^2 + \cdots + 1 * b^d$。

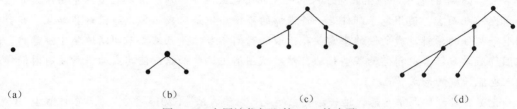

图 2.33 应用迭代加深的 DFS 的步骤
（a）DFS 搜索，深度的界为 0 （b）DFS 搜索，深度的界为 1
（c）DFS 搜索，深度的界为 2 （d）DFS 搜索，深度的界为 3

DFS-ID 的时间复杂度是 $O(b^d)$，这比 BFS 稍好。在最坏的情况下，所有的盲目搜索算法，包括 DFS、BFS 和 DFS-ID，都会表现出指数级的时间复杂度。DFS-ID 每次只需要在内存中存储一条路径，因此它的空间复杂度为 $O(b*d)$，这与 DFS 相同。

考虑图 2.20 所示的 3 拼图问题的 DFS-ID 求解过程。注意，DFS 在同时生成和访问总共 13 个节点之后，会在深度 $d = 8$ 的位置找到解。DFS-ID 在生成深度为 i（其中 $i = 0, 1, \cdots, 4$）的完整二叉树之后，会在深度 $d = 4$ 的位置找到解（图 2.22 给出了 BFS 的求解过程，这也许有助于读者理解）。

当分支因子有限时，与 BFS 一样，DFS-ID 是完备的。当路径开销是节点深度的非递减函数时，DFS-ID 是最优的。

人物轶事

高德纳·克努特（Donald Knuth）

斯坦福大学的名誉教授高德纳·克努特是有史以来伟大的计算机科学家之一。他出版了一套名为《计算机程序设计艺术》的丛书，这使他声名大噪。这套丛书被誉为"计算机科学的圣经"（Bible of Computer Science），其中的三卷——《基本算法》《半数值算法》《排序与查找》已于 20 世纪 70 年代出版。这些书被翻译成多种语言，这足以说明其国际声誉。

1978 年，克努特对《半数值算法》第 2 版校样中的印刷样式感到沮丧，于是，他进入排版领域，钻研多年，直到开发出了稳定版本的 TeX 语言。在过去的 30 年里，TeX 已成为一个奇妙的工具以及标准，用于协助科学家撰写技术论文。

这套丛书的第 4 卷《组合算法》让人等待多时。相反，克努特写了 128 页的他所称的"小册子"，如下所列。克努特非常谦虚地说道："这些小册子代表了我对写一个全面报告的尝试，但是计算机科学已经成长到这样一个点，我不可能有望在这些书所涵盖的所有材料内容方面都成为权威。因此，我需要读者的反馈，以便准备日后的正式版。"

第 4 卷第 0 册：组合算法和布尔函数简介。

第 4 卷第 1 册：位的技巧和技术；二元决策图。

第 4 卷第 2 册：所有的元组和排列的生成。

第 4 卷第 3 册：所有的组合和分区的生成。

第 4 卷第 4 册：所有树的生成；组合生成的历史。

从克努特的个人主页中，大家可以对他有一个深刻的了解："从 1990 年 1 月 1 日起，我不再使用电子邮件，从此我成为一个幸福的人。大约从 1975 年起，我开始使用电子邮件，在我看来，15 年的电子邮件生涯对于人的一生而言已经够了。对于那些在生活中扮演着掌控一切角色的人而言，使用电子邮件是一件很棒的事情。但是对我而言，事情却非如此，我会受到电子邮件的牵绊。我所做的事需要花很长的时间学习，并且需要不间断地集中注意力。我试图彻底学习计算机科学的某些领域，然后试图消化这些知识，使其成为一种没有时间学习的人也能理解的形式。"

克努特计划编写第 5 卷，这一卷的主题是"句法算法"（2015 年），然后修订第 1 ~ 3 卷，并撰写第 1 ~ 5 卷的"读者摘要"版本。他声明，"只有这些主题中我想说的事情依然有关并且尚未公之于众的情况下"，才会计划出版第 6 卷（关于上下文无关语言的理论）和第 7 卷（关于编译器技术）。

2.5　本章小结

本章概述了盲目搜索算法，这些算法不需要使用领域知识。搜索在状态空间图（或状态空间树）中进行。图（树）结构中的节点对应于问题的状态。例如，在求解微型假币问题时，人们知道对应于硬币子集的节点含有假币。生成-测试范式是解决问题的直接方式。生成器给出问题的可能解，测试器确定它们的有效性。好的生成器应该是完备、非冗余并且知情的。我们在 4 皇后问题中使用的生成器具有这些特性，因此极大地缩短了搜索时间。

完全枚举法是一种查看所有可能解来寻找解的搜索过程。此外，回溯法一旦发现一个部分解违反了问题的约束条件，就放弃这个部分解。通过这种方式，回溯法缩短了搜索时间。

贪心算法是一种搜索范式，它在求解诸如在城市之间寻找最短路径的问题中非常有用。然而，贪心算法并不适合所有问题。例如，它没有成功地解决旅行商问题。

本章介绍的 3 种盲目搜索算法分别是广度优先搜索（BFS）、深度优先搜索（DFS）和迭代加深的深度优先搜索（DFS-ID）。其中，BFS 在搜索求解问题时，按层次遍历树。BFS 是完备和最优的（在各种约束下）。然而，BFS 过量的空间需求使其应用受到了阻碍。虽然 DFS 有可能变得非常长或迷失在无限的路径中，但是 DFS 的空间需求相对合理。因此，DFS 既不是完备的也不是最优的。DFS-ID 可以作为 BFS 和 DFS 的折中；在搜索树上，尤其是在深度为 0、1、2 等受限深度的搜索树上，DFS-ID 执行的是一个完备的 DFS 搜索过程。换句话说，DFS-ID 同时具有 DFS 和 BFS 的优点，即 DFS 的中等存储空间需求以及 BFS 的完备性和最优性。所有的盲目搜索算法都表现出指数级的时间复杂度。为了解决规模较大的问题，我们需要更好的算法。第 3 章将介绍与前面提到的一些基准算法相比表现更好的知情搜索算法。

讨论题

1．搜索为什么是 AI 系统的重要组成部分？
2．状态空间图是什么？
3．描述生成-测试范式。
4．生成器有什么属性？
5．回溯法如何对完全枚举法进行改进？
6．用一两句话描述贪心算法。
7．陈述旅行商问题。

8．简述 3 种盲目搜索算法。

9．在何种意义上，盲目搜索算法是盲目的？

10．按照完备性、最优性和时空复杂性，比较本章描述的 3 种盲目搜索算法。

11．在什么情况下，DFS 比 BFS 好？

12．在什么情况下，BFS 比 DFS 好？

13．在什么意义上，可以说 DFS-ID 是 BFS 和 DFS 的折中？

练习题

1．在只允许称重 3 次的情况下，求解 12 枚硬币的假币问题。回忆一下，天平可以返回以下 3 种结果之一：相等、左侧轻或左侧重。

2．在只称重两次的情况下，求解微型假币问题或证明这是不可能的。

3．**非确定性搜索**（nondeterministic search）是本章未讨论的一种盲目搜索方法。在这种搜索中，刚刚扩展的子节点以随机顺序放在开放表中。请判断非确定性搜索是否完备以及是否最优。

4．n 皇后问题的另一个生成器如下：第一个皇后放在第一行，第二个皇后不放在受第一个皇后攻击的任何方格中。在状态 i，将第 i 列的皇后放在未受前面（$i-1$）个皇后攻击的方格中，如图 2.34 所示。

（a）使用这个生成器求解 4 皇后问题。

（b）证明这个生成器比文中使用的两个生成器拥有更多的信息。

（c）画出搜索第一个解时在搜索树中展开的部分。

5．思考下列 4 皇后问题的生成器：从 $i=1$ 到 $i=4$，随机地分配皇后 i 到某一行。这个生成器完备吗？非冗余吗？解释你的答案。

6．如果一个数等于其因数（不包括这个数本身）的和，则称这个数是完美数。例如，6 是完美数，因为 $6 = 1 + 2 + 3$，其中整数 1、2 和 3 都是 6 的因数。给出你所能想到的拥有最多信息的生成器，使用这个生成器，可以找到 1 和 100 之间（包括 1 和 100 在内）的所有完美数。

7．使用 Dijkstra 算法找到从源顶点 V_0 到所有其他顶点的最短路径，如图 2.35 所示。

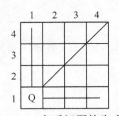

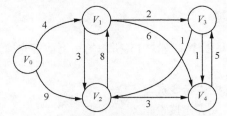

图 2.34　4 皇后问题的生成器　　　　图 2.35　使用 Dijkstra 算法的标记图

8．创建拼图（如 15 拼图）的表示以适合检查重复状态。

9．使用广度优先搜索求解传教士与野人问题。

10．在河的西岸，一个农夫带着一匹狼、一只山羊和一篮子卷心菜（参见图 2.0）。河上有一艘船，可以装下农夫以及狼、山羊、卷心菜三者中的一个。如果留下狼与羊单独在一起，那么狼会吃掉羊。如果留下羊与卷心菜单独在一起，那么羊会吃掉卷心菜。现在的目标是将它们都安全地转移到河的对岸。请分别使用以下搜索算法解决上述问题：

（a）深度优先搜索；

（b）广度优先搜索。

11. 首先使用 BFS，然后使用 DFS，从图 2.36（a）和图 2.36（b）的起始节点 S 开始，最终到达目标节点 G。其中每一步都按照字母表顺序浏览节点。

12. 标记图 2.37 所示的迷宫。

13. 对于图 2.37 所示的迷宫，先使用 BFS，再使用 DFS，从起点处开始走到目标处。

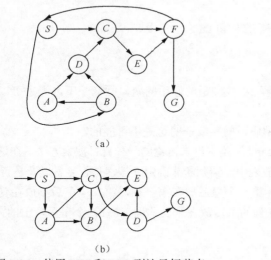

（a）

（b）

图 2.36   使用 BFS 和 DFS 到达目标节点

图 2.37   迷宫

14. 我们已经确定，12 枚硬币的假币问题需要对 3 组硬币进行称重才能确定假币。那么在 15 枚硬币中，需要称重多少次才可以确定假币？20 枚硬币时又会怎么样？请开发出一种算法来证明自己的结论。

提示：可以先考虑 2～5 枚硬币所需的基本称量次数，从而开发出事实知识库，自底向上得到这个问题的解。

15. 我们讨论了传教士与野人问题。假定"移动"或"转移"是强行（受迫）的，找出这个问题的一个解。确定问题解决状态的"子目标状态"，我们必须获得这个状态，才能解决这个问题。

编程题

1. 编写程序来解决 15 拼图的实例，首先检查目标状态是否可达。你的程序应该利用下列搜索算法。

（a）深度优先搜索。

（b）广度优先搜索。

（c）迭代加深的深度优先搜索。

2. 编写程序，使用贪心算法找到图的最小生成树。图 G 的生成树 T 是其顶点集和图 G 的顶点集相同的树。考虑图 2.38（a），图 2.38（b）给出了一棵生成树。可以看到，图 2.38（c）中的生成树具有最小的代价，这棵树被称为**最小生成树**（minimum spanning tree）。要求编写的程序能够找到图 2.38（d）中的最小生成树。

3. 编写程序，使用回溯法来解决 8 皇后问题，然后回答以下问题。

（a）有多少个解？

（b）这些解中有多少个是有区别的？（可通过阅读第 4 章的习题 5 来获得提示）

（c）使用哪种生成器？

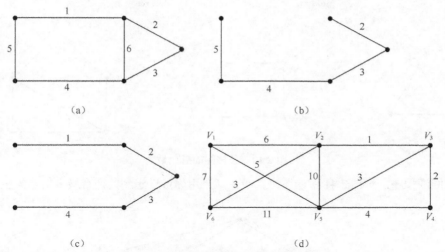

图 2.38　查找图的最小生成树

（a）图 G　　（b）图 G 的生成树　　（c）图 G 的最小生成树　　（d）需要找到最小生成树的图

4．编写程序，采用习题 5 中建议的生成器解决 8 皇后问题。

5．在国际象棋中，马有以下 8 种不同的走子方式：

（1）从上一个方格，到右两个方格；

（2）从上一个方格，到左两个方格；

（3）从上两个方格，到右一个方格；

（4）从上两个方格，到左一个方格；

（5）从下一个方格，到右二个方格；

（6）从下一个方格，到左两个方格；

（7）从下两个方格，到右一个方格；

（8）从下两个方格，到左一个方格。

所谓 $n \times n$ 棋盘上的**马踏棋盘问题**（a knight's tour，又称马周游、骑士漫游或骑士之旅问题），是指马从任何棋格出发，遍历剩下的 n^2-1 个棋格，并且每个棋格只访问一次。显然整个过程是 n^2-1 步走子的序列。

编写程序，实现 n 等于 3～5 时的马踏棋盘问题。采用随机数生成器随机选择起始棋格并报告程序的运行结果。

6．在为图着色时，将颜色分配给图中的节点，使得任何两个相邻节点的颜色都不同。例如，在图 2.39 中，如果节点 V_1 被着色为红色，则节点 V_2、V_3 或 V_4 都不能被着色为红色。然而，因为节点 V_1 和 V_5 不相邻，所以节点 V_5 可以用红色着色。

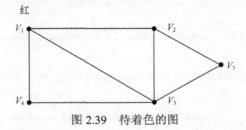

图 2.39　待着色的图

图的着色数是对图着色所需的最小颜色数目。各种图的着色数如图 2.40 所示。

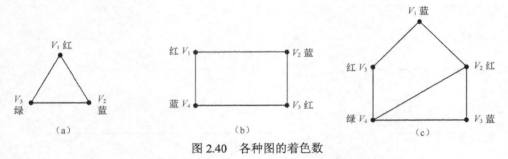

图 2.40　各种图的着色数

编写回溯程序，对图 2.41 中的图进行着色（采用你可以想到的拥有最多信息的生成器）。

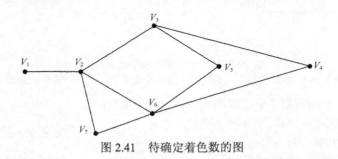

图 2.41　待确定着色数的图

关键词

回溯法	生成-测试范式	队列
盲目搜索算法	目标状态	空间复杂度
节点的分支因子	贪心算法	起始节点
树的分支因子	知情的	起始状态
广度优先搜索	微型假币问题	状态空间图
封闭表	最小生成树	状态空间树
完备的	传教士与野人问题	对称
约束条件	n 皇后问题	时间复杂度
深度优先搜索	目标函数	旅行商问题
迭代加深的深度优先搜索	开放表	统一代价搜索
完全枚举法	最优的	加权图
假币问题	部分解	初始状态

参考资料

[1]　Cormen T H, Anderson C E, Rivest R L, Stein C. Introduction to Algorithms, 3rd ed. Cambridge, MA: MIT Press, 2009.

[2]　Horowitz E, Sahni S. Fundamentals of Computer Algorithms, New York, NY: Computer Science Press, 1984.

[3]　Rotman J J. The Theory of Groups, 2nd ed. Boston, MA: Allyn and Bacon, 1973.

书目

[1] Gersting J L. Mathematical Structures for Computer Science, 4th ed. New York, NY: W.H. Freeman, 1999.

[2] Knuth D. Fundamental Algorithms, 3rd ed. Reading, MA: Addison-Wesley,1997.

[3] Knuth D. Seminumerical Algorithms, 3rd ed. Reading, MA: Addison-Wesley, 1997.

[4] Knuth D. Sorting and Searching, 2nd ed. Reading, MA: Addison-Wesley, 1998.

[5] Knuth D. Introduction to Combinatorial Algorithms and Boolean Functions. Vol. 4 Fascicle 0, The Art of Computer Programming. Boston, MA: Addison-Wesley, 2008.

[6] Knuth D. Bitwise Tricks & Techniques; Binary Decision Diagrams. Vol. 4 Fascicle 1, The Art of Computer Programming. Boston, MA: Addison-Wesley, 2009.

[7] Knuth D. Generating All Tuples and Permutations. Vol. 4 Fascicle 2, The Art of Computer Programming. Boston, MA: Addison-Wesley, 2005.

[8] Knuth D. Generating All Combinations and Partitions. Vol. 4 Fascicle 3, The Art of Computer Programming. Boston, MA: Addison-Wesley, 2005.

[9] Knuth D. Generating All Trees–History of Combinatorial Generation. Vol. 4 Fascicle 4, The Art of Computer Programming. Boston, MA: Addison-Wesley, 2006.

[10] Luger G F. Artificial Intelligence-Structures and Strategies for Complex Problem Solving, 6th ed. Boston, MA: Addison-Wesley, 2008.

[11] Reingold E M. Combinatorial Algorithms–Theory and Practice, Upper Saddle River, NJ: Prentice-Hall, 1977.

[12] Winston P H. Artificial Intelligence, 3rd ed. Reading, MA: Addison-Wesley, 1992.

第 3 章　知　情　搜　索

　　AI 处理的大型问题通常不适合通过盲目搜索算法来求解。本章将介绍**知情搜索**（informed search，也称有信息搜索）的方法，它们利用启发式方法，通过限定搜索的深度或宽度来缩小问题空间。从此以后，我们就可以用领域知识来避开可能不成功的搜索路径。

登山者

3.0　引言

　　本章将继续介绍搜索技术。第 2 章介绍了盲目搜索算法，它们以某种固定方式对**搜索空间**（search space）进行探索。其中，深度优先搜索（DFS）会深入探索一棵树，而广度优先搜索（BFS）则在进一步深入探索之前检查靠近根的节点。一方面，因为 DFS 会坚持沿着较长的路径进行搜索，从而错过靠近根的目标节点，所以 DFS 是不完备的。另一方面，BFS 的**空间需求**（space requirement）过高，甚至中等大小的**分支因子**（branching factor）就很容易使其不堪重负。

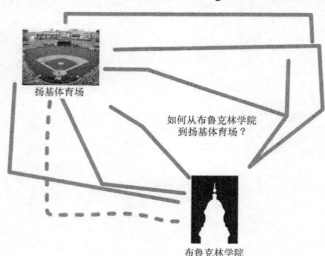

扬基体育场

如何从布鲁克林学院
到扬基体育场？

布鲁克林学院

图 3.0　从布鲁克林学院到扬基体育场

　　以图 3.0 为例，在最坏情况下，上述两种算法的时间复杂度都是指数级的。迭代加深的 DFS 结合了上述两种算法的优点，即同时考虑 DFS 的中等存储空间需求与 BFS 的完备性。但即使是迭代加深的 DFS，最坏情况下的时间复杂度也仍然是指数级的。

第 4 章和第 16 章将介绍如何利用搜索算法，使得计算机能够在 Nim 取物游戏、井字游戏、跳棋和国际象棋等博弈游戏中，与人类进行对抗。上面介绍的 3 种盲目搜索算法适用于刚才提到的前两个游戏，但对于跳棋和国际象棋这样的博弈游戏而言，这类搜索算法在面对游戏背后巨大的搜索空间时也是一筹莫展。

第 1 章介绍了作为经验法则的启发式方法，它们在问题求解中通常十分有用。本章将给出基于启发式方法的搜索算法，启发式方法有助于在搜索空间中引导前进的路线。3.2 节～3.4 节将描述 3 种"永不回头看"的搜索算法，它们分别是**爬山法**（hill climbing）、**最佳优先搜索**（best-first search）和**集束搜索**（beam search）。在状态空间中，它们的路径完全由到目标的剩余距离的启发式评估值（近似值）来引导。假设某人从纽约市搭车去往威斯康星州的麦迪逊。一路上，关于高速公路的选择会出现许多选项。这类搜索也许采用到目标（这里是麦迪逊）直线距离最短的启发式方法。

3.5 节将介绍用于评估启发式方法和/或搜索算法的 4 个指标。如果想要某个启发式方法有用的话，就应该**低估**（underestimate）剩余距离。在上一段中，很显然直线距离通常小于或等于实际距离（因为高速公路常常需要绕过山脉、大片森林和城区）。搜索中启发式方法的这个性质被称为**可容许性**或**可采纳性**（admissibility）。

比起可容许性，搜索中启发式方法的**单调性**（monotonicity）则要求更加严格。这个性质要求在向前搜索时，剩余距离的启发式评估值应该持续减小。但是，正如任何旅行者都知道的那样，高速公路一直都在不断整修，绕行通常来说是不可避免的。在去麦迪逊旅途的某个时刻，所有可用的道路都将把人们带到离目标更远的地方（尽管可能是暂时的），这种情况当然很有可能发生。

可根据避免不必要搜索的能力对启发式方法进行分级。在寻求目标的过程中，毫无疑问，评估一小部分搜索树的搜索算法，比必须检查一大部分搜索树的搜索算法运行得更快。前面的搜索算法被认为比后者知道更多的信息。

有些搜索算法只检查单条路径，通常这些搜索算法会产生次优的结果。如本章将要介绍的爬山法，就会一直前进，直到到达某个节点为止，该节点的所有后续节点都不会更接近目标节点。这时算法可能已经到达目标，也可能陷入**局部最优**（local optimum）。一种替代的做法是，如果允许回溯的话，那么算法可以去探索其他的路径。在这些情况下，我们将算法归类为**试探性的**（tentative）搜索算法。

3.6 节描述的所有搜索算法都有一个共同的特征，即它们都将从根开始遍历的距离作为度量好坏程度的启发式方法（这里指启发值或启发式函数）的一部分或全部。这些从某种意义上讲总是"向后看"的算法被称为**分支定界算法**（branch and bound algorithm）。标准的分支定界算法，可以通过剩余距离的启发式估计或只保留到任何中间节点的最佳路径，来进行增强处理。当在搜索中纳入上述两种增强策略时，就得到了著名的 **A*算法**。

3.7 节将对其他两种搜索算法进行讨论，它们分别是**约束满足搜索**（constraint satisfaction search）和**双向搜索**（bidirectional search 或 wave search）。前面你已经看到，许多搜索都包含必须要满足的约束条件。例如，在第 2 章讨论的 n 皇后问题中，约束条件是任何两个皇后都不能占据同一行、同一列或同一对角线。CSP（constraint satisfaction problem）算法尝试采用这些约束条件来对树进行剪枝，从而提高效率。

一个问题的求解通常涉及其子问题的求解。在某些情况下，要解决一个问题，就必须解决其所有的子问题，但有时解决其中一个子问题就足以解决整个问题。例如，如果一个人在洗衣服，则需要洗涤和弄干衣服两个步骤。但是，弄干衣服可以通过将湿衣服放入机器烘干或将湿衣服挂在晾衣绳上晾干来实现。对于上述问题建模非常有用的与（AND）/或（OR）树，也将在3.7 节中进行讨论。

本章最后将讨论双向搜索，正如算法名称所暗示的那样，这种搜索算法同时给出了两棵广度优先树：一棵树从起始节点开始搜索，另一棵树则从目标节点开始搜索。在目标节点的位置事先未知的情况下，人们发现这种方法特别有用。

3.1　启发式方法

本章最为重要的主题之一是 1.6 节曾提到的启发式方法①。由于出版了里程碑式的著作 *How to Solve It* [1]，乔治·波利亚（George Polya）也许可以称得上"启发式方法之父"。波利亚的工作集中于问题求解、思考和学习。他建立了基于启发式原语的一部"启发式字典"。波利亚的方法在实际和实验中都很有用。他通过对观察和实验过程进行形式化处理，来寻求开发和洞察人类求解问题的过程[2]。

博尔克（Bolc）和西斯基（Cytowski）[3]注意到，近期有关启发式研究的方法，都是在具体的问题领域，寻求更形式化、更严格的类算法解决方案，而不是发展可以从具体问题中适当选择并应用到特定问题的更一般化方法。

启发式方法的目的是大幅度减少到达目标状态所要考虑的节点数目，它们非常适合解决那些**组合复杂度**（combinatorial complexity）快速增长的问题。通过知识、信息、规则、见解、类比和简化，再加上一系列其他的技术，启发式方法旨在减少必须检查的对象数目。好的启发式方法不能保证一定获得解，但是它们经常有助于人们找到到达解的路径。

1984 年，朱迪亚·珀尔（Judea Pearl）出版了一本名为《启发式方法》（*Heuristics*）的书[4]，这本书从正式的数学角度出发，致力于专门介绍这一主题。人们必须对拥有（或执行）算法和使用启发式方法进行区分。算法是确定性的方法，旨在通过明确定义的一系列步骤来求解问题。而启发式方法更凭直觉，是一种更类似于人的方法：它们基于洞察、经验和专业知识。它们可能是描述人类求解问题的方法和途径的最好方式，这与机器类方法明显不同。

珀尔注意到，使用启发式方法可以通过修改策略来达到一个准最优（非最优）解，同时代价得以显著降低。博弈，特别是二人完美信息（perfect information）零和博弈（zero-sum game），如国际象棋和跳棋等，被证明是进行启发式方法研究和测试的一个非常有前途的领域（见第 4 章和第 14 章）。

人物轶事

朱迪亚·珀尔

　　朱迪亚·珀尔（1936—）也许是因为《启发式方法》[4]这本书而成名。但是，他在知识表示、概率因果推理、非标准逻辑和学习策略等方面也做出了重要的贡献。他获得了众多荣誉，这里只罗列其中的一部分。

---

① 正如本节所提到的，heuristic 可以是名词或形容词，形容词就直接翻译成启发式，如启发式搜索（heuristic search）。如果是名词，大多数情况下翻译成启发式方法，有时也翻译成启发式信息。但在有些情况下，heuristic 代表的是某种估计值，此时翻译成启发式函数。从广义上说，启发式方法会利用启发式信息，但不一定需要启发式函数，比如某种常识或经验知识的利用。——译者注

- 2010 年，他由于对人类认知理论基础的贡献，获得 David E. Rumelhart 奖。
- 2010 年，向珀尔表示敬意的纪念文集出版并召开了研讨会。
- 2008 年，他在加利福尼亚州奥兰治市查普曼大学获得人文主义文学（Humane Letters）荣誉博士学位。
- 2008 年，他荣获计算机和认知科学的本杰明·富兰克林奖章，获奖理由是"创建了利用不确定证据进行计算和推理的第一个通用算法"。
- 他被授予多伦多大学理学荣誉博士学位，以表彰其"对计算机科学领域的开创性贡献"。

朱迪亚·珀尔于 1960 年获得坐落在以色列海法的以色列理工学院的电气工程学士学位，并于 1965 年获得新泽西州新不伦瑞克市罗格斯大学物理学硕士学位。1965 年，他同时获得纽约布鲁克林理工学院电气工程博士学位。之后，他在新泽西州普林斯顿的 RCA 研究实验室工作，研究超导参数和存储设备，并且在加利福尼亚州霍桑的电子存储器公司研究高级存储器系统。1970 年，他加入加州大学洛杉矶分校（UCLA），在该校计算机科学系的认知系统实验室工作。

techtarget 网站对"heuristic"进行了如下定义：作为形容词，"heurisitc"（"启发式的"，发音为 hyu-RIS-tik，来自于希腊语"heuriskein"，意为"发现"）与通过智能猜测获取知识或某个期望结果的过程有关，而该过程并不遵循某些预先建立的公式来进行（与"启发式的"相对的是"基于算法的"）。这个术语似有两种用法。

（1）描述了一种学习方法，这种学习方法的尝试不需要一个安排好的假设，也不需要证明结果是否符合这个假设。也就是说，这是一种"凭经验"或基于"试错"的学习方式。

（2）与通过经验获得的一般性知识的使用有关，有时候表达为"使用经验法则"（但是，启发式知识既可以应用于复杂问题，也可以应用于简单的日常问题。人类棋手使用的就是启发式方法）。

同时，"heuristic"也是一个名词，指的是某条具体的经验法则或来自经验的论证。启发式知识在某个问题上的应用有时候被称为启发式方法。

下面列出了启发式搜索的一些定义。

- 它是提高复杂问题求解效果的一种实用策略。
- 它引导程序沿着一条最可能的路径到达最终解，而忽略那些最没有希望的路径。
- 它应该能够避免去检查"死路径"，并且只使用已收集到的数据[15]。

我们可以将启发式信息以如下方式添加到搜索中。

- 决定接下来要扩展的节点，而不是严格按照广度优先或深度优先的方式进行扩展。
- 在生成节点的过程中，决定生成哪个或哪些后继节点，而不是一次性生成所有可能的后继节点。
- 确定哪些节点应该从搜索树中丢弃或裁剪[2]。

博尔克和西斯基[3]补充说："……在构建解的过程中，使用启发式信息增加了获得结果的不确定性……这是由非正式知识（规则、规律、直觉等）的使用造成的，而这些知识的有用性从未得到充分证明。因此，应在算法给出不满意的结果或不能保证给出任何结果的情况下采用启发式方法。在求解非常复杂的问题时，特别是在语音和图像识别、机器人和博弈策略问题中，启发式方法特别重要（此时精确的算法失效）。"

人物轶事

乔治·波利亚（George Polya）

乔治·波利亚（1887—1985）因其开创性著作 *How to Solve It*（1945 年）而非常有名。这本书已被翻译成 17 种语言，售出近 100 万册。

波利亚出生在匈牙利的布达佩斯，和许多聪明的年轻人一样，他不确定选择哪个学科作为未来的工作方向。他在法学院试读过一个学期，之后又对达尔文和生物学产生了兴趣，但是担心收入微薄，没有继续。他还获得了教授拉丁语和匈牙利语的证书，尽管他从没使用过。

然后他尝试学习哲学，后经他的教授建议开始尝试学习物理和数学。最后，他总结道："我觉得学习物理，我还表现得不够好；但是学习哲学，我绰绰有余。而学习数学介于二者之间。"（1979 年，G. L. 亚历山大，波利亚在自己 90 岁生日时接受的采访，"The Two-Year College Mathematics Journal"）

波利亚在布达佩斯的 Eötvös Loránd 大学获得数学博士学位，从 1914 年到 1940 年，他在苏黎世瑞士技术大学任教。与许多其他人一样，为了逃离欧洲的战争和迫害，第二次世界大战期间，他逃到了美国。从 1940 年至 1953 年，他在斯坦福大学教书，后来他一直在斯坦福大学工作，直至退休成为名誉教授。

他的兴趣扩展到了许多数学领域，包括数论、序列分析、几何、组合和概率。但是，在后来的职业生涯中，他的主要关注点是试图表征人们用来求解问题的方法，并且给出启发式的概念正是他在 AI 领域如此重要的原因，这个词源于希腊语，意思是"发现"。

启发式方法是强人工智能的基础。在第 6 章中，你将会多次看到这个词，正是"启发式"将 AI 的方法从传统计算机科学方法中区别出来。在人类求解问题的方法中，启发式方法与纯算法泾渭分明。启发式方法是不精确的、凭直觉的、具有创造性的，有时比较强大，但难以定义。波利亚认为有效的问题求解是一种可以教导和学习的技能，但是业界在这一点上也存在某些争议。

骑士之旅问题展示了启发式方法的威力：它是启发式信息使得问题更容易求解的一个例子。

波利亚确实开发了问题求解的一般方法，这在数学、计算机科学和其他学科中已被接受，成为一种标准。

（1）了解问题。

（2）制订计划。

（3）实现计划。

（4）评估结果。

这 4 个步骤是普遍的标准，不过在不同学科之间有一些不同的变体、主题和改进。

波利亚还撰写了 4 本极具影响力的书：《数学和合理推理》（即 *Mathematics and Plausible Reasoning*）（卷 I 和卷 II）、《数学发现：理解、学习和教学问题求解》（即 *Mathematical Discovery: On Understanding, Learning, And Teaching Problem Solving*）（卷 I 和卷 II）。

参考资料

Alexanderson G L. George Polya interviewed on his ninetieth birthday. The Two-Year College

Mathematics Journal 10(1): 13-19, 1979.

Mayer R E. Learning and Instruction. Upper Saddle River, NJ: Pearson Education, 2003.

Polya G. Mathematics and Plausible Reasoning: Induction and Analogy in Mathematics, Volume I. Princeton, NJ: Princeton University Press, 1954.

Polya G. Mathematics and Plausible Reasoning: Patterns of Plausible Inference, Volume II. Princeton, NJ: Princeton University Press, 1954.

Polya G. Mathematical Discovery: On Understanding, Learning, and Teaching Problem Solving, Volumes I & II. USA: John Wiley & Sons, 1966.

Polya G. Guessing and proving. The Two-Year College Mathematics Journal 9(1):21-27, 1978.

Polya, G. More on guessing and proving. The Two-Year College Mathematics Journal 10(4): 255-258, 1979.

Polya G. How to Solve It: A New Aspect of Mathematical Method, First Princeton Science Library Edition, with Foreword by John H. Conway. United States: Princeton University Press, 1988.

Polya George. The goals of mathematical education, 2001.

接下来我们考虑几个启发式方法的例子。例如，人们可以根据季节选择汽车的机油。在冬季，由于温度低，液体容易冻结，因此应使用较低黏度（稀薄）的发动机油；而在夏季，由于温度较高，因此选择具有较高黏度的发动机油是明智的。类似地，由于冬天气体会冷缩，应在汽车轮胎内充入更多的空气；反之，夏天气体会膨胀，因此应减少轮胎内的空气。

　　　记住，启发式方法只是一种"经验法则"，这一点非常重要。不然的话，我们就无法解释如下事实：一个学生在凌晨 2:00 开车把朋友送回曼哈顿下城（lower Manhattan），然后调头去布鲁克林炮台公园隧道，他突然发现自己在荷兰隧道入口被很多出租车和一辆垃圾车包围，停滞在原地超过 15 分钟。一提到荷兰隧道，通常会引发纽约大都市司机的不快，这条隧道会阻碍他们快速到达任何地方。也许人们应该添加一条子启发式法则："即使到处绕路，也要远离任何通过荷兰隧道入口的路线。"

　　要比较启发式方法求解与纯计算及算法求解，一个常见的场景是大城市的交通问题。许多学生使用如下启发式方法：从不在上午 7:00 到 9:00 开车到学院，也不在下午 4:00 到 6:00 开车回家。这是因为在大部分城市，这两个时间段是上下班高峰期。正常情况下只需要 45 分钟的行程，在高峰期很容易就需要一到两个小时才能完成。当然，如果在这些时段必须开车，那么这就是个例外情况。

　　现在，使用诸如 MapQuest、Google Maps 或 Yahoo!Maps 等程序来获取两个位置之间的行车建议路线已十分常见。大家是否想过这些程序内置 AI 并采用启发式方法来使它们具备智能？如果它们采用了启发式方法，那么用到的启发式信息到底是什么？例如，这些程序是否考虑道路是州际公路、地方公路、高速公路还是林荫大道？是否考虑驾驶条件？驾驶条件将如何影响在特定道路上驾驶的平均速度和难度？以及如何影响到达具体目的地的方式？

　　当使用任何行车指南或地图时，都要检查并确保道路仍然存在，注意是否为施工路段，并遵守所有交通安全预防措施。这些地图和行车指南仅用作交通规划的辅助工具。

　　通过比较图 3.1（MapQuest）和图 3.2（Yahoo!Maps）中的路线方案可以看出，相较于 Yahoo!Maps

给出的路线方案，MapQuest 给出的路线方案大约长 2 英里（1 英里≈1.6 千米），需要的时间多 6 分钟。这主要是因为两条路线的起点不一样。当然，关于这个例子，重要的是启发式方法使用的一般概念：熟悉纽约市高峰时段的司机将基于经验施展车技，决定沿着哪条道路到扬基体育场去观看晚上 7:05 的棒球比赛。纽约任何有经验的司机都不会在这个时段选择布鲁克林—皇后高速公路（278 号公路）这条路线，而是竭力避免这条路线。在这种情况下，更明智的选择是采用一条替代路线。新的路线可能更长，但是所用的时间更短。

　　诸如 Google Maps、Yahoo!Maps 和 MapQuest 的程序正在不断变得"更加智能"，以满足我们的需要，并且它们可以包括最短时间（在图 3.1 和图 3.2 的例子中使用）、最短距离、避开高速公路（在有些情况下，司机可能希望避开高速公路）、收费站以及道路季节性关闭等信息。

图 3.1　从布鲁克林学院开车到扬基体育场，MapQuest 给出的路线方案

图 3.2　从布鲁克林学院开车到扬基体育场，Yahoo!Maps 给出的路线方案

3.2　知情搜索（第一部分）——找到任一解

　　前面我们已经讨论了启发式方法，并了解了它们在 AI 中的重要性，接下来介绍 3 种具体的搜索算法，这 3 种搜索算法使用启发式信息来指导智能搜索的过程。最基本的是**爬山法**（hill climbing），更聪明一点的是**最陡爬山法**（steepest-ascent hill climbing），此外，还有一种有时在效率上可以和最优算法相媲美的搜索算法——**最佳优先搜索**（best-first search）。

3.2.1　爬山法

　　这种搜索算法背后的概念是，在爬山过程中，即使可能更接近顶部的目标节点，也可能无法从当前位置到达目标/目的地。换句话说，爬山者可能接近了一个目标状态，却无法到达。按照传统惯例，爬山法一般是要讨论的第一个知情搜索算法。最简单形式的爬山法是一种贪心算法，因为它没有历史意识，也没有能力从错误或错误路径中恢复。它会使用某种衡量指标（不管是最大化还是最小化这种衡量指标）来引导自己到达目标并确定下一步的选择。

假设有一位试图到达山顶的爬山者。她唯一的装备是一个海拔仪，以指示她所在位置的高度，但是这种衡量指标并不能保证她一定可以到达山顶。爬山者在任何一点都要做出一个选择，即总是向所标识的最高海拔方向前进，但是在给定的海拔信息之外，她无法确定自己是否在正确的路径上。显然，这种简单的爬山方法的缺点是，做出决策的过程（启发式衡量指标或称启发式函数）太过朴素简单，以至于爬山者没有真正足够的信息来确定自己是否在正确的路径上。

爬山法只考虑对剩余距离的估计，而忽略实际已经走过的距离。在图 3.3 中，节点中的数字给出的是到目标状态的估计距离，而边上的数字仅仅给出了爬过的距离，而没有添加任何其他的重要信息。由于 A 节点中估计的剩余距离小于 B 节点，因此选择节点 A，而"遗忘"掉节点 B。然后，爬山法会考查节点 A 开始的搜索空间，节点 C 和 D 都会被考虑，最后选择节点 C。从节点 C 出发，下一步选择节点 H。

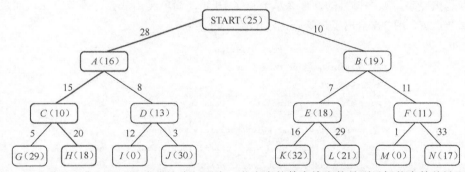

图 3.3 爬山法的一个例子。注意在这个例子中，节点中的数字给出的是到目标状态的估计距离，边上的数字仅仅给出了已经爬过的距离，而没有添加任何其他的重要信息

3.2.2 最陡爬山法

在给定某个状态时，我们很希望能够做出这样的决策，即能够更加接近某个目标状态，并且上述决策是从多个可能的选项中做出的最佳选择。**最陡爬山法**（steepest-ascent hill climbing）是简单爬山法的一个变体，它加入了上述有关决策的考虑。相较于 3.2.1 节介绍的简单爬山法，这种方法在选择优于当前状态的第一状态时有所不同。与仅仅选择一个优于当前状态的"一步"不同，这种方法是在所有给定的可能状态集合中选择"最优"的一步（此时选择的是得分最高的一步）。

图 3.4 展示了最陡爬山法的过程。从 START 节点（得分为 0）出发，如果程序按字母顺序选择下一个节点，那么首先会选择节点 A（得分为-30），下一个最好的状态应该是节点 B（得分为-15）。但是这比当前状态（得分为 0）还要差，因此最终会移动到节点 C（得分为 50）。从节点 C 继续爬山，此时将考虑节点 D、E 或 F。但是，由于节点 D（得分为 40）的状态比当前状态差，因此不选择节点 D。而节点 E（得分为 90）优于当前状态（得分为 50），因此如果使用简单爬山法，那么这时会选择节点 E。

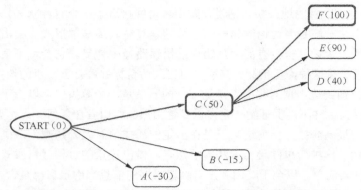

图 3.4　最陡爬山法：这里有一位爬山者，我们按照字母表顺序将节点呈现给他。
从节点 C（50）出发，爬山法选择了节点 E（90），最陡爬山法选择了节点 F（100）

如果像上面的例子那样使用算法，那么简单爬山法将永远不会检查比节点 E 得分更高的节点 F（得分为 100）。相比之下，最陡爬山法将评估所有的 3 个节点 D、E 和 F，并得出结论：节点 F（得分为 100）是从节点 C 出发可选择的最佳节点。正如我们观察到的那样，假定爬山者面对的节点是按照字母顺序排列的，那么从节点 C 开始，简单爬山法会选择节点 E，而最陡爬山法会选择节点 F。图 3.5 给出了最陡爬山法的伪代码。

```
// steepest-ascent Hill climbing

Hillclimbing (Root_Node, goal)
{
Create Queue Q
If (Root_Node = goal) return successes
Push all the children of Root_Node in to Q
While (Q_Is_Not_Empty)
        {
        Find the child which has minimum distance to goal
        } // end of while
Best_child = the child which has minimum distance to goal
If (Best_child is not a leaf)
        Hillclimbing(Best_child, goal)
Else
        If (Best_child = goal) return Succees
        return failure;
}// end of the function
}
```

图 3.5　最陡爬山法的伪代码

1. 山丘问题

在某些情况下，爬山法会出现问题。其中一个问题名为**山丘问题**（foothill problem）。由于爬山法是一种贪心算法，对过去和未来都没有意识，因此它可能会陷入**局部最大值**（local maximum），这意味着虽然最终解或目标状态似乎可达（甚至可以看到），但是并不能从当前位置到达，即使当前所在山丘的顶部是可见的。对于真实的山脉而言，虽然山顶本身（全局最大值）也可能是可见的，但是并不能从当前位置到达［见图 3.6（a）］。想象一下，一个爬山者认为他可能已经到达山顶，但其实他只是到达了他目前攀登的山丘的顶部。一个可以用来类比山丘问题的场景如下：假设我们在高速公路上向西行驶 644 千米，去往一个特定的州立公园，并且里程表上的所有迹象都表明我们确实越来越接近那个州立公园，然而一旦更接近目的地，我们就会发现这个州立公园的唯一入口在我们以为的入口向北 322 千米处[①]。

2. 平台问题

爬山法的另一个典型问题是**平台问题**（plateau problem），即状态空间中存在一个相对平坦

[①] 也就是说，向西走确实会离目标越来越近，但是如果一直沿着这个方向，我们将永远无法到达目的地。——译者注

的区域，使得相邻的状态都具有相同的值。一个较大幅度的跳跃往往才能离开这个平坦的区域。图 3.6（b）给出了一个相对平坦的区域。随着我们在这个区域内移动，目标函数的变化非常小。

3. 山脊问题

最后就是我们熟悉的山脊问题（ridge problem，也称岭问题）。在这个问题中，不管向下往哪个方向移动，山脊上的任何一点都看起来像山峰顶点，因为任何方向的移动都是向下的[①]。这与访问一家大型百货公司但发现自己在错误楼层中的情况类似（例如，女装在一楼，但是我们要在二楼的男装部购买一些东西）。我们看到很多可供选择的女装，但是这改变不了我们在错误楼层中这个事实，因而找不到任何合适的男装［见图 3.6（c）］。

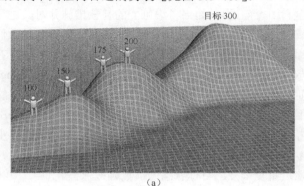

（a）

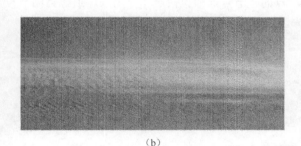

（b）

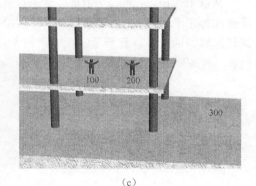

（c）

图 3.6　爬山法的 3 个问题

（a）爬山法——山丘问题　　（b）爬山法——平台问题　　（c）爬山法——山脊问题

对于爬山法中的上述问题，有一些缓解方法可以尝试。解决局部最大值问题的一种方法是回溯（见 2.2 节）到前面的节点，并尝试不同的方向。考虑那些很可能选择的路（尤其是在最陡爬山法中），如果这条路是死路，那就考虑另一条路。

当相邻区域内有许多点具有相似值时，平台问题就会出现。处理这个问题的最好方法是，通过多次应用相同的规则，尝试到达搜索空间的新区域。用这种方式就可以产生新的极端的值。

最后，通过同时应用几个规则并在多个方向上进行搜索，有助于避免导致山脊问题的各种值［见图 3.6（c）］。可在早期就经常沿着多个方向搜索，从而防止搜索被陷在某个位置。

再次思考图 3.4。如果证实所选择的到节点 F（得分为 100）的路径不可能到达最终目标，那么可能需要返回到节点 B 以考虑其他可能的路径。考虑可替代路径，这会将我们带到节点 E

---

① 山脊问题是一种特殊形式的局部最大值问题。考虑一下沿着肩膀往上爬的小昆虫，每一步可选的前进方向其实大部分是向下的，这表示当前点是最高点。——译者注

（得分为 90）。这可能是尝试解决上面讨论的局部最大值问题的一个例子。同样，如果我们选择返回并探索节点 A（得分为-30），这最初看起来很糟糕。也就是说，我们会在有可能存在的类平台问题处沿着新方向进行搜索。

3.3　最佳优先搜索

　　爬山法的问题在于它是一种只看短期的贪心算法。而最陡爬山法在做出决定之前，由于比较了可能的后继节点，因此它比爬山法看得更长远一些，然而它依然存在着与爬山法一样的问题（山丘问题、平台问题和山脊问题）。如果考虑可能的补救措施并对其进行某种程度的形式化处理，我们就可以得到**最佳优先搜索**（best-first search）。最佳优先搜索是我们讨论的第一个为到达目标而考虑探索哪些节点以及探索多少个节点的智能搜索算法。它维护着与深度优先搜索及广度优先搜索一样的开放节点及封闭节点列表。开放节点是搜索**边缘**（fringe）上的节点，后面可能会进一步探索到。而封闭节点是那些不再探索的节点，它们将构成解的基础。在开放列表中，节点按照它们接近目标状态的启发式估计值大小进行排列。因此，每次迭代搜索时，都会考虑开放列表中最有希望的节点，从而将最佳状态放在开放列表的前端。重复状态（例如，可以通过多条路径到达的状态，但是具有不同的开销）不会被保留。相反，开销最低、最有希望以及在启发式方法下最接近重复节点的目标状态的节点则被保留。

　　从以上讨论以及图 3.7 中最佳优先搜索的伪代码可以看出，在爬山法中，最佳优先搜索最显著的优势在于可以通过回溯到开放列表中的节点，从错误、假线索、死胡同中恢复。如果要寻找其他解的话，可以重新考虑开放列表中的节点的子节点。如果按照相反的顺序追踪封闭节点列表，并忽略到达死胡同的状态，则可以用来表示所找到的最优解。

```
Best_First_Search (Root_Node, goal)
{
    OPEN = [Root_Node]
    CLOSED = { }

    while (OPEN != [ ])
    {
        discard leftmost state from OPEN, set it to X

        if (X = goal) return path from Root_Node to X          //success
        else
            produce children of X
            while (X has child nodes)
            {
                if (child not on OPEN or CLOSED)
                {
                    the child is designated a heuristic value
                    insert the child on OPEN
                }

                if (child is already on OPEN)
                {
                    if (NewPathOfchild < OldPathOfchild)
                        the NewPathOfchild is given to the state on OPEN
                }

                if (child is already on CLOSED)
                {
                    if (NewPathOfchild < OldPathOfchild)
                    {
                        discard the state from CLOSED
                        insert the child to OPEN
                    }
                }
            }// end while (X has child nodes)

        put X on CLOSED
        sort states on OPEN by heuristic value
    } // end while (OPEN != [ ])

    return FAIL
}
```

图 3.7　最佳优先搜索的伪代码

　　如上所述，最佳优先搜索会维护开放节点列表的优先级队列。优先级队列具有的特征是可以插入元素、删除最大节点（或最小节点）。图 3.8 说明了最佳优先搜索的工作原理。注意，最佳优先搜索的效率取决于所使用的启发式度量方法的有效性。

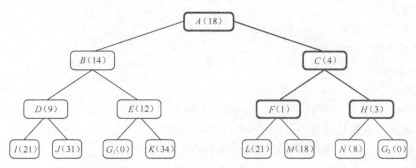

1. Open=[A]；Closed []
2. Open=[C，B]；Closed [A]
3. Open=[F，H，B]；Closed [C，A]
4. Open=[H，B，L，M]；Closed [F，C，A]
5. Open=[G_2，N，B，L，M]；Closed [H，F，C，A]

图 3.8　最佳优先搜索

在每一层中，到达目标节点具有最低估计开销的节点被保存到开放列表中。较早保存在开放列表中的节点有可能更晚被探索。"获胜"路径是 $A{\to}C{\to}F{\to}H$。如果存在解路径的话，那么搜索总是会找到这条解路径

使用好的启发式度量方法将会很快找到一个解，甚至可能找到最优解。而糟糕的启发式度量方法有时会找到一个解，但即使找到了，这个解通常也不是最优解。

使用图 3.9 所示的方法，回到从布鲁克林学院驾车到扬基体育场这个问题。我们会追踪最佳优先搜索算法及其解，然后考虑现实世界中的这个解是什么含义——换句话说，这条解路径是否实际行得通。

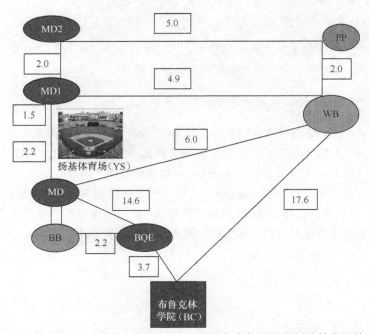

图 3.9　使用最佳优先搜索，决定在下午 5:30 从布鲁克林学院到扬基体育场的合适路径

缩写：

BQE =布鲁克林-皇后高速公路

BB =布鲁克林大桥

BC =布鲁克林学院

WB =布朗克斯-白石桥

MD =狄根少校高速公路

PP =佩勒姆公园大道

YS =扬基体育场

注意： MapQuest 估计的行程时间（和距离）如下。

布鲁克林学院至扬基体育场：36 分钟（20.87 英里[①]）。

布鲁克林大桥到扬基体育场：25 分钟（8.5 英里）。

布鲁克林皇后至扬基体育场：24 分钟（16.8 英里）。

布鲁克林学院到布朗克斯-怀特里斯特桥：35 分钟（17.6 英里）

补充资料

《人月神话》（弗雷德里克·布鲁克斯）

当谈到为什么最佳优先搜索的解不是最优的或可能远远不是最优的时候，一个很好的类比就是美国的房地产行业。当美国住房市场在 2008 年前达到顶峰时，许多人选择改善自己的住房，而不是买房并搬到这套房子里住。在这种情况下，承包商［或负责大型建筑（如公寓楼或酒店）操作的各方］通常会给房主提供该项目所涉及的成本估计和时间估计。众所周知，承包商的工程通常会超出估计成本（无论是钱还是时间）。因此，当翻新的房屋终于完成（晚于预定的日期）时，由于房屋市场严重萎缩，尽管房屋得以翻新，但是在大部分情况下，房子比翻新前的市场价格还低。下面引用了布鲁克斯的一段话来比拟上述过程，即通过让更多的女性参与来缩短分娩的过程。

"当由于顺序约束导致某个任务无法分割时，即便付出更多努力也对进度没有影响。从怀孕到分娩需要 9 个多月的时间，而不管有多少女性参与。"

由于调试的顺序性，许多软件任务都具有上述特性。

如表 3.1 所示，最佳优先搜索返回的路径是 BC（null 0）（第一段旅程从布鲁克林学院到扬基体育馆）→BQE（3.7）（沿布鲁克林-皇后高速公路走 3.7 英里）→BB（2.2）→MD（8.5）→YS（2.2），总共只有 16.6 英里，甚至比 MapQuest 给出的路线（距离）还短。不过奇怪的是，试图尽量减少时间（而不是距离）的 MapQuest 方案并没有提供这条路线。相反，它提供了一条需要开到布鲁克林-皇后高速公路（BQE）的稍长的路线，而不是穿过曼哈顿城的那条较短的路线。回顾一下最佳优先搜索算法并求解上述问题，从而加深对这种算法的理解。

[①] 1 英里约 1.61 千米。因为此处的图和计算涉及的单位均为英里，如替换为千米，均为数位较多的小数，影响阅读，所以予以保留。——编辑注

表 3.1 为了以最短距离开车从布鲁克林学院到扬基体育场，最佳优先搜索算法找到了一条路线

循环编号	封闭顶点	开放列表	封闭列表
1	BC	BC(null 0 + 3.7)	WB(17.6)
2	BQE	BB(2.2) , MD(14.6), WB(17.6)	BC(null 0), BQE(3.7)
3	BB	MD(8.5), MD(14.6), WB(17.6)	BC(null 0), BQE(3.7), BB(2.2)
4	MD	YS(2.2), MD(14.6), WB(17.6)	BC(null 0), BQE(3.7), BB(2.2), MD(8.5)
5	YS	MD(14.6), WB(17.6)	BC(null 0), BQE(3.7), BB(2.2), MD(8.5), YS(2.2)

3.4 集束搜索

由于搜索树中的每一层只扩展最好的 W 个节点（例如，图 3.10 中的 $W=2$），如同形成一种薄的、聚焦的"光束"，如图 3.11 所示，因此这种算法被称为**集束搜索**（beam search）。

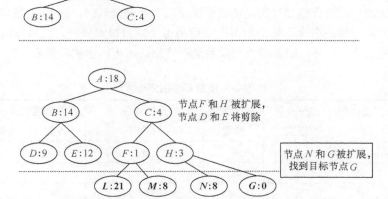

图 3.10 集束搜索：在每一层扩展最优的 W（在这种情况下为 2）个节点。目标节点 G 被找到

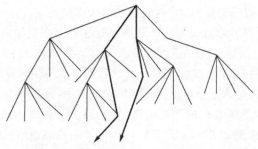

图 3.11 集束搜索——看起来像一束光

在集束搜索中，探索通过搜索树逐层扩展，但是每层只有最好的 W 个节点才会得到扩展。W 被称为**集束宽度**（beam width）。

通过将搜索树深度的指数级内存开销降低到线性开销，集束搜索是对广度优先搜索的一种尝试改进方法。虽然集束搜索使用广度优先搜索建立搜索树，但是搜索树的每一层被分成至多

W 个状态组成的切片，其中 W 是集束宽度[6]。

每一层切片（宽度为 W）的数目被限制为 1。当集束搜索扩展一层时，生成当前层状态的所有后继节点，将它们按照启发值递增的顺序（从左到右）排序，并将它们切分为多个切片（每个切片最多包含 W 个状态），然后只存储第一个切片，并扩展节点。当生成目标状态或内存不足（如前所述）时，集束搜索终止。

福西（Furcy）和柯尼希（Koenig）研究了关于集束搜索的"差异化"变体，发现通过使用更大的集束可以发现更短的路径，而不会耗尽内存。在这里，差异化指的是对后继节点的选择，这时并不会从左到右返回最优启发值。回想一下，集束搜索的其中一个问题是，如果选择的集束太薄（大小为 W），那么在启发式决策过程中就有可能失去潜在解。福西和柯尼希发现，使用具有有限差异化回溯的集束搜索可能有利于找到一些困难问题的解。

3.5　搜索算法的其他指标

第 2 章引入了几个用于评估搜索算法的指标。回想一下，在问题有解的情况下，如果某个搜索算法总是可以找到解，就称该搜索算法是完备的。如果搜索空间的分支因子是有限的，那么广度优先搜索是完备的。如果某搜索算法能从所有可能的解中返回开销最小的路径，就称该搜索算法是最优的。在确保路径开销是搜索树深度的非递减函数时，BFS 是最优的。我们还定义了空间复杂度和时间复杂度。前面章节中介绍的每个盲目搜索算法，在最坏情况下都表现出指数级的时间复杂度。此外，BFS 也受到指数级存储空间需求的困扰，见表 3.2。

表 3.2   比较各种搜索算法的复杂度

标准搜索	广度优先搜索	统一开销搜索	深度优先搜索	迭代加深的 DFS	有限深度搜索	双向搜索（如果适用的话）
时间复杂度	b^d	b^d	b^m	b^l	b^d	$b^{d/2}$
空间复杂度	b^d	b^d	b^m	b^l	b^d	$b^{d/2}$
最优的？	是	是	否	否	是	是
完备的？	是	是	否	是，前提是 $l \geqslant d$	是	是

分支因子用 b 表示，解的深度为 d，搜索树的最大深度为 m，并且深度限制用 l 表示。本章描述的所有搜索算法均采用了启发式方法。这些经验法则旨在引导向有希望的搜索空间部分进行搜索，因此缩短了搜索时间。假设在搜索的某一时刻，算法位于中间节点 n。这个搜索开始于起始节点 S，并且希望在目标节点 G 结束。此时，我们可能希望计算从 S 经过节点 n 到 G 的路径的精确开销 $f(n)$。$f(n)$ 具有两个分量：$g(n)$ 和 $h^*(n)$。其中，$g(n)$ 是从 S 到节点 n 的实际距离，而 $h^*(n)$ 是节点 n 经最短路径到达 G 的剩余距离。换句话说，$f(n) = g(n) + h^*(n)$。这里有一个问题：在节点 n，当我们努力搜索到 G 的最短路径时，如何才能知道该路径的精确开销 $h^*(n)$？当还没有找到最短路径时，我们做不到这一点！因此需要算出剩余距离的估计值 $h(n)$。如果要求这个估计值可用，那么它必须比真实值小（低估）。或者说，对于所有的节点 n，必须有 $h(n) \leqslant h^*(n)$。在这种情况下，$h(n)$ 被称为**可接受的启发值**（admissible heuristic）。因此，最终的评估函数是 $f(n) = g(n) + h(n)$。回想一下第 2 章的 3 拼图问题。对于该拼图问题，有以下两种可接受的启发值。

（1）h_1——不处于应在位置的方块的数目。

（2）h_2——将每个方块移至目标状态所必需的距离总和。

如何确定这些启发值是可接受的呢？对于该拼图问题，大家可以想出任何其他可接受的启发值吗？

当问题的解确实存在时，如果某搜索算法总是返回最优解，那么称该搜索算法是可接受的（注意，第 2 章在此上下文中用到了"最优的"（optimal）这样的术语）。这里的 $f*$ 表示最优解所需的实际开销，其中 $f^*(n) = g^*(n) + h^*(n)$。前面提到，$h^*(n)$ 是一个我们还不知道的数值，取而代之的是，我们必须算出启发式估计值 $h(n)$，其中 $h(n) \leq h^*(n)$。类似地，获得最优的"从 S 到节点 n"的路径也不是一项容易完成的任务。这里必须经常采用 $g(n)$，它表示从 S 到节点 n 的实际开销。自然地，$g(n) \geq g^*(n)$ 是很有可能的。如果先前那个到威斯康星州麦迪逊旅行的搜索算法是可接受的，则我们可以肯定去麦迪逊时选择的路径是最优的。然而，一个可接受的搜索算法并不能保证到中间节点（在这个例子中，包括克利夫兰、底特律和芝加哥这样的城市）的路径是最短的。如果搜索算法能够保证到每个中间节点的路径也是最优的，则称该搜索算法是单调的。从纽约到麦迪逊旅游的单调算法也同时为所有的中间节点提供了最优旅游路线。从直觉上，读者可能会得出一个结论（这个结论是正确的），即单调算法总是可接受的。请思考这个命题的反命题："可接受的搜索算法总是单调的吗？"（请证明你的答案！）

基于这些启发式方法可能给我们节省的工作量，下面对这些搜索启发值进行分类。假设对于某个问题有两种启发值：h_1 和 h_2。进一步假设对于所有节点 n，都有 $h_1(n) \leq h_2(n)$，则称 h_2 比 h_1 更具有启发性。$h_2(n)$ 大于或等于 $h_1(n)$ 意味着 $h_2(n)$ 比 $h_1(n)$ 更接近（或至少接近）到达目标的精确开销 $h^*(n)$。思考一下我们先前为 3 拼图问题给出的两个启发值。稍后我们将证明，每个方块必须移动的距离总和 h_2，比仅仅考虑不处于应在位置的方块的数目 h_1 更具有启发性。

第 2 章介绍了如何通过回溯法解决 4 皇后问题。算法尝试了许多可能的解，然后放弃了这些解。这样的算法可以很恰当地被称为**尝试性**（tentative）方法。与只检查一条路径的方法（如简单爬山法）形成对照的是，后一种方法被称为**不可撤回的**（irrevocable）方法。

3.6 知情搜索（第二部分）——找到最优解

3.2 节中的搜索算法系列有一个共同的性质：为了引导搜索的过程，其中的每个搜索算法都使用了对目标剩余距离的启发式估计值。现在，我们将注意力转向一个"向后看"的搜索算法集合。"向后看"是指到起始节点的距离 [也就是前面提到的 $g(n)$]，既不是整条路径的估计值，也不是其中的主要部分。通过将 $g(n)$ 包含在总的路径开销估值 $f(n)$ 中，就可以降低搜索到次优路径的可能性。

3.6.1 分支定界法

下面介绍"普通"分支定界法，这种算法在文献中通常被称为**统一开销搜索或统一代价搜索**（uniform-cost search）[7]。该算法会按照递增的开销——更精确地说，是按照非递减的开销来寻找路径。这里用的路径开销估计方法很简单：$f(n) = g(n)$，并不采用基于剩余距离的启发式搜索。也可以采用一种等价的说法，即 $h(n)$ 的估计值处处为 0。这种方法与广度优先搜索的相似性显而易见，即首先访问最靠近起始节点的节点。但是，使用分支定界法的开销值可以假定为任何正实数值。这两种搜索之间的主要区别是，BFS 努力找到通往目标的某条路径，而分支定界法努力找到一条最优路径。在使用分支定界法时，一旦找到一条通往目标的路径，这条路径很可能就是最优的。为了确保这条找到的路径确实是最优的，分支定界法继续生成部分路径，直到每条路径的开销都大于或等于当前所找到的最优路径的开销为止。"普通"分支定界法如图 3.12 所示。

假设某人在节食期间去了冰淇淋店——他可能放弃巧克力糖浆、生奶油和自己"更喜欢"的口味，而最终选择普通的香草冰淇淋。

```
//Branch and Bound Search.

Branch_Bound (Root_Node, goal)
{
Create Queue Q
Insert Root Node into Q
While (Q_Is_Not_Empty)
{
G = Remove from Q
If (G= goal) Return the path from Root_Node to G;
else
Insert children of G in to the Q
Sort Q by path length
} // and while
Return failure
}
```

图 3.12　"普通"分支定界法

这里重新绘制了前面用于说明搜索算法的树，重绘后的结果见图 3.13。因为分支定界法不采用启发式估计值，所以这些值不会出现在图 3.13 中。

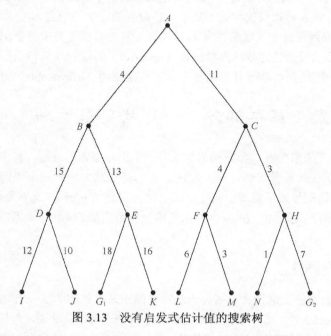

图 3.13　没有启发式估计值的搜索树

图 3.14（a）～图 3.14（f）和图 3.14（g）给出了利用分支定界法寻找到达目标的最优路径的过程。从中可以观察到，节点会按照递增的路径长度进行扩展。

搜索会在图 3.14（f）和图 3.14（g）中继续进行下去，直到任何部分路径的开销都大于或等于最短路径 21 为止。可通过图 3.14（g）来观察分支定界法的持续进行过程。

分支定界法在图 3.14（g）中找到的最短路径是从 A 到 C 再到 H，最后到 G_2，总的开销是 21。
分支定界法接下来的 4 个步骤如下。

步骤 1：到节点 N 的路径不能被延长。

步骤 2：下一条最短路径 $A \rightarrow B \rightarrow E$ 被延长，但是它的开销超过了 21。

步骤 3：到节点 M 和 N 的路径均不能被延长。

步骤 4：最短的那条开销小于或等于 21 的部分路径被延长（从节点 D 延长到节点 J）。延长后的路径的开销是 29，超过了开始节点到目标的最短路径。

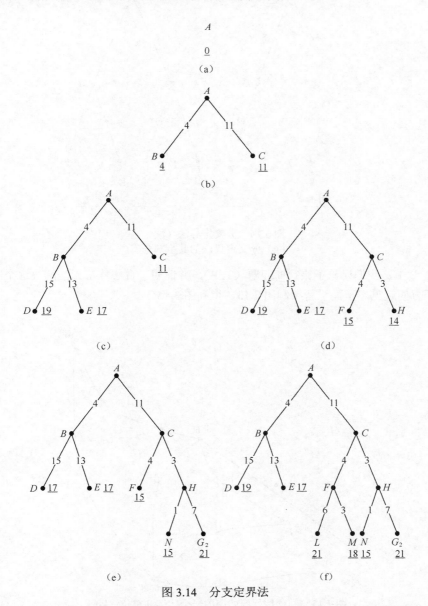

图 3.14　分支定界法

（a）从根节点 A 开始，生成从根节点开始的路径　　（b）节点 B 具有最小开销，因此它被扩展了
（c）在所有的 3 个选择中，节点 C 具有最小开销，因此它被扩展了　　（d）节点 H 具有最小开销，因此它被扩展了　　（e）发现了到目标 G_2 的路径，但是为了查看是否有一条路径到目标的距离更短，需要扩展到其他分支　　（f）节点 F 和 N 都具有 15 的开销，最左边的节点先扩展

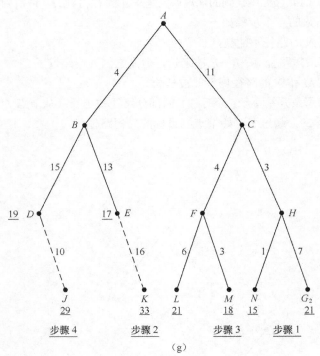

图 3.14　分支定界法（续）
（g）分支定界法的其余部分

在第 2 章中，我们讨论了旅行商问题（TSP），并证明了贪心算法无法解决这个问题的一个实例。为了方便起见，下面重新绘制图 2.13，得到图 3.15。

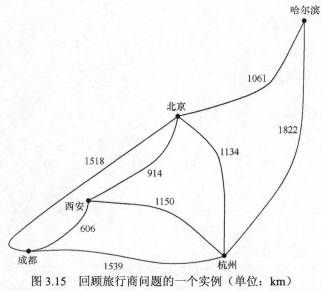

图 3.15　回顾旅行商问题的一个实例（单位：km）

在第 2 章中，我们已经假设销售人员住在西安，他必须以最短的路线访问其余 4 个城市，然后返回西安。考虑图 3.16 中的树。

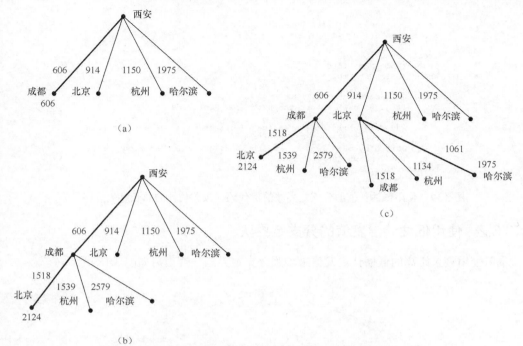

图 3.16　使用分支定界法求解旅行商问题的开始几步（单位：km）
（a）从西安开始，待访问的第一个节点是成都，开销为 606 km
（b）从成都开始，选择到北京的路径；从西安到成都，然后到北京的总开销为 2124 km
（c）分支定界法接下来扩展第一层的节点"北京"，因为西安到北京的开销是 914 km，是当前最短路径；
从北京出发，下一站是杭州，西安→北京→哈尔滨这条部分路径的开销为 914 km + 1061 km = 1975 km

　　分支定界法按照距离递增（即非递减）的方式生成路径。第一次，指定从西安到成都，然后到北京的路线；第二次，路线从西安扩展到北京，然后到成都；以此类推，直到发现最优路线为止。

　　TSP 是 **NP 完全**（NP-complete）**问题**的一个实例。NP 是一类问题的缩写，如果允许猜测的话，那么这类问题可以在多项式时间内解决。P 代表的是可以在确定性多项式时间（也就是没有采用猜测时的多项式时间）内解决的一类问题。P 类问题包括了计算机科学中许多为人熟知的问题，如排序、确定图 G 是不是欧拉图等等。后面这个欧拉图确定问题可以换一种说法，即如果图 G 拥有一个环，那么这个环能遍历每条边一次且仅有一次（见第 6 章），或在带权重的图 G 中找到一条从顶点 i 到 j 的最短路径（见第 2 章）。NP 完全问题是 NP 类问题中最困难的问题。NP 完全问题看起来需要指数时间才能解决（在最坏的情况下）。

　　但是，还没有人证明对 NP 完全问题不存在多项式时间的（即确定性多项式时间）算法。我们知道 P⊆NP，但是并不知道 P 是否等于 NP。在理论计算机科学中，这依然是最重要的开放性问题。NP 完全问题彼此之间都是**多项式时间归约的**（polynomial-time reducible），即如果能够找到任意一个 NP 完全问题的多项式时间算法，那么对于所有的 NP 完全问题也都会有多项式时间算法。

　　NP 完全问题包含了许多著名的问题，例如上述旅行商问题、命题逻辑中的可满足性问题（见第 5 章）和哈密顿问题（我们在第 6 章中会再次回到这个问题）。换句话说，也就是确定连接图 G 是否存在一个环路，这个环路遍历了每个节点，每个节点都被访问一次且仅有一次。使用低估计启发值的分支定界法的伪代码如图 3.17 所示。

```
// Branch and Bound with Underestimates
B_B_Estimate (Root_Node, Goal)
{
Create Queue Q
Insert Root_Node into Q
While (Q_Is_Not_Empty)
    {
    G = Remove from Q
    If (G = Goal) return the path from Root_Node to G.
    else
    Add each child node's estimated distance to current distance.
    Insert children of G into the Q
    Sort Q by path length    // the smallest value at front of Q
    } // end while
Return failure.
}
```

图 3.17   使用低估计值的分支定界法的伪代码（按照估计的总长度生成路径）

3.6.2   使用低估计启发值的分支定界法

本节使用剩余距离的低估计启发值来增强分支定界法。搜索树如图 3.18 所示。

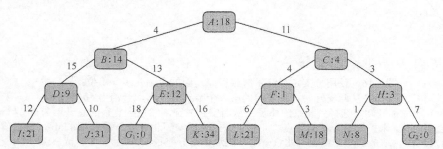

图 3.18   同时具有节点间距离（在分支上）和启发式估计值（在节点内）的搜索树

图 3.19 给出了使用低估计启发值的分支定界法的搜索过程。

由图 3.18 和图 3.19，我们可以观察到路径是按照估计的总长度生成的。

在确认节点 A 不是目标后，节点 A 会被扩展。从节点 A 开始，要么去节点 B，要么去节点 C。去节点 B 的距离为 4，而去节点 C 的距离为 11。从节点 B 或 C 到某个目标的路径的估计开销分别是 14 和 4。

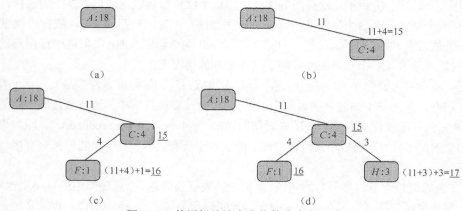

图 3.19   使用低估计启发值的分支定界法
（a）节点 A 不是目标，继续　　（b）在这个搜索中，去的是节点 C 而不是节点 B；
而在"普通"分支定界法中，去的是节点 B

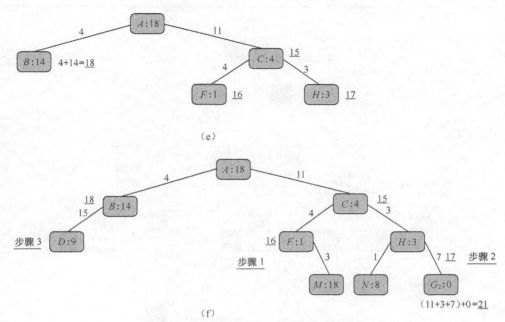

图 3.19 使用低估计值的分支定界法（续）

分支定界法继续，直到具有估计开销小于或等于 21 的所有路径都被延长为止。

步骤 1：路径 $A \to C \to F$ 被延长到 M，开销超过了 21。

步骤 2：路径 $A \to C \to H$ 被延长到 N，开销超过了 21。

步骤 3：路径 $A \to B$ 被延长到 D，开销超过了 21。

因此，从起始节点 A 经过节点 B 到达目标的总路径的估计开销为 4+14=18，然而经过节点 C 的路径的估计开销为 11+4=15。如图 3.19（b）所示，带有低估计启发值的分支定界法首先搜索到节点 C。以这种方式继续，搜索算法得到了开销为 21 的路径，到达目标 G_2[见图 3.19（f）]。如图 3.19（f）所示，直到估计开销小于或等于 21 的部分路径都被扩展，搜索才完成。

例 3.1 重温 3 拼图问题

重温第 2 章给出的 3 拼图问题的例子，并使用刚刚讨论的两个版本的分支定界法求解这个拼图问题。图 3.20 给出的是"普通"分支定界法，图 3.21 则采用了带有低估计启发值的分支定界法。我们可以观察到，"普通"分支定界法需要一棵 4 层的搜索树，并且在这棵搜索树中扩展了 15 个节点。

我们显然可以得到如下几个观察结果。

（1）解的估计开销被设置为从起始节点开始计算的距离，即 $f(n) = g(n)$。如前所述，无非将到某个目标的剩余距离的估值 $h(n)$ 在任何地方设置为 0 就行。

（2）因为每个运算符的开销都等于 1（即向 4 个方向中的任一方向移动空白块），"普通"分支定界法看起来与广度优先搜索类似。

（3）在分支定界法的初始版本中，没有采用任何措施来抑制重复节点。

（4）除非算法针对应用做出修改，否则搜索树右下部分的叶子节点通常会被扩展。

图 3.21 表明，带有低估计启发值的分支定界法只需要一棵 5 个节点被扩展的搜索树。一般来说，显而易见，带有低估计启发值的分支定界法相比"普通"分支定界法更具有启发性（带有更多的信息）。显然，这两种分支定界法都是可接受的。

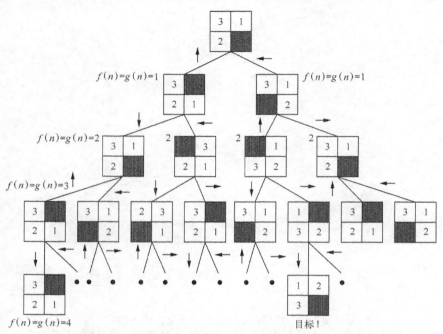

图 3.20   被应用于 3 拼图实例的"普通"分支定界法

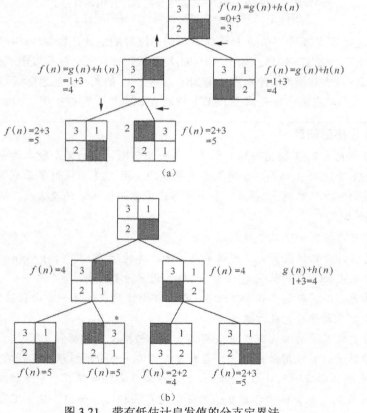

（a）

（b）

图 3.21   带有低估计启发值的分支定界法

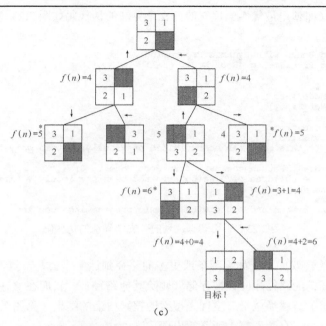

图 3.21 带有低估计启发值的分支定界法（续）

到目标的启发式估计值采用了**不在应在位置的方块数**。我们之前已经讨论过，这种启发值是可接受的。在图 3.21（b）和图 3.21（c）中可以观察到，通过在解的估计开销 $f(n)$ 中包含 $g(n)$，我们惩罚了那些对应于环路的节点。图 3.21（c）中带标记*的 3 个节点表示环路，不会被扩展。动态规划法会删除冗余的节点。在图 3.21（c）中，我们观察到节点"3-2-1-空方块"出现了 3 次，其中后两次用"*"做了标记。显然，这个节点会反复出现，动态规划法会删除这些。

3.6.3 采用动态规划的分支定界法

试想未来的某一天，星际旅行已经变得非常普遍。假设某人想来一次从地球到火星的成本最小的旅行（以总旅行距离计）。人们的旅程不可能先从地球到月球，再从月球到火星。这个小例子中的智慧可以通过**最优性原理**（Principle of Optimality）进行形式化：最优路径由最优子路径构建而成。在图 3.22 中，经过某个中间节点 I，从 S 到 G 的最优子路径由从 S 到 I 的最优路径及从 I 到 G 的最优路径组成。

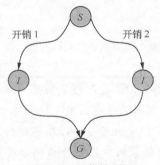

图 3.22 最优性原理

从最优子路径构建最优路径。假设从 S 出发到达某个中间节点 I 的路径有两条，路径 1 的开销等于开销 1，路径 2 的开销等于开销 2。假设开销 1 小于开销 2，那么从 S 开始，经过中间节点 I 到达 G 的最优路径不可能采用到 I 开销更大的路径（即具有开销 2 的路径 2）

采用动态规划（即使用最优性原理）的分支定界法的伪代码如图 3.23 所示。

```
// Branch and Bound with Dynamic Programing
B_B_W_Dynamic_Programming (Root_Node, goal)
{
Create Queue Q
Insert Root_Node into Q
While (Q_Is_Not_Empty)
        {
        G = Remove from Q
        Mark G visited
                If this mode has been visited previously, retain only the shortest
path to G
        If (G= goal) Return the path from Root Node to G;
        Insert the children of G which have not been previously visited into the Q
        } // end while
Return failure
}// end of the branch and bound with dynamic programming function
```

图 3.23   采用动态规划的分支定界法的伪代码

这个算法给出的建议如下：如果两条或更多的路径到达一个公共节点，那么只有到达该公共节点且具有最小开销的路径才应该被存储（删除其他路径！）。我们在 3 拼图实例上实现了这个搜索过程，并考虑了一棵类似于广度优先搜索的搜索树上的结果（见图 2.22）。只保留到达每个拼图状态的最短路径，有助于禁止环路的出现。

3.6.4   A*搜索

分支定界法搜索的最后一个法宝是 A*搜索。这种搜索算法采用了具有剩余距离估计值和动态规划的分支定界法。A*搜索算法的伪代码如图 3.24 所示。

```
//A* Search
A* Search (Root_Node, Goal)
{
Create Queue Q
Insert Root_Node into Q
While (Q_Is_Not_Empty)
        {
        G = Remove from Q
        Mark G visited
        If (G= goal) Return the path from Root_Node to G;
        Else
        Add each child node's estimated distance to current distance.
        Insert the children of G which have not been previously visited into the Q
        Sort Q by path length
        } // end while
Return failure
}// end of A* function
```

图 3.24   采用了具有剩余距离估计值和动态规划的 A*搜索算法的伪代码

例 3.2   最后一次采用 3 拼图问题来说明 A*搜索算法

通过 A*搜索算法求解该拼图问题的过程如图 3.25 所示。

我们观察到，图 3.25 中的 A*搜索采用曼哈顿距离作为启发式估计值，这比图 3.21 中的分支定界法搜索——将不在应在位置的方块数作为剩余距离的启发式估计值——更具有启发性。

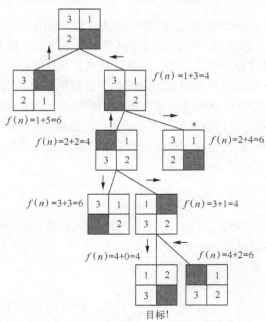

图 3.25　通过 A*搜索算法求解 3 拼图问题

采用曼哈顿距离作为启发式估计值的 A*搜索算法。请参考这棵树中第 3 层标记有*的节点。方块 1 必须向左移动一个方格。方块 2 必须先向东移动一个方格，再向北移动一个方格（或者先向北移动一个方格，再向东移动一个方格）。方块 3 需要向南移动一个方格。因此，这个节点的曼哈顿距离之和为 $h(n)=1+2+1=4$。

　　因为任何方块都必须向着北、南、东、西方向移动，这类似于出租车在曼哈顿的街道上行驶，所以这里采用了"曼哈顿距离"这一术语。

3.7　知情搜索（第三部分）——高级搜索算法

3.7.1　约束满足搜索

　　在 AI 中，**问题简化**（problem reduction）是另一个重要方法。也就是说，在对更大或更复杂的问题进行求解时，可以识别出其中更小的可处理的子问题，这些子问题通过较少的步骤就可以解决。

　　例如，图 3.26 给出了一个 100 多年来为人熟知的"驴滑块"拼图游戏。有一本非常精彩的书（*Winning Ways for Your Mathematical Plays*）对这个问题做了介绍[8]。

　　受制于滑块拼图中"部件"运动的约束条件，该拼图任务会围绕垂直条（vertical bar）滑动 Blob，目的是将 Blob 移动到垂直条的另一边（在图 3.26 中，也就是将右边的 Blob 移动到垂直条的左边）。Blob 占据 4 个格子，为了能够移动它，

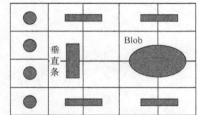

图 3.26　约束满足、问题简化和
"驴滑块"拼图游戏

就需要一侧有两个相邻的垂直或水平的空格子。而垂直条（vertical bar）的左边或右边需要两个垂直相邻的空格子以便能够向左或向右移动，或者需要其上方或下方有一个空格子，以便其能

够上下移动。

水平条（horizontal bar）的运动与垂直条类似，只不过它占据的是横向两个格子。同样，图 3.26 中的 Blob 可以横向或纵向移动到其周围的任何空格子里。为了求解上述问题，一个相对盲目的状态空间搜索算法可能需要 800 次移动，并且还需要大量的回溯过程[2]。在总的拼图问题得到解决之前，可通过简化问题对求解问题识别出如下子目标，即必须让 Blob 在垂直条之上或之下的两行内（因此它们可以彼此通过）。这样的话，解决这个拼图问题可能只需要 81 次移动！

上述只需要 81 次移动可以说是做了相当不错的简化处理，这是基于对问题求解中约束条件的理解达到的。这也表明，在开始问题求解过程之前，额外花时间来尝试了解问题及其约束条件通常更好。

3.7.2 与或树

另一种众所周知的用于问题简化的技术名为**与或树**（AND/OR tree）。这里的目标是，通过应用以下规则，在给定的树中找到解的路径。

如果满足以下条件，那么节点是可解的。

（1）它是一个终止节点（一个基元问题）。

（2）它是一个非终止节点，并且其后继节点都是可解的与（AND）节点。或者

（3）它是一个非终止节点，后继节点是或（OR）节点，在这些或节点中，至少有一个可解。

类似地，在下列条件下，节点是不可解的。

（1）它是一个没有后继节点的非终止节点（没有运算符可应用的非基元问题）。

（2）它是一个非终止节点，后继节点是与（AND）节点，在这些与节点中，至少有一个不可解。或者

（3）它是一个非终止节点，后继节点是或（OR）节点，并且这些或节点都是不可解的。

在图 3.27 中，节点 B 和 C 分别是子问题 EF 和 GH 的唯一父节点。这里可以将整棵树看成由 3 个单独的 OR 节点 B、C 和 D（分别对应一个子问题）组成。使用弯曲箭头分别连接节点 E 和 F 以及节点 G 和 H，以表示与（AND）节点。即为了解决问题 B，就必须解决子问题 E 和 F。同样，为了解决子问题 C，就必须解决子问题 G 和 H。因此，解的路径是{A→B→E→F}、{A→C→G→H}和{A→D}。在这种情况下，我们展示了 3 个不同的活动场景。在其中一个活动场景中，如果要骑自行车{A→B}去野餐，则必须检查自行车{E}，并准备好食物{F}。而如果要出去吃晚餐、看电影{A→C}，则必须选择一家餐厅{G}和一家电影院{H}。或者，我们也可以去一家不错的餐厅{A→D}。

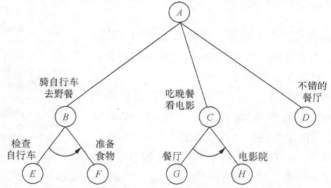

图 3.27　表示了 3 种约会方式的与或树：骑自行车去野餐，吃晚餐、看电影，或者去一家不错的餐厅

在没有与（AND）节点出现的特殊情况下，这就是状态空间搜索中一般的图。但是，与节点的存在将与或树（或图）和一般的状态结构区分了开来，这需要它们自己专用的搜索技术。用与或树处理的典型问题包括博弈或拼图，以及其他明确定义的面向状态空间目标的问题，如机器人规划、穿越障碍物或设定机器人在平面上重新组织积木块等等[2]。

3.7.3 双向搜索

前面介绍的前向搜索被认为是一个开销巨大的过程，开销可能会指数级增长。**双向搜索**（bidirectional search）的想法是在向前搜索目标状态的同时，从已知的目标状态向后搜索到起始状态，以找到解的路径。图 3.28 阐释了双向搜索的本质。搜索一方面从起点开始，向目标前进。另一方面，搜索也会给出一条横贯目标节点到起始节点的路径。当两条子路径相遇时，搜索结束。结合了正向和反向推理方法的这项技术是由波尔（Pohl）[9]开发的，并且众所周知，这种搜索扩展的节点数大约仅相当于单向搜索扩展节点数的 1/4。

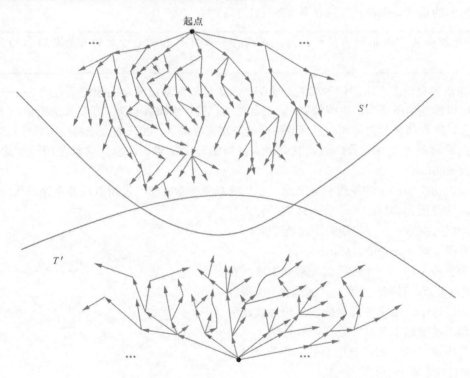

$S' \cap T'$ 是潜在的解空间，"…"意味着更多的搜索分支

图 3.28　双向搜索包括从起始节点 S 开始的向前搜索以及从目标节点 T 开始的向后搜索，我们希望两条子路径在 $S' \cap T'$ 中相遇

除了错误地认为自己提出的算法（称为 BHPA 或传统的前端到终端双向搜索）通常会使搜索前端互相错过以外，波尔关于双向搜索的原始想法还是非常有可取之处的。按照后来被称为"导弹隐喻"的问题，他描述了这种互相错过的可能性：导弹和反导弹相互瞄准，然后相互错过。德香浦（de Champeaux）和圣德（Saint）[10]证明了这个长期以来的想法毫无根据，即算法会受到所谓的**"导弹隐喻"**问题（Missile Metaphor Problem）的困扰。他们创建了唯一适用于双向搜索的新的通用方法，这种搜索方法可以动态地改进启发值。他们的实证发现还表明，只需要有限的存

储空间，双向搜索就可以非常高效地执行，而标准方法对存储空间的需求是其已知的不足[2]。

因此，德香浦和圣德[11]、德香浦[12]以及波利托夫斯基（Politowski）和波尔[13]开发了**波形规整**（wave-shaping）算法，其思想是使两个搜索的"波前"（wave-front）朝向彼此。相较于 BHPA 和双向搜索（BS*算法由 Kwa[14]开发，它克服了 BHPA 效率低下的问题），凯因德尔（Kaindl）和凯恩茨（Kainz）的工作的主要思想是，进行启发式前端到末端（front-to-end）的评估没有必要（效率也不高）。他们提出可以使用以下措施来改进 BS*算法。

（1）最小化搜索方向切换的次数（周界搜索的一种版本）。

（2）在反搜索方向的前端到末端评估中，将动态特征添加到搜索启发式函数中，这是由波尔最先提出的思想。

上述介绍的"波前"方法使用从前端到前端（front-to-front）的评估，或者说，评估从一个搜索前端的评估节点到相反前端节点的某条路径的最小开销[9]。"事实上，相较于执行前端到后端评估的算法，这些算法大大减小了所搜索节点的数目。但是，它们既不能对计算的要求过高，也不能对解的质量有限制。"（见参考文献[11]的第 284～285 页）

双向搜索的"边界"问题被认为是在内存中保持来自两个方向的可能解路径的代价的结果。

在理论和实验上，凯因德尔和凯恩茨都证明了他们对双向搜索的改进是有效的——双向搜索本身比以前我们所认为的更有效率，也更加没有风险。正如凯因德尔和凯恩茨所说，"传统的"双向搜索试图存储来自向前和向后搜索两端的节点来寻求解。传统的方法将使用最佳优先搜索，并且当两端试图"发现彼此"时，就会陷入指数级存储需求的泥潭。这就是所谓的**边界问题**（frontiers problem）。

相反，由凯因德尔和凯恩茨提出的"非传统双向搜索方法"使用散列方案存储仅来自一端的节点，这是因为"仅在一个方向搜索，首先存储节点，然后在另一个方向搜索，这是可能的"。这就是**周界搜索**（perimeter search）[15, 16]。

在周界搜索中，一个广度优先搜索生成并存储 t 周围的节点，直到一个预定（和固定）的周界深度为止。这个广度优先搜索的最后边界就是所谓的周界。搜索结束并且节点在得到存储之后，前向搜索从 s 开始，目标是所有的周界节点（见参考文献[11]的第 291 页）。

根据问题和可用存储空间的不同，前向搜索可以通过一系列搜索算法来进行，包括 A*算法和 DFS-ID 的某个变体（见 2.4.4 节）等等（见图 3.29）。

简而言之，凯因德尔和凯恩茨开发的非传统双向搜索的主要改进在于，从某个前向方向到边界使用周界搜索，然后存储关键信息，并从目标节点开始执行向后搜索，看看是否可以与存储的前向路径相遇。对于这种搜索而言，前端到后端的方法（与前端到前端的方法相比）更有效。

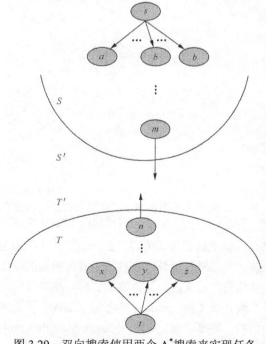

图 3.29 双向搜索使用两个 A*搜索来实现任务

在最近的工作中，科泽（Kose）通过将双向搜索应用到"驴滑块"拼图和其他问题，来测试双向搜索的有效性[17]。在 CPU 时间和内存使用方面，他将双向搜索与传统的前向搜索加以比较。他将双向搜索以边界搜索的方式实现，并使用广度优先搜索，存储到某个指定深度的所有节点。接下来在相反的方向，使用启发式方法从目标状态搜索到这个边界中的节点。

一种搜索是从起始节点 s 到目标节点 t，而另一种搜索则是从目标节点 t 到起始节点 s。只要 $S' \cap T' = \varnothing$，两个边界就会开始搜索。

一旦两个边界相遇，即 $S' \cap T'$ 不再为空（此时 $S' \cap T' \neq \varnothing$），我们便找到了一条路径。双向搜索的第二层是在集合 $S' \cap T'$ 中找到最优路径。第二层的搜索在双向搜索中增加了更多的复杂性。

s = 起始节点。

t = 目标节点。

S = 从 s 开始，所到达的节点的集合。

T = 从 t 开始，所到达的节点的集合。

S' = 既不在 S 中，也不在 T 中的节点的集合，却是 S 中节点的直接后继节点。

T' = 既不在 T 中，也不在 S 中的节点的集合，却是 T 中节点的直接后继节点。

在 CPU 时间和内存使用方面，就找到"驴滑块"拼图的最优解而言，即在搜索空间中，探索和生成最少的节点，双向搜索比其他搜索更加高效。我们还改变了边界的深度，当允许广度优先搜索进行到很深的层次时，可以预期搜索就会变得不那么高效。通过使用深度为 30 的边界，我们可以获得最好的结果。这主要是因为在求解过程中，对于前 30 次移动，2×2 的方块几乎没有任何进展。这导致我们得出一个结论：在从目标状态到节点边界的反向搜索中，当移动到 30 层时，启发式搜索是更好的选择。进一步的工作打算对不同的编程范式与双向搜索进行比较，以寻找"驴滑块"拼图问题的解[17]。

3.8　本章小结

本章介绍了许多智能搜索方法，这已经成了区分 AI 方法与传统计算机科学方法的标准。爬山法是一种原始的贪心算法，但是有时候，这种方法也能够"幸运"地找到在最陡爬山法中才能找到的最优方案。更常见的是，爬山法可能会受到 3 个常见问题的困扰：山丘问题、平台问题和山脊问题。比较智能、首选的搜索方法是最佳优先搜索，在使用该搜索方法时，需要维护开放节点队列以反馈从给定路径到解的远近程度。集束搜索提供了更集中的视野，通过这个视野，可以寻找到一条狭窄的通往解的路径。

3.5 节介绍了用于评估启发值有效性的 4 个非常重要的指标，包括可接受性。当估计值 $h(n)$ 一致小于到解的距离时，这个启发值才被称为是可接受的。如果为了寻找"较短"的行程，所有的中间步骤（节点）比起其他节点来说都是行程最短的，那么就说该搜索是单调的。当启发值 $h(2)$ 比 $h(1)$ 更接近到达目标的确切开销 $h^*(n)$ 时，就说 $h(2)$ 比 $h(1)$ 更具有启发性。尝试性方法提供了多种可替代的方式来评估，然而不可撤回的方法未提供替代方案。

3.6 节关注最优解的发现。分支定界法探索部分解，直到任何部分解的开销大于或等于到达目标的最短路径时才停止搜索。本章还介绍了 NP 完全问题、多项式时间归约和可满足性问题的概念。具有低估计启发值的分支定界法是更具有启发性的获得最优解的方式。最后，本章探讨了使用动态规划的分支定界法，以存储所发现的最短路径，这是另一种获得最优结果的方式。A^* 算法（见 3.6.4 节）通过同时采用低估计启发值和动态规划来获得最优结果。

　　3.7.1 节通过约束满足搜索介绍了问题简化的概念。我们在"驴滑块"拼图问题中考虑了这种方法。在 3.7.2 节中，我们阐释了使用与或树有效分割知识的方法，以有效地缩小问题空间。

　　双向搜索提供了一个全新的视角，基于目标状态进行前向和后向搜索。本章考虑了双向搜索的效率，并介绍了可能的问题和补救措施，如边界问题、导弹隐喻和波形规整算法等。凯因德尔和凯恩茨研究了如何对双向搜索进行改进[11]。科泽为 3.7.3 节贡献了与其论文相关的材料[17]。

　　在第 4 章中，我们将使用上面开发的启发式方法进行二人博弈游戏，如 Nim 取物游戏和井字游戏。

讨论题

1．启发式搜索方法与第 2 章讨论的搜索方法有什么区别？

（a）给出启发式搜索的 3 种定义。

（b）给出将启发式信息添加到搜索中的 3 种方式。

2．为什么爬山法可以归类为贪心算法？

3．最陡爬山法如何提供最优解？

4．为什么最佳优先搜索比爬山法更有效？

5．解释集束搜索的工作原理。

6．启发式方法的可接受性（admissible）是什么意思？

（a）可接受性与单调性有什么关系？

（b）可以只有单调性，而不需要可接受性吗？解释原因。

7．一种启发式方法比另一种启发式方法具有更多的信息，这句话的意思是什么？

8．分支定界法背后的思想是什么？

9．请解释低估可能会得到更好的解的原因。

10．关于动态规划：

（a）动态规划的概念是什么？

（b）描述最优性原理。

11．为什么 A^* 算法比使用低估计启发值的分支定界法或使用动态规划的分支定界法更好？

12．解释约束满足搜索背后的思想，以及它是如何应用于"驴滑块"拼图问题的。

13．解释如何用与或树来划分搜索问题。

14．描述双向搜索的工作原理。

（a）它与本章中讨论的其他技术有什么不同？

（b）描述边界问题和导弹隐喻的含义。

（c）什么是波形规整算法？

练习题

1．给出 3 个启发式方法的例子，解释它们如何在以下情景中发挥重要作用。

（a）在日常生活中。

（b）在面对某种挑战时的问题求解过程中。

2．解释爬山法被归类为"贪心算法"的原因。

（a）描述你知道的其他一些"贪心"算法。

（b）最陡爬山法是如何改进爬山法的？最佳优先搜索是如何改进爬山法的？

3．给出一个未在本章中提及的可接受的启发式方法，解决 3 拼图问题。

（a）采用启发式方法执行 A*搜索，求解本章中提出的拼图实例。

（b）你提出的启发式方法是否比本章提出的两种启发式方法拥有更多的信息？

4．关于启发式方法，请完成以下练习。

（a）为传教士与野人问题建议一个可接受的启发值，这个启发值应该足够健壮，从而避免不安全的状态。

（b）你的启发式方法能够提供足够的信息，以明显地减少 A*算法所要探索的库吗？

5．关于启发值，请完成以下练习。

（a）提供适用于图形着色的启发值。

（b）采用你的启发值找到图 2.41 中的着色数。

6．思考下列 n 皇后问题的变体。

在一个 $n \times n$ 的棋盘上，如果一些会被皇后攻击的方块受到兵的阻碍，有超过 n 个皇后可以放在除去"兵"之外剩余的部分棋盘中吗？例如，如果 5 个兵被添加到一个 3×3 的棋盘上，那么这个棋盘上可以摆放 4 个互相不攻击的皇后吗？（见图 3.30）

Q	P	Q
P	P	P
Q	P	Q

图 3.30　有策略地将 4 个皇后和 5 个兵摆放在棋盘上。如果有 3 个兵可供我们使用，那么可以将多少个互相不攻击的皇后放在一个 5×5 的棋盘上？[18]

7．在图 3.31 中，用"普通"分支定界法和动态规划的分支定界法，从起始节点 S 行进到目标节点 G。当所有其他条件都一样时，按照字母顺序探索节点。

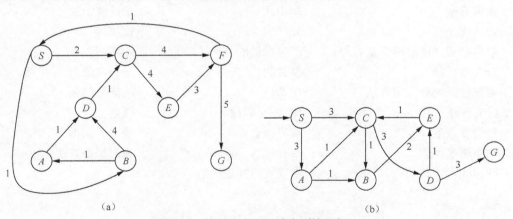

图 3.31　使用分支定界法来到达目标

8．关于启发式方法，请完成以下练习。

（a）制定可接受的启发式方法来解决第 2 章（见练习 13）中的迷宫问题。

（b）采用你的启发式方法执行 A*搜索，解决这个问题。

9．关于启发式方法，请完成以下操作。

（a）为水壶问题提出一个可接受的启发式方法。

（b）采用你的启发式方法执行 A*搜索，解决第 1 章中提出的问题实例。

10．在第 2 章中，我们提出了骑士之旅问题。其中，棋盘上的马访问了 $n \times n$ 棋盘上的每一个方块。这个挑战一开始会在完整的 8×8 棋盘上给定一个源方块［比如方块（1,1）］，目标是找到移动序列，该序列会访问棋盘上的每个方块，每个方块都会被访问且仅仅被访问一次，在最后一次移动中，马回到源方块。

（a）从方块（1,1）开始，尝试解决骑士之旅问题。（提示：对于这个版本的骑士之旅问题，你可能会发现需要大量内存来解决。因此，你可能需要确定一个启发式方法，以帮助引导搜索过程。）

（b）尝试找到一种启发式方法，它能帮助初次求解器找到正确解。

11．编写一个程序，在图 3.17 中应用本章描述的主要启发式搜索算法，比如爬山法、集束搜索、最佳优先搜索、带有或不带有低估计值的分支定界法以及 A*算法等等。

12．在第 2 章中，我们提出了 n 皇后问题。编写一个程序来解决 8 皇后问题，在这个问题中，一旦放置某个皇后，就考虑应用移除任何受到攻击的行和列的约束条件。

13．对于骑士之旅问题的 64 次移动的解，在某一点上，必须放弃你在练习 10.b 中所要确定的启发式方法。尝试确定该点。

14．求解"驴滑块"拼图问题（见图 3.26），至少需要 81 次移动。考虑可以应用的子目标来求这个解。

关键词

A*算法	有穷	问题简化
可接受启发值	山丘问题	山脊问题
可接受性	边缘	搜索空间
与或树	曼哈顿问题	空间需求
集束搜索	爬山法	最陡爬山法
最佳优先搜索	知情的	试探性
双向搜索（或波形搜索）	不可撤销的	边界问题
分支定界法	单调的	导弹隐喻
带低估值的分支定界法	单调性	可满足问题
分支因子	NP 完全问题	低估
组合复杂度	周界搜索	统一开销搜索
约束满足搜索	平台问题	波形规整算法
欧拉的	多项式时间规约的	

参考资料

[1] Polya G. How to Solve It. Princeton, NJ: Princeton University Press, 1945.

[2] Kopec D, Cox J, and Lucci. SEARCH. In the computer science and engineering handbook, 2nd ed., edited by A. Tucker, Chapter 38. Boca Raton, FL: CRC Press, 2014.

[3] Bolc L, Cytowski J. Search Methods for Artificial Intelligence. San Diego, CA: Academic Press, 1992.

[4] Pearl J. Heuristics: Intelligent search strategies for computer problem solving. Reading, MA: Addison-Wesley, 1984.

[5] Feigenbaum E, Feldman J, eds. Computers and Thought. New York, NY: McGraw-Hill, 1963.

[6] Furcy D, Koenig S. Limited discrepancy beam search.

[7] Russell S, P Norvig. Artificial Intelligence: A Modern Approach, 3rd ed. Upper Saddle River, NJ: Prentice-Hall, 2009.

[8] Berlekamp H, Conway J. Winning ways for your mathematical plays. Natick, MA: A. K. Peters, 2001.

[9] Pohl I. Bi-directional search. In Machine Intelligence 6, ed., B. Meltzer and D. Michie, 127-140 New York, NY: American Elsevier, 1971.

[10] de Champeaux D, Saint L. An improved bidirectional heuristic search algorithm. Journal of the ACM 24(2): 177-91, 1977.

[11] Kaindl H, Kainz G. Bidirectional heuristic search reconsidered. Journal of AI Research 7: 283-317, 1997.

[12] de Champeaux D. Bidirectional heuristic search again. Journal of the ACM 30(1): 22-32, 1983.

[13] Politowski G, Pohl I. D-node retargeting in bidirectional heuristic search. In Proceedings of the Fourth National Conference on Artificial Intelligence (AAAI-84), 274-277. Menlo Park, CA: AAAI Press / The MIT Press, 1984.

[14] Kwa J. BS*: An admissible bidirectional staged heuristic search algorithm. Artificial Intelligence 38(2): 95-109, 1989.

[15] Dillenburg J, Nelson P. Perimeter Search. Artificial Intelligence 65(1): 165-178, 1994.

[16] Manzini G. BIDA*, an improved perimeter search algorithm. Artificial Intelligence 75(2): 347-360, 1995.

[17] Kose E. Comparing AI Search Algorithms and Their Efficiency When Applied to Path Finding Problems. Ph D Thesis, The Graduate Center, City University of New York: New York, 2012.

[18] Zhao K. The combinatorics of chessboards. Ph D Thesis, City University of New York, 1998.

第 4 章　博弈中的搜索

第 2 章和第 3 章讨论了搜索算法。本章将介绍二人博弈的基本原理——在博弈中，出现了阻碍一方前进的对手。本章还提供了最佳博弈策略的识别算法，并以迭代囚徒困境（Iterated Prisoner's Dilemma）游戏的讨论来结束本章，这个游戏（见图 4.0）对于社会冲突的建模非常有用。

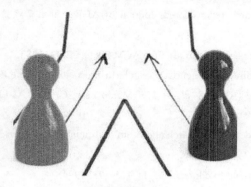

战略棋盘游戏

图 4.0　囚徒困境

4.0　引言

第 4 章将继续讨论搜索的方法，只不过和前面的方法相比，本章介绍的方法有着非常重大的变化。第 2 章和第 3 章考查了具有指定初始状态和目标状态的问题或拼图游戏，通过操作符或算符对问题的状态进行转换，并最终到达目标。唯一阻碍搜索进程的是巨大的关联搜索状态空间。

而博弈游戏则引入了额外的挑战：一个试图阻碍你前进的对手（adversary）。几乎所有博弈游戏包括一位或多位对手，这些对手都积极地试图击败你。事实上，不论是在友好的纸牌游戏还是气氛紧张的扑克之夜，大部分的刺激来源于游戏中失败的风险。

确实有些鸡通过训练可以在没有电子设备的帮助下玩井字棋游戏（tic-tac-toe）。相关训练的细节，可以在搜索引擎中输入"Boger Chicken University"来搜索。也可以搜索或者访问亚特兰大市的热带花园（Tropicana in Atlantic City），它使用鸡来玩井字棋游戏[29]。

在唐人街集市（Chinatown Fair，这是位于曼哈顿唐人街莫特街的一个小型游乐园）上，许多人都遇到过这样一种游戏。在一个小摊前的一块巨大的电子井字棋棋盘旁边，站着约 60 厘米高的对手——鸡（如图 4.1 所示）。鸡总是先走子，通过用啄啄板可以实现走子。在一个幸运美好的夜晚，很多人都会在游戏中打成平局，但大部分时间，鸡都会趾高气扬、胜利地离开。

大家可能会意识到这是一个计算机程序，而不是一只

图 4.1　会玩游戏的鸡

真正的鸡在与玩家对弈。

本章将探讨能够让计算机玩诸如井字棋游戏和 Nim 取物游戏这类二人博弈游戏的算法。

井字棋游戏也称为 O 和 X 游戏，是由两个玩家在 3×3 网格上进行的游戏。两个玩家交替走子，通常分别用 X 和 O 标识，先在同一行、同一列或同一对角线集齐 3 个符号的玩家获胜。图 4.2 给出了玩井字棋游戏的过程。

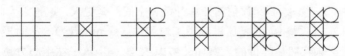

图 4.2   X 方取得胜利的井字棋游戏示例。从左到右，每一幅图中都有一步新的走子

4.1 博弈树和极小化极大评估

为了评估博弈中每一步移动（指博弈中各方的一步行为，下棋中称走子或落子）的有效性或者说"好坏程度"，可以先尝试那一步移动，看看博弈的进程会往何处发展。换句话说，可以使用"what if"方式来询问，"如果（if）我这样移动一步，对手会如何反应？然后我们会遇到何种情况（what）？"在绘制出移动的情况之后，就可以评估最初移动的有效性，确定这步移动是否会加大赢得博弈的机会。我们可以用一种称为**博弈树**（game tree）的结构来完成评估过程。在博弈树中，节点代表博弈的状态，分支或者说边代表这些状态之间的移动。井字棋游戏的博弈树如图 4.3 所示。

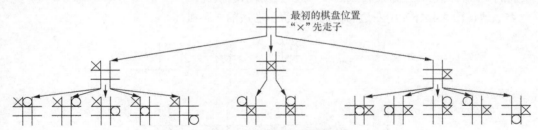

图 4.3   井字棋游戏的博弈树

当考查这棵博弈树时，要记住如下几点。首先，图 4.3 中的博弈树只给出了前两步走子的情况，并不是一棵完整的博弈树。一场井字棋游戏可以持续 5 到 9 步，这取决于玩家之间的相对水平。寻找井字棋游戏棋局数目（即状态数目）的上界比较简单、直观。游戏的第一步总共有 9 种下法，第二步有 8 种下法，第三步有 7 种下法，其余依此类推。很明显，各种可能棋局数目的上界是 9! = 362 880。为得到精确的上界，我们需要知道的是，如果一个玩家不是故意想输，那么有多少棋局会在 3 步或 4 步结束。合法的棋局会在 6 到 9 步结束（这里引用了 Ian Stewart 在 *Scientific American* 上发表的观点，即将对称性考虑在内）。这是组合爆炸（combinatorial explosion）的另一个例子，前面在第 2 章枚举拼图的状态时，就遇到了组合爆炸问题。回顾一下，在那个问题中，某个事件发生的路径总数，或者拼图、游戏的可能状态数目，都是以指数形式增长的。

即便考虑到未来 50 亿年计算机计算速度的提高，我们也仍不清楚在地球不可避免地消亡之前，是否能够完成对国际象棋游戏的完整枚举。那时候太阳已经进入红巨星之列，并危险地膨胀到接近地球目前的运行轨道。

按照当前每秒大约几亿条指令的速度，计算机可以完整枚举出所有可能的井字棋游戏状态，因此在这个游戏中，可以精确地确定走子的好坏程度。然而，据估计，国际象棋游戏的不同状态总数（包括好的和坏的状态）大约为 10^{120}。与此形成鲜明对比的是，专家称宇宙中总共只有 10^{63} 个分子！

对于更复杂的游戏，在评估走子时面临的主要挑战是尽可能向前看的能力，然后应用对游戏位置的启发式评估（heuristic evaluation），即基于你认为对胜利有贡献的因子来评估当前状态的好坏程度，这些因子包括所吃掉的对手棋子数目或对中心的控制等等。更复杂的游戏在每个时刻都有更多可能的移动，这使得绘制和评估的计算开销和空间开销更大，这是因为此时的博弈树更大。

再次回到图 4.3，值得注意的是这里应用了**对称性**（**symmetry**），从而极大减少了可能的路径。这里的对称性意味着解是等价的。例如，考虑 X 第一步落子在中心方块之后的路径。在博弈树中，该节点的子节点可以有 8 个。其中每个子节点对应 O 占据不同的 8 个位置之一。但是，博弈树中实际只给出了两个节点，分别对应 O 在左上角和上中心的位置，这两个节点代表了两个不同的**等价类**（equivalence class）。等价类是一组被视为由相同的元素组成的集合。例如，2/4 和 4/8 都等于 1/2，因此它们都在同一等价类中。如果大家非常熟悉离散数学或抽象代数的话，就会明白如果**对称群**（symmetry group）的一个元素能将一个棋局位置映射为另一个棋局位置的话，那么这两个棋局位置是等价的。而对称群是物体保持不变的一组物理运动。例如，等边三角形可以旋转 0°、120° 或 240°（顺时针），或围绕每条边的垂直平分线翻转。

大家可以参考本章末尾有关对称性在博弈树枚举中所起作用的习题。回到上面的例子，请注意，如图 4.4（a）所示，左上角的 O 等价于其他 3 个角中的任意一个 O。这是因为，右边三种棋局的每一种都可以通过旋转或翻转变成左边所示的棋局。

类似地，图 4.4（b）中左边的棋局也等价于右边的 3 种棋局。

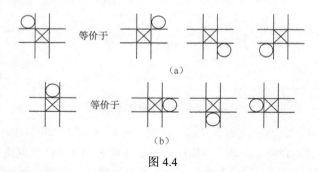

图 4.4

（a）在井字棋游戏中，O 在角位的等价棋局   （b）井字棋游戏中的等价棋局

4.1.1　启发式评估

一旦博弈树已经扩展到了游戏结束（叶节点），那么测试某一步走子的好坏是没有价值的。如果走子得以取胜，那么这一步就是好的；如果走子导致失败，那么这一步就不好。但是，除了一些最基本的博弈游戏之外，组合爆炸问题会阻碍我们对博弈树中的所有节点进行完整评估。因此，对于更复杂的博弈游戏来说，必须使用启发式评估方法。

回顾一下启发式方法的定义。启发式方法通常由解决问题的一组指导性原则组成。启发式评估是这样一个过程：它将游戏的状态和某个数字联系在一起，越可能导致胜利的状态被赋予的数字越大。由于组合爆炸问题会使问题求解非常复杂，因此必须进行大量计算，而通过启发式评估方法可以减小计算量。

下面使用启发式评估方法来求解井字棋游戏问题。令 $N(X)$ 等于 X 可以完全占据的行、列和对角线的数目，如图 4.5（a）所示。类似地，$N(O)$ 被定义为 O 可以完全占据的行、列和对角线的数目，如图 4.5（b）所示。

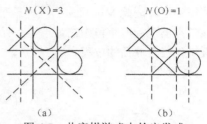

当 X 在左上角（O 在右边的两个位置）时，它可以完成 3 种可能的走子：占据最左边的列或两条对角线。博弈棋局 $E(X)$ 的启发式评估值被定义为 $N(X)-N(O)$。因此，图 4.5（a）所示棋局的 $E(X)$ 为 $3-1 = 2$。需要指出的是，与博弈棋局相关联的启发式估计值的确切数字并不那么重要，而相对更重要的是，更有利的棋局（较好的棋局）会被赋予更高的评估值。启发式评估方法为组合爆炸问题提供了应对策略。

图 4.5　井字棋游戏中的启发式评估方法

启发式评估方法为图 4.3 所示的博弈树提供了一个叶节点的赋值工具。图 4.6 重绘了这棵博弈树，其中添加了**启发式评估函数**（heuristic evaluation function）。

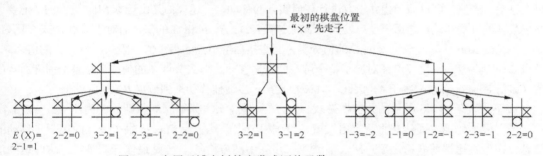

图 4.6　应用于博弈树的启发式评估函数 $E(X)= N(X)-N(O)$

X 玩家将追求那些具有最高评估值（在上述游戏中为 2）的走子方式，并避免那些评估为 0（或较差）的游戏状态。启发式评估允许 X 玩家在没有探索整棵博弈树的情况下识别那些有利的走子方式。

这里需要一种技术，使得启发值可以向上"渗透"（即为玩家所知）。这样在第一步走子之前，所有这些信息都可以供 X 玩家使用。**极小化极大评估**（minimax evaluation）提供了这样的技术。

4.1.2　博弈树的极小化极大评估

在井字棋游戏中，X 玩家可以使用启发式评估方法，找到最有希望的胜利路径，但是 O 玩家可以在任何走子中阻塞该路径。两个有经验的玩家之间的博弈往往以平局结束（除非一个玩家犯了错误）。X 玩家需要的不是遵循最快的路径取得胜利，而是在即使 O 玩家试图阻塞这条路径的情况下找到通往胜利的路径。极小化极大评估技术可以识别出这样一条路径（当它存在时），并对大部分的二人博弈非常有用。

在二人博弈中，两个玩家通常称为 Max 和 Min，Max 表示试图最大化启发式评估值的玩家，Min 表示试图最小化启发式评估值的玩家。两个玩家交替移动，而 Max 一般先移动。在给定的棋局中，假设为任何玩家每一步可能的移动都分配了启发式评估值，并且假设对于任何博弈游戏（不一定是井字棋游戏），在每个棋局位置下都只有两种可能的移动，如图 4.7 所示。

Max 节点的值是其直接后继节点出现的最大值，因此图 4.7（a）所示的 Max 节点的值为 5。因为 Max 和 Min 是对手，所以对 Max 来说好的移动对于 Min 而言就是差的移动。此外，博弈树中所有的值都是从对 Max 有利的角度考虑赋值的。而由于 Min 玩家总是试图最小化 Max 玩家获得的值，因此 Min 玩家会选择最小值对应的移动。如图 4.7（b）所示，因为 1 是 Min 节点后继节点出现的两个值中的最小值，所以 Min 节点的值是 1。图 4.8 给出了在一棵小博弈树上进行极小化极大评估的过程。

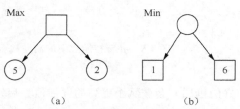

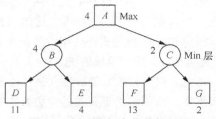

图 4.7　博弈树中 Max 和 Min 节点的评估　　　　　　图 4.8　极小化极大评估的示例
其中 Max 节点由方块表示，Min 节点由圆圈表示

在图 4.8 中，任意一场博弈都要求在两个层次上进行。换句话说，Max 和 Min 中的每一方均有机会移动。当然，到目前为止并没有进行任何实际的移动。上述评估是由玩家 Max 进行的，他要评估出最佳的开局移动，之后通过启发式方法确定节点 D、E、F 和 G 的值。而对于节点 B 或 C 而言，这一步轮到 Min 移动。节点 B 或 C 的值分别是其直接后继节点的最小值。因此，节点 B 的值为 4，节点 C 的值为 2。假设节点 A 对应于整个游戏的开局移动，那么节点 A 的值或者说整个博弈游戏的值（该值对 Max 有利）等于 4。因此，Max 决定第一步最佳移动是到节点 B，返回的值为 4。

接下来评估图 4.6 所示的井字棋游戏。为方便起见，这里将图 4.6 重新绘制为图 4.9。在图 4.9 中，采用极小化极大评估法将所有启发值备份到根节点，其中为 Max 提供了最佳的第一步移动的信息。在检查这棵博弈树之后，Max 看到第一步在中间方格落子 X 是最佳开局策略，这时返回值为极大值 1。但是请注意，这种分析以及将 X 放在中心方格并不能保证 Max 一定赢得游戏。

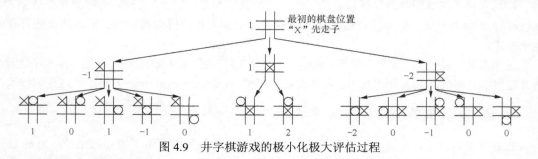

图 4.9　井字棋游戏的极小化极大评估过程

如果游戏玩家具有同等能力，也深谙游戏策略，那么井字棋游戏将以平局结束。在 Max 落子到中心方格之后，Min 将重复上述评估过程，这里可能会使用更深层次的启发值，并试图最小化分数。

例 4.1　Nim 取物游戏

Nim 是一个二人博弈游戏。一开始，在 r 个不同的堆中共有 n 块石头。游戏的最初状态可以表示为 $(n_1, n_2, \cdots, n_r)$，其中 $n_1 + n_2 + \cdots + n_r = n$。在游戏的每一步，玩家可以从 r 个不同堆的某一堆中拿走任意数目（大于 0）的石头。在这个游戏的某个版本中，拿到最后一块石头的玩家获胜。假设该游戏的初始状态是 $(3, 1)$，即总共有两堆石头，第一堆有 3 块石头，第二堆有 1 块石头。这个例子中的 Nim 博弈树如图 4.10（a）所示。

当图 4.10（a）所示的游戏结束后，图 4.10（b）给出了该游戏的极小化极大评估过程。

如果叶节点表示 Max 获胜，那么将叶节点赋值为 1；如果表示 Min 获胜，则赋值为 0。由于这个游戏很简单，因此实际上并不需要启发式评估过程。这里采用极小化极大评估法来备份博弈树中的值。读者应该仔细研究图 4.10（a），直至真正明白图 4.10（b）中 0 和 1 的重要性。例如，观察图 4.10（a）中最左边的那条路径，方框表示的 Max 叶节点被标记为 0。

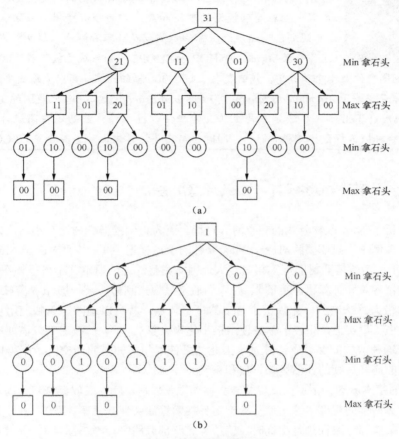

图 4.10 Nim 取物游戏

（a）初始状态的 Nim 博弈树　（b）根节点的值为 1

图 4.10 给出了 Nim 博弈树的极小化极大评估过程。拿走最后一块石头的玩家获胜。方框中的 "1" 表示 Max 赢，而圆圈中的 "1" 则表示 Min 输。

这是因为在上一步［见图 4.10（a）］，Min 已经从石堆中拿走了最后一块石头，他赢得了比赛。所以，最左边叶节点的值为 0，表示 Max 输掉了比赛。在图 4.10（b）中，假设在这个游戏中，双方都非常明智，并且每一步都做了最佳选择，那么根节点的值为 1，表示 Max 一定会赢。

最后，请注意，极小化极大算法是一个两阶段的过程。在第一阶段中，使用深度优先搜索方法进行搜索，直到游戏结束或某个固定的层级为止，在此应用评估函数。而在第二阶段，这些评估值被备份到根节点，其中 Max 玩家会得到有关每个移动的可取性反馈。备份（Backing）这些值是指将本来要在游戏玩到叶节点时才能发现的信息提前在游戏早期就向玩家提供的过程。

戴纳·诺（Dana Nau）是博弈论和自动规划领域的研究者，他以发现 "病态" 博弈（pathological game）而闻名。在这种游戏中，与直觉相反，"向前看" 反而会导致更糟糕的决策。

4.2 带 α-β 剪枝的极小化极大算法

例 4.1 分析了 Nim 取物游戏的完整博弈过程。因为该例的博弈树比较小，所以没有用到启发式评估。在该例中，只需要将对应于 Max 获胜的节点标记为 1，并将对应于 Min 获胜的节点标记为 0。由于大多数博弈树的规模相对较大，因此完整的评估通常并不可行。在这种情况下，由于受到存储器容量和计算机速度的限制，人们通常只搜索到树的某一层。α-β **剪枝**（α-β pruning）可以与极小化极大算法结合，无须检查树中的每个节点，就可以返回与单独使用极小化极大算法相同的度量值。事实上，相较于单独使用极小化极大算法，α-β 剪枝通常只需要检查大约一半的节点。由于这种剪枝能够节省计算量，因此如果使用相同的时间和空间，就可以更加深入博弈树，使可能的博弈后续的评估更加可信和精确。

α-β 剪枝的基本原理如下：在发现某一步移动很差以后，就彻底放弃这步移动，而非花费额外的资源来计算糟糕的程度。这一点与分支定界搜索算法类似（见第 3 章）。在分支定界搜索算法中，当发现某些部分路径只是次优时，就放弃这些部分路径。考虑图 4.11 所示的例子（不针对特定的游戏），该例在框中给出了时间戳，以指示每个值的计算顺序。

如图 4.11 所示，α-β 剪枝的前 5 步如下。

（1）Min 发现节点 D 的值为 3。

（2）节点 B 的值≤3。节点 B 的上界称为节点 B 的 **β 值**。

（3）节点 E 的值为 5。

（4）因此，在时刻 4，Min 知道节点 B 的值等于 3。

（5）节点 A 的值至少为 3。

接下来，观察图 4.12，它给出了 α-β 剪枝的后 3 步。Max 现在清楚，移到节点 B 可以保证返回 3。因此，节点 A 的值至少为 3（因为移到节点 C 可能返回更大的值）。节点 A 的下界称为节点 A 的 **α 值**。

α-β 剪枝的后续步骤如下。

（6）在时刻 6，Min 观察到：移到节点 F 返回的值等于 2。

（7）因此，在时刻 7，Min 知道节点 C 的值≤2。

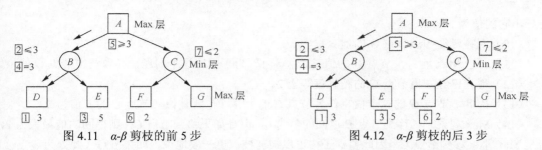

图 4.11　α-β 剪枝的前 5 步　　　　　　　　图 4.12　α-β 剪枝的后 3 步

（8）现在 Max 知道：移到节点 C 将返回 2 或更小的值。因为移到节点 B 必然返回 3，所以 Max 不会移到节点 C。节点 G 的值不会改变这个评估值，因此无须查看节点 G 的值。这棵博弈树的评估现在就可以结束了。

α-β 剪枝是评估博弈树的重要工具，这些博弈树是从比井字棋游戏和 Nim 取物游戏更复杂的游戏中得到的。为了更彻底地探索这种方法，请思考图 4.13 所示的更大的例子。同样，出现在方框中的时间戳强调了步骤发生的顺序。

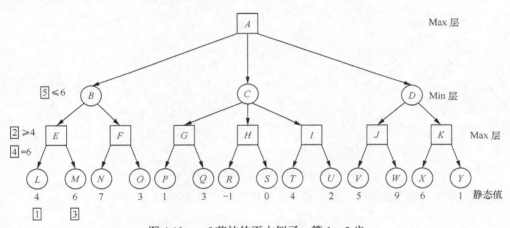

图 4.13　α-β 剪枝的更大例子，第 1～5 步

对于图 4.13 所示的 α-β 剪枝的更大例子，第 1～5 步（第 1～5 步不等价于时间戳 1～5）如下。

（1）在每个分支处都向左移动，直至遇到叶节点 L，其静态值为 4。

（2）于是可以确保上一层 Max 节点的分数至少为 4。与前面的例子一样，这个下限分数 4 被称为节点 E 的 α 值。

（3）Max 想确认节点 E 的子树中不存在高于 4 的分数。然而在时刻 3，Max 发现节点 M 的值为 6。

（4）在时刻 4，节点 E 有一个具体的值，等于 6。

（5）在时刻 5，Min 节点 B 的 β 值为 6，为什么？在继续下一步之前，读者可以尝试回答这个问题。

这个更大的 α-β 剪枝例子的后续步骤如图 4.14 所示，第 6～14 步如下。

（6）F 为根节点的整棵子树被剪枝。这是因为节点 N 的值为 8，因此节点 F 的值≥8。于是，节点 B 处的 Min 将永远不允许 Max 到达节点 F。

（7）于是当前节点 B 的值等于 6。

（8）Max 的下界（α 值）处于节点 A。

（9）Max 想知道，节点 C 这边子树的值是否大于 6。于是，下一步搜索旨在探索节点 P，推导出它的值为 1。

（10）现在已经知道节点 G 的值≥1。

（11）对于 Max 而言，节点 G 的值是否大于 1？为了回答这个问题，必须获得节点 Q 的值。

（12）现在已经知道节点 G 的精确值等于 2。

（13）因此，节点 G 的这个值将作为节点 C 的上界（也就是说，节点 C 的 β 值为 2）。

（14）Max 观察到：移到节点 B 返回的值为 6，但是如果移到节点 C，则返回的值最大为 2，于是 Max 不会移到节点 C，因此整棵子树可以被剪枝。更一般地说，如果节点（此处为节点 A）具有 α 值 x，并且这个节点的孙子节点（此处为节点 G）具有的 α 值 y 小于 x，那么整棵子树（此处是根节点为 C 的子树）可以被剪枝。这被称为 **α 剪枝**（α cutoff）。使用类似的方法可以定义 **β 剪枝**（β cutoff，即由于 Min 节点的 β 值导致的裁剪）。

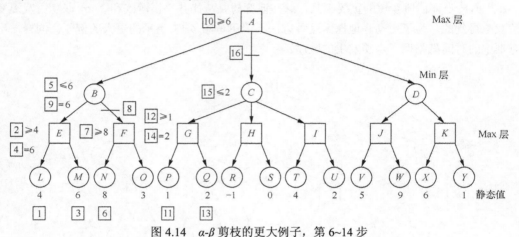

图 4.14 α-β 剪枝的更大例子，第 6~14 步

图 4.15 给出了这个更大例子的完整 α-β 剪枝过程，第 15～25 步如下。

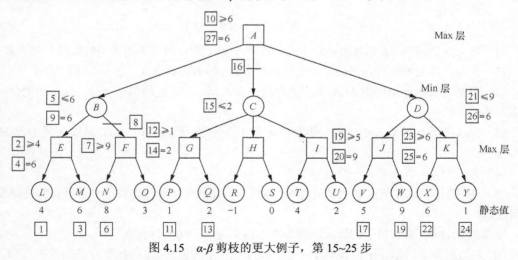

图 4.15 α-β 剪枝的更大例子，第 15~25 步

（15）Max 仍然想知道是否可能返回大于 6 的值。为此，Max 必须探索节点 D 所在的子树。此时，搜索进行到节点 V。

（16）于是，节点 J 的值≥5。

（17）探索节点 W。

（18）将节点 W 的值备份给节点 J，即 J=9。

（19）建立节点 D 的上界，值为 9。

（20）Min 需要知道节点 D 到底比 9 小多少。到目前为止，Max 没有理由停止搜索。因此，在时刻 22，Max 开始查看节点 X。

（21）获得节点 K 的下界 6。

（22）扫描节点 Y。

（23）节点 K 获得精确值 6。

（24）节点 D 处 Min 的值等于 6。

（25）节点 A 的值为 6，因此对于 Max 而言，整个博弈本身的值等于 6。因此，Max 有两种选择：要么移到节点 B，要么移到节点 D。

欲获得更多有关极小化极大评估和更多 α-β 剪枝的习题，请参阅本章末尾的内容。

另一个二人博弈是孩子们玩的 8 和游戏（Game of Eight）。与井字棋游戏不同，8 和游戏不可能以平局结束（参见例 4.2）。

例 4.2 8 和游戏

8 和游戏是一个简单的二人儿童游戏。第一个玩家（Max）从集合 n={1,2,3} 中选择一个数字 n_i，接下来对手（Min）选择数字 n_j，其中 $n_j \neq n_i$，$n_i \in n$（即 Min 必须从同一集合中选择不同的数字）。就这样，两个玩家交替选择数字，将游戏进行下去，每个人选择的数字都和上一步对手所选择的数字不同。在所选数字组成的每条路径上，都会保存当前所选数字的总和。将这个总和增加到等于 8 的第一个玩家将赢得游戏。如果某个玩家选择数字后的总和超过 8，则输掉游戏，对手赢。这个游戏不可能出现平局。图 4.16 给出了 8 和游戏的完整博弈树，玩家所选的数字已在每条边的旁边给出。方框或圆圈中记录了当前所选数字的总和。注意，这个总和可以超过 8。

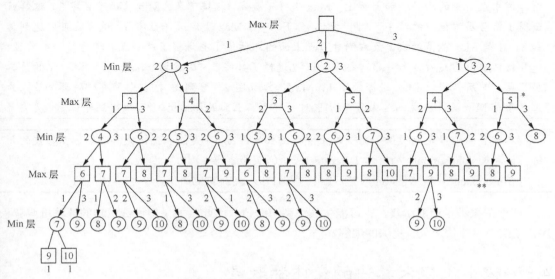

图 4.16　8 和游戏的完整博弈树

如图 4.16 所示，在最右侧的分支上，第一个玩家（Max）选择了数字 3。这一事实已反映在分支下方圆圈中的数字 3 上。接下来，Min 可以选择数字 1 或 2。如果选择数字 2，那么可以继续走最右侧的分支。这时可以在 Max 方框中观察到数字 5。如果 Max 下一步选择数字 3，那么此时总和为 8，Max 赢得游戏。但是，如果 Max 选择数字 1，那就给了 Min 获胜的机会。

　　这棵博弈树的极小化极大评估过程如图 4.17 所示。为清晰起见，这里忽略了玩家对数字的选择（玩家选择的数字已展示在图 4.16 中），但是保留了方框和圆圈中所选数字的总和。Max 获胜用 1 表示，-1 表示 Min 获胜或 Max 输。我们习惯上将平局表示为 0，但是如前所述，这个游戏不会产生平局。

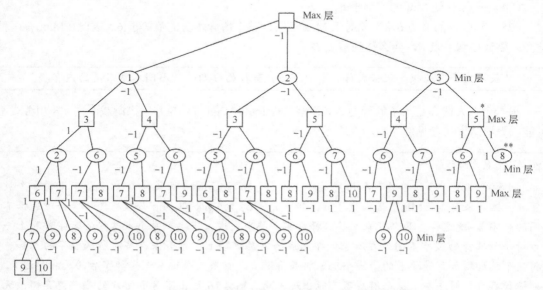

图 4.17　8 和游戏的极小化极大评估过程

　　下面以图 4.17 中的两条路径为例来加深大家的理解。和前面一样，这里仍然专注于这棵博弈树中最右侧的路径。如上所述，Max 选择了数字 3。接下来，Min 选择了数字 2。这样就出现了第 2 层方框中的数字 5（用*标记）。下一步，Max 决定选择数字 3，这样就可以达到总和 8，于是 Max 赢得游戏，最右侧叶节点上面的评估值 1 也说明了这一点。考虑另一条路径，一开始，Max 也选择了数字 3，之后 Min 也选择了数字 2。这时再一次来到带有*标记的第二层节点。然后，假设 Max 选择数字 1，Min 选择数字 2，直到图 4.16 中带有**的那个节点为止。于是 Min 赢得游戏，这从图 4.17 中对应叶节点上面的评估值-1 可以得到印证。

　　本章后面的习题中提供了更多关于评估函数的练习。有关极小化极大算法和 α-β 剪枝的介绍，请参阅 Johnsonburg 的著作 *Discrete Math*（《离散数学》）[1]。

　　在 Firebaugh[2]和 Winston[3]的著作中，我们可以找到其他的例子。

　　即便是微不足道的游戏，也可能生成大型博弈树。因此，如果想设计成功的计算机博弈程序，就需要对评估函数有更深的理解。

4.3　极小化极大算法的变体和改进

　　在 AI 研究的前半个世纪，博弈受到广泛的关注。极小化极大算法是评估二人博弈最直接的算法。人们自然而然地积极寻求这个算法的改进之道。本节主要介绍极小化极大算法的一些变体（除了 α-β 剪枝之外的变体），这些变体提高了原算法的性能。

4.3.1 负极大值算法

克努特（Knuth）和莫尔（Moore）发现的**负极大值**（negamax algorithm）算法是对极小化极大算法的一种改进[4]。负极大值算法在将 Max 层和 Min 层的值上移时，使用的节点评估函数与极小化极大算法相同。

假设正在评估博弈树中的第 i 个叶节点，并且用变量 e_i 来表示失败、平局或胜利。

- $e_i = -1$ 表示失败。
- $e_i = 0$ 表示平局。
- $e_i = 1$ 表示胜利。

于是可以写出如下负极大值评估函数 $E(i)$。

- 对于叶节点，$E(i) = e_i$。
- $E(i) = \text{Max}(-E(j_1), -E(j_2), \cdots, -E(j_n))$，其中 $j_1, j_2, \cdots, j_n$ 是第 i 个叶节点的后继节点。

负极大值算法的结论是，不论是 Max 还是 Min，能使得 $E(i)$ 最大化的移动才是最优的。图 4.18 给出了上述结论的一个例子，其中的 1、−1 和 0 分别表示胜利、失败和平局。

在图 4.18 中，考虑分别标记为*、**和***的 3 个节点，表 4.1 对这 3 个节点进行了描述。

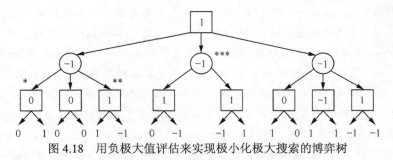

图 4.18 用负极大值评估来实现极小化极大搜索的博弈树

表 4.1　　　　　　　　　　分别用*、**和***标记的 3 个节点的描述

节点的标记	评估函数
*	$E(i) = \text{Max}(-0, -(+1)) = \text{Max}(0, -1) = 0$
**	$E(i) = \text{Max}(-(+1), -(-1)) = \text{Max}(-1, +1) = +1$
***	$E(i) = \text{Max}(-(+1), -(+1)) = \text{Max}(-1, -1) = -1$

将负极大值评估法应用于 8 和游戏的过程如图 4.19 所示。读者可以将其与直接采用极小化极大评估法的图 4.17 进行比较。

相较于简单的极小化极大算法，负极大值算法只是进行了轻微的改动。在负极大值算法中，只需要使用极大化操作即可。在博弈树的层与层之间，负极大值评估表达式的符号相互交替，这反映了 Max 返回大正数对应于 Min 返回大负数这一事实。也就是说，这些玩家交替移动，因此返回值的符号也必须是相互交替的。

理查德·科尔夫（Richard Korf）研究的是人工智能中的问题求解、启发式搜索和规划问题，他发现了迭代加深的深度优先搜索——一种类似于渐进式深化的方法，这是 4.3.2 节的主题。

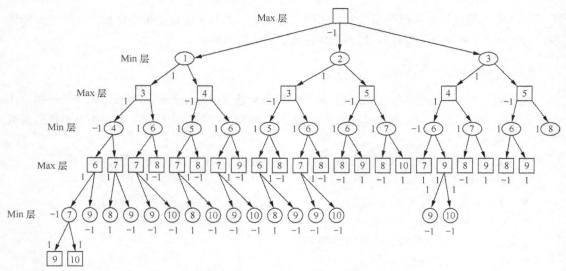

图 4.19   8 和游戏的负极大值评估过程

4.3.2　渐进深化法

　　尽管本章迄今为止只对一些简单的博弈游戏进行了研究，但也可以通过一些重要改进，利用类似的方法对复杂的博弈游戏进行评估。例如，考虑国际象棋锦标赛，因为每位棋手必须在时间耗尽之前落子，因此时间是一个限制因素。记住，计算机在游戏中走子的好坏，取决于在应用启发式函数之前在博弈树中搜索的深度。在评估国际象棋走子时，如果担心时间不够，只进行短暂的浅层搜索，那么最终的对局水平很可能会受限。另一种做法是深入博弈树，这时的走子将更加合理、到位，但是这样做可能会超时，从而迫使棋手不得不放弃这一步。

要解决上述问题,可以探索博弈树到深度 1,然后返回最佳的走子方式。如果时间还够的话,可以探索到深度 2。如果依然有时间,那么还可以探索到深度 3,以此类推。这种方法被称为**渐进深化**(progressive deepening)。这类似于第 2 章中迭代加深的深度优先搜索算法。随着分支因子的增长,搜索树中叶节点的数目呈指数增长。这时迭代加深的深度优先搜索算法不会每次都从头搜索树,而是每次迭代时只再深入探索一层,这样的话,每次迭代就不需要太多开销。采用渐进优化算法,在给定分配时间内,在国际象棋棋局时间最终结束之前,棋手可以充分准备,选择一步最优的走子方式。

4.3.3 启发式方法的后续和地平线效应

地平线是地球上的一条假想线,它出现在人们视野平面的远处。如果你住的地方远离大城市,靠近海洋或其他大面积水域,那么在凝视水面时,就有可能观察到以下现象:一艘船出现在远处,但很明显不知从何而来。事实上,这艘船在远处已经有一段时间了,只是处于地平线以下而已。在搜索树中,如果按照某个先验的界来搜索,则可能也会出现类似的"**地平线效应**"(horizon effect)。也就是说,博弈树中可能隐藏了一种灾难性的移动方式,它只是不在搜索的视线范围内而已。

第 16 章将讨论国际象棋锦标赛,读者将学到更多有关渐进深化和地平线效应的知识;同时,读者也将了解到卡斯帕罗夫(Kasparov)和深蓝(Deep Blue)的那场著名对决。

4.4 机会博弈和期望极小化极大算法

在井字棋游戏的任意时刻,玩家都对整个游戏了如指掌,包括随着游戏的进行,对手可以如何落子以及这些落子带来的后果。在这些情况下,玩家拥有**完美信息**[perfect information,或称**完整信息**(complete information)]。此外,如果玩家总是能够在游戏中走出最好的一步,那么称玩家可以做出**完美决策**(perfect decision)。当知道每一步带来的后果(包括哪一步带来胜利,哪一步导致失败)时,做出完美决策并不困难。对某个游戏来说,如果能够为它生成完整的博弈树,则很容易拥有完美信息,这就如同在井字棋游戏中拥有完美信息一样。

对于计算机而言,由于生成井字棋游戏的完整博弈树并不困难,因此计算机玩家也可以做出完美决策。对于 Nim 取物游戏,如果石块数合适的话,情况亦如此。包括跳棋、国际象棋、围棋和奥赛罗等在内的其他一些游戏,也都一样具有完美信息。但是,由于这些游戏的博弈树非常大,因此生成完整的博弈树并不现实。正如本章前面所讨论的,这时需要依赖启发式方法。进一步而言,计算机不可能为这些游戏做出完美决策。计算机在这些棋类博弈中所能够达到的水平,在很大程度上取决于启发式方法的表现。

在一些博弈中,需要建模的另一个属性是**机会**(chance)。例如,在西洋双陆棋中,我们通过摇骰子来决定如何移动棋子;在扑克游戏中,随机发牌就会引入机会。在西洋双陆棋中,由于可以知道对手所有可能的移动,因此棋手可以拥有完美信息;而在扑克游戏中,对手的牌是隐藏的,因此牌手并不知道对手所有可能的动作,这意味着牌手拥有的信息是不完美的。

由于不能根据博弈的当前状态预测下一个状态,因此机会博弈也称为**非确定性博弈**(nondeterministic game)。为了分析非确定性博弈,可以使用**期望极小化极大**(expectiminimax)算法。包含机会这种重要元素的博弈所对应的博弈树由 3 种类型的节点组成:Max、Min 和Chance。回顾 4.1 节对极小化极大方法的讨论,Max 和 Min 节点以层交替的形式出现。此外,

Max 层与 Min 层之间插入了**机会节点**（chance node），这层节点引入了**不确定性**（uncertainty），这是非确定性（nondeterminism）的必要条件。

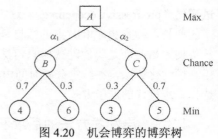

图 4.20 包括了 Max、Min 和 Chance 节点。在 Max 和 Min 节点之间，出现了一层机会节点（节点 B 和 C）。对于节点 B 和 C，为了计算哪一步移动更好（α_1 或 α_2），Max 需要计算出期望极小化极大值。假设这个博弈中的机会来自一枚不均匀的硬币，这枚硬币朝上的概率 $P(H)$ 为 0.7，朝下的概率 $P(T)$ 为 0.3。

图 4.20　机会博弈的博弈树

Max 需要计算随机变量 X 的期望值 $E(X)$，计算公式为

$$E(X)=\Sigma\, x_i\, P(x_i)$$
$$x_i\, \varepsilon\, X$$

其中 x_i 是 X 所能取到的值，而 $P(x_i)$ 是 X 取值为 x_i 的概率。

上面的例子在节点 B 返回的期望值 $E(B) = (4\times0.7)+(6\times0.3)= 2.8 + 1.8 = 4.6$。同样，当 Max 选择 α_2 移动时，返回的期望值 $E(C) = (3\times0.3)+(5\times0.7)= 0.9 + 3.5 = 4.4$。

显然 Max 移到节点 B 返回的期望值更大，因此 Max 应该选择 α_1 移动。

如果读者近期没有接触过概率，那么可以考虑将一枚硬币抛掷两次进行实验。实验可能的输出集合为 {TT，TH，HT，HH}，其中每种情况都具有 $\frac{1}{4}$ 的概率。假设随机变量 X 代表实验中出现的正面朝上的次数，则 $E(X) = 0\times\frac{1}{4} + 1\times\frac{2}{4} + 2\times\frac{1}{4} = 0 + \frac{1}{2} + \frac{1}{2} = 1$。

接下来介绍另一个更大的应用**期望极小化极大算法**的例子。回顾图 4.10 所示的 Nim 取物游戏和极小化极大算法。为使期望极小化极大树的规模保持在一个合理的水平（能够打印在一张纸上），初始状态可以设置为（2，1），即游戏中有两堆石头，其中第一堆有两块石头，第二堆只有一块石头。使用极小化极大评估的完整博弈树如图 4.21 所示。

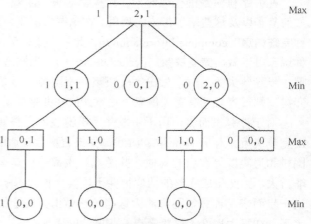

现在，假设这个游戏涉及机会。虽然玩家可以指定从哪一堆中拿走石头，但是，所拿走石头的实际数由一个随机数发生器的输出决定，这个随机数发生器以同等的概率返回从 1 到 n_i 的整数值，其中 n_i 是第 i 堆中石头的数目。图 4.22 给出了这个修改版本的 Nim 取物游戏的期望极小化极大值博弈树。

图 4.21　Nim 取物游戏的博弈树，在这个游戏中，最后一位能够拿走石头的玩家获胜

游戏位置 B 上的期望值 $E(B) = (1\times0.5) + (0\times0.5) = 0.5$。而 $E(C)$ 等于 0，这意味着 Min 必然获胜。选择右侧的石堆，将这个游戏带到节点 C，此时 Max 必然失败。显然，因为左侧的石堆提供了 50% 获胜的机会，所以 Max 应该选择左侧的石堆。

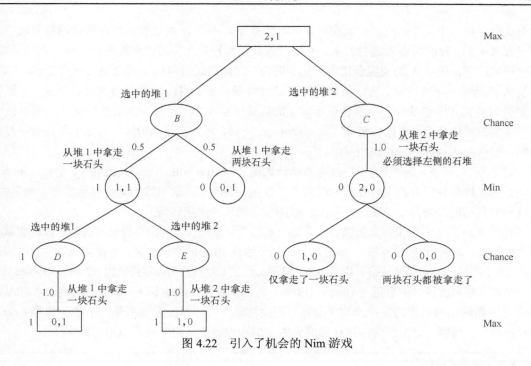

图 4.22 引入了机会的 Nim 游戏

4.5 博弈论

在电影 *The Postman Always Rings Twice*（《欲火焚身》）中，男主角和女主角坠入爱河，他们决定"除掉"女主角的丈夫。警方没有足够的证据将他们俩定罪。然而事后，他们俩被警察逮捕，并被关押在不同的审讯室里接受审问。警察告诉他们每个人："只要揭发同伙，就可以减轻刑罚。"两个嫌犯都知道自己的同伙被承诺了上述条件，他们应该怎么做？

这种困境的有趣之处在于，双方都不知道对方的想法。在某种理想的情况下，双方都会互相忠于对方，如果警方没有证据支持的话，他们就可以减轻刑罚。但是，如果其中一个嫌犯背叛对方，那么为了不被判以谋杀罪，另一个嫌犯最好也选择背叛。

这就是所谓的**囚徒困境**（Prisoner's Dilemma）——由兰德公司（RAND Corporation）的梅里尔·弗洛伊德（Merrill Floyd）和梅尔文·德雷舍（Melvin Dresher ）于 1950 年最先构造的博弈论术语[5]。这种困境也可以使用图 4.23 所示的**收益矩阵**（payoff matrix）来建模。收益矩阵给出了博弈双方每种动作组合下各方的回报。

假设上述问题中的两个玩家（即囚徒）是理性的，他们都希望尽可能减轻自己的刑罚。每个囚犯都有两种选择：一是与同伙合作，保持沉默；二是向警察揭发同伙，以减轻刑罚。

大家可能会注意到，这里的博弈的某个重要方面与本章前面所讨论的博弈游戏不同。在前面的博弈游戏中，一方为了确定自己的行动方案，需要知道对手的行动方案。例如，在井字

		囚徒B	
		合作（保持沉默）	背叛（背叛对方）
囚徒A	合作（保持沉默）	囚徒A：被判一年 囚徒B：被判一年	囚徒A：被判10年 囚徒B：无罪
	背叛（背叛对方）	囚徒B：无罪 囚徒B：被判10年	囚徒A：被判5年 囚徒B：被判5年

图 4.23 囚徒困境问题的收益矩阵

棋游戏中，第二个走子的玩家，就需要知道对手放置第一个 X 的位置。而在囚徒困境问题中，情况有所不同。假设囚徒 A 选择背叛，但是囚徒 B 仍然决定保持忠诚并选择与伙伴合作的策略。在这种情况下，囚徒 A 的决定会让自己免于刑罚，但如果这时囚徒 A 也选择与伙伴合作，那么囚徒 A 将遭受一年的牢狱之灾。如果囚徒 B 选择背叛，那么囚徒 A 如果也选择背叛的话，囚徒 A 遭受的刑罚（坐牢 5 年）依然优于不背叛的后果（坐牢 10 年）。用博弈论中的术语来表达的话，这里的背叛是一种**支配性策略**（dominant strategy）。因为在这场博弈中，如果假设对手是理性的，那么对手也会选择相同的策略。

博弈双方{背叛，背叛}的策略被称为**纳什均衡**（**Nash equilibrium**）。约翰·F.纳什（John F. Nash）因在博弈论中取得突破性研究而荣获诺贝尔经济学奖，这个策略就是以他的名字命名的。任何一方策略的改变都会导致自身回报的减少（即更长的坐牢时间）。

如图 4.23 所示，如果每位玩家的行为更依赖信念而非理性（即相信自己的同伴会保持忠诚），那么根据纳什均衡{背叛，背叛}，双方的总回报会达到 10 年的牢狱之灾。就博弈双方的总回报而言，这个{合作，合作}策略获得了最优结果。这个最优的策略被称为**帕累托最优**（**Pareto Optimal**）。该策略以阿尔弗雷多·帕累托（Alfredo Pareto）的名字命名。19 世纪末，帕累托在经济学领域的研究为博弈论领域后来的发展奠定了基础。需要注意的是，囚徒困境不是一个**零和博弈**（**zero-sum game**）问题。这是因为在这样的博弈中，纳什均衡不一定对应于帕累托最优。

例 4.3　猜拳游戏

猜拳游戏可以由两人或更多的人玩（大多数人可能还记得使用双指猜拳游戏在棒球或棍球比赛中挑边）。这个游戏的一个版本是由两个人玩的。游戏时，两个玩家同时伸出一根或两根手指。根据伸出的手指总数的奇偶性确定哪个玩家获胜。该游戏的收益矩阵如图 4.24 所示。需要注意的是，这个游戏是一个零和博弈游戏。

（1,–1）表示第一个玩家（即偶数方）获胜，第二个玩家（即奇数方）失败。(–1, 1) 则表示奇数方获胜。

双指猜拳游戏不存在纳什均衡。不论

	奇数玩家	
	伸出一根手指	伸出两根手指
偶数玩家　伸出一根手指	(1,−1)，偶数玩家获胜	(−1,1)，奇数玩家获胜
偶数玩家　伸出两根手指	(−1,1)，奇数玩家获胜	(1,−1)，偶数玩家获胜

图 4.24　双指猜拳游戏的收益矩阵

是{1, 1}还是{2, 2}（花括号内的数字分别表示奇偶玩家伸出的手指数），对于{1, 2}和{2, 1}这样的结果，奇数玩家最好尽量偏离，偶数玩家最好也偏离。

迭代的囚徒困境

如果只玩一次囚徒困境游戏，那么背叛是每个玩家的支配性策略。在这个游戏的另一个版本中，游戏会重复进行 n 次，而且博弈双方都会对前面的行为有一些记忆。当需要进行多个回合时，由于每位玩家知道一旦选择背叛，势必遭到对手报复，因此都不会很快地选择背叛。一种策略可能是一开始就采取单一的合作性行动，让对手有机会表现出同情。如果对手选择背叛，则可以通过连续背叛进行反击。而如果对手最终选择合作，则回以一个更慷慨的策略。本章最后的习题讨论了一些其他类似于囚徒困境的二人博弈游戏。关于博弈论更详细的讨论，请参考罗素（Russell）等人的著作[6]。

4.6 本章小结

为了评估博弈中移动的有效性，可以使用博弈树来绘制所有可能的移动、对手的反应以及下一步的应对行为。在博弈树中，节点表示博弈的状态，分支表示这些状态之间的移动。

由于组合爆炸问题，除了最基本的博弈游戏之外，无法为其他博弈游戏建立一棵完整的博弈树。在这种情况下，就需要使用启发式评估来确定最有效的移动方法。

极小化极大评估法是用于评估博弈树的一种算法。该算法检查博弈的状态并返回一个值，这个值表明了博弈的状态对当前玩家来说是胜利、失败还是平局。α-β 剪枝通常与极小化极大评估法结合使用。虽然返回的值与单独使用极小化极大评估法相同，但是 α-β 剪枝考查的节点数只有后者的一半。这允许程序对博弈树进行更深的检查，以得到更可靠和更准确的评估结果。

与极小化极大评估法类似，在二人博弈中，可以使用负极大值算法来简化计算。极小化极大法的一种变体是渐进深化法。在这种方法中，可以对一棵博弈树进行迭代搜索。例如，可以搜索博弈树到深度 1，然后返回找到的最佳移动。如果时间还有剩余，则可以搜索到深度 2。如果剩余更多的时间，那么还可以搜索到深度 3，以此类推。因为搜索树中的叶节点数相对于树的分支因子呈指数增长，所以不必重新检查搜索树，每次迭代只需要深入一层进行探索，就不会产生太多的开销。

在二人零和博弈（如井字棋游戏）中，玩家可以获得完美信息——知道整个博弈中对手每一步可能的移动，并理解这些行动的后果。此外，如果玩家始终能够在游戏中进行最优行动，那么玩家就可以做出完美决策。但是，在机会博弈中，由于不具备完美信息，因此无法做出完美决策。

在囚徒困境中，两个玩家可以彼此合作或相互背叛。囚徒困境也阐释了博弈论。在博弈论中，玩家非常理性，只关心自己的最大收益，而不关心其他玩家的收益。如果任一玩家改变策略，就会导致收益降低，进入纳什均衡。就两位玩家的总收益而言，如果采取的策略获得最优结果，则称他们使用的是最佳策略，这就是所谓的帕累托最优。

讨论题

1．博弈树如何帮助评估博弈中的移动？
2．什么是组合爆炸问题？
3．什么是启发式评估？为什么它在具有大规模博弈树的博弈中能够发挥作用？
4．简要解释极小化极大评估技术背后的原理。
5．在博弈的移动中，我们所说的对称性的意思是什么？在博弈树的评估中，这有什么帮助？
6．α-β 剪枝背后的原理是什么？为什么它有助于极小化极大评估？
7．什么是渐进深化？它在什么时候有用？
8．期望极小化极大算法是什么？它在什么类型的博弈中是有用的？
9．什么是囚徒困境？为什么它受到如此多的关注？
10．请解释以下术语。
（a）纳什均衡。
（b）帕累托最优。
11．纳什均衡总是对应于最优策略吗？请回答并说明理由。

练习题

1. 对图 4.25 所示的博弈树应用极小化极大评估。

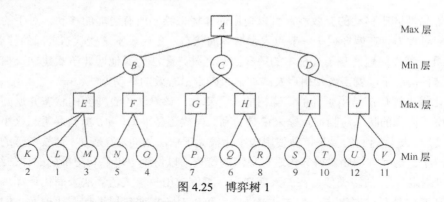

图 4.25　博弈树 1

2. 对图 4.26 所示的博弈树应用极小化极大评估。

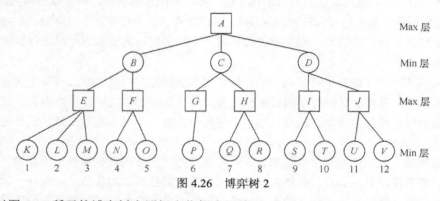

图 4.26　博弈树 2

3. 对图 4.27 所示的博弈树应用极小化极大评估。

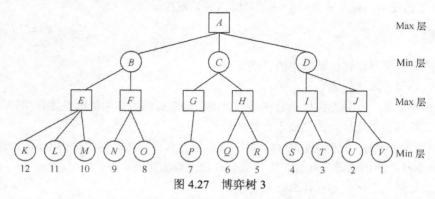

图 4.27　博弈树 3

4. 卢格尔（Luger）在自己的著作[7]中描述了 Nim 取物游戏的这样一个变体：游戏刚开始时有一堆石头，玩家的动作是将这堆石头分成石头数目不等的两堆。例如，6 块石头组成的一堆石头，可以分成一堆 5 块和一堆 1 块，或者分成一堆 4 块和一堆 2 块，但不能分成两堆各 3 块。没法继续往下分的第一个玩家输掉游戏。

（a）如果开始状态包含 6 块石头，那么画出这个游戏的完整博弈树。

（b）对这个游戏应用极小化极大评估，其中 1 表示胜利，0 表示失败。

5. 群<*G*，**o**>由满足如下性质的集合 *G* 与二元运算 **o** 组成。

（a）运算 **o** 是闭包运算，即对于 *G* 中的所有 *x*、*y*，*x* o *y* 也在 *G* 中。

（b）满足结合律，即对于 *G* 中的所有 *x*、*y*、*z*，都有（*x* o *y*）o *z* = *x* o（*y* o *z*）。

（c）存在单位元，即 $\exists e \in G$，使得 $\forall x \in G$ *x* o *e* = *e* o *x* = *x*。

（d）存在逆元素，即对于 *G* 中的所有 *x*，都存在 x^{-1}，使得 x o x^{-1} = x^{-1} o x = *e*。

自然数的减法运算不是闭包运算，这是因为 3−7 = −4，而 −4 不在自然数集合中。但自然数的加法是闭包运算。整数加法满足结合律：(2+3) + 4 = 2 + (3+4) = 9。但是，整数减法不满足结合律：(2−3)−4 不等于 2−(3−4)，即 −5 不等于 3。0 是用于整数加法 7 + 0 = 0 + 7 = 7 的单位元。关于整数加法，4 的逆是−4，因为 4 + (−4) = 0。

群的两个例子如下。

<*Z*，+>：整数加法群。

<*Q*，*>：非零有理数乘法群。

（e）如图 4.28 所示，考虑一个可以自由地在二维空间中移动的正方形 *Sq*。令Π₀、Π₁、Π₂和Π₃分别代表顺时针旋转 0°、90°、180° 和 270°，令 **o** 表示这些旋转的组合。例如，Π₁ o Π₂ 表示先旋转 90°，再旋转 180°，这对应于Π₃所代表的 270° 的顺时针旋转。试证明<*Sq*, **o**>是一个群。

（f）将这个群应用到 4.1 节的井字棋棋盘中。验证<*Sq*，**o**>为图 4.4 中所声明的等价性概念提供了证明。可参考麦科伊（McCoy）的著作以获得更多信息[8]。

6. 使用 *α-β* 剪枝评估图 4.25 所示的博弈树。请务必指出所有的 *α* 值和 *β* 值。如果存在的话，指出所需要的 *α* 剪枝和 *β* 剪枝。

7. 使用 *α-β* 剪枝评估图 4.26 所示的博弈树。请务必指出所有的 *α* 值和 *β* 值。如果存在的话，指出所需要的 *α* 剪枝和 *β* 剪枝。

8. 使用 *α-β* 剪枝评估图 4.27 所示的博弈树。请务必指出所有的 *α* 值和 *β* 值。如果存在的话，指定所需要的 *α* 剪枝和 *β* 剪枝。

图 4.28　标记了顶点的正方形

9. 考虑习题 1~3 和习题 6~8 中评估博弈树所需的工作。无论启发式评估的顺序如何，极小化极大评估都需要相同的时间。当使用 *α-β* 剪枝过程时，如果启发式评估的顺序对剪枝量存在影响的话，那么具体有什么影响？特别地，在什么情况下，*α-β* 剪枝方法的效率最高？换句话说，什么时候检查的节点最少？

10. 考虑点格棋（Dots and Boxes）游戏。两个玩家轮流在 3×3 网格上的相邻点之间画线。在某个方格上完成最后一笔连线的人可以成功占有该方格，占有方格更多的人获胜。

（a）画出这个游戏的博弈树的前几层。

（b）对这个游戏的复杂度与井字棋游戏的复杂度进行比较。

（c）在这个游戏中列举一些可能带来较好策略的启发式方法。

11. M.佩特森（M. Paterson）和 J. J.康韦（J. J. Cangway）开发了一款 Sprouts 游戏：在一张纸上绘制两个或更多的点，然后两个玩家根据下列规则交替行动。

（a）连接两点以绘制一条直线（或曲线），或将一个点连接到自身（自环）。

　　　这条线不会经过另外一个点。

（b）在这条新线的任何位置绘制一个新的点。

（c）从任意一点出发，最多可以有三条线。

最后一个可以行动的玩家取得胜利。请尝试为这个游戏开发相关的策略。

12．考虑三维井字棋游戏。与往常一样，玩家 X 和 O 交替走子，博弈的目标是在任何行、列或对角线上连续摆下 3 个 X 或 O。

（a）对 3D 井字棋游戏的复杂度与传统 2D 版本游戏的复杂度进行比较。

（b）给出一个启发式方法，使其适合于对非终止节点进行评估。

13．使用负极大值算法评估图 4.25 中的博弈树。

14．下面列出了几个著名的问题，讨论它们在本质上是否就是 4.5 节所讨论的囚徒困境问题的实例。如果发现某个问题与囚徒困境问题等价，那么请设计一个合适的收益矩阵，并讨论每个例子是否存在纳什均衡和帕累托最优。

（a）Linux 系统是在通用公共许可证（GPL）协议下开发的一个 UNIX 版本。根据该协议，你可以获得免费的软件，并且可以研究源代码，对其进行修改。你还可以选择不公开这些改进，或者通过分发改进后的代码来合作。事实上，合作是强制进行的，因为如果没有改进，只发布源代码是非法的。

（b）香烟公司曾被允许在美国做广告。如果只有一家公司决定做广告，这家公司销售额的增长是必然的。但是，如果两家公司同时推出广告活动，那么他们的广告将基本上互相抵消，销售额并没有增加。

（c）在新西兰，报纸箱都未上锁。人们可以很容易地偷取报纸（背叛）。当然，如果每个人都这样做，那么报纸箱中将不会留下任何报纸[9]。

（d）（公地悲剧）一个村庄有 n 个农民，草地非常有限。每个农民都可能决定养羊，他们以羊毛和羊奶的形式从这些羊身上获得一些收益。但是，由于羊会吃草，因此公共草地（公地）将会遭殃。

15．给出极小化极大算法的伪代码。

16．图 4.29 描述了 9 背面问题（Nine Tails Problem）。

这是一个单人游戏，其目标是翻转硬币，使它们都显示背面。一旦选中一个正面显示的硬币，那么该硬币及其周边硬币（不包括对角线上的硬币）都会进行一次翻转。因此，如果选中左下角（第 1 行第 1 列）的硬币进行第一次翻转，那么该硬币、它上面（第 2 行第 1 列）及其右侧（第 1 行第 2 列）的总共 3 枚硬币都将翻转成背面。而第 2 行第 2 列（在第 1 行第 1 列硬币的对角线上）的硬币不会被翻转。这个游戏的目标是用最少的翻转次数将所有的硬币都翻转到背面。这个游戏的网格与井字棋游戏的网格相同，也具有类似的复杂度（在 9! 的基础上用对称性进行简化）。请为这个游戏建立一个启发式方法。

图 4.29　9 背面问题

17．习题 16 中的问题让人联想到一款名为奥赛罗（或称黑白棋或翻转棋）的游戏，后面的第 16 章将会谈到这款游戏。奥赛罗游戏刚开始有 2 白 2 黑 4 颗石子，它们被放置在 8×8 棋盘的中间（就像在国际象棋和跳棋中那样）。当一颗石子翻转到另一种颜色时，和习题 16 中的问题类似，垂直相邻的石子将一起被翻转。针对这个博弈游戏，考虑如何构建一种强策略的下棋方法。

编程题

选择一门高级程序语言来完成如下编程练习。

1. 编写程序，进行极小化极大评估（见习题 15）。使用习题 1～3 中的博弈树测试该程序。

2. 编写程序来进行 α-β 剪枝。使用习题 6～8 中的博弈树测试该程序。

3. 编写程序来实现习题 10 中的点格棋（Dots and Boxes）游戏，并使用 α-β 剪枝进行处理。在人机对抗模式（即让人在这个游戏中挑战计算机）中测试该程序，在该模式下，计算机首先行动。

4. 编写程序来实现本章所讨论的井字棋游戏（这里用极小化极大算法就够了）。该程序应该在机机对抗模式（即计算机同时扮演两个玩家）下运行。第一个玩家应该遵循某个步骤，即在采用启发式评估之前搜索三层博弈树，而第二个玩家则只搜索两层博弈树。讨论 50 次博弈后的结果。

5. 编写程序来实现 3D 井字棋游戏（见习题 12）。该程序应使用负极大值算法。使用类似于编程题 4 中的测试过程，在人机对抗模式下测试该程序。

关键词

对抗性	博弈树	收益矩阵
α 剪枝	启发式评估	完美决策
α 值	启发式评估函数	完美信息
α-β 剪枝	地平线效应	囚徒困境
β 值	Max 方	渐进深化
组合爆炸	Min 方	对称性
机会节点	极小化极大评估	对称群
支配性策略	纳什均衡	博弈值
等价类	负极大值算法	零和博弈
期望极小化极大算法	非确定性博弈	
8 和游戏	帕累托最优	

参考资料

[1] Stewart I. Scientific American, vol. 284, no. 2, 2002.

[1a] Johnsonbaugh R. Discrete Mathematics, 6th ed. Upper Saddle River, NJ: Prentice-Hall, 2005.

[2] Firebaugh M W. 1988. Artificial Intelligence: A Knowledge-Based Approach. Boston, MA: Boyd & Fraser.

[3] Winston P H. 1993. Artificial Intelligence, 3rd ed. Reading, MA: Addison-Wesley.

[4] Knuth D and Moore R W. 1975. An Analysis of Alpha-Beta Pruning, Artificial Intelligence 6(4): 293-326.

[5] Merrill F and Dresher M. 1961. Games of Strategy: Theory and Applications, Upper Saddle River, NJ: Prentice-Hall.

[6] Russell S and Norvig P. 2009. Artificial Intelligence: A Modern Approach, 3rd ed. Upper Saddle River, NJ: Prentice-Hall.

[7] Luger G F. 2008. Artificial Intelligence–Structures and Strategies for Complex Problem Solving, 6th ed. Reading, MA: Addison-Wesley.

[8] McCoy N H. 1975. Introduction to Modern Algebra, 3rd ed. Boston, MA: Allyn and Bacon.

[9] Poundstone W. 1992. Prisoner's Dilemma. New York, NY: Doubleday.

第 5 章　人工智能中的逻辑

尼尔斯·尼尔森（Nils Nilsson）一直是 AI 逻辑学派的主要支持者，他发表了许多文章，并就 AI 逻辑主题，与迈克尔·吉内塞雷斯（Michael Genesereth）共同发表了一篇大受欢迎的名为"Logical Foundations of Artificial Intelligence"（"人工智能逻辑基础"）的文章。

第 1 章提到，除了具备搜索能力，智能系统还必须能够表示知识。本章从讨论逻辑开始进入知识表示领域。本章首先介绍命题逻辑，着重讨论其定理和证明策略。接下来讨论谓词逻辑——它被证明是一种更具表现力的表示语言。本章还介绍了归结反演——一种被认为在定理证明中非常强大的方法。最后，本章简要介绍了谓词逻辑的一些扩展。

尼尔斯·尼尔森（Nils Nilsson）

5.0　引言

本章将逻辑作为人工智能中知识表示的一种范式进行介绍。5.1 节开始讨论一个称为"国王智者"（The King's Wise Men）的著名谜题，从而说明逻辑表达的力量。另外，如果能够很好地表示问题，就可以很方便地完成推断（即发现新知识）的任务。

5.2 节介绍了**命题逻辑**（propositional logic）的概念。逻辑表达式（可以表征为真或假的表达式或命题）是基本的构件。5.2 节还介绍了逻辑连接符（如 AND、OR 和 NOT），讨论了在分析复合表达式时真值表的作用。**论证**（argument）被定义为一个假定为真的**前提**（premise）集合和一条结论，这些前提从逻辑上可以推理出或推理不出这条结论。在逻辑上，当一个论证中的前提能够推理出结论时，则认为这个论证是**有效的**（valid）。本章探讨了两种确定论证**有效性**（validity）的策略：第一种策略是使用真值表；第二种策略是使用**归结反演**（resolution refutation）。在后一种策略中，先否定结论，再将否定后的结论与前提结合起来，如果能得出互相矛盾的结论，那么说明原来的论证是有效的。在应用归结反演之前，所有的命题逻辑表达式都必须转换为一种称为**子句形式**（clause form）的特殊形式。本章介绍了将命题逻辑表达式转换为子句形式的过程。

5.3 节介绍了谓词。比起命题逻辑表达式，谓词被认为有着更好的表达能力。有两个量词，即 $\exists x$ [**存在量词**（existential quantification）] 和 $\forall x$ [**全称量词**（universal quantification）]，可以应用于谓词逻辑变量。$\exists x$ 被解释为"存在 x"，而 $\forall x$ 被解释为"对于所有 x"。

我们将看到，谓词逻辑的这种更强的表达能力是以付出更多开销为代价的。为了可以应用归结反演，需要将谓词逻辑表达式转换为子句形式，这一转换任务相当艰巨。5.3.3 节解释了完成这种转换的九步算法。为了说明这种技术，我们给出了一些反演的证明。

5.4 节简要介绍了一些其他的逻辑。在一阶谓词逻辑中，量词只能应用于变量，这限制了它们的表达能力。但是，在二阶谓词逻辑中，量词也可以应用于谓词本身。本章给出了来自数学的一个例子。

一阶谓词逻辑（first order predicate logic）被认为是单调的，换言之，即使获得更多信息，推理出的结论也不能被收回。现实生活往往不是不可逆转的。审判过程说明了结论的暂时性本质。在美国，审判之初，被告被假定都是无罪的。然而，在审判过程中，由于给出了确凿的证据和目击者证词，这种早期的无罪推定可能需要进行修正。非单调逻辑可以捕捉到结论的这种暂时性本质。

在本章中，我们会强调逻辑表达式要么为真，要么为假。例如，通过向窗外看或查看天气预报，"天在下雨"这一命题可以为真或假。现实生活中的情况不一定很适合使用这两个真值来表达，例如，对于"他是一个好人"这一命题，假设所讨论的男人对孩子和宠物都很好，但是他逃税。这时就很难用真和假来确切地表达。我们越来越意识到生活中的许多东西都是通过程度来表达的。因此，在某种程度上，我们可以把前面的命题定性为正确的。**模糊逻辑**（Fuzzy Logic）涵盖了这种在生活中不可分割的"灰色"地带。在许多现代电器的控制系统中，模糊逻辑已经得到广泛应用。本章将给出一些这方面的例子。

模态逻辑（Modal Logic）是面对一些重要关注点的逻辑模型，例如"你应该……"和"任何人都应该……"等表达的道德责任问题。我们也会讨论有关时间的问题。已被证明的数学定理从过去到现在一直为真，在未来也是如此。有些前提当前可能为真，但在过去未必如此（如手机的流行）。我们很难确定本该如此的事情的真值。模态逻辑被广泛应用于哲学论证的分析。

5.1 逻辑和表示

归纳谜题是这样一种逻辑谜题，它们需要通过识别以及消除一系列显而易见的情况来进行求解。著名的"国王智者"（King's Wise Men）问题就是这样的一个谜题。

"国王智者"谜题（见图 5.1）讲述的是国王寻找新智者的故事。在通过预选之后，3 名最聪明的申请者前往宫廷。他们面对面坐着，被蒙上眼睛，每个人头上都戴着一顶蓝色或白色的帽子。现在，国王同时揭开他们的眼罩，然后告诉他们："你们每个人都戴着一顶蓝色或白色的帽子，你们中间至少有人戴着一顶蓝色的帽子。最先猜到自己头上帽子的颜色的人请举手，他将是我的下一任智者。"

(a)   (b)

图 5.1 "国王智者"谜题，每个人都必须猜测自己头上帽子的颜色

在利用机器解决这个谜题之前，必须有一种合适的表示方法。由于谓词逻辑允许每个状态可以用不同的表达式来表示，因此这里使用谓词逻辑来表示这个谜题。例如，可以用谓词 WM_1( ) 表示智者 1 有某种颜色的帽子（颜色待指定）。接下来，如果要表示智者 1 戴着一顶蓝帽子而智者 2 和智者 3 都戴着白帽子的情况，则可以表示为

$$WM\_1(B) \wedge WM\_2(W) \wedge WM\_3(W) \tag{1}$$

> 回顾一下："∧"是合取算符，表示项之间的"与"；"∨"是析取算符，表示项之间的"或"。

如果这个谜题的某个表示有用的话，那么该表示必须可以做出推断，也就是说，必须能够得出有助于解题的结论。例如，扫描表达式（1），应该能够得出"智者 1 会举手，并宣布他的帽子是蓝色的"这样的结论。他之所以能正确地猜出自己戴的是蓝帽子，是因为国王承诺 3 顶帽子中至少有一顶必须是蓝色的，而智者 1 又注意到其他两人都戴着白帽子，因此他戴的帽子必然是蓝色的。通过查阅表 5.1，读者应该能够推理出其他两种只有一顶蓝帽子情况的结果，即表达式（2）和（3）。

表 5.1　　　　　　　　"国王智者"谜题中 7 种不同的情况

情况	表达式编号
$(WM\_1(B) \wedge WM\_2(W) \wedge WM\_3(W))$	（1）
$(WM\_1(W) \wedge WM\_2(B) \wedge WM\_3(W))$	（2）
$(WM\_1(W) \wedge WM\_2(W) \wedge WM\_3(B))$	（3）
$(WM\_1(B) \wedge WM\_2(B) \wedge WM\_3(W))$	（4）
$(WM\_1(W) \wedge WM\_2(B) \wedge WM\_3(B))$	（5）
$(WM\_1(B) \wedge WM\_2(W) \wedge WM\_3(B))$	（6）
$(WM\_1(B) \wedge WM\_2(B) \wedge WM\_3(B))$	（7）

由于国王已承诺至少有一顶帽子是蓝色的，因此表 5.1 中并不包括"WM_1(W)∧WM_2(W)∧WM_3(W)"这一表达式，因为它表示所有 3 个人都戴着白帽子。

三个人戴两顶蓝帽子的情况则更微妙一些。考虑表 5.1 中表达式（4）所描述的情况。把自己想象成戴着蓝帽子的智者（如智者 1）。你会这样推理，如果你戴的帽子是白色的，那么由于智者 2 观察到两顶白帽子，因此他会很快宣布自己戴的帽子是蓝色的。而智者 2 没有宣布这样的结论，所以你可以得出正确结论：自己戴的帽子是蓝色的。其他涉及两顶蓝帽子的例子都可以采用类似的方式来处理。

最困难的情况（并且实际有可能发生）是所有 3 名智者都戴着蓝帽子，这一情况如表达式（7）所示。你在前面已经看到，在有一项或两项蓝帽子的情况下，可以在较短的时间内得出结论。但是，在 3 顶都是蓝帽子的情况下，流逝的时间会很长。因此，可能其中一位智者（也是最聪明的人）会得出结论：上述其他情况都不适用，只有所有 3 顶帽子（特别是他自己戴的帽子）都是蓝色的这一种可能。在本章的后面，我们将描述从观察到的事实中得出结论的各种推理规则。就目前而言，这已经足够让大家领会如何用逻辑来表示知识了。

5.2　命题逻辑

下面开始更加严格地讨论命题逻辑，与谓词逻辑相比，命题逻辑不具有相同的表达能力。例如，使用命题逻辑，我们可以用变量 p 表示"智者 1 戴着一顶蓝帽子"。但是，如果想表达"智者 1 戴着白帽子"，则必须使用不同的变量，比如变量 q。命题逻辑相比谓词逻辑，表达力更弱。但是，正如我们将要看到的，用命题逻辑比较容易入手，便于开始有关逻辑的讨论。

5.2.1 基础知识

如果要学英语，一个好的起点可能是通过句子来学习。句子由一系列语法和形式正确的词语组成，它承载了一定的含义。

下面给出了 3 个英文句子。

（1）He is taking the bus home tonight.（今晚，他坐公共汽车回家。）

（2）The music was beautiful.（音乐很动听。）

（3）Watch out.（小心。）

类似地，讨论命题逻辑的一个好的起点是使用**命题**（statement）。

命题（或逻辑表达式）是真值可以用真（true）或假（false）来分类的句子。上面的句子（1）是一个命题。要确定它的真值，只需要观察"他"真正的回家方式。句子（2）也是一个命题（虽然真值会随着听众的不同而变化）。但是，句子（3）不是一个命题。如果汽车离得非常近，就会非常危险，那么这个句子的表达肯定是适合的，但是这个句子不能归类为真或假。

在本书中，我们使用英语字母表中的小写字母来表示命题逻辑的变量：p、q、r。这些变量是**原语**（primitive）或命题逻辑中的基本构件。表 5.2 显示了各种复合表达式，这些表达式可以应用**逻辑连接符**（logical connective，有时称为**函数**）来构造。

表 5.2　　　　　　　　　　使用逻辑连接符形成的复合表达式

符号	名称	示例	等价的句子
$\wedge$	合取	$p \wedge q$	p 并且 q
$\vee$	析取	$p \vee q$	p 或者 q
$\sim$	否定	$\sim p$	非 p
$\Rightarrow$	蕴涵	$p \Rightarrow p$	如果 p，那么 q，即 p 蕴涵了 q
$\Leftrightarrow$	等价	$p \Leftrightarrow p$	当且仅当 q 成立时，p 成立，即 p 等价于 q

这些逻辑连接符的语义或含义由真值表定义。在真值表中，对应于变量的每个值都给出了复合表达式的值。在表 5.3 中，F 表示假，T 表示真（有些书分别用 0 和 1 来表示这两个真值）。可以看到，正如表 5.3 中 AND 函数的最后一行所示，只有当两个变量的值都为真时，两个变量 AND 的结果才为真。当一个变量或两个变量为真时，OR 的结果为真。注意，在表 5.3 的 OR 函数列的第一行中，只有当 p 和 q 均为假时，$p \vee q$ 才为假。这里定义的 OR 函数又称为**兼或**（inclusive-or）函数，读者可以将这个函数与定义在表 5.4 中的两个变量的**异或**（exclusive-or，XOR）函数对比一下。最终，在表 5.3 的 NOT 函数列中可以看到，只有当 p 为假时，p 的否定（写为 $\sim p$）才为真。

表 5.3　　　　　　　　两个变量（p 和 q）AND、OR 和 NOT 运算的真值表

AND 函数				OR 函数				NOT 函数	
p	q	$p \wedge q$		p	q	$p \vee q$			
F	F	F		F	F	F		P	$\sim p$
F	T	F		F	T	T		F	T
T	F	F		T	F	T		T	F
T	T	T		T	T	T			

表 5.4　　　　　　　　　　　　两个变量（p 和 q）XOR 运算的真值表

p	q	p∨q
F	F	F
F	T	T
T	F	T
T	T	F

在其中任何一个变量为真而另一个变量为假的情况下，这两个变量 XOR 的结果为真。但是当两个变量都为真时（见表 5.4 的最后一行），XOR 的结果为假。如果你是家长，在餐厅里，对于"你可以吃巧克力蛋糕或冰淇淋甜点"，你和孩子的不同解释可以清楚地说明这两个 OR 函数的区别。

迄今为止，上面定义的 AND、OR 和 XOR 函数中的每一个都需要两个变量。而表 5.3 中定义的 NOT 函数只需要一个变量；其中 NOT 假（false）为真（true），NOT 真（true）为假（false）。

表 5.5 还定义了蕴涵（⇒）和等价（⇔）函数。在日常说法中，我们说"p 蕴涵了 q"或"如果 p，那么 q"，意思是如果某个条件 p 成立，就会得到 q。例如，"如果下雨了，那么街道就会变湿"意味着"如果 p（下雨）成立，那么 q（街道变湿）也成立"。在表 5.5 中，p⇒q 真值表的最后一行给出了这一解释。

表 5.5 定义 F⇒F 和 F⇒T 都为真，在日常生活中，我们找不到任何理由来说明这样定义的原因。但是，在命题逻辑中，当 p 为假时，可以认为这不可能证明"p 不蕴涵 q"。因此，在虚真（vacuous）的意义下，这个蕴涵式被定义为真。最后，大家应该很容易接受 p⇒q 的第 3 行为假，在这种情况下，当 p 为真时，q 为假。

表 5.5　　　　　　　　　　蕴涵（⇒）和等价（⇔）运算的真值表

p	q	p⇒q	p⇔q
F	F	T	T
F	T	T	F
T	F	F	F
T	T	T	T

表 5.5 中最右边的列定义了双条件运算符 p⇔q，这可以解释为"p if and only if q"（当且仅当 q 成立时，p 成立），也可以表示为"p iff q"。换言之，只有当 p 和 q 具有相同的真值（均为假或均为真）时，才可以观察到 p⇔q 为真。鉴于此，有时候该运算符也称为等价运算符。

数学教授在课堂上证明一个定理之后，可能会问"这个定理的逆命题是否也为真？"。假设给出一个蕴涵式——"如果一个数可以被 4 整除，那么它是偶数"，则可以用 p 表示"一个数被 4 整除"，用 q 表示"它是偶数"。然后，上面的蕴涵式就可以用命题逻辑表示为 p⇒q。在这个例子中，蕴涵式左边的 p 称为**前件**（antecedent），右边的 q 称为**后件**（consequent）。

蕴涵式的**逆命题**（converse）是通过交换前件和后件得到的，见表 5.6。因此，这个蕴涵式的逆命题为 q⇒p，即"如果一个数是偶数，那么它可以被 4 整除"。回到原命题，如果一个数 n 可以被 4 整除，那么 $n=4k$，其中 k 是一个整数。由于 $4 = 2×2$，因此有 $n = (2×2)×k$，使用**乘法结合律**（associative law）可以得到 $2×(2×k)$，进而确定 n 确实为偶数。

表 5.6　蕴涵式（第 3 列）、逆命题（第 4 列）、否命题（第 5 列）和逆否命题（第 6 列）的真值表，
为了便于参考，这里对列做了编号处理

1	2	3	4	5	6
p	q	$p \Rightarrow q$	$q \Rightarrow p$	$\sim p \Rightarrow \sim q$	$\sim q \Rightarrow \sim p$
F	F	T	T	T	T
F	T	T	F	F	T
T	F	F	T	T	F
T	T	T	T	T	T

上述蕴涵式的逆命题为假。证明某个断言为假的有效方法之一便是反证法。换句话说，对于某个命题而言，只要有一个例子不为真，那么该命题就为假。可以验证数字 6 是上述蕴涵式逆命题的一个反例，这是因为虽然 6 为偶数，但是它并不能被 4 整除。

假设你是一名高级微积分课程的学生，教授要求你证明 sqrt(2)不是有理数。也许，这确实真的已经在你身上发生。那么，你的反应会是什么？如果一个数能够表示为两个整数的比，那么它就是有理数。例如，4 等于 4/1，2/3 是有理数，而 sqrt(2)、π 和自然对数的底 e 不是有理数。

蕴涵式的**否命题**（inverse）是通过否定前件和后件得到的。$p \Rightarrow q$ 的否命题是 $\sim p \Rightarrow \sim q$。上面那个例子的否命题是："如果一个数不能被 4 整除，那么它不是偶数。"现在，要求你找到这个断言的反例。

在数学中，一种有用的证明方法是通过**逆否命题**（contrapositive）进行证明。上述断言的逆否命题是："如果一个数不是偶数，那么它不能被 4 整除。"

我们用符号≡表示两个逻辑表达式在定义上是等价的，例如 $(p \Rightarrow q) \equiv \sim p \lor q$。这种复合表达式被称为**重言式**（tautology）或**定理**（theorem）。注意，我们在上述重言式中使用括号是为了清晰地对表达式进行阐释。

奥古斯都·德·摩根（Augustus De Morgan）是 19 世纪初的英裔数学家，曾就读于剑桥大学，并担任该校数学学院的院长。他的逻辑定律已被广泛应用于许多学科。

用真值表来证明逻辑表达式是重言式的这种证明方法被称为**完全归纳法**（perfect induction）。表 5.7 中的最后一列表明$(\sim p \lor \sim q)$和 $\sim (p \land q)$的真值是恒等的。这个定理是**德·摩根定律**（De Morgan's law）的一种形式［另一种形式是$(\sim p \land \sim q) \equiv \sim (p \lor q)$］。表 5.8 列出了命题逻辑中的其他定理。

表 5.7　　命题逻辑中的两个重言式。注意在最后两列中，所有条目都为真

p	q	$(p \Rightarrow q)$	$(\sim p \lor q)$	$(p \Rightarrow q) \equiv (\sim p \lor q)$	$(\sim p \lor \sim q) \equiv \sim (p \land q)$
F	F	T	T	T	T
F	T	T	T	T	T
T	F	F	F	T	T
T	T	T	T	T	T

表 5.8   命题逻辑中的定理

定理	名称
$p \vee q \equiv q \vee p$	交换律 1
$p \wedge q \equiv q \wedge p$	交换律 2
$p \vee p \equiv p$	幂等律 1
$p \wedge p \equiv p$	幂等律 2
$\sim\sim p \equiv p$	双重否定律（或对合律）
$(p \vee q) \vee r \equiv p \vee (q \vee r)$	结合律 1
$(p \wedge q) \wedge r \equiv p \wedge (q \wedge r)$	结合律 2
$p \wedge (q \vee r) \equiv (p \wedge q) \vee (p \wedge r)$	分配律 1
$p \vee (q \wedge r) \equiv (p \vee q) \wedge (p \vee r)$	分配律 2
$p \vee T \equiv T$	支配律 1
$p \wedge F \equiv F$	支配律 2
$(p \equiv q) \equiv (p \Rightarrow q) \wedge (q \Rightarrow p)$	吸收律 1
$(p \equiv q) \equiv (p \wedge q) \vee (\sim p \wedge \sim q)$	吸收律 2
$p \vee \sim p \equiv T$	排中律
$p \wedge \sim p \equiv F$	非矛盾律（也称矛盾律）

通过一个称为**演绎**（deduction）的过程，命题逻辑中的定理可以用来证明其他定理。

例 5.1 命题逻辑中的证明

证明 $[(\sim p \vee q) \wedge \sim q] \Rightarrow \sim p$	是一个重言式
$[(\sim p \wedge \sim q) \vee (q \wedge \sim q)] \Rightarrow \sim p$	分配律 1
$[(\sim p \wedge \sim q) \vee F] \Rightarrow \sim p$	非矛盾律
$(\sim p \wedge \sim q) \Rightarrow \sim p$	支配律 2
$\sim (\sim p \wedge \sim q) \vee \sim p$	蕴涵的另一种定义
$(\sim\sim p \vee \sim\sim q) \vee \sim p$	德·摩根定律
$(p \vee q) \vee \sim p$	双重否定律
$p \vee (q \vee \sim p)$	结合律 1
$p \vee (\sim p \vee q)$	交换律 1
$(p \vee \sim p) \vee q$	结合律 1
$T \vee q$	排中律
T	支配律 1

我们已经看到，值恒为真的表达式称为**重言式**。值恒为假的表达式称为**矛盾式**（contradiction）。矛盾式的一个例子是 $p \wedge \sim p$。最后，在变量的赋值中，当至少有一种赋值使得表达式为真时，我们称命题逻辑表达式**可满足**（satisfiable）。例如，表达式 $p \wedge q$ 可满足，这是因为当 p 和 q 均为真时，该表达式的值被评估为真。命题逻辑中的**可满足性问题**（Satisfiability Problem，SAT）是确定在变量的赋值中，是否存在一些值使得表达式为真。命题逻辑的 SAT 问题是 NP 完全（NPC）问题。回顾第 3 章，如果解决问题的最佳算法看起来需要指数级的时间（尽管没有人证明不存在多项式时间的算法），那么这个问题就是 NP 完全问题。由表 5.3～表 5.7 可知，两个变量的真值表有 4 行，每行对应

一种不同的真值赋值。3 个变量的真值表有 $2^3 = 8$ 行，归纳起来就是，n 个变量的真值表有 2^n 行。到目前为止，在已知的 SAT 问题求解算法中，没有比完全扫描 2^n 行中每一行的算法表现更好的算法了。

5.2.2 命题逻辑中的论证

命题逻辑中的论证具有以下形式。

A: P_1
   P_2
   $\vdots$
   P_w

∴ C //结论

将前提的合取作为前件，将结论作为后件，如果能够形成重言式，那么称论证 A 有效，即有

$$(P_1 \wedge P_2 \wedge \cdots \wedge P_w) \Rightarrow C \text{ 是重言式}$$

例 5.2　证明以下论证是有效的。

1. $p \Rightarrow q$
2. $q \Rightarrow \sim r$
3. $\sim p \Rightarrow \sim r$

∴ $\sim r$

符号 "∴" 是 "因此" 的缩写。非正式地说，在任何情况下，如果前提为真时能确定结论也为真，那么这个论证就是有效的。现在假设例子中的所有前提为真。前提 1 表明 p 蕴涵 q。前提 2 表明 q 蕴涵 ~r。结合前提 1 和前提 2，可以得到：如果 p 为真，那么 ~r 也为真（使用传递性）。前提 3 解决了当 p 为假时的情况，它表明 ~p 蕴涵 ~r。我们知道 p∨~p 是一个重言式，~r 也为真，因此这个论证确实是有效的。

更正式地说，为了证明前面的论证是有效的，就必须证明蕴涵式 [(p⇒q)∧(q⇒~r)∧(~p⇒~r)] ⇒~r 是一个重言式，见表 5.9。

表 5.9　　　　　　　　　　　证明例 5.2 中的论证有效的过程

1	2	3	4	5	6	7	8
p	q	r	p⇒q	q⇒~r	~p⇒~r	4∧5∧6	7⇒~r
F	F	F	T	T	T	T	T
F	F	T	T	T	T	F	T
F	T	F	T	T	T	T	T
F	T	T	T	F	F	F	T
T	F	F	F	T	T	F	T
T	F	T	F	T	T	F	T
T	T	F	T	T	T	T	T
T	T	T	T	F	T	F	T

表 5.9 的第 7 列包含了 3 个前提的合取。表 5.9 的最右边一列对应于上述蕴涵式，该列所有

的值都为真，可以确定该蕴涵式是一个重言式，因此这个论证是有效的。这里建议读者不要将论证的**有效性**（validity）与表达式为真混淆在一起。如果结论可以从前提推出，那么逻辑上论证是有效的（非正式地说，这个论证具有正确的"结构"），论证没有真假一说。下面的例子有助于澄清这种区别。考虑以下论证。

"如果月亮是由绿色奶酪制成的，那么我就是有钱人。"

用 g 代表"月亮是由绿色奶酪制成的"，用 r 代表"我就是有钱人"。这个论证的形式如下：

g

∴ r

由于 g 是假的，因此蕴涵式 g ⇒ r 为真，这个论证是有效的。在离散数学[1]、计算机科学的数学结构[2]、离散和组合数学[3]中可以找到许多真值表、逻辑论证以及推理规则的其他例子。

5.2.3 证明命题逻辑论证有效的第二种方法

证明命题逻辑论证有效的第二种方法名为**归结**（resolution）。这种策略也称为**归结反演**（resolution-refutation）[4]。这种方法假设前提为真，但结论为假。如果能由此得出矛盾，那么说明原始结论一定可以从前提逻辑推理得到，也就是说原始论证有效。归结证明要求论证的前提和结论是一种称为**子句形式**（clause form）的特殊形式。

命题逻辑中的表达式如果不包括蕴涵式、合取式和双重否定，就称为子句形式。

可通过将表达式中每次出现的(p ⇒ q)替换为(~p ∨ q)来移除蕴涵式。移除合取式则比较灵活，只需要将 p ∧ q 用 p, q 这种简化形式替换即可。最后，每次出现的~ ~p 都可以简化为 p（双重否定律）。

重温例 5.2

使用归结法证明以下论证有效。

1. p ⇒ q
2. q ⇒ ~r
3. ~p ⇒ ~r

∴ ~r

步骤 1：将前提转换为子句形式。为此，首先移除蕴涵式，得到

1') ~p ∨ q

2') ~q ∨ ~r

3') ~ ~p ∨ ~r（即 p ∨ ~r）

由于上面没有合取运算，因此只需要从第 3 个表达式中删除双重否定运算，就可以得到

3') p ∨ ~r

步骤 2：否定结论。

1) ~ ~r

步骤 3：将结论的否定形式转换为子句形式。

4') r // 通过双重否定律

步骤 4：搜索上面多个子句中的矛盾。由于在上面的子句中将结论否定才导致矛盾（根据定义，前提为真），因此如果发现有矛盾，则可以证明论证有效。

为了展示方便，将上述子句排列如下：

1') ~p ∨ q

2') ~q ∨ ~r

3') p ∨ ~r

4') r

对子句进行结合，得出新的子句。

3'), 4') p （5'

1'), 5') q （6'

2'), 6') ~r （7'

4'), 7') □ // 矛盾

结合 3') 与 4')：4') 断言 r 为真，而 3') 断言 p ∨ ~r 为真。但是，由于 r 为真，因此只有当 p 为真时才有 p ∨ ~r 为真。将多个子句结合，得到新子句的过程称为**归结**（resolution）。当结合子句 4') 与 7') 推理得到空子句（用□表示）时，证明论证有效。换句话说，当 r 与 ~r 的合取推理出空子句时，便最终证明了论证的有效性。

例 5.3 基于归结的定理证明——第二个例子

使用归结法证明以下论证有效。

1. $p \Rightarrow (q \lor r)$

2. ~r

∴ q

步骤 1：同样，首先将前提转换为子句形式。

1') ~p ∨ (q ∨ r)

2') ~r

步骤 2：否定结论。

3') ~q

步骤 3：将否定的结论转换为子句形式。

3') ~q // 这已经是子句形式

步骤 4：搜索上述子句 1')、2') 和 3') 中的矛盾。

尝试结合 1') 和 3')，得到：

4') ~p ∨ r

然后将 4') 与 2') 结合，得到：

5') ~p

你很快就会发现我们在白费力气。也就是说，没有出现任何矛盾。一旦为了找到矛盾搜索了所有地方，最后确定没有任何矛盾存在，就可以放心地假设论证是无效的。当然，如果在上述论证中将 p 也作为一个前提，那么这个论证就是有效的。

5.3 谓词逻辑简介

之前我们观察到**谓词逻辑**（predicate logic）比命题逻辑具有更强的表达力。如果想用命题逻辑表达"国王智者"谜题，则需要为"智者 1 戴着一项蓝帽子""智者 2 戴着一项白帽子"等每个命题都提供不同的变量。在命题逻辑中，不能直接引用表达式的一部分。

谓词逻辑表达式由谓词名和后面的一个参数表（这个参数表也可为空）组成。在本书中，谓词名以大写字母开头，例如 WM_1( )。在谓词参数（或变量）列表中，元素的个数称为**参数量**（arity）。例如，Win( )、Favorite Composer (Beethoven)和 Greater-Than(6,5)这 3 个谓词的参数量分别为 0、1 和 2。注意，这里允许用首字母大写或小写来表示常数，如 Beethoven、me、you 等。

与命题逻辑一样，谓词逻辑表达式可以与~、∧、∨、⇒、⇔等运算符结合。此外，两个量词可以应用于谓词变量。第一个量词（∃）是**存在量词**（existential quantifier）。∃x 读作"存在 x"，意思是保证存在 x 的一个或多个值。第二个量词（∀）是**全称量词**（universal quantifier），∀x 读作"对于所有 x"，意思是对于可以取到的 x 的所有值，某个命题都成立或不成立。读者可以通过表 5.10 中的例子来明确理解谓词逻辑中的术语体系。

如果在表 5.10 中没有给出最后一个谓词的话，那么计算机程序可能会错误地将一位男士识别为自己的兄弟。

表 5.10　　　　　　　　　　　　谓词逻辑表达式

谓词	对应的含义
(~Win(you) ⇒Lose(you)) ∧	如果你没赢，那么你就输了，并且
(Lose(you) ⇒Win(me))	如果你输了，那么我就赢了
[Play_in_Rosebowl(Wisconsin Badgers) ∨	如果是 Wisconsin Badgers 队或者
Play_in_Rosebowl(Oklahoma Sooners)] ⇒	Oklahoma Sooners 队参加 Rosebowl 比赛，那么
Going_to_California(me)	我将去加利福尼亚看比赛
∀ (x){[Animal(x) ∧ Has_Hair(x)	如果 x 是有毛发的动物
∧ Warm_Blooded(x)] ⇒Mammal(x)}	并且 x 是恒温动物，那么 x 是哺乳动物
(∃x)[Natural_number(x)	有些自然数 x 是偶数
∧ Divisible_by_2(x)]	x 能被 2 整除
{Brother(x, Sam) ⇒	如果 x 是 Sam 的兄弟，那么
(∃y)[(Parent(y, x)) ∧ Parent(y, Sam) ∧	x 和 Sam 必然有共同的父母 y
Male(x) ∧	x 必须是男士，并且
~Equal(x, Sam)]}	x 不是 Sam 自己

5.3.1　谓词逻辑中的合一

5.2.3 节讨论了命题逻辑中的归结。在那种情况下，很容易确定两个**文字**（literal）[如 L 和 ~L（某个变量及其非变量）] 不能同时为真。但是由于必须同时考虑谓词的参数，因此谓词逻辑的匹配过程更加复杂。例如，Setting(sun)和~Setting(sun)确实是一对矛盾，但由于参数不匹配，Beautiful(day)和~Beautiful(night)就不是一对矛盾。为了找到矛盾，就需要某个匹配过程来比较两个文字，检查是否存在一组**置换**（substitution），使得它们相等。这个过程称为**合一**（unification）。

如果要合一两个文字，那么首先它们的谓词符号必须匹配。也就是说，如果它们的谓词符号不匹配，那么它们就不能合一。例如，Kite_is_flying(X)和 Trying_to_fly_Kite(Y)就不能合一。

如果谓词符号匹配，那么程序需要依次逐对检查参数。如果第一个参数匹配，则继续检查第二个参数；如果第二个参数也匹配，则继续往后检查下去。

匹配规则如下：

- 不同的常数或谓词不能匹配，只有相同的常数或谓词才可以匹配；
- 一个变量可以匹配另一个变量、任何常量或一个谓词表达式，这里对谓词表达式有一个限制，那就是谓词表达式必须不含有待匹配变量的任何实例。

这里有一点需要注意，即找到的置换必须是单一一致的置换，换句话说，不能对谓词表达式的每个部分使用不同的置换。为了确保这种一致性，在继续合一之前，置换必须被应用到剩余的文字部分。

例 5.4 合一

Coffees(x, x)

Coffees(y, z)

谓词符号匹配成功，接下来检查第一个参数——变量 x 和 y。回想一下，一个变量可以用另一个变量置换。这里用 y 置换 x，写作 $y|x$。这种置换做法并无特殊之处。这里也可以选择用 x 置换 y。对此，算法必须做出某种选择。在用 y 置换 x 后，有

Coffees(y, y)

Coffees(y, z)

接下来尝试匹配 y 和 z。假设我们决定做出置换 $z|y$，则有

Coffees(z, z)

Coffees(z, z)

合一成功！两个文字完全相同！最终的置换是下列两个置换的组合：

$(y|x)(z|y)$

读者可以按照对复合函数的理解来理解上述置换的组合过程，换句话说，上述组合置换是从左到右进行的，先用 y 置换 x，再用 z 置换 y。

一旦存在某种置换方式，通常也就会有多种置换方式。

例 5.5 合一的其他例子

1. Wines(x, y)

   Wines(Chianti, z)

上述两个谓词可以用以下任何置换方式进行合一。

(1) (Chianti $|x, z|y$)。

(2) (Chianti $|x, y|z$)。

可以观察到，置换(1)和置换(2)是等价的。以下置换方式也是可行的。

(3) (Chianti $|x$, Pinot_Noir $|y$, Pinot_Noir $|z$)。

(4) (Chianti $|x$, Amarone $|y$, Amarone $|z$)。

注意：置换(3)和置换(4)的约束比必需的要多。我们想要可能的**最一般合一**（Most General Unifier，MGU）[①]。上面的置换(1)和置换(2)都有资格成为 MGU。

---

① 假设 σ 是公式集 F 的一个合一，如果对 F 的任意一个合一 θ 都存在一个置换 λ，使得 $\theta=\sigma\cdot\lambda$，则称 σ 是一个最一般合一。——译者注

2.　Coffees(x, y)

　　Coffees(Espresso, z)

{Espresso | $x, y | z$ } 是一个可能的置换集合。

3.　Coffees(x, x)

　　Coffees(Brazilian, Colombian)

置换 Brazilian | x 和 Colombian | x 是不合法的，因为不能用两个不同的常量置换相同的变量 x，所以合一是不可能的。

4.　Descendant(x, y)

　　Descendant(bob, son(bob))

一种合法的置换如下：

{bob | x , son(bob) | y}

注意：son( ) 是一个函数，它接收 "某个人" 作为输入，并产生 "其父亲" 作为输出。

5.3.2　谓词逻辑中的归结

归结提供了一种可以在子句集合中发现矛盾的方法。归结反演会先否定需要证明的命题，再将否定形式的命题加到已知（或已经假定）为真的公设集合中，一旦发现矛盾，定理就得以证明。

基于归结反演的证明包括以下 5 个步骤。

（1）将前提（有时称为公设或假设）变成子句形式。

（2）将要证明结论的否定形式以子句形式（即否定结论或否定目标）添加到前提集合中。

（3）对这些子句进行归结，并从这些子句中逻辑推理产生新子句。

（4）通过生成所谓的空子句来产生矛盾。

（5）用来产生空子句的置换恰好使得否定结论的做法是不对的。

归结法是**反演完备的**（refutation complete）。这意味着只要矛盾存在，那么总是能够生成矛盾。基于归结反演的证明要求前提以及否定的结论都要以子句形式的**范式方式**放在一个集合中，这一点和命题逻辑是类似的。子句形式将以析取文字集合的方式来表示前提和否定的结论。

下面使用一个著名的论证来详细阐释归结证明的过程。

前提（1）：Socrates is a mortal（苏格拉底是人）。

前提（2）：All mortals will die（人终将会死）。

结论：Socrates will die（苏格拉底会死）。

首先，使用谓词逻辑表示这个论证过程。我们将使用谓词 Mortal(x) 和 Will_Die(x)。

前提（1）：Mortal(Socrates)。

前提（2）：($\forall x$) (Mortal(x) $\Rightarrow$ Will_Die(x))。

结论：Will_Die(Socrates)。

Mortal(x)$\Rightarrow$Will_Die(x) 两边的括号本来是没有必要的，但在这里它们有助于让表达更清晰。

接下来，将前提转换为子句形式。

前提（1）：Mortal(Socrates)。

前提（2）：~ Mortal(x) $\lor$ Will_Die(x)。

否定结论：~ Will_Die(Socrates)。

注意，最后一个谓词已经是子句形式了。

子句集合中包括的子句如下。

（1）Mortal(Socrates)

（2）~ Mortal(x) $\lor$ Will_Die(x)

（3）~ Will_Die(Socrates)

在置换 Socrates | x 下，结合子句（2）和子句（3），可以得到如下子句。

（4）~Mortal(Socrates)

注意，上面已经假设子句（2）和子句（3）都为真。如果子句（3）为真，那么子句（2）为真的唯一理由是子句（4）为真。最终，子句（1）和子句（4）一旦结合，就可以推理出空子句，即产生一个矛盾。因此，前面对结论做出否定的假设不正确。换句话说，not(~ Will_Die(Socrates))即 Will_Die(Socrates)必须为真。在逻辑上，最初的结论确实可以从论证的前提中推理得出，因此论证有效。

例 5.6　归结的一个例子。

（1）All great chefs are Italian.

（2）All Italians enjoy good food.

（3）Either Michael or Louis is a great chef.

（4）Michael is not a great chef.

（5）Therefore, Louis enjoys good food.

也即

（1）所有伟大的厨师都是意大利人。

（2）所有意大利人都喜欢享用美食。

（3）迈克尔（Michael）或路易（Louis）是一位伟大的厨师。

（4）迈克尔不是一位伟大的厨师。

（5）因此，路易喜欢享用美食。

使用的谓词如下。

GC(x)：x 是一位伟大的厨师。

I(x)：x 是意大利人。

EF(x)：x 享有美食。

论证可以表示为如下谓词逻辑的形式。

（1）$(\forall x)$ (GC(x) $\Rightarrow$ I(x))

（2）$(\forall x)$ (I(x) $\Rightarrow$ EF(x))

（3）GC(Michael) $\lor$ GC(Louis)

（4）~ GC(Michael)

因此：

（5）EF(Louis)

接下来，必须将前提转换为不含任何量词的子句形式。由于可以假设所有的变量都是全称量化的，因此移除全称量词十分容易。存在量词的移除相对复杂一些（本例不需要），此处不再讨论。

现在需要注意的是，下面的表达式（2）使用了一个不同于表达式（1）中 x 的变量名 y（这里进行了一个称为变量名标准化[①]的过程）。

子句形式的前提如下。

（1）$\sim GC(x) \lor I(x)$

（2）$\sim I(y) \lor EF(y)$

（3）$GC(Michael) \lor GC(Louis)$

（4）$\sim GC(Michael)$

否定结论：

（5）$\sim EF(Louis)$ // 已经是子句形式

图 5.2 以图的形式表达了搜索矛盾的过程，并在分支上显示了所做的置换。

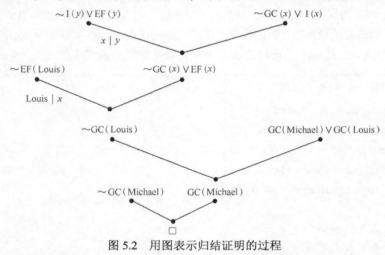

图 5.2 用图表示归结证明的过程

合一和归结证明的其他例子参见由吉内塞雷斯和尼尔森合著的 *Logical Foundations of Artificial Intelligence*（《人工智能的逻辑基础》）一书[5]。

5.3.3 将谓词表达式转换为子句形式

以下规则可用于将任意谓词逻辑表达式转换为子句形式。这里描述的转换过程可能会导致一些细微意义的丢失。这些细微意义的丢失源自一个移除存在量词的称为**斯科伦范式**（skolemization）的置换过程。然而，这组变换有一个重要的性质：如果在最初的谓词表达式集合中存在一个矛盾，那么变换之后仍将保留这个矛盾。

（a） $(\forall w) \{[(P_1(w) \lor P_2(w)) \Rightarrow P_3(w)]$

$\lor [(\exists x)(\exists y)(P_3(x, y) \Rightarrow P_4(w, x))]\}$

$\land [(\forall w) P_5(w)]$

步骤 1：消除蕴涵。回想一下，$p \Rightarrow q \equiv \sim p \lor q$。将这个等价式应用到（a），得到：

（b）$(\forall w) \{[\sim(P_1(w) \lor P_2(w)) \lor P_3(w)]$

$\lor [(\exists x)(\exists y)(\sim P_3(x, y) \lor P_4(w, x))]\}$

$$\wedge [(\forall w)\, P_5(w)]$$

步骤 2：通过使用下面的逻辑等价式，缩小否定的辖域。

i）$\sim (\sim a) \equiv a$

ii）$\sim (\exists x)\, P(x) \equiv (\forall x)\, \sim P(x)$

等价式 ii）可以理解为："如果不存在 x 值，使得谓词 $P(x)$ 为真，那么对于所有 x 值，此谓词必定为假。"

iii）$\sim (\forall x)\, P(x) \equiv (\exists x)\, \sim P(x)$

等价式 iii）断言"如果对所有 x 值，$P(x)$ 不可能全为真，那么必然存在一个 x 值，使得 $P(x)$ 为假。"

iv）$\sim (a \wedge b) \equiv \sim a \vee \sim b$（德·摩根定律）

$\sim (a \vee b) \equiv \sim a \wedge \sim b$

我们决定使用第二种形式的德·摩根定律。

（c）$(\forall w)\, \{[\sim P_1(w) \wedge \sim P_2(w) \vee P_3(w)]$

$\vee\ [(\exists x)\,(\exists y)\,(\sim P_3(x, y) \vee P_4(w, x))]\}$

$\wedge\ [(\forall w)\, P_5(w)]$

步骤 3：标准化变量名。由不同量词约束的所有变量必须具有唯一的名称，因此我们有必要重命名一些变量。

步骤 3 要求必须对（c）中的最后一个变量 w 进行重命名；我们选择 z 作为新的变量名。

（d）$((\forall w)\, \{[\sim P_1(w) \wedge \sim P_2(w) \vee P_3(w)]$

$\vee [(\exists x)\,(\exists y)\,(\sim P_3(x, y) \vee P_4(w, x))]$

$\wedge [(\forall z)\, P_5(z)]$

步骤 4：将所有的量词向左移动，并保持顺序不变。步骤 3 确保了在此过程中不会导致混乱。

（e）$(\forall w)\,(\exists x)\,(\exists y)\,(\forall z)\, \{[\sim P_1(w) \wedge \sim P_2(w) \vee P_3(w)] \vee [(\sim P_3(x, y) \vee$

$P_4(w, x))]\} \wedge [P_5(z)]$

（e）中显示的表达式称为**前束范式**（prenex normal form），在前束范式中，所有量词构成了谓词逻辑表达式的前缀。

步骤 5：移除所有存在量词。这一过程就是上面提到的斯科伦范式的应用，在这个过程中，给必须存在的某物或某人分配名称。

斯科伦范式的示例如下。

- $(\exists x)\,(\text{Monster}(x))$ 可以置换为 $\text{Monster}(\text{Rodin})$。Rodin 是一个斯科伦（skolem）常数。
- $(\forall x)(\exists y)(\text{Favorite\_Pasta}(x,y))$ 可以置换为 $(\forall x)(\text{Favorite\_Pasta}(x,\text{fp}(x)))$。fp( ) 是一个斯科伦函数。斯科伦函数的参数是在待置换的存在量化变量前出现的所有全称量化变量。此处，斯科伦函数 $\text{fp}(x)$ 返回的是个体 x 最喜欢的意大利美食。

等价于将 $(\forall w)\,(\forall x)\,(\forall y)\,(\exists z)\,(\forall t)\,(\text{Richer\_than}(w, x, y, t))$ 斯科伦化为 $(\forall w)\,(\forall x)\,(\forall y)\,(\forall t)$ $(\text{Richer\_than}(w, x, y, \text{rt}(w, x, y), t))$。

斯科伦函数 rt( ) 有 3 个参数 w、x 和 y，它们是 z 之前的 3 个全称量化变量。注意，变量 t 也是全称量化的，但由于它发生在 z 的后面，因此不作为参数出现在 rt( ) 函数中。

一旦斯科伦化（e），则有

（f）$(\forall w)\,(\forall z)\, \{[\sim P_1(w) \wedge \sim P_2(w) \vee P_3(w)] \vee [\sim P_3(f(w), g(w)) \vee P_4(w, f(w))]\} \wedge [P_5(z)]$

x 由斯科伦函数 $f(w)$ 置换，y 由 $g(w)$ 置换。

步骤 6：移除所有全称量词。由于假设所有变量都是全称量化的，因此可以进行这一操作。

（g）$\{[\sim P_1(w) \wedge \sim P_2(w) \vee P_3(w)] \vee [\sim P_3(f(w), g(w)) \vee P_4(w, f(w))]\} \wedge [P_5(z)]$

步骤 7：转换为**合取范式**（Conjunctive Normal Form，CNF），换句话说，每个表达式都是析取项的合取。下面重新表示结合律和**分配律 1**（见表 5.8）。

$a \vee (b \vee c) = (a \vee b) \vee c$

$a \wedge (b \wedge c) = (a \wedge b) \wedge c$　　　　　// 结合律

$a \vee (b \wedge c) = (a \vee b) \wedge (a \vee c)$　　　　// 分配律

$a \wedge (b \vee c)$　　　　　　　　　// 已经是子句形式

使用分配律 1 和交换律（见表 5.8）可以得到：

（h1）$\{[((P_3(w) \vee \sim P_1(w)) \wedge ((P_3(w) \vee \sim P_2(w))] \vee [\sim P_3(f(w), g(w)) \vee P_4(w, f(w))]\} \wedge [P_5(z)]$

再次应用分配律，置换如下所示：

$\{[\ ((P_3(w) \vee P_1(w)) \wedge ((P_3(w) \vee P_2(w))\ ]$

　　　　---------b--------　---------c--------

$\vee [\sim P_3(f(w), g(w)) \vee P_4(w, f(w))]\}$

　　　　----------------a---------------

$\wedge [P_5(z)]$

（h2）$\{[(P_3(w) \vee \sim P_1(w)] \vee [(\sim P_3(f(w), g(w)) \vee P_4(w, f(w))]\}$

$\wedge \{[(P_3(w) \vee \sim P_2(w)) \vee [(\sim P_3(f(w), g(w)) \vee P_4(w, f(w))))$

$\wedge \{[\ P_5(z)]\}$

步骤 8：每个与（AND）项都将成为独立的子句。

（i1）$[(P_3(w) \vee \sim P_1(w)] \vee [(\sim P_3(f(w), g(w)) \vee P_4(w, f(w))]$

（i2）$[(P_3(w) \vee \sim P_2(w)] \vee [(\sim P_3(f(w), g(w)) \vee P_4(w, f(w))]$

（i3）$P_5(z)$

步骤 9：再次标准化变量名称。

（j1）$[(P_3(w) \vee \sim P_1(w)] \vee [(\sim P_3(f(w), g(w)) \vee P_4(w, f(w))]$

（j2）$[(P_3(x) \vee \sim P_2(x)] \vee [(\sim P_3(f(x), g(x)) \vee P_4(x, f(x))]$

（j3）$P_5(z)$

在每次转换成子句形式的过程中，并不都需要所有的 9 个步骤，但是仍需要有所准备以使用所需的任何步骤。如果想了解更多包含斯科伦化过程的归结证明，请参阅 *Symbolic Logic and Mechanical Theorem Proving*[6]。

例 5.7　归结的另一个例子

假设在例 5.6 中，"所有伟大的厨师都是意大利人"被"一些伟大的厨师是意大利人"取代，所得到的论证是否仍然有效？这个修改的论证如下。

（1）一些伟大的厨师是意大利人。

（2）所有意大利人都喜欢享用美食。

（3）迈克尔（Michael）或路易斯（Louis）是一位伟大的厨师。

（4）迈克尔不是一位伟大的厨师。

（5）因此，路易斯喜欢享用美食。

在谓词逻辑中，使用以前的谓词，这个修改的论证可以用谓词逻辑表示如下。

（1）$(x)(GC(x) \wedge I(x))$

（2）$(\forall x)\,(I(x) \Rightarrow EF(x))$

（3）$GC(Michael) \vee GC(Louis)$

（4）$\sim GC(Michael)$

因此：

（5）$EF(Louis)$

下面用子句形式表示前提。

（1）a) $GC(Sam)$ //斯科伦化常数 Sam 使我们能够消除（$\exists x$）

     b) $I(Sam)$

（2）$\sim I(x) \vee EF(x)$

（3）$GC(Michael) \vee GC(Louis)$

（4）$\sim GC(Michael)$

否定结论则可以用子句形式表示为

（5）$\sim EF(Louis)$

由于子句集中没有矛盾，因此这个修改后的论证是无效的。

5.4 其他一些逻辑

本节将讨论一些有趣的逻辑。为了理解这些逻辑，你需要透彻理解我们之前讨论的逻辑。本节只概述这些逻辑模型的基本结构，建议感兴趣的读者查看其他可用的参考文献。

5.4.1 二阶逻辑

5.3 节讨论的谓词逻辑有时称为**一阶谓词逻辑**（First Order Predicate Logic，FOPL）。在 FOPL 中，量词可以应用于变量，但不能应用于谓词本身。通过以前的学习，大家可能已经了解了基于归纳法的证明方法。这一证明包括如下两部分。

（1）基础步骤。在这个步骤中，证明对于初始值 n_0，断言 S 成立。

（2）归纳步骤。在这个步骤中，假设对于某个 n，S 为真，然后证明 S 对于 $n+1$ 也成立。

例如，前 n 个整数和的高斯公式为 $\sum_{i=1}^{n} i = \dfrac{n(n+1)}{2}$，下面给出归纳证明。

（1）基础步骤。若 $n = 1$，则有 $\sum_{i=1}^{n} i = \dfrac{1 \times (1+1)}{2} = 1$。

（2）归纳步骤。假设 $\sum_{i=1}^{n} i = \dfrac{n(n+1)}{2}$，则有 $\sum_{i=1}^{n+1} i = \left(\sum_{i=1}^{n} i\right) + (n+1) = \{(n(n+1))/2\} + (n+1) = (n(n+1))/2 + (2(n+1))/2 = (n(n+1)) + (2n+2))/2 = n^2 + 3n + 3 = ((n+1)(n+2))/2$。这表示对于 $n+1$，上述等式成立。因此，上述定理对于所有自然数成立。为了说明上述基于数学归纳法的证明方法，必须有

$$(\forall S)\,[(S(n_0) \wedge (\forall n)\,(S(n) \Rightarrow S(n+1)))] \Rightarrow (\forall n)\,S(n) \tag{8}$$

这个式子试图说明当 S 的某个归纳证明存在时，所有的断言都是真的。然而，在 FOPL 中并不能对谓词进行量化。表达式（8）是**二阶谓词逻辑**（second order predicate logic）中的**合式公式**（Well-Formed Formula，WFF）。感兴趣的读者可以参考夏皮罗（Shapiro）的论文，以了解有关二阶逻辑的更多细节[7]。

5.4.2　非单调逻辑

FOPL 有时表征为**单调的**（monotonic，该术语在第 3 章首次提到）。例如，在 5.3.3 节中，我们提出了定理~$(\exists x)P(x) \equiv (\forall x)$~$P(x)$。如果没有 x 可以使谓词 $P(x)$ 为真，那么对于所有 x，这个谓词必定为假。同时，当学到更多关于逻辑的内容时，我们依然可以相信这个定理不会改变。更正式地说，FOPL 是单调的。换句话说，如果一些表达式 Φ 可以从一组前提 Γ 中导出，那么 Φ 也可以从 Γ 的任何超集 Σ（包括 Γ 以及将其作为子集的任何集合）中导出。现实生活中通常没有这种持久性。随着学到的知识越来越多，我们可能希望撤回早先的结论。孩子们经常相信圣诞老人或复活节兔子的存在，但是随着长大和成熟，他们将不再相信。

非单调逻辑（non-monotonic logic）已经在数据库理论中得到应用。假设你想到卡塔尔旅游，其间想住 7 星级酒店。你咨询了旅行社，旅行社在查询计算机系统后，告诉你卡塔尔没有 7 星级酒店。旅行社在不知不觉中应用了**封闭世界假设**（closed world assumption），即认为数据库是完整的，如果这样的酒店存在，那么它们一定出现在数据库中。约翰·麦卡锡（John McCarthy）是非单调逻辑早期的研究者。他提出了界限（circumscription，也称限制）的概念，坚持只有在需要时才对谓词进行扩展。

当前，在非单调逻辑中，难以解决的两个问题如下：检查结论的一致性；以及在获得新知识时，确定哪些结论仍然可行。非单调逻辑更准确地反映了人类信念的暂时性。如果想要这个逻辑得到更广泛的使用，则需要解决计算复杂性问题。在这个逻辑领域，麦卡锡[8]、McDermott、Doyle[9]、Reiter[10]和 Ginsberg[11]等人做了一些开创性工作。

5.4.3　模糊逻辑

在 FOPL 中，我们将谓词归类为真或假。在人类的世界里，真理和谎言往往不是那么泾渭分明。有些人认为："所有税收都是坏的。"那么对于烟草税而言，这句话是否为真？烟草税会让吸烟的成本增加，从而可能促使一些吸烟者戒烟。考虑一下这句话："纽约人很有礼貌。"事实很可能的确如此。如果他们看到你拿着一张地图在看，则可能会给你指路。但是，凡事都有例外。

你可能希望在一定程度上坚持认为"纽约人很有礼貌"。**模糊逻辑**（fuzzy logic）为真值表达形式提供了一些余地。逻辑表达式可以处于从假（确信度为 0.0）到一定为真（确信度为 1.0）之间的任何位置。在现代设备的控制系统中，模糊逻辑有许多应用。例如，如果衣服特别脏，那么洗衣机的洗涤周期应该更长，因为更脏的衣服需要更长的洗涤时间。

如果在晴天，数码相机的快门速度应该更快。根据外界环境是夜间、白天、多云还是万里无云的中午，"今天阳光明媚"这句话的真值可以在 0.0 和 1.0 之间变化。比起对应的"非模糊"逻辑控制器，模糊逻辑控制器通常具有更简单的逻辑设计。模糊逻辑的创始之父是卢特菲·扎德（Lotfi Zadeh）。我们将在第 8 章重新讨论模糊逻辑。

5.4.4　模态逻辑

当分析人的看法时，**模态逻辑**（modal logic）可以用于时间表达式设置或者道德责任场景（例如"你应该睡前刷牙"）。两种常见的模态逻辑运算符如下。

模态逻辑运算符	含义
□	"……是必需的"
◇	"……是可能的"

我们可以使用□来定义◇，即◇A=~□~A。这个表达式的意思是，如果~A 不是必需的，那么 A 是可能的。注意，这与本章前面的$(\forall x) P(x)$与$(\sim \exists x) \sim P(x)$等价具有相似性。

逻辑学家鲁伊兹·埃赫贝特斯·扬·布劳威尔（Luitzen Egbertus Jan Brouwer）提出了一个公理：A⇒□◇A，即"如果 A 为真，那么 A 必须是可能的"。

时态逻辑（temporal logic，模态逻辑的一种，有时也称为时间逻辑或时序逻辑）使用了两个运算符：G 表示未来，H 表示过去。于是有，"如果 A 是一个定理，则 GA 和 HA 也是定理。"

在 5.2 节中，我们用真值表证明了论证是有效的，这种方法不能在模态逻辑中使用，因为在模态逻辑中，不能使用真值表表示"你应该做家庭作业"或"你有必要早点睡醒"。我们不能从□A 的真值表中确定 A 的真值。例如，如果 A 表示"鱼是鱼"，则□A 为真；但是当 A 表示"鱼是食物"时，□A 不再为真。

模态逻辑有助于我们理解数学基础中的可证性（给定的公式到底是不是一个定理？）。早期模态逻辑研究的参考书目可以在 Hughes 和 Cresswell 的文献中找到[13]。

5.5 本章小结

你已经看到，逻辑是一种简洁的知识表示语言。本章的讨论从命题逻辑开始，因为这是最容易理解的切入点。在确定命题逻辑表达式的真值时，真值表是一个非常方便的工具。

比起命题逻辑，一阶谓词逻辑具有更强的表达力。在确定论证的有效性时，归结过程非常有用。在 AI 中，我们关注知识表示和知识发现。归结是一种策略，它使我们可以从数据中得到有效的结论，因此可以帮助我们求解困难问题。

5.4 节讨论了各种逻辑模型，这些模型比一阶谓词逻辑表达力更强，能够让我们更准确地表达关于世界的知识，并解决这个世界经常抛给我们的一些难题。

讨论题

1. 讨论命题逻辑和一阶谓词逻辑的不同的表达力。

2. 逻辑作为 AI 知识表示的语言有什么限制？

3. 如果排中律不是一个定理，那么命题逻辑将会发生什么变化？

4. **谬误**（fallacy）是一种似乎有效但实际上无效的推理，示例之一便是**后此谬误**（post hoc，也称事后或巧合）推理。在这个谬误中，假定先发生的事件是稍后发生的事件的前提。

（a）给出日常生活中后此谬误推理的两个其他例子。

（b）请解释因果关系与后此谬误推理的区别。

5. 另一种类型的错误推理出现的情况是，前提被表述为条件从句。

考虑来自学生的一个很普遍的观点："对于这门课，如果我不能得到至少为 B 的成绩，那么生活就不公平。"稍后，学生发现自己得到 B+的成绩，于是总结道："生活很公平。"

（a）给出这种类型谬误的另一个例子。

（b）针对这种类型谬误的论证，解释其缺乏有效性的原因。

6. **内定结论谬误**（Begging the Question，也称乞题谬误）是另一种错误推理的形式。法国喜剧演员萨沙·吉特瑞（Sacha Guitny）画了一幅图，图中有 3 个小偷正在为 7 颗珍珠的分赃争论不休。最精明的小偷给其余同伙每人两颗珍珠。其中一个同伙问："你自己为什么分到 3 颗珍珠？"这个最精明的小偷回答说因为他是小偷的头目。另一个同伙问："你为什么是头目？"他冷静地回答说："因为我分到的珍珠比你们的多。"

（a）解释这种类型的论证缺乏有效性。

（b）再给出两个**内定结论谬误**的例子。

7．给出其他 3 种类型的错误推理，为其中每一种类型的错误推理提供一个例子。

8．为什么斯科伦化即使会失去一些意义，也依然是一个有用的工具？

9．给出另一个例子，在这个例子中，二阶谓词逻辑比一阶谓词逻辑具有更强的表达力。

希望了解更多错误推理的读者可以参考 Fearnside 和 Holther 的论著[14]。

练习题

1．用命题逻辑来表示以下句子，并选择适当的命题逻辑变量。

（a）许多美国人在学习外语方面有困难。

（b）所有大二学生必须通过英语语言能力考试才能继续学习。

（c）如果你的年龄大到可以参军，那么你应该也到了可以喝酒的年纪。

（d）一个大于或等于 2 的自然数，如果除了 1 和本身之外，没有其他因数，则这个自然数是素数。

（e）如果汽油价格持续上涨，那么今年夏天开车的人就会变少。

（f）如果今天既没有下雨也没有下雪，则今天很可能没有降水。

2．本章中未定义的逻辑运算符是 NAND 函数，用 ↑ 表示。NAND 是 "Not AND" 的缩写，其中 $a \uparrow b \equiv \sim(a \wedge b)$。

（a）给出双输入 NAND 函数的真值表。

（b）证明 NAND 运算符可用于模拟 AND、OR 和 NOT 运算符。

3．NOR 函数可以用 $a \downarrow b \equiv \sim(a \vee b)$ 来表示。例如，当 OR 为假时，NOR 正好为真。

（a）给出双输入 NOR 函数的正值表。

（b）证明 NOR 运算符可以用于模拟 AND、OR 和 NOT 运算符。

4．使用真值表，确定以下各式是否为重言式、矛盾式或可满足。

（a）$(p \vee q) \Rightarrow \sim p \vee \sim q$

（b）$(\sim p \wedge \sim q) \Rightarrow \sim p \vee \sim q$

（c）$(p \vee q \vee r) \equiv (p \vee q) \wedge (p \vee r)$

（d）$p \Rightarrow (p \vee q)$

（e）$p \equiv p \vee q$

（f）$(p \downarrow q)(p \uparrow q)$ //参见习题 2 和习题 3

5．基于逆否命题的证明方法，证明 $\sqrt{2}$ 是无理数。提示：如果 n 是有理数，那么 n 可以表示为两个整数 x 和 y 的比，如 $n = x/y$，x 和 y 是无法再约分的最小项。例如，分数 4/8 和 2/4 不是最小项，而分数 1/2 是最小项。

6．从以前学过的数学课本中，找到满足以下条件的定理。

（a）定理的逆命题也是一个定理。

（b）定理的逆命题不是一个定理。

7．用表 5.8 中的定理来确定以下式子是否为重言式。

（a）$[(p \wedge q) \vee \sim r] \Rightarrow q \vee \sim r$

（b）$\{[(p \vee \sim r) \Rightarrow \sim q] \wedge \sim q\} \Rightarrow (\sim p \wedge r)$

8. 用真值表来确定以下哪些论证是有效的。

(a) $p \Rightarrow q$

　　$q \Rightarrow r$

　　————————

　　$\therefore \ r$

(b) $p \Rightarrow (q \vee \sim q)$

　　q

　　$q \Rightarrow r$

　　$\sim q \Rightarrow \sim r$

　　————————

　　$\therefore \ r$

(c) $p \Rightarrow q$

　　$\sim q$

　　————————

　　$\therefore \ \sim p$

(d) $p \Rightarrow q$

　　$\sim p$

　　————————

　　$\therefore \ \sim q$

(e) $p \equiv q$

　　$p \Rightarrow (r \vee s)$

　　q

　　————————

　　$\therefore \ r \vee s$

(f) $p \Rightarrow q$

　　$r \Rightarrow \sim q$

　　$\sim (\sim p \wedge \sim r)$

　　————————

　　$\therefore \ q \vee \sim q$

(g) $p \wedge q$

　　$p \Rightarrow r$

　　$q \Rightarrow \sim r$

　　————————

　　$\therefore \ r \vee \sim r$

(h) 石油价格将持续上涨。

　　如果石油价格持续上涨，那么美元将贬值。

　　如果美元贬值，那么美国人会减少旅行。

　　如果美国人减少旅行，那么航空公司就会亏损。

　　因此，航空公司将破产。

9. 用归结法来证明习题 8 中论证的有效性。

10. 用一阶谓词逻辑来表示以下句子，在每种情况下创建合适的谓词。

(a) 每次醒来，我都想睡个回笼觉。

(b) 有时候当我醒来，我想喝一杯咖啡。

(c) 如果我不节食也不去健身房锻炼，就不可能减轻体重。

(d) 如果我醒晚了或喝一杯咖啡，那么就不想睡觉。

(e) 如果我们要解决能源问题，就必须找到更多的石油资源，或者开发替代能源技术。

(f) 他只喜欢不喜欢他的女人。

(g) 他喜欢的一些女人不喜欢他。

(h) 他喜欢的女人没有一个不喜欢他。

(i) 如果一个动物走路像鸭子，说话也像鸭子，那么它一定是鸭子。

11. 用一阶谓词逻辑表示以下表达式。

(a) 他只在意大利餐馆用餐。

(b) 他有时在意大利餐馆用餐。

(c) 他总是在意大利或希腊餐馆用餐。

(d) 他从来不在意大利和希腊餐馆以外的餐馆用餐。

(e) 他从来不在意大利或希腊餐馆用餐。

(f) 如果他在某个餐馆用餐，那么他的兄弟就不会在那里用餐。

(g) 如果他不在某个特定的餐馆用餐，那么他的一些兄弟也不会在那里用餐。

(h) 如果他不在某个特定的餐馆用餐，那么他的一些朋友不会在那里用餐。

(i) 如果他不在某个特定的餐馆用餐，那么他的朋友都会在那里用餐。

12. 在下面的每对谓词中，找到最一般合一（MGU），或断言合一是不可能的。

(a) Wines(x, y)和 Wines(Chianti,Cabernet)。

(b) Wines(x, x)和 Wines(Chianti,Cabernet)。

(c) Wines(x, y)和 Wines(y, x)。

(d) Wines(Best(bottle), Chardonnay)和 Wines(best(x), y)

13. 使用归结法确定以下论证在一阶谓词逻辑中是否有效。建议使用如下谓词。

(a) 所有的意大利母亲都可以做饭。（M，C）

　　所有厨师都是健康的。（H）

　　要么 Connie 是一位意大利母亲，要么 Jing Jing 是一位意大利母亲。

　　Jing Jing 不是意大利母亲。

　　结论：Connie 是健康的。

(b) 所有纽约人都是国际大都会的人。（N，C）

　　所有国际大都会的人都很友好。（F）

　　要么汤姆是纽约人，要么尼克是纽约人。

　　尼克不是纽约人。

　　结论：汤姆是友好的。

(c) 任何喝绿茶的人都很强壮。（T，S）

　　任何强壮的人都会吃维生素。（V）

　　城市学院的某人喝绿茶。（C）

　　结论：城市学院的每个人都喝绿茶并且很强壮。

14．请说明如何使用归结法解决"国王智者"谜题。

15．哈尔莫斯握手问题（Halmos Handshare Problem）。

学者有时会参加晚宴，这司空见惯。Halmos 和他的妻子与其他 4 对夫妇就一起参加了这样的一次晚宴。在晚宴上，在座的一些人会互相握手，但是这种握手无序可言，也不一定会和每个人都握手。当然，没人会握自己的手，也没有人会和自己的配偶握手，更没有人会与同一个人握手超过两次。Halmos 问在场的其他 9 个人（包括他的妻子）分别握了几次手。在上述条件下，可能的答案范围是 0 到 8 次。

Halmos 注意到，每个人都给出了不同的答案：一个人声称没有与任何人握手，一个人正好只握了一个人的手，一个人握了两个人的手，其余以此类推，最后一个人声称与在场的其他所有人（除了其配偶）都握了手，即总共握了 8 次手。因此，总而言之，在场的 10 个人中，人们给出了 0 到 8 次握手的答案。也就是说，一个人握了 0 次手，一个人握了 1 次手，一个人握了 2 次手，一个人握了 3 次手，以此类推，直到最后一个人握了 8 次手。那么，Halmos 的妻子握了几次手？

16．黄金和 10 个海盗的问题。

10 个海盗找到了藏有 100 块金子的宝藏。接下来的挑战是，根据一些规则，以某种可取的方式来分黄金。第一个规则是，海盗 1 是海盗老大，海盗 2 是老二，海盗 3 是老三，其余以此类推。海盗们一致同意，由海盗老大 P_1 提出如何分这些黄金的方案，如果 50%或更多的海盗同意 P_1 提出的方案，那么这个方案将被付诸实践。但如果没有那么多人同意的话，那么 P_1 会被杀掉，老二将成为海盗老大。现在，在少了一个海盗的情况下，继续上面的过程。同样，现在新的海盗老大 P_2 将会提出如何分这些黄金的新方案，这个新方案需要有 50%的通过率才能得以实施，如果通过率小于 50%，那么这个新的海盗老大也会被杀掉。

所有的海盗都非常贪婪和精明。如果能确定方案失败可以分得更多的黄金，他们就会投反对票，于是海盗老大就会被杀掉。如果一个方案会让他们分到的黄金较少或分不到黄金，那么他们永远都不会为这样的方案投票。对于这 10 个海盗，黄金应该如何分配呢？

编程题

1．编写程序，将任意命题逻辑表达式作为输入，并返回其真值。程序应该允许使用表 5.2 中的任何逻辑连接符。

2．编写程序，使用真值表来确定用命题逻辑表达的论证是否有效。程序应该允许使用表 5.2 中的任何逻辑连接符。

3．用 Prolog 解决以下工作判定难题。Prolog 可以从网上下载。建议使用 SWI Prolog。

"有两个人分别是迈克尔（Michael）和路易斯（Louis），他们各有一份工作。这两份工作分别是邮局职员（post office clerk）和法语教授（French professor）。其中，迈克尔只说英语，而路易斯拥有法语博士学位。那么，这两人的工作分别是什么？"

4．用 Prolog 解决以下工作判定难题。

"吉姆（Jim）、杰克（Jack）和琼（Joan）共有 3 份工作，其中每个人都有一份工作。这 3 份工作分别是学校老师、钢琴演奏家和秘书。学校老师必须是男士。杰克从来没有上过大学，也没有音乐才华。"

同样，你需要向 Prolog 提供更多的相关知识。例如，Prolog 既不知道 Joan（琼）是女士的名字，也不知道 Jim（吉姆）和 Jack（杰克）是男士的名字。

5．用 Prolog 解决"国王智者"谜题。

关键词

前件	异或	范式
论证	存在量化	谓词逻辑
参数量	存在量词	完美演绎
结合律	谬误	前提
界限	一阶逻辑	范式
子句形式	函数	命题逻辑
封闭世界假设	模糊逻辑	归结
交换律	幂等性	归结反演
合取范式	兼或	可满足问题（SAT）
后件	否命题	可满足
矛盾	双重否定律	二阶逻辑
逆否命题	吸收律	斯科伦范式
逆命题	排中律	斯科伦化
德·摩根定律	逻辑连接符	命题
演绎	模态逻辑	重言式
分配律	单调的	合一
支配律	最一般合一	全称量词
双重否定	非单调的	全称量化
有效性		

参考资料

[1] Johnsonbaugh R. Discrete Mathematics. Upper Saddle River, NJ: Pearson-Prentice Hall, 2005.

[2] Gersting J L. Mathematical Structures for Computer Science. New York, NY: W. H. Freeman, 1999.

[3] Grimaldi R P. Discrete and Combinatorial Mathematics. Reading, MA: Addison-Wesley, 1999.

[4] Robinson J A. A machine-oriented logic based on the resolution principle. Journal of the ACM 12: 23-41, 1965.

[5] Genesereth M R, Nilsson N J. Logical Foundations of Artificial Intelligence. Los Altos, CA: Morgan Kaufmann, 1987.

[6] Chang C L, Lee R C T. Symbolic Logic and Mechanical Theorem Proving. New York, NY: Academic Press, 1973.

[7] Shapiro S. Foundations without Foundationalism: A Case for Second-Order Logic. Oxford: Oxford University Press, 2000.

[8] McCarthy J. Circumscription–A form of non-monotonic reasoning. Artificial Intelligence 13: 27-39, 1980.

[9] McDermott D, Doyle J. Nonmonotonic Logic I. Artificial Intelligence 13(1, 2): 41-72, 1980.

[10] Reiter R. A logic for default reasoning. Artificial Intelligence 13: 81-132, 1980.

[11] Ginsberg M, ed. Readings in Nonmonotonic Reasoning. Los Altos, CA:Morgan Kaufman, 1987.

[12] Zadeh L. Fuzzy Logic. Computer 21(4, April): 83-93, 1988.

[13] Hughes G, Cresswell M. An Introduction to Modal Logic. London: Methuen, 1968.

[14] Fearnside W W, Holther W B. Fallacy-The Counterfeit of Argument. Englewood Cliffs, NJ: Prentice-Hall, 1959.

第6章 知识表示

本章首先介绍知识表示的选择这一概念（包括内隐式和外显式的表示方法），然后介绍产生式系统和面向对象。明斯基（Minsky）的框架和尚克（Schank）的脚本带领我们走进概念依赖系统。而语义网络的精密性可以对人类的关联能力进行补充。本章还将介绍概念地图（concept map）、概念图（conceptual graph）等许多新的方法，引出对未来智能体理论的思考。

唐纳德·米基（Donald Michie）

图 6.0　IROBOT®公司的 Negotiator 机器人

6.0　引言

我们所处的信息时代，拥有许多可以处理和存储大量信息的计算机系统。**信息**（information）包括**数据**（data）和**事实**（fact）。数据、事实、信息和**知识**（knowledge）之间存在着层次关系。最简单的信息片是数据，从数据中可以建立事实，而从事实中可以获得信息。知识可以定义为"对信息进行处理并实现智能决策"。信息时代的挑战是将信息转换成知识，使之可以用于智能决策。

人工智能表现为一类计算机程序，这类计算机程序可以基于知识求解有趣的问题，做出明智的决策。正如你在前几章中看到的那样，某些类型的问题，其解决方案和所采用的语言更适合用某种表示方法。博弈经常用到搜索树，AI 语言 LISP 使用列表，而 Prolog 使用谓词演算。通常情况下，存储在表中的信息可以进行快速、准确的检索。在本章中，我们将描述各种形式的**知识表示**（knowledge representation），以及它们如何被开发出来供人类和机器使用。对于人类而言，一个好的知识表示应该具有以下特性：

（1）它应该是透明的，即容易理解；

（2）无论是通过语言、视觉、触觉、声音还是它们之间的组合，都应该对我们的感官产生影响；

（3）从它所代表的现实世界而言，它讲述的故事应该让人容易理解。

对机器而言，良好的表示可以利用它们庞大的存储器和极快的处理速度，即充分利用其计算能力（具有每秒进行数十亿次计算的能力）。知识表示的选择可以与问题的求解联系在一起，以至于通过一种表示方法就能使问题的约束和挑战变得显而易见（并且得到理解），但如果使用另一种表示方法，这些约束和挑战就会隐藏起来，使问题变得复杂而难以求解。

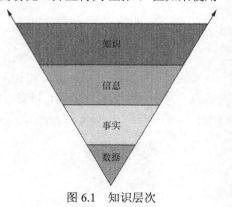

我们再来看看从数据、事实、信息到知识的层次关系：数据可以是没有附加任何意义或单位的数字，而事实是有单位的数字。信息则将事实转换为意义。最终，知识是高阶的信息表示和处理得到的结果，以促进实现复杂的决策和理解。图 6.1 展示了数据、事实、信息和知识的分层关系。

图 6.1 知识层次

表 6.1 中列出的 3 个例子展示了数据、事实、信息和知识在日常生活中协同工作的过程。

表 6.1　　　　　　　　　　　　知识层次结构的示例

示例	数据	事实	信息	知识
示例 1：游泳条件	21	21℃	室外的温度是 21℃	如果温度超过 21℃，那么可以去游泳
示例 2：服兵役	18	18 岁	最小年龄是 18 岁	如果年龄大于或等于 18 岁，那就有资格服兵役
示例 3：找到安德森教授的办公室	232 室	安德森教授在史密斯楼 232 室	史密斯楼位于校园西南侧	从西门进入校园，朝东走，史密斯楼是右手边的第二栋建筑物。从这栋建筑物的正门进入，安德森教授的办公室在二楼，是你右手边的后面那间

示例 1 尝试确定当前的温度条件是否适合在户外游泳。所拥有的数据是整数 21。在数据后面添加一个单位，便拥有了事实：温度为 21℃。为了将这一事实转换为信息，须赋予事实意义：室外温度为 21℃。将这条信息应用为条件，就得到了知识：如果温度超过 21℃，那么可以去游泳。

示例 2 想说明服兵役的最小年龄。所拥有的数据是整数 18。将单位添加到数据的后面，就生成了事实：18 岁。为了赋予事实意义，将其转换为信息：18 岁是服兵役的最小年龄。最终得到的知识是，如果年龄大于或等于 18 岁，那就有资格服兵役。根据对条件真实性的测试来做出决定（或动作），就是我们所知的**规则**（或者称为 If-Then 规则）。后面的第 7 章将会讨论规则，或者更规范地说，将会讨论产生式规则（和产生式系统）。

可以将示例 2 表述为规则：如果正在征兵，而你年满 18 岁且没有任何严重的慢性病，那么你就有资格服兵役。

在示例 3 中，你正在一个大学校园里，想去拜访安德森教授。你只知道他是一位数学教授，其他一无所知。这所大学的通讯录系统可能只提供了原始数据：232 室。事实就是安德森教授在史密斯楼的 232 室。为了给事实赋予意义，将其转换为信息，你了解到史密斯楼坐落在校园的西南侧。最终，你了解到了很多信息，获得了最终知识：从西门进入校园，朝东走，史密斯楼是右手边的第二栋建筑物。从这栋建筑物的正门进入，安德森教授的办公室在二楼，是你右手边的后面那间。很明显，仅凭数据"232 室"不足以找到安德森教授的办公室。虽然知道安德森教授的办公室在史密斯楼的 232 室，但这没有太大帮助。如果校园里有许多建筑物，或者不确定从校园的哪个门（东门、南门、西门或北门）进入，那么从提供的信息中不足以找到史密斯楼。但是，如果信息能够得到仔细处理（设计），创建一个有逻辑、可理解的解决方案，则可以很轻松地找到安德森教授的办公室。

既然我们可以理解数据、事实、信息和知识之间的区别，接下来就可以考虑知识的构成。知识表示系统通常由两种元素构成：数据结构（如树、列表和堆栈等）以及为了使用知识而需要的诠释过程（如搜索、排序和组合）[1]。换句话说，知识表示系统中必须有便利的用于存储知识的结构，以及有用于快速访问和计算处理知识的方式，从而进行问题求解、决策和行动。

费根鲍姆（Feigenbaum）及其同事[2]建议知识应该可用于如下类别。

- **对象**（**Object**）。物理的对象和概念（例如，桌子结构=高度、宽度、深度）。
- **事件**（**Event**）。时间要素和因果关系。
- **执行**（**Performance**）。不仅包括如何完成某件事情的信息（步骤），也包括主导执行的逻辑或算法的信息。
- **元知识**（**Meta-Knowledge**）。关于知识、事实的可靠性及相对重要性的各种知识。例如，如果在考试前一天晚上临时抱佛脚死记硬背，那么关于课程的知识记忆不会持续太久。

在本章中，我们将按照知识的形状（shape）和大小（size）来讨论知识。我们将考虑知识表示的详细程度（粒度），即知识是**外显**的（extensional）（显式的、详细的、冗长的），还是**内隐**的（intensional）（隐式的、简短的、紧凑的）？外显式表示通常展示某些信息的每种情况和每种示例，而内隐式表示通常是简短的，例如表示某些信息的公式或表达式。一个简单的例子如下所示：

"从 2 到 30 的偶数"（隐式表示，即内隐式表示），相对于"数字集合：2,4,6,8,10,12,14,16,18,20,22,24,26,28,30"（显式表示，即外显式表示）。

我们还将讨论**可执行性**（executability）与**可理解性**（comprehensibility）问题。也就是说，问题的一些求解方案可以被执行（但是不能被人或机器理解），而其他求解方案至少对人类而言相对容易理解一些。不可避免的是，AI 问题求解的知识表示方法的选择始终与可执行性、可理解性相关。

知识表示的选择也是问题求解不可分割的一部分。在计算机科学中，我们一直倾向于使用一些常见的数据结构（如表、数组、堆栈、链表等），从中可以很自然地做出选择来表示问题及其解。同样，在人工智能中，复杂的问题及其解可以用很多方式来表示。对于计算机科学和 AI 而言很普遍的一些表示类型，包括列表、堆栈、队列和表等等，鉴于本章的目的，这里不再赘述。本章将重点关注 AI 发展历程中出现的如下 11 种标准类型的知识表示方法[①]。另外，我们将在 6.4 节介绍知识表示的外显和内隐这两种类型。

（1）图形草图。

（2）图。

（3）搜索树。

（4）产生式系统。

（5）面向对象。

（6）框架。

（7）脚本和概念依赖系统。

（8）语义网络。

（9）概念地图。

（10）概念图。

（11）智能体。

6.1　图形草图和人类视窗

图形草图（graphical sketch）是一种非正式的绘图，或者说是对场景、过程、心情或系统的概括。很少有 AI 教科书将图形草图归类为一种知识表示形式。然而，绘图可以非常经济、精确地表示知识。虽然一个完整的语言描述可能需要冗长的"一千个单词"，但是一幅相关的图片或图形可以更简洁地传达故事或消息（即"一图胜千言"）。更进一步来说，口头描述可能不完整、冗长或者表达不清晰。

图 6.2 所示的绘图阐释了"计算生态学"可能出现的问题。你不必是计算机专家，就可以理解在网络上工作时计算机可能遇到问题的各种情况。例如，它们可能有内存问题（硬件），或者操作系统（软件）可能有问题，或者资源需求可能存在过载问题。这时，计算机遇到的问题的严重程度无关紧要（这里有太多的细节），你只需要知道在网络上工作时计算机有问题就足够了。因此，图 6.2 所示的绘图已经达到预期，对于需要传达的信息而言，这是一个令人满意的知识表示方案。

人类视窗（**Human Window**）是一个受限于人类记忆能力和计算能力的区域。人类视窗既说明了人类大脑处理信息能力的局限性，也说明了人工智能解决方案需要落在这一区域内。已故的唐纳德·米基经常将这个概念归功于迈克尔·克拉克（Michael Clarke）[3]。这个概念的关键思想是，对于具有足够复杂度的问题（AI 类型的问题）而言，其解决方案受限于人类执行和理解这一解决过程所必需的计算量和内存量。复杂问题的求解方案也应该是 100%正确的，并且它们的**粒度**（grain size）应该是可控的。这里的粒度指的是人类以及图 6.3 所示的人类视窗的计算约束。需要指出的是，如果问题不在人类视窗内，比如棘手的 NP 完全问题，则人类也很难理解它们。

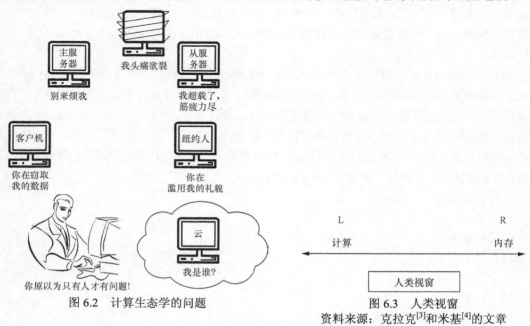

图 6.2　计算生态学的问题

图 6.3　人类视窗
资料来源：克拉克[3]和米基[4]的文章

图 6.3 给出了克拉克和米基所描述的人类视窗,我们称之为 "Clarke-Michie 图",简称 "人类视窗"。它有两个极端:最左边是 "L",代表詹姆斯·莱特希尔(James Lighthill)爵士,他的报告批评了人工智能,导致 20 世纪 70 年代英国停止了对所有 AI 研究的资助;最右边是 "R",代表 19 世纪末、20 世纪初的波希米亚国际象棋大师理查德·雷蒂(Richard Reti)(毫无疑问,优秀的国际象棋棋手迈克尔·克拉克选择了这个极端),在被问到 "在国际象棋棋局中,你会向前看几步?" 时,他的回答是,"一步,最好的一步"。这就相当于数据库中的查找。

当然,人类不可能在大脑中保持完整的、包含数百万位置的棋局。一个只有 4 枚棋子的国际象棋残局,如车王对马王(KRKN),棋局就超过 300 万种。然而,通过模式识别以及利用对称、问题约束和一些领域专用知识对问题进行简化,人类有可能理解这样的数据库。

"Lighthill 报告"[①]被视为对人工智能所取得成就的一项研究。这项研究由 James Lighthill 爵士领导,他是一位著名的英国物理学家。他批评人工智能无法应对组合爆炸问题。

Kopec 在其博士论文[5]中比较了同一任务的 5 种知识表示方法。这个任务是构建一个程序,该程序能够正确确定最不灵活的国际象棋残局——王和兵对王(KPK)中每一个位置的结果(白方赢或平局)。表 6.2 详细说明了这 5 种知识表示方法。由于对计算量和存储大小的要求相对一般,它们可能都会落入人类视窗的范围内。表 6.2 中的第一行是具有 98 304 个条目的数据库表示(处于图 6.3 所示人类视窗的最右边),每个条目都表示 KPK 中 3 个棋子的唯一布局[5]。

在第 16 章和附录 C 中,你将看到一个由 Stiller 和 Thompson[6]构建的数据库,这个数据库返回了棋盘上只有 6 枚或更少棋子的所有国际象棋棋局的最佳走子和结果(对应表 6.2 中的最后一行)。每一种布局都存储了白方和黑方走子的结果。接下来是 Don Beal[7]的 KPK 残局的解决方案,这个解决方案由 48 条决策表规则组成,由于同样要求过多内存而落入人类视窗的最右边(对应表 6.2 中的倒数第 2 行)。然后,落入人类视窗范围内的是 Max Bramer 的 19 个等价类解(对应表 6.2 中的第 2 行)[8]。最理想的是 Niblett-Shapiro 的解决方案,这个解决方案只包含 5 条规则(对应表 6.2 中的第 3 行)。

表 6.2　　　　　　　　　　KPK 残局的 5 种解决方案的人类视窗特性

解决方案	准确率	粒度	是否可执行	是否可理解
Harris-Kopec	99.11%	大	否	是
Bramer	√	中等	是	是
Niblett-Shapiro	√	理想	是	是
Beal	√	小	是	否
Thompson	√	非常小	是	否

为了执行或理解规则,我们需要理解棋局模式的两张 "信息简表"。

Niblett-Shapiro 的解决方案是用 Prolog 开发的。另外 4 种解决方案要么是用 ALGOL 开发的,要么是用 FORTRAN(当时的流行编程语言)开发的。Harris-Kopec 的解决方案包括 7 个过程,这对计算量的要求过高(因此是不可执行的),超出了人类视窗的范围,但这些过程是可理解的。1980 年,为了让在苏格兰爱丁堡的国际象棋初学者评估这些解的可执行性和可理解性,所有的

---

① Lighthill, J. 1973. *Artificial Intelligence:A General Survey.*In Artificial Intelligence: A Paper Symposium, *Science Research Council.*

5 个解都被翻译成英文，并且使用"建议文字"的方式供大家理解[5]。

表 6.2 在准确率、粒度、可执行性和可理解性方面，比较了 KPK 残局的 5 种计算机解法（即解决方案）的人类视窗特性。一些解法可执行但不可理解，而另一些解法可理解但不可执行。Bramer 和 Niblett-Shapiro 的解法既可执行也可理解。但是，就人类视窗而言，Niblett-Shapiro 的解法是最好的，既不需要太多的计算，也不需要过多的内存。

图 6.4 总结了 KPK 残局的这 5 种解法的人类视窗特性。

图 6.4　KPK 残局的 5 种解法的人类视窗特性总结

据估计，在足够复杂的领域，如计算机科学、数学、医学、国际象棋、小提琴演奏等，人类需要大约 10 年的学习才能真正掌握这些领域的知识[9]。人们还估计，国际象棋大师在脑子里存储了大约 5 万种棋局模式[10,11]。事实上，模式（规则）的数量已被估计为人类领域专家为了掌握上述任何一个领域所积累的领域相关事实的数量。

国际象棋和其他一些难题的奥秘正在被研究，并且它们被确认与模式识别密切相关。应该说，上述结论不足为奇。但需要记住的是，人们用来表示问题的模式并不而且不能与使用 AI 技术的计算机程序所必须使用的表示相同。对于计算机而言，问题需要以某种方式编码，以便程序能够通过执行一组指令来解决这一问题。然而，问题的状态和约束条件对人类来说是显而易见的。

另一种看待人类视窗和机器处理有何区别的方式来自 Michie[12] 的研究。表 6.3 提供了一些有用的比较结果，解释了人类访问所存储的信息、执行计算以及在一生中可能积累的知识等方面的限制信息。例如，人们每秒可以发送 30 比特的信息，而普通的计算机每秒则可以发送数万亿比特的信息。

表 6.3	人类大脑信息处理的一些参数
活动	**速率和大小**
（1）沿任何输入或输出通道传输信息的速率	30 比特/秒
（2）50 岁以前明确存储的最大信息量	10^{10} 比特
（3）在脑力劳动中，大脑每秒辨别的数目	18
（4）在短期记忆中，可以保持的地址数目	7
（5）在长期记忆中，访问可寻址"块"的时间	2 秒
（6）一个"块"中的连续元素从长期记忆到短期记忆的转换速率	3 个元素/秒

资料来源：D. Michie, Practical Limits to Computation. *Research Memorandum* (1977).

对于表 6.3 来说：

（1）其中的内容基于 Miller 的文献[13]；

（2）基于（1）中的信息计算得出；

（3）来自 Stroud[14]，并由 Halstead 引用[15]。

（4）其中的第 4～6 行来自 Chase 和 Simon 引用的资料[10]；

（5）估计误差约为 30%[13]。

6.2 图和哥尼斯堡桥问题

图由一组有限数目的顶点（节点）与一组有限数目的边构成。每条边包含两个不同的顶点。如果边 e 由顶点 $\{u, v\}$ 组成，则通常写为 $e = (u, v)$，表示顶点 u 连接到了顶点 v（也可以认为顶点 v 连接到顶点 u），并且顶点 u 和顶点 v 是相邻的。也可以说，顶点 u 和顶点 v 由边 e 连接。图可以是有向图，也可以是无向图，还可以带有标签和权重。一个著名的图问题就是**哥尼斯堡桥问题**（the Bridges of Königsberg Problem），如图 6.5 所示。

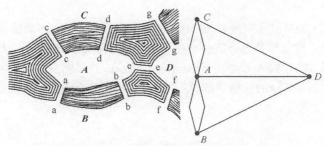

图 6.5 哥尼斯堡桥问题[17]

Jan Kåhre 声称解决了这个问题，但是丢掉了两座桥。

在数学、图论、计算机科学、算法和人工智能领域，哥尼斯堡桥问题广为人知。这个问题的目标是寻找一条简单的路径，从与连接桥梁的陆地区域 A、B、C 或 D 中的任何一个节点（点）开始，经过所有 7 座桥并且每座桥只经过一次，最后回到起点。哥尼斯堡桥横跨普雷格河（River Preger）[16]。被誉为"图论之父"的瑞士著名数学家莱昂哈德·欧拉（Leonhard Euler）解决了这个问题。他的结论是否定的，即由于每个节点的度（进出节点的边的数目）必须是偶数，因此这条路径不存在。

在图 6.5 中，左边的图是哥尼斯堡桥问题的表示方法之一。另一种等效的表示方法如右边的图所示，即把问题描述为数学图。有些人很容易理解并且也更喜欢左边的图，而另一些人则更喜欢相对正式的、使用数学表示的图。当然，在对这个问题进行求解时，大多数人同意右边的抽象图有助于更好地理解所谓的**欧拉性质**（Eulerian property）。

值得注意的是，虽然桥梁 bb 和 dd 在图 6.6 中不再存在，但是陆地区域 A、B、C、D 之间仍然不存在**欧拉环或欧拉回路**（Euler Cycle）。由于有连梯将陆地区域 A 和桥梁 aa、cc 连成一体，因此在图 6.6 的右图中，我们看到一条**欧拉路径**①（Eulerian trail）（这条欧拉路径与图中的每个节点连接，但是起点和终点不在同一个节点上，即没有形成环路），这条路径是 $D \rightarrow B \rightarrow C \rightarrow D \rightarrow A$。

总之，由于图是涉及搜索目标状态这类问题中表示状态、不同选择和可度量路径的自然方式，因此图是知识表示的重要工具。

---

① 欧拉路径是指从图中任意一个点开始到图中任意一个点结束的路径，并且图中的每条边通过且只通过一次。如果起点和终点相同，则称这条欧拉路径为欧拉环。——译者注

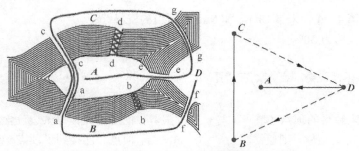

图 6.6　更新的哥尼斯堡桥问题及其图表示

6.3　搜索树

对于需要穷尽式（如深度优先搜索和广度优先搜索）或启发式（如最佳优先搜索和 A *算法）解析方法的问题而言，搜索树是最合适的一种表示方法。第 2 章讨论了穷尽式解析方法，第 3 章讨论了启发式解析方法，第 4 章给出了 Nim 取物游戏、井字棋游戏和 8 和游戏的博弈树。基于极小化极大算法和 $\alpha\text{-}\beta$ 剪枝的跳棋博弈树示例将在第 16 章介绍。另一类用于知识表示的搜索树是决策树。

决策树

决策树（decision tree）是一种特殊类型的搜索树，可以从根节点开始，在一些可选节点中选择合适的节点，找到问题的解。决策树会将问题空间合乎逻辑地划分成一条条单独的路径，在搜索解或搜索问题答案的过程中，可以独立地沿着这些单独的路径进行搜索。举个例子，假设要确定从事个体经营并且年收入超过 20 万美元的人有多少（见图 6.7）。为此，首先从所有纳税人的空间中，确定谁是个体经营者，然后从这个空间中划分出那些年收入超过 20 万美元的人。

例 6.1　12 枚硬币的称重问题

　　回到第 2 章讨论的假硬币问题。这里对原问题稍做修改，得到一个新问题：给定一架天平和 12 枚硬币，确定它们中的那枚不规则硬币（不考虑该硬币是轻还是重），使得所要称量的次数最少。

　　这也是第 2 章给出的一道习题。

图 6.8 展示了如何通过决策树来表示上述问题的求解过程，其中的前两个图展示的是托盘上放有硬币的天平。第一架天平上有 8 枚硬币，编号分别为 1～8。第二架天平上有 6 枚硬币，编号如图 6.8 所示。在这个例子中，第一次比较的两组硬币的编号分别是 1～4 和 5～8，且这两组硬币的重量相等。之后，第二次比较的两组硬币的编号分别为 9～11 和 1～3。如果这两组硬币的重量仍然相等，则立即就可以知道硬币 12 是那枚不规则硬币；否则，比较硬币 9 和 10，以确定到底哪个才是不规则硬币。

树往往首先向深处生长，特别是在允许关键成分生长的情况下，更是如此。要点在于，这个问题只通过比较 3 组硬币就可以解决。但是，为了最少化称重的次数，就必须利用先前的称量结果，这样有助于满足问题的约束条件。这个解的另一个诀窍是，我们在进行第二次和第三次比较时，比较的结果需要混合起来（特别是在对硬币 9～11 和硬币 1～3 这两组硬币进行比较时）。

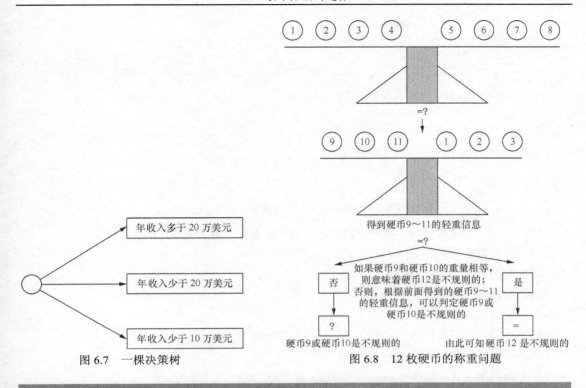

图 6.7 一棵决策树

图 6.8 12 枚硬币的称重问题

补充资料

"对于 12 枚硬币的称重问题的完整讨论，请参阅由 D. Kopec、S. Shetty 和 C. Pileggi 撰写的 *Artificial Intelligence Problems And Their Solutions*[60]的第 4 章。

6.4 表示方法的选择

接下来考虑大家都很熟悉的**汉诺塔问题**（Towers of Hanoi Problem）的博弈树。假设有 3 个圆盘，这个问题的目标是将所有 3 个圆盘从柱 A 移到柱 C。约束条件有两个：一次只能移动一个圆盘；大圆盘不能放在小圆盘的上面。在计算机科学中，这个问题通常用于说明递归的概念，如图 6.9 所示。我们将从多个角度，特别是从知识表示的角度，考虑这个问题的求解过程。首先，考虑对于移动 3 个圆盘到柱 C 这个特定问题的实际解。

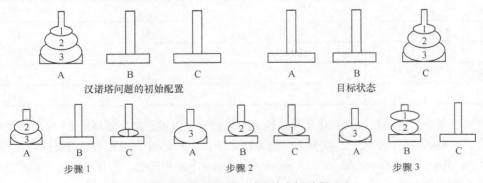

图 6.9 汉诺塔问题及其求解过程

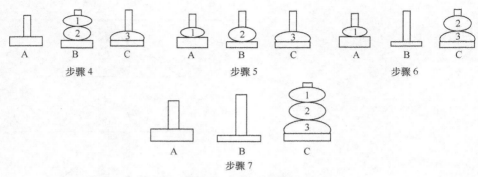

图 6.9 汉诺塔问题及其求解过程（续）

回顾一下上述求解过程，整个求解过程需要 7 个动作，具体如下：

（1）将圆盘 1 移到柱 C；

（2）将圆盘 2 移到柱 B；

（3）将圆盘 1 移到柱 B；

（4）将圆盘 3 移到柱 C；

（5）将圆盘 1 移到柱 A（此时 3 个圆盘已完全解开）；

（6）将圆盘 2 移到柱 C；

（7）将圆盘 1 移到柱 C。

注意，这是步数最少的求解过程。也就是说，从起始状态到达目标状态，这种方法的移动次数最少。

表 6.4 给出了解决汉诺塔问题所需的移动次数，具体取决于所涉及圆盘的数量。其中，"临时柱"指的是那个用于临时保留圆盘的柱。

表 6.4　　　　　　解决汉诺塔问题所需的移动次数，具体取决于所涉及圆盘的数量

圆盘数量	移到临时柱	从临时柱移到目标柱	将"大"圆盘移到目标状态	总的移动次数
1	0	0	1	1
2	1	1	1	3
3	3	3	1	7
4	7	7	1	15
5	15	15	1	31
6	31	31	1	63
7	63	63	1	127
8	127	127	1	255
9	255	255	1	511
10	511	511	1	1023

随着圆盘数量的增长，总的移动次数也会快速增长。据说，如果要移动 65 块大型混凝土板来建造一座类似的塔，那么干到世界末日也无法完工。对于 65 个圆盘而言，需要移动 $2^{65}-1$ 次。正如 Alan Bierman 在 *Great Ideas in Computer Science* 中所描述的，即使移动 1 个圆盘只需要 1 秒，65 个圆盘的总移动时间也需要 $2^{65}-1$ 秒，这超过了 6 418 270 000 年[19]。

我们可以使用语言来表达任意数量圆盘问题的求解算法，然后根据所涉及的数学知识来检查求解是否正确。

首先，隔离出起始柱（图 6.9 中的柱 A）上的最大圆盘。最大圆盘会自行移到目标柱（即柱 C，这需要一次移动）。接下来，临时柱上剩余的 $N-1$ 个圆盘（也就是柱 B 上的圆盘——这需要 $2^{N-1}-1$ 次移动）可以被"解开"，并被移到目标柱上最大圆盘的顶部（需要 $2^{N-1}-1$ 次移动）。于是可以得知总共需要 $2 \times (2^{N-1}-1) + 1$ 次移动。或者说，要将待移动的 N 个圆盘从起始柱移到目标柱，总共需要 2^N-1 次移动。

概述求解汉诺塔问题的步骤，是一种表示求解过程的方式。因为所有的步骤都是明确给出的，所以这些步骤是求解的外显式表示。求解汉诺塔问题的另一种外显式表示见例 6.2。

例 6.2　外显式求解

对于任意数目（记为 N）的圆盘，如果主要目标是将这 N 个圆盘从柱 A 移到柱 C，那么可以按照下列步骤进行。

（1）将 $N-1$ 个圆盘移到中间柱（柱 B），这需要 $2^{(N-1)}-1$ 次移动 [例如，对于 3 个圆盘，需要移动两个圆盘（$2^2-1 = 3$ 次）到柱 B]。

（2）将最大的圆盘从柱 A 移到柱 C（目标柱）。

（3）将 $N-1$ 个圆盘从柱 B 移到柱 C（目标柱，这需要移动 3 次）。

总之，移动 3 个圆盘，需要 7 步；移动 4 个圆盘，需要 15 步；移动 5 个圆盘，需要 31（15 + 15 + 1 = 31）步；移动 6 个圆盘，需要 63（31 + 31 + 1 = 63）步；其余以此类推。

表示求解过程的另一种方式是创建一个内隐式表示（intensional representation），这是对解的更紧凑（内隐）的描述，见例 6.3。

例 6.3　内隐式求解

为了解决 N 个圆盘的汉诺塔问题，需要 2^N-1 次移动，包括 $2 \times (2^{N-1}-1)$（将 $N-1$ 个圆盘移到柱 B 或移出柱 B）再加 1 次移动（将待移动的大圆盘移到柱 C）。

汉诺塔问题求解的另一种内隐式描述可以通过递归关系（recurrence relation）来表示，见例 6.4。递归关系是一种十分简洁的数学公式，它通过将问题求解中的某个步骤与前面的几个步骤联系起来，来表示所发生过程（递归）的本质。递归关系通常用于分析递归算法（如快速排序、归并排序和选择排序）的运行时间。

例 6.4　递归关系

$T(1) = 1$

$T(N) = 2T(N-1) + 1$

解得 $T(N) = 2^{N-1}$。

汉诺塔问题的递归关系表示一种非常紧凑的内隐式求解过程。

例 6.5　汉诺塔问题的伪代码

为了描述汉诺塔问题，我们可以使用下面的伪代码。其中：

n 代表圆盘数；

Start 代表起始柱；

Int 代表中间柱；

Dest 代表目标柱或目的柱。

```
TOH (n, Start, Int, Dest)
IF n = 1, then 将圆盘从 Start 移到 Dest
     Else TOH (n-1, Start, Dest, Int)
          TOH (1, Start, Int, Dest)
          TOH (n-1, Int, Start, Dest)
```

上述汉诺塔问题的求解过程展示了一些不同形式的知识表示方法，所有这些知识表示方法都涉及递归或者说某个公式或模式的重复，但使用的参数不同。图 6.9 给出了求解过程的一种图表示。例 6.2 显式列出了求解汉诺塔问题所需的 7 个步骤，即给出了一种外显的求解表示。例 6.3 和例 6.4 描述了相同的步骤，但是更具内隐性。

例 6.5 给出的也是一种内隐式求解过程，展示了一段可以使用递归编程方法来求解的伪代码。最优表示方法的确定取决于学习者是谁以及他/她喜欢的学习方式。需要注意的是，每一种内隐表示也是**问题化简**或问题规约（problem reduction）的一个示例。在这里，一个看似庞大或复杂的问题被分解成了相对较小、可管理的子问题，并且这些子问题的解是可执行、可理解的（如 6.1 节所述的人类视窗）。

6.5　产生式系统

人工智能与决策有着内在的联系。之所以将 AI 方法和问题与普通的计算机科学问题分开，是因为 AI 通常需要做出智能决策来解决问题。对于做出智能决策的计算机系统或个人而言，需要有一种好的方式来评估做出决策的环境（换句话说，即问题或条件）。产生式系统通常可以使用"IF [条件] THEN [动作]"这种形式的规则集合来表示。除规则集外，产生式系统还包括一个规则解释器、一个定序器和一个数据库。数据库作为一个上下文缓冲区，用于记录触发规则的条件。产生式系统通常也称为"条件-动作"对、"前件-后件"对、"模式-动作"对或"情境-响应"对。下面给出了一些产生式规则的例子。

- If [在开车时看到挂出 STOP 标志的校车]，then [迅速靠右停车]。
- If [如果本方出局者少于两人，且跑垒员在一垒]，then [进行短打[1]]// 棒球比赛//。
- If [当前时间已经过了凌晨 2:00，且必须开车]，then [确保喝咖啡提神]。
- If [膝盖疼痛，并且在服用了一些止痛药后，这些疼痛没有消失]，then [请务必联系医生]。

一个使用了更加复杂但非常典型的格式的规则例子如下。

- If [室外温度超过 21℃，并且如果你有短裤和网球拍]，then [建议你打网球]。

第 7 章将更详细地介绍产生式系统及其在专家系统中的应用。

6.6　面向对象

第 1 章介绍了来自人工智能领域的一些被计算机科学所吸收的贡献。一个例子是 20 世纪 90 年代的主要编程范式——面向对象。计算和模拟首先在 SIMULA 67 语言中得到了普及，而

① 棒球比赛中的短打又叫牺牲短打或牺牲触击，通常是在一垒有跑垒员而本方无人出局或者仅有一人出局的情况下使用，就是击球员使用球棒轻轻触击来球，使其落在靠近自己身体较近的地方，这样一垒跑垒员就有时间安全进垒，但是通常击球员会被对方杀出局，因此叫作牺牲短打。——译者注

SIMULA 67 语言中引进了类、对象和消息等概念[20]。1969 年，当时是 Palo Alto 研究中心（PARC，又称 Xerox PARC）一员的 Alan Kay 实现了 SmallTalk，这是第一种纯面向对象的编程语言。1980 年，在 PARC，Alan Kay、Adele Goldberg 和 Daniel Ingalls 开发出了最终的 Smalltalk 的第一个主发布版本（非 beta 版，该版本被称为 Smalltalk-80 或 Smalltalk）。因为其中的每一个实体都是对象，所以 Smalltalk 被认为是最纯的面向对象编程语言[21]。

相比之下，Java 不考虑将原生标量类型（primitive scalar type，如布尔型、字符型和数值型）作为对象。

面向对象是一种编程范式，这种编程范式被设计成可以直观、自然地反映人类经验。面向对象编程主要基于**继承**（inheritance）、**多态**（polymorphism）和**封装**（encapsulation）等多个概念。

继承是类之间的关系，其中子类共享了在"Is-A"层次结构中定义的结构或行为（见 6.9 节）。子类可以从一个或多个通用超类（generalized superclass）继承数据和方法。多态是指一个对象可以取多种形式。比如，子类对象可通过引用父类对象来引用。封装的意思是，在程序开发的特定阶段，特定的人只需要知道特定的信息。这类似于**数据抽象**（data abstraction）和**数据隐藏**（information hiding）的思想，这些都是面向对象编程中的重要概念。

按照 Laudon 的说法，"它（面向对象）体现了组织和表示知识的方式，也是一种观察世界的方式，这个世界包含了广泛的编程活动……"[19]，允许程序员定义和操作抽象数据类型（Abstract Data Type，ADT）的愿望是开发面向对象编程语言的驱动力[20]。ADA-83 这样的语言提供了面向对象编程语言的基础。ADA-83 包括了描述类型规范和子程序的软件包，这些子程序可以是用户定义的 ADT。这促进了代码库的发展，其中实现的细节与子程序的接口相互分离开来。过程和数据抽象可以组合成类（Class）的概念。类描述了一组对象集合的公共数据和行为。对象（Object）是类的实例。例如，一个典型的有关大学的程序中会包含一个名为 Students 的类，这个类中包含了与学术成绩单、学费账单和居住点相关的数据。从这个类中创建的一个对象可能是乔·史密斯（Joe Smith），这名学生在这学期上了两门数学课，他还欠了 320 美元的学费，住在布鲁克林的 Flatbush 大道。除了类之外，对象也可以组织成超类和子类。就人们对世界的层次化思考以及这个世界被处理和改变的方式而言，超类和子类是非常自然的组织方式。

1967 年至 1981 年，在麻省理工学院，Seymour Papert 尝试在 AI 领域应用面向对象编程范式的这些功能。通过 LOGO 语言，孩子们可以理解对象的概念，并知道如何操作对象。Papert 证明了通过 LOGO 语言提供的主动、直观的环境，包括逻辑、图、编程、物理定律等，孩子们可以学到很多知识[21]。

20 世纪 70 年代，硬件架构接口连同操作系统和应用程序，变得更加依赖于图方法，而图方法很自然地适合面向对象编程范式。对于用节点和弧来表示数据的实体-关系数据库模型而言，情况亦如此[19]。

Ege 进一步指出："即使在人工智能的知识表示方法（如框架、脚本和语义网络）中，也可以清晰地看到这种面向对象的思想。"[18]

包括 Java 和 C++在内的一系列面向对象编程语言的普及，表明了面向对象是表示知识的一种有效和有用的方式，特别当构建复杂信息结构以利用公共属性时，更是如此。

6.7 框架

马文·明斯基（Marvin Minsky）开发的**框架**（frame）[22]是另一种有效的知识表示形式，它有利于将信息组织到系统中，这样就可以利用现实世界的特性轻松地将系统构建起来。框架旨在提供一种直接的方式来表达世界的信息。框架有利于描述典型场景，因此人们用框架来表达期望、目标和规划。这使得人类和机器可以更好地理解所发生的事情。

这些场景可以是儿童的生日聚会、看病或者给汽车加油。这些都是很常见的事件，只不过在细节上有所不同。例如，儿童的生日聚会总会涉及一个步入某个年龄的孩子，且在特定的地点和时间举行。为了规划儿童的生日聚会，可以创建一个框架，其中的槽（Slot）可以包括孩子的姓名、年龄、聚会日期、聚会地点、聚会时间、与会人数以及使用的道具等。图 6.10 给出了这种框架的一个构造过程，其中包括了槽及其类型以及槽值的填充过程。现代报纸用"槽及其填充"的方法来表示事件，迅速生成频繁发生的事件的报道。下面让我们为大家熟悉的一些场景构建框架。

Slot	Slot Types
Name of child	Character string
Age of child (new)	Integer
Date of birthday	Date
Location of party	Place
Time of party	Time
Number of attendees	Integer
Props	Selection from balloons, signs, lights, and music

Frame Name	Slot	Slot Values
David	IS-A	Child
	Has Birthday	11/10/07
	Location	Crystal Palace
	Age	8
Tom	IS-A	Child
	Has Birthday	11/30/07
Jill	Attends Party	11/10/07
	Location	Crystal Palace
Paul	Attends Party	11/10/07
	Age	9
	Location	Crystal Palace
Child	Age	<15

图 6.10 儿童生日聚会的框架

根据图 6.10 所示框架中的信息，我们可以使用继承法（inheritance）确定至少有一个孩子（Paul）会参加 David 的生日聚会。我们还知道，Jill 也会参加 David 的生日聚会，原因在于 Jill 和 Paul 将在同一地点（Crystal Palace）参加聚会，这正是同一天 David 举行生日聚会的地点。因此，至少有两个孩子将出现在 David 的生日聚会上，因为从 Paul 的生日（或年龄）来看，他也是一个孩子。

图 6.11 中的框架系统展示了基于框架和数据进行推理的过程。图 6.11（d）中的信息表明，Car_2 的损坏程度比 Car_1 严重（基于伤亡人数）。框架中的槽和槽值类似于面向对象系统中的类和实例。它们描述了事故发生的具体事实，如事故的日期、时间和地点，这些事实是新闻报道的基础。除非显式告知，否则框架系统不会解释"为什么 SUV 只造成一名乘客轻伤（见图 6.11），跑车却有两名乘客死亡，并且跑车完全被毁"。此外，可能还有一些额外的信息与此次交通事件相关，比如，重型卡车在交通事故中通常表现得更好一些。

图 6.12 是一个**多重继承**（multiple inheritance）的例子。司机必须算作乘客之一。Bill 的槽值表明他既是乘客，也是司机。

Slot（槽）	Slot Type（槽类型）
Place（地点）	字符串
When（时间）	日期/时间
Number of cars involved（涉事车辆的数目）	整数
Number of people involved（涉事人数）	整数
Number of fatalities （死亡人数）	整数
Number of people injured （受伤人数）	整数
Name of injured （受伤人员名单）	字符串
Type（车型）	字符串

Frame Name（框架名称）	Slot（槽）	Slot Value（槽值）
Car accident（车辆事故）	地点	Coates Crescent
	时间	11 月 1 号上午 8 点
Car_1	撞上	Car_2
	涉事车辆的数目	2
	涉事人数	5
	死亡人数	2
	受伤人数	1
	车型	SUV

（a）车辆事故框架

Frame Name（框架名称）	Slot（槽）	Slot Value（槽值）
Car_1	车型	SUV
	车上人数	3
	死亡人数	0
	受伤人数	1

（b）事故中的 Car_1 框架

Frame Name（框架名称）	Slot（槽）	Slot Value（槽值）
SUV	制造商	Ford（福特）
	型号	Explorer
	出厂年份	2004 年

（c）车型 SUV 的框架

Frame Name（框架名称）	Slot（槽）	Slot Value（槽值）
Car_2	车型	Sports Car（跑车）
	车上人数	2
	死亡人数	2
	受伤人数	0

（d）事故中的 Car_2 框架

Frame Name（框架名称）	Slot（槽）	Slot Value（槽值）
Sports Car	制造商	Mazda（马自达）
	型号	Miata
	出厂年份	2002 年

（e）车型 Sports Car 的框架

图 6.11 使用车辆事故框架说明多重继承的示例

Frame Name（框架名称）	Slot（槽）	Slot Value（槽值）
Car accident（车辆事故）	Subclass（子类别）	Number of cars（车辆数目）
Occupants（乘坐人员）	Number of passengers（乘客人数）	2
Car driver（车辆司机）	Is（是）	Bill
Bill	Passenger（乘客）	1
Tom	Passenger（乘客）	1

图 6.12　多重继承的一个例子

框架背后的本质是期望驱动的处理（expectation-driven processing），它基于人类能够将看起来不相关的事实关联成复杂、有意义的场景的事实。框架是一种知识表示方法，20 世纪 80 年代和 90 年代，这种知识表示方法通常用在专家系统的开发中。马文·明斯基把框架描述成节点和关系的网络。框架的顶层表示情境的属性，一直为真，因此保持固定[1]。AI 研究的任务是构建对应的上下文，并在适当的问题环境中触发它们。框架的一些吸引力来源于它的如下两个特点。

（1）程序提供了默认值，当有信息可用时，程序员可以重写这个值。

（2）很自然地，框架适合于查询系统。正如你在前文中看到的那样，一旦找到合适的框架，在槽中搜索信息就会非常直接。

在需要更多信息的情况下，可以用"IF NEEDED"槽来激活一个附加过程，从而填充该槽。这个过程性附件（procedural attachment）的概念与守护进程密切相关。

守护进程指的是那些在程序执行期间根据其本身评估的条件可以随时激活的过程。常规编程中使用的守护进程的例子包括错误检测、默认命令和文件结束检测等等。

当某个程序使用守护进程时，就会创建一个记录所有状态变化的状态列表。守护进程列表中的所有守护进程都会检查上述状态列表中每个针对其网络片段的变化。如果有变化发生，就将控制权立即传递给守护进程。

自我修正程序使用了上述方法，反过来说，这种方法是用经验改变行为表现、适应新环境的系统所固有的能力。在机器学习中，程序动态行为的核心是有能力展现这种灵活性（同上）。

但是，一些研究 AI 的人，特别是 Ron Brachman，对框架法提出了批评。他注意到那些默认值可以被重写，"……这导致无法表示复合描述（composite description）这种关键类型，复合描述指的是结构和各部分之间相互关系的功能描述。"[23]

Brachman 还注意到，"Is-A"可能造成与"澄清和区分"一样多的混淆[23]。他做了如下总结（其中融入了我们的解释）。

（1）框架通常并不那么像框架。世界并不总是如框架所描述的那样整齐打包、组织在一起。为了用框架准确表示事件，需要越来越详细的、笨重的层次化框架和槽值。

（2）定义比人们想象的更重要。框架、槽和槽值的定义越精确，表示也就越精确。仅仅是框架的类别人们就必须仔细思考。

（3）取消默认属性比看起来更困难。这样的更改必须经常"渗透"在整个编程系统中。

6.8　脚本和概念依赖系统

20 世纪 80 年代，罗杰·尚克（Roger Schank）和罗伯特·阿贝尔松（Robert Abelson）以在计算机中发展认知理解为总体目标，开发了一系列程序，在某个限定领域内成功地展示了计算机对自然语言的理解。他们开发了一种称为脚本（Script）的方法，这种方法与框架法非常类似，但是添加了很多信息，包括达到目标的事件序列以及参与者的计划。脚本非常有效，以至于它可以通过计算机理解故事和新闻报道的解释测试。脚本的成功在于它有能力将故事缩减为一组原语，而通过概念依赖（conceptual dependency，CD）形式体系[24]可以有效地处理这些原语。脚本还可以表示故事更深层次的语义。CD 理论可以用来回答故事中未提到的问题，转述故事的主要内容，甚至将转述过的材料翻译成其他自然语言。CD 理论还可以用于开发和研究现实世界中不同情境的脚本。CD 理论是通用的，非常强大，足以适应我们所处精神世界和物理世界中的各种情境。例如，CD 理论既可以表达诸如愤怒、嫉妒等我们所熟悉的人类情绪，也可以表达诸如人的身体、建筑物、汽车等物理世界中的对象。表 6.5 给出了 CD 理论所使用的一些简单的原语。

表 6.5　　CD 理论所使用的一些简单的原语

类别	语义基元	
行为	MOVE_BODY_PART	MOVE_OBJECT
	EXPEL	INGEST
	PROPEL	SPEAK
感知	SEE	HEAR
	SMELL	FEEL
心理和社会行为	MOVE_CONCEPT	CONCLUDE
	TRANSFER_POSSESSION	THINK_ABOUT

图 6.13（a）和图 6.13（b）说明了框架和脚本的区别。图 6.13（a）展示了在餐厅吃饭这个情境的基本框架。

```
Specialization_of:        Business_establishment
Types:                    (Cafeteria, Seat_yourself,
        Range:            Wait_to_be_seated)
                          Wait_to_be_seated
        Default:          IF[plastic_orange_counter]
        If_needed:                THEN[fast_food]
                          IF[stack_of_trays]
                                  THEN[cafeteria]
                          IF[wait_for_waitress_sign
                                  OR reservations made_sign]
                                  THEN[wait_to_be_seated]
                          OTHERWISE seat_yourself
Location:
        Range:            An ADDRESS
        If_needed:        (Look at the menu)
Name:
        If_needed:        (Look at the menu)
Food_style:
        Range:            (Burgers, Chinese, American,
        Default:          Sea_food, French)
        If_added:         American
                          (Update alternatives of restaurant)
Time_of_operation:
        Range:            A Time_of_day
        Default:          Open evenings except Mondays
Payment_form:
        Range:            (Cash, Credit-card, Cheque,
                          Washing_dishes_Script)
Event_sequence:
        Default:          Eat_at_restaurant script
Alternatives:
        Range:            All restaurants with same Food_style
        If_needed:        (Find all restaurants with
                          same Food_style)
```

（a）

```
Props:      (Restaurant, Money, Food, Menu, Tables, Chairs)
Roles:      (Hungry_persons, Wait_persons, Chef_persons)
Point_of_view:
            Hungry_persons
Time_of_occurrence:
            (Times_of_operation of restaurant)
Place_of_occurrence:
            (Location of restaurant)
Event_sequence:
    First:      Enter_restaurant script
    Then:       IF[wait_to_be_seated_sign OR reservations]
                     THEN [get_maitre_d's_attention script]
    Then:       Please_be_seated script
    Then:       Order_food script
    Then:       Eat_food script UNLESS[long_wait]
```

（b）

图 6.13　框架和脚本的区别

（a）餐厅的框架　（b）在餐厅享用美食的脚本

　　图 6.13（b）给出了一个熟悉的例子，即 Firebaugh[1]的在餐厅享用美食的脚本，这个脚本给出了添加的事件序列。

　　从上面的例子可以看出，脚本可以进行分层组织。它们还允许以一种自然的方式来使用产生式系统。我们很容易看到，有了这些表示世界的坚实基础，使用 Schank 和 Abelson 的 CD 系统的脚本就可以有效地处理问题，并至少显示出对常见场景的基本理解。Firebaugh 做了如下总结。

- 脚本可以预测事件，并且可以回答在故事线中没有明确陈述的信息的相关问题。
- 脚本提供了一个框架，旨在整合一组观察结果并进行连贯的解释。
- 脚本提供了一种检测异常事件的机制[1]。

　　由于脚本将参与者的目标和规划以及期望的事件序列整合在一起，因此脚本有能力执行期望驱动的处理（perform expectation-driven processing）过程，这使得脚本能够显著改进可用于知识表示的解释能力。Schank、Abelson 及其学生开发了一些成功的、基于脚本的自然语言系统。我们将在第 9 章和第 13 章中讨论这些自然语言系统。这些自然语言系统包括脚本应用器机制（Script Applier Mechanism，SAM）、规划应用器机制（Plan Applier Mechanism，PAM）、存储（storage）、分析（analysis）、响应生成（response generation）和英语推理（inference on English）。

人物轶事

休伯特·德雷弗斯（Hubert Dreyfus）

　　在过去的 30 年里，伯克利大学的哲学家休伯特·德雷弗斯（1929 年生）成了 AI 领域最热烈的话题之一。他的一本众所周知的著作是 *Mind Over Machine*（1986 年）[25]，这本著作是他与其兄弟斯图尔特（Stuart）一同撰写的。Stuart 是伯克利大学工业工程与运筹学的一名教授。

　　Dreyfus 反对 AI 的基础是：在生理或心理方面，人类大脑的工作都不能被计算机所模仿；由于这些困难，AI 是不可能实现的。此外，他相信人类思考的方式不能够使用符号、逻辑、算法或数学进行形式化。因此，实质上，我们永远不能理解人类本身的行为。

　　Dreyfus 兄弟认为 AI 并没有真正成功，在 AI 中，所谓的成就实际上只是"微世界"（microworlds）。也就是说，开发出来的程序看起来似乎很聪明，但实际上只能在明确定义的、有限的领域内解决问题。因此，它们没有一般的问题求解能力，在它们背后没有特定的理论作为基础，它们只是专门的问题求解者。Dreyfus 还撰写了另外一些著作，包括 *What Computers Can't Do What Computers Still Can't Do* 和 *A Critique of Artificial Reason*，前者分别于 1972 年和 1979 年进行了修订，后者于 1992 年进行了修订。

　　多年来，包括 6.1 节中提到的 Lighthill 在内，一直都有 AI 的质疑者。请参阅关于 Hubert Dreyfus 的人物轶事，他是最直言不讳的批评者之一。他的批评聚焦于脚本的专属本质（ad hoc nature）。例如，关于 EAT_AT_RESTAURANT（在餐厅享用美食）脚本，他可能会问如下内容。

- 当女服务员来到顾客面前时，她穿工作服了吗？
- 她是向前走，还是向后走？
- 顾客是用嘴还是用耳朵享用食物？

　　Dreyfus 认为，如果程序对这些问题的回答模糊不清，那么所谓正确的答案就是通过技巧或幸运猜测获得的，人工智能并不能理解日常餐厅行为的任何事情。

尽管脚本有很多积极的特征，但是它们也从所谓的"微观世界"的角度受到了批评[25]。也就是说，在定义良好的配置下，它们非常有效，但是它们并不能为理解及人工智能问题提供通用的解决方案。从这个角度出发，Douglas Lenat 的工作[26]和 CYC 项目①应运而生，他们的目标是建立一个基于框架的系统，该系统拥有世界上最大的事实和常识数据库。Lenat 在过去 20 年里一直致力于 CYC 项目，他相信这个项目将有助于用前面介绍的脚本和框架来解决各种问题。

请参见第 9 章中有关 Douglas Lenat 的人物轶事。在第 9 章中，你还可以找到关于 Lenat 工作的进一步讨论。

6.9 语义网络

1968 年，罗斯·奎利恩（Ross Quillian）最先引入**语义网络**（Semantic Network）。这是知识表示的一种通用形式，旨在对人类关联性记忆的工作机理进行建模。语义网络用节点（以圆或框表示）表示对象、概念、事件或情境，用带箭头的线表示节点之间的关系。这是一种非常方便的形式，有助于讲述有关上述元素的故事。图 6.14 源自 Quillian 的原始论文[27]，在这篇论文中，他开发了 3 种语义网络来代表词语"plant"的 3 种不同含义：①一种有生命的生物（非动物）的结构，通常有叶子，从空气、水、土壤中获得养分；②用于工业中任何流程的装置或设备；③把种子或作物放入泥土中以使其生长。

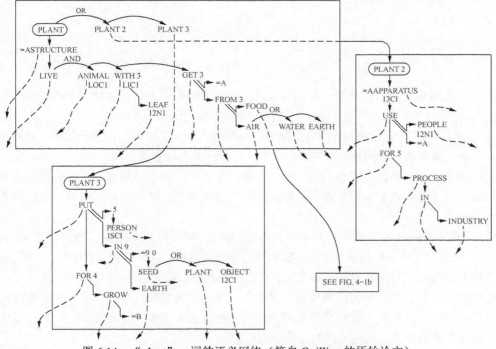

图 6.14 "plant"一词的语义网络（摘自 Quillian 的原始论文）

---

① CYC 项目始于 1984 年，它是一个致力于将各个领域的本体及常识综合地集成在一起，并在此基础上实现知识推理的项目。
——译者注

作为知识表示的一种形式，语义网络对计算机程序员和 AI 研究人员肯定非常有用，但是它缺少集合成员隶属关系和精度（precision）这两个元素。而在其他形式的知识表示（如逻辑）中，这两个元素是很容易获得的。图 6.15 展示了这样的一个例子。从中可以看到，玛丽（Mary）拥有托比（Toby），托比是一只狗。狗是宠物集的子集，所以狗可以是宠物。我们在这里能看到多重继承：玛丽拥有（Owns）托比，并且玛丽拥有一只宠物，在这个宠物集中，托比恰好是其中的一个成员。托比是名为 Dog 的对象类的一个成员。玛丽的狗碰巧是一只宠物，但并不是所有的狗都是宠物。例如，罗威纳犬对一些人而言是宠物，但对另一些人而言，罗威纳犬则对他们构成了威胁。

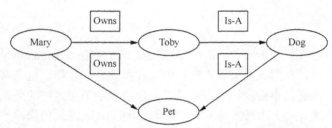

图 6.15　托比是狗，玛丽拥有一只宠物，但并不是所有的狗都是宠物

Is-A 关系经常用于语义网络中，尽管它们并不总是表示真实世界中的真实情况。有时候，它可以代表集合成员隶属关系；有时候，它也可以代表集合成员等价关系。例如，企鹅（Penguin）是一种（Is-A）鸟，我们知道鸟可以飞，但是企鹅不会飞。这是因为，虽然大多数鸟（超类）可以飞，但并不是所有的鸟都可以飞（子类），如图 6.16 所示。

图 6.16　企鹅是一种鸟，鸟可以飞，但是企鹅不会飞

虽然语义网络是表示世界的一种直观方式，但是它们并不表示现实世界中必须考虑的许多细节。

图 6.17 给出了一个表示大学的更复杂的语义网络。该大学由学生、各个院系、行政部门和图书馆组成。该大学可能拥有一些院系，其中一个是计算机科学系。

每个院系又包括教师和工作人员。学生上课，做记录，组织俱乐部。学生必须完成作业，从教师处获得评分；教师布置作业，并给出评分。通过课程、课程代码和分数，学生和教师被联系在一起。

Semantic Research 是一家专门从事语义网络的开发和应用的知识处理公司，这家公司指出：“基本上，语义网络是一种用于获取、存储和传递信息的系统，这个系统非常鲁棒、高效和灵活。它的工作方式与人类的大脑差不多（事实上该系统模拟了人类大脑）。这也是为产生人工智能所付出的很多努力的基础。语义网络可以一直增长，变得非常复杂，因此需要一种非常成熟的方法来可视化知识，以平衡人们对简单性和网络充分表现力的需求。语义网络可以通过概念列表视图、视图之间的关系或回溯用户的历史来遍历。”

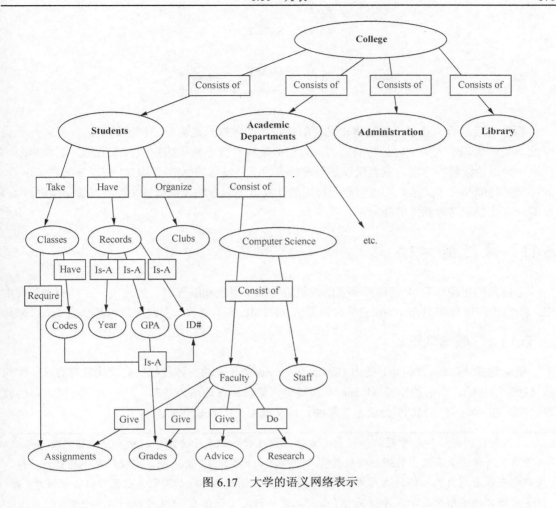

图 6.17 大学的语义网络表示

6.10 关联

通常，人类有着非常强的关联（association）能力。语义网络也试图捕获这种事物（如事件）关联的能力。下面列出了一些来自日常生活经验的关联案例。

- **关联 1**：一个男人可能会想起自己年轻时的情景——某个周日的晚上，他和父亲开着一辆 1955 年的别克汽车穿过一座熟悉的桥，度假回家。不幸的是，这次旅行（不止一次）以汽车过热被推（或拖）下桥而告终。直到很久以后他才知道，他的父亲——到了很大年纪才学会开车的人，以前是用两只脚开车的！这一点，再加上汽车自身的"发热"趋势，便可以解释汽车过热的原因。难怪多年来，这个男人总是避免过桥（任何时候，尤其是周日晚上）和乘坐别克汽车。

- **关联 2**：一个女人可能会永远记得 1969 年的夏天，彼时她 15 岁，那是她离开家的第一个夏天，她在一所大学待了两个月。这种关联总是会因为某些人物和事件而显得更加突出。例如，听当时的音乐（如摇滚合唱团 The Moody Blues 和歌星 Merrily Rush 的歌曲），阅读达尔文的 *Origin of the Species*（《物种起源》），坐在校园的百合池边看天鹅，以及付出 24 小时的持续努力来解决以下加密算术问题。

SEND

\+

MORE

======

MONEY

根据生活经验，我们很容易得出这样的结论，即关联只是美好或糟糕的记忆，但它们不止于此。关联代表了人类一种独特的能力，人们必须将看似不相干的知识（或信息）组合起来，形成一种理论或解决方案，或者仅仅是引发特殊的或好或坏的感觉或想法。在未来的许多年里，人工智能将面临一个挑战，即如何利用可用的计算资源和方法（我们将在接下来的章节中讨论）以某种方式展示这种独特的能力。

6.11　最近的方法

万维网的出现和第 4 代编程语言的改进也带来了系统和编程语言的发展，这样的例子有很多，如自带应用程序 Hypercard 的苹果计算机、HTML 脚本语言、面向对象编程语言 Java 等等。

6.11.1　概念地图

概念地图（Concept Map）是由 Gowin 和 Novak[28]开发的一种良好的启发式教育方法。大约从 1990 年开始，本书的作者（Kopec）和其他人就以概念地图为基础，开发大学阶段人群的教育软件。在 2001 年 AMCIS 会议论文集的一篇文章中，Kopec[29]指出：

"概念地图是一种基于图的知识表示方法，在这种知识表示方法中，所有重要信息都可以嵌入节点（处在这个系统中的矩形按钮或节点）和弧（连接节点的线）中。在使用系统的任何时候，用户都可以看到自己如何到达其所在位置（采用经过 SmartBooks 的路径）以及可以去往何方。每张卡片顶部的图形化表示都详细说明了如何到达阴影圆（节点），以及可以到达哪个圆（节点）。"

"没有圆圈的箭头表示存在的节点，但为了避免屏幕混乱而没有显示。这些节点可以在后续的屏幕上找到。'通用文本'（General Text）指的是当前在可见屏幕上的图形中处于阴影状态的节点。"

Kopec 继续指出：

"自 1993 年以来，万维网的普及为电子远程学习系统的交付创造了大量的新机会。但是，人们可能会问，'得益于万维网的存在，被验证和测试为良好教育工具的系统到底有多少个？' 1988 年至 1992 年，我们在缅因大学开发了一种技术，构建了所谓的 'SmartBooks' [30-32]。这种方法的基础是使用 '概念地图'，其应用领域是大学年龄人群的性传播疾病（特别是艾滋病）的教育[33]。针对致命疾病开发匿名、正确、灵活、与时俱进的信息源和教育网站，其重要性无须赘言。"

SmartBooks 的开发基本上分为如下 4 个阶段。

（1）与某个领域专家面谈，为该领域开发一张有效的"概念地图"（可能要进行多次迭代，时间长达几个月）。

（2）在苹果计算机上，将最终的概念地图翻译成 Hypercard 语言（后面也可以使用 Windows 系统的 Toolbook）。

（3）实现能够工作的 SmartBooks。

（4）与本科生一起测试和修订工作系统。

SmartBooks 可以根据用户所感兴趣的话题，灵活地遍历节点。图 6.18 所示的 AIDS SmartBook 节点是 AIDS 概念地图的一部分，它显示了所有弹出窗口，这些弹出窗口传达了重要信息，并在被单击时显示了下一步链接。

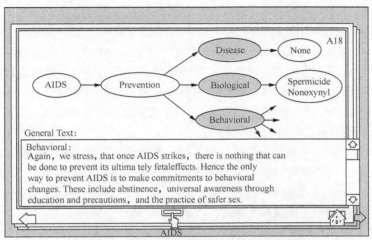

图 6.18　AIDS SmartBook 接近顶层的截图[32]

近年来，在布鲁克林学院，Kopec、Whitlock 和 Kogen[34]开发了一系列程序来加强对理科生的教育，这些程序被称为 SmartTutor 项目，如图 6.19 所示。

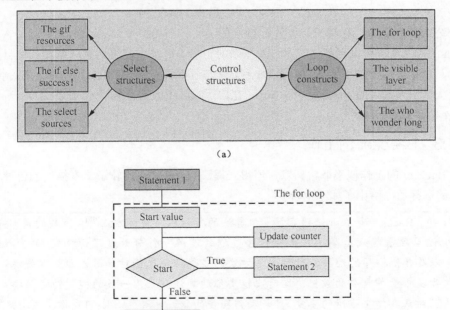

图 6.19　SmartTutor 项目

（a）C 语言 SmartTutor 的控制结构概念地图　（b）For Loop Tutoring 网站页面的摘录。关于 SmartTutor 的更多详细信息，可在 "SmartTutor：A Unified Approach for Enhancing Science Education" 一文中找到[35]

SmartBooks 和 SmartTutor 缺乏语义网络所拥有的形式体系，但是同时它们也不会与包容[①]（subsumption）这种形式概念混淆，而使用语义网络则容易混淆。它们有效地提供了任何主题领域的分层概念，并且很容易使用上面描述的概念映射技术，结合主题专家和万维网进行开发。又由于在任何时候都只需要展示几层，因此它们还封装了一些地图的底层复杂性细节。

6.11.2　概念图

另一种知识表示技术是概念图（Conceptual Graph，CG），它的开发者是约翰·索瓦（John Sowa）。CG 是一个基于 Charles Sanders Peirce[36]的存在图和 AI 语义网络的逻辑系统。它们用逻辑上精确、人类可读、计算机易处理的形式来表达意义。通过对语言进行直接映射，概念图可以作为一种中间语言，在面向计算机的形式语言和自然语言之间进行转换。通过图形化表示，CG 可以作为一种可读但形式化的设计和规范语言。它们已经在信息检索、数据库设计、专家系统和自然语言处理的一系列项目中得到应用。

相较于前面介绍的语义网络和概念地图，CG 系统能够更精确地捕捉和表示自然语言的元素，如图 6.20 所示。所涉及语言的典型方面包括格关系（case relation）、广义量词（generalized quantifier）、索引（index）和自然语言的其他方面[37]。

图 6.20　"一只狗在地板上"的概念图

在图 6.20 中，矩形框中的项称为概念（Concept），圆圈中的项称为概念关系（Concept Relation）。公式算符 φ 用于将概念图转换为谓词演算中的公式：它将圆圈映射为谓词，并将每条弧作为一个参数（argument），每个概念节点的类别标签被指定为类型[38]。

对于图 6.20，生成的公式如下。

$$(\exists x : Dog)\,(\exists y : Floor)\, on\,(x, y)$$

这个公式的意义为，存在一个类型为 Dog 的 x 和一个类型为 Floor 的 y，满足 x 在 y 上。

Sowa 的 CG 系统可以直观地表示许多复杂的自然语言关系和表达式，这比其他自然语言系统更透明、更精确且更有吸引力。你可以看到，它与逻辑编程语言 PROLOG 中的公式非常相似。

除了大量引人瞩目的出版物之外，Sowa 在这一领域还出版了名著 *Conceptual Structures*[37]和 *Knowledge Representation*[38]。

6.11.3　Baecker 的工作

Ron Baecker 的工作似乎非常新颖，值得一提。Troudt[39]在比较了文本描述的各种场景的图形化表示的选择后，给出了如下报告。

> 1981 年，Baecker 等人开始研究计算机算法的各种不同表示方法[40]。有趣的是，将算法表示成可视化动画看起来提高了学生对程序过程的理解。作者开发了课堂视频 "Sorting out Sorting" 以及其他排序的动画。这种表示方法的显著特征包括对如下方面加以关注：只显示每个算法步骤中至关重要的数据，同时比较类似的算法，采用一致的视觉约定，添加音乐曲目来表达 "对正在发生事情的感觉"，与动作同步的叙述，等等。他们声称，这个只有 30 分钟的视频涵盖的内容相当于教科书 30 页的内容。

Baecker 的下一个断言是，源代码的排版表示提高了学生的代码素养。通过使用打印预处理

---

① 包容是一个分层系统，在这个分层系统中，上面的每一层都可以包容其下一层的能力；例如，包括形式逻辑在内的能力，参见第 5 章中描述的假言推理（modus ponens）。

系统 SEE Visual Compiler，原本干巴巴的源代码现在变成了高德纳·克努特（Donald Knuth）所描述的"文学作品"（Donald Knuth，由 Baecker 引用）。所得到的程序书包括目录、感兴趣点的索引、页边空白处的注释（而不是字里行间的注释）以及描述性的页眉和页脚，此外还特别注意表示跨多个页面的逻辑块的连续性。

Baecker 的软件开发环境是 LogoMedia，这允许他将基于 MIDI（用于编码音乐的特殊文件）的声音和基本的可视化效果附加到运行的软件中。在其最复杂的使用过程中，程序员可以将不同的乐器赋给变量，并通过监听乐器以不同音高播放的声音来监控这些变量的变化（例如，一个无限循环可能是萨克斯管在某个音阶上播放，直到循环卡在某个值的位置，此时萨克斯管重复输出相同的音符）。

Baecker 声称代码的听觉表示有助于调试。LogoMedia 在一组程序员样本上进行测试。程序员花了两小时来学习软件，花了两小时用它来编写代码，花了两小时用它来调试未知代码（人们要求实验对象"大声说出"它们的思维过程）。总之，测试组在超过一半的测试中使用了听觉标志。实验对象通常很有创意，他们使用的声音，如爆炸和咔哒声，都能很好地融合特定代码部分的含义。不可避免地，受试者的词汇总是会根据问题发出的声音来描述问题。作者声称，该方法能将屏幕解放出来用于其他目的，允许在运行时浏览和修改不同部分的代码，或者促进在个人数字助理（Personal Digital Assistant，PDA）和类似的小屏幕设备上进行调试。

6.12 智能体：智能或其他

AI 的智能体（agent）①视角自 20 世纪 80 年代出现以来就引起了轰动。单词"agent"有两种含义：①采取行动的人或可以采取行动的人；②在许可的情况下，代替其他人采取行动的人。软件智能体"生活"在计算机操作系统和数据库中。人工生命智能体"生活"在计算机屏幕或计算机内存等人工环境中（参见 Langton[41]的著作，以及 Franklin 和 Graesser[42]的著作的第 185～208 页）。

根据这种**自底向上**（bottom-up）的观点，一层又一层的专家能够完成他们的任务，并且专家之间的组合可以有效地完成更复杂的任务。随着计算机硬件的体积和成本不断减小，通过巨大的计算资源（可能是并行的）来解决复杂的计算问题，包括通过硅芯片技术增加可用的内存量和提高相应的 CPU 速度，这种可能性变得可行（并且更有吸引力）。

智能体方法的出现也与强 AI 方法产生了直接矛盾，而后者更倾向于本章前面描述的形式化知识表示方法。但是，智能体方法关注可以做什么，而不关心知识是如何表示的。

位于加拿大温哥华市的不列颠哥伦比亚大学计算机科学系计算智能实验室甚至在其网站上发表了以下声明：计算智能（也称为人工智能或 AI）就是一项设计智能体的研究。

智能体是在环境中做出动作的物体，如移动机器人、Web 爬虫、自动化医疗诊断系统或视频游戏中的自主角色。智能体就是为了满足目标，做出适当动作的代理（agent）。也就是说，智能体必须能够感知其环境，决定要执行的动作，然后执行该动作。感知有许多形态，如视觉、触觉、语音、文本/语言等。决策也有很多种，这取决于智能体是否完全或部分了解其世界，以及它是单独行动，还是与其他智能体合作或竞争等等。最终采取的行动可以有不同的形式，这取决于智能体是有轮子还是有手臂，抑或是完全虚拟的。随着时间的推移，在智能体反复执行这种感知-思维-行动的循环中，智能体也应学会提升自己的表现。

---

① 智能体也称为代理。——译者注

人物轶事

马文·明斯基（Marvin Minsky）

自 1956 年达特茅斯会议以来，马文·明斯基就一直被认为是 AI 的创始人之一。

1950 年，他从哈佛大学获得数学学士学位。1954 年，他从普林斯顿大学获得数学博士学位，但他的专业领域是认知科学。自 1958 年以来，他就一直在麻省理工学院工作，对认知科学做出了重要贡献。

他对认知科学领域的深入研究一直持续到 2006 年以及达特茅斯 50 周年纪念会议，他也正是在那次达特茅斯会议上孕育了本书的初次构想。2003 年，马文·明斯基创立了 MIT 计算机科学与人工智能实验室（CSAIL），他于 1969 年获得图灵奖，于 1990 年获得日本国际大奖，于 1991 年获得国际人工智能联合会议最佳研究奖，于 2001 年获得来自富兰克林研究所的本杰明·富兰克林奖章。他是人工智能的伟大先驱和深刻的思想家之一。他从数学、心理学和计算机科学的角度开发了框架理论（见 6.8 节），并且对 AI 做出了许多其他的重要贡献。最近几年，他任职于 MIT 媒体实验室。

心智社会

1986 年，马文·明斯基做出了里程碑式的贡献，他的 *The Society of Mind* 一书打开了智能体思想和研究的大门。

马文·明斯基的理论认为心智是由大量半自主、复杂连接的智能体集合组成的，而这些智能体本身是没有心智的。正如他在 *The Society of Mind* 中所说：

"本书试图解释大脑的工作方式。智能如何从非智能中产生？为了回答这个问题，我们将展示如何从许多本身无心智的小部件中构建出心智。"[43]

在马文·明斯基的体系中，心智是由许多较小的过程生成的，他将这些小过程称为"智能体"（见 6.12.1 节）。每一个智能体只能执行简单的任务，但是当智能体加入群体形成社会时，"便会以某种非常特殊的方式"带来智能。

马文·明斯基认为大脑是一台非常复杂的机器。

想象一下，我们可以使用计算机芯片代替大脑中的每个细胞，这些计算机芯片用于执行与大脑智能体相同的功能，使用与大脑中完全相同的连接。马文·明斯基认为："没有任何理由怀疑，替代机器会有和你一样的想法和感受——因为它包含了所有相同的过程和记忆。的确，它肯定愿意以你自己的全部热情宣布，它就是你。"

就在马文·明斯基做出里程碑式的贡献前后，人工智能系统因无法展示常识而受到批评。对此，他是这么说的：

"在我们预感、想象、计划、预测和预防的过程中，必须涉及数千或许上百万的小过程。然而，所有这一切都是自动进行的，我们把它当作'普通常识'。"

智能体有以下 4 种特性。

（1）**情境性**（situated）。也就是说，它们位于某些环境中或是某些环境的一部分。

（2）**自治性**（autonomous）。也就是说，它们可以感知到它们作为环境的一部分，并且根据环境自发地行动。

（3）**灵活性**（flexible）。它们非常灵活，能够智能、主动地做出反应。智能体能够对环境的刺激做出适当、及时的反应。当智能体有机会主义倾向、目标导向并在特定情况下求助于其他可能的选择时，它们也可以是主动（proactive）的。一个例子就是汽车上的牵引力控制智能体，有时候，即便当路上不存在牵引问题时，它也会进行检查（也许是因为大气湿度条件），但它足够聪明，不会连续地保持控制，从而能够回归到正常的驾驶条件。

（4）**社会性**（social）。智能体是社会化的——它们可以与其他软件或人类进行适当的交互。从这个意义上讲，它们知道自己相对于整个大系统的目标的责任。因此，智能体必须"支持"整个较大系统的需求，并对其做出"社会化的响应"。

因此，我们得出以下定义：**自主智能体**（autonomous agent）是环境中的一个系统。它可以感知到环境并对其做出行动。随着时间的推移，它可以寻求自己的发展计划，因而能够影响它所感知到的内容[44]。

当环境改变时，它不再表现得像一个智能体。智能体和具有特定功能的普通程序（如金融计算程序）的区别在于智能体能够保持时间的连续性。一个保持输入和输出的记录并可能进行相应学习的程序就是智能体。只执行输出的程序不能算得上智能体。因此，"所有的软件智能体都是程序，但并不是所有的程序都是智能体"。

多智能体系统（multi-agent system）指的是由多个半自主组件组成的软件系统。这些智能体有自己独立的知识，必须以最好的方式挖掘和结合这些知识，以解决任何代理都无法单独解决的问题。Jennings、Sycara 和 Woodridge 的研究结论是，多智能体问题求解都有 4 个重要特点：第 1，每个智能体的视角受限；第 2，不存在全局控制器来解决整个问题；第 3，问题的知识和输入数据也是分散的；第 4，推理过程往往是异步的[45,46]。

富兰克林（Franklin）和格雷泽（Graesser）[42]开发了一种分类体系来基于智能体的性质定义不同种类的智能体，这些性质包括反应性、自治性、目标导向、时间连续性、交际性、学习性、移动性、灵活性、有个性等。

6.12.1　智能体的一些历史

黑板架构（blackboard architecture）的概念是被称为"Hearsay II"的语音理解系统的一个非常突出的特征。这是 J. L. Erman、F. Hayes-Roth、V. Lesser 和 D. Reddy 的研究成果[47]，也是未来所有此类研究的基础。在他们的研究中，一些称为**知识源**（Knowledge Source，KS）的专家过程向中央黑板报告它们的可用性以及使用的问题情境。一台控制设备会管理这些过程之间的冲突，以最有效地制定问题的解决方案。Kornfeld 和 Hewitt[48]有关以太（Ether）的工作与起始于科学界的问题求解相关。Sprite（类似于 KS）会在一个与黑板类似的公共区域记录事实、假设和演示结果。这种假设既有拥护者（defender）也有怀疑者（skeptic）。赞助者（sponsor）还规定了在每个 Sprite 上可以花费的时间。一般来说，黑板架构允许一组专家过程来声明它们对于完成某种任务的可用性。

然而，上述架构的局限性使得这些系统无法高效地执行。在专家团队开发的第一批问题求解系统中，有一个系统是 PUP6 系统[49]。这些软件专家被称为"生命"（being），正是这些生命（being），致力于合成一个特定的专家。这个专家被称为**概念编队**（Concept Formation），它能够自己处理问题。但是，这只是一个模型或玩具系统，并没有完全由 Lenat 开发。Carl Hewitt[50]"倾向于从分布式系统的角度考虑，将控制结构看成所谓参与者（actor）的活动实体之间的消息传递模式。因此，他有了一种想法，那就是将问题求解视为一组专家的活动，而将推理过程视为观点之间的交锋和对抗。"[51]

　　最具影响力、相对较早的分布式人工智能系统（Distributed Artificial Intelligence system，简称 DAI）之一是 DVMT（Distributed Vehicle Monitoring Test，分布式车辆监测测试），由 MIT 的 V. Lesser 团队开发[52]。这是一个关于分布式情境感知和识别的重要研究项目。传感器将数据传输到以黑板形式实现的处理智能体。智能体要处理的问题是基于数据（复杂数据）来跟随车辆，其中很多数据与音效有关[51]。这个系统促进了多智能体规划的进一步研究。

　　自 20 世纪 80 年代末以来，罗德尼·布鲁克斯（Rodney Brooks）一直基于包容架构（subsumption architecture）来构建成功的机器人。这一架构体现了他的信念，即智能行为产生于有组织的、简单的行为交互。包容架构是构建机器人控制系统的基础，该控制系统包括一系列的任务处理行为。机器人的行为是通过有限状态自动机的转换来完成的，有限状态自动机将基于感知的输入映射到面向动作的输出。有限状态自动机可通过一组简单的"条件-动作"产生式规则（见 6.5 节）来定义。

　　Brooks 的系统不包括全局知识，但是它们确实包括一些层次结构，以及架构中不同层次之间的反馈。Brooks 通过增加架构中的层数来逐步构建系统的功能。他认为，顶层行为是架构中较低层次设计和测试的结果。通过实验，他还给出了层间一致行为的最佳设计，并确定了层间和层内的适当通信。包容架构的设计虽然简单，但并未妨碍 Brooks 在一些应用中取得成功（见参考文献[53]～[55]）。

人物轶事

罗德尼·布鲁克斯（Rodney Brooks）——从反对到参与变革

　　Rodney Brooks（1954 年生）多才多艺、风趣幽默。20 世纪 80 年代，他以反对者身份突然出现在 AI 领域，就如何构建机器人系统提出了自己特立独行的观点。多年之后，他成了著名的 AI 领袖、学者和预言家。他在澳大利亚弗林德斯大学获得理论数学的学士学位，并于 1981 年获得斯坦福大学计算机科学博士学位。他在卡内基·梅隆大学和麻省理工学院担任研究职位。在 1984 年加入麻省理工学院任教之前，他在斯坦福大学任教。通过在机器人和人造生命方面取得的成果，他逐步建立起自己的声誉。他通过电影、图书和创业活动进一步多样化自己的职业生涯。他创立了多家公司，包括 Lucid（1984 年）、IROBOT（1990 年）[见图 6.21（a）～图 6.21（d）]及其子公司 Artificial Creatures（1991 年）。在 IROBOT 公司，他设计了 Roomba®并获得商业上的成功 [见图 6.21（c）]。他是麻省理工学院松下机器人教授，同时也是麻省理工学院计算机科学与人工智能实验室主任。他设计并制造了面向工业和军用市场的机器人。2008 年，他创立了 Heartland Robotics 公司，这家公司的使命是将新一代机器人推向市场，提高制造环境中的生产力。"Heartland Robotics 公司的目标是将机器人应用到那些没有实现自动化的地方，使得制造商更有效率，工人更有生产力，避免工作岗位流向低成本地区"。

（a）　　　　　　（b）　　　　　　（c）　　　　　　（d）

图 6.21　IROBOT 公司的产品

6.12.2　当代智能体

如今，许多基于智能体的应用程序开始充当各种用途的专家，如通信、交通、健康等。下面将讨论一些特别值得注意的例子。

- **KaZaA**：用于 P2P 搜索的智能体。
- **Spector Pro**：用于监控的智能体。
- **Zero Intelligence Plus（Zip）**：由南安普敦大学的 Dave Cliff 开发的自主自适应交易智能体算法，金融业用它来进行股票和债券等金融商品的交易。

KaZaA

KaZaA 是用于 P2P 搜索的智能体。使用传统的搜索引擎，只能查询一个数据库；而使用KaZaA，则可以搜索选择文件共享的上千台互联计算机。音频、视频、软件和文档都会被合并为一体。

KaZaA 提供了 5 个功能，可通过菜单栏中的 5 个图标来使用这 5 个功能："开始（Start）""我的 KaZaA（My KaZaA）""剧院（Theatre）""搜索（Search）"和"流量（Traffic）"。你可以使用搜索选项开始搜索文件：输入要查找的关键字，并指定所需的媒体文件类型（包括音频、视频、图像、软件和文档）即可。

KaZaA 不限于共享音频文件：作为一个真正的数字媒体库，它允许你找到所有种类的文档，这些文档由其拥有者共享。在选择媒体类型后，可以执行简单查询（按标题或作者查询）或高级查询（按多个字段查询，如文件大小、语言、类型、类别等）。这些结果将显示在右边的窗口内，其中包含了许多信息，例如艺术家的姓名和歌曲名，以及有关文档的质量和预计下载时间的一些说明。

Spector Pro

Spector Pro 是用于监控的智能体。关于计算机监控的伦理问题，人们的意见各不相同。如果使用智能体（如 Spector Pro）来监控员工、同事或朋友，就会在法律或道德上侵犯别人的隐私权。但是，出于保护儿童而不是限制儿童的目的，可能需要监控儿童在网络上的活动。在其他情况下，在你为他人的行为负责之前，可以检测是否有人在使用你的计算机从事非法活动。

Zero Intelligence Plus（Zip）

在金融贸易领域，人们积极采用基于智能体计算的概念。据说市场贸易自主智能体的表现比人类商品贸易者高出 7%。南安普敦大学电子与计算机科学学院的迈克尔·卢克（Michael Luck）是欧盟资助的 AgentLink 行动协调项目的执行主任，他解释了基于智能体的计算："智能体既是管理不同类型计算实体之间交互的一种方式，也是从大规模分布式系统中获得正确行为的一种方式。"

他继续指出："不可避免的是，机器可以比人类更快地监视股市走势。如果你可以将想要的规则编码，那么完全可以想象计算机交易者将能够胜过人类。"

最后，他总结道："我很惊讶这个数字只有 7%。这个数字是基于我们已经执行的实验得到的。但是已经有机器人交易者程序在市场上被使用，它们不仅提供信息，还进行实际的交易。"[56]

自从第一款智能手机发布以来，智能手机变得越来越普及，已被几乎应用于我们生活中的方方面面：从查看最新的天气预报到确定下一辆地铁何时从校园附近开出，等等。现在，作为所有手机平台上的应用程序，这些软件智能体无所不在，既包括餐厅应用程序，如 Yelp、Savored 和 Open Table 等；也包括交通应用程序，如 Waze 和 Google Maps 等；还包括购物应用程序，如

Overstock.com、Amazon 和 Quibids 等。如果你曾经对一首不记得名字的曲子着迷过，那你可能对 Shazam 很熟悉。这样的例子还有很多，上述应用程序的列表可以继续扩展下去。

Hal：下一代智能房间

Hal 是一个高度交互的环境，它使用嵌入式计算来观察和参与周围世界中发生的日常事件。作为麻省理工学院 AI 实验室的智能房间的一个分支，Hal 将摄像头作为其眼睛，将麦克风作为其耳朵，并使用各种计算机视觉、语音和手势识别系统，允许人们与它自然地交互。Hal 的设计目标是成为下一代智能房间，用于支持到目前为止还只是科幻小说里所描述的人机交互。

6.12.3　语义网

语义网（Semantic Web）是万维网的发明者蒂姆·伯纳斯·李（Tim Berners-Lee）自 20 世纪 90 年代末开始开发的一个项目，它代表了计算机可以理解和管理信息的这种愿景，这样计算机就可以在 Web 上执行查找、共享和组合人类需要的、计算机可以提供的信息的烦琐工作。

语义网能够完成的任务类型包括：查找法语中表示"马"的单词，预订音乐会演出，或者根据特殊要求（如无烟房间、大床、一楼）在城市中找到最便宜的酒店房间等等。

例如，人们可以要求计算机列出大于或等于 40 英寸宽（约 102 厘米宽）的平板电视的价格，或是在周二晚上 10 点营业的可以提供意大利食物的当地餐馆以及菜单，菜单上提供的菜品在每份 10 美元和 15 美元之间。在目前的条件下，要实现上述需求，搜索引擎就需要对每个被搜索的网站进行定制化处理。而语义网为网站提供了一种通用标准，实现了以一种更容易被机器处理和集成的形式发布相关信息。

Tim Berners-Lee 最初对语义网的愿景设想如下："我有一个梦想，（计算机）能够分析万维网上的所有数据——内容、链接以及人与计算机之间的事务。'语义网'将使这一切成为可能，但它目前尚未出现。当它出现时，日常的贸易、行政和生活都将通过机器间的对话来处理。这个人类已经吹捧多年的'智能体'终将实现。"[57]

6.12.4　IBM 眼中的未来世界

作为在 20 世纪的大部分时间里世界上最大、最成功的计算机公司，IBM 贡献了许多用于智能体研究和开发的程序。以下是一则来自 IBM 网站的声明，这是 IBM 致力于这种远景的示范。

"今天，我们正在见证互联网向开放的自由市场信息经济发展的第一步，在这个市场上，软件智能体买卖各种各样的信息产品和服务。我们设想，在未来某年，互联网终将变成一个充满勃勃生机的环境。在这个环境中，数十亿以经济为动力的软件智能体在积极寻找和处理信息，并将信息传递给人类，或越来越多地将信息传递给其他智能体。自然而然地，智能体将从提供便利者演变成决策者，它们的自治程度和负责任的程度也将与时俱进。最终，经济软件智能体之间的交易将成为世界经济的一个重要部分，甚至可能成为主导部分。

互联网向信息经济的演变似乎是不可避免的，这也是人们所希望的。毕竟，经济机制可以说是已知的裁决和满足数十亿人类智能体的最好方式。盲目挥舞这只看不见的手并假设相同的机制也可成功地应用于软件智能体，这一点非常诱人。但是，自动智能体并不是人类！它们做出决定，并根据决定做出动作，这一切都以相当快的速度发生。它们远没有那么成熟，还缺乏灵活性，没有学习能力，并且众所周知，它们缺乏'常识'。考虑到这些差异，基于智能体的经济体完全可能表现出非常奇怪和陌生的行为。"[58]

6.12.5 本书作者的观点

我们生活在一个依赖各种代理的时代[①]。我们有个人培训代理、房地产代理、汽车代理、文艺代理和体育代理等。我们还有各种专用设备作为我们的个人助理，如手表、蜂窝电话、电子地址簿、个人计算机、地理信息系统、温度计、血压计和血糖监测仪等。可以预见，在不久的将来，我们将会携带一个小型的、集成的多智能体系统。它将给我们提供上述所有功能，甚至更多的功能。这种设备将是真正多功能的，不仅易于理解，也易于操作。它可以包括通信系统、交通系统、身体系统、个人信息系统和知识系统。想象一下，在这样的个人智能体的帮助下，你的日常生活将是怎样的？知识系统将类似于如今受益于互联网的计算机。它们可以帮助我们解决问题，能够智能并且快速地回答问题，实现真正的动态学习。个人信息系统可以满足我们的个人需求——预约、个人记录、健康、财务等。交通和运输系统将解决那些传统问题。正如你所想象的，我们所提到的各个系统并没有超出当今的技术能力范围。所有的一切都只是成功构建集成的多智能体系统的问题。当然，一旦有了这样一个美妙的系统，就需要关注安全问题——是的，福中有祸（参见 Sara Baase 的优秀著作 *A Gift of Fire*[59]）。我们的讨论也到此结束。

A Gift of Fire 的第 3 版已于 2008 年出版，这本书也成为"计算机与社会"课程的标准、经典之作。计算机对社会同时具有积极和消极的影响，正如火第一次进入人类生活一样。

6.13 本章小结

本章集中讨论 AI 中一个不可或缺的主题——知识表示。在开始进行任何问题的求解之前，你必须对如何最好地表示知识有一些感觉。要考虑的因素包括：问题的求解是否涉及决策？问题的求解是否涉及搜索？解是精确的，还是在可接受的值的范围内？所有这些因素，再加上学习者的偏好，都有助于选择合适的知识表示。学习者对图表示感到舒服，还是更喜欢数学表达式？

本章前几节的讨论侧重于信息处理的层次，涉及从数据、事实和信息到最高层次的知识的转换。随后，关键问题就变成了如何最好地表示这些知识。

6.1 节讨论了图形草图，并介绍了人类视窗的概念。图是另一种经常使用的知识表示方法，我们使用了著名的哥尼斯堡桥问题（见 6.2 节）来介绍图。在给定问题不能满足欧拉性质的条件下，该问题无法求解。这个问题只有在出现了一些实际的改变后才能求解。我们对此也给出了相应的说明。

随后，本章开始讨论搜索树、决策树，并通过 12 枚硬币的称重问题（见 6.3 节），进一步阐述了这些知识表示方法。

通过著名的汉诺塔问题，我们强调了对于问题求解的各种不同表示方法的选择。在 6.4 节中，解的图形草图表示和表格表示组成了显式描述（外显式表示）；我们还提供了伪代码和递归关系，这组成了问题的隐式解（内隐式表示）。

几十年来，产生式系统（见 6.5 节）是知识表示的一种重要且有效的方法，它也是本书第 7 章的主题。1975 年，由马文·明斯基引入的框架（见 6.7 节）包含槽和槽值，他对 AI 做出了巨大的贡献，并且成为后来计算机科学中编程语言的整体范式的先驱。Roger Schank 及其学生领导

---

① 代理和智能体的英文同为 agent，是"中间人"的意思。我们借助机器人做了许多事，所以称机器人为 agent（代理）；但是当特指机器人时，我们将 agent 翻译成"智能体"。——译者注

了使用脚本和概念依赖（CD）系统（见 6.8 节）的整个 AI 学派，概念依赖（CD）系统于 20 世纪 80 年代出现在耶鲁大学。1968 年，Quillian 引入了语义网络（见 6.9 节）。语义网络似乎可以非常自然地用于语言处理中的知识表示，同时通过图实现足够的灵活性，并通过语言及其隐含意义的使用以及短语、句子的解析来实现足够的形式化和准确性（见 6.10 节）。关联是一种与人类密切相关的技能——我们的大脑如何关联、进行关系思维、解释和问题求解，这种技能可以在计算机中开发（参见 Doug Lenat 所做的研究），但对计算机而言，这并不是自然而然的。

6.11 节重点介绍了最近几年出现的方法，如概念图、概念地图和 Baecker 的工作，通过感官，特别是采用了视觉和声音来传达意义。

智能体（agent，见 6.12 节）是一种完全不同的开发问题求解范式的方法。它们源于 Marvin Minsky 的早期工作，后来又由同在麻省理工学院的 Rodney Brooks（包容架构的倡导者）所引领。这种自底向上的方法，关注的是利用强大的计算资源组合不同层次的专家可以完成什么任务。智能体有情境性、自治性、灵活性、社会性等特性。智能体方法的著名先驱是语音理解系统 Hearsay II 的黑板架构，Hearsay II 采用了 Hayes-Roth、Erman、Lesser 和 Reddy 所强调的知识源（Knowledge Source，KS）。

6.12.2 节介绍了一些现代智能体，包括用于 P2P 搜索的 KaZaA，用于监控的 Spector Pro 以及交易智能体 Zero Intelligence Plus。6.12.3 节和 6.12.4 节通过 Tim Berners Lee 开发的**语义网**（Semantic Web）以及 IBM 看待世界的方式，讨论了智能体的现在并展望了未来。

最后，6.12.5 节描述了本书作者对未来世界的观点，未来世界处在个人多智能体控制之下，这些个人智能体以各种可能的方式服务人类，从而为人们的日常生活带来便利。

讨论题

1．列举好的知识表示方法应该具备的重要特征。

2．区分数据、事实、信息和知识的概念。

3．粒度的概念是什么？

4．人类视窗是什么？

5．简述内隐式表示与外显式表示的概念。

6．框架和面向对象编程有什么共同点？

7．程序"可理解"是什么意思？

8．脚本有哪些优点？

9．脚本有哪些缺点？

10．如何描述框架的作用？

11．框架有哪些缺点？

12．为常见的普通场景开发脚本，如"穿衣服""去上班""去购买食物"等场景。

13．为以下事实和关系开发一个语义网络（Semantic Network）。

（a）Joe 和 Sue 是 Tom 和 Debi 的父母，Tom 和 Debi 是兄妹关系，Kim 是 Tom 的孩子，Jill 是 Debi 的孩子。

（b）Bill、Betty 和 Bob 是兄弟姐妹，他们住在马里兰州（Maryland）的巴尔的摩（Baltimore）。他们是 Don 和 Carol 的孩子。

14．语义网络与概念图及概念地图有何不同？

15．给出智能体的概念。

16．描述智能体的 4 个特性。

17．Marvin Minsky 对本章的主题有什么贡献？

18．Rodney Brooks 有什么成就？

19．与框架相关的守护过程是什么？

练习题

1．好的知识表示应该包含哪些元素？

2．追溯本章所讨论的人工智能知识表示的历史。

3．讨论框架、语义网络和脚本的一些优缺点。

4．为图 6.17 中的语义网络所描述的大学开发框架。

5．为图 6.11 和图 6.12 中的车辆事故框架开发语义网络。

6．描述 Hubert Dreyfus 反对将脚本作为有价值的知识表示的一些论点。

7．开发基于产生式规则、框架和语义网络的决策表示，做出诸如在给定的日子如何着装的决策（例如，在工作日或节日穿西服，在周末穿便服），以及做出在下雨天、在烈日天气等情况下如何着装的决策。

8．撰写一篇研究论文，描述下面某个人的成就：Ross Quillian、Marvin Minsky、John Sowa、Roger Schank、Robert Abelson 或 Rodney Brooks。

9．如果你试图向某人介绍棒球比赛，那么采用哪一种知识表示方法最合适？请使用你所选择的知识表示方法，尝试建立一个棒球系统。

10．尝试解决以下著名的加密算术问题。其中的每个字母代表且仅代表一个数字。对该问题进行推导求解，哪一种知识表示方法最合适？

SEND

+

MORE

========

MONEY

11．考虑图 6.22 所示的地铁地图，解释"知道指令"到底代表信息还是代表知识。如果你的答案是"信息"的话，那么请解释需要什么才能将其"升级"为知识。

12．到目前为止，我们给出了一系列具有某个公共特征的问题，包括传教士和野人问题、12 枚硬币的称重问题、"骑士之旅"问题、8 和游戏和密码算术问题等。这些问题有什么共同点？

乘坐地铁线路 C 到拉斐特（Lafayette），或者先乘坐地铁线路 2、3、4、5、B、D、M、N、Q、R 到亚特兰大（Atlantic），再乘坐地铁线路 G 到富尔顿（Fulton）

图 6.22　地铁地图

13．本章介绍了人类视窗的概念，考虑上面这些习题的解法以及本书其他习题和问题的解法，这些解法与"人类视窗"有多像？也就是说，对人类而言，它们是否需要过多的内存或计算？它们完全正确吗？是否有一个合适的粒度？可执行吗？可理解吗？

14．本章介绍了问题求解的"内隐"或"外显"的概念。考虑上面或本书其他地方的习题求解的表示，这些求解是内隐的还是外显的？谁更喜欢内隐式求解？谁又更喜欢外显式求解？

大部分人更喜欢哪种求解？

关键词

智能体	事件	多重继承
关联	可执行性	对象
自主智能体	期望驱动处理	面向对象
黑板架构	外显的	机会主义
自底向上	外显式表示	感知
柯尼斯堡桥问题	事实	性能
格关系	槽值	多态
类	公式算符	问题化简
常识	框架	递归关系
可理解性	广义量词	脚本
概念	粒度	语义网络
概念地图	图	语义网
概念依赖系统	图形草图	情境性
概念图	索引	槽
概念关系	信息	SmartBook
准确率	继承	Sprite
数据	内隐的	包容架构
决策	内隐式表示	人类视窗
边	知识	12 枚硬币的称重问题
封装	知识表示	汉诺塔问题
欧拉性质	知识源	顶点
欧拉环	元知识	
欧拉路径	多智能体系统	

参考资料

[1] Firebaugh M. 1988. Artificial Intelligence: A Knowledge-based Approach. Boston, MA: PWS-Kent.

[2] Feigenbaum E A, Barr A, and Cohen R, eds. 1981—1982. The Handbook of Artificial Intelligence. Vol 1-3. Stanford, CA: HeurisTech Press / William Kaufmann.

[3] Clarke M R B. 1980. The construction of economical and correct algorithms for KPK, in Advances in Computer Chess 2, ed. M. R. B. Clarke. Edinburgh: Edinburgh University Press.

[4] Michie D. 1982. Experiments on the mechanization of game-learning: 2-rule-based learning and the human window. The Computer Journal 25(1): 105-113.

[5] Kopec D. 1983. Human and machine representations of knowledge. PhD thesis, Machine Intelligence Research Unit, University of Edinburgh, Edinburgh.

[6] Thompson K. 1986. Retrograde analysis of certain endgames. International Computer Chess Association Journal 8(3): 131-139.

[7] Beal D. 1977. The construction of economical and correct algorithms for king and pawn against king.

Appendix 5 In Advances in Computer Chess 2, ed. Beal & Clarke, 1-30. Edinburgh: Edinburgh University Press.

[8] Bramer M A. 1980. Correct and optimal strategies in game playing. The Computer Journal 23(4): 347-52.

[9] Reddy R. 1988. The foundations and grand challenges of artificial intelligence. AAAI President's Address: aaai.org/Library/President/Reddy.pdf.

[10] Chase W G and Simon H A. 1973. Perception in chess. Cognitive Psychology 4: 55-81.

[11] Nievergelt J A. 1977. Information content of chess positions. ACM SIGART April: 13-15.

[12] Michie D. 1977. Practical limits to computation. Research Memorandum, MIP-R-116. Edinburgh: Machine Intelligence Research Unit, Edinburgh University.

[13] Miller G A. 1956. The magical number 7, plus or minus 2: Some limits on our capacity for processing information. Psychological Review 63: 81-97.

[14] Stroud J M. 1966. The fine structure of psychological time. Annals of the NY Academy 623-631.

[15] Halstead M H. 1977. Elements of software science. New York, NY: Elsevier.

[16] Kraitchik M. 1942. § 8.4.1 in Mathematical Recreations. New York, NY: W. W. Norton, 209-211.

[17] Bierman A. 1990. Great Ideas in Computer Science. Cambridge, MA: MIT Press.

[18] Ege R. 200 The object-oriented language paradigm, In The Computer Science and Handbook, 2nd ed. Allen Tucker, Chapter 91, 1-27, Boca Raton, Florida: CRC, Chapman and Hall.

[19] Laudon K. 2003. Programming language: Principles and practice, 2nd ed. Boston, MA: Thomson/ Brooks/Cole.

[20] Budd T. 2001. The Introduction to Object-Oriented programming. Reading, MA: Addison-Wesley.

[21] Papert S. 1980. Mindstorms: Children, Computers and Powerful Ideas. New York, NY: Basic Books.

[22] Minsky M. 1975. A framework for representing knowledge. In The Psychology of Computer Vision, ed. P. Winston, 211-277. New York, NY: McGraw-Hill.

[23] Brachman R J. 1985. I lied about the trees—Or, defaults and definitions in knowledge representation. The AI Magazine 6:80-93.

[24] Schank R C and Abelson R P. 1977. Scripts, Plans, Goals, and Understanding. Hillsdale, NJ: Lawrence Erlbaum.

[25] Dreyfus H A. 1981. From micro-worlds to knowledge representation. In Mind Design, ed. John Haugeland. Cambridge, MA: MIT Press.

[26] Lenat D and Guha R V. 1990. Building Large Knowledge-Based Systems: Representation and Inference in the CYC Project. Reading, MA: Addison-Wesley.

[27] Quillian M R. 1968. Semantic Memory. In Semantic Information Processing, ed. M. Minsky. Cambridge, MA: MIT Press.

[28] Novak J D and Gowin D B. 1985. Learning How to Learn. Cambridge: Cambridge University Press.

[29] Kopec D. 2001. SmartBooks: A generic methodology to facilitate delivery of postsecondary education. In Proceedings AMCIS 2001 Association for Information Systems 7th Americas Conference on Information Systems. Boston, August 2-5, Curriculum and Learning Track; (CDROM).

[30] Kopec D, Wood C and Brody M. 1991. An educational theory for transferring domain expert knowledge towards the development of an intelligent tutoring system for STDs. Journal of Artificial

Intelligence in Education 2(2): 67-82.

[31] Kopec D and Wood C. 1994. Introduction to SmartBooks (Booklet; to accompany interactive educational software AIDS SmartBook). Boston, MA.: Jones and Bartlett. Also published as United States Coast Guard Academy, Center for Advanced Studies Report No. 23-93, December, 1993.

[32] Kopec D, Brody M, Shi C and Wood C. 1992. Towards an intelligent tutoring system with application to sexually transmitted diseases. In Artificial Intelligence and Intelligent Tutoring Systems: Knowledge-Based Systems for Learning and Teaching, eds. D. Kopec and R. B. Thompson, 129-151. Chichester, England: Ellis Horwood Publishers.

[33] Wood C L. 1992. Use of concept maps in micro-computer-based program design for an AIDS knowledge base. EDD Thesis, University of Maine, Orono.

[34] Kopec D, Whitlock P and Kogen M. 2002. SmartTutor: Combining SmartBooks™ and peer tutors for multi-media online instruction. In Proceedings of the International Conference on Engineering Education, University of Manchester, Manchester, England, UMIST, (CDROM), August 18-21, 2002.

[35] Eckhardt R, Harrow K, Kopec D, Kobrak M and Whitlock P. 2007 SmartTutor: A unified approach for enhancing science education. The Journal of Computing Sciences in Colleges 22(3): 29-36.

[36] Peirce C S. 1958. Collected Papers (1931-1958). Cambridge, MA: Harvard University Press.

[37] Sowa J. 1984. Conceptual Structures: Information Processing in Mind and Machine. Reading, MA: Addison-Wesley.

[38] Sowa J. 2000. Knowledge Representation: Logical, Philosophical, and Computational Foundations. Boston, MA: Brooks/Cole/Thomson Learning.

[39] Troudt E. 2014. Automated Learner Classification Through Interface Event Stream and Summary Statistics Analysis. Ph.D Thesis. CUNY, New York, NY: The Graduate Center.

[40] Baecker R, DiGiano C and Marcus A. 1997. Software visualization for debugging; Communications of the ACM 40(4).

[41] Langton C G. 1989. Artificial Life: Santa Fe Institute Studies in the Sciences of Complexity, VI. Reading, MA: Addison-Wesley.

[42] Franklin S and Graesser A. 1996. Is it an agent, or just a program? : A taxonomy for autonomous agents. In Proceedings of the Third International Workshop on Agent Theories, Architectures, and Languages. New York, NY: Springer-Verlag.

[43] Minsky M. 1986. The Society of Mind. New York, NY: Simon and Schuster.

[44] Durfee E H and Lesser V. 1989. Negotiating task decomposition and allocation using partial global planning. In Distributed Artificial Intelligence, Vol II, ed. L. Gasser and M. Huhns. San Francisco: Morgan Kaufman.

[45] Jennings N R, Sycara K P and Woolbridge M. 1998. A roadmap for agent research and development. Journal of Autonomous Agents and Multiagent Systems 1(1): 17-36.

[46] Luger G. 2005. Artificial Intelligence: Structures and Strategies for Complex Problem Solving, 5th ed. Reading, MA: Addison-Wesley.

[47] Erman J L, Hayes-Roth F, Lesser V and Reddy D. 1980. The Hearsay II speech understanding system: Integrating knowledge to resolve uncertainty. Computing Surveys 12(2): 213-253.

[48] Kornfeld W. 1979. ETHER: A parallel problem solving system. In Proceedings of the 6th International

Joint Conference on Artificial Intelligence, 490-492. Cambridge, MA, August 1979.

[49] Lenat D. 1975. BEINGS: Knowledge as interacting agents. In Proceedings of the 1975 International Joint Conference on Artificial Intelligence, 126-133.

[50] Hewitt C. 1977. Viewing control structures as patterns of message passing. Artificial Intelligence 8(3): 323-374.

[51] Ferber J. 1999. Multi-Agent Systems. Reading, MA: Addison-Wesley.

[52] Lesser V R and Corkill D D. 1983. The distributed vehicle monitoring testbed. AI Magazine 4(3): 15-33.

[53] Brooks R A. 1989. A robot that walks; Emergent behaviors from a carefully evolved network. Neural Computation 1(2): 254-262.

[54] Brooks R A. 1991. Intelligence without representation. Artificial Intelligence 47(3): 139-159.

[55] Brooks R A. 1997. The cog project. Journal of the Robotics Society of Japan, Special Issue Mini on Humanoid, ed. T. Matsui. 15(7).

[56] Sedacca B. 2006. Best-kept secret agent revealed. Computer Weekly.

[57] Berners-Lee T and Fischetti M. 1999. Weaving the Web. San Francisco: Harper.

[58] Baase S. 2008. A Gift of Fire: Social, Legal, and Ethical Issues for Computing and the Internet, 3rd ed. Saddle Brook, NJ: Prentice Hall.

[59] Kopec D, Shetty S and Pileggi C. 2014. Artificial Intelligence Problems and Their Solutions. Dulles, VA: Mercury Learning, Inc.

第 7 章　产生式系统

本章从强 AI 和弱 AI 方法的讨论开始介绍，并给出一个实际的例子——CarBuyer。本章将对产生式系统进行深入的分析，同时介绍产生式系统的优点和方法。本章将通过许多例子，详细介绍前向、后向链接的推理方法以及实现冲突消解的方法。本章最后介绍细胞自动机、随机过程和马尔可夫链。

7.0　引言

"我更喜欢成为生产主义者（productionist），而不是完美主义者。"这段开场白也许需要我们作进一步解释。从本质上说，我们认为，完

约翰·冯·诺依曼

美虽然是一个崇高的目标，但是在任何领域，无论是科学、学术、体育、商业、政府，都极少实现或很难达成。在许多学科中，我们希望能够产出成果，即使它并不完美，但是这代表我们付出了最大的努力，并且对社会做出了宝贵的贡献。你可能听说过"完美是优秀的敌人"，关于这一点，我们留给读者自行判断。

7.1　背景

从传统意义上讲，"生产"与"完美"的讨论是人工智能概念不可分割的一部分。也就是说，如果我们能够发现或推导出算法来表示人类所有的行为、决策和问题求解活动，那就不需要人工智能这个学科了。相反，我们必须根据所学的知识进行猜测、估计，做出明智的、统计上合理的决策。产生式系统可以视为到人类专家头脑中知识的链接，或是对这些知识的翻译。我们还将讨论的话题是，如果要将这些知识转换为能让计算机遵循和执行的指令，那么这些知识应该如何表示。

产生式系统从本质上可以认为是"IF-THEN 规则"的同义词。也就是说，如果"IF"规定的某些条件得以匹配，则相应地得到某种结论，做出某种决策，并采取某个动作。但是，不存在一组"IF-THEN 规则"可以将人类的行为"完美"地简化。在做出具体决策或结论时，试图使用确信度概率更好地表示现实可能是很有帮助的，但是就目前而言，计算机还不能完整地复制人类决策的过程。

产生式系统并非新鲜事物。艾伦·纽厄尔（Allen Newell）和赫伯特·西蒙（Herbert Simon）是人类问题求解研究领域的两位先驱。他们将产生式系统视为大脑处理信息的一种范式，也就是说，给定一组特定的环境，某些行为、决策或知识在这组环境下被触发。产生式系统也称为**基于规则的系统**（rule-based system）或**推理系统**（inference system）。

产生式系统早期的发展固有地与这样的概念紧紧地联系在一起，即左边某个符号生成右边的一个或一组符号，例如 A→BC。1943 年，埃米尔·波斯特（Emil Post）在一篇著名的论文——

"Formal Reductions of the General Combinatorial Decision Problem"中引入了产生式系统[1]。

波斯特产生式系统的基本思想是读取第一个符号，从队列头部删除固定数目的符号，并将替代字符串附加到队列的末尾，替代已删除的符号，如图 7.1 所示。这是一个双标签系统，每次都删除队列头部的两个符号。

后来，1957 年，诺姆·乔姆斯基（Noam Chomsky）[2]将产生式系统作为一系列重写规则重新引入，这些重写规则可以用作转换规则，在自然语言系统中用来表示形式语法（见 13.3 节）。

初始词：yxx

yxx	将y替换为"zzx"
→xzzx	将x替换为"zzyxH"
→zxzzyxH	将z替换为"zz"
→zzyxHzz	将z替换为"zz"
→yxHzzzz	将y替换为"zzx"
→Hzzzzzzx（停止）	

图 7.1　波斯特产生式系统的一个例子

产生式系统，诸如波斯特产生式系统，按照其完全一般性（full generality），可以证明其等价于通用图灵机。从理论上讲，任何工作的计算机程序（使用任何计算机语言）都可以转换为能在图灵机上执行的程序。

产生式系统对 AI 研究人员具有非常大的吸引力，具体表现在如下几个方面。

● **产生式系统是一种非常强大的知识表示形式。** 无论是正式的还是非正式的，它们作为人类如何思考这个世界的模型是非常具有吸引力的。虽然针对具体人类知识领域构建完整系统的尝试，要么过于详细（为了表示在专家的大脑中真正发生的事情），要么太过于简单而不足以表达出全部真相，但是产生式系统可以方便地用来表示决策和行动。

● **产生式系统作为连接 AI 研究和专家系统的桥梁，同时体现了强 AI 方法。** 产生式系统是一种非常自然的表达方法，使用这种方法可以传达知识，表达问题领域的主要规则，以及构建专家系统。

● **作为展示启发式方法的一种方式，产生式系统也是对人类行为建模的一种方式。** 正如我们在本书中所强调的，人类通过启发式方法处理事情。人类无法像计算机那样持续执行形式化的算法（回想一下我们在第 6 章中提出的人类视窗的概念），但人类非常擅长和使用启发式方法。由于产生式系统是表示启发式方法的一种很好的方式，因此可以作为人类行为的模型。

● **作为模式匹配和"情境-行动"场景的优秀模型，** 产生式系统的表现就像一个触发器，一旦满足条件，就决定采取什么动作。这是一种表示各种各样的人类和自然情境的非常自然的方式。规则可以非常简单、直接、通用、清晰，也可以变得相对复杂，以应用到非常具体的领域。

强 AI 方法与弱 AI 方法

第 1 章将 AI 研究二分为强 AI 方法和弱 AI 方法。强 AI 方法依赖于经过积累、组织、提炼以及可以采用的领域特定知识来获得旨在帮助人类工作的系统。一个优秀的例子是计算机国际象棋：尽管现在顶级的国际象棋程序看起来很强大，但是这个学科的大部分成功并不是通过强 AI 方法来实现的。强 AI 方法将涉及积累所有关于国际象棋的知识（例如棋局概念、兵的结构以及所有已知的开局、中局和残局等），并且将它们组合成正如 Sowa 所说的"知识汤（knowledge soup）"[3]。强 AI 方法将采用所有能够积累的知识，为程序生成强大的、能够获胜的步骤。

　　强 AI 方法与人类记忆和计算能力有限的性质类似，即相较于计算机程序而言，人类必须通过应用知识来进行强国际象棋博弈——思考数量相当小的棋局位置，并且不会非常深入，以应对记忆和计算能力的限制。

　　相反，虽然我们的程序似乎与世界上最好的人类棋手不分伯仲，但它不一定具有海量的国际象棋专业知识，至少对于 Reddy 估计出的 50 000 左右特定国际象棋概念而言的确如此[①]，这些知识对于人类大师而言可能要积累到 50 岁[4]。这是因为程序采用了所谓的"弱"AI 方法，这种 AI 方法按常规搜索由数百亿可能的未来棋局位置组成的树，相比之下，为了寻求在给定棋局找到最好的走子，人类只能搜索 50～200 个位置。通过谓词演算框架，采用复杂的符号运算，这是逻辑学家的方法（见第 5 章），我们认为这是相对较弱的 AI 方法。相比之下，由数百个特定领域的规则构建起来的专家系统（见第 9 章）是强 AI 方法的示例。

　　弱 AI 方法的其他例子还包括第 11 章中描述的神经网络方法和第 12 章中描述的进化方法。那么，哪种方法是首选？要回答这个问题，就需要考虑性能需求与能力需求之间的精细平衡。例如，在特别的自然语言处理的"人类"领域，强 AI 方法看起来是首选。但是，可以看成强 AI 方法和弱 AI 方法混合的统计学方法的结果，看上去特别有前途[5]。

7.2　基本示例

　　如前所述，产生式系统是一种通用的表示人类世界的方式。它们遵循了我们之前讨论的基本形式：

IF[条件] THEN[动作]

以下是一些例子。

例 7.1　一条规则（法律）

　　IF[你正在开车] THEN[禁止喝酒]

例 7.2　另一条规则（法律）

　　IF[你正在开车，AND 你想使用手机]

　　THEN[确保你使用的是免提设备]

例 7.3　常识规则/启发法

　　IF[你正在开车，AND 下暴雨，AND 能见度差]

　　THEN[靠边停车]

例 7.4　相对复杂的领域的特定示例

　　IF[汽车无法启动，AND 电池正常，AND 启动器正常，AND 有汽油]

　　THEN[检查发电机]

　　元知识（meta-knowledge）是关于知识的知识，它关注的是自身的内部结构，并且不与领域相关。下面是一个使用元知识建议改变教学策略的例子，该做法有可能带来更好的结果。

---

① Reddy 在参考文献[4]中提到，一位国际象棋大师能识别 50 000 个左右的国际象棋概念块（chunk）。——译者注

例 7.5 使用元知识

元规则 1

IF[学生不能回答某个问题]

THEN[尝试问学生一个更基本的、更有可能成功回答的问题]

元规则 1 的示例如下。

问题 1：世界上有多少人？

答：我不知道。

问题 2：有多少人生活在中国？

答：14 亿左右。

元规则 2

IF[学生可以回答相对基本的问题]

THEN[问一个后续问题，这个问题可以充当回到原始问题的"桥梁"]

元规则 2 的示例如下。

问题 3：那么，你猜世界上有多少人？

最早、最成功的专家系统之一是 MYCIN，它是由 Buchanan 和 Shortliffe 于 1976 年在斯坦福大学开发的[6]。MYCIN 尝试确定患者可能存在哪种泌尿系统疾病。以下是 MYCIN 最常引用的一段摘录：

IF[有机体的染色是革兰氏阴性，AND 有机体的形态是棒状的，AND 患者是受损的宿主]

THEN[存在提示性的证据（0.6），识别有机体为假单胞菌]

MYCIN 是由医生和计算机科学家联合开发的，包括约 400 条规则。

这个例子详细说明了 MYCIN 具有非常深的特定领域的知识，并且展示了 MYCIN 在评估接收一系列问题的答案后，如何推理出结论的过程（推理链）。通过声明已积累的事实，以及所得出结论的置信度（在这个例子中为 0.6），MYCIN 能够"解释"它是如何得到结论的。

回想一下，产生式是人类进行问题求解的一种范式，它是由 Newell 和 Simon 在卡内基·梅隆大学开发出来的[7]。他们认为人类在求解某些问题时，使用了存储在长期记忆中的产生式。当在短期记忆中识别出问题的某种条件或情境时，就称长期记忆中的某条产生式规则被触发(fire)。然后，短期（工作）记忆（short-term memory）中便添加了规定的动作（或结果）。因此，长期记忆中的新的产生式可以被**触发**。因为从现有的信息中可以推导出新的信息，所以人们把这种动态过程称为人类推理的模型。我们很快就会看到，给定存储在短期记忆中的一系列情况（前提、条件）得到了匹配，因而可能会有不止一个可行的行动。基于规则的系统的设计理念是，通过某种方式得到一个合适的要采取的行动。这个过程被称为**冲突消解**（conflict resolution）。对短期记忆与长期记忆中的情境进行匹配，然后选择最好的匹配规则，确定执行的合适动作。图 7.2 说明了这个过程的工作原理。

这引出了基于规则的专家系统的概念。这些系统结合了知识库中的产生式（或规则），同时在工作内存中包含了领域特定的信息，此外还包含一个可以从现有信息中推断出新信息的推理机。Durkin[8] 在 *Expert Systems: Design and Development* 的第 168 页，给出了下列基于规则的专家系统的定义。

使用知识库中包含的一组规则，利用推理机来推导出新信息，用来处理工作内存中包含的问题特定信息的计算机程序。

图 7.3 说明了基于规则或产生式系统的这 3 个基本组件之间的交互。在这里，**全局数据库**（global database）相当于短期记忆，它是产生式系统（production system）的主要数据结构，由列表、小矩阵、关系数据库或索引文件结构组成。这是一个动态的结构，它会根据产生式动作的结果不断改变，可以称为上下文或工作内存（Working Memory，WM）。从计算机科学的角度来看，这个结构等价于计算机中的 RAM，但它和硬盘或永久存储器有很大的不同。知识库包括了产生式规则，而控制结构等同于上面定义的推理机。

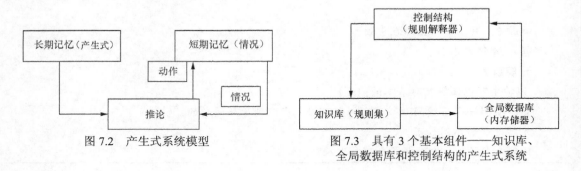

图 7.2   产生式系统模型

图 7.3   具有 3 个基本组件——知识库、全局数据库和控制结构的产生式系统

7.3   CarBuyer 系统

本节将介绍 CarBuyer 系统（见表 7.1），这个系统基于最相关的购车因素，如 CLASS（车身类型/尺寸）、PRICE（价格，不管是新车还是二手车）、汽车的 MILEAGE（如果是二手车的话）以及 AVGCMPG [汽车平均每 100 英里（约 161 千米）的耗油量（单位为加仑，1 加仑约 3.785升）]，构建了产生式规则集，以帮助顾客选购合适的汽车。如果汽车是二手车，那么其他类型的因素将包括汽车的行驶里程数（MILEAGE）和制造年份（Year）。

表 7.1 　　　　　　　　　　　　CarBuyer 数据库

#	BRAND	CATEGORY	New/Used	PRICE ($K)	US?	AVGCMPG	MILE (K)	Doors	Engine	Year	Car Chosen
1	Cadillac	Midsize	new	31	US	20	0	4	3.6L 6cyl	2008	Cadillac CTS
2	Lincoln	Midsize	new	33	US	22	0	4	3.5L 6cyl	2008	Lincola MKZ
3	Mercedes	Sports/Conv	new	96	Foreign	14	0	2	5.5L 8cyl	2009	Mercedes-Benz SL-Class
4	Chevrolet	Midsize	new	23	US	25	0	4	2.4L 4cyl gas/ electric hybrid	2008	Chevrolet Malibu Hybrid
5	Honda	Sub-Comp	new	18	Foreign	29	0	4	1.8L 4cyl	2008	Honda Civic
6	Toyota	Midsize	new	26	Foreign	34	0	4	2.4L 4cyl gas/ electric hybrid	2009	Toyota Camry Hybrid
7	Ford	Compact	new	17	US	28	0	2	2.0L 4cyl	2008	Ford Focus
8	Honda	Sub-Comp	new	21	Foreign	29	0	2	2.0L 4cyl	2008	Honda Civic
9	Honda	Compact	new	27	Foreign	45	0	4	4.0L 4cyl	2008	Honda Civic Hybrid
10	Hyundai	Midsize	new	16	Foreign	28	0	4	2.0L 4cyl	2008	Hyundai Elantra

续表

#	BRAND	CATEGORY	New/Used	PRICE ($K)	US?	AVGCMPG	MILE (K)	Doors	Engine	Year	Car Chosen
11	Cadillac	SUV	new	56	US	14	0	4	6.2L 8cyl	2008	Cadillac Escalade
12	Toyota	SUV	new	49	Foreign	14	0	4	5.7L 8cyl	2008	Toyota Sequoia
13	Mercedes	SUV	new	53	Foreign	15	0	4	5.5L 8cyl	2008	Mercedes-Benz M-Class
14	Chevrolet	Sports/Conr	used	18	US	20	83	2	8cyl	2000	Chevrolet Camaro Z28 Convertible
15	Mercedes	Sports/Conv	used	20	Foreign	24	66	2	4cyl	2003	Mercedes-Benz SLK230 Convertible
16	Chevrolet	Sports	used	14	US	21	42	2	8cyl	2002	Chevrolet Camaro Z28 Coupe
17	Ford	Sports	used	13	US	20	23	2	8cyl	2004	Ford Mustang GT Coupe
18	Honda	Midsize	used	11	Foreign	24	60	2	6cyl	2003	Honda Accord EX V6 Coupe
19	Honda	Midsize	used	15	Foreign	28	111	4	4cyl	2003	Honda Accord EX Sedan
20	Lincoln	Large	used	11	US	14	97	4	8cyl	2002	Lincoln Continental
21	Lincoln	Large	used	13	US	15	45	4	8cyl	2002	Lincoln LS V8
22	Toyota	Compact	used	16	Foreign	24	102	4	6cyl	2003	Toyota Avalon XLS
23	Toyota	Compact	used	15	Foreign	24	66	2	6cyl	2004	Toyota Solara
24	Toyota	SUV	used	17	Foreign	19	36	4	6cyl	2004	Toyota 4Runner SR5
25	Ford	SUV	used	11	US	25	29	4	6cyl	2003	Ford Escape XLT
26	Ford	Large	used	9	US	20	59	4	8cyl	2004	Ford Crown Vletorla LX
27	Ford	Sub-Comp	used	17	US	20	51	2	8cyl	2003	Ford Mustang GT
28	Chevrolet	SUV	used	15	US	16	45	2	6cyl	2004	Chevrolet Blazer
29	Cadillac	SUV	used	18	US	14	57	4	8cyl	2003	Cadillac Escalade AWD
30	Cadillac	Large	Used	10	US	21	65	4	8cyl	2004	Cadillac De Ville
31	Cadillac	Midsize	used	15	US	20	50	2	8cyl	2001	Cadillac Eldorado ESC
32	Hyundai	SUV	used	19	Foreign	23	40	4	6cyl	2005	Hyundal Tucson 4x4
33	Hyundai	Compact	used	7	Foreign	28	90	4	4cyl	2001	Hyundal Elantra CLS Sedan

　　为了让这个系统更加真实，我们将创建一个小模型，它代表当今最适用的汽车购买决策。当撰写本书时，在选购汽车方面，最重要的因素可能是汽车的 CLASS，然后是 PRICE，最后才是 AVGCMPG。说到 CLASS，我们指的是下列车型中的一种：紧凑型、低端紧凑型、中型、大

型、SUV、跑车等。

- ON_WM x：测试属性 x 是否在 WM（工作内存）中。
- PUT_ON_WM x：将属性 x 放在 WM 中。

基于人们在做出购车决定时所关注的一些重要的汽车特性，我们制定了一些产生式规则，构建了汽车购买者产生式系统（Car Buyer Production System）。这个模型或玩具系统仅仅包含 32 种汽车（如果在这个模型或玩具系统中找不到自己喜欢的车型，请大家见谅）。

规则 1：IF [ON_WM MILEAGE = 0]
　　　　THEN [PUT_ON_WM **NEW**]

规则 2：IF [ON_WM MILEAGE > 0]
　　　　THEN [PUT_ON_WM **USED**]

规则 3：IF [ON_WM PRICE ⩾ 30K]
　　　　THEN [PUT_ON_WM **LUXURY**]

规则 4：IF [ON_WM PRICE ⩾ 20K]
　　　　THEN [PUT_ON_WM **STANDARD**]

规则 5：IF [ON_WM PRICE > 5K]
　　　　THEN [PUT_ON_WM **ECONOMY**]

规则 6：IF [ON_WM NEW] AND [ON_WM 8cyl]
　　　　THEN [PUT_ON_WM **LUXURY**]

规则 7：IF [ON_WM **AVGCMPG** ⩾ 25]
　　　　THEN [PUT_ON_WM **Excellent-MPG**]
　　　ELSEIF [ON_WM **AVGCMPG** > 16]
　　　　THEN [PUT_ON_WM **Medium-MPG**]
　　　ELSEIF [ON_WM **AVGCMPG** ⩽ 16]
　　　　THEN [PUT_ON_WM **Low-MPG**]

规则 8：IF [ON_WM **LUXURY**]
　　　　THEN [PUT_ON_WM **SUV**] AND [PUT_ON_WM **Cadillac**]
　　　　AND [PUT_ON_WM **Lincoln**]
　　　　AND [PUT_ON_WM **Mercedes**]

规则 9：IF [ON_WM **FOREIGN**]
　　　　THEN [PUT_ON_WM **Toyota**] AND [PUT_ON_WM **Mercedes**]
　　　　AND [PUT_ON_WM **Honda**]
　　　　AND [PUT_ON_WM **Hyundai**]

规则 10：IF [ON_WM **NEW**] AND [ON_WM **SUB-COMPACT**]
　　　　THEN [PUT_ON_WM **Honda Civic**]

规则 11：IF [ON_WM NEW] AND [ON_WM COMPACT]
　　　　THEN [PUT_ON_WM **Honda Civic**] AND
　　　　[PUT_ON_WM **Ford Focus**]

规则 12：IF [ON_WM **NEW**] AND [ON WM **MIDSIZE**] AND [ON_WM **ECONOMY**]
　　　　THEN [PUT_ON_WM **Hyundai**]

规则 13：IF [ON_WM **NEW**] AND ON_WM **MIDSIZE**] AND [ON_WM **STANDARD**]

THEN [PUT_ON_WM **Toyota**] AND [PUT_ON_WM **Chevrolet**]

规则 14：IF [ON_WM **NEW**] AND [ON WM **MIDSIZE**] AND [ON_WM **LUXURY**]

    THEN [PUT_ON_WM **Cadillac**] AND [PUT_ON_WM Lincoln]

规则 15：IF [ON_WM USED] AND [ON_WM LARGE]

    THEN [PUT_ON_WM **Lincoln**]

    AND [PUT_ON_WM **Cadillac**]

    AND [PUT_ON_WM **Ford**]

规则 16：IF [ON_WM USED] AND [ON_WM SUV]

    THEN [PUT_ON_WM **Toyota**]

    AND [PUT_ON_WM **Ford**]

    AND [PUT_ON_WM **Chevrolet**]

    AND [PUT_ON_WM **Cadillac**]

    AND [PUT_ON_WM **Hyundai**]

规则 17：IF [ON_WM USED] AND [ON_WM **Sub-Compact**]

    THEN [PUT_ON_WM **Chevrolet**] AND [PUT_ON_WM **Ford**]

规则 18：IF [ON WM USED] AND [ON WM **Compact**]

    THEN [PUT_ON_WM **Toyota**] AND [PUT_ON_WM **Hyundai**]

规则 19：IF [ON_WM USED] AND [ON_WM **Midsize**]

    THEN [PUT_ON_WM **Honda**] AND [PUT_ON_WM **Cadillac**]

规则 20：IF [ON_WM USED] AND [ON WM **Sports/Conv**]

    AND [ON_WM **PRICE≥20K**]

    THEN [PUT_ON_WM **LUXURY**] AND [PUT_ON_WM **Mercedes**]

至少就考虑所有可能的候选车型而言，这 20 条规则已经覆盖了数据库中所有的 32 辆汽车。虽然在某些情况下，最后的结果不止一种车型，但是它们总能成功地把汽车数据库缩减到一张小表中。现在，我们将介绍**规则解释器**（rule interpreter），也称为**控制系统**（control system）或控制结构。控制系统将根据规则系统化地识别出最匹配所希望特性的汽车。控制系统的工作原理如下。

（1）从头到尾扫描，找出那些已被激活或被认为可使用的产生式规则，也就是那些 IF 条件评估为真的规则。这一步骤的结果是已激活规则的列表（也可以是空列表）。

（2）如果多条规则适用（即被激活），那么停用（从工作内存中删除）那些与已经存储在 WM 中的特性重复的规则，这可以防止 WM 中出现冗余特性。

（3）根据"IF 条件"，触发最长的已激发的产生式规则。如果没有适用的规则，则退出循环。所需车辆的最佳匹配结果就是 WM 顶部的那辆汽车。

（4）将所有产生式规则的 IF 部分变为 FALSE（假），转到控制语句（1）。这使得控制结构可以进行迭代，直至找到最优解。

控制系统有两个明显不同的目的。控制系统的第一个目的是检查工作内存（数据库）以回答问题，如"有什么二手经济型汽车可以买？"或"有什么新的豪华车可以买？"。规则 2 和规则 5 可以回答二手经济型汽车的问题，而规则 6 将给出新的豪华车。控制系统的第二个目的是通过触发适用的产生式规则，进行逻辑推理，将搜索到的可能的汽车知识添加到数据库中。例如，规则 7 告诉我们，数据库中的豪华车是 SUV、凯迪拉克、林肯和梅赛德斯。规则 3 添加了进一步的知识：豪华车的价格超过 30 000 美元。而规则 13 则添加了更进一步的知识：如果希望购买新的中型豪华车，那么凯迪拉克和林肯是可能的选择。最后，如果我们正在寻找一辆二手豪华车，那么规则 20 就会产生一个例外（一辆价格不到 30 000 美元的豪华车），向我们提供梅赛德斯运动型敞篷车（Mercedes Sports Convertible）。在这个过程中的任何时刻，我们都可以检查工作内存，列出从规则匹配和推理中得到的原始数据。

值得注意的是控制系统的迭代性。这是一个需要 4 个步骤才能完成的过程。重复这一过程，直到找不到（不能触发）更多的匹配规则为止。在步骤 3 中可以退出循环结构，这一步可以很方便地将最优匹配结果置于工作内存（WM）的顶部。因此，我们可以得出以下结论：迭代过程的第一阶段执行模式匹配，确定候选规则；第二阶段则执行冲突消解，确定最优匹配规则；第三阶段的目的是针对所希望的特性，决定哪辆车是最优候选，并执行相应的动作（action）。在这里，执行动作就是做出决策。

接下来，我们探讨系统的工作原理。假设我们正在寻找价格低于 20 000 美元的中型（MIDSIZE）二手车或新车。让我们迭代遍历规则，看看哪些规则适用。

显然，规则 5、规则 12 和规则 19 适用于上述需求。

注意，这会把以下汽车放到 WM 中。

规则 12→现代（Hyundai）；规则 19→本田（Honda），凯迪拉克（Cadillac）

值得注意的是，像凯迪拉克（Cadillac）这样的豪华车，与现代（Hyundai）和本田（Honda）这样的经济型汽车出现在了同一个列表中。这表明汽车制造商必须适应不断变化的经济环境。近几年，汽油价格急剧上升，超过 4 美元/加仑，这意味着购买汽车的主要考虑因素是 AVGCMPG。

我们添加了规则 7 来表示这种情况，目标是高的 AVGCMP。正如我们所看到的，规则 7 导致选择现代伊兰特（16 000 美元，28 AVGCMPG）、本田 2003 雅阁 V6（11 000 美元，24 AVGCMPG）和本田 2003 雅阁 V4（15 000 美元，28 AVGCMPG）。

由于价格仅差 1000 美元（鉴于这 3 种汽车都是非美国本土品牌），看起来系统应该能够选择价格只有 1 6000 美元的现代伊兰特。事实上，人们可以轻松做出购买本田 2003 雅阁 V4 的决定。但在计算机中，如何表示这种选择的逻辑呢？规则 12 比规则 19 长，这是长规则优先的冲突消解策略，可以避免多条规则都命中形成的平局结果（控制系统的步骤 3）。

产生式系统的优势

正如我们所看到的，对于开发专家系统和表达特定领域的规则，产生式系统是一种非常理想的方式。如果要非常具体，那么可以添加许多具体的规则。如果要一般化，则不必制定太多过于具体的规则。此外，规则本身既可以是通用的，也可以是专有的。例如，规则 7 将所有的汽车归类为 3 种可能的价格类别。这可以通过多子句嵌套 IF-THEN-ELSEIF 结构来实现。

我们再次强调，这里所开发的系统只是一个小模型的例子，而在真实系统中，数据库可能涉及数千辆汽车，包含几百条规则。如果可能的话，我们希望避免"收益递减效应（diminishing returns effect）"。由于"收益递减效应"，一小部分规则处理了大部分的问题空间，但需要添加越来越多的规则来处理"特殊情况"。在构建专家系统时，10% 的规则覆盖了 90% 的问题空间，而其他 90% 的规则必须处理例外情况。

产生式系统的优势如下。

（1）易于表达。产生式系统是一种自然方式，供人们（人类领域的专家或专才）表达自己，展示人们所拥有的大量知识。

（2）本质上非常直观。产生式系统 IF-THEN（或前件-后件）的本质，是一种非常直观的人类表达自己的方式。这种系统是人类专家进行思维和决策过程时的一种非常合理的表达范式。

（3）简单性。产生式规则非常容易制定和修改。它们也很容易理解（透明），并与英语（或其他自然语言）的表达形式一致。

（4）模块性和可修改性。我们已经看到了构建产生式系统是多么容易。产生式系统是知识与控制明确分离的一个极好的例子。知识可以很容易得到修改——它们可以根据需要进行扩展、重组或删除，并且具有模块性。这是产生式系统、专家系统和 AI 的一个非常独特的方面，有时被称为"关注的分离（separation of concerns）"。此外，更重要的是，随着知识被添加到系统中，人们可以很方便地查阅和思考规则覆盖的内容。

（5）知识密集。上面所讲的"关注的分离"是知识密集型的，它允许知识工程师专注于开发产生式规则，从而不会因控制结构的操作而分散注意力。在每次添加规则时，如果系统开发人员必须重新考虑控制结构如何工作，事情就会变得非常麻烦。容易表达的特性还促进了规则聚类的发展，它们会系统地覆盖问题空间。

7.4 产生式系统和推理方法

作为知识表示形式和体现启发式方法的产生式系统，它的总体目的是使做出决策的过程变得容易。正如我们已经说明的，当适用的规则存在多条时，除非先前已经确定了打破平局的系统，否则就会出现冲突。将平局系统打破的过程被称为冲突消解，详见 7.4.1 节。在产生式系统的发展历史中，为了解决问题，人们已经开发并采用了两种遍历规则的主要方法：前向链接（详见 7.4.2 节）和后向链接（详见 7.4.3 节）。

人物轶事

赫伯特·西蒙（Herbert Simon，1916-2001）

人工智能领域的学生之所以会对 Herbert Simon 和他的亲密伙伴 Allen Newell 的工作感兴趣，是因为他们代表了这一领域的"人"的这边。他们对人工智能领域做出了巨大贡献，但他们一直坚持卡内基·梅隆大学的观点，即倾向于人工智能是独特的认知科学，也就是我们在本章前面（特别是第 6 章）讨论的强人工智能。

1978 年，"由于对经济组织的决策过程进行了开创性的研究"，Simon 获得诺贝尔经济学奖。1975 年，由于对"人工智能、类认知心理学和列表处理做出了巨大贡献"，Simon 和他的博士生 Allen Newell 共同获得了图灵奖。Simon 还获得了美国国家科学奖章（1986 年）和美国心理学协会的心理学杰出终身贡献奖（1993 年）。他于 1949 年加入卡内基·梅隆大学的心理学系，直至去世。人们认为他是认知心理学和人工智能领域的创始人之一。Simon 和 Newell 是基于模式的启发式方法求解问题的两个主要支持者，他们建立了人类思维模型。

Simon 由于有限理性（bounded rationality）理论获得了学术荣誉奖章（Academy Medal of Honor）。在这个理论中，概念非常简单，人们在知识或分析能力的限制下做出理性的决定，而不是寻找最优选择或价格最好的商品。也就是说，人们做出"满意的"（Simon 所用的词）或足够好的选择。

对于有限理性理论，Jones 写道（见后面参考资料中的第一个条目）：

"有限理性认为决策者是有理性的，也就是说，他们面向目标并且有适应能力，但是由于人类的认知和情感结构，他们在做出重要决定时有时会失败……"

1978 年，瑞典皇家科学院发表了以下声明，进一步表达了人们对 Simon 所做贡献的深深敬意：

"Herbert Simon 在科学上的成就远远超出了他担任教授职务的学科（政治学、行政学、心理学和信息科学）。在科学理论、应用数学、统计、运营研究、经济与商业、公共行政，以及所有他所研究的领域，Herbert Simon 都做出了重要的贡献。"

瑞典皇家科学院的官方诺贝尔奖公告

卡内基·梅隆大学计算机科学学院向 Simon 教授致以敬意，内容如下："他在所有工作中孜孜不倦，对人类决策和求解问题的过程以及这些过程对社会制度的影响饶有兴趣。他广泛使用计算机模拟人类思维，使用人工智能扩展了人类思维。"

Simon 在芝加哥大学学习社会科学和数学，于 1936 年获得学士学位，于 1943 年获得政治学博士学位。Simon 在他的自传中说："……我将继续把组织决策的描述性研究作为主要职业……我们的工作使我们越来越感到，如果要理解决策，就需一个更充分的关于人类是如何解决问题的理论。1952 年，我在兰德公司（Rand Corporation）见过艾伦·纽厄尔（Allen Newell），他也持有类似的观点。"

1954 年左右，Simon 和 Newell 构思出这样一种想法，即"研究问题求解的正确方法是用计算机程序来模拟它"。

逐渐地，计算机模拟人类认知成为 Simon 生命中的主要研究兴趣。

2000 年，拜伦·斯派斯（Byron Spice）在采访 Simon 的过程中问他计算机将如何继续塑造世界。他的回答是："实质上，虽然计算机表现出巨大的力量，但是如何接受和使用这种力量依然取决于人。"他进一步指出："……所以我们要考虑的是如何把那些在无事可做的情况下找到令人兴奋的事情的人分组。现在，我们的社会中有一半人都很危险。但是，你同样可以看到，技术为人类创造了条件，问题在于我们对自己做了什么。我们更好地了解了自己，也更好地找到了喜欢自己的方法……"

参考资料

Herbert Simon 发表的论文超过 1000 篇。下面仅列出了其中的一些文章。

Jones B D. Bounded rationality. Annual Review of Political Science 2: 297-321, 1999.

政治学

Simon H A. A behavioral model of rational choice. In Models of Man, Social and Rational: Mathematical Essays on Rational Human Behavior in a Social Setting. New York, NY: Wiley, 1957.

Simon H A. A mechanism for social selection and successful altruism. Science 250 (4988): 1665-8, 1990.

Simon H A. Bounded rationality and organizational learning. Organization Science 2(1): 125-134, 1991.

心理学

Zhu X, Simon H A. Learning mathematics from examples and by doing. Cognition and Instruction 4: 137-166, 1987.

Larkin J H, Simon H A. Why a diagram is (sometimes) worth 10,000 words. Cognitive Science

11: 65-100, 1987.

Langley P, Simon H A, Bradshaw G L, and Zytkow J M. Scientific discovery: Computational explorations of the creative processes. Cambridge, MA: The MIT Press, 1987.

Qin Y, and Simon H A. Laboratory replication of scientific discovery processes. Cognitive Science 14: 281-312, 1990.

Kaplan C, and Simon H A. In search of insight. Cognitive Psychology 22:374-419, 1990.

Vera A H, and Simon H A. Situated action: A symbolic interpretation. Cognitive Science 17: 7-48, 1993.

Richman H B, Staszewski J J, and Simon H A. Simulation of expert memory using EPAM IV. Psychological Review 102(2): 305-330, 1995.

计算机科学和人工智能

Simon H A. The structure of ill-structured problems. Artificial Intelligence 4: 181-202, 1973.

Newell A, and Simon H A. Human problem solving. Englewood Cliffs, NJ: Prentice-Hall, 1972.

Baylor G W, and Simon H A. A chess mating combinations program. In Proceedings of the 1966 Spring Joint Computer Conference 28: 431-447, 1966.

Simon H A. Experiments with a heuristic compiler. Journal of the Association for Computing Machinery 10: 493-506, 1963.

Newell A, and Simon H A. GPS: A program that simulates human thought. In Lernende automaten, ed. H. Billings, 109-124. Munchen: R. Oldenbourg, 1961.

Newell A, Shaw J C, and Simon H A. Chess-playing programs and the problem of complexity. IBM Journal of Research and Development 2: 320-335, 1958.

Newell A, and Simon H A. The logic theory machine. IRE Transactions on Information Theory IT-2(3): 61-79, 1956.

科学发现

Simon H A. The Sciences of the Artificial, 3rd ed. Cambridge, MA: The MIT Press, 1996.

Okada T, and Simon H A. Collaborative discovery in a scientific domain. In Proceedings of the 17th Annual Conference of the Cognitive Science Society, ed.J. D. Moore and J. F.Lehman, 340-345. Hillsdale, NJ: Erlbaum, 1995.

Shen W, and Simon H A. Fitness requirements for scientific theories containing recursive theoretical terms. British Journal for the Philosophy of Science, 44: 641-652, 1993.

Kulkarni D, and Simon H A. The processes of scientific discovery: The strategy of experimentation. Cognitive Science 12: 139-176, 1988.

Langley P, Simon H A, Bradshaw G L, and Zytkow J M. Scientific discovery: Computational explorations of the creative processes. Cambridge, MA: The MIT Press, 1987.

Simon H A, and Kotovsky K. Human acquisition of concepts for sequential patterns. Psychological Review 70: 534-546, 1963.

7.4.1 冲突消解

正如我们所看到的，当若干规则可以与产生式[IF]前提条件匹配成功时，就必须有一个策略来选择最合适的规则，这被称为**冲突消解**（Conflict Resolution），它可以通过以下几种方式来实现。

这一主题等到我们介绍阿瑟·塞缪尔（Arthur Samuel）在跳棋游戏方面的工作时也会提及（见第 16 章）。在第 16 章，我们将介绍 Samuel 提出的遗忘（forgetting）和刷新（refreshing）的概念。遗忘是指启发式方法的老化（缺乏使用），而刷新则赋予了启发式方法更多的重要性。如果启发式方法最近得到了使用，请将它们的老化时间（未使用时间）除以 2。

---

1. 触发匹配内存内容的第一条规则

示例如下。

规则 1：如果我有很多钱，那么我出去吃饭。

规则 2：如果我的钱有限，那么我留在家里做饭。

使用上面的冲突消解规则，如果某个人有钱，他就会出去吃饭。结果可能是，真正的压力来自于，一个人可能有钱出去吃饭，但是他没有时间！同时，他的厨艺可能也不好。因此，上述冲突消解的结果是出去吃饭——但只是选择附近的快餐店，这在规则 1 中没有规定。为了消解这样的冲突，我们可能需要更多更具体的规则。

2. 触发具有最高优先级的规则

可以给规则分配优先级。也就是说，可以认为一些规则比其他规则更重要。显然，在 CarBuyer 系统中，与 PRICE 相关的规则比与 CATEGORY 相关的规则更重要，也比汽车是 NEW 还是 USED 的规则更重要，这是因为一个人不可能购买自己支付不起的商品。这就是这些更优先的规则被放在列表头部的原因，尽管这个列表不是由专家从买家或卖家的角度构建的。我们试图以一种能够代表买家优先级的方式构建规则列表。你可能会问，为什么将 NEW 或 USED 相关的规则放在列表的头部？这是因为，我们认为决定买新车还是二手车是影响买方初始搜索的第一个因素。此后，随着买家在搜索过程中对汽车的相关信息更加了解，等到他们了解了不同汽车的不同价位后，买家确定价格是最重要的因素。此外，选择 NEW 还是 USED 可以快速、方便地将整个列表分成大小分别为 12 辆汽车和 20 辆汽车的两个子列表。

3. 触发最具体的规则

如果两条规则基本上覆盖相同的可能集合，那么相对具体的规则更能代表我们正在处理的问题。也就是说，比起相对一般的规则，相对具体的规则包含更多的信息。前面我们看到规则 12 更具体，比规则 19 更能"消解"问题。这条规则中包含的额外信息是，一辆经济型汽车（即价格低于 20 000 美元的汽车）是合用户心意的。最长的规则几乎总是最具体的规则，这并不是巧合。

4. 触发最近使用的规则

这种方法被称为刷新（refreshing），这是一种合乎逻辑的方式，旨在增强先前使用过、已被证明有价值的概念的重要性。对于在国际象棋和跳棋中使用的深度优先搜索，这种策略鼓励探索最具有活力的路径。

5. 触发最近添加的规则

这种对启发式方法进行循环（cycling）的方法尤其适用于快速变化的动态知识库。它的目的是给那些没使用过的启发式方法一次得到公平使用的机会。应用该冲突解决规则的一个例子是 CarBuyer 系统中的规则 7，规则 7 是在开发了其他 19 条规则之后才被添加进来的。考虑到最近经济的发展，增加规则 7 是为了提高汽车 AVGCMPG 概念的重要性。事实证明，这一规则很快就得到了应用，并成为人们选择具有合适功能的汽车的决定性因素。

6. 禁止触发已经触发的规则

这条规则可以防止循环（冗余）的发生，这意味着只有新规则才会触发并被放入工作内存中。

冲突消解策略能够控制触发哪些规则。在某些情况下，某些启发式方法会比其他启发式方法更受青睐。为此，可以设计冲突消解策略，以促进某组或某群启发式方法的触发。这鼓励我们对某些结果背后的过程进行实验和研究。

7.4.2 前向链接

在日常生活中，前向链接（forward chaining）是一种非常自然的推理（思维）形式。人类积累事实，并利用这些事实进行推理，得出结论。当然，并不是所有积累的事实都有助于得到结论。一些事实可能毫不相关，而另一些事实可能只是一系列推理中的一部分，能够得出某些结论。前向链接又称为扇入（fanning in）。

前向链接的示例如下。

例 7.6

1. 我感觉不舒服。
2. 我头疼了。
3. 我发烧了。

结论：身体不舒服，感冒和发烧，表现出流感症状。

治疗：躺在床上，大量喝水，服用阿司匹林或泰诺。

例 7.7

1. 狗弄翻了垃圾桶，弄得到处乱糟糟。
2. 我们回到家，看到厨房一片狼藉。
3. 从地下室发出一股难闻的气味。
4. 我们发现狗趴在地下室的地板上，它离散发出气味的源头不远。

结论：狗由于吃了垃圾而生病。基于事实，这一结论似乎是合理的。

例 7.8

1. 如果 C 喵喵叫并且喝牛奶，那么 C 是猫。
2. 如果 D 汪汪叫并且啃骨头，那么 D 是狗。
3. 如果 C 是猫，那么 C 有大花纹。
4. 如果 D 是狗，那么 D 是吉娃娃狗。

Juice 喵喵叫并且喝牛奶，根据上面的假设 1 可知，Juice 是一只猫；而根据上面的假设 3，显然如果 Juice 是一只猫，那么它应该有大花纹。因此，Juice 是一只大花猫。

图 7.4 给出了前向链接中的推理过程。可以看到，证据 E_1 和 E_2 支持假设 H_1，证据 E_3 和 E_4 支持假设 H_2，证据 E_5 和 E_6 支持假设 H_3。

从本质上讲，前向链接通过积累的数据（证据、事实）进行推理，可以得到若干假设，然后可以得到一个或多个结论。前向链接特别适用于需要规划、监控、控制和解释的问题。这些类型的问题都涉及基于积累的大量数据做出决策。

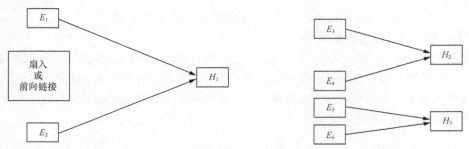

图 7.4　前向链接中的推理过程

7.4.3　后向链接

后向链接是用产生式系统得到推断的另一种标准方法。后向链接从已知的目标或结果回溯事件，并试图确定哪些事实/知识/事件（证据）导致了结果。

后向链接通常用于诊断、分析、故障排除，或通过可能暗示了某些条件的可用证据和事实向后推导，来证明一些目标或假设。

在执行后向链接推导时，我们称之为从目标或结论扇出（fanning out）到支撑的事实或证据。图 7.5 说明了这一点。

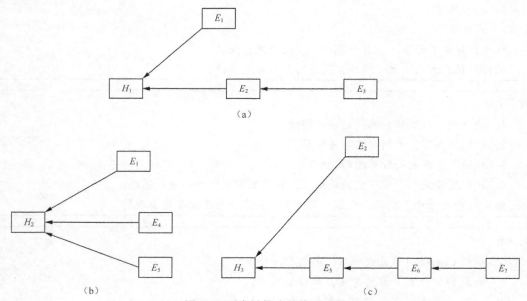

图 7.5　后向链接中的推理过程
（a）使用后向链接的扇出；（b）证据 E_1、E_4 和 E_5 都支持假设 H_2 的扇出；
（c）带有链接证据 E_5、E_6、E_7 的后向链接

$H_1 \leftarrow E_1$

$H_1 \leftarrow E_2 \leftarrow E_3$

由图 7.5 可知，假设 H_1 由证据 E_1 和 E_2 支持，证据 E_2 本身由证据 E_3 支持。

$H_2 \leftarrow E_1$

$H_2 \leftarrow E_4$

$H_2 \leftarrow E_5$

假设 H_2 由证据 E_1 以及证据 E_4 和 E_5 支持。

$H_3 \leftarrow E_2$

$H_3 \leftarrow E_5 \leftarrow E_6 \leftarrow E_7$

假设 H_3 由证据 E_2、E_5、E_6 和 E_7 支持。

一个典型的例子是试图破解犯罪案件。我们知道发生了某个犯罪事件，并试图利用所有的事实和证据进行回溯来破案。例如，如果发生抢劫案，那么应该尽可能地获取与抢劫案相关的证据。

后向链接的示例如下。

例 7.9　心脏病发作

H_1：某人心脏病发作。

E_3：吸烟导致动脉硬化。

E_2：动脉硬化将导致心脏病发作。

E_1：高胆固醇可能更易导致心脏病发作。

本例大体上与图 7.5（a）中的模式相匹配。

$E_2 \leftarrow E_3$

$H_1 \rightarrow E_2$

$H_1 \rightarrow E_1$

如果心脏病发作的人是吸烟者并且具有高胆固醇，那么这些因素很可能是此人心脏病发作的原因。

例 7.10　修车

事实：

（1）有一天，我倒车时撞到一棵树，车无明显损坏；

（2）几天后，我发现刹车灯和右转指示灯不灵了。

分析：

- 一种可能性是闪光器坏了。闪光器是仪表板下的电子装置，用于控制汽车转向和刹车时的指示灯。
- 我们从事实（1）"后向链接"到指示灯。事实上，问题只是一些灯泡因撞击树木而受损。

总结：

汽车的指示灯将在汽车行驶大约 20 万千米或数年后才会损坏。

在因果关系中，从汽车指示灯的故障联想到（通过后向链接）几天前撞到树的事件，这是合乎逻辑的。汽车指示灯失效是不太可能发生的事件。

我们有一个完整的逻辑领域，用于分析国际象棋棋局的历史。这种形式的分析试图回答诸如"刚才，某个方格中的什么棋子会被吃掉"或"兵是如何到达棋盘上的某个方格的"等问题。基于最基本的博弈规则知识，我们通过对发生的事件进行逻辑分析（反向或逆向分析），可以回答这样的问题。在国际象棋中，与逆向分析最相关的人是 Raymond Smullyen 教授，他是逻辑学家、数学家和哲学家。同样，通过已知的国际象棋博弈和棋局的事实数据库，从某个结果（棋局局面）向后推理，我们可以在国际象棋博弈游戏中进行逆向分析。

例 7.11　事故分析

每当发生重大灾难性事件（如飞机坠毁或铁路事故）时，人们都会细致地重建导致事故产生的事件。航空或铁路安全部门将派出此类场景的专业分析人员。这些专家将了解事故中所涉及的交通工具的一切重要信息，并掌握事故现场的一切信息以及相关的安全因素。他们还知道调查研究的方式和内容，以便了解导致事故发生的事件并建立因果分析。同样，这也是一个"通过证据和事实后向链接，试图得出到底发生了什么的结论"的例子。

例 7.12　失物找回

几乎所有人遗失或错放过有价值的物品，如钱包、挎包或钥匙。通常来说，找回失物的唯一方法就是进行后向回溯。

也许你有过类似的经历：某个星期天，你穿着休闲的运动裤逛街，其间在一家餐馆停下来吃了点东西放松一下，然后到银行自动柜员机取钱。当回到停车场时，你将手伸进口袋，却找不到车钥匙，也没有找到房门钥匙！这时你沿着原路返回，同时必须在脑海中回想自己去过哪里、走过街道的哪一边，以及其他细节，直到……幸运的你在银行自动柜员机的柜台上找到了钥匙——那是你最后停留的地方。事实上，在回想的过程中，你会考虑几个具体的细节或事实，比如：①因为你穿着运动裤，你的钥匙和钱包曾经放在同一个口袋里。②你清楚地记得每次在拿钱包时，都会把钥匙带出口袋。③你没有进行任何购物，因此只在餐馆和银行使用过钱包。④当天是星期天，银行大厅关闭，因此你不得不拿出银行卡，在自动柜员机上取钱。⑤你还记得自己把钥匙从口袋里带出来过。

显然，这是一个后向链接的例子。事件发生了，我们试图找出事件发生的原因和方式。当把事实拼凑到一起时，我们能回忆起的细节越多，就越有可能找回放错地方的东西。

值得一提的是，如果钥匙被人拿走了，你找到钥匙的机会有多大？有两个安全措施可能会保护你（但这会带来一些不便和不确定性），一是如今大多数银行装有安全摄像头，二是在星期天进入银行（注意给出证据）需要一张银行卡来开门。

在考虑上述可能性的过程中，笔者的确学到了一些东西。有时候，当一个人在银行非工作时间去银行时，而另一个也使用该银行自动柜员机的人几乎在同一时间到达银行。如果你使用银行卡让那个人进入银行，则事实上降低了银行的安全系数。如果发生一些特别的事，那么银行卡就是一个重要的证据。

人物轶事

艾伦·纽厄尔（Allen Newell）

艾伦·纽厄尔（1927—1992）是早期伟大的 AI 研究人员之一，他在问题求解、知识表示和认知科学领域做出了许多重要贡献。为此，他和搭档赫伯特·西蒙（Herbert Simon）于 1975 年被授予 ACM 的 AM 图灵奖。

纽厄尔开发的两个早期程序分别是逻辑理论器（The Logic Theorist，1956年）和通用问题求解器（The General Problem Solver，1957 年）。

他于 1949 年从斯坦福大学获得学士学位，然后在普林斯顿大学学习数学，在那里，他了解到了冯·诺依曼（von Neumann）和莫根施特恩在博弈理论和经济学领域的工作。20 世纪50 年代，纽厄尔在兰德公司的早期经验涉及空中交通控制和组织模拟等领域，他学会了使用卡片编程计算器进行信息处理。

根据西蒙所述，纽厄尔将自己描述为"一位科学家"。他的早期经历为其发展提供了极好的背景和"血统"。受到斯坦福大学冯·诺依曼和兰德公司 Polya（见第 3 章）的影响，他开始专注于解决"人类如何思考"的问题。1954 年，纽厄尔在兰德公司参加了由 Oliver Selfridge 举办的某个研讨会后，他相信"可以创建智能自适应系统，这种系统能完成任何其他机器所不能完成的更复杂的事情"（Newell，1986 年）。

由此，他的兴趣转向为复杂问题的求解制定启发式方法，比如他在国际象棋博弈中所发现的启发式方法，以及更好地理解人类大脑如何工作。

1955 年，纽厄尔被兰德公司调到匹兹堡，加入了西蒙的工作。他对国际象棋的兴趣演变成构建一台逻辑理论机器（Logic Theory Machine，LTM），用来发现命题演算中的定理，然后用于手动模拟（1955 年）。1956 年，纽厄尔将它开发为一个可运行的程序。LTM 及其后继者——一般问题求解器（General Problem Solver，GPS）为未来十年的 AI 程序奠定了基础。纽厄尔最终从卡内基·梅隆大学获得工业管理博士学位。"LTM 是一个用于理解复杂信息处理系统的研究项目，但这是第一个尝试自动化协议分析的项目，虽然它只获得了部分成功"（Newell，1971 年）。

GPS 是"手段-目的分析"研究的一个主要例子，它尝试最小化问题场景中的当前状态与目标状态之间的距离。GPS 能够识别其拥有的一小组原语集合，并学习到哪些算符与减少差距相关。

纽厄尔的 *Human Problem Solving*（《人类问题求解》，与克利夫·肖和赫伯特·西蒙合著，1972 年）为促进理解人类在许多领域的问题求解过程做出了巨大贡献。他试图创建**统一的认知理论**（Unified Theories of Cognition），这个理论可以使用 Soar 系统进行实验建模和测试，Soar 系统是其在 20 世纪 80 年代开发的一个系统，旨在为大脑如何运作建立一个广泛的理论框架。

西蒙对纽厄尔的 Soar 项目进行了如下总结："如果仔细地观察现有的统一理论，就可以看到每个理论围绕核心认知活动进行构建，然后扩展到处理其他认知任务。在 Anderson 的 ACT 模型中，核心是语义记忆；在 EPAM 中，核心是感知和记忆；在连接模型中，核心是概念学习。在 Soar 中，与 GPS 一样，核心是解决问题，而且 Soar 接管并扩展了问题空间的核心 GPS 概念，允许系统在解决单个问题时使用多个问题空间。Soar 是一个产生式系统，纽厄尔为此增加了与研究生合作中开发的两个关键组件：一个是分块学习（Rosenbloom 和 Newell，1982 年），这产生了多种类型的学习方式（遵循经验观察到幂定律）；另一个是通用的弱方法（Laird 和 Newell，1983 年），该方法结合了用于通用子目标（universal subgoaling）的方法。"

Soar 的本质是证明一种强大的学习机制，即分块（人们已经接受的关于记忆如何工作的理论，Rosenbloom 和 Newell，1982 年）再加上适应性产生式系统的学习，便可以提供一种一致的、可行的、有效的学习理论。纽厄尔去世后，Soar 仍不断吸引着许多大学的研究人员。

参考资料

Primary Source: Simon H A. Biographical Memoir, Allen Newell. n.d. National Academies Press.

Newell A, Simon H A. The logic theory machine: A complex information processing system. IRE Transactions on Information Theory IT 2: 61-79, 1956.

Bell C G, Newell A. Computer structures: Readings and examples. New York, NY: McGraw-Hill, 1971.

Bell C G, Broadley W, Wulf W, Newell A, Pierson C, Reddy R, and Rege S. C.mmp: The CMU multiminiprocessor computer: Requirements, overview of the structure, performance, cost and schedule. Technical Report, Computer Science Department, Carnegie Mellon University, Pittsburgh, 1971.

Newell A, and Simon H A. Human Problem Solving. Englewood Cliffs, NJ: Prentice-Hall, 1972.

Newell A. The knowledge level. Artificial Intelligence 18: 87-127, 1982.

Rosenbloom P S, and Newell A. Learning by chunking: Summary of a task and a model. In Proceedings of AAAI-82 National Conference on Artificial Intelligence. AAAI, Menlo Park, CA, 1982.

Newell A. American Psychological Association, 1986 Award for Distinguished Scientific Contributions, American Psychologist, 41, pp.337-52, p.348, 1986.

Newell A. Unified Theories of Cognition. Cambridge, MA: Harvard University Press, 1990.

Newell A. Unified Theories of Cognition and the Role of Soar. In Soar: A cognitive architecture in perspective, eds. J. A. Michon and A. Anureyk. Dordrecht: Kluwer Academic Publishers, 1992.

7.5　产生式系统和细胞自动机

与人工智能密切相关的是人工生命领域和"机器是否能够复制自己"的问题。这是 20 世纪 50 年代计算机科学的创始人之一——普林斯顿大学的约翰·冯·诺依曼的兴趣所在。能否有一台类似机器人的机器，它有视觉，能够遵循图灵机形式的程序，并能够用基本的部件组装出和自己一样的机器人？[9]

在经典的 AI 电影 *Bi-Centennial Man*（中文译名《机器管家》，主演 Robin Williams）中，机器人试图复制自己——它经营着一个生产机器人部件的工厂。

美国洛斯阿拉莫斯的数学家斯坦尼斯瓦夫·乌拉姆（Stanislaw Ulam）建议冯·诺依曼[10]在方格网格中构建一个宇宙的抽象模型，以检验他的假想。

下面是《生命游戏》（*Game of Life*）中的一个标准的产生式规则集。

R_1：IF $[N = 2]$

　　　THEN [细胞维持现状]

R_2：IF $[N = 3]$

　　　THEN [细胞在下一代开启（活）]

R_3：IF $[N = 0 \text{ OR } N = 1 \text{ OR } N = 4 \text{ OR } N = 5 \text{ OR } N = 6 \text{ OR } N = 7 \text{ OR } N = 8]$

　　　THEN [细胞在下一代关闭（死）]

其中 N 为活的邻居（细胞）数（取值范围为 0～8）。

R_3 的 7 种情况可以用我们生活中发生的事情来描述。如果一个细胞有零个或一个邻居（细胞），那么它会死于"孤独"。如果一个细胞有超过 3 个邻居（细胞），那么它会死于过度拥挤。有些状态是稳定的，而有些状态会消失，还有一些状态会振荡并爆炸。遵循这些简单的规则，我们可以看到图 7.6 中的模式发生了什么。

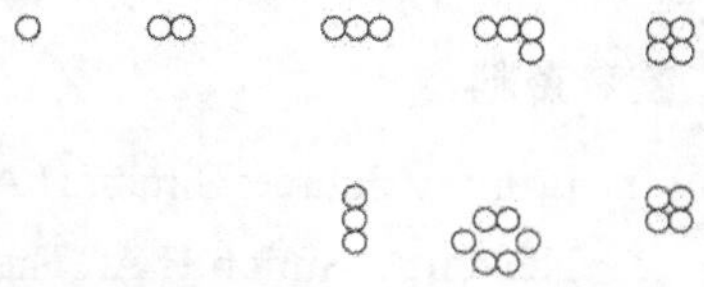

图 7.6　《生命游戏》中的模式

人物轶事

约翰·康韦（John Conway）

冯·诺依曼对乌拉姆的细胞自动机思想印象深刻，他由此开发了一个原型模型。该模型包括 29 个"游戏部件"（即细胞），它们可以位于蜂窝网格的任意正方形中。这 29 个细胞分为 3 种状态：1 个处于未激发状态（可能是空细胞），20 个处于静止（或垂死）状态，8 个处于激发或繁殖状态。"脉冲射电源（或构造臂）将激活这些细胞，并帮助它们进入自动机想要的状态。有了这 29 个细胞，理论上就可以做任何符合逻辑的、有建设性的或可操作性的事情。这些自动机将能够构造其他自动机，当然也包括构造像自己一样的自动机。"[11] 冯·诺依曼的思想远远超出了他那个时代的机械学，在他 1957 年去世时，他的思想是最前沿的[12]。

普林斯顿大学的 John Conway 在《生命游戏》中实现了冯·诺依曼的许多想法[13]。这里再次使用一个方格形的细胞板，在这个细胞板上，计算机程序或人类玩家随机生成各种模式。每个细胞所拥有的活邻居（细胞）数（N）决定了在它的"下一代"（细胞）上发生的事情。

在图 7.6 中，最上面一行显示了第 0 代中的 5 种模式，最下面一行显示了在到达第 3 代时这些模式发生了什么变化。其中，前两个模式已经消失，而第 3 个模式在世代交替之间变成道路"方向灯"，第 4 和第 5 个模式已经稳定。

《生命游戏》演示了如何基于一些非常简单的规则使用产生式系统来模拟有趣、复杂的现实生活情况。

在第 12 章中，我们将看到一些简单的初始状态如何产生有趣结果的例子。

人物轶事

约翰·冯·诺依曼（John von Neumann）

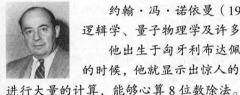

约翰·冯·诺依曼（1903—1957）在数学、高速计算机、博弈论、经济学、逻辑学、量子物理学及许多其他领域的历史上都是个传奇人物。

他出生于匈牙利布达佩斯的一个富裕的犹太家庭，家中有 3 个孩子。在很小的时候，他就显示出惊人的天赋，比如他很擅长记电话号码和地址，他还能快速进行大量的计算，能够心算 8 位数除法。

17 岁时，由于经济原因，他的父亲不让他学习数学，所以他学了化学并在柏林获得一个化学文凭（1921—1923），还在苏黎世工业大学（ETH）获得化学工程的文凭。1926 年，他获得布达佩斯大学的数学博士学位。他对数学中的集合论和逻辑学做出了杰出的贡献，然而，他的一些想法被库尔特·戈德尔（Kurt Godel）的思想所动摇。

1930 年，他在普林斯顿大学担任访问讲师（27 岁）。1933 年，他帮助该校建立了高级研究所，并且是该校数学系最初的 6 位教授之一。他知道如何享受在美国的生活，时常在家中举办聚会。

冯·诺依曼发表了 150 多篇论文，其中大约有 60 篇是纯数学领域的，包括集合论、逻辑学、拓扑群、测度论、遍历论、算子论和连续几何。他还有大约 20 篇物理领域的论文，大约 60 篇应用数学领域的论文，包括统计学、博弈论和计算机理论。在博弈论中，他早期的贡献之一是极小化极大理论（见第 4 章），这促使了他与奥斯卡·莫根施特恩（Oscar Morgenstern）合著的关于这个主题的著名权威著作的诞生。

人们普遍认为冯·诺依曼设计了第一个计算机体系结构，直到今天，他的"存储程序"的思想依然是串行架构的支柱。他对机器能记住什么、自动机如何自我复制以及使用机器执行大量的概率实验等问题非常感兴趣。

冯·诺依曼的伟大在很大程度上可以归因于"……他能以非常快的速度理解和思考，具有不寻常的记忆力，能够记住所有他曾经想过的东西……"（Halmos，1973）。他的学生——

一位已故的受人尊敬的数学家——保罗·哈尔莫斯（Paul Halmos）在 "The Legend of John von Neumann" 一文中提到，冯·诺依曼坚持 "公理化方法" 的能力是使他变得如此伟大的原因——不断清晰、快速、有深度地思考。

参考资料

Halmos P. The Legend of John von Neumann. The American Mathematical Monthly 80(4).

7.6　随机过程与马尔可夫链

在研究现实世界以及我们周围的系统时，我们了解到系统的运行方式取决于当时系统所处的状态。也就是说，转换到某个新状态或条件的概率会根据当前状态的不同而变化。如今，依赖于时间状态的过程非常普遍。在第 16 章中，我们将介绍时间差分学习的概念，这是当代大多数强大的西洋双陆棋程序开发所依赖的过程。它取决于西洋双陆棋程序学习到给定当前状态和可能的未来状态之间的棋局质量差异（由概率表示）。因此，"时间（time）" 和 "时机（timing）" 确实有区别。

在现实世界中，有一些人们熟悉的时间至关重要的例子。在这些例子中，存在一系列离散状态，以及从一个状态转换到另一个状态的相关概率，这就是所谓的随机过程。随机过程的例子包括股票市场、医药、设备、天气、投票和遗传学等。马尔可夫系统只关注从当前状态到未来状态的概率，而不关注如何达到所在的状态。马尔可夫算法是一组有序的产生式，它们能够按照优先级作用于输入字符串，这就是我们在这里介绍马尔可夫链的原因。

下面考虑天气的例子。利用马尔可夫链进行计算的早期工作是由 Kemeny、Snell 和 Thompson 完成的[14]。考虑下面的著名例子。

奥兹国（Land of Oz）有很多好东西，但没有好天气。他们从来没有遇到连续两天的好天气。如果第一天是个好天气，那么第二天很可能下雨或下雪。如果第一天下雪或下雨，那么在第二天仍有同样的概率遇到相同的天气。如果下雪或下雨，那么只有 50% 的概率变为好天气。我们将天气类型 R、N 和 S 作为状态（R=Raining，表示下雨天；N=Nice，表示好天气；S=Snowing，表示下雪天），根据上面的描述信息确定状态之间的转移概率，可用如下矩阵来表示：

	R	N	S
R	(1/2	1/4	1/4)
N	(1/2	0	1/2)
S	(1/4	1/4	1/2)

根据上面的描述，我们很容易解释矩阵中所表示天气的概率，这就是所谓的**转移概率矩阵**（matrix of transition probabilities）或**转移矩阵**（transition matrix）。例如，矩阵的第二行表示第一天的好天气（N）不会带来第二天的好天气，第二天各有 50% 的概率下雨或下雪。而如果第一天下雪或下雨，那么第二天只有 25% 的概率是好天气。

接下来的挑战是计算两天后各种天气的概率。如果今天是下雨天，那么明天有 3 种可能的天气：下雨（概率为 50%）、晴天（概率为 25%）或下雪（概率为 25%）。因此，如果今天下雨，那么后天下雪的概率是如下 3 个不相交事件的并集：①明天下雨，后天下雪；②明天天晴，后天下雪；③明天下雪，后天还下雪。

上述 3 个不相交事件都可以通过计算转移矩阵中的两个概率的乘积来实现，于是今天下雨、

后天下雪的概率可以表示为上述 3 个乘积的和，即

$$P_{13}^{(2)} = p_{11}p_{13} + p_{12}p_{23} + p_{13}p_{33}$$

这实际上是转移矩阵中的第 1 行和第 3 列的内积。

使用计算机程序可以很轻松地计算出未来许多天的各种天气的概率。在第 13 章中，我们将进一步探讨在自然语言处理中如何将马尔可夫链这样的统计方法与 AI 技术相结合。

7.7　本章小结

本章介绍了产生式系统的背景、历史、背后的关键概念以及应用。我们从介绍波斯特产生式系统开始，沿着历史的轨迹，展示了产生式系统如何以及为什么能成为一种受欢迎的范式，用于表示人类大脑和智能系统的工作方式。在这方面，我们强调了纽厄尔和西蒙的工作。本章还讨论了强 AI 方法与弱 AI 方法的区别。

本章的大部分内容从以下优秀论文中获得了灵感：Human Problem Solving[7]、Artificial Intelligence: A Knowledge-Based Approach[15]以及 Expert Systems: Design and Development[8]。在他们那个时代，我们发现 Firebaugh 和 Durkin 的文章可读性强，内容深刻且全面。我们强烈推荐由 Joseph Giarratano 和 Gary Riley 撰写的 *Expert Systems: Principles and Programming*[16]，这本书非常全面和实用，值得参阅。

7.3 节介绍的 CarBuyer 系统的开发受到了 Firebaugh 在其优秀论文（见第 10 章）中提出的"自然主义者"例子的启发。"自然主义者"已被成功地用作专家系统中产生式系统、工作内存和冲突解决问题的课堂范例。我们希望读者可以发现，在作为小型专家系统工作方式的示例时，CarBuyer 系统同样有用，并且你将发现，CarBuyer 系统在实践中也有实用价值。

7.4.1 节讨论了冲突消解这一重要主题，并通过一些例子讨论了解决冲突的方法。7.4.2 节和 7.4.3 节分别介绍了在遍历知识库时进行推理的两种同样重要的基本方法——前向链接和后向链接，并且给出了一些例子，以说明每种方法如何可能更适合于某些类型的问题。

7.6 节重新介绍了细胞自动机（这是产生式系统的一种形式）和进化系统。在第 13 章中，我们将更详细地研究进化系统。7.7 节介绍了随机过程和马尔可夫链，这代表了人工智能中统计方法的一个重要方面。

讨论题

1. 简要描述产生式系统的历史。
2. 简述产生式系统是一个重要的 AI 课题的原因。
3. 给出产生式系统的 5 个同义词。
4. 描述基于规则的专家系统的组件。
5. 产生式系统如何看成人类大脑的某个比喻？
6. 给出在构建专家系统方面产生式系统拥有的 5 个优点。
7. 在何种情况下，我们希望何时适合使用前向链接，何时适合使用后向链接？
8. 什么是冲突消解？
9. 就冲突消解而言，何为老化（aging）、刷新（refreshing）和循环（recycling）？描述其他 3 种冲突消解技术。
10. 谁是首先研究细胞自动机的著名的普林斯顿计算机科学家？谁启发了他？在这个领域，

他研究的最终理论目标是什么？

11．《生命游戏》（*Game of Life*）是什么？谁设计了它？其基础前提是什么？

12．随机过程是什么？试给出一些例子。

13．马尔可夫链的目的是什么？它们如何与产生式系统相关？转移矩阵代表了什么？

14．就专家系统或规则库而言，"收益递减效应"是什么？

练习题

1．产生式系统等价于许多编程语言中的单选的 IF-THEN 情况、有两个可选项的 IF-THEN-ELSE、有多个可选项的 IF-THEN-ELSE-IF 或 CASE 结构。本章所讨论的内容如何不同于那些直接由编程语言构造的应用程序？

2．思考和讨论"激发所有规则"的冲突消解策略的问题。

3．图 7.3 所示的全局数据库与当今的传统数据库系统有何不同？

4．思考专家系统中规则顺序的影响。

5．如果专家系统中没有冲突消解策略，那么两种可能的后果是什么？解释知识工程师无法制定规则来涵盖所有可能情况的原因。

提示：在上述问题中，思考规模的影响。

6．使用你最喜欢的编程语言实现 CarBuyer 系统。它能工作吗？数据库中的这些汽车，在现有的 20 套规则下会不会永远都不会被选中？

7．基于 CarBuyer 系统回答以下问题。

（a）你可以看出 CarBuyer 系统需要做哪些改进吗？

（b）你要添加或移除任何规则吗？

（c）你需要在 CarBuyer 系统中添加什么规则，从而使 CarBuyer 系统更加实用？

8．直观、模块化和易于表达是产生式系统的 3 个特征，也是其优势。简要讨论产生式系统如何促进这些优势并为你试图表达的内容制定一套小规则。

9．如果冯·诺依曼的结论表明不可能建立一台自我复制的细胞自动机，这将如何影响在三维世界中构造自复制机器的可能性？

10．假设你注意到以下市场趋势，正在考虑买房子。你如何通过后向链接得出是否买房子的结论？

规则 1　IF 房价下跌
　　　　THEN 买房子
规则 2　IF 房贷利率正在调高
　　　　THEN 房价上涨
规则 3　IF 房贷利率正在调低
　　　　THEN 房价下跌
规则 4　IF 燃气价格上涨
　　　　THEN 股市下跌
规则 5　IF 燃气价格下跌
　　　　THEN 股市上涨

11．如果添加如下规则并使用前向链接的方式进行遍历，那么练习题 10 中的规则系统将受到什么影响？

规则 6　IF 你的工作不稳定
　　　　THEN 投资债券

12．给定如下推断。

（1）A&B⇒F

（2）C&D⇒G

（3）E⇒H

（4）B&G⇒J

（5）F&H⇒X

（6）G&E⇒K

（7）J&K⇒X

如果事实 B、C、D、E 为真，那么程序如何推断事实 X 为真？

（参考资料："Expert Systems" by Donald Michie, The Computer Journal, V 23, No.4, 1980.）

13．写一份 5 页的报告，试总结 John von Neumann、Allen Newell、Herb Simon 和 John Conway 其中一人的成就。

关键词

老化	忘却	波斯特标签系统
前件-后件	前向链接	产生式
后向链接	全局数据库	产生式系统刷新
有限理性	推理系统	逆向分析
冲突消解	知识库	基于规则的系统
控制系统	知识密集	情境-动作系统
细胞自动机	马尔可夫链	短期记忆（工作内存）
循环	转移概率矩阵	随机过程
扇入	元知识	《生命游戏》
扇出	模块性	转移矩阵
有限状态自动机	模式匹配	
触发	波斯特产生式系统	

参考资料

[1] Post E. 1943. Formal reductions of the general combinatorial decision problem. American Journal of Mathematics 65: 197-215.

[2] Chomsky N. 1957. Syntactic structures. The Hague: Mouton.

[3] Sowa J. 1984. Conceptual structures: Information processing in mind and machine. Reading, MA: Addison-Wesley.

[4] Reddy R. 1988. Foundations and grand challenges of artificial intelligence: AAAI Presidential Address. AI Magazine 94: 9-21.

[5] Charniak E. 2006. Why natural-language processing is now statistical natural language processing. In Proceedings of AI at 50, Dartmouth College, July 13-15.

[6] Buchanan B G, Shortliffe E H. 1984. Rule-based expert systems. Reading, MA: Addison-Wesley.

[7] Newell A, Simon H A. 1972. Human Problem Solving. Englewood Cliffs, NJ: Prentice-Hall.

[8] Durkin John. 1994. Expert Systems: Design and Development. New York, NY: MacMillan.

[9] von Neumann J. 1956. The general and logical theory of automata. The World of Mathematics, ed. James R. Newman, New York, NY: Simon and Schuster.

[10] Ulam S M. 1976. Adventures of a Mathematician. New York, NY: Charles Scribner's Sons.

[11] Macrae N. 1992. John von Neumann. New York, NY: Pantheon Books. (A Cornelia and Michael Bessie Book)

[12] Von Neumann J. 1958. The Computer and the Brain. New Haven, CT: Yale University Press.

[13] Conway J. 1970. The Game of Life. Scientific American 223(October): 120-123.

[14] Kemeny J F, Snell J L, Thompson J. 1974. Introduction to Finite Mathematics, 3rd ed. Englewood Cliffs, NJ: Prentice-Hall.

[15] Firebaugh M. 1988. Artificial Intelligence: A Knowledge-Based Approach. Boston, MA: Boyd and Fraser.

[16] Giarratano J, Riley G. 2005. Expert Systems: Principles and Programming, 2nd ed. Boston, MA: Thomson/Cengage Learning.

第三部分　基于知识的系统

本书第三部分将介绍并探讨人工智能领域已经得到广泛应用并证明成功的案例。大约 50 年前，当洛特菲·扎德（Lofti Zadeh）发现模糊逻辑时，他并未预料到这个概念会变得如此强大、无处不在。模糊逻辑、模糊集、模糊推理以及概率论和不确定性共同组成了第 8 章的内容。

专家系统是人工智能中真正成功的案例之一。自 20世纪 80 年代以来，成千上万个这类系统已经在许多不同领域证明了与人类专家相比它们更具成本效益。第 9章探讨了提高效率的方法、基于案例的推理和许多最新的方法。

第 10 章开始讨论机器学习。我们首先研究了带有熵的决策树，然后讨论了基于神经网络的机器学习。虽然早在半个世纪以前，神经网络就被引入并发展成一个领域，但是直到理论和硬件的进步使得计算能力足以匹配神经网络的实际应用之前，人工智能已经将神经网络放弃多年。第 10 章主要讨论了感知器学习规则、Delta规则和反向传播方法，第 11 章主要讨论了实现中的问题、离散型霍普菲尔德网络以及各种不同的应用领域。

第 11 章讨论的重点是深度学习。深度学习是一种可以通过示例教会计算机学习的机器学习技术，它需要大量的计算能力和标记数据。

对于人工智能的研究人员而言，寻找替代方法来搜索和解决问题是很自然的。第 12 章通过遗传算法、遗传规划、蚁群优化和禁忌搜索来探讨这些问题。

第 8 章　人工智能中的不确定性

推理系统所得到的结论通常具有不确定性。医生觉得你可能得了感冒，也可能是过敏了。模糊逻辑和概率论是处理这类不确定性的两种方法。

8.0　引言

不确定性是每个人生活中无法避免的组成部分。早上的天气预报告诉我们，晚上有 30% 的可能性有阵雨。报纸上说，社区的住房抵押品赎回危机在改善之前有 50% 的可能性变得更糟。医生则提醒人们，如果继续暴饮暴食，不运动，将很难长寿。显而易见，人工智能系统要具备鲁棒性，就必须具有应对这些不确定性的能力。

洛特菲·扎德（Lofti Zadeh）

模糊逻辑和概率论是两种经常使用的工具。模糊逻辑为先前非黑即白的事件分配了灰度级别。比如，在雨天，新车上的牵引力控制系统（见图8.0）应该发挥作用。假设一开始只是毛毛雨，然后雨势逐渐大到一定程度，则模糊逻辑提供了应对这些不确定性所需的理论基础。

再比如，你想买一辆新车，但是缺钱，于是你申请银行贷款。银行的信贷员想知道你的一些信息，包括储蓄账户的余额、年收入、房子的剩余抵押贷款（或月付租金）、你的信用记录和其他财务状况。基本上，银行会基于你目前的情况确定你偿还贷款的能力。

图 8.0　大多数现代汽车配备了牵引力控制系统，这些系统在不同降水条件下可以发挥作用。这些系统是使用模糊逻辑来控制的

8.1　模糊集

假设老师要求男生先举手，女生后举手。毫无疑问，班上的每个学生都会举一次手，并且每个学生也只会举一次手。于是下列集合

$$M = \{x \mid x \text{ 是班上的男学生}\}$$
$$F = \{y \mid y \text{ 是班上的女学生}\}$$

属于**明确集**（crisp set），班上的每个学生属于并且仅属于其中的一个集合。这两个集合的交集是空集，即 $M \cap F = \varnothing$，这意味着这两个集合没有共同成员。

假设班上的每个学生都有工作（这里指学习任务）要完成。现在，老师要求对工作满意的学生举手，然后要求对工作不满意的学生举手。这时，可能会有几个学生举两次手[1]。在上面每

次举手的情况下，一些学生可能只是稍微举了下手。因为大多数学生不是完全满意或完全不满意自己的工作，所以工作满意度可以视为一个**模糊概念**（fussy concept）。另一个例子是停车场中的停车位（见图 8.1）。我们常常发现，人们可能出于某种原因匆忙、随意地停放汽车，以至于汽车占了相邻的两个停车位。

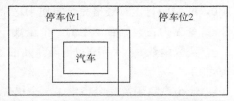

图 8.1 一辆汽车停放在两个不同的停车位

洛特菲·扎德（Lotfi Zadeh）[2]提出并发展了模糊逻辑。令 $X = \{x_1, x_2, x_3, \cdots, x_n\}$ 为有限集，A 是 X 的一个子集，记为 $A \subseteq X$。假设 A 中只有 x_2 一个元素，则 A 可以使用 n 维的隶属度向量来表示：

$$Z(A) = \{0, 1, 0, \cdots, 0\}$$

当 x_i 等于 1 时，x_i 是集合 A 中的元素。包含 x_2 和 x_3 的 X 的子集 B 可以表示为

$$Z(B) = \{0, 1, 1, \cdots, 0\}$$

其他 $2^n - 2$ 个明确子集也可以用类似的方法来表示。

接下来考虑**模糊集**（fuzzy set）C：

$$Z(C) = \{0, 0.5, 0, \cdots, 0\}$$

在古典（明确）集合论中，C 是不可能出现的。问题是，x_2 到底是否属于 C？在**模糊集合论**（fuzzy set theory）中，元素 x_2 可以在一定程度上属于集合 C[3]。这种隶属度可以用区间[0,1]中的某个实数来表示。

模糊集的另一个例子是所有高个子的集合。如果你观看了 2008 年北京奥运会的开幕式，则可能注意到身高 2.26 米的篮球明星姚明，他是中国运动员方阵的旗手。走在他旁边的是小学生林浩，2008 年 5 月四川地震后，他帮助救援队从废墟中救出了班上的同学。没有人会对姚明个子高而林浩个子不高有争议。

但对于那些身高 1.78 米的人该怎么说？当然，你可以说，他们在某种程度上算高个。

因此，"身高"是一个"模糊概念"。为了表示模糊集合的隶属度，我们可以绘制一个如图 8.2 所示的隶属函数（membership function）。

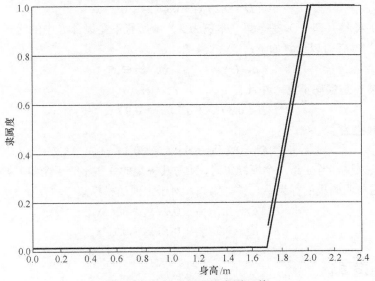

图 8.2 高个子集合的隶属函数

一个身高约 1.53 米（或更矮）的人不属于高个子集合。而在该集合中，一个身高约 1.83 米的

人，其隶属度可能为 0.65，可表示为 $\mu_t(1.83) = 0.65$，其中 $\mu_t()$ 是该集合的隶属函数。当然 $\mu_t(2.26) = 1.0$，即姚明肯定有资格完全隶属于这个集合[4]。

令 X 为古典集合论中的一个全集。

实数函数 $\mu_A: X \rightarrow [0,1]$ 是集合 A 的隶属函数。所有由 $(x, \mu_A(x))$ 对组成的集合定义了 X 的模糊子集 A。

一个隶属函数完全指定了一个模糊集。由 X 中所有满足 $\mu_A(x) > 0$ 的元素 x 组成的集合称为模糊集 A 的**支持集**（set of support）。对于所有高个子的集合 t（见图 8.2），支持集由所有身高不低于 5 英尺（1 英尺约 0.3048 米）的人组成。如果 A 是由有限个支持集组成的集合 $\{a_1, a_2, \cdots, a_m\}$，那么它可以表示为

$$A = \mu_1 / a_1 + \mu_2 / a_2 + \cdots + \mu_m / a_m$$

其中 $\mu_i = \mu_A(a_i)$，$i = 1, \cdots, m$。注意，这里的"/"和"+"都用作分隔符，而非代表除法和加法运算。例如，如果 $X = \{x_1, x_2, x_3\}$，A 和 B 是两个（明确）子集——$A = \{x_1, x_3\}$ 且 $B = \{x_2, x_3\}$，那么这些集合可以表示为

$$A = 1 / x_1 + 0 / x_2 + 1 / x_3$$
$$B = 0 / x_1 + 1 / x_2 + 1 / x_3$$

集合 A 和 B 的并表示为 $A \cup B$，这是属于集合 A 或 B（或同时属于两者）的所有元素的集合。$A \cup B$ 可以通过取每个 x_i 在这两个集合中的最大隶属度计算得到，例如，$A \cup B = 1 / x_1 + 1 / x_2 + 1 / x_3$。这种方法很容易推广到模糊集。例如，如果

$$C = 0.2 / x_1 + 0.5 / x_2 + 0.8 / x_3$$
$$D = 0.6 / x_1 + 0.4 / x_2 + 0.2 / x_3$$

那么 C 与 D 的模糊并集为

$$C \cup D = 0.6 / x_1 + 0.5 / x_2 + 0.8 / x_3$$

两个模糊集的交集可以用每个元素的最小隶属度而非最大隶属度来定义。因此，对于前面的例子：

$$C \cap D = 0.2 / x_1 + 0.4 / x_2 + 0.2 / x_3$$

明确集 E 的补集（即 E^c）是全集（本例为 X）中所有不在集合 E 中的元素的集合。对于模糊集 E 来说，补集 E^c 可以计算如下：

$$\mu_{E^c}(x) = 1 - \mu_E(x), \ \forall x \in X$$

例如，如果 E 是模糊子集，并且有

$$E = 0.3 / x_1 + 0.1 / x_2 + 0.9 / x_3$$

那么 E 的补集为

$$E^c = 0.7 / x_1 + 0.9 / x_2 + 0.1 / x_3$$

注意，一般来说，当 A 是一个模糊集时，A 与其补集的并集不等于全集，A 与其补集的交集也不是空集，这与明确集的行为不一样。比如，对于上面的模糊集 E，有

$$E \cup E^c = 0.7 / x_1 + 0.9 / x_2 + 0.9 / x_3$$
$$E \cap E^c = 0.3 / x_1 + 0.1 / x_2 + 0.1 / x_3$$

8.2　模糊逻辑

在"一般"的命题逻辑（见第 5 章）中，表达式要么为真，要么为假。例如，天要么正在

下雨，要么没在下雨。在模糊逻辑中，表达式可以在一定程度上为真。由此可以定义与模糊逻辑对应的逻辑运算：模糊 OR（▽）运算，两个对象的运算结果为其中的最大值；模糊 AND（∧）运算，两个对象的运算结果为其中的最小值；模糊取非或补运算（⊏），两个对象的运算结果为使用 $1-x$ 代替 x。因此，假设命题 A 的真值为 0.8，其中 0 表示确定为假，1 表示确定为真，命题 B 的真值为 0.3，那么 $A▽B$ 的真值等于 $\max(0.8, 0.3) = 0.8$，$A∧B$ 的真值等于 $\min(0.8, 0.3) = 0.3$。

注意 $A∧A⊏ = \min(0.8, (1-0.8)) = 0.2$。在普通命题逻辑中，某个集合与其补集的交集的真值总是为假，因此 $p∧\sim p$ 会得到矛盾，其中 p 表示"天正在下雨"。同样，我们可以观察到 $A▽⊏A = \max(0.8, (1-0.8)) = 0.8$，而在一般的命题逻辑中，$p∨\sim p$（"天正在下雨"或"天不在下雨"）总是为真。上一个断言被称为**排中律**（Law of the Excluded Middle），亚里士多德用这个断言作为论据。

模糊 OR 运算遵循边界条件，具有可交换、可结合、单调、幂等的性质，具体见表 8.1。

表 8.1　　　　　　　　　　　　　　　模糊 OR 函数的性质

$0 ▽ 0 = 0$	
$1 ▽ 0 = 1$	边界条件
$0 ▽ 1 = 1$	
$1 ▽ 1 = 1$	
$a ▽ b = b ▽ a$	交换
$a ▽ (b ▽ c) = (a ▽ b) ▽ c$	结合
若 $a ≤ ⊏a$ 且 $b ≤ ⊏b$，则 $a ▽ b ≤ ⊏a ▽ ⊏b$	单调
$a ▽ a = a$	幂等

模糊 AND 函数具有单调、可交换、可结合的特性。它的边界条件如下：$0∧0=0$；$1∧0=0$；$0∧1=0$；$1∧1=1$。

模糊取非运算具有以下性质。

- $⊏0 = 1$　　　　　　　　　边界条件
- $⊏1 = 0$　　　　　　　　　边界条件
- 若 $a ≤ b$，则 $⊏b ≤ ⊏a$　单调
- $a = ⊏⊏a$　　　　　　　　对合律或双重否定律

为了具体说明单调的性质，对于模糊 OR 函数而言，假设 $a = 0.3$，$b = 0.6$，那么 $⊏b$ 的真值为 $1-0.6 = 0.4$，$⊏a$ 的真值为 $1-0.3 = 0.7$。正如我们所料：$0.4 < 0.7$。

8.3　模糊推理

第 7 章讨论了产生式系统。第 9 章将演示如何使用基于知识的专家系统来解决现实世界中的问题，比如为什么汽车无法发动或者你可能感染了什么疾病，等等。模糊测度可以应用于产生式规则，用于反映存在于世界中的模糊性。例如，汽车无法发动，可能是因为电池没电了，也可能是因为油箱里没油了，还可能是因为天气太冷电机已经冻结。

模糊产生式规则与第 7 章介绍的更传统的产生式规则具有相同的结构，示例如下。

规则 1：如果（$A▽B$），则 C。

规则 2：如果（$A∧B$），则 D。

假设 A 和 B 的真值分别为 0.1 和 0.8，则我们可以得到：

$A \triangledown B = \max(0.1, 0.8) = 0.8$

$A \overline{\wedge} B = \min(0.1, 0.8) = 0.1$

规则 1 和规则 2 只能在一定程度上应用。规则 1 应用 80%，规则 2 应用 10%，这样的话，动作的组合（或称推论）C 和 D 将发生。

例 8.1　隶属度

假设你作为瓶装茶的品茶师在茶厂工作，你的工作是确保生产的每一瓶茶甜度合适。

其中，有一个泵可以将糖注入装有茶的大桶中，注入糖的量取决于你对甜度的评估。这将产生 3 条规则，这 3 条规则控制了对泵的操作。

R_1：如果（茶不够甜），则多注入糖。

R_2：如果（茶的甜度刚好），则保持现在注入的糖量。

R_3：如果（茶太甜），则少注入糖。

你对甜度的评估是从 −5 到 +5 的整数值，其中甜度评估 $x = +2$，表示这一批次的茶甜度超过 2%；而在 $x = −3$ 的情况下，你认为这一批次的茶比理想的甜度低了 3%。假设对于此次测量，你对甜度的评估为 $x = +1$。

对于"太甜了"这个类别，隶属度为 0.14。

对于"甜度刚刚好"这个类别，隶属度为 0.5。

对于"不够甜"这个类别，隶属度为 0.0。

可将上述信息表示为如下所示的一个模糊类。

$$X = \frac{太甜了}{0.14} + \frac{甜度刚刚好}{0.5} + \frac{不够甜}{0.0}$$

根据这些信息，相应地采取一些动作，得到以下模糊推理。

$$动作 = \frac{减小糖的注入量}{0.14} + \frac{保持糖的注入量不变}{0.5} + \frac{增大糖的注入量}{0.0}$$

当然，在实际操作中，这些动作必须转换为明确的值，即减小（或增大）糖的注入量时，到底分量是多少。

为了以图形方式表示模糊类，我们经常使用三角形或梯形隶属函数。图 8.3 显示的是三角形隶属函数。

图 8.4 显示的是梯形隶属函数。

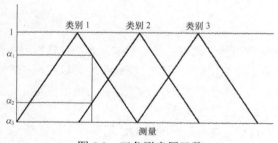

图 8.3　三角形隶属函数

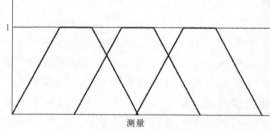

图 8.4　梯形隶属函数

让我们回到例 8.1。

例 8.2 回顾例 8.1

如图 8.5 所示，这是瓶装茶厂的隶属函数示例。

注意，如图 8.5（b）所示，减小糖的注入量的动作有效至 0.12，保持糖的注入量的动作有效至 0.5。这两个类别的区域都用阴影表示。为了将上述规定的模糊动作转换为明确的动作，就必须找到图 8.5 中阴影部分"重心"的水平分量。对应的值大约为 0.1，因此糖的注入量应该减少 1%。

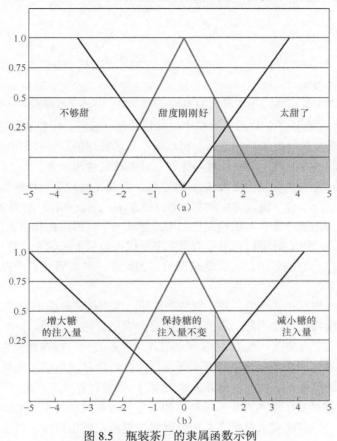

图 8.5 瓶装茶厂的隶属函数示例
（a）甜度评估 （b）所注入的糖的百分比变化

这里所谓的"重心"，严格来说是阴影区域的质心。计算区域质心的算法可以参考许多高级微积分课本。

如果想要产生人类水平或接近（甚至高于）人类水平的人工智能，则应该关注生物学意义上的合理性。人类视觉功能可视为一个模糊系统。不同波长的光源会停留在人眼的视网膜上。一般来说，眼睛对光能响应的范围是 380nm（紫色）到 750nm（红色），这通常以 Å（埃）为单位来表示，其中 1Å = 0.1nm，因此也可以表示为 3800～7500 Å。但人眼包含专门针对蓝色、绿色和红色的受体，如图 8.6 所示。

- 单色光可激发所有 3 种受体类型。每种受体类型的输出取决于波长。
- 每个受体的最大激发值如下：蓝色受体为 4300 Å，绿色受体为 5300 Å，红色受体为 5600 Å。
- 由此，单色光便转换为 3 种不同的激发水平，即转换为 3 种受体类型的相对激发。
- 波长则转换为模糊类，就像模糊控制器一样。

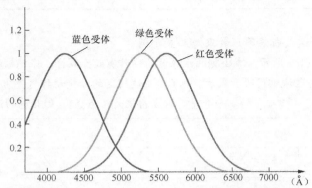

图 8.6   人眼视网膜中 3 种受体的反应。蓝色受体的最大激发值为 4300Å，
绿色受体的最大激发值为 5300Å，红色受体的最大激发值为 5600Å

- 3 个激发水平衡量了 3 种颜色类别中每一种颜色（蓝色、绿色和红色）的隶属度。
- 使用 3 个激发值对波长进行编码，可以减小后续处理中所需规则的数量。
- 在模糊控制器中，规则的稀疏性与生物成分的稀疏性相对应。

由于普通光可以在一定程度上激发这 3 种受体，因此光被转换为模糊类。值得注意的是模糊系统规则集的稀疏性。这一属性与生物节俭性（biological frugality）的需要是一致的。

模糊逻辑已被应用到许多设备的控制机制中。想象一下，你正在和朋友拍照，天有点多云，这时你应该使用闪光灯吗？数码相机附带的说明书建议，如果不是晴天，请使用闪光灯。但是，虽然有点多云，但在一定程度上，天也是晴朗的。因此，许多数码相机的控制机制中加入了模糊逻辑，这不足为奇。

现在设想一下，你正在洗衣服，要设置洗涤周期。洗衣机的说明书建议，如果衣服特别脏，那么请选择较长的洗涤周期。当然，在某种程度上，衣服肯定是脏的。许多型号的洗衣机都使用了模糊逻辑。在真空吸尘器、汽车 ABS 制动器和牵引系统中，模糊逻辑也大显身手。此外，我们在现实生活中得到的许多结论也具有不确定性。打喷嚏是因为感冒还是过敏？所以，在专家系统中使用模糊逻辑也不足为奇（见第 9 章）。第 11 章将讨论人工神经网络（Artificial Neural Network，ANN），这是基于动物神经系统结构的信息处理模式。美中不足的是，人工神经网络无法解释模型结果。许多研究人员将人工神经网络与模糊逻辑相结合，以生成具有解释能力的系统。

8.4   概率论和不确定性

有些人认为概率论起源于 1654 年。当时，布莱兹·帕斯卡尔（Blaise Pascal）的一个朋友对赌博问题感兴趣，于是布莱兹·帕斯卡尔和皮埃尔·德·费马（Pierre de Fermat）进行了一系列的数学交流。因此，概率论在处理不确定性方面起着重要的作用，这应该不足为奇。但有一点阻碍了它被广泛接受，即大多数人在评估风险时是主观的（而不是通过分析）。例如，比起驾车，人们更害怕坐飞机旅行。然而，在统计学上，坐飞机比驾车更安全是一个众所周知的事实。

人物轶事
洛特菲·扎德（Lotfi Zadeh）
洛特菲·扎德（1921 年生）出生于阿塞拜疆的巴库，他是伊朗人的后裔，长期居住在美国。

与他所提出的著名概念一样，他的背景横跨了国界——他是一个国际化的人物。"问题不在于我是美国人、俄罗斯人、伊朗人、阿塞拜疆人，还是其他国家的人，"他会这样告诉你，"我被这些人和文化所塑造，在他们当中我感觉舒服自在。"

扎德 10 岁时，他的家庭决定回到他父亲的故乡伊朗。1942 年，他毕业于德黑兰大学，获得电气工程学士学位。第二次世界大战期间，他随家人移居到美国。他于 1946 年在麻省理工学院获得硕士学位，并于 1949 年获得哥伦比亚大学博士学位。

1959 年，他加入伯克利大学电气工程系，并于 1963 年担任系主任和计算机科学学部（EECS）的负责人。

以下是贝蒂·布莱尔对扎德的采访片段。

布莱尔："早在 1965 年发表关于模糊逻辑的最初论文时，你认为模糊逻辑会被大家认可吗？"

扎德："嗯，我知道它会变得很重要。事实上，我曾想将它封在一个有日期的信封里，并附上我的预测，然后在二三十年后打开这个信封，看看我的直觉是否正确。我意识到这篇论文标志着一个新的方向。我曾经这样展望过：有一天，模糊逻辑将成为伯克利大学电气工程计算机系统部门最重要的事情之一。但我从来没有想过这会成为一个世界性的现象。我的期望还是相对保守的。"

从采访中我们可以看出，扎德显然认为模糊逻辑在经济学、心理学、哲学、语言学、政治学和其他社会科学等诸多领域会有广泛的应用。令他惊讶的是，只有极少数社会科学家探讨了其应用的可能性。回到 1965 年，扎德并没有指望模糊逻辑主要被工程师用于工业过程控制和"智能"消费类产品。而"智能"消费类产品的例子主要包括手持式摄像机（模糊逻辑弥补了手部抖动的动作）以及微波炉（只需要按下按钮，就能够完美地烹饪食物）。

扎德进一步证实，他决定使用"模糊逻辑"这个术语，因为他觉得这个术语最能准确地描述其理论的精髓。他也曾经考虑过其他词，比如"软（soft）""不清晰 (unsharp) ""难以区分（blurred）"和"弹性（elastic）"，但他不认为这些词能更准确地描述他的方法。

模糊逻辑是一种"粗略"而非"精练"的做法，这意味着它比传统的计算方式更经济，也更容易实现。扎德给出了一个停车的例子：如果一个人必须在停车场精确到十分之一英寸（1 英寸约 2.54 厘米）停好一辆车，这将是一项非常困难的任务，但是由于我们不必这样做，因此可以使用"粗略"的方法。

在准备一篇关于模糊逻辑的论文时，马克·霍普金斯（Mark Hopkins）进行了广泛的调研，并在以下领域发现了模糊逻辑的应用：财务、地理、哲学、生态学、农业过程、水处理、丹佛国际机场的行李处理、卫星图像的遥感图像、手写识别和核科学以及股票市场和天气。位于西雅图的波音公司声称，波音公司已经将模糊逻辑集成到了美国海军 6 号自动驾驶仪的控制器中，通过伸出一根长天线来与潜艇进行通信。

霍普金斯发现了模糊逻辑应用于生物医学领域的其他例子，包括诊断乳腺癌、类风湿关节炎、绝经后的骨质疏松症和心脏病；监测糖尿病的麻醉、血压和胰岛素，作为术后疼痛控制器；生成大脑的磁共振图像；以及建立智能床边监护仪和医院通信网络。

迄今为止，模糊逻辑应用最为普遍的国家是日本、德国和美国。模糊逻辑几乎可以用于任何领域。

参考资料

Zadeh L A. Fuzzy sets. Information and Control 8: 338-353, 1965.

任何关于概率论的讨论一般都是从实验开始的，我们在实验中会执行一系列的操作。例如，考虑两次抛出一枚均匀硬币的实验。

我们在第 4 章中研究了这个例子，并用概率论中的一些基本原理来正确分析博弈中涉及概率的部分。实验的**样本空间** S 是所有可能结果的集合（结果有时也称为一个**样本点**的集合）。在本例中，硬币被抛出两次，样本空间 S 为 {（H，H），（T，T），（T，H），（H，T）}。

注意，先正面、后反面与先反面、后正面被视为两个不同的结果。事件 E 是样本空间 S 的子集。样本空间 S 由 4 个样本点组成，因此可能有 2^4 或 16 个事件（一个集合的所有子集的个数）：

E_1 = {（T，H），（H，T）}，对应于一个正面和一个反面的事件。

E_2 = {（T，T），（H，H）}，对应于每次抛出同一面的事件。

E_3 = {（T，T），（T，H）}，对应于第一次抛出反面的事件。

…

最后，事件 E_i 的概率被定义为 $P(E_i)$ = 发生事件 E_i 的数目除以可能结果的总数。

例如，上面描述的事件 E_3 的概率为 $P(E_3)$ = 2/4 或 1/2，当均匀硬币被抛出时，对应于事件 E_3 有两个样本点，而 $|S|$ 等于 4。

概率测度应遵循以下 3 个基本公理。

- 对于任何事件 E：$P(E) \geqslant 0$。
- $P(S)$ = 1   //当投掷两枚硬币时，一定会出现的某种结果（即样本空间）。
- 如果事件 E_1 和 E_2 相互排斥，则 $P(E_1 \cup E_2) = P(E_1) + P(E_2)$。

例如，如果 E_1 对应于在投掷硬币两次时两次都是正面，E_2 对应于两次都是反面，则 $E_1 \cup E_2$ 对应于发生了两次都是正面或两次都是反面的事件。该事件的概率为

$$P(E_1 \cup E_2) = P(E_1) + P(E_2) = 1/4 + 1/4 = 1/2$$

满足以上 3 个基本公理的函数被称为概率函数。

例 8.3　计算概率

一个缸里有 9 颗弹珠，其中 3 颗蓝色，3 颗深粉色，3 颗红色。从缸里面一次性随机抽取两颗弹珠（闭上眼睛抽取），那么两颗弹珠都是红色的概率是多少？

$$P(2r) = \left. C_3^2 \middle/ C_9^2 \right. = \frac{3}{36} = \frac{1}{12}$$

其中，分子表示的是取出两颗红色弹珠的方法总数。假设红色的弹珠记为 r_1、r_2 和 r_3，深粉色的弹珠记为 p_1、p_2 和 p_3。于是，分子对应的这些事件中都取出了其中的两颗红色弹珠 $\{r_1, r_2\}$、$\{r_1, r_3\}$ 或 $\{r_2, r_3\}$；而分母对应取出任意两颗弹珠的方法总数，比如取出的弹珠是 $\{r_1, r_2\}$、$\{p_1, p_2\}$ 或 $\{p_1, p_3\}$ 等。

假设在例 8.3 中，无法通过分析得出概率，那么可以通过以下一系列实验来代替：从缸里面连续 10 次取出两颗弹珠（每次取后放回弹珠）。或者从缸里面取出两颗弹珠，连续取出 100 次、1000 次……。随着实验重复的次数越来越多，获得两颗红色弹珠的频率接近于此事件的概率。对于上述观察的更正式的表述，就是所谓的**大数定律**（Law of Large Numbers）。事实上，在本书后面的章节中（见第 12 章），我们会将概率的这一视角应用到一道蒙特卡洛的习题中，以便求 π 的近似值。

考虑抛出均匀硬币两次的实验。假设 E_1 是第一次正面朝上的事件，E_2 是第二次反面朝上的

事件，则事件 E_1 和 E_2 都发生的联合概率等于{H，T}发生的概率。也就是说，当均匀硬币被抛出两次时，第一次正面朝上、第二次反面朝上的概率为 $P(E_1,E_2) = P$(第一次抛掷结果为 H)×P(第二次抛掷结果为 T) = 1/2×1/2 = 1/4。

再次考虑例 8.3。假设已知取出的两颗弹珠的颜色相同，请计算两颗弹珠都是红色的概率。实质上，此时的样本空间从 C_9^2 缩小到 $3 \times C_3^2$，我们希望计算得到的是条件概率 P(两颗弹珠均为红色|两颗弹珠颜色相同)，计算过程如下：

$$P(2r|两颗弹珠颜色相同) = {C_3^2} \Big/ {(3 \times C_3^2)} = \frac{1}{3}$$

概率论可以用于现实生活中的很多场景。例如，银行会对房主偿还抵押贷款的概率进行评估；医生在治疗有某些症状的患者时，会权衡几种相互矛盾的诊断结果的概率；人们在赛马前对一匹马下注时，可能会考虑赢的概率大小。

在考虑条件概率时，贝叶斯定理是一个重要的工具。假设某事件 B 的概率 $P(B) > 0$，那么概率 $P(A|B)$ 可以通过以下公式来计算：

$$P(A|B) = [P(B|A) \times P(A)] / P(B)$$

例 8.4 贝叶斯定理

假设要对监狱里的所有新囚犯进行简单的体检。假设 80%的健康人、60%的轻度疾病患者、30%的重疾病患者可以通过体检。再假设在这些新囚犯中，25%的人身体健康（记为事件 E_1），50%的人有轻度疾病（记为事件 E_2），25%的人有严重疾病（记为事件 E_3）。那么，对于一个通过体检的囚犯（记为事件 B）来说，该囚犯身体健康的条件概率是多少？

$$P(B|E_1) = 0.8，P(B|E_2) = 0.6，P(B|E_3) = 0.3，P(E_1) = P(E_3) = 0.25，P(E_2) = 0.50$$

根据贝叶斯定理，有

$$P(身体健康|通过体检) = P(E_1|B)$$

$$= P(B|E_1)P(E_1) / \sum_{i=1}^{3} P(B|E_i)P(E_i)$$

$$= (0.8 \times 0.25)/(0.8 \times 0.25 + 0.6 \times 0.5 + 0.3 \times 0.25) = 0.35$$

因此，在体检之前，随机选择的新囚犯有 0.25 的概率身体健康。而在通过体检后，这个概率上升到了 0.35。

贝叶斯网络常被用来应对不确定性。假设你患有皮疹，去医院看病。为了妥善治疗，医生必须确定导致这种皮疹的原因。常见原因包括对药物或食品的过敏反应，或与动物（也许是宠物）的接触。

医生可能认为的情况如图 8.7 所示。这是一个贝叶斯网络，其中的节点代表变量。可能造成皮疹的 3 个原因以箭头指向该症状。p_1、p_2 和 p_3 标记了这些弧的概率。这些概率是如何得到的

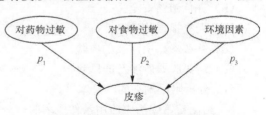

图 8.7 导致皮疹的常见原因

呢？这是医生根据先前诊断这种疾病的经验对这种情况做出的主观评估。由于食物（味精、花生、玉米淀粉等）和环境因素（猫、狗）导致的过敏症发病较为常见，因此医生可能会得出结论：p_1 远小于 p_2 或 p_3。

8.5　本章小结

本章简要介绍了用于处理人工智能中不确定性的两种工具。正如我们看到的那样，生活不是非黑即白。例如，人多大年龄才被认为成熟？在美国，年满 18 岁就可以参军入伍；但是在纽约州的酒吧，必须年满 21 岁才能购买酒精类饮料。要竞选美国总统，则必须年满 35 岁。所以，成熟是一个模糊概念。在许多现代应用的控制中，从数码相机到洗衣机，模糊逻辑已经得到了广泛应用。

概率论起源于人们希望了解机会游戏中的概率。制药公司在测试药品有效性时，采用了这个工具。许多专家系统用概率来应对这些系统所得到的推论中固有的不确定性。本章很难称得上完整。事实上，本章并没有讨论处理人工智能系统不确定性的第 3 种方法。证据推理融合（Dempster-Shafer，DS）理论测算了分配给事件概率的置信度。事件 E 的置信度 $\mathrm{bel}(E)$ 被定义为事件 E 导致的所有结果概率的总和，且 $\mathrm{bel}(E) \leqslant P(E)$。事件 E 的似真度 $p_1(E)$ 被定义为不与事件 E 矛盾的所有结果概率的总和，因此 $P(E) \leqslant p_1(E)$。我们在传感器融合中经常使用这一方法。例如，天文学家在观察遥远的星球时，可以使用光学望远镜、光谱仪和射电望远镜。这些工具所得到的观察结果可能会互相矛盾。证据推理融合理论为相互矛盾的证据提供了一种演算方法。

讨论题

1．列出日常生活中与模糊集相关的 5 件事。

2．关于明确集和模糊集，回答如下问题。

（a）如果 S 是具有 n 个元素的明确集，那么 S 有多少个子集？

（b）如果 S 是具有 n 个元素的模糊集，那么 S 有多少个子集？

3．给出日常生活中一个模糊推理的例子。

4．有人认为，"模糊逻辑和概率基本上是一样的。"请讨论这个观点。

5．$A \sim B$ 表示集合的差，或者说在集合 A 中但不在集合 B 中的所有元素。选择一种合适的方式来计算两个集合的差（使用 max 或 min 函数）。

6．令 $X = \{a, b, c\}$，利用隶属函数的记法列出 X 的所有子集。

7．在分析以下情况时，你认为模糊逻辑优于概率论吗（或者说概率论优于模糊逻辑吗）？

（a）新药的有效性。

（b）评估道路安全。

（c）天气报告的准确性。

（d）购买彩票所涉及的风险。

（e）购买股票所涉及的风险。

（f）分析附近湖泊的污染水平。

8．给出日常生活中应用条件概率的一个例子（应用时你可能感觉不到）。

练习题

1．令全集为 $X = \{x_1, x_2, x_3\}$，考虑以下几个集合。

$A = 0.2 / x_1 + 0.1 / x_2 + 0.2 / x_3$

$B = 0.2 / x_1 + 0.4 / x_2 + 0.7 / x_3$

（a）$A \cup B = ?$

（b）$A \cap B = ?$

（c）$A^c \cap B^c = ?$

2．给出以下每种情况下的模糊隶属函数。

（a）某人 X 体重超过 90 千克。

（b）星球 Y 比太阳大得多。

（c）汽车 Z 的成本约为 30 000 美元。

（d）当 $x \leqslant 5$ 时，$\mu_{A(x)} = 0$；而当 $x > 5$ 时，$\mu_{A(x)} = 1 + (x-5)^{-2}$。

3．考虑本章讨论的人不同高矮的例子，给出这些例子到下列集合的隶属函数。

（a）非常高的人。

（b）不高的人。

4．（a）给出以下集合的隶属函数。

     M：成熟的人。

     Y：年轻人。

     O：老人。

（b）对如下年龄的人进行分类。

    i．18 岁的人。

    ii．21 岁的人。

    iii．42 岁的人。

    iv．61 岁的人。

（c）对于上述 b 部分的 iii，请解释一下，你的答案如何去模糊（即从你的模糊类中如何获得年龄为 42 岁的人）？

5．（a）有多种不同的方式可用来判断电视是"国产的"还是"外国产的"。例如，美国电视机的许多元器件都是在墨西哥或亚洲制造的。但是也有这样的例外，有外国名字的电视机的实际产地就是本国。请画出两个模糊隶属函数，一个用于外国品牌［记为 $\mu_F(x)$］，另一个用于国产品牌［记为 $\mu_D(x)$］。那么，对于 60% 的 $\mu_F(x)$ 和 $\mu_D(x)$，你的定义是什么？

（b）假设以下规则与上述规则具有相同的隶属函数。

     规则 1：如果电视机是国产的，那就维持关税不变（征收进口税）。

     规则 2：如果电视机是外国产的，则提高关税。

     对于具有 40% 外国品牌的电视机，你有什么推论？

6．假设在某个度假胜地旅游的人，从长期来看，有 1% 的概率会患皮肤癌（太阳暴晒），而该度假胜地设有诊所来帮助检测这种疾病。假设诊所使用的筛查技术得出的假阳性率为 0.2（即 20% 没有得病的人会被检测出皮肤癌阳性），假阴性率为 0.1（即 10% 皮肤癌患者的测试结果为阴性）。某个人的测试结果为皮肤癌阳性，那么他实际患有这种疾病的概率是多少？

7．如果打赌的人认为自己的赌法从长远来看会盈亏平衡，则认为这样的下注是公平的。下列哪些赌法会被视为公平？

（a）抛掷均匀硬币。付 1 美元来猜，如果猜对，就可以获得 2 美元。

（b）付 5 美元来抛掷两个骰子。如果总点数为 7 或 11，则可以获得 20 美元作为回报。

8．"荷兰赌"是打赌的人认为庄家注定亏本的某些赌法的混合。考虑这样一种情况（三卡片问题）：有三张卡片，一张两面红色（RR），另一张一面红、一面白（RW），第三张两面都是白色（WW）。闭上眼睛，抽出一张卡片，抛到空中。计算如下概率。

（a）P(选中 RR 卡片) = ？

（b）P(出现 W) = ？

（c）P(不是 RR 卡片|出现 R) =？

下列是公平的赌法，还是"荷兰赌"？

Ⅰ. 你付 1 美元来猜卡片。

　　如果猜中，则赢得 3 美元。

Ⅱ. 出现 R。

　　你付 1 美元来猜卡片。

　　如果猜中，则赢得 2 美元。

Ⅲ. 如果出现 R 但不是 RR 卡片，你赢得 1 美元。

　　如果出现 R 并且是 RR 卡片，你输掉 1 美元。

关键词

明确集	模糊集理论	隶属函数
模糊概念	联合概率	样本空间
模糊集	排中律	样本点
	大数定律	支持集

参考资料

[1] Halpern J. 2003. Reasoning about Uncertainty. Cambridge, MA: MIT Press.

[2] Zadeh L A. 1965. Fuzzy sets. Information and Control 8: 338-353.

[3] Korb K B. and Nicholson A. E. 2004. Bayesian Artificial Intelligence. London, England: Chapman & Hall/CRC.

[4] Jensen V F. 1995. An Introduction to Bayesian Networks. New York, NY: Springer-Verlag.

[5] Rojas R. Neural Networks: A Systematic Introduction. Berlin, Germany: Springer, 1996.

第9章 专家系统

本章将介绍专家系统（expert system）。就对计算机科学和现实世界做出的贡献而言，专家系统被认为是人工智能非常成功的领域之一。本章将讨论专家系统的典型特征、构建方法，以及在该领域30多年的历史中所涌现的一些非常成功的系统。本章还将介绍基于案例推理（case-based reasoning）和一些最新的专家系统的示例。专家系统被视为集成电路上的"大脑"（见图9.0）

爱德华·费根鲍姆（Edward Feigenbaum）

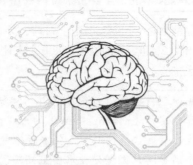

图 9.0　集成电路上的"大脑"

9.0　引言

专家系统的发展可以看作人工智能领域最重要的成就。它们出现于20世纪70年代，当时整个人工智能领域都处在乔治·莱特希尔爵士（Sir George Lighthill）的批判性报告的阴影笼罩之下（见第6章）。人工智能因不能生成实时的、真实世界的工作系统而备受批评。而由于R. J. Popplestone 的工作，我们在计算机视觉和之后的机器人领域获得了一些重要见解[1]。玩具系统Freddy①被创建为可以执行一些简单的任务，如组装玩具汽车或者将咖啡杯放置在茶托上，等等。此后不久，来自麻省理工学院的 Terry Winograd[2]在其学位论文中发布了著名的 SHRDLU 系统，又称积木世界（Blocks World），让我们对理解自然语言有了更深一步的见解（详见第13章"自然语言理解"）。早期的系统使人工智能在获得一定程度关注的同时，也带来一些不好的名声。这些系统包括 1972 年的 GPS（见 1.8.8 节）以及著名的 ELIZA 系统，后者愚弄了许多人，让许多人相信它具有智能[3]。

9.1　背景

正如第1章"人工智能概述"和第6章"知识表示"所讨论的，我们生活在一个知识即财富的时代。在较早的时期，比如19世纪的工业革命期间，社会的一个进步可以通过它将矿物、

---

① Freddy 是 20 世纪 70 年代早期由爱丁堡大学人工智能研究人员建造的世界上第一个能思考的机器人，它把具有视觉的"眼睛"和具有感觉的"手"结合在了一起。——译者注

铁矿石等自然资源转换为能源和工业产品的能力来衡量。到了 20 世纪，交通和通信的设施、效率成为衡量社会进步的更典型标准。在通信领域，我们已经从 19 世纪末的电话发展到了 21 世纪的 Google、Facebook 和 Twitter。在交通运输方面，我们从蒸汽驱动的轮船发展到了载人登月。第一次世界大战也部分推动了技术的进步，而随着计算机时代的兴起，第二次世界大战在更大程度上推动了技术的进步。在美国，电子数字积分计算机（ENIAC）的发展是技术时代的驱动力；而在英国，则是 1943 年图灵及其助手们在布莱奇利庄园构建的试图破译**恩尼格玛密码**（Enigma Code）的 Colossus 系统推动了技术的发展。

> 1946 年左右诞生的 ENIAC 归功于 Presper Eckert 和 John Mauchly。
>
> 恩尼格玛密码是德国人在第二次世界大战期间发送给潜艇的密码。图灵（Turing）等人研发了 Colossus 系统，主要用来帮助破译恩尼格玛密码。他们成功地完成了这项工作。

除了在 1969 年将人类送上月球之外，技术进步的基础是微型化（microminiaturization）和微芯片技术。20 世纪 80 年代，随着个人计算机的普及，人类社会开始向**"信息社会"**（information society）过渡。

> 使用微芯片技术可以缩小计算机体积，并提高计算机及对应芯片的运算速度——这直接导致了摩尔定律（Moore's Law）的出现。根据摩尔定律，人们意识到组成成分越小意味着获得的速度可能越快。因此，人们发现微处理器的速度直接对应于计算机的运算速度。多年来，人们已经通过芯片微型化技术使微处理器的速度每 18 个月就翻一番。

随着越来越多的人可以买得起个人计算机，计算机在人类生活中发挥着越来越多样化和重要的作用。20 世纪 90 年代，蒂姆·伯纳斯·李（Tim Berners-Lee）引入了万维网（World Wide Web），为商业、休闲、旅游、工作、学习以及其他一切事情，提供了一个全新的讨论区。到 21 世纪的第一个十年结束之时，我们所处的"知识社会"面临的挑战是如何有效地处理和传输大量的信息，并将它们转换为知识，以便做出有益于社会的重要决策。

对庞大、丰富且多样的信息来源非常敏感的一个很好的示例就是股票市场。例如，在笔者写作本章时，股票市场受到石油供需关系的高度影响。在很短的时间内，石油价格从每桶 60 美元上涨到每桶近 150 美元，又跌至每桶 100 美元左右。那么，今天一桶石油的实际价值到底是多少？应该如何体现在加油站的价格上？真正的智能专家系统应该考虑到一系列的因素，以便在短期和长期内预测石油的正确价格（在一定范围内）。

人类专家和机器专家

Goldstein 和 Papert[3,4]将早期系统的目标称为"能力战略（power strategy）"，这些系统旨在开发出通用且强大的方法，以便用于求解各种领域的问题。早期的系统，如 DENDRAL[5]，从通用能力方面来说，相当薄弱。我们所知道的通用问题的最佳解决者是人类，但即使是人类，除非在所处理的领域是专家，否则表现也是十分薄弱和粗浅的。

与早期观念相反的是，大多数人只有在自己的专业领域才是专家，他们不具备任何魔法，无法快速地在任意问题领域生成最精细、最令人信服的规则集。因此，国际象棋大师只有通过数十年的实践和研究（见 Michie[6]和 Reddy[7]），才能积累和建立起大约 50 000 条规则（模式），但他们很可能不是创建生活中启发式规则、方法或任何其他事物的大师。同样的道理也适用于数学博士、医生或律师。每个人都是处理自己领域信息的专家，但是这些技能并不确保他们能够处理通用信息或其他专业领域的特定知识。可以肯定的是，在掌握任何特定领域知识之前，都需要一个长期的学习过程。

Brady[8]指出，人类专家应对组合爆炸问题的方法有很多。

"第一种方法是对知识库进行结构化，这样就可以让求解者在相对狭窄的指定上下文中进行操作。第二种方法是明确一个人所拥有的关于如何最好地使用特定领域知识的知识，也就是所谓的**元知识**（meta-knowledge）。知识表示的一致性在这里真正开始发挥作用，因为可以将问题求解者的全部能力完全应用于元知识，就像应用于基础知识一样……最后，人们试图利用似乎永远存在的冗余。这种冗余对人类问题求解和感知至关重要。虽然有多种方式可以实现这一点，但是大多数方法会受到约束。

通常情况下，人们可以明确一些条件，虽然这些条件中没有一个能够唯一地指定一个解，但是同时满足这些条件可以得到唯一的解。"

对于"人类问题求解和感知中存在的冗余"，我们相信 Brady 说的是模式（pattern）。再次回到在一个大的停车场找车的例子。知道车在几层或哪个编号区域，对于是否能够快速找到车至关重要。进一步说，知道位置（中央列、外列、中间或列尾等）、车的特征（颜色、形状、风格等）以及车停在停车场的哪个区域（接近建筑、出口、柱子、墙等）等知识，对于快速找到车具有重要影响。人们会使用如下 3 种截然不同的方法。

（1）使用信息（收据上的号码、票据以及停车场里提供的信息）。通过这种方法，人类并没有使用任何智能，就像可以借助汽车的导航系统到达目的地一样，不需要对想要去的地方有任何地理上的理解。

（2）使用所提供的票据/收据上的信息，以及有关汽车及其位置的某些模式的组合信息。例如，票据上显示车停在 7B 区，同时你也记得这距离当前位置不是很远，另外车是亮黄色的，并且车型比较大。大型的黄色车并不多，这使得你的汽车可以从其他的汽车中脱颖而出（见图 9.1）。

图 9.1　模式和信息可以帮助我们识别物体

（3）不依赖任何具体信息，完全依赖于记忆和模式（这种方法比较脆弱）。

上述 3 种方法说明了人类在处理信息方面的优势。人类具有内置的随机访问和关联的机制（见 6.11 节）。为了到第 3 层提车，我们不需要线性地从第 1 层探索到第 3 层。而机器人则必须被明确地告知跳过第 3 层以下的停车层才行。人类的记忆允许我们利用车辆本身的特征（约束），如车是黄色的、大型的、旧的，而周围的这种车并不多。模式与信息的结合可以帮助人类减少搜索（类似于上面 Brandy 提到的约束和元知识）。因此，人类知道车在某一层（票据上是这样写的），同时也记得如何停放汽车（整齐或随意地停放），汽车周围可能有什么车，以及停车点有哪些其他显著的特征。当人类完全依赖信息系统时，就有可能被剥夺自己基本、天生的智能，这会导致危急情况。例如，一对夫妇完全依赖 GPS 导航，结果被带到悬崖边！

在讨论人类专业知识之前，似乎有必要提一下伯克利两位哲学家兄弟休伯特·德雷福斯（Hubert Dreyfus）和斯图尔特·德雷福斯（Stuart Dreyfus）的思想（见第 6 章）。在他们的主要观点中，有这样一条，他们认为人们很难在机器上解释或开发人类的"专门知识（know-how）"。虽然人类知道如何骑自行车、如何开车，以及许多其他基本的事情（如走路、说话等），但在试图解释如何实现这些行为时，人类的表现就会大打折扣。德雷福斯兄弟还将"知道什么（Knowing that）"与"知道如何做（knowing how）"区分开来。前者指的是事实型知识，例如要遵循的一套指令或步骤，但是这不等同于"知道如何做"。由于开发"专门知识"非常困难，这不是本书谈论的范围。获得"专门知识"后，它们就变成了隐藏在人类潜意识中的东西。为了避免记忆失效，就需要反复实践。例如，你可能用 VCR 录制过电视节目。你学会了必要的步骤，不管是通过 VCR 的控制面板进行控制，还是知道电视应当被设置为特定的频道，这些都十分直观易懂。你可以通过执行和理解这些必需的步骤来录制电视节目（专门知识）。但是，这是很久以前的事了。现在，人们有 DVD 和流媒体，系统已经发生了改变。因此，你现在可能必须承认自己已经不知道如何录制电视节目了。

德雷福斯兄弟[9]对专业技能的讨论主要建立在一个前提之上，即"从新手到专家的过程中存在 5 个获得技能的阶段"。

（1）新手。

（2）熟手。

（3）胜任。

（4）精通。

（5）专家。

阶段 1：新手（novice）只是遵循规则，对任务所属领域没有连贯的理解。规则没有上下文，无须理解，只需要有遵循规则完成任务的能力即可。一个例子就是开车时遵循一系列步骤到达某个地方。另一个例子就是遵循一些指令，例如组装新产品或从纸上输入计算机程序。

阶段 2：熟手（advanced beginner）开始从经验中学到更多的知识，并能够使用上下文线索。例如，当学习用咖啡机制作咖啡时，除了遵循说明书里的规则，同时也使用嗅觉来分辨咖啡何时煮好了。换句话说，熟手能利用从任务环境中感知到的线索来进行学习。

阶段 3：胜任（competent）的技能执行者不仅需要遵循规则，也需要对任务环境有明确的认知。此外，还要能够通过利用规则的层次结构做出决定，并能识别模式（德雷福斯兄弟称模式为"一个因素小集合"或"一系列这种元素"[9]）。胜任的技能执行者可能以目标为导向，根据情况改变自己的行为。例如，胜任的司机知道如何根据天气状况改变驾驶方式，包括对速度、挡位、雨刷器和后视镜进行调整。此时，执行者将发展出直觉经验或专有知识。这个层次的执行者依然是善于分析的，他们能够将要素结合起来，根据经验做出最佳决策。

阶段 4：精通（proficient）的问题求解者不仅能够认识到当前的情况及合适的选择是什么，还能够深入思考，找到最佳方式来实施解决方案。一个例子就是，医生明白患者的症状意味着什么，并且能够仔细考虑可能的治疗选项。

阶段 5：专家"基于成熟的、实践性的理解，大致知道应该做什么"[9]。当应对其所处环境时，专家既不会认为问题与解决问题的努力是脱节的，也不会因为担心未来而制定详细的计划。"我们在走路、谈话、开车或进行大多数社交活动时，通常不会做出深思熟虑的决策。"[9]因此，德雷福斯兄弟建议专家与他们所工作的环境或场景融为一体。司机不仅在驾驶汽车，也在"驾驶自己"；飞行员不仅在开飞机，也在"飞行"；国际象棋大师不仅在下棋，也在成为"一个充满机会、威胁、力量、弱点、希望和恐惧的世界"的参与者[9]。德雷福斯兄弟进一步阐述："当事情正常进行时，专家不解决问题也不做决定，而做正常的事情"。德雷福斯兄弟的主要观点是：

"精通人员或专家级别的人,以一种难以解释的方式,基于先前具体的经验做出判断"。他们认为"专家的行为是非理性的",也就是说,这些行为并没有经过有意识的分析、分解和重组过程。

德雷福斯兄弟认为,机器在许多方面都不如人类的思维,包括人类思维的整体运行方式以及视觉、解释和判断等能力。如果没有这种能力,机器将永远都比不上人类(的大脑和思维)。尽管机器可能是优秀的符号操作器(逻辑机器或推理引擎),但它们缺乏像人类那样全面识别和区分相似图像的能力。例如,在人脸识别方面,机器无法捕获人类能够捕获的所有特征,不管这些特征是显式的还是隐式的。德雷福斯兄弟引用了霍夫斯塔德(Hofstader)在 *Gödel, Escher, Bach: An Eternal Golden Braid* [10]中的话,霍夫斯塔德认为机器需要根据基本参数(字体、衬线字体的长度和宽度等)来识别字母,这与整体使用相似性的判断相反。霍夫斯塔德声称:"没有人会有这样一个'秘方',它可以在理论上生成某个类别(如'A')的所有(无限多)成员。事实上,我的观点是没有这样的'秘方'存在。"[10]

大家不禁会想,如果看到这个领域近年来的发展,霍夫斯塔德和德雷福斯兄弟将会如何吃惊。

Firebaugh[11]讨论了这样一个事实,即专家具有某些特质和技术,这使得他们能够在其问题领域表现出高水平。一个关键的区别性特征就是他们完成了工作,即执行性(performance)。为了做到这一点,他们需要能够完成以下工作。

- **解决问题**——这是根本的能力,没有这种能力,专家就不能称为专家。
  与其他人工智能技术(神经网络和遗传算法,见第 11 章和第 12 章)不同,专家系统能够解释其决策过程。考虑这样一个医疗领域的专家系统,该专家系统判断病人还有 6 个月的生命,病人当然想知道这个结论是如何得出的。
- **解释结果**——专家必须能够以顾问的身份提供服务,并解释推理的过程。因此,他们必须对任务领域有深刻的理解。专家了解基本原则,理解这些原则与现有问题之间的联系,并能够将这些原则应用到新的问题上。
- **学习**——人类专家可以通过不断学习来提高自身的能力。在人工智能领域,从希望机器拥有的人类技能来说,也许这是最困难的方面。
- **重构知识**——人类可以改进自身的知识来适应新的问题场景,这是人类独有的特征之一。从这个意义上讲,专家级的人类问题求解者非常灵活且具有适应性。
- **打破规则**——在某些情况下,例外才是规则。真正的人类专家知道其学科中的异常情况。例如,当药剂师为病人配药时,他知道哪些药剂或药物会与处方药产生不良反应。
- **了解自己的局限**——人类专家知道自己能做什么、不能做什么。他们不接受超出其自身能力范围的任务,也不会接受离自己所擅长领域太远的任务。
- **平稳降级**——在面对高难度问题时,人类专家不会轻易崩溃。也就是说,他们不会"崩盘"。类似地,在专家系统中,这种崩溃也是不可接受的。

电影 *Casino* 给出了一个专家了解其学科规则和例外的例子。在电影的末尾,罗伯特·德·尼罗(Robert De Niro)利用其 1980 年款凯迪拉克的特殊保护功能阻止了爆炸的发生——尽管点火装置上放了一枚炸弹。

请思考并比较专家系统的如下特征。

- **解决问题**——专家系统当然有能力解决其所擅长领域内的问题。有时候,它们甚至解决了人类专家无法解决的问题,或提出人类专家没有考虑过的解决方案。

- **学习**——虽然学习不是专家系统的主要特征，但是如果有需要，我们可以通过改进知识库或推理引擎来教育专家系统。机器学习是另一个主题领域，本书将在第 10 章和第 11 章探讨机器学习。
- **重构知识**——虽然这种能力可能存在于专家系统中，但本质上，它要求在表示方面做出改变，这对机器来说比较困难。
- **打破规则**——对于机器而言，使用人类专家的做法，以一种直观、知情的方式打破规则比较困难；相反，机器会将新规则作为例外添加到现有规则中。
- **了解自己的局限**——目前，一般来说，当某个问题超出其所专长的领域时，专家系统和程序也许能够在万维网的帮助下参考其他应用来找到解决方案。
- **平稳降级**——专家系统一般会解释它们卡在了哪里或哪里出了问题、试图确定什么内容以及已经确定了什么内容，而不是保持计算机屏幕不动或变成白屏。

专家系统的其他典型特征如下。

- **推理引擎和知识库的分离**。这对避免重复和保持程序的效率是非常重要的。
- **尽可能使用统一的表示**。太多的表示可能导致组合爆炸，并且"模糊系统的实际操作"。
- **保持简单的推理引擎**。这样可以防止程序员深陷泥沼，并且更容易确定哪些知识对系统性能至关重要。
- **利用冗余**。尽可能将多种多样且相关的信息汇集起来，这可以避免知识的不完整和不精确。

Giarratano 和 Riley（2005）[12]总结了专家系统的优点。

- 提高可用性。
- 降低成本。
- 包含多种专业知识来源。
- 具有多个信息源。
- 反应迅速。

……

　　尽管专家系统有诸多优点，但似乎也应该指出专家系统的一些众所周知的弱点。首先，如前所述，在因果意义上，它们对主题的理解是肤浅的。其次，它们缺乏常识。例如，虽然它们可能知道水会在 100℃沸腾，但不知道沸水可以变成蒸汽，蒸汽可以驱动涡轮机。因此，莱纳特（Lenat）正在努力[13]建立世界上最大的常识数据库 Cyc。最后，它们不能表现出对主题的深刻理解。即使是具有成千上万条规则的大型专家系统，也不能深刻理解主题。例如，MYCIN（见 9.5.2 节）对人体生理学并没有深刻的理解。

人物轶事

道格拉斯・莱纳特（Douglas Lenat）

　　道格拉斯・莱纳特（1950 年生）是 Cycorp 的首席执行官，也是杰出的人工智能学者之一。莱纳特在费根鲍姆的指导下，于 1976 年从斯坦福大学获得计算机科学博士学位。

　　莱纳特早期参与了 AM 和 Eurisko 项目，很快便小有名气。他使用 LISP 开发的 AM（Automated Mathematician）是发现计划（Discovery Program）的首批项目之一，这个项目在 1977 年为莱纳特赢得了 IJCAI（国际人工智能联合会议）计算机和思想奖（Computers and Thought Award）。AM 生成并修改了一些简短的 LISP 程序，这些 LISP 程序被解释为代表数学概念。其中一个例子是，程序可以通过比较两个列表的长度，进而发现它们是相等的来学习数学等式的概念。

这个项目在数字和各种可用的启发式方法上是非常成熟的，但也相当复杂。AM 通常选择处在其优先级列表中的首要任务，但是当与一组复杂的规则前提条件相结合时，就可能会变得相当复杂。在其复杂的规则架构方面，AM 也是关于元知识的一个很好的例子。所谓元知识，就是关于使用知识的知识。当莱纳特声称 AM 已经解决了 Goldbach 的猜想（一个著名的未解决的数学问题）和唯一素数分解定理（Unique Prime Factorization Theorem）时，引起了一些争议。

莱纳特于 1976 年开发的 Eurisko（希腊语 "发现"）旨在将他的程序发现扩展到数学领域之外，这也是 AM 所限制的领域。Eurisko 的目的是在广泛领域里发现启发式方法。从这个意义上讲，它获得了巨大的成功，得到美国国防高级研究计划署（Defense Advanced Research Projects Agency，DARPA）的支持。

20 世纪 80 年代，人们对人工智能系统的一个普遍批评是：虽然它们具有领域的专有知识，但是它们缺乏更一般的 "常识" 来解决更广泛的问题。1986 年，莱纳特开始建立最大的常识数据库 Cyc，从此这就成了他的任务。在 Cyc 中，莱纳特希望将强大的推理引擎与超过 10 万条概念的常识结合起来，这些概念之间成千上万条的联系体现了概念之间的关系，诸如继承关系和 "Is-A" 关系（见第 6 章）。莱纳特还表示："一旦真正地将大量的信息整合成知识，人类的软件系统就将是超人类的。在同样的意义上，与没有文字的人类相比，有了文字的人类就是超人。

参考资料

Lenat D. Hal's Legacy: 2001's Computer as Dream and Reality. From 2001 to 2001: Common Sense and the Mind of HAL. Cycorp, Inc.

本节从多个视角探讨了人类和机器的专业技能。接下来的 9.2 节和 9.3 节将重点介绍机器如何获得专业技能。

9.2 专家系统的特点

当人们建立专家系统时，考虑的第一个问题便是领域和问题是否合适。Giarratano 和 Riley[12] 提出了在开始建立专家系统前应考虑的一系列问题。

- "在这个领域，传统编程可以有效地解决问题吗？" 如果答案为 "是"，那么专家系统可能不是最佳选择。那些没有有效算法的结构不良的问题最适合构建专家系统。
- "领域的界限明确吗？" 如果领域内的问题需要利用其他领域的专业知识，那么定义一个明确的领域是最适合的。例如，宇航员对其任务的了解必须远远超过其对外层空间的了解，比如对飞行力学、营养、计算机控制和电气系统的了解。
- "有使用专家系统的需求和愿望吗？" 系统必须有用户（或市场），专家也必须支持建立这种系统。
- "是否至少有一个愿意合作的人类专家？" 没有人类专家，肯定不可能创建这种系统。人类专家必须支持系统建设，愿意投入大量的时间来建设专家系统。人类专家对必需的工作时间和配合要有足够的认知。
- "人类专家是否可以解释知识，以便知识工程师理解知识？" 这是构建专家系统的试金石。两个人可以一起工作吗？人类专家是否能够足够清晰地解释所使用的技术术语，是否能够让知识工程师理解这些技术术语，并将它们转换为计算机代码？

- "解决问题的知识主要是启发式的和不确定的吗？"基于知识和经验以及前面描述的"专有技术"，这样的领域特别适合专家系统。

注意，主要区别在于专家系统偏重处理不确定性和不精确的知识。也就是说，它们可能在一部分时间内正常工作，且输入数据可能不正确、不完整、不一致或有其他缺陷。有时，专家系统甚至只给出一些答案，这些答案有可能很糟糕。虽然起初这看起来可能让人惊讶和不安，但进一步思考后就会发现，这种表现与专家系统的概念是一致的。

构建专家系统可能出于不同的目的，下面的列表中包括了其中一些目的（基于 Durkin [14]）。

- **分析**——给定数据，确定问题的原因。
- **控制**——确保系统和硬件按照规格执行。
- **设计**——在某些约束下配置系统。
- **诊断**——能够推断系统故障。
- **指导**——分析、调试学生的错误，并提供建议性的指导。
- **解释**——从数据推断出情景描述。
- **监测**——对观察值与预期值进行比较。
- **计划**——根据条件设计动作。
- **预测**——对于给定情况，预测可能产生的后果。
- **处方**——针对系统故障推荐解决方案。
- **选择**——从众多可能性中确定最佳方案。
- **模拟**——模拟系统组件之间的交互。

目前，人们在许多领域建立了专家系统，表 9.1 列出了一些比较常见的领域。

表 9.1   **专家系统的主要应用领域**

农业	环境	气象学
商业	金融	军事
专业认证	地理	矿业
化学	图像处理	能源系统
通信	信息管理	科学
计算机系统	法律	安全
教育	制造业	空间技术
电子	数学	交通运输
工程	医药	

附录 D.1 介绍了一些知名的、成功的专家系统，这些专家系统跨越了许多领域。迄今为止，全世界已经建立了数千个专家系统。

9.3 知识工程

知识是提升专家系统能力的关键。知识往往以粗糙、不精确、不完整、不明确的形式出现。就像业余爱好者一样，专家系统也不是一蹴而就的，而是随着时间的推移逐步建立起来的。对于概率科学而言，如医学、地质学、气象学以及其他学科，知识不是精确的，但传播不确定性的技术已经得到了高度发展（见 9.5.5 节）。比起人类，专家系统可以更系统、更快速、更精确地做这些事情。令人惊讶的是，人类专家经常发现，当数据是由他们产生的时候，要清楚地表达他们用来分析数据的逻辑、直觉和启发式方法是比较困难的。回顾第 1 章的内容，力学教授和独轮车手的例子描述了这样一个现象：两者对他们专业的事情都做得很好，但是一旦他们试图理解和解释专业知识，表现就不尽如人意了。独轮车手解释不了自身的能力，同样，力学教授所深谙的力学定律知识也不能让他成为成功的独轮车手。

在关于知识工程的主题和案例报告中，费根鲍姆[15]指出，建立成功系统的关键在于使用以下方法。

（1）**生成并测试**（generate and test）——使用这种方法，不是由于它有什么特别的优点，而只是因为这种方法已经被尝试、测试和使用了几十年之久。据说在开发启发式 DENDRAL 程序的过程中，就采用了生成并测试的方法。

（2）**情景-行动规则的使用**（the use of situation-action rules）——也就是大家所熟知的产生式规则（production rule，见第 7 章"产生式系统"）或基于知识的系统，这种表示有助于专家系统的有效构建、易于修改知识、易于解释等。"这种方法的本质在于，一条规则必须捕获'一大块'领域知识，这对领域专家很有意义。"

（3）**领域专有知识**（domain-specific knowledge）——起关键作用的是知识，而不是推理引擎。知识在组织和约束搜索中起着至关重要的作用。规则和框架形式的知识很容易表示和操作。

（4）**知识库的灵活性**（flexibility of knowledge base）——知识库由粒度大小适当的规则组成（见第 6 章）。换句话说，粒度必须小到可以理解，大到对领域专家有意义。按照这种方式，知识就能够足够灵活，可以很容易地进行修改、添加或删除。

（5）**推理路线**（line of reasoning）——在构建智能体的过程中，一条重要的组织原则就是，领域专家必须对知识构建的意义、意图和目的有清晰的认知。

（6）**多种知识来源**（multiple sources of knowledge）——将看似无关的、多个来源的知识条目整合起来，这对于推理路线的维护和开发是必要的。

（7）**解释**（explanation）——系统能够解释其推理路线的能力很重要（对于系统调试和扩展来说也是必需的）。这被认为是一条很重要的知识工程原则，必须予以足够的重视。与此同时，解释的结构及适当的复杂程度也是非常重要的。

为了在科学界和商界获得信誉，人工智能领域需要能够正常工作并且经济实惠的专家系统。这里就是 Donald Michie [6]总结的"实用见解（practical insight）"，他对专家系统做了如下要求。

（1）咨询市场需要专家，而不是通才——这也适用于自动化咨询。

（2）在某些应用中，实时操作不仅是一种愿望，同时还至关重要。

（3）顾问的技能在很大程度上体现在当案例的轮廓形成时，能向客户提出正确的后续问题。

（4）除非程序能完成任务并能根据要求解释具体的步骤，否则客户信心将受到影响。

（5）随着时间的推移，专家系统会表现得像一个知识存储库，其中的知识是由许多专家的各种经验积累起来的。因此，它最终能够达到一名专业顾问的知识水平，并且超过任何单个"导师"。

（6）通常来说，在人类专家描述和交流专业知识的过程中，程序式文本是不合适、不受欢迎的，因此人们需要"解释式语言（advice language）"。

图 9.2 描绘了基于规则的专家系统的典型结构。缘于专家系统的复杂性，它们可以从任何方向驱动（例如 MYCIN），但是 Michie 称它们为"数据库驱动"。

第 7 章描述了人工智能系统，特别是产生式系统和基于它们的专家系统。因为倾向于将计算组件与基于知识的组件分开，所以这些系统不同于传统计算机程序。就专家系统而言，**推理引擎**（inference engine）不同于**知识库**（knowledge base）。7.4 节介绍了自上而下方法（过程性方法）和自下而上（数据驱动）方法的概念。

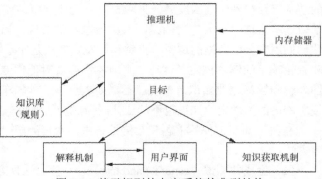

图 9.2　基于规则的专家系统的典型结构

通常，专家系统的数据库由规则组成，这些规则"可通过对任务场景（task environment）的特征进行模式匹配来调用，这些任务场景可以由用户添加、修改或删除"。这种类型的数据库称为知识库。用户可以通过以下 3 种典型方式来使用知识库。

（1）获取问题的答案——用户作为客户端。

（2）改进或增加系统的知识——用户作为导师。

（3）收集供人类使用的知识库——用户作为学生。

使用专家系统的人称为**领域专家**（domain specialist）。没有领域专家的帮助，建立专家系统是不可能的。从领域专家提供的信息中提取知识，并将它们规划成知识库的人称为知识工程师（knowledge engineer）。"从领域专家的头脑中提取知识的过程（这个过程非常重要）称为**知识获取**（knowledge acquistion）。"

知识工程（knowledge engineering）是通过领域专家和知识工程师之间的一系列交互来构建知识库的过程[16]。通常，随着时间的推移，知识工程师越来越熟悉领域专家的规则，这个过程会涉及一系列的规则迭代和改进。

知识工程师一直在寻找可用于表示和解决现有问题的最佳工具。他们尝试组织知识，开发推理方法和旨在构建符号信息的技术。他们还与领域专家密切合作，尝试建立最好的专家系统。知识及其在系统中的表示必要时会被重新概念化。专家系统的人机界面也在不断改善，这使得系统的"语言事务（linguistic transaction）"对用户来说更加舒适。系统的推理过程也会变得更易于用户理解[5]。

9.4　知识获取

从专家那里获取知识，并将这些知识组织到可用的系统中，一直被视为一项困难的任务。这实际上代表了专家对问题的理解，它对专家系统的能力至关重要。这项任务的正式名称是知识获取（knowledge acquisition），这是构建专家系统所面临的最大挑战。

虽然图书、数据库、报告或记录可以作为知识来源，但大多数项目最重要的来源是领域专业人员或专家[14]。从专家那里获取知识的过程称为**知识萃取**（knowledge elicitation）。

知识萃取可能是一项漫长而艰巨的任务，涉及许多乏味的会话。这些会话既可以以交换想法的交互式讨论形式进行，也可以以访谈或案例研究的形式进行。在后一种形式中，人们观察专家如何试图去解决一个真正的问题。无论使用哪种方法，目标都是发掘专家的知识，以更好地理解专家解决问题的能力。有人也许疑惑为什么不能直接通过简单的问题来探索专家的知识，对此，请牢记专家所具备的以下特点。

（1）他们往往在自己的领域非常专业，并且往往使用特定领域的语言。

（2）他们有大量的启发式知识——这些知识是不确定和不精确的。

（3）他们不擅于表达自己。

（4）他们为了达成业绩会运用多种来源的知识。

Duda 和 Shortliffe[17]在这个问题上给出了自己的立场：

> 知识的识别和编码是在建立专家系统的过程中所遇到的最为复杂、艰巨的任务之一……构建一个可接受严格评估的专家系统（远早于实际使用之前）所需要付出的努力往往是以人年为单位的。

在描述专家系统的构建过程时，Hayes-Roth 等人[18]采用了著名的"瓶颈（bottleneck）"一词：

> 知识获取是构建专家系统的瓶颈。知识工程师的工作就是作为中间人帮助构建专家系统。由于知识工程师对领域知识的了解远远少于专家，因此他们之间的沟通问题阻碍了将专业知识转移到构建工作中。

当然，自 20 世纪 70 年代以来，人们尝试了多种自动化获取知识的技术，如机器学习、数据挖掘和神经网络（见第 11 章）。事实证明，这些方法在某些情况下很成功。例如，有一个著名的大豆作物诊断案例[19]，在这个案例中，从植物病理学家 Jacobsen 博士的原始描述符集和已确诊病株的训练集开始，通过程序合成了一个诊断规则集。一个意想不到的发现是，机器合成的规则竟然优于 Jacobsen 博士（领域专家）制定的规则！Jacobsen 博士提供了原始的描述符集，然后尝试改进自己的规则，最后取得了部分成功（如图 9.3 所示）。机器合成的规则具有99%的准确率，于是他放弃了自己的努力，而采用机器合成的规则作为其专业工作的基础。

AQ11 in PL1	120 K byes of program space
Soybean data:	19 diseases
	35 descriptors (domain sizes 2-7)
	307 cases (descriptor-sets with confirmed diagnoses)
Test set:	376 new cases
	> 99% accurate diagnosis with machine rules
Machine runs using	83% accuracy with Jacobsen's rules
Rules of different origins	93% accuracy with interactively improved rule.

图 9.3　Chilausky、Jacobsen 和 Michalski 的实验[19]

专家系统的知识有如下 5 种主要的知识类型。

（1）过程性知识——规则、策略、议程和过程。

（2）陈述性知识——概念、对象和事实。

（3）元知识——关于其他类型知识的知识，以及如何使用这些类型知识的知识。

（4）启发式知识——经验法则。

（5）结构化知识——规则集、概念之间的关系以及概念-对象关系[14]。

这些不同形式的知识来源可能是专家、终端用户、多个专家、报告、图书、法规、在线信息、程序和指南等等。

虽然收集和解释知识的过程可能只需要几小时，但是解释、分析和设计一个新的知识模型可能需要更长的时间。

我们已经讨论了与专家沟通时可能遇到的一些困难。专家往往将解决问题的知识浓缩为一种能够有效解决问题的简洁形式。他们的思维跳跃远远超出了非专业知识工程师所能够欣赏或理解的范畴。虽然专家也许将这种跳跃形容为直觉，但实际上，这些跳跃是基于深度知识进行一些非常复杂推理的结果。沃特曼（Waterman）把上述沟通困境称为**知识-工程悖论**（**knowledge-engineering paradox**），他指出："领域专家的能力越强，就越不能描述他们用来解决问题的知识！"

将浅层知识（可能基于直觉）转换为深层知识（可能隐藏在专家的潜意识中）的过程称为**知识编译问题（knowledge compilation problem）**。发展知识萃取技能有助于促进知识获取过程。

9.5　经典的专家系统

近 40 多年来，人们构建了具有数百到数千条规则的专家系统。本节将探讨一些经典的专家系统，并介绍它们的背景、历史、主要特征和主要成就。

9.5.1　DENDRAL

作为专家系统发展史上的一个例子，DENDRAL 几乎与人工智能的历史一样悠久，而且它举足轻重。从各个角度来看，DENDRAL 都是一个成功的项目，该项目开始于 1965 年，持续多年，涉及斯坦福大学的许多化学家和计算机科学家。无论是在实验意义上还是在正式的分析和科学意义上，许多与人工智能发展有关的想法都是从这个项目开始的。例如，在早期，DENDRAL 强有力地证明了生成并测试（generate-and-test）算法以及基于规则的方法能够有效地建立专家系统。

DENDRAL 的主要开发人员是计算机科学家爱德华・费根鲍姆（Edward Feigenbaum）、遗传学诺贝尔奖获得者——化学家乔舒亚・莱德伯格（Joshua Lederberg）、计算机科学家布鲁斯・布坎南（Bruce Buchanan）和化学家雷蒙德・卡哈特（Raymond Carhart），他们都在斯坦福大学工作[5]。

DENDRAL 的任务是列举合理的有机分子化学结构（原子键图），输入 DENDRAL 的信息有两种：①分析仪器质谱仪和核磁共振光谱仪的数据；②用户提供的答案约束，这些答案约束可从用户可用的任何其他的知识源（仪器或上下文）推导得到。

费根鲍姆[21]指出，过去一直没有能将未知化合物的质谱图映射到其分子结构的算法。因此，DENDRAL 的任务是将人类专家莱德伯格的经验、技能和专业知识融入程序中，这样程序就可以以人类专家的水平运行。在开发 DENDRAL 的过程中，莱德伯格不得不学习很多关于计算的知识，正如费根鲍姆不得不学习化学知识一样。显然，对于费根鲍姆而言，除了与化学有关的许多具体规则之外，他还根据经验和猜想使用了大量启发式知识[11]。

DENDRAL 的输入通常包含了人们所研究的如下化合物信息。

- 化学式，如 $C_6H_{12}O$。
- 未知化合物的质谱图（见图 9.4）。
- 核磁共振光谱信息。

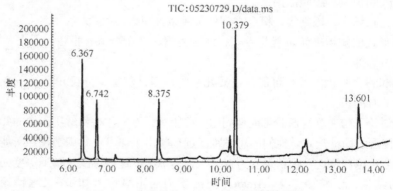

图 9.4　典型的未知有机化合物的质谱图

然后，DENDRAL 在没有反馈的情况下分 3 个阶段执行启发式搜索，我们将这个过程称为规划-生成-测试（plan-generate-test）。

（1）**规划**——在规划阶段，对所有可能的原子构型集合进行缩减，使其与质谱推导出的约束保持一致。可以应用约束来选择必须出现在最终结构中的分子片段以及剔除不能出现的分子片段。

（2）**生成**——使用名为 CONGEN 的程序来生成可能的结构。"它的基础是组合算法（具有数学证明的完整性以及非冗余生成性）。组合算法可以产生所有在拓扑上合法的候选结构。通过使用"规划"过程提供的约束进行裁剪，引导生成合理的集合（即满足约束条件的集合），而不是庞大的合法集合。"[5]

（3）**测试**——根据假想中的质谱结构与实验结果之间的匹配程度，对生成的输出结构进行排序。

DENDRAL 可以迅速从数百种可能的结构缩减到可能的几种或一种结构。如果生成了几种可能的结构，那么系统将会列出这几种结构并附上对应的概率。

总结：DENDRAL 证明了计算机可以在一个有限的领域内表现得与人类专家相当。在化学领域，DENDRAL 的表现高于或等于一个化学博士生。程序主要使用 Interlisp（Lisp 语言的一个分支）来编写，而像 CONGEN 这样的子程序则使用 FORTRAN 和 Sail 语言来编写。在美国，DENDRAL 的市场知名度很高，被化学家广泛应用。费根鲍姆[5]进一步指出："矛盾的是，DENDRAL 的结构阐释能力既非常广泛，也非常狭窄。一般来说，DENDRAL 能够处理所有分子，包括环状和树形的。在约束条件下对纯结构的解析（借助仪器数据），CONGEN 的表现人类无法匹及……在这些知识密集型的专业领域，通常来说，比起人类专家的表现，DENDRAL 的表现不但更快，而且更准确。"

9.5.2 MYCIN

毫无疑问，人们引用最多且最著名的专家系统是 MYCIN。MYCIN 也是在斯坦福大学开始开发的，是 Edward Shortliffe 的博士论文课题[22]。这个基于规则的专家系统，主要针对由血液和脑膜炎（一种细菌性疾病，它会引起脑和脊髓周围膜的炎症）引起的感染性血液病给出诊断和治疗建议。这些疾病如果不及早治疗，将是致命的。开发 MYCIN 需要大约 20 人年（人年是一种表示工作时间的计算单位，1 人年表示一位劳动者工作一年），MYCIN 使用了反向链接（backward chaining），并且由 400 多条规则组成。与 DENDRAL 一样，MYCIN 也主要是用 Interlisp 编写的。

显然，由于可能的疾病危及生命，因此对出现的特定感染进行快速诊断以及迅速确定适当的药物并进行干预是非常重要的。构建这种系统很有现实意义，这也与 20 世纪 70 年代人工智能发展的方向是一致的。

此外，如果系统为用户所接受且能成功，那么系统必须是交互式的，这与医生和常驻血液感染专家之间的合作类似。系统应该能够回答医生的问题，并且一般来说要能够适应（而不是消除或阻碍）医生的需求。

MYCIN 是人们写得最多、研究最多、被模仿也最多的项目。Durkin 在自己的著作[14]中用一整章来描述 MYCIN，对系统的背景、方法、性能和评估提出了一些非常有趣的见解。他指出，20 世纪 70 年代，治疗过程导致了抗生素的滥用。他注意到了 Roberts 和 Visconti[23]的研究，"这些研究显示医生选择的 66% 的治疗方法是不合适的，其中超过 62% 的方法使用了不适当的抗生素组合。"当时，青霉素的发现导致大量抗生素的使用。这些药物虽然在处方适当并且正确使用时有效，但是也可能产生毒副作用。标准的案头参考书 *The Physician's Desk Reference* 是必需和有益的。此外，在血液病领域，专业知识比较匮乏。因此，据 Durkin 介绍，出于以上原因，开发 MYCIN 项目似乎是个不错的想法。

　　为了证明并解释结论，MYCIN 通过规则集反向链接，寻找确凿的证据。通过使用反向链接，MYCIN 的表现可以与人类专家相媲美。它证实了系统的专家能力来自知识，而非一些奇技淫巧。

　　基于 Durkin 的介绍[14]，MYCIN 所代表的重要成就如下。

- 知识与控制分离——这是所有专家系统的标志，MYCIN 是最早的例子。如果规则更改，并不需要修改推理引擎。
- 集成元规则（规则的规则）——什么时候因特殊情况打破规则。
- 采用不精确推理——MYCIN 的确定性因子（Certainty Factor，CF）的范围为-1（绝对为假）～+1（绝对为真）。另一个术语是"可信度（degree of belief）"。
- 记住先前的会话——就像一位优秀的人类专家一样，他的每一次经历都会对专家知识产生影响。
- 适应用户——程序必须让用户感到舒服，对用户/医生透明。
- 自然语言交互——MYCIN 以自然语言的方式与医生互动。
- 提供解释——MYCIN 可以解释其得到某个具体结论的过程和理由。
- 可提供备选建议——MYCIN 试图为医生提供备选建议。通过这种方式，程序与医生的关系是合作型的而非指导型的，医生能感觉到系统是在提供帮助，而不是在命令或控制他们。

例 9.1　医疗系统中 How（过程）和 Why（理由）的假设例子

　　MYCIN 的两个示例如图 9.5（a）和图 9.5（b）所示。图 9.5（a）显示了确定手术适合老年患者的治疗的方法及理由。

　　图 9.5（b）给出了一种治疗方案，这种治疗方案依赖药物来治疗感染。

SYSTEM: How old is the patient?
USER: WHY
SYSTEM: This will aid in determining if the patient is a good candidate for surgery.

Rule 057
IF The patient is over 80 years old
AND The patient is frail
THEN The patient is probably not a good candidate for open heart surgery.

SYSTEM: I recommend that the patient is not a good candidate for surgery.

USER: HOW
SYSTEM: I used rule 048 to conclude that patient should not undergo surgery:

Rule 048
IF The patient is frail (weak)
THEN Recommend against surgery.

I used Rule 057 to conclude the patient's condition
IF The patient is over 80 years old
AND The patient is frail
THEN The patient is probably not a good candidate for open heart surgery.

My therapy recommendations will be designed to treat for organisms that are either very likely or, although less likely, would have a significant effect on therapy selection If they were present. It is important to cover for the following probable Infection(s) and associated organism(s):

INFECTION-1 is CYSTITIS
<Item 1> PSEUDOMONAS-CEPACIA [ORGANISM-5]
<Item 2> CITROBACTER-DIVERSUS [ORGANISM-4]
<Item 3> E.COLI [ORGANISM-3]

INFECTION-2 is UPPER-RESPIRATORY-INFECTION
<Item 4> LISTERIA [ORGANISM-2]

INFECTION-3 is BACTEREMIA
<Item 5> ENTEROCOCCUS [ORGANISM-1]

[REC-1] My preferred therapy recommendation is as follows:
In order to cover for items <1 2 3 4 5>:
Give the following in combination:
1) KANAMYCIN
Dose: 750 mg (7.5 mg/kg) q12h IM (or IV)
for 28 days
Comments: Modify dose in renal failure
2) PENICILLIN
Dose: 2,500,000 units (25,000 units/kg)
q4h IV for 28 days

（a）来自 MYCIN 的旨在说明 Why 和 How 方案的一个样本　　　（b）来自 MYCIN 的旨在说明诊断和治疗方案的一个样本

图 9.5　例 9.1 涉及的样本及治疗方案

　　总结：MYCIN 是有史以来最知名和成功的专家系统。

　　MYCIN 旨在对血液感染进行诊断，推荐治疗方案，它最终成了医学实习生的培训项目。作为一个典范，MYCIN 诠释了专家系统的许多值得借鉴的优良特性，也展示了构建专家系统的原因。MYCIN 采用了概率论，具有解释功能，它试图以友好和有效的方式与医生进行沟通，拥有 400 多条规则。

9.5.3 EMYCIN

MYCIN 已被证明是一个非常成功的专家系统，因此大家都认为它理应被进一步推广。William van Melle 使用 MYCIN 推理引擎和一本 1975 年的庞蒂亚克（Pontiac）服务手册，构建了一个用于诊断汽车喇叭电路问题的拥有 15 条规则的玩具系统。这个玩具系统为第一个专家系统命令解释器（shell）EMYCIN 奠定了基础。Joshua Lederberg 建议的首字母缩略词 EMYCIN，表明这是"基本（Essential）"或"空（Empty）"的 MYCIN。命令解释器是为某些类型的应用程序设计的专用工具，在这些应用程序中，用户只需要提供知识库。在本例中，通过删除 MYCIN 专家系统中的医学知识库[12]，就可以得到 EMYCIN 命令解释器。Van Melle[25]写道："人们应该能够取出临床知识，接入一些其他领域的知识。"

人物轶事

爱德华・肖特利夫（Edward Shortliffe）

 爱德华・肖特利夫（1947 年生）是另一位人工智能领域非常成功的学者，他来自加拿大艾伯塔省埃德蒙顿，定居在美国。他因在医药和计算机科学两个领域受过高等教育和训练而与众不同。他于 1970 年以优异的成绩从哈佛大学数学系毕业，并分别于 1975 年和 1976 年获得斯坦福大学医学信息科学博士学位和医学博士学位。1976 年，基于在 MYCIN 上所做的论文工作，他获得了美国杰出青年计算机科学家 Grace Murray Hopper 奖。他写了几十篇文章和一些图书，其中最有名的是 *Rule-Based Expert Systems: The MYCIN Experiments of the Stanford Heuristic Programming Project*，这本著作是他与 Bruce Buchanan 共同撰写的。

MYCIN 的主要架构几乎已经成了所有基于规则的专家系统的基础，它拥有 400 多条规则，使用了正向和反向链接、知识表示和不确定性推理。在人工智能领域，爱德华・肖特利夫已经抵达成功的顶峰。

1980 年，爱德华・肖特利夫在斯坦福大学建立了第一个生物医学信息学的学位项目，在这个领域，他被认为是创始人。目前，爱德华・肖特利夫担任哥伦比亚大学生物医学信息学院院长。他是美国国家科学院医学研究所的一名成员，被认为是一名杰出的管理者。2009 年，他出任美国医学信息协会（AMIA）的总裁兼首席执行官。

很自然地，目标就是保留 MYCIN 的一些优秀特征。这些优秀特征包括特定领域知识的表示、遍历知识库的能力、支持不确定性的能力、假设推理、解释功能等。

EMYCIN 支持正向和反向链接，并引发了许多专家系统的开发，包括一个诊断肺部问题的应用 PUFF[26]。这是专家系统技术的一个重要的里程碑式进展，因为它提供了一种"经济有效"地构建专家系统的工具，并且符合 Donald Michie 所列出的成功专家系统的要求。EMYCIN 成了所有未来专家系统命令解释器的典范。

9.5.4 PROSPECTOR

PROSPECTOR 是一个早期的被设计用于矿物勘探中的决策问题的专家系统。值得一提的是，这个系统使用了一种被称为推理网络（inference network）的结构来表示其数据库。该系统是由 Richard O. Duda 于 1978 年在斯坦福研究所（SRI）编写而成的[27]。以下总结了该系统最为重要的几个特征（参见 Firebaugh[11]所做的介绍）。

- 该系统将模糊输入表示为-5（肯定为假）～+5（肯定为真）范围内的值，并得出带有相关不确定性因素的结论。
- 该系统的专业知识是人工构建的，包括 12 个大型的全局模型和 23 个较小的区域模型。全局模型描述了大型的矿床。
  - ➢ 黑子型大型硫化物矿床。
  - ➢ 密西西比河谷型铅-锌矿床。
  - ➢ 西部砂岩铀矿床。
- 虽然 PROSPECTOR 不理解知识库中的规则，但它可以解释得到结论所采用的步骤。
- 为便于编辑和扩展存储了知识库的推理网络结构，人们开发了知识获取系统（KAS）。
- PROSPECTOR 表现出与硬岩地质学家相当的水平，已被成功地应用于勘探领域。它预测在华盛顿州托尔曼山附近有一处钼矿床，后来通过岩心钻探，确认其价值为 1 亿美元。

PROSPECTOR 使用了一种被称为推理网络的知识表示方法，这是第 6 章描述的语义网络的一种形式。接下来我们总结推理网络的主要特征，以及它们与语义网络元素的对应关系。

- **节点（Node）**——对应命题断言而不是单个名词。一个一般的模型包含大约 150 个节点。一个节点可能包含以下断言。
  - ➢ 存在广泛生物化的角闪石。
  - ➢ 存在一条白垩纪岩脉。
  - ➢ 存在有利于斑岩铜矿钾质带的蚀变。
- **弧（Arc）**——类似于语义网络，弧指定了节点之间的关系。特别地，它们表示了一些推理规则，这些推理规则指定了一个断言的概率如何影响另一个断言的概率。一个典型的模型包含大约 100 条弧。
- **推理树（Inference Tree）**——在推理树中，按照以下结构对节点和弧进行组织。
  - ➢ 顶层假设——没有出弧（outgoing arc）。
  - ➢ 中间因素——同时有入弧（incoming arc）和出弧。
  - ➢ 证据性陈述——没有入弧。

PROSPECTOR 的工作原理就像一棵自下而上的树，在正向链接中使用证据，到达建议进一步探索的位置。程序被设计成运行于编译执行、批处理或交互式模式。用户的答案范围是-5（断言绝对为假）～+5（断言绝对为真）。

有关表 9.2 中所列出数据的更多信息，请参阅以下内容。

Nokleberg et al., 1987. Significant metalliferous lode deposits and placer districts of Alaska. U.S. Geological Survey Bulletin 1786, p.104.

Cox D P and Singer D A, eds. 1986. Mineral deposit models: U.S. Geological Survey Bulletin 1693, p.379.

在系统交互的任何时刻，用户都可能会问为什么（Why），要求系统对问题的依据进行解释。因此，熟练的地质学家可以遵循 PROSPECTOR 的推理路线。其他的命令可以提供推理的跟踪、修改断言以及列出勘探的最佳"当前估计"。该程序还具有绘图功能，能够生成某个区域成功或失败的概率分布图。

表 9.2 展示了 PROSPECTOR Ⅱ专家系统的有效性。在由一组地质学家分类的 124 个矿床中，

PROSPECTOR Ⅱ（第一选择）对其中 103 个矿床的分类与地质学家小组做出的分类相同。

　　"如果同时结合 PROSPECTOR Ⅱ 的第一选择和第二选择，再与地质学家做出的分类进行匹配，那么在 119 个归类的矿床中，有 111 个矿床是一致的——也就是说，一致率达到 93%。"

表 9.2　比较 PROSPECTOR Ⅱ 与使用 Cox-Singer 矿床分类法的地质学家小组对阿拉斯加的 124 个含金属矿床的分类结果

矿床类型（地质学家小组的分类）	排名次数（PROSPECTOR Ⅱ 的分类）				
	第 1 名	第 2 名	第 3 名	第 4 名	第 5 名
1.　辉长岩型 Ni-Cu 矿床（7a）	4	0	1	0	1
2.　足形铬铁矿矿床（8a）	1	0	0	0	0
3.　蛇纹石状石棉矿床（8d）	1	0	0	0	0
4.　阿拉斯加铂族元素（9）	5	0	0	0	0
5.　钨矽卡岩矿床（14a）	1	0	0	0	0
6.　锡矽卡岩矿床（14b）	2	0	0	0	0
7.　锡脉矿床（15b）	1	0	1	0	0
8.　锡云英岩矿床（15c）	1	0	0	0	0
9.　斑岩铜矿（17）	4	1	0	0	0
10.　矽卡岩铜矿床（18b）	2	0	1	0	0
11.　Zn-Pb 矽卡岩矿床（18c）	2	0	0	0	0
12.　铁矽卡岩矿床（18d）	4	1	0	0	0
13.　斑岩型铜钼矿床（21a）	1	0	2	0	0
14.　Mo、低 F 斑岩矿床（21b）	1	0	0	0	0
15.　多金属脉状矿床（22c）	14	3	0	0	0
16.　玄武岩型铜矿（23）	0	0	1	0	0
17.　塞浦路斯块状硫化物矿床（24a）	0	0	1	0	0
18.　贝什块状硫化物矿床（24b）	3	0	0	0	0
19.　浅热静脉沉积（25b、25c、25d、25c）	2	0	0	0	0
20.　温泉汞矿床（27a）	3	1	0	0	0
21.　锑-金矿脉（27d，27e）	5	0	0	0	0
22.　黑矿型块状硫化物矿床（28a）	9	0	0	0	0
23.　砂岩铀型矿床（30c）	1	0	0	0	0
24.　沉积喷流型铅锌矿床（31a）	2	0	0	0	0
25.　层状重晶石矿床（31b）	2	0	0	0	0
26.　基普什型铜-铅-锌矿床（32c）	1	0	0	0	0
27.　低硫化物金石英脉矿床（36a）	25	1	0	0	0
总数	103	8	7	0	1

资料来源：McCammon R. *Numerical Mineral Deposit Models*，表 4。

注：括号中的字母数字字符表示 Cox 和 Singer（1986）中的模型编号。

9.5.5　模糊知识和贝叶斯规则

　　地质矿产勘查是使用和讨论不确定性的典型领域。模糊知识（见第 8 章）可以用来处理不确定性，做出良好的决策。PROSPECTOR 使用以下形式的规则进行工作。

IF E, THEN H(LS, LN)

其中：

H = 给定的假设；

E = 假设成立的证据；

LS = 如果 E 存在，这是支持假设的程度；

LN = 如果 E 不存在，这是假设不可置信的程度。

LS 和 LN 的值在建立模型时定义，并在分析过程中保持不变。一小部分可能规则集如下所示。

R_1: IF E_1 AND E_2,　　　　　　　　THEN H_2(LS$_1$, LN$_1$)

R_2: IF H_2,　　　　　　　　　　　　THEN H_1(LS$_2$, LN$_2$)

R_3: IF E_3,　　　　　　　　　　　　THEN H_1(LS$_3$, LN$_3$)

图 9.6 所示的网络集成了上面的 $R_1 \sim R_3$，并指出如何使用证据来支持假设。H_1 是这部分网络的顶层假设或"结论"。

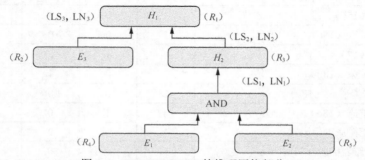

图 9.6　PROSPECTOR 的推理网络部分

PROSPECTOR 是第一个将贝叶斯定理作为计算概率 $P(H \mid E)$ 的证据并通过系统传播不确定性的专家系统。关于这条规则的讨论，请参阅第 8 章。

除了使用贝叶斯定理计算概率之外，PROSPECTOR 还使用模糊集理论中的启发法来传播基于断言$(A_1, A_2, \cdots, A_K)$的逻辑贡献的不确定性，这些断言支持以合取或析取方式来表示。

$$合取：A = A_1 \text{ AND } A_2 \text{ AND } \cdots A_K$$

$$析取：A = A_1 \text{ OR } A_2 \text{ OR } \cdots A_K$$

假设知道 $P(A_i \mid E)$ 是在证据 E 存在的情况下与断言 A_i 相关联的概率，则面临的挑战是在考虑这些证据的情况下传播 A 为真的概率。洛菲特·扎德（Lotfi Zadeh）（见第 8 章）提出了下列启发式等式，这些启发式等式曾被应用于 PROSPECTOR 中。

$$合取：P(A \mid E) = \text{MIN}_i(P(A_i \mid E))$$

$$析取：P(A \mid E) = \text{MAX}_i(P(A_i \mid E))$$

简而言之，断言的合取（AND）取决于具有最小模糊测度的断言，而断言的析取（OR）取决于具有最大模糊测度的断言。下面以一个大家可能会遇到的真实世界的例子来演示**模糊逻辑**的原理——评估你将遇到的人喜欢你的概率。下面是一些证据的概率：

证据 $= e =$ 你们会见面；

$E_1 =$ 你们很容易沟通 $= 0.80$；

$E_2 =$ 在约会调查中，你们很般配 $= 0.84$；

$E_3 =$ 你们的生活习惯很匹配 $= 0.80$；

E_4 = 你们很忙 = 0.50。

通过模糊逻辑，你将得到一个你们喜欢彼此的概率是 0.50 的结论。由于所有其他证据看起来都很好（如匹配度高、概率高），因此这个结论看起来很不公平。但是，请记住，你们不喜欢彼此的所有理由在这里也并没有列出！也许你的匹配对象有一些你不喜欢的习惯，也许你的匹配对象是个工作狂，也许她渴望爱情的原因与你不同。但无论如何，约会如同爱情，不可能只是一个概率事件！

另一方面，考虑证据析取公式：

$$\text{IF } E_1 \text{ OR } E_2 \text{ OR } E_3 \text{ OR } \cdots E_n, \ P(E\,|\,e) = \text{Max}(P(E_i\,|\,e))$$

当遇到匹配对象时，你坠入爱河的概率是多少？

E_1 = 她联系了我（很不错！）= 0.80；

E_2 = 在约会调查中，你们很般配 = 0.80；

E_3 = 你们从未见过面 = 0.50；

E_4 = 你们在恋爱关系中背负了大量的生活"包袱" = 0.85。

在这里，析取的模糊逻辑规则将以 E_4 为标准。在现实中，这可能是一个很好的较有代表性的值，PROSPECTOR 使用了类似的方法。

总结： 值得注意的是，在发现一个可能带来利润的矿藏之前，通常要先勘探成千上万个潜在的矿藏。PROSPECTOR 项目是由美国地质调查局和美国国家科学基金会资助的。许多参与该项目的研究人员仍在不断地加入或开发成功的商业专家系统。

9.6　提高效率的方法

随着专家系统的发展，专家系统变得越来越复杂。显然，在搜索、冲突消解和激活以及总体管理方面，需要有更高效的方法来处理规则。7.4.1 节讨论了冲突消解策略。本节将讨论两种在危急情况下处理规则和提高效率的方法。

9.6.1　守护规则

守护规则（**demon rule**）是专家系统设计师将正向链接和反向链接结合起来的一种方式。Durkin[14]将守护规则定义为"任何时候，一旦规则的前提条件与工作内存中的内容相匹配就触发的规则"。

这个概念就是说，这些"友善的守护者"就在那里，静静地待在反向链接规则中，不参与反向链接的过程，却留在后台，直至被工作内存中出现的信息"召唤"。一旦调用，守护规则就会被触发，并在工作内存中输入对应的结论。它所生成的新信息可以支持反向链接规则，或者"它可能会启动其他守护规则，这些守护规则共同起着一系列正向链接规则的作用"。因此，守护规则允许系统自我修改，这是应用程序适应新情况的一个至关重要的方面[14]。

下面通过一个假想的核电站火灾报警器的例子来介绍守护规则的概念。当温度过高时，报警器将被触发。温度过高意味着机器应该停止运行。如果机器停止运行，那么建筑物里的人员应该被疏散。使用反向链接将有助于完全关闭系统，从而可以对问题进行诊断。

守护规则 1　发电机温度问题

如果 电源 是关闭的，

并且 温度 高于 500℃，

那么 问题 = 发电机温度问题。

守护规则 2　紧急情况/声音报警

如果　问题 ＝ 油罐压力，

那么　情况 ＝ 紧急情况/声音报警。

守护规则 3　疏散

如果　情况 ＝ 紧急情况，

那么　响应 ＝ 疏散人员。

你可以看到这些"守护规则"如何以反向链接方式一同工作，从而处理这种潜在的紧急情况。高温将触发报警器，报警器将提醒并疏散建筑物里的人员。

9.6.2　Rete 算法

Rete 算法涉及专家系统中一些组成过程之间的有效协调，关于这一点，本章以及第 7 章（含马尔可夫链）都讨论过。一旦开始构建一个拥有数十条乃至数百条规则的大规模专家系统，效率问题就变得相当重要。也就是说，我们需要一个过程，它不必依次测试每条规则，就能知道应该使用哪些规则。

"Rete"一词在拉丁语中的意思是"net"（网络）。

在 Charles Forgy 关于 OPS（Official Production System）命令解释器的博士论文中（1979 年，卡内基·梅隆大学），他给出了解决该问题的一个方案。Forgy 的核心思想是网络可以容纳许多关于规则和规则触发的信息，从而显著减小所需的搜索量。Rete 算法是一种动态的数据结构，这种数据结构可以在搜索过程中重组。

Giarratano 和 Riley[12]声称："Rete 算法是一种非常快的模式匹配器，它通过将网络中关于规则的信息存储在内存中来提高速度。Rete 算法旨在通过限制在规则触发后重新计算冲突集所需的工作量，来提高正向链接规则系统的速度。"

Rete 算法要求的内存空间比较大，由于内存已经非常便宜，因此这不再是个问题。众所周知，Rete 算法利用了两个经验性的观察结果来构建其数据结构。Giarratano 和 Riley 进一步指出了这两个经验性的观察结果。

（1）**时间冗余性（Temporal Redundancy）**——一条规则的触发通常只改变很少的事实，而只有少数规则才受到这些变化的影响。

（2）**结构相似性（Structural Similarity）**——相同的模式经常出现在多条规则的左侧。

20 世纪 70 年代，计算机的运行速度非常慢，对于具有成千上万条规则的专家系统而言，Rete 算法是一个重要的实用工具，有利于系统的快速执行。

在执行的每个周期中，Rete 算法只寻找规则匹配中的变化。这极大提高了事实与规则前项的匹配速度，而非试图在每个识别-行动循环（recognize-act cycle）中根据每条规则来匹配事实（参见图 9.7）。

Rete 算法的一个有趣之处在于发现了这样一个概念：与使用事实来匹配规则相比，将推理循环中维护的一些事实与规则的前项进行匹配更有效。

Rete 算法对专家系统的实用性及高效应用做出了重要贡献。

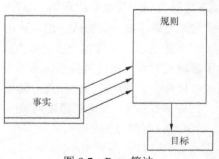

图 9.7　Rete 算法

9.7　基于案例的推理

本节介绍**基于案例的推理**（Case-Based Reasoning，CBR），这种解决问题的方法确实是现代人运作、决策等行为方式的基础。其本质在于，人类会从他人和自身的经验中学习。基于这一基础，我们可以做出决策。当然，这些经验必须以某种方式记录下来，否则它们的作用有限。大家可能听到过这样一句话："如果不从历史中吸取经验教训，那么历史的意义何在？"

律师、医生、教师、机械师、运动员、商人等都是根据以往的经验做出决策。对律师来说，他们根据先前的判决案例做出决策。过去的类似案件是如何判决的？某位具体法官的判案倾向是什么？根据类似情况的先例，这位法官可能会做出什么样的裁决？医疗行业也类似。医生做出的大多数决策实际上是基于概率的——这些概率就是第 8 章提到的贝叶斯类型概率。考虑到病人的特殊症状和体征，结合患者的年龄、病史和其他已知的相关因素（如现有状况、以前的手术史、药物过敏、医疗保险情况等），医生能够做出最有可能产生有利结果的诊断。此外，医生还必须意识到如何避免医疗事故的诉讼！对于教师来说，情况是类似的。教师会使用过去行之有效的方法。如果某个课程与某本教科书、主题的某种顺序、某些材料配合得非常好，那么教师倾向于再次使用它们。如果不存在上面这种情况，那么教师将根据经验做出改变和尝试。对于汽车修理工和其他行业人员而言，情况也十分类似。各行各业的从业人员都需要从经验中学习如何从事自己的职业。

从书本上读到的东西很少能完全弥补从经验中获得的知识。知道规则是有好处的——例如，新车不要在前 1000 千米全速行驶。然而，启发式经验法则可能更有用——例如，"不要像开跑车一样去开大型豪华轿车"。因为这样的经验法则往往涵盖更多的情况。无论遵循什么样的规则或启发式方法，都应该了解它们背后的原理，知道使用这些规则或启发式方法的原因和时机。有人可能会问："为什么要支付薪水给那个只做了一点点工作的修理工？他只不过拧紧了一颗螺钉而已，任何人都可以做到这一点。"答案显而易见："你要为他的专业知识付钱——他知道要拧紧哪颗螺钉！"

补充资料

例子：棒球 CBR

假定可以用一个 6 元组来表示任何棒球比赛的情况。这个 6 元组将包括：①局次；②出局人数；③跑垒员人数；④比分；⑤击球手；⑥CBR 系统建议应该进行的动作（如挥击、投球、触击等）。每一局的上半局用正数表示，下半局用负数表示。跑垒员人数和位置表示如下：0=垒上没人，1=跑垒员在一垒，2=跑垒员在二垒，3=跑垒员在三垒，4=跑垒员在一垒和二垒，5=跑垒员在一垒和三垒，6=跑垒员在一垒、二垒和三垒（满垒）。无论当前输赢情况，分数都可以嵌进来，例如+6 4 意味着以 6∶4 领先，而−6 4 则意味着以 4∶6 落后。

让我们用以下 6 元组来表示 2010 年纽约洋基队的某场比赛情况：（−8，0，4，−2 3，13，3）。这个 6 元组可以解释如下：①当前在第 8 局的下半局；②没有人出局；③跑垒员在一垒和二垒；④洋基队 2∶3 落后；⑤击球手是 13 号队员；⑥系统建议打触击球。这意味着超级巨星 Alex Rodriguez（棒球领域最棒和最高薪的球员）正在击球。CBR 应该为大多数球员算出打法的可能性（以百分比表示），在这种情况下，最佳建议是通过触击球让跑垒员跑到二垒和三垒，这样就会有一个人出局（击球手因触击球而出局）。在跑垒员在一垒和二垒且没有人出局的情况下，有超过 50%的可能性会采用上述方式来得分。

然而，这里是 CBR 系统必须为 2010 年纽约洋基队展示一些先验知识或智能的地方——Alex Rodriguez 从不打触击球。对之前的案例数据库的研究表明，他在自己的职业生涯中极少打触击球。在类似的情况下，他还没有被要求过打触击球，即使这是迄今为止所推荐的百分比值最高的打法。现在的纽约洋基队还有 3 名球员，他们在类似的情况下也从未被要求过打触击球。他们是 20 号 Jorge Posada[1]、25 号 Mark Texeira 和 24 号 Robinson Cano[2]（后被交易到西雅图水手队）。这 3 名队员都被认为是伟大的击球手，因此在任何情况下，他们都不会被要求打触击球。CBR 系统必须识别出一般的案例，并与 Rodriguez、Posada、Texeira 和 Cano 击球的特殊情况区分开来（可通过号码 13、20、25、24 来识别他们）。

笔者做了一点研究，在难分胜负的比赛中，如果跑垒员在一垒和二垒且没人出局，建议的策略是击球手应该打触击球，但这个策略有点过时。大多数棒球分析师的思考并没有那么谨慎，关键在于产生得分的概率。关于这一点，人们的观点是，这在很大程度上取决于谁在击球。

最后，考虑运动员或运动爱好者的案例。他们所做的几乎所有事情就是想基于统计数据，达到或超越过去的表现。在棒球领域，这些统计数据可能对应击球手在面对某个投手时的表现。管理者的几乎所有决定往往基于先例或统计数据，即考虑在某些情况下某种行为最可能带来什么样的结果。

在本质上，这就是 CBR 所关心的全部内容。也就是说，所建立的人工智能系统能够根据先例匹配解决方案。换句话说，试图通过将新问题与带有解决方案的旧问题相匹配来解决新问题。因此，这是构建从先前的情况中学习的基于知识的系统[28]。CBR 系统的主要要素是**案例库**（case base）——存储问题、要素（案例）及其解决方案的一种数据结构。因此，案例库可以视为所存储问题集合的数据库，其中存储了每个问题与其解决方案之间的关联信息，这使得系统能够被推广以解决新问题[29]。

CBR 系统的学习能力由它们自身结构的结果来定义，这通常由 4 个阶段组成：**检索**（retrieval）、**重用**（reuse）、**修订**（revision）和**保留**（retention）[30]。在第 1 阶段，"检索"是指从案例库中找到与所提出的问题最相似的案例。一旦从案例库中提取了一系列的案例，在第 2 阶段，就通过"重用"调整所选择的案例，使其符合当前的问题。在第 3 阶段，一旦系统找到问题的解决方案，该解决方案就会被"修订"，并被检查是不是问题的真正解决方案。第 4 阶段，一旦所提出的解决方案被确认是恰当的，该解决方案就将被保留，并且可以作为未来问题的解决方案[29]。

CBR 设计的主要问题之一是数据结构的选择。数据结构可以是简单的元组到复杂的**证明树**（proof tree），简单的元组可以存储待匹配的案例及其解决方案。最典型的数据结构由大量的情境-动作规则（situation-action rule）构成，其中规则是待匹配的最显著特征，而运算符由我们在新情境下使用的转换组成。

对于 CBR 系统而言，最困难的决定是为索引和检索选择最显著的案例特征[29]。Kolodner 认为，根据问题求解者的目标和需要来组织案例非常重要；这要求在问题求解过程中，根据案例上下文仔细地分析案例描述符（case descriptor）[30]。

Kolodner 给出了以下一组可能的启发式优先方法，以便于案例的存储和检索。

（1）目标导向优先。至少部分地按照目标描述来组织案例。检索与当前情况具有相同目标的案例。

（2）显著特征优先。优先选择与最重要特征或最重要情况相匹配的案例。

（3）指定优先。在考虑更一般的匹配之前，尽可能寻找那些特征匹配度高的案例。

（4）频率优先。优先检查最常匹配的案例。

（5）最近优先。优先检查最近使用的案例。

（6）适应容易程度优先。优先使用最容易适应当前情况的案例。

"相似性"这一概念变得更加重要和微妙。选择和定义词汇以确定相似性成了一个重要因素。随着匹配案例的增多，好的一面和坏的一面都会出现。也就是说，更多的案例提供了更好匹配的机会，但匹配的过程也因此变得更加复杂和耗时。

CBR 不是人工智能的新领域，它经常被用于领域规则不完整、定义不明确或不一致的场景[31]。基于案例的方法可以帮助专家系统通过存储过去有效或失败的解决方案，从先前的经验中学习，这将极大地缩短求解问题的过程。早在开发专家系统之前，就已经存在从经验中学习的例子，比如亚瑟·塞缪尔（Arthur Samuel）就为跳棋程序建立了启发式方法的签名表[32]。他试图识别并存储好的或糟糕的棋局，这一点也适用于本节的讨论。具体细节将在第 16 章介绍。

在过去的 20 年里，CBR 使用这种方法成功开发了大量商业和工业的计算机应用项目，引起广泛的关注。正如 Watson[33,34]所述，CBR 系统已被广泛应用于日常生活中，包括可用来协助客户支持系统、销售支持系统、诊断系统和咨询台系统。最早的 CBR 系统大约是在 30 年前开发的。Rissland 设计了最早的一个用来支持法律辩论的系统[35]。CASEY 和 PROTOS 也是早期的 CBR 系统，它们采用的知识是病人的既往病史以及实习生诊断其他患者的经验[36,37]。

人物轶事

珍妮特·L.克洛德纳（Janet L. Kolodner）

珍妮特·L.克洛德纳（1954 年生）是佐治亚理工学院交互式计算学院的杰出教授，也是 *Journal of the Learning Sciences* 期刊的创始编辑。该期刊是跨学科的认知科学期刊，专注于学习和教育。她在布兰迪斯大学获得数学和计算机科学学士学位，而后在耶鲁大学获得硕士和博士学位（1980 年）。20 世纪 80 年代，她是 CBR 领域的带头人，在该领域发表了许多论著，同时也演示了 CBR 是如何通过类比进行链接关联的。她的 *Case-Based Reasoning* [38] 一书汇总了从 CBR 诞生到 1993 年整个 CBR 领域的成果。她的实验室提出了基于案例的设计辅助（CBDA）的概念，这是一个具有各种类型信息、可以帮助做出设计决策的设计案例索引库。她的实验室还发明了第一个 CBDA 系统——Archie-II。

20 世纪 80 年代末 90 年代初期，珍妮特·L.克洛德纳使用 CBR 隐含的认知模型来解决创意设计中的问题。她所在实验室开发的基于案例的自动推理器（automated cased-based reasoner）重点放在能够处理现实世界复杂情况的 CBR 上。她开发了一种称为"通过设计进行学习"的教育方法，这种方法被纳入已公布的一个中学科学课程，课程名为"基于项目的查询科学"（Project-Based Inquiry Science, PBIS）。

珍妮特·L.克洛德纳是佐治亚理工大学 EduTech 研究所的创始负责人，该研究所的使命是利用人们对认知的了解来指导教育技术和学习环境的设计。在她的领导下，EduTech 研究所的主要工作集中在设计教育领域以及支持协作学习（collaborative learning）软件领域。

正如先前所讨论的那样，在硬件诊断领域，汽车维修工和专家在解决新问题的过程中，一般会引入大量的电子和机械方面的理论，并汲取先前成功和失败的经验。实践证明，CBR 是许多硬件诊断系统的重要组成部分。Skinner 和 Luger 使用 CBR 来维护绕地轨道中的卫星的信号源和电池[39]。此后，这被应用到分立半导体元件的故障分析中[40]。人们希望系统能够自动解释为什么选择特定的案例作为最佳匹配，但这往往难以实现。也许更重要的是，无论系统如何成熟，都会在解释选择特定案例的方法和原因方面存在困难，尽管这不一定非常重要。在频繁出现卫星信号不佳的情况下，CBR 无法辨别原因，这使得人们提出了解决问题的另一种方法——基于模型的推理，该方法能够完成识别卫星信号弱的原因这一任务[28,39]。

应用之窗

寻找浮油的 CBR

2010 年 6 月，墨西哥湾发生了迄今为止最严重的漏油事件，损失达数十亿美元，对整个地区的生态和经济造成了深远的影响，并且可能给整个东部海岸带来灾难性后果。

2008 年，Aitor Mata 和 Juan Manuel Corchado 发表了题为 "Forecasting the Probability of Finding Oil Slicks Using a CBR System" 的论文[41]，其中谈到了如何避免这种灾害。鉴于复杂的海洋条件以及许多变数和因素，这是一个非常棘手的问题。这项工作的基础就是从先前的漏油事件中收集数据，包括测量许多变量，使用卫星图像将它们拼接在一起，以获得浮油的精确位置。他们研究的基础是 2002 年 11 月至 2003 年 4 月期间威望号漏油事故（Prestige Oil Spill）产生的数据。这个程序生成了在石油泄漏后找到浮油的概率（介于 0 和 1 之间）。

一旦发生石油泄漏事故，十分重要的就是确定某个区域是否被污染。可用的关于浮油行为的数据越多，我们就能越好地确定它们的"行为"，这项工作可以通过卫星获得合成孔径图像（Synthetic Aperture Image，SAR）来完成。看起来似乎没有波浪的区域表明有石油泄漏。图 9.8 显示了一张 SAR 图像，这张 SAR 图像展示了漏油情况。通过这种方式，我们可以将正常的海洋变化与浮油区别开来。但是，浮油表面和普通安静水域之间的区别有时难以区分，这可以通过应用一系列的计算工具得以解决。此外，一旦确定了浮油，收集各种大气、海洋和天气状况数据就可以帮助解释浮油的演变过程。

图 9.8　展示出浮油的 NASA 卫星图像

浮油 CBR（Oil Slick CBR，OSCBR）结合了 CBR 的功能和人工智能技术的力量。作为预处理的一部分，这个系统收集了历史数据，使用主成分分析（Principal Components Analysis，PCA）来减小变量的数量，从而减小候选案例的数量。接下来，使用名为生长细胞结构（Growing Cell Structure，GCS）的技术，通过案例之间的相似性和邻近度来组织这些案例。Mata 和 Corchado 声称："当结构中引入新细胞时，最接近的细胞会向新细胞移动，从而改变系统的整体结构。"

获胜者 W_c 及其邻居 W_n 的权重发生了变化。分别使用 $W_c(t+1)$ 和 $W_n(t+1)$ 表示改变后的值。ε_c 和 ε_n 分别表示获胜者与其邻居的学习率，χ 表示输入向量的值。

$$W_c(t+1) = W_c(t) + \varepsilon_c (\chi - W_c)$$
$$W_n(t+1) = W_n(t) + \varepsilon_n (\chi - W_n)$$

插入过程如下：

（1）找到与新细胞最相似的细胞；

（2）在最相似的细胞和最不相似的细胞之间的连线中央引入新细胞；

（3）最近细胞的直接邻居细胞通过靠近新细胞，并指定它们与新细胞之间距离的百分比来改变自己的值。

这类似于 CBR 的第 1 阶段——"检索"。找到最相关候选案例的问题需要再次使用 GCS。OSCBR 系统通过计算多维距离来确定案例之间的相似性，然后使用具有混合学习系统的人工神经网络来生成预测未来某一区域发现浮油的概率。径向基函数是一种类型的神经网络（见第 11 章），该函数在训练案例库中与所提问题最相似的案例识别的过程中非常高效。这解决了重用问题。

OSCBR 系统发现一组方形彩色区域，其颜色强度对应于在该区域找到浮油的可能性。人类用户检查所提出的解决方案，人类专家则核对系统自动提供的修正方法。人们需要审核对所提出解决方案的解释，并且要与其他选定的案例比较邻近度。只要提出的解决方案不过于离谱，就可以接受该解决方案。一旦解决方案被接受，就认为这个解决方案是正确的，保留这个解决方案并将其添加到案例库中，以备将来应用到新问题上。

OSCBR 系统结合了人工智能技术与 CBR，随着案例数的增加，在预测浮油方面已被证明具有 90% 的准确率。然而，现在最迫切的问题是："OSCBR 系统到底已经能够对墨西哥湾石油泄漏做些什么？"

9.8　更多最新的专家系统

最近的专家系统集成了其他著名且经过测试的方法来处理大量特定领域的数据，包括数据库、数据挖掘、机器学习和 CBR。**混合智能方法**已被用于众多不同领域，如语言/自然语言理解、机器人、医学诊断、工业设备故障诊断、教育、评估和信息检索等。本节将简要介绍和描述这些系统的一些例子。

9.8.1　就业匹配改善系统

Drigas 等人在过去的 20 年里开发了许多专家系统。例如，他们开发了一个将工作岗位与求职者的技能进行匹配的专家系统，该专家系统不仅仅基于基本的布尔方法[42]，特别适用于经济不景气的时期。还有一个早期的专家系统试图将符合条件的求职者与小公司匹配起来，我们称之为技能分析工具（Skills Analyzer Tool）[43]。这个专家系统将神经网络（见第 11 章）与基于规则的分析相结合，对员工与新项目中的某些工作岗位进行匹配。后续的专家系统 CASPER 使用了协同过滤技术，以帮助 JobFinder 网站的搜索引擎实现智能[43,44]。CASPER 包括一个用户画像系统、一个用于推荐服务的自动协作过滤引擎和一个个性化检索引擎。EMA 就业智能体已经应用了移动代理技术（见 6.12 节），这是一个典型的推荐式智能体[45]。虽然 CASPER 和 EMA 的方法已被广泛用于推荐和信息检索，但是在工作匹配领域，人们很难称它们为专家。

Drigas 等人开发的就业匹配系统具有以下特征。

（1）与公司数据库的连接，数据库中包括失业者、雇主和提供的工作记录等信息。

（2）使用神经模糊技术（见第 8 章和第 11 章）对复杂模糊术语进行归纳训练（通过实例），该技术也可用于最终的评估阶段。

（3）当管理员提出建议时，对神经模糊网络进行有监督的重新训练。

（4）设计和开发模糊推理引擎的模糊模型。

（5）对模糊元素进行组合处理，用于最终的数据评估。

（6）使用灵活友好的用户界面[42]。

系统使用像失业者的历史记录这样的大型训练集来训练系统参数权重，这些失业者先前在多个职位上被拒绝或被批准入职。在一定数量的新示例可用之后，系统会进行重新训练，输出衡量失业者是否适合某些工作的测度值。

9.8.2　振动故障诊断专家系统

专家系统的重要用途之一是故障诊断。对于昂贵、高速且关键的机械装置来说，早期准确的故障检测具有非常重要的意义。对于机械装置来说，常见的异常指标是旋转机械的振动。检测到故障后，维护工程师能够确定症状信息，解读各种错误信息和指示，并得出正确的诊断。也就是说，他们要能够识别可能导致故障的部件及其失效的原因[45]。

机械装置往往包含数百个零件，非常复杂，因而需要专业的领域知识才能诊断和维修机械。决策表（Decision Table，DT）是一种紧凑、快速、准确地求解问题的方法（见第 7 章中的购车实例）。

VIBEX 专家系统结合了基于已知案例的决策表分析（Decision Table Analysis，DTA）以及以使用归纳知识获取过程进行分类为目的而构造的 DT。VIBEX DT 与机器学习技术相结合（见第 11 章和第 12 章），比起 VIBEX（VIBration Expert）TBL 方法在处理 14 种振动原因和发生概率较高的案例时[46]，诊断更高效。DTA 是与人类专家合作构建的，形成了一组构成系统知识库的规则，然后使用贝叶斯算法（见第 7 章和第 8 章）为规则构建确定性因子。DT 分析采用了 C4.5 算法[47]，以方便地对数据进行系统的分解和分类。这要求定义代表振动原因的类，以及定义代表支持机器学习的样本集所需要的振动现象的属性。C4.5 算法采用实例归纳推理的方法构建决策树，因此它本身就起到了振动诊断工具的作用。VIBEX 嵌入了由 1800 个置信因子组成的因果矩阵（cause-result matrix），适用于监测和诊断旋转机械。

9.8.3　自动牙齿识别

鉴于司法取证的原因，能够快速、准确地鉴定牙齿记录具有重要的意义。因为可用的数据庞大，特别是在遭遇战争、自然灾害和恐怖袭击等大规模灾难时，自动牙齿识别既必要又有用。

1997 年，美国联邦调查局的刑事司法信息服务部门（CJIS）成立了牙科工作组（DTF），以促进创建自动牙齿识别系统（ADIS）。ADIS 的目标是为数字化 X 光片和摄影图像提供自动搜索和匹配功能，这样就可以为牙齿取证机构生成一个简短的候选人名单[48]。

系统架构背后的理念是利用高级特征来快速检索候选人名单。潜在的匹配搜索组件使用了该名单，然后使用低级的图像特征缩减匹配名单、优化候选名单。因此，架构包括了牙齿记录的预处理组件、潜在匹配搜索组件和图像比较组件。牙齿记录的预处理组件处理以下 5 个任务。

（1）录制剪辑牙齿胶片。

（2）增强胶片，补偿可能的低对比度。

（3）对胶片进行分类，分成咬翼视图、根尖周视图或全景视图。

（4）在胶片中将牙齿分隔开来。

（5）在对应的位置对牙齿进行标记。

Web-ADIS 有 3 种操作模式：配置模式、识别模式和维护模式。配置模式用于微调，客户使用识别模式获取所提交记录的匹配信息。维护模式用于上传新的参考记录到数据库服务器，并且能够对预处理服务器进行更新。如今，系统的真实合格率已经达到 85%。

9.8.4　更多采用案例推理的专家系统

下面简要讨论采用 CBR 的一些最新系统。He 等人[49]的论文介绍了基于 Web 的 CBR 检索系统的接口设计。他们注意到，虽然存在许多系统可以协助客户支持系统、销售支持系统、诊断系统和咨询前台系统，但是大部分系统聚焦于功能和实现，而不是界面设计。正如 He 等人所述，界面设计是系统设计的重要组成部分，需要我们付出更多的努力来研究用于搜索 CBR 系统的用户心智模型。CBR 检索系统可以提供带有概念模式的概念描述，使得用户能够接受培训，从而获得更高级的学习和解决问题的能力[50]。Kumar、Singh 和 Sanyal（2007）[51]证明了将 CBR 与基于规则的方法相结合的混合方法在 ICU 独立决策支持中的价值。案例库由一些领域组成，如中毒、事故、癌症、病毒性疾病以及其他领域。可通过对 CBR 系统予以更多的重视，以及确保规则库由 ICU 中所有领域的通用规则组成，来使 CBR 系统具有灵活性。

9.9　本章小结

本章讨论了人工智能中最古老、最知名且最受欢迎的领域——专家系统，专家系统最佳的应用领域是那些定义明确、存在大量专业技能和知识，而知识主要是启发式的且具有不确定性的领域。虽然专家系统的表现方式不一定与人类专家的表现方式相同，但构建专家系统的前提是，它们以某种方式模仿或建模人类专家的求解问题和做出决策的技能。专家系统有别于一般程序的一个重要特征是，它们通常包括了解释功能。也就是说，它们将尝试解释得出结论的过程，换句话说，它们使用了怎样的推理链来得出结论。

9.1 节提供了专家系统的一些历史背景，给出了 19 世纪末 20 世纪初推动专家系统发展的一些重要发明。9.1.1 节讨论了人类专业技能与机器专业技能的一些本质区别。人类专家的一些关键能力包括：①正确解决问题；②解释结果及其实现方法；③从经验中学习；④重组知识；⑤打破规则；⑥知道自身的局限性；⑦平稳降级。而专家系统也提供了一些特征，包括与推理引擎分离的知识、简单的推理引擎、可利用的冗余、可用性的提高、成本的降低、危险的降低、多种专业技能等。

9.2 节讨论了专家系统的特点、多种用途以及专家系统广泛的应用领域，包括通信、医学、工程、分析、咨询、控制、决策、设计、指导、监测、规划、预测、开处方、选择和模拟。

9.3 节介绍了知识工程，描述了知识工程本身就是一门技能。知识的获取、收获和利用促使了知识库的建立，然后才能构建专家系统，这是本节的重点。

9.4 节介绍了知识获取这一主题，并提到这本身对知识工程师来说就是一个挑战。如何最好地提取专家头脑中的知识？如何知道是否准确地表示了专家头脑中的知识？随着专家系统的规模和复杂性的增加，开发能高效地处理知识的技术变得越来越重要，因此 9.6 节介绍的守护规则和 Rete 算法变得尤为重要。

9.5 节介绍了一些经典的专家系统，包括 DENDRAL、MYCIN、EMYCIN 和 PROSPECTOR。

本章最后介绍了模糊逻辑的概念和贝叶斯定理，这提醒我们：专家系统尽管功能强大，具有丰富的专业领域知识，但其依然建立在处理不确定性的基础上。

这就引出了专家系统研发中另一个非常重要的活跃领域,即基于案例的推理 CBR(见 9.7 节)。本章讨论了许多 CBR 系统,包括一个旨在帮助识别漏油的 CBR 系统。9.8 节介绍了一些较新的专家系统,并研究了该领域是如何通过混合智能方法不断发展的。

讨论题

1. 请解释在开发专家系统时,应该如何适应当时的技术进步。
2. 请解释领域专家如何在其专业领域掌握 50 000 个概念。
3. 请解释从任务的效果来看,人类如何与可以执行数百万次计算的程序相抗衡?
4. 描述技能习得的 5 个阶段。
5. 德雷弗斯兄弟对人工智能局限性的主要立场是什么?
6. 描述人类专家的十大特点。
7. 描述专家系统的十大特点。
8. 列出创建专家系统的 10 个目的。
9. 列出专家系统的 10 个应用领域。
10. 说出 5 个不同领域的专家系统的名称。
11. 描述知识工程的过程。
12. 为什么知识获取是"人工智能的瓶颈"?
13. 描述 DENDRAL 的主要目的和主要方法。
14. 为什么 MYCIN 是一个具有重要意义的项目?
15. 什么是守护规则?
16. 什么是 Rete 算法?
17. 基于案例的推理(CBR)背后的理念是什么?
18. 说出构建 CBR 系统的 4 个典型方面。
19. 描述构建 CBR 系统的几个问题。
20. 说出过去 10 年构建的 3 个专家系统的名称及其应用领域,并描述用于构建此类专家系统的一些混合智能技术。

练习题

1. 考虑构建专家系统的某个领域,该领域应该具有哪些特征才能成为一个好的候选领域?
2. 尝试使用 CLIPS 在你感兴趣的领域构建专家系统。
3. 评估你的系统:它的性能有多好?如何改进?它可以用作实用工具吗?
4. 在你的问题领域,你曾使用(或需要)领域专家吗?如果还不曾使用,思考领域专家该如何帮助你;如果使用过,思考发生在你和领域专家之间的知识工程过程。
5. 什么是守护规则?请为你的专家系统开发原型守护规则。
6. 你相信专家系统可以胜过人类专家吗?如果不相信,请解释原因;如果相信,请提供一些例子,并描述在什么情况下专家系统能做到但人类专家做不到。
7. 为什么诸如 Rete 算法的程序对专家系统的开发具有重要意义?
8. 为什么专家系统的性价比很重要?
9. 为什么专家系统与传统程序不同?
10. 试解释过程性知识、陈述性知识和元知识之间的区别。

11．为什么 MYCIN 对所有未来的专家系统和命令解释器都很重要？

12．专家系统应该归属于哪个学科？长期以来，专家系统被视为人工智能领域的重大成功案例；然而，它们也开始变得有些标准化和普遍化。专家系统是否应该视为计算机科学技术，还是说它们严格属于人工智能领域？

13．人们对专家系统的批评之一是，它们有助于创造微观世界（见 6.8 节）。你是否同意此观点？说明理由。

14．专家系统需要如何表现才能通过图灵测试？

15．研究过去 5 年创建的专家系统。它们的特征是什么？它们与本章描述的早期专家系统有何不同？

关键词

熟手	胜任	文档化阶段
评估阶段	陈述性知识	领域专家
基于案例	守护规则	专家
基于案例的推理（CBR）	设计阶段	模糊逻辑
启发式知识	知识工程师	熟练
混合智能方法	知识工程	保留
推理引擎	知识库	检索
推理网络	知识工程悖论	重用
信息社会	维护阶段	修订
知识获取	元知识	结构性知识
知识获取阶段	微型化	测试阶段
知识编译问题	新手	时间冗余
知识启发	程序性知识	技能习得的 5 个阶段

参考资料

[1] Popplestone R J. 1969. Freddy in Toyland. In Machine Intelligence, Vol 4, ed., B. Meltzer and D. Michie, 455-462. New York, NY: American Elsevier.

[2] Winograd T. 1972. Understanding Natural Language, New York: Academic Press. Also published in Cognitive Psychology 3(1).

[3] Weizenbaum J. 1976. Computer Power and Human Reason San Francisco: W. H. Freeman.

[4] Goldstein I and Papert S. 1977. Artificial intelligence, language and the study of knowledge, Cognitive Science 1(1).

[5] Feigenbaum E A, Buchanan B G, and Lederberg J. 1971. On generality and problem solving: A case study using the DENDRAL program. In Machine Intelligence, Vol 6, ed., B. Meltzer and D. Michie, 165-190. New York, NY: American Elsevier.

[6] Michie D. 1980. Expert systems. The Computer Journal 23(4).

[7] Reddy R. 1988. Foundations and grand challenges of artificial intelligence: AAAI presidential address. AI Magazine 94: 9-21.

[8] Brady M. 1979. Expert problem solvers opening remarks from the chair at AISB, summer school. In

Expert Systems in the Micro-Electronic Age, ed., D. Michie, 49. Edinburgh: Edinburgh University Press.

[9]　Dreyfus H L and Dreyfus S E. 1986. Mind Over Machine. New York, NY: MacMillan, The Free Press.

[10]　Hofstadser D. 1979. Godel, Escher, Bach: An Eternal Golden Braid New York, NY: Basic Books.

[11]　Firebaugh M. 1988. Artificial Intelligence: A Knowledge-Based Approach. Boston, MA: PWS-Kent.

[12]　Giarratano J C and Riley G D. 2005. Expert Systems: Principles and Programming Boston, MA: Thompson/Cengage.

[13]　Lenat D. 1995. Cyc: A large scale investment in knowledge infrastructure. CACM 38: 33-38.

[14]　Durkin J. 1994. Expert Systems: Design and Development New York, NY: Macmillan.

[15]　Feigenbaum E A. 1979. Themes and case studies of knowledge engineering. In Expert systems in the micro-electronic age, ed., D. Michie, 3-33. Edinburgh: Edinburgh University Press.

[16]　Michie D, ed. 1979. Expert Systems in the Micro Electronic Age Edinburgh: Edinburgh University Press.

[17]　Duda R O and Shortliffe E. 1983. Expert systems research Science 220(4594, April): 261-268.

[18]　Hayes-Roth F, Waterman D A, and Lenat D B, eds. 1983. Building Expert Systems. Reading, MA: Addison-Wesley.

[19]　Chilausky R, Jacobsen B, and Michalski R S. 1976. An application of variable-valued logic to inductive learning of plant disease diagnostic rules. In Proceedings of the 6th Annual International Symposium on Multi-Varied Logic. Utah.

[20]　Waterman D A. 1986. A Guide to Expert Systems. Reading, MA: Addison-Wesley.

[21]　McCorduck P. 1979. Machines Who Think. Boston, MA: W. H. Freeman.

[22]　Shortliffe E. 1976. MYCIN: Computer-Based Medical Consultations New York, NY: Elsevier Press.

[23]　Roberts A W and Visconti J A. 1972. The rational and irrational use of systemic microbial drugs. American Journal of Pharmacy (29): 828-34.

[24]　Buchanan B G and Shortliffe E H. 1984. Rule Based Expert Systems. Reading, MA: Addison Wesley.

[25]　van Melle W. 1979. A domain-independent production-rule system for consultation programs. In Proceedings of the International Joint Conference on Artificial Intelligence '79, 923-925.

[26]　Aikens J S, Kunz J C, and Shortliffe E H. 1983. PUFF: An expert system for interpretation of pulmonary function data. Computers and Biomedical Research 16: 199-208.

[27]　Duda R O and Reboh R. 1984. AI and decision making: The PROSPECTOR experience. In Artificial Intelligence Applications for Business, ed., W. Reitman, Ablex Publishing Corp.

[28]　Luger G. 2005. Artificial Intelligence, 5th Edition: Structures and Strategies. Reading, MA: Addison Wesley.

[29]　Aamodt A. 1991. A knowledge-intensive, integrated approach to problem solving and sustained learning. PhD thesis, Knowledge Engineering and Image Processing Group, University of Trondheim, Norway.

[30]　Kolodner J L, ed. 1988. Proceedings: Case-Based Reasoning Workshop San Mateo, CA: Morgan Kaufmann.

[31]　Koton P A. 1988. Using Experience in Learning and Problem Solving. Boston, MA: MIT Press.

[32]　Samuel A. 1959. Some studies in machine learning using the game of checkers. IBM Journal of Research and Development 3: 210-229.

[33]　Watson I. 1997. Applying Case-Based Reasoning, Techniques for Enterprise Systems San Francisco,

CA: Morgan Kaufman.

[34] Watson I. 2003. Applying Knowledge Management: Techniques for Building Corporate Memories. Boston, MA: Morgan Kaufman.

[35] Ashley K D and Rissland E L. 1988. A case-based reasoning approach to modeling legal expertise IEEE Expert 33: 70-77.

[36] Koton P. 1988. Reasoning about evidence in causal explanations. In Proceedings of the seventh national conference on artificial intelligence, 256-261. Saint Paul, MN.

[37] Bareiss E, Porter B, and Weir C. 1988. PROTOS: An exemplar-based learning apprentice. International Journal of Man-Machine Studies 29(5): 549-61.

[38] Kolodner J L. 1993. Case-Based Reasoning, San Mateo, CA: Morgan Kaufmann.

[39] Skinner J M, and Luger G F. 1992. An architecture for integrating reasoning paradigms. Knowledge Representation 4: 753-761.

[40] Stern C R and Luger G F. 1997. Abduction and abstraction in diagnosis: A schema-based account. In Situated Cognition: Expertise is Context, ed., Ford et al. Cambridge, MA: MIT Press.

[41] Mata A and Corchado J M. 2009. Forecasting the probability of finding oil slicks using a CBR system. Expert Systems with Applications 36(4): 8239-8246.

[42] Drigas A, Kouremenos S, Vrettos J, Vrettaros J, and Koremenos D. 2004. An expert system for job matching of the unemployed. In Expert systems with Applications, 26: 217-224. The Netherlands: Elsevier.

[43] Labate F and Medsker L. 1993. Employee skills analysis using a hybrid neural network and expert system. In IEEE International Conference on Developing and Managing Intelligent System Projects. Los Alamitos, CA, USA: IEEE Computer Society Press.

[44] Rafter R, Bradley K, and Smyth B. 2000. Personalised retrieval for online recruitment services. In Proceedings of the 22nd Annual Colloquium on IR Research. Cambridge: UK.

[45] Gams M, Golob P, Karaliø A, Drobniø M, Grobelnik M, Glazer J, Pirher J, Furlan T, Vrenko E, and Krizman R. 1998. EMA-zaposlovalni agent.

[46] Yang B S, Lim D S, and Tan A C C. 2005. VIBEX: An expert system for vibration fault diagnosis of rotating machinery using decision tree and decision table. Expert Systems with Applications 28: 735-742.

[47] Quinlan J R. 1993. C4 5: Programs for machine learning, Canada: Morgan Kaufmann.

[48] Ammar H, Howell R, Muttaleb M, and Jain A. 2006. Automated dental identification System ADIS. In Proceeding of the 2006 International Conference on Digital Government Research, Poster Session, 369-370. San Diego, CA.

[49] He W, Wang F K, Means T, and Xu L D. 2009. Insight into interface design of web-based case-based reasoning. Expert Systems with Applications 36: 7280-7287.

[50] Moore J, Erdelez S, and He W. 2006. Retrieval from a case-based reasoning database. American Exchange Quarterly 104: 65-68.

[51] Kumar A, Singh Y, and Sanyal S. 2007. Hybrid approach using case-based reasoning and rule-based reasoning for domain independent clinical decision support in ICU Expert Systems with Applications, Elsevier. [doi:10.1016/j.physletb.2003.10.071] April 15, 2011.

书目

[1]　Duda R O. The PROSPECTOR System for Mineral Exploration (Final Report, SRI Project 8172). Menlo Park, CA: SRI International, Artificial Intelligence Center, 1980.

[2]　Haase K W. Invention and Exploration in Discovery (PDF). MIT, 1990-02, archived from the original on 2005-01-22.

[3]　Heuristic Programming Project Report HPP-76-8, Stanford, California: AI Lab, Stanford University, and Published in Knowledge-Based Systems in Artificial Intelligence together with Randall Davis's PhD Thesis, McGraw-Hill, 1982.

[4]　Kolodner J L, ed. Case-Based Learning. Dordrecht, Netherlands: Kluwer Academic Publishers, 1993.

[5]　Kolodner J L. Retrieval and Organizational Strategies in Conceptual Memory: A Computer Model. Hillsdale, NJ: Lawrence Erlbaum, 1984.

[6]　Kolodner J L. Towards an Understanding of the Role of Experience in the Evolution from Novice to Expert. International Journal of Man-Machine Systems, 19 (Nov. 1983): 497-518.

[7]　Lenat D B. AM: An Artificial Intelligence Approach to Discovery in Mathematics as Heuristic Search, PhD Thesis, AIM-286, STAN-CS-76-570. 1976. Stanford University.

[8]　Lenat D, and Brown J S. Why AM and EURISKO Appear to Work. Artificial Intelligence 23(1984): 269-294.

[9]　Lenat D B, Ritchie G D, and Hanna F K. AM: A Case Study in AI Methodology. Artificial Intelligence 23, 3(1984): 249-268.

[10]　van Melle W, Scott A C, Bennett J S, and Peairs M. The EMYCIN Manual. Report No. HPP-81-16, Computer Science Department, Stanford University. 1981.

[11]　Zadeh L. Commonsense Knowledge Representation Based on Fuzzy Logic. Computer 16(1983): 61-65.

[12]　Understanding Computers: Artificial Intelligence. Amsterdam: Time-Life Books, 1986.

第 10 章　机器学习第一部分：神经网络

从本章开始，我们将围绕学习展开讨论。我们将首先介绍机器学习和解释归纳范式（inductive paradigm）。决策树（decision tree）是一种被广泛使用的归纳式学习方法，由于泛化能力一般，

预测能力较差，因此有大约 10 年的时间，决策树并没有引起足够的重视。但如果采用多棵决策树，就可以大大降低模型的预测方差，形成所谓的随机森林（random forest，又称决策森林），从而使这种学习方式重放异彩。本章首先阐释了熵（entropy）以及该数学量与决策树构造的关系，然后讨论了以人脑和神经系统为原型的机器学习算法。人工神经网络（Artificial Neural Network，ANN）在模式识别、经济预测和其他许多应用领域的表现引人瞩目。

教室

10.0　引言

无论是牙科医生还是小提琴演奏家，学习都能提升人们的专业技能。牙科学校的学生修复牙齿的技术随着不断地学习而日趋精湛；而在纽约市茱莉亚学校学习的小提琴手，经过多年的训练之后，也能演奏出艺术性非常强的莫扎特小提琴协奏曲。**机器学习**（Machine Learning，ML）是一个类似的过程，在这个过程中，计算机通过读入训练数据来提炼数据背后的意义。在研究初期，研究者面临这样一个问题：机器能思考吗？如果我们发现了算法，使得计算机能够执行学习所涉及的分析推理（超出了我们在第 5 章中概述的演绎原理的应用），那么这将在很大程度上解决这个问题——因为大多数人认为学习是思维的重要组成部分。此外，毫无疑问，机器学习有助于克服人类在知识和常识方面的瓶颈，这些瓶颈会阻碍人类水平的人工智能的发展，因此许多人将机器学习视为实现人工智能的"圣杯"。

在本章以及第 11 章的部分内容中，我们的重点有所改变。本书之前曾经提到，智能系统（自然的或人工的）必须能够表示它们自身的知识，在必要时搜索答案，并从经验中学习。在本章中，我们开始讨论学习。每当你希望设计系统来完成一些活动时，最好的方法是首先问自己自然界中是否已经存在某个解决方案。例如，假设现在是 1902 年（正好在 1903 年莱特兄弟成功飞行之前），你想设计一种人造飞行器（飞机）。你会观察到自然飞行的"机器"确实存在（鸟类）。受此启发，你的飞机设计可能会包含两个大机翼。因此，如果你想设计人工智能系统（正如我们所做的那样），则应该从分析研究地球上最为自然的智能系统之一——人脑和神经系统开始。

人脑由 100 亿～1000 亿个神经元组成，这些神经元彼此高度相连。一些神经元与另一些神经元或另外几十个相邻的神经元通信，后者则与数千个神经元共享信息。在过去的几十年里，

研究人员从这种自然界原型中汲取了灵感，设计了人工神经网络（ANN），ANN 已被广泛地应用于从股票市场预测到汽车的自主控制等领域。

人脑是一种适应性系统，它必须对变幻莫测的事物做出反应。学习是通过修改神经元之间连接的强度来进行的。类似地，人工神经网络的权重也必须改变以呈现出相同的适应性。在监督学习的人工神经网络范式中，学习规则（learning rule）承担了这一任务。监督学习能通过比较网络的表现与期望的响应，相应地修改系统的权重。本章将描述 3 种学习规则：感知器学习规则（perceptron learning rule）、增量规则（delta learning rule）和反向传播（backpropagation）。反向传播具有处理多层网络结构的能力，在许多应用中已经取得了成功。10.16 节将描述应用了反向传播的一些成功案例。

熟悉各种网络架构和学习规则不足以保证模型成功，你还需要知道如何编码数据、网络训练应持续多长时间，以及当网络无法收敛时该如何处理。10.14 节将讨论这些问题以及其他相关问题。

20 世纪 70 年代，对人工神经网络的研究进入停滞期。资助资金的不足导致该领域鲜有新的成果。诺贝尔物理学奖获得者约翰·霍普菲尔德（John Hopfield）在这一学科的研究重新激起了人们对人工神经网络的热情。他的模型（霍普菲尔德网络）已被广泛地应用于目标优化。10.15 节将简要介绍离散霍普菲尔德模型。

10.1　机器学习概述

机器学习（ML）的根源可以追溯到亚瑟·塞缪尔（Arthur Samuel）[1]。他在 IBM 工作了 20 年（从 1949 年开始），主要任务是教计算机玩跳棋。他所编写的程序的一个特征是机械式学习（rote learning），即程序会记住以前游戏中的好招式。有趣的是，他在跳棋游戏程序中整合了策略。塞缪尔通过调研人类跳棋选手，获得了对跳棋的深刻见解，并将其移植到程序中。具体的指导原则包括：

- 始终努力保持对棋盘中央的控制；
- 尽可能跳过对手的棋子；
- 寻求方法成王。

为了增强在某些游戏中的博弈能力，人类玩家会反复玩这些游戏。同样，塞缪尔也有不同版本的程序，它们之间互相博弈。博弈的失败者将从获胜者那里学习并获得启发式信息（详见第 16 章）。

上面这个列表并非详尽无遗，而是作为讨论的一个切入点。机器学习的主题可以轻松填满整整一本书。感兴趣的读者可查阅有关该主题的众多优秀著作[3-5]。

下面列出了五大机器学习（ML）范式。

（1）神经网络。

（2）基于案例的推理。

（3）遗传算法。

（4）规则归纳。

（5）分析学习[2]。

聚焦于人工神经网络的机器学习社区从人脑和神经系统的隐喻中获得灵感，人脑和神经系统可能是地球上最具智慧的自然智能的连接。在人工神经网络中，人工神经元按照预设的拓扑结构进行连接。网络的输入信号通常会导致互连强度的变化，并最终产生输出信号。**训练集**（training set）是精心挑选的一组输入样例，用于教授神经网络某些概念。第 11 章将描述这种机器学习方法。

隐喻就是打比方，旨在对两个事实上不同的事物进行对比，找出它们的共同点。这样第二个事物的属性就可以转移到第一个事物中。例如，"他像马一样吃饭。"

基于案例的推理可以类比为人类的记忆。这种方法维护了一个过去的案例库或场景库，人们为其中的案例或场景创建了有效的索引，以便即时访问。人们还使用了现有案例中一些相似性的测度。例如，对于一位抱怨有严重头痛并表现出失语症、伴有周边视力丧失的患者，医生可能会参考类似案例，进而诊断为病毒性脑膜炎。在使用适当的抗癫痫药物后，最终疗效良好。有了处理过的先前案例，医生可以针对当前案例更快地做出诊断。当然，医生还必须通过一些测试排除其他具有相似症状但有天壤之别的原因和（或）结果的疾病。例如，医生可以预约核磁共振 MRI 来确认脑肿胀，以排除肿瘤的存在，抑或通过脊椎抽液来排除细菌性脑膜炎的可能。关于基于案例的推理的进一步讨论参见第 9 章。

基于遗传算法的机器学习的灵感来自自然进化理论。19 世纪中叶，达尔文提出了自然选择学说。该学说认为无论是植物还是动物，只要物种变异产生了生存优势，这种变异在下一代中出现的频率就会更高。例如，在 19 世纪初的伦敦，浅色飞蛾比深色飞蛾具有生态优势。因为当时在伦敦及其周边地区，桦树盛行，这种树的颜色较浅，这为浅色飞蛾提供了自然伪装，从而避免了天敌的捕食。然而工业革命开始后，环境污染愈演愈烈。于是，英国的树木颜色变得越来越暗，于是深色飞蛾就有了伪装优势，它们在飞蛾种群中的比例上升了。有关遗传算法和遗传规划的内容参见第 12 章。

规则归纳是依赖产生式规则（见第 6 章）和决策树（见第 7 章）的机器学习分支。一条适用于教机器人包装杂货的产生式规则为

IF [食品是速冻食品]

THEN [在将食品放入购物袋之前，先放置在冷冻袋中][6]

我们很快就会发现这些产生式规则中的信息内容和决策树之间的相似性。图 10.1 给出了杂货包装机器人决策树的一部分。

图 10.1　杂货包装机器人决策树的一部分，注意这与本书给出的产生式规则的相似性

规则归纳的动力来自启发式搜索。本章将深入讨论决策树。

10.2　机器学习系统中反馈的作用

假设有一个希望能够在大联盟打棒球的人。要达到这个级别，通常需要 15 年乃至更长的训练时间。这是一个漫长的学习周期，尽管规则极其简单："投球，接球，击球。"

这句话引自 1988 年由 Ron Shelton 执导的电影 *Bull Durham*。相信读者一定注意到了本书的两位作者都是棒球迷。

在训练早期，受训者必须了解棒球比赛中的诸多可能状态。

（1）我们这方是否领先？

（2）如果我处在防守位置，并且球打到我这里，那么我必须知道现在跑向一垒的跑垒者速度是不是很快？如果速度很快，那么我必须加快投球速度。

（3）对方的投手是否投出了一个蝴蝶球（这种球很难击中！）？如果是，那么也许今天我应该假装生病。

这个年轻的受训者所接受的**反馈**类型是学习过程的核心。在机器学习中，有 3 种类型的反馈：

- 监督学习（supervised learning）；
- 无监督学习（unsupervised learning）；
- 强化学习（reinforcement learning）。

通过**监督学习**来学习一个函数是最直观的方法。在做了某些动作后，受训者会立即获得适当的反馈。例如，当一位快速跑垒者将球打到受训者那里后，如果受训者花了很长时间才将球投到一垒，那么几分钟内，受训者就会被提醒在这种情况下需要加速。

在**无监督学习**过程中，训练期间并没有提供具体的反馈。但如果要学习，那么受训者必须收到一些反馈。假设一名受训者在进攻方面度过了痛苦的一天，即他没有任何"安打"。而在防守上情况则截然不同——他实现了两次飞扑防守，并抢断了对手一个全垒打。比赛很激烈，他的团队赢了。比赛结束后，他收到了队友们的祝贺，由此可以得出结论：优秀的防守也值得赞赏。

在**强化学习**过程中，没有老师为受训者提供正确的答案。事实上，受训者甚至不能提前知道行动的后果。更复杂的是，假设即使受训者知道行动的影响，但他不知道影响有多大，因此受训者必须通过试错法来学习。由于奖励被推迟，受训者很难确定行动效果的好坏。任何试图用食指平衡雨伞（伞没有撑开）的人都明白强化学习的基本原理，参见图 10.2。

如果雨伞向左倾斜，那么你会向左做出相应的大幅度动作，直到几秒钟后才发现纠正过度了。回到棒球受训者的例子。假设他是一名投手，喜欢在对方的击球手击出本垒打时将球掷向对方。几局过后，当对方的投手向他投掷速度达到 145 千米/时的快球时，他需要将他疼痛的膝盖和他可能过于激进的打法联系起来。本书主要讨论监督学习。关于无监督学习和强化学习的精彩讨论可以参考 Ballard 的著作[7]。

图 10.2　平衡伞，你需要在 x-y 平面上进行小幅度的移动以保持雨伞平衡

在监督学习中，你会得到如下一组有序对：

$$\{(\boldsymbol{x}^{(1)}, \boldsymbol{t}^{(1)}), (\boldsymbol{x}^{(2)}, \boldsymbol{t}^{(2)}), \cdots, (\boldsymbol{x}^{(r)}, \boldsymbol{t}^{(r)})\}$$

这组有序对被称为训练集。其中 $\boldsymbol{x}^{(i)}(i=1,\cdots,r)$ 是输入的 n 维空间向量，即 $\boldsymbol{x}^{(i)}=(x_1^{(i)},x_2^{(i)},\cdots,x_n^{(i)})$；$\boldsymbol{t}^{(i)}$ 是将要被学习的函数在 $\boldsymbol{x}^{(i)}$ 处的取值。函数 f 用于将每个输入向量映射到正确的输出响应值。一般来说，在 m 维的空间中，$\boldsymbol{t}^{(i)}=(t_1^{(i)},t_2^{(i)},\cdots,t_m^{(i)})$，每个分量 $t_k(k=1,\cdots,m)$ 都来自一个预定义的集合，如整数集、实数集等（输入集和输出集可以有所不同）。

10.3 归纳学习

归纳学习（inductive learning）的任务是找到最接近真实函数 f 的函数 h。h 被称为 f 的假设。学习算法认为**假设空间**（hypothesis space）H 是与正确函数 f 近似的函数集合。学习算法的目标是找到在训练集中的所有点上都与 f 相符合的 h。这一过程被称为曲线拟合（curve fitting），如图 10.3 所示。

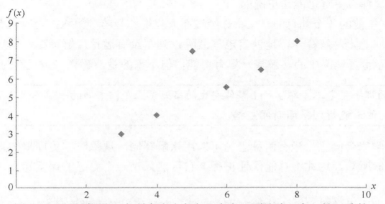

图 10.3 如果假设 h 在所有点上都与 f 吻合，则认为 h 与 f 是一致的

图 10.4 展示了 3 种不同的假设。乍一看，h_3 似乎是最好的假设。但我们需要牢记的是，学习的目的并不是要在训练集上表现完美，而是要在验证集（validation set）上表现良好。

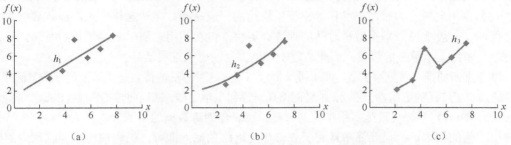

图 10.4 3 种不同的假设。注意，由于只有 h_3 通过了所有的 6 个点，因此只有 h_3 与 f 是一致的

上面提到的验证集是测试学习程序的样本集合。如果真正学到了一些概念，那么不应该只是记住了遇到过的输入和输出的对应关系，而是应该获得泛化（generalize）能力。也就是说，能对之前没有遇到过的输入做出适当的响应。通常来说，在训练集上表现完美的假设属于过度训练（overtrained），泛化能力不强。实现泛化能力的一种方法是让训练和验证过程交替进行。特别需要注意的是，在验证期间，学习能力应该被关闭。当验证错误而非训练错误最小时，整个模型的训练过程才终止。下面以棒球受训者为例说明上述结论。如果受训者真正学会了棒球比赛的方法，那么即使首次遇到某种比赛状况，他也应该能做出合理的反应，例如首次遇到一

场比赛有三人出局的三杀。

再次参考图 10.4（c）。函数 h_3 经过了所有的 6 个点。我们可以使用拉格朗日插值法找到许多其他具有这种特性的函数，例如 7 次、8 次或 9 次多项式函数。在学习社区中，无论是机器学习还是人类学习，一条指导原则是：当对同一个观察到的现象有多种解释时，选择最简单的解释是明智的。这就是所谓的奥卡姆剃刀（Occam's Razor）原则。以下是奥卡姆剃刀原则的一些例子。

（1）在远处的天空中看见一个小而明亮的光点在移动。解释一，这是一架飞机，正好从附近机场起飞或准备着陆。解释二，一颗星星已经离开了它的星系，正准备进入我们的星系。解释一更有可能是正确的。

（2）你在圣诞节早上醒来，看到了窗外的街道上有雪——而你昨晚睡觉时那里还没有雪。解释一，因为你今年的表现非常好，圣诞老人委托精灵从北极铲雪到你的社区。解释二，你睡觉时下雪了。解释二更有可能是正确的。

（3）若干年前的一个九月的早晨，你经过布莱克街和曼哈顿第六大道时，看到了数千名纽约人离开城市向北走。解释一，地铁有电气故障，列车没有运行。解释二，恐怖分子劫持了两架飞机，撞向了世界贸易中心。解释一更有可能，但不幸的是，解释二是正确的。

2001 年的那个星期二（即 9 · 11 事件发生的当天）上午，本书的一位作者（Stephen Lucci）赴约迟到了，他未能听到早间新闻广播。

大多数科学家会同意，当有两种理论可以用来解释同一现象时，更简单的理论更加可取。然而，正如我们所知，这并不总能保证正确。它可能只是一个更好的探索起点，直至发现新的证据。

还有一种常用于学习方法的分类方式，即学习方法可以分为懒惰型（lazy，也称消极型）和急切型（eager，也称积极型）。**懒惰型学习器**（**lazy learner**）之所以被认为是懒惰的，是因为它对超出训练数据之外的泛化进行了推迟，直至新的查询（即待分类样本）出现。懒惰型学习器不会尝试压缩数据，因此在调用模型时，所有的数据都可用。相比之下，**急切型学习器**（**eager learner**）在出现新查询时，已经抽象出可以应用的一般规则。当然这样一来，训练数据本身不再被保留。一般来说，懒惰型学习器的训练会更快，但在使用它们时需要更长的时间。急切型学习器会坚持某个单一的假设，因此相较于懒惰型学习器缺乏灵活性。

基于案例的推理（见第 9 章）属于懒惰型学习器。这种方法的优点是可以使用整个案例库，因此可能具有更广泛的适用性。相反，神经网络属于急切型学习器。在反向传播网络（BackPropagation Network，BPN）中，权重是网络学习的核心，可看作训练数据的压缩版本。为了将反向传播网络应用于新的样本，只需要简单地将新查询作为网络的输入即可，但先前用于训练网络的数据就检索不到了。

10.4　利用决策树进行学习

决策树是一种被广泛应用于概念学习的归纳方法。决策树中的节点对应于考虑某个属性的查询。从节点发出的分支表示属性的不同假设值，如图 10.5 所示。

熟悉意大利餐馆的人很快会发现，意大利面有许多形状和规格。

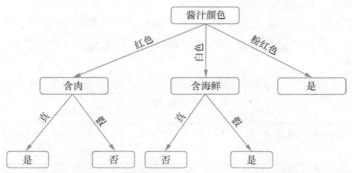

图 10.5　描述了本书的其中一位作者（Stephen Lucci）对意大利面有何偏好的决策树

这棵决策树可以用于将意大利面的实例分为两类——Stephen Lucci 喜欢的类别和 Stephen Lucci 不喜欢的类别。查询总是从树的根节点开始，终止于叶节点，在叶节点中可以找到类标签。考虑以下意大利面的清单。

（1）肉丸意大利面（Spaghetti and Meatballs）——肉丸和意大利面配红番茄酱。

（2）辣味番茄酱意大利面（Spaghetti Arrabbiata）——辣味番茄酱拌意大利面。

（3）蛤蜊红酱扁意面（Linguine Vongole）——红酱蛤蜊意大利面。

（4）蛤蜊白酱扁意面（Linguine Vongole）——白酱蛤蜊意大利面。

（5）伏特加番茄奶油意大利面（Rigatoni alla Vodka）——伏特加番茄奶油酱拌通心粉。

如图 10.5 所示，要将肉丸意大利面从清单中分出来，我们需要从根节点开始。因为这道菜的酱汁是红色的，所以选择左分支。这道菜“含肉”吗？当然含。于是，这棵决策树将肉丸意大利面分到 Stephen Lucci 喜欢的类别。大家也可以试着使用这棵决策树对其他 4 个实例进行分类。不难发现，所有的 5 种意大利面都可以分到如下两个不同的类别中。

类别 1——Stephen Lucci 喜欢的意大利面，包含实例 1 和实例 5。

类别 2——Stephen Lucci 不喜欢的意大利面，包含实例 2～实例 4。

免责声明——本书作者之一 Stephen Lucci 仅出于教学目的，选择了上述属性值。Stephen Lucci 在纽约市曼哈顿下城的“小意大利”长大。他几乎喜欢每一道意大利面！事实上，他已经在他最喜欢的两家意大利餐馆品尝过大部分菜品，这两家意大利餐馆分别是位于汉斯特街 189 号的普利亚（Puglia）和位于“小意大利”迈宝瑞街 164 号的达尼科（DaNico）。

如图 10.5 所示，决策树从根节点开始到叶节点结束的任何一条路径，表示的都是路径上属性值的合取（AND）关系。例如，到达辣味番茄酱意大利面这一类别的路径是（酱汁颜色 = 红色）∧（含肉 = 假）。Stephen Lucci 所喜欢的意大利面对应于多个合取项的析取（OR），其中每个合取项对应于从根节点到“是”节点的一条路径。在本例中，Stephen Lucci 所喜欢的意大利面可以用下式来表示：

[（酱汁颜色 = 红色）∧（含肉 = 真）]∨[（酱汁颜色 = 白色）∧（含海鲜 = 假）]∨[（酱汁颜色 =粉红色）]

10.5　决策树适用的问题

使用决策树能取得良好效果的问题具有以下特征。

（1）属性的取值个数较少，例如"酱汁颜色"为红色、白色或粉红色。实例可以用一组属性值来表示，例如实例"肉丸意大利面"，其属性满足"酱汁颜色 = 红色，含肉 = 真"。

（2）通常来说，目标函数只取很少的几个离散值。在上述意大利面的例子中，目标函数的值为"是"或"否"。

（3）训练数据中可能存在错误。在属性值或实例类别出错的情况下，决策树的表现依然优秀（可对这个特征与第 11 章中神经网络学习的鲁棒性进行对比）。

这些都是理想条件。通过参考该领域的其他文献，你可以了解到许多绕过上述限制条件的方法。

在训练数据时，可能会出现属性值缺失的情况。例如，如果决策树的用户知道肉丸意大利面不含肉的话，这个属性值就会缺失。

许多现实世界的问题满足上述列表中的条件。在医疗应用中，属性对应可见的症状以及患者的描述（比如皮肤颜色=黄色、鼻子=流涕或出现头痛）或测试结果（比如体温升高、血压或血糖水平高、心脏酶异常）。医疗应用中的目标函数可能表明某种疾病或病况的存在：患者患有花粉热或肝炎，或者最近修复的心脏瓣膜出现问题。决策树被广泛应用于医疗行业。

在金融领域，从信用卡授信额度的决策到房地产投资的可行性分析，都有决策树的身影。商业世界的一个基本应用是期权交易。期权是一种合约，赋予投资者以给定价格或在特定日期买卖某些资产（如股票）的权利。

10.6　熵

熵（Entropy）量化了样本集中存在的均匀性或者说同质性（homogeneity）。为简化讨论，假设待学习的概念在本质上是二元的——例如，一个人喜欢或不喜欢面食。给定集合 S，它对于这个二元分类问题的熵可定义为

$$\text{Entropy} = -p(+)*\log_2 p(+) - p(-)*\log_2 p(-)$$

其中，$p(+)$表示集合 S 中喜欢的那一部分（即喜欢面食的人的集合）的占比，而 $p(-)$表示不喜欢的那一部分（即不喜欢面食的人的集合）的占比。在熵的讨论中，对数始终以 2 为底，即使在非二元分类的情况下也是如此。

图 10.5 所示的决策树描述了本书的其中一位作者对意大利面的偏好。假设有一个包含 4 种意大利面的集合，如果他对这 4 种意大利面都喜欢，那么可以将这种情况表示为[4(+)，0(−)]，这个集合的熵为

$$\begin{aligned}
\text{Entropy}[4(+)，0(-)] &= -4/4\times\log_2(4/4) - 0/4\times\log_2(0/4)\\
&= -1\times\log_2(1) - 0\times\log_2(0)\\
&= -1\times 0 - 0\times 0\\
&= 0
\end{aligned}$$

如果他喜欢其中的两种意大利面，而不喜欢另外两种意大利面，则有

$$\begin{aligned}
\text{Entropy}[2(+),2(-)] &= -2/4\times\log_2(2/4) - 2/4\times\log_2(2/4)\\
&= -1/2\times(-1) - 1/2\times(-1)\\
&= 1/2 - (-1/2)\\
&= 1
\end{aligned}$$

我们观察到，当所有成员属于同一集合时，该集合的熵为 0。熵为 0 表示集合中没有杂质，因为在第一个例子中，所有成员都是正值。在第二个例子中，有一半的成员是正值，另一半的成员是负值，在这种情况下，熵取最大值 1。在二元分类中，集合的熵的取值区间是［0，1］，如图 10.6 所示。

集合的熵也可以视为确定所选项来自哪个类别所需的比特数。例如，对于集合[2(+)，2(−)]，需要 1 比特来指定所选项来自哪个类别，其中 1 表示某人喜欢该项，0 表示某人不喜欢该项。相反，当某人喜欢所有项时，集合为[4(+)，0(−)]，此时不需要额外的比特来标记该项。因此，当某人喜欢所有项时，集合的熵为 0。

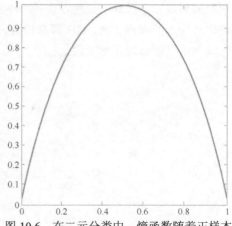

图 10.6　在二元分类中，熵函数随着正样本比例的变化在区间[0,1]上变化

10.7　使用 ID3 构建决策树

ID3 算法是昆兰（Quinlan）在 1986 年开发的，它是决策树中应用十分广泛的算法之一。ID3 算法以自上而下的方式构建决策树。它首先搜索能将训练集划分为大小相等的子集的最接近属性。如果要成功地应用决策树，则必须了解它们的构建过程。在意大利面的例子中，有 3 个属性——酱汁颜色、含肉、含海鲜，见表 10.1。

表 10.1　　　　　　　　　　　　　用于决策树学习的数据

序号	Pasta	酱汁颜色	含肉	含海鲜	喜欢
1	Spaghetti with Meatballs	红色	真	假	是
2	Spaghetti Arrabbiata	红色	假	假	否
3	Linguine Vongole	红色	假	真	否
4	Linguine Vongole	白色	假	真	否
5	Rigatoni alla Vodka	粉红色	假	假	是
6	Lasagne	红色	真	假	是
7	Rigatoni Lucia	白色	假	假	是
8	Fettucine Alfredo	白色	假	假	是
9	Fusilli Boscaiola	红色	假	假	否
10	Ravioli Florentine	粉红色	假	假	是

这里有 3 个不同的属性，决策树对于首先使用哪个属性进行查询有不同的选择，如图 10.7 所示。

如果根据某个属性的值可以将样本一分为二，那么就认为该属性很好。例如，对于某个很好的属性来说，在某个特定的属性值下所有实例都为正例，而在其他属性值下所有实例都为负例。相反，如果某个属性不包含具有判别力的属性值，则认为这个属性没用。在意大利面的例子中，好的属性意味着对于每个属性值，喜欢的意大利面和不喜欢的意大利面的数量相等。

ID3 算法使用**信息增益**（information gain）来选择属性的顺序。如果某个属性能获得最大期望的熵减值，那么这个属性在决策树中的位置更接近根节点。如图 10.7 所示，为了确定 3 棵子树中最先选择哪棵子树，ID3 算法将首先对所示的每棵子树计算出其平均信息，然后选择能够产生最大信息增益的那棵子树。

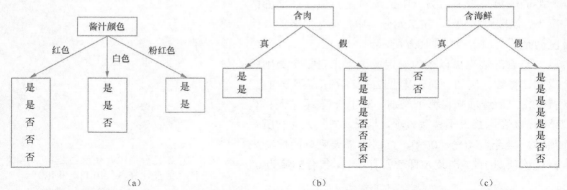

图 10.7　决策树可以从 3 个属性中的任何一个开始。在酱汁颜色是红色的情况下，Steyhen Lucci 喜欢两种意大利面，而不喜欢其他 3 种意大利面。对于其他方框，也可以进行类似的解释

属性 A 产生的信息增益，指的是利用属性 A 对集合 S 进行分割，导致的熵的减少量。

$$\text{Gain}(S, A) = \text{Entropy}(S) - \sum_{V \subseteq \text{values}(A)} \frac{|S_v|}{|S|} \times \text{Entropy}(S_v)$$

其中，v 是属性 A 的取值。上面的式子旨在对 v 的所有值对应的 S_v（具有相同值 v 的 S 的子集）的熵进行加权求和。理解 ID3 算法的最好方法是进行计算，如图 10.8～图 10.10 所示。

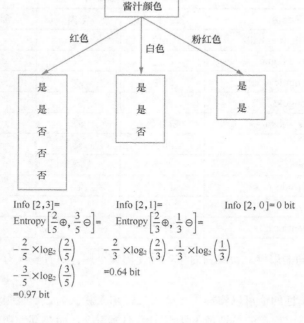

$\text{Info}[2,3]=$
$\text{Entropy}\left[\frac{2}{5}\oplus, \frac{3}{5}\ominus\right]=$
$-\frac{2}{5}\times\log_2\left(\frac{2}{5}\right)$
$-\frac{3}{5}\times\log_2\left(\frac{3}{5}\right)$
$=0.97\text{ bit}$

$\text{Info}[2,1]=$
$\text{Entropy}\left[\frac{2}{3}\oplus, \frac{1}{3}\ominus\right]=$
$-\frac{2}{3}\times\log_2\left(\frac{2}{3}\right)-\frac{1}{3}\times\log_2\left(\frac{1}{3}\right)$
$=0.64\text{ bit}$

$\text{Info}[2,0]=0\text{ bit}$

子树加权平均信息量 $=\left(0.97\times\frac{5}{10}\right)+\left(0.64\times\frac{3}{10}\right)+\left(0\times\frac{2}{10}\right)=0.68$
所有训练样本 S 的信息量 $=0.97$
$\text{Gain}(S,\text{酱汁颜色})=0.97-0.68=0.29$

图 10.8　如果首先选择"酱汁颜色"这一属性，那么信息增益等于 0.29

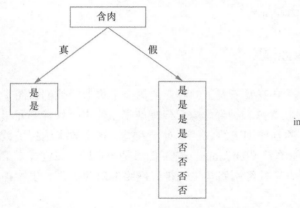

Info [2,0]=0 bits　　　　　info[4, 4]=1.00 bit

子树加权平均信息量=$\left(0\times\dfrac{2}{10}\right)+\left(1.00\times\dfrac{8}{10}\right)=0.80$

训练样本集 S 的信息量=0.97

Gain(S,含肉)=0.97－0.80=0.17

图 10.9　　如果首先选择"含肉"这一属性，
那么信息增益等于 0.17

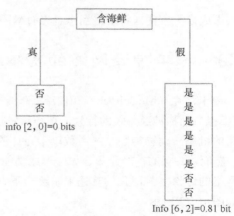

Info [6, 2]=0.81 bit

子树加权平均信息量=$\left(0\times\dfrac{2}{10}\right)+\left(0.81\times\dfrac{8}{10}\right)=0.65$

训练样本集 S 的信息量 =0.97

Gain(S,含海鲜)=0.97－0.65=0.32

图 10.10　　如果首先选择"含海鲜"这一属性，
那么信息增益等于 0.32

仔细观察图 10.8～图 10.10，很明显，由于"含海鲜"的属性对应的信息增益为 0.32，是 3 个属性中最大的，因此 ID3 算法选择"含海鲜"的属性作为决策树中的第一个查询属性。

接下来选择第二个查询属性，ID3 算法必须在图 10.11 所示的两棵决策树之间进行选择。

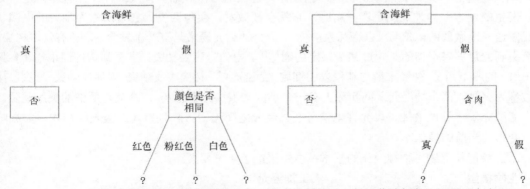

图 10.11　　ID3 算法应该选择哪个属性作为第二个查询属性——是"酱汁颜色"还是"含肉"？

一旦选择了第二个查询属性，剩下未被选择的属性就可以在接下来需要时使用。请你在练习中完成这些计算。

10.8　其他问题

本章旨在介绍使用决策树进行归纳学习的方法。这里还存在一些其他问题，具体如下。

（1）数据过拟合——当没有足够的训练数据来充分覆盖整个假设空间时，可能会发生这种情况。

（2）如何处理具有连续值的数据？如温度、收入及压力。

（3）当某些属性缺失时，如何进行训练？

（4）如果获得一些属性值的代价很高或不方便，那么该做什么？例如，测量病人体温比核磁共振成像更方便（特别是当患者患有幽闭症时）。

10.9　人工神经网络的基本原理

麦卡洛克（McCulloch）和皮茨（Pitts）[1]开发了人工神经元的第一个模型。他们试图了解（并模拟）动物神经系统的行为。现在，生物学家和神经学家已经理解了生物中个体神经元相互通信的机制。动物神经系统由数以千万计的互连细胞组成，而对于人类，这个数字达到了数十亿。然而，并行的神经元集合如何形成功能单元（functional unit）仍然是一个谜。在进行人工神经网络的讨论之前，我们首先来了解一下人工神经网络与生物神经网络的对应关系。生物神经元如图 10.12 所示。

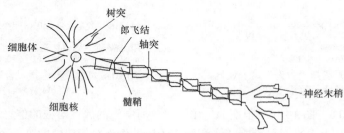

图 10.12　生物神经元的基本模型

电信号通过树突（类似毛发状的细胞突起）进入细胞体。细胞体（或神经元胞体）是"处理"发生的地方。当神经元足够兴奋时，它就会被激发。换句话说，它会向称为轴突的电缆状突起发送一个微弱的电信号（以毫瓦为单位）。一个神经元通常只有一个轴突，但会有许多树突。上面提到的足够兴奋指的是超过某个预定的阈值[1]。电信号流经轴突，直至到达神经末梢（参见图 10.12 的右下角）。神经末梢与其侵入的细胞之间的轴突-树突（或轴突-胞体或轴突-轴突）接触被称为突触。两个神经元之间实际上有一个小的间隙（几乎触及），这就是所谓的突触间隙。这个间隙充满了导电液体，以允许电信号在神经元之间流动。脑激素（或摄入的药物，如咖啡因）会影响当前的导电率。

人工智能从上述生物神经元的基本模型中采纳了 4 个要素。

生物模型	人工神经元
● 细胞体	● 细胞体
● 轴突	● 输出通道
● 树突	● 输入通道
● 突触	● 权重

如上所述，权重扮演了突触的角色，权重的值反映了生物突触的导电水平，用于调节一个神经元对另一个神经元的影响程度。图 10.13 给出了抽象神经元（有时称为单元或节点，或直接称为神经元）的模型。

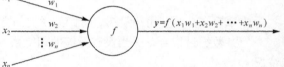

图 10.13　抽象神经元的模型

神经元的输入是具有 n 个分量的实值向量 $x=(x_1, x_2, \cdots, x_n)$。权重则是实值向量 $w=(w_1, w_2, \cdots, w_n)$，权重对应于生物神经元的突触，控制着输入对神经元的影响。神经元的主体会计算一个原始函数 f。最终，神经元的输出 y 等于以 x 与 w 的点积为自变量的函数 f 的值。更一般地说，神经元首先计算了输入值和权重的某个函数 g，然后将函数 g 的结果输入函数 f 进行进一步计算。图 10.14 说明了这种更一般的情况。这里的 g 是输入 x 和 w 的函数，f 是输出或称**激活函数**（activation function）。回顾第 1 章，两个向量 x 和 w 的点积由 $x \cdot w$ 表示，即它们对应分量的乘积之和：

$$x \cdot w = x_1 w_1 + x_2 w_2 + \cdots + x_n w_n$$

结果是一个标量（即一个不带方向的实数）。

人工神经网络（Artificial Neural Network，ANN；在本章中，如果不特别说明，指的都是"人工"神经网络；仅在某些极少数情况下，指的是"真实的"神经元，届时我们会用"生物"神经网络来表述）是抽象神经元按照某种拓扑结构组成的集合。ANN 会计算出某个函数 F，其中 F 是从 R^n 到 R^m 的映射，或者表示为 $F:R^n \rightarrow R^m$，其中 R 是实数集。ANN 可以视为黑盒（参见第 1 章中关于抽象的讨论），如图 10.15 所示。

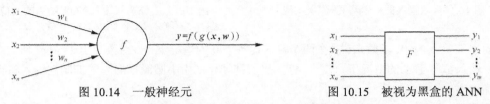

图 10.14　一般神经元　　　　　　　　图 10.15　被视为黑盒的 ANN

对于某个输入向量 x，上述 ANN 应该会产生特定的输出 y。为实现该功能，ANN 必须在某个自组织过程中调整权重。

10.10　麦卡洛克-皮茨网络

最早的神经元模型是由麦卡洛克（McCulloch）和皮茨（Pitts）提出的[9]。马文·明斯基引入了麦卡洛克-皮茨神经元的符号表示法，如图 10.16 所示。

神经元的输入是 $x=(x_1, x_2, x_3, \cdots, x_n)$，输出 y 是二元信号，即 0 或 1。边（edge）有两种，要么是**兴奋的**（excitatory），要么是**抑制的**（inhibitory）。如果边是抑制的，则在神经元附近使用一个小圆圈来标记。神经元的阈值为 θ。对于输入来说，输入 $x_1, x_2, \cdots, x_n$ 可通过 n 条兴奋边进入神经元；也有输入 $v_1, v_2, \cdots, v_m$ 通过 m 条抑制边进入神经元。如果有任何抑制输入存在，神经元将被抑制，输出 y 为 **0**。否则，总激励为 $g(x) = x_1 + x_2 + x_3 + \cdots + x_n$，如果 $g(x) \geqslant \theta$，那么神经元就被激发，此时 $y=1$。产生神经元输出的**激活函数** f 是**阶跃（或阈值）函数**（见图 10.17）。

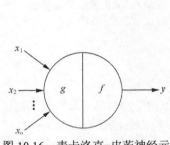

图 10.16　麦卡洛克-皮茨神经元

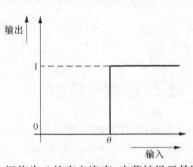

图 10.17　阈值为 θ 的麦卡洛克-皮茨神经元的阶跃函数

注意，当总激励 $g(x) < \theta$ 时，输出为 0。双输入布尔 AND 和 OR 门的麦卡洛克-皮茨单元（见

第 5 章）如图 10.18 所示。

在图 10.18（a）中，只有在 x_1 和 x_2 均等于 1 的情况下，AND 门 $y = g(x) = x_1 + x_2$ 的输出才等于 1。在图 10.18（b）中，当 x_1 或 x_2（或两者同时）等于 1 时，OR 门的输出才等于 1。图 10.19 显示了双输入 NOR 函数的真值表及其麦卡洛克-皮茨实现。

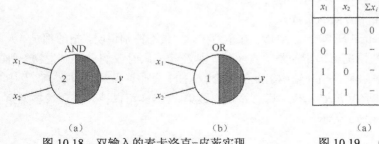

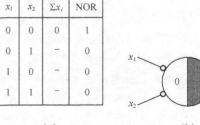

图 10.18　双输入的麦卡洛克-皮茨实现

图 10.19　（a）双输入 NOR 函数的真值表；（b）双输入 NOR 函数的麦卡洛克-皮茨实现

对于双输入 NOR 函数来说，在两个输入均等于 0 的情况下，该函数等于 1。在任何一个（或两个）输入都等于 1 的情况下，麦卡洛克-皮茨神经元（由小圆圈描出）的抑制性输入将得到 0 的正确输出。

解码器（decoder）是对一个或多个极小项（minterm）为真的开关电路。极小项是指每个变量都以补码或未补码形式出现的乘积项（用 AND 连接起来的项）。例如，变量 x_1 和 x_2 上的 4 个极小项是 $x_1' x_2'$、$x_1' x_2$、$x_1 x_2'$ 和 $x_1 x_2$（AND 运算是隐含的，因此没有显示出来）。图 10.20 所示的是 $x_1 x_2' x_3$ 的解码器（在变量已理解的情况下，有时用 101 来标记）。

只有在 $x_1 = x_3 = 1$ 且 $x_2 = 0$ 的情况下，输出才确定等于 1。双输入异或（XOR）函数的真值表如图 10.21（a）所示（见第 5 章）。实现 XOR 函数的麦卡洛克-皮茨神经元如图 10.21（b）所示。

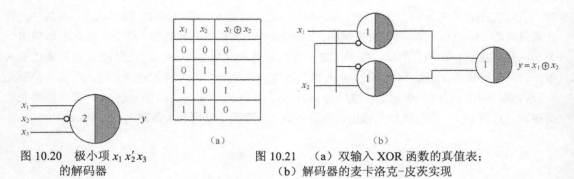

图 10.20　极小项 $x_1 x_2' x_3$ 的解码器

图 10.21　（a）双输入 XOR 函数的真值表；（b）解码器的麦卡洛克-皮茨实现

10.11　感知器学习规则

上述麦卡洛克-皮茨模型的局限性在于没有权重。由于神经元自己不具备适应性，因此除非改变网络的拓扑结构或阈值，否则学习过程不可能发生。我们已经看到，人工神经网络可以视为一个黑盒（参见图 10.15）。假设给定具有一系列输入向量 $x_1, x_2, \cdots, x_r$ 的网络，对于每个输入向量 x_i 都存在一个期望的输出向量 t_i。显然，网络的实际输出向量 y_i 可能不同于 t_i。在该网络模型中，与每个输入相关联的是权重，这些权重是系统的自由参数。于是，接下来的任务就是调整权重以最小化（或消除）y_i 和 t_i 之间的差异。控制系统权重调整的过程被称为**学习规则**（**learning rule**）。本节讨论感知器学习规则（perceptron learning rule），它们是由心理学家 Frank Rosenblatt 于 1958 年提出的[2]。本节将从由单个神经元组成的网络开始讨论。10.9 节讨论了抽象神经元，如图 10.22 所示。

由单个神经元组成的网络被称为**阈值逻辑单元**（Threshold Logic Unit，TLU）。假设 TLU 的激励函数为 $g(x, w) = x \cdot w = x_1 w_1 + x_2 w_2 + \cdots + x_n w_n$。考虑一个以阈值 $\theta = 1.0$ 为例的阈值逻辑单元，$x = (x_1, x_2, x_3) = (1, 1, 0)$，$w = (w_1, w_2, w_3) = (0.5, 1.0, 1.2)$，如图 10.23 所示。

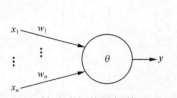

图 10.22 被称为阈值逻辑单元（TLU）的抽象神经元

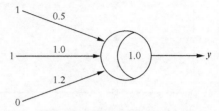

图 10.23 输入向量为(1,1,0)，权重向量为(0.5,1.0,1.2)的 TLU

于是，上述神经元的激励值为 $x \cdot w = x_1 w_1 + x_2 w_2 + \cdots + x_n w_n = (1 \times 0.5) + (1 \times 1.0) + (0 \times 1.2) = 1.5$。当 $x \cdot w \geqslant \theta$ 时，激活函数 f 输出的 y 等于 **1**。由于激励值 $x \cdot w$ 等于 1.5，阈值 θ 等于 1.0，因此该神经元的输出 y 等于 **1**。

可以看到，当激励值大于或等于阈值时，TLU 的输出 y 等于 **1**。当激励值小于阈值时，y 等于 **0**。

考虑 $x \cdot w$ 等于 θ 的特殊情况，如图 10.24 所示。在图 10.24 中，TLU 的阈值 $\theta = 1.0$，权重向量 $w = (0.5, 0.5)$。

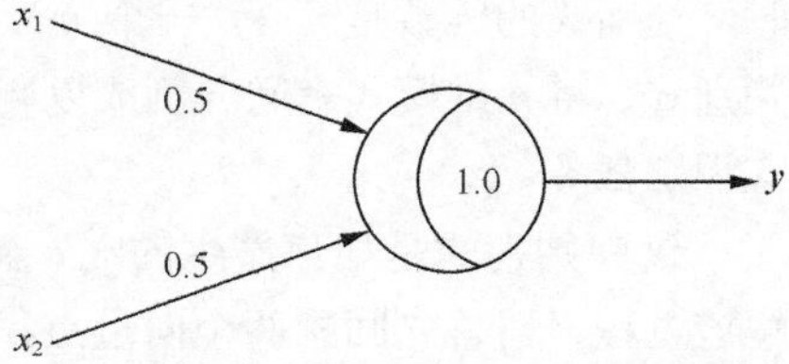

设 $x \cdot w = \theta$，则有 $x_1 w_1 + x_2 w_2 = \theta$。我们可以利用 x_1、w_1、w_2 和 θ 求出 x_2，首先得到：

图 10.24 具有两个输入的阈值逻辑单元

$$x_2 w_2 = \theta - x_1 w_1$$

进一步运算可得：

$$x_2 w_2 = -x_1 w_1 + \theta$$
$$x_2 = -\frac{w_1}{w_2} x_1 + \frac{\theta}{w_2}$$

众所周知，直线的一般方程为 $y = mx + b$。其中 m 是斜率（m 等于 $\Delta y / \Delta x$，或者说 y 的变化值除以 x 的变化值），b 是直线在 y 轴上的截距。所以，上面左边为 x_2 的表达式其实代表了一条直线，其斜率等于$-w_1/w_2$，截距等于 θ/w_2。对于图 10.24 所示的特殊情况，通过代入 w_1、w_2、θ 的值，可以得到直线 $x_2 = -x_1 + 2$。这条直线如图 10.25 所示。

神经网络的输入有时又称为**模式**（pattern）。由于当前例子的输入仅限于二进制值，因此图 10.24 中的 TLU 的 4 种模式分别是(0,0)、(0,1)、(1,0)和(1,1)。所有输入模式的 n 维空间表示被称为**模式空间**（pattern space），图 10.25 展示了 TLU 的模式空间，图 10.26 给出了图 10.24 中的 TLU 的每个输入模式所对应的输出。

观察图 10.26，不难看出，图 10.24 中的 TLU 的功能与双输入与门（AND）一致。相同输出的模式集合被称为一个**模式类**（pattern class）。从图 10.26 可以看出，模式集{(0,0), (0,1), (1,0)} 的输出为 0，而模式集{(1,1)}的输出为 1。可以将前者称为模式类 0 或 C_0，而将后者称为模式类

1 或 C_1。在图 10.25 中，C_0 的成员由空心圆点表示，而 C_1 中的唯一元素用黑色实心圆点表示。再次参考图 10.25 中的直线，可以注意到 C_0 的成员完全位于这条直线的下方，而 C_1 的成员位于这条直线的上方。显然，这条称为**判别式**（discriminant）的直线将两个模式类分开了。

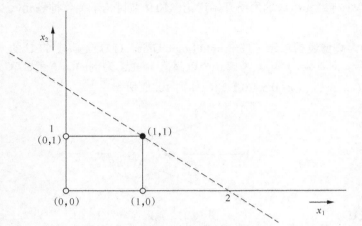

<table>
<tr><th>x_1</th><th>x_2</th><th>$x \cdot w$</th><th>y</th></tr>
<tr><td>0</td><td>0</td><td>0.0</td><td>0</td></tr>
<tr><td>0</td><td>1</td><td>0.5</td><td>0</td></tr>
<tr><td>1</td><td>0</td><td>0.5</td><td>0</td></tr>
<tr><td>1</td><td>1</td><td>1.0</td><td>1</td></tr>
</table>

图 10.25　图 10.24 中的 TLU 在激励值等于阈值时得到的直线　　　　图 10.26　图 10.24 中的 TLU 的输入/输出行为

在该例中，模式位于二维空间中，判别式是一条直线。更一般地说，当模式空间的维度为 n 时，判别式的维数是 $n-1$。一个 $(n-1)$ 维的"表面"被称为**超平面**（hyperplane）。ANN 通过产生判别式，将 n 维模式空间分割成以判别式超平面为边界的凸子空间（convex subspace）来执行模式识别任务。

这些判别式是如何产生的呢？感知器学习规则通过一系列迭代校正来产生判别式。为了理解该过程，请首先回顾两个向量点积的概念。用 $|U|$ 表示大小的向量 $U=(u_1, u_2, u_3, \cdots, u_n)$，其大小等于 $\sqrt{u_1^2 + u_2^2 + \cdots + u_n^2}$。图 10.27 使用具有两个分量的向量说明了这一概念。

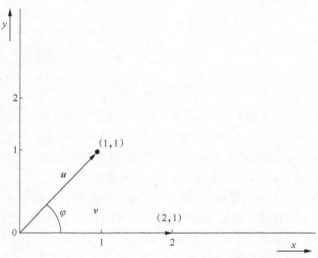

图 10.27　夹角为 φ 的两个向量 u 和 v

参考图 10.27 中的例子，u 的大小用 $|u|$ 表示，等于 $\sqrt{u_1^2 + u_2^2} = \sqrt{1^2 + 1^2} = \sqrt{2}$。$v$ 的大小也就是 $|v|$，等于 $\sqrt{v_1^2 + v_2^2} = \sqrt{2^2 + 0^2} = \sqrt{4} = 2$。$x \cdot w$ 是输入向量 x 与权重向量 w 对应分量的乘积之和，

即 $x \cdot w = x_1 w_1 + x_2 w_2 + \cdots + x_n w_n$。 $x \cdot w$ 也可以定义为 $|x||w|\cos\varphi$，其中 φ 是这两个向量之间的夹角。使用前一个公式计算 u 和 v 的点积，可以得到：

$$u \cdot v = u_1 v_1 + u_2 v_2 = 1 \times 2 + 1 \times 0 = 2$$

使用后一个公式求这两个向量的点积，可以得到如下相同的结果（与预期一致）：

$$u \cdot v = |u||v|\cos\varphi = \sqrt{2} \times 2 \times \cos 45° = 2 \times \sqrt{2} \times \frac{\sqrt{2}}{2} = 2$$

余弦函数的定义和图像如图 10.28 所示。

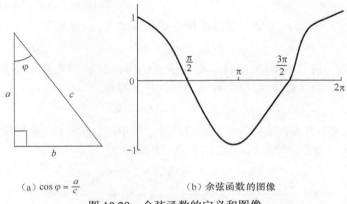

（a）$\cos\varphi = \dfrac{a}{c}$　　　　　　　（b）余弦函数的图像

图 10.28　余弦函数的定义和图像

从图 10.28 可以看出：当夹角 φ 为 0° 时，$\cos\varphi$ 达到最大值 1；当 φ 为 90° 时，$\cos\varphi$ 等于 0；当 φ 为 180° 时，$\cos\varphi$ 等于 -1；当 φ 为 270° 时，$\cos\varphi$ 再次等于 0；当 φ 为 360° 时，$\cos\varphi$ 再次等于最大值 1。因此，余弦函数是一个周期为 360° 的周期函数。

在推导感知器学习规则之前，还有一个观察到的现象需要注意。考虑图 10.29 中的两个 TLU 是否等价。

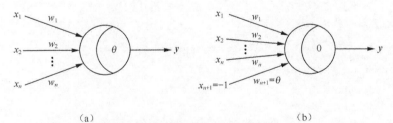

（a）　　　　　　　　　　　　　　　　（b）

图 10.29　将 TLU 的阈值视为额外增加的一个权重

如图 10.29（a）所示，当 $x \cdot w \geqslant \theta$ 时，输出 y 等于 1；而在图 10.29（b）中，只要 $x \cdot w + (x_{n+1} w_{n+1}) \geqslant 0$，TLU 的输出就都为 1。如果将 x_{n+1} 设置为 -1，将 w_{n+1} 设置为 θ，则得到 $x \cdot w + (-1) \times \theta \geqslant 0$。在这个式子的两边同时加上 θ，可以得到 $x \cdot w \geqslant \theta$。因此，图 10.29 中的两个 TLU 是等价的。我们将输入向量 $(x_1, x_2, \cdots, x_n, x_{n+1} = -1)$ 称为**增广输入向量**（augmented input vector），用 $\hat{x}$ 表示。类似地，**增广权重向量**等于 $\hat{w}$ $(w_1, w_2, \cdots, w_n, w_{n+1} = \theta)$。

假设图 10.29（b）中的 TLU 的增广输入向量为 $\hat{x}$，并且得到的输出 y 等于 0，但目标输出 t 应该为 1。这时，$\hat{x} \cdot \hat{w}$ 小于 0（否则 y 将等于 1），如图 10.30（a）所示。

TLU 之所以产生错误输出，是因为 TLU 的激励 $\hat{x} \cdot \hat{w}$ 小于 0，此时输出 y 等于 0。因此，要使点积增大，就必须将向量 $\hat{w}$ 朝着向量 $\hat{x}$ 的方向旋转，使得这两个向量之间的夹角从 φ 减小到

φ'。由于 $\varphi' < \varphi$，$\cos\varphi' > \cos\varphi$，因此 $\hat{x} \cdot \hat{w}_{\text{new}} > \hat{x} \cdot \hat{w}_{\text{old}}$。在后续步骤中，继续将向量 $\hat{w}$ 朝着向量 $\hat{x}$ 的方向旋转，直至 $\hat{x} \cdot \hat{w}$ 超过 0，从而产生正确的输出，或者说直到 y 等于 t 为止。在向量运算中，朝着向量 $\hat{x}$ 的方向旋转向量 $\hat{w}$，等效于将向量 $\hat{x}$ 的一小部分（比例为 α）加到向量 $\hat{w}$ 上。因此，当 $y = 0$ 但 $t = 1$ 时

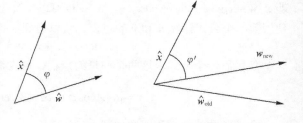

$$\hat{w}_{\text{new}} = \hat{w}_{\text{old}} + \alpha\hat{x} \qquad (1)$$

（a）$\hat{x}$ 与 $\hat{w}$ 之间的夹角等于 φ （b）向量 $\hat{w}$ 朝向量 $\hat{x}$ 旋转

图 10.30 TLU 产生错误输出

可以验证，当 $y = 1$ 但 $t = 0$ 时，正确的校正动作由式（2）提供：

$$\hat{w}_{\text{new}} = \hat{w}_{\text{old}} - \alpha\hat{x} \qquad (2)$$

在这种情况下，向量 $\hat{w}$ 需要朝着远离向量 $\hat{x}$ 的方向旋转，常数 α 被称为算法的**学习率**（learning rate），$0 < \alpha \leqslant 1$。综合式（1）和式（2），可以得到

$$\hat{w}_{\text{new}} = \hat{w}_{\text{old}} + \alpha(t-y)\hat{x} \qquad (3)$$

注意，$t-y$ 的大小为校正项提供了正确的符号。图 10.31 给出了感知器学习规则的伪代码。向量 $\hat{w}_{\text{new}}$ 具有 $n+1$ 个分量；相应地，式（3）也可以表示为

$$\Delta w_i = \alpha(t-y)\hat{x}_i, i = 1 \sim n+1$$

```
1. Inputs:  x̂₁, x̂₂,…, x̂_p          // the input patterns.

2. t̄₁, t̄₂,…, t̄_p                    // the desired outputs for each patter

3. Ŵ_new = Ŵ_old = (W₁, W₂,…, W_n, W_{n-1})   // augmented weight vector which
                                              is randomly generated.

4. i = 1                            // an index that selects pattern.

5. while (not-all equal)            // i.e. ȳ_i ≠ t̄_i for some pattern X_i.

6. for i = 1 to p

7. if  ȳ_i ≠ t̄_i then { ŵ_new is corrected according to Equation 3

   not_all_equal = true}

8. // end if

9. // end for

10. if not_all_equal = false then return that the TLU has

    successfully been trained and Ŵ = Ŵ_new.

11. else continue

12. //end while
```

图 10.31 感知器学习规则的伪代码

感知器学习规则是一个迭代过程。它从随机的权重向量 $w=(w_1, w_2, \cdots, w_n)$ 开始，其中的每个 w_i 是接近于 0 的很小的随机数。对于图 10.31 你可能会问：当第 5 行的 while 循环式中的终止条件永远不满足时，或者当某些网络的输出 y_i 总是与目标值 t_i 不同时，会发生什么情况？此时，算法将陷入 while 死循环。当模式类线性可分时，也就是说，可以用直线分隔时 [对于双输入 OR 函数如图 10.36（d）所示]，算法才会收敛，并生成判别式。本节稍后将继续讨论可分的问题。

　　严格来说，感知器学习规则应该是一个过程（procedure）而非算法，因为算法必须保证能够停止才行[①]。

　　综上所述，对于 TLU 来说，输入模式($\hat{x}_1,\cdots,\hat{x}_p$)和对应的输出($t_1,t_2,\cdots,t_p$)是算法的输入。这里需要注意两点：首先，一般来说，TLU 可以有不止一个输出，因此每个目标值 t_i 和每个实际输出 y_i 都可以视为向量。其次，感知器学习规则是一种**监督学习**或有老师指导的学习，因此需要给网络模型提供具有正确输入-输出对的先验知识。

x_1	x_2	$x_1 + x_2$
0	0	0
0	1	1
1	0	1
1	1	1

图 10.32　双输入 OR 函数

例 10.1　使用感知器学习规则训练 TLU，学习双输入 OR 函数

　　考虑图 10.32 所示的双输入 OR 函数，假设学习率 $\alpha = 0.5$，初始权重 $\hat{w} = (0,0,0)$。
　　首先构建一个训练表，它的结构如图 10.33 所示。

(1)	(2)	(3)	(4)	(5)	(6)	(7)	(8)	(9)	(10)	(11)	(12)
x_1	x_2	x_3	w_1	w_2	$w_3 = \theta$	$\hat{x} \cdot \hat{w}$	y	t	Δw_1	Δw_2	Δw_3
0	0	-1	0	0	0			0			
0	1	-1						1			
1	0	-1						1			
1	1	-1						1			

图 10.33　感知器学习规则所采用的训练表

　　从图 10.33 中可以观察到，第 1 列和第 2 列列举了 OR 函数所有可能的输入集合，第 3 列是 x_3，这是恒为-1 的增广输入。第 4~6 列包含了增广权重向量 $\hat{w}$。注意，这里按照与处理原始权重 w_1 和 w_2 相同的方式处理值等于 θ 的增广权重 w_3。$\hat{w}$ 的所有 3 个分量被初始化为 0。第 7 列是对神经元的激励；当其中的值大于或等于 0 时，第 8 列中的 y（即输出）等于 1，否则 y 等于 0。第 9 列是每个输入模式的目标输出。最后，第 10~12 列保存了权重向量分量的调整值。可通过遍历输入的所有模式来训练神经网络，这一过程被称为一个 epoch。在本例中，经过一个 epoch 后，对应的训练表如图 10.34 所示。

　　在表 10.34 的第 1 行中，$\hat{x} \cdot \hat{w} = (0,0,-1) \cdot (0,0,0) = 0$（第 7 列），于是第 8 列包含了一个"1"。但是，第 1 行中的目标输出应该为"0"。因此，根据式（3）调整权重。只有 w_3 需要更新，因为 x_1 和 x_2 为 0。$\Delta w_3 = 0.5 \times (0-1) \times (-1) = 0.5$（第 12 列）。因此，当模式 $x_2 = (0,1)$ 被输入时（第 2 行），w_3 等于 0.5。第 2 行计算的结果是，w_2 将增加，$\Delta w_2 = 0.5$，w_3 将减小，$\Delta w_3 = -0.5$。

[①] 算法具有有穷性、确定性、可行性、输入输出等重要特性。　——译者注

	(1)	(2)	(3)	(4)	(5)	(6)	(7)	(8)	(9)	(10)	(11)	(12)
	x_1	x_2	x_3	w_1	w_2	$w_3=\theta$	$\hat{x}\cdot\hat{w}$	y	t	Δw_1	Δw_2	Δw_3
	0	0	−1	0	0	0	0	1	0	0	0	0.5
	0	1	−1	0	0	0.5	−0.5	0	1	0	0.5	−0.5
	1	0	−1	0	0.5	0	0	1	1	0	0	0
	1	1	−1	0	0.5	0	0.5	1	1	0	0	0

图 10.34　使用感知器训练一个 epoch 后的参数值

处理完整个 epoch 后，如果权重没有发生变化，学习规则就可以停止了。

该例的完整训练表如图 10.35 所示。

	(1)	(2)	(3)	(4)	(5)	(6)	(7)	(8)	(9)	(10)	(11)	(12)
	x_1	x_2	x_3	w_1	w_2	$w_3=\theta$	$\hat{x}\cdot\hat{w}$	y	t	Δw_1	Δw_2	Δw_3
epoch I	0	0	−1	0.0	0.0	0.0	0.0	1	0	0	0	0.5
	0	1	−1	0.0	0.0	0.5	−0.5	0	1	0	0.5	−0.5
	1	0	−1	0.0	0.5	0.0	0.0	1	1	0	0	0
	1	1	−1	0.0	0.5	0.0	0.5	1	1	0	0	0
epoch II	0	0	−1	0.0	0.5	0.0	0.0	1	0	0	0	0.5
	0	1	−1	0.0	0.5	0.5	0.0	1	1	0	0	0
	1	0	−1	0.0	0.5	0.5	−0.5	0	1	0.5	0	−0.5
	1	1	−1	0.5	0.5	0.0	1.0	1	1	0	0	0
epoch III	0	0	−1	0.5	0.5	0.0	0.0	1	0	0	0	0.5
	0	1	−1	0.5	0.5	0.5	0.0	1	1	0	0	0
	1	0	−1	0.5	0.5	0.5	0.0	1	1	0	0	0
	1	1	−1	0.5	0.5	0.5	0.5	1	1	0	0	0
epoch IV	0	0	−1	0.5	0.5	0.5	−0.5	0	0	0	0	0
	0	1	−1	0.5	0.5	0.5	0.0	1	1	0	0	0
	1	0	−1	0.5	0.5	0.5	0.0	1	1	0	0	0
	1	1	−1	0.5	0.5	0.5	0.5	1	1	0	0	0

图 10.35　例 10.1 的完整训练表

上述训练需要 4 个 epoch 才能完成。我们在第 3 个 epoch 得到了正确的权重，但还需要额外的 1 个 epoch 来验证这些值是否正确。

图 10.36 描绘了训练过程中 4 个阶段的判别式。图 10.36（d）中的判别式正确地对模式类

$0 = \{(0,0)\}$ 与模式类 $1 = \{(0,1),\ (1,0),\ (1,1)\}$ 进行了分离。C_0 中所有的点都位于这条直线之下，而 C_1 中所有的点都位于这条直线之上。

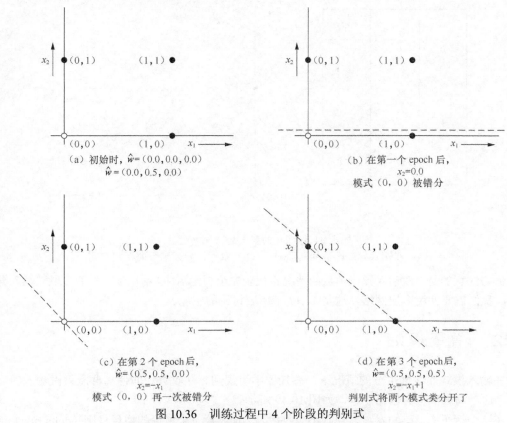

（a）初始时，$\hat{w} = (0.0, 0.0, 0.0)$
$\hat{w} = (0.0, 0.5, 0.0)$

（b）在第一个 epoch 后，
$x_2 = 0.0$
模式（0，0）被错分

（c）在第 2 个 epoch 后，
$\hat{w} = (0.5, 0.5, 0.0)$
$x_2 = -x_1$
模式（0，0）再一次被错分

（d）在第 3 个 epoch 后，
$\hat{w} = (0.5, 0.5, 0.5)$
$x_2 = -x_1 + 1$
判别式将两个模式类分开了

图 10.36　训练过程中 4 个阶段的判别式
（a）初始判别式，即训练开始前　（b）在第一个 epoch 后
（c）在第二个 epoch 后　（d）在第三个 epoch 后

此处选择使用二元值（即 0 和 1）来表示输入输出。由于在感知器学习规则中，权重的更新公式为 $\Delta w_i = \alpha(t-y)\hat{x}_i$，如图 10.35 所示，因此即使在 y 和 t 不同的情况下，也不会调整对应的权重。为避免这种情况发生，通常选择双极性值（bipolar value）来表示神经网络的输入输出。双极性值是 -1 和 1，其中 -1 对应于 0，1 代表自身。如图 10.37 所示，可以用双极性值表示双输入 OR 函数。对图 10.37 与图 10.32 进行比较，我们发现，采用双极性值的训练往往能更快收敛。

之前我们曾提到，当模式类线性可分时，感知器学习规则可成功收敛并生成判别式。使用两个变量的布尔函数有 16 种，除了其中两种之外，其他 14 种都是线性可分的。线性不可分的一种情况是双输入异或（eXclusive-OR，XOR）函数，如图 10.21（a）所示。为方便起见，我们在图 10.38（a）中再现了该函数。

图 10.38（b）描述了双输入异或函数的模式空间。

模式类 0 由 (0,0) 和 (1,1) 组成，而模式类 1 包含了 (0,1) 和 (1,0)。可以确信，我们不可能使用一条直线将 C_0 与 C_1 分开，即双输入异或函数是线性不可分的。因此，在训练双输入异或函数时，感知器学习规则将处于死循环。

x_1	x_2	$x_1 + x_2$
-1	-1	-1
-1	1	1
1	-1	1
1	1	1

图 10.37　双输入 OR 函数的
双极性值表示

感知器学习收敛定理指出，当有一个解存在时，学习规则会停止并得到这个解。当解不存在时，学习规则会一直循环下去。

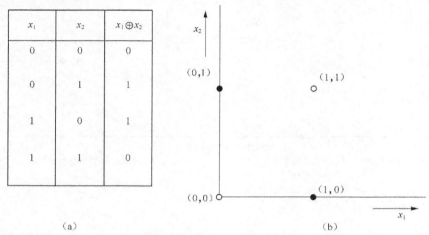

图 10.38　双输入异或函数
（a）双输入异或函数的真值表　　（b）双输入异或函数的模式空间

值得注意的是，双输入异或函数的情况不代表完全否定 ANN 的用途。为了实现双输入异或函数，我们需要使用多层网络，这是 10.13 节所要讨论的主题。

10.12　增量规则

在输入模式非线性可分的情况下，感知器学习规则无法收敛。即使离群点只占输入的一小部分，这一局限性也会暴露无遗，如图 10.39 所示。

在这个例子中，感知器学习规则不会收敛。然而，接下来讨论的增量规则（delta rule）可以成功地对绝大多数输入进行分类。增量规则和 10.13 节讨论的反向传播都基于**梯度下降**（gradient descent）方法。

梯度下降是一种基于微积分的用于搜索函数最小值的方法。假设变量 y 依赖于单个变量 x 或 $y = f(x)$，则称 x 为**自变量**（independent variable），y 为**因变量**（dependent variable），如图 10.40 所示。假设需要搜索 y 为最小值时的 x^*，即 $\forall x$，$f(x^*) \leqslant f(x)$。

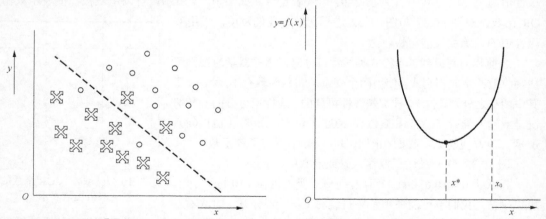

图 10.39　两个模式类（✕和○），虚线正确划分了大多数输入　　图 10.40　找到函数 $y = f(x)$ 的最小值

如图 10.40 和图 10.41 所示，可假设 x_0 为 x 的当前值，即从 $P_0=(x_0, y_0)$ 的位置出发搜索函数的最小值，其中 $y_0 = f(x_0)$。

为了搜索 x^*，可以使 $y = f(x)$ 的值最小，并沿着最小化该函数的方向行进。也就是说，使用某个较小的增量 Δx，行进到 $x_0 + \Delta x$ 或 $x_0 - \Delta x$。这其实是爬山法的一种形式（见第 3 章）。接下来需要解决的是，对于 x 的这些变化，y 如何相应地变化。换句话说，我们需要知道直线 L 的斜率 $m = (\Delta y / \Delta x)$，其中 L 是经过点 P_0 的函数的切线。如果图形绘制得足够精确，则可直接在图形中测量出 Δx 和 Δy。

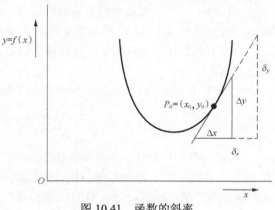

随着 Δx 和 Δy 变得越来越小，$\Delta y / \Delta x$ 越来越接近函数在点 P_0 处的导数，也就是 $\Delta y / \Delta x \approx f'(x_0)$。我们在图 10.41 中可以观察到，$\delta_y$ 和 δ_x 也被绘制出来了。它们的比值表示函数 $f(x)$ 在点 $P_0 = (x_0, y_0)$ 处的变化率，即导数 $f'(x)$，而不是在点 P_0 处切线变化的速率。当 Δx 足够小时，有 $\delta_y = \Delta y$，或者说函数的高度变化值等于切线 y 值的变化量。可使用以下数学公式进行推导：

$$\delta_y = \Delta y \qquad \text{//} \Delta x \text{ 足够小}$$

$$\delta_y = \left(\frac{\Delta y}{\Delta x} \right) * \Delta x \qquad \text{//在等式的右侧乘以} (\Delta x / \Delta x)$$

$$\delta_y \approx \Delta y \qquad \text{//} \Delta x \text{ 足够小}$$

$$\therefore \delta_y = \text{切线的斜率} * \Delta x$$

$$\text{且 } \delta_y = \left(\frac{\mathrm{d}y}{\mathrm{d}x} \right) * \Delta x \qquad \text{//其中} \frac{\mathrm{d}y}{\mathrm{d}x} \text{ 是 } y \text{ 相对于 } x \text{ 的瞬时变化率，也就是 } f(x) \text{ 的导数} \qquad (4)$$

如果函数 f 是可微的，则可以计算 $f(x)$ 的导数 $f'(x)$，设

$$\Delta x = -\alpha * \left(\frac{\mathrm{d}y}{\mathrm{d}x} \right) \qquad (5)$$

其中 α 为足够小的正常数。因此，当把式（5）代入式（4）时，可得到

$$\delta_y \approx -\alpha \left(\frac{\mathrm{d}y}{\mathrm{d}x} \right)^2 \qquad (6)$$

由于 $\left(\frac{\mathrm{d}y}{\mathrm{d}x} \right)^2$ 为正，而式（6）的右侧 $-\alpha \left(\frac{\mathrm{d}y}{\mathrm{d}x} \right)^2$ 为负，因此 $\delta_y < 0$，于是沿着曲线向下行进。如果一直重复这个过程，最终应该得到函数的最小值 $f(x^*)$。以上这个迭代的过程就是梯度下降。

如果 y 是具有 n 个变量 $x_1, x_2, \cdots, x_n$ 的函数，或者可以表示为 $y = f(x_1, x_2, \cdots, x_n)$，那么上面的论证过程可以进一步推广，由此得出函数 f 相对于每个变量的变化率。偏导数 $\partial f / \partial x_i$ 是函数 f 相对于变量 x_i 的瞬时变化率，此时"变量" $x_1, x_2, \cdots, x_{i-1}, x_{i+1}, \cdots, x_n$ 被视为常数。在 n 维情况下，式（5）可推广为

$$\Delta x_i = -\alpha \left(\frac{\delta_y}{\delta_{x_i}} \right) \quad (i = 1, \cdots, n)$$

函数 f 的梯度（表示为 ∇f，是指向函数 f 增长最快方向的向量。因此，严格来说，求搜索函数的最小值就是沿着与函数 f 的梯度相反的方向行进。

现在应用梯度下降法来找到单个 TLU 的误差函数的最小值。经过上述讨论，我们最终得到了监督学习的第二条规则——增量规则。比起感知器学习规则，增量规则具有更好的鲁棒性，这是因为它可以解决少数几个输入违反线性可分原则的问题。为便于讨论，这里重绘了一个简单的 TLU，如图 10.42 所示。

将模式 x^p 输入这个抽象神经元，t^p 是与 x^p 相关联的目标输出。每当 TLU 的实际输出 y^p 不等于目标输出 t^p 时，就必须调整系统的权重。y^p 和 t^p 之间的任何差异都高度依赖于增广权重向量 $\hat{w}$。任何表示这个 TLU 的误差函数 E 都必须将 $\hat{w}$ 作为参数，也就是说，$E(\hat{w}) = E(w_1, w_2, \cdots, w_{n+1})$。接下来的任务是找到这个误差函数的适当表达式，并使用梯度下降法得到这个误差函数的最小值。

假设将 N 个模式输入 TLU，用 E 表示平均误差。

$$E = \frac{1}{N}\left(\sum_{p=1}^{N} e^p\right), \quad 其中 \; e^p = t^p - y^p$$

$t^p - y^p$ 是我们在模式 p 下得到的系统误差。但是，当 $t^p = 1$、$y^p = 0$ 时，计算出来的系统误差会大于 $t^p = 0$、$y^p = 1$ 时的系统误差。有人试图用 $e^p = (t^p - y^p)^2$ 来替代，但是梯度下降要求所涉及的函数是平滑可微的。这个 TLU 的激活函数在点 $x = \theta$ 处是不连续的，随着 x 增加到 θ，输出突然产生跳跃，y 从 0 跃升到 1 [见图 10.46（a）]。因此，我们使用的误差函数为

$$e^p = \frac{1}{2}(t^p - \hat{x}^p \cdot \hat{w})^2$$

其中使用的是双极性值 $\{-1,1\}$，而不是二元值 $\{0,1\}$。在所有的 N 个模式中，平均误差或**均方误差**（Mean Square Error，MSE）为

$$E = \frac{1}{N}\sum_{p=1}^{N}\frac{1}{2}(t^p - \hat{x}^p \cdot \hat{w})^2$$

这个误差 E 依赖于所有的模式，每个偏导数 $\partial E/\partial w_i$ 也依赖于所有的模式。因此，在权重有任何变化**之前**，必然用到所有的 N 个模式，这就是所谓的批量训练（batch training）。但是这样做的话，计算量很大。现实中的做法是，将模式 p 输入神经网络，然后将 $\dfrac{\partial e^p}{\partial w_i}$ 作为 $\partial E/\partial w_i$ 的估计值，并基于这个估计值对权重进行调整。当然，这种最小化过程会带来噪声，有时候做出的权重变化实际上会增大误差 E。当把模式 p 输入 TLU 时，产生的误差为

$$e^p = \frac{1}{2}(t^p - \hat{x}^p \cdot \hat{w})^2$$

其中，点乘 $\hat{x}^p \cdot \hat{w}$ 等于

$$x_1^p w_1 + x_2^p w_2 + \cdots + x_{n+1}^p w_{n+1}$$

因此

$$\frac{\partial e^p}{\partial w_i} = -(t^p - \hat{x}^p \cdot \hat{w})x_i^p$$

其中，x_i^p 是输入模式 p 的第 i 个分量。通过链式法则可以得到上述结果。请记住，在这个表达式中，w 是变量，x 项是常量。根据下式对权重进行调整：

$$\Delta w_i = \alpha(t^p - \hat{x}^p \cdot \hat{w})x_i^p \tag{\#}$$

其中，α 是学习率。基于此最小化过程的学习规则就是 Widrow-Hoff 规则[3]，Widrow-Hoff

规则通常又称为增量规则（或 δ 规则）。增量规则的伪代码如图 10.42（b）所示。

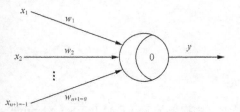

```
Repeat
        For each training vector pair (x, t)
                Calculate the excitation x̂·ŵ when x̂ is
                        presented as input to the TLU
                Make weight adjustments according to #
        End for
Until the rate of error change is sufficiently small
End
```

（a）一个简单的 TLU   （b）增量规则的伪代码

图 10.42   一个简单的 TLU 和增量规则的伪代码

当学习率 α 足够小时，增量规则收敛。也就是说，权重向量 $\hat{w}$ 接近那个使 $E(\hat{w}^*)$ 最小的位置 $\hat{w}^*$。当模式类非线性可分时，依然存在一些误差。也就是说，一些模式可能被错误分类（在图 10.28 中，判别式之上的 "x" 值会被错误地分到 "0" 类，判别式之下的 "x" 值会被错误地分到 "1" 类。对于这些输入模式，感知器学习规则永远不会收敛），由于 $\hat{x}·\hat{w}$ 不会完全等于 t，t 为 0 或 1，因此增量规则将始终进行权重参数的更新（除非程序强制退出循环）。

例 10.2   增量规则的应用

使用增量规则训练 TLU 以学习双输入 OR 函数，其中初始权重为 $(0,0.2)$，阈值 θ 为 0.25，学习率 α 为 0.10。

图 10.43 给出了第一个 epoch 中的必要计算结果。

w_1	w_2	$w_3=\theta$	x_1	x_2	x_3	$\hat{x}·\hat{w}$	t	$\alpha*(t-\hat{x}·\hat{w})$	δw_1	δw_2	δw_3
0.0	0.2	0.25	0	0	−1	−0.25	−1	−0.075(1)	0.0	0.0	0.075
0.0	0.2	0.33	0	1	−1	−0.13	1	0.113(2)	0.0(3)	−0.113(4)	0.113(5)
0.0	0.09	0.44	1	0	−1	−0.44	1	0.144	0.144	0.0	−0.144
0.14	0.09	0.30	1	1	−1	−0.07(6)	1	0.107	0.107	0.107	−0.107

图 10.43   使用 "增量规则" 的训练示例，记住这里使用的是双极性输入输出

在第一个 epoch 之后，$w_1 = 0.25$，$w_2 = 0.20$，$w_3 = \theta = 0.19$。下面给出了一些结果的详细计算过程。

（1）在第 1 行中：$\alpha(t-\hat{x}·\hat{w}) = 0.1×(-1-(-0.25)) = 0.1×(-0.75) = -0.075$。

注意，在进行计算后，结果四舍五入到小数点后的两位数。

（2）在第 2 行中：$\alpha(t-\hat{x}·\hat{w}) = 0.1×(1-(-0.13)) = 0.1×(1.13) = 0.113$。

（3）$\delta_{w_i} = \alpha(t-\hat{x}·\hat{w})x_1$

在第 2 行中，$x_1 = 0$。

$\therefore \delta_{w_1} = 0$

（4）$\delta_{w_2} = \alpha(t-\hat{x}·\hat{w})x_2 = 0.1×(1-(-0.44)) = 0.1×(1.44) = 0.144$ // $x_2 = 1$

（5）$\delta_{w_3} = \alpha(t - \hat{x} \cdot \hat{w})x_3 = 0.1 \times (1 - (-0.44)) \times (-1)$ 　　　　　　// x_3 一直为 -1

　　　　$= 0.1 \times (1.44) \times (-1) = -0.144$

（6）在第 4 行中：

$\hat{x} \cdot \hat{w} = (1, 1, -1) \cdot (0.14, 0.09, 0.30)$

　　　　$= (1 \times 0.14) + (1 \times 0.09) + (-1 \times 0.30)$

　　　　$= 0.14 + 0.09 + (-0.30) = -0.07$

Widroff 和 Hoff 在 1960 年首次提出了这种训练方法。他们训练了 ADALINES（adaptive linear elements 的缩写），除了将双极性值 $\{-1, 1\}$ 用于输入输出之外，其他地方与 TLU 非常相似。

10.13　反向传播

前面描述了神经网络的 3 种范式。麦卡洛克-皮茨神经元被认为能够实现任意的布尔函数，缺点在于实现的函数是"硬连接的"，无法在不彻底改变网络拓扑结构的情况下进行修改。感知器学习规则和增量规则都克服了这个缺点，因此这些模型表现为**自适应系统**（adaptive system），能够对环境做出响应。这两种方法的局限性在于所实现的函数必须是线性可分的。对于复杂的模式空间，这可能是一个十分苛刻的要求。增量规则相对更灵活一些，但依然不能实现任意函数。本节描述的学习规则是反向传播。反向传播足够鲁棒，适用于多层网络。你将会发现，反向传播克服了上面提到的缺点。

图 10.44 给出了一个多层神经网络。

这个多层神经网络由 3 层 6 个神经元组成。同一层神经元所处的位置与输入信号 x_1、x_2 和 x_3 的距离相同。在图 10.44 中，**输入层**（input layer）有 3 个神经元，**隐藏层**（hidden layer）有两个神经元，**输出层**（output layer）只有一个神经元。输入神经元直接与输入信号相连接，输出神经元直接发出输出信号。由于中间

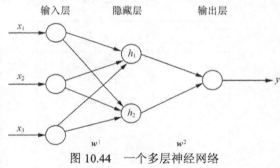

图 10.44　一个多层神经网络

层的输入输出都不能直接访问，因此它们被称为**隐藏单元**（hidden unit）。关于如何对图 10.44 中的神经网络进行分类，文献中存在着一些分歧。你可以认为这是一个三层的神经网络，但在多层神经网络中，输入层的神经元仅仅作为输入点。而神经网络的学习过程其实是权重更新的过程。在图 10.44 中，可以确认只存在两层权重：一是将输入神经元连接到隐藏神经元的权重，记为 w^1；二是从隐藏单元的输出到输出单元的输入之间的权重，记为 w^2。因此，这个神经网络通常被归为二层网络。本书采用后一种分类方式。

在图 10.44 所示的多层神经网络中，层 i 中的每个神经元（从左到右计数）仅与层 j（$j = i + 1$）中的神经元相连接，无层内连接。这种网络拓扑结构通常被称为**前馈网络**（feed forward network）。根据每层中神经元的数量，图 10.44 所示的多层神经网络被称为 3-2-1 **前馈网络**。当层内连接也存在时，一般称为**分层网络**（layered network）。

我们已经对不同文献所使用符号的不一致性做了说明。一些文献颠倒了这里提出的前馈网络和分层网络的定义。当参考其他文献时，请务必了解作者是如何定义这些术语的。

这里说明一下，在全连接的 *n-r-m* 前馈网络中，w^1、w^2 分别是 $n \times r$ 和 $r \times m$ 的权重矩阵。

训练多层神经网络相对复杂一些。参见图 10.45，模式 $x = (x_1, x_2, \cdots, x_n)$ 被输入网络。每个输入 x_i（其中 $i = 1, \cdots, n$）都连接到了每个隐藏单元 h_j，其中 $j = 1, \cdots, r$。此外，每个隐藏单元都连接到了 m 个输出神经元中的任何一个（为简明起见，我们在本例中取 $m = 1$）。网络响应输入 x，产生输出 y，然后对 y 与目标 t 进行比较，计算出误差 e_i。误差 e_i 表示实

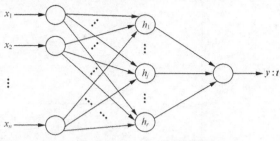

图 10.45　*n-r-m* 前馈网络

际输出与期望输出之间的差异。将模式 x 输入网络，然后计算误差 e_i。重复上述过程 N 次，其中 N 是训练集的大小。这一过程会生成网络的平均误差 $E = \dfrac{1}{N} \sum_{i=1}^{N} e_i$。根据这一信息，网络必须对 l 个权重中的每一个权重进行分配，其中 $l = (n \times r) + (r \times m)$，$l$ 是权重矩阵 w^1 和 w^2 中元素数目的总和。在分配每个权重之前，需要计算出所有 $l = 1, \cdots, (n \times r) + (r \times m)$ 的偏导数 $\dfrac{\partial E}{\partial w_l}$。这些偏导数给出了网络误差针对每个权重的瞬时变化率。在 10.11 节的例子中，对于大小为 4 的训练集，感知器学习规则需要 3 个 epoch。在反向传播中，训练集通常包含数百甚至数千种模式，于是需要数千个 epoch 来训练。即使在给出反向传播算法的确切细节之前，显然这个过程也需要大量的计算才能完成。虽然反向传播算法早在多个场合下就被“发现”[12,13,14,16]，但是直到 20 世纪 80 年代，计算机才快到处理反向传播所需要的速度。

反向传播要求激活函数是连续可微的（就像增量规则要求的一样）。由于图 10.46（a）所示的阈值函数是不连续的，因此这是不可接受的。图 10.46（b）所示的 Sigmoid 函数经常用于反向传播网络。Sigmoid 函数 S_c 是 $R \to (0,1)$ 的一个映射，它被定义为 $S_c = \dfrac{1}{1 + e^{-cx}}$，其中的参数 c 被称为函数的坡度。如果 c 值相对较大，那么该函数类似于阶跃函数。Sigmoid 单元的输入为 $\hat{x} \cdot \hat{w}$，也就是说，当输入为 $x = (x_1, x_2, \cdots, x_n)$ 时，该激活函数的输出为 $\dfrac{1}{1 + \exp \sum_{i=1}^{n} w_i x_i - \theta}$。根据倒数定则（reciprocal rule），Sigmoid 函数相对于 x 的导数为 $\dfrac{\mathrm{d}}{\mathrm{d}x} S(x) = \dfrac{e^{-x}}{(1 + e^{-x})^2} = S(x)[1 - S(x)]$。后面在推导反向传播学习规则时，将会用到这个公式。

如图 10.46（c）所示，**斜坡函数**（ramp function）被定义为

$$r(x) \begin{cases} cx, & a \leqslant x \leqslant b \\ 1, & x \geqslant b \\ -1, & x \leqslant a \end{cases}$$

当需要按比例缩放输入值时，该激活函数非常有用。当 $x = a$ 或 $x = b$ 时，使用该激活函数时必须小心，因为 $r(x)$ 在这些点上是不可微的。

反向传播网络（BackPropagation Network，BPN）学习问题的特点如下。

● 网络中的每个神经元 j 计算了其输入 $g(x)$ 的某个函数值 $f_j(g(x))$，其中 $g(x)$ 通常是单元输入与其权重的点积，即 $g(x) = x \cdot w$。f_j 是一个连续可微的激活函数，它决定了神经

元的输出。网络权重的初始值为一个小的随机数。

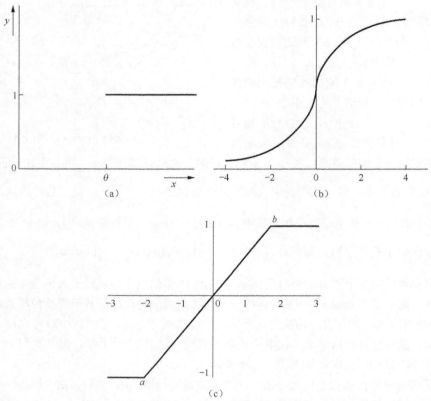

图 10.46　几个常用的激活函数
（a）阶跃或阈值函数　　（b）Sigmoid 函数　　（c）斜坡函数

- 网络实现了复合函数 F，复合函数 F 又称为**网络函数**（network function）。
- **学习问题**（learning problem）的关键在于找到一组权重 $w_1, w_2, \cdots, w_l$，使得复合函数 F 尽可能接近某个期望的函数 F_d。但是，函数 F_d 并没有明确地给出，而是提供了一个训练集 $\{(x_1, t_1), (x_2, t_2), \cdots, (x_N, t_N)\}$。在这个训练集中，每个输入模式 x_i 都是一个 n 维向量，每个目标输出 t_i 都是一个 m 维向量。
- 将 x_i 输入网络。反向传播网络产生了输出 y_i，然后对 y_i 与目标输出 t_i 进行比较。
- **学习规则**（learning rule）的目的是使训练集中的每个模式 i 都有 $y_i = t_i$。这是通过最小化网络误差函数 $E = \dfrac{1}{2}\sum_{i=1}^{n}(y_i - t_i)^2$ 来精确或近似实现的。可通过梯度下降得到 E 的最小值（见 10.12 节）。E 的梯度计算方法如下：$\nabla E = (\partial E/\partial w_1, \partial E/\partial w_2, \cdots, \partial E/\partial w_l)$。然后，根据 $\Delta w_i = \alpha (\partial E/\partial w_i)$（$i = 1, \cdots, l$）更新权重，其中学习率 α 满足 $0 < \alpha \leqslant 1$。当误差被**最小化**时，$\nabla E = 0$。但我们很少会这么幸运，现实中常常存在一些错误。

为了推导反向传播算法，下面使用图 10.47 中的两层网络来进行说明。

可以确认，这个二层网络在输入点和隐藏单元之间有 $(n+1)\times r$ 个权重，而在隐藏层和输出单元之间有 $(r+1)\times m$ 个权重。因此，输入层与隐藏层之间是 $(n+1)\times r$ 的权重矩阵，而隐藏层与输出层之间是 $(r+1)\times m$ 的权重矩阵。和往常一样，$x = (x_1, x_2, \cdots, x_n)$ 表示网络的 n 维输入，增广输入则

表示为 $\hat{x} = (x_1, x_2, \cdots, x_n, -1)$。我们将第 j 个隐藏单元的激励值表示为 $g(h_j)$，$g(h_j) = \sum_{i=1}^{n+1} \hat{x}_i \hat{w}_{ij}^{(1)}$。为清晰起见，我们将隐藏单元 j 的输出或 $f(g(h_j))$ 标记为 $x_j^{(1)}$。以 Sigmoid 函数作为所有单元的激活函数，可以得到：

$$x_j^{(1)} = s\left(\sum_{i=1}^{n+1} \hat{x}_i \hat{w}_{ij}^{(1)} \right)$$

隐藏层中所有单元的激励函数为 $\hat{x} \cdot \hat{w}_1$。

向量用 $x^{(1)}$ 来表示，它的分量是隐藏单元的输出。可根据下式对 $x^{(1)}$ 进行计算：

$$x^{(1)} = s(\hat{x}\hat{w}_1)$$

使用 $\hat{x}^{(1)} = (x^{(1)}, \cdots, x_r^{(1)}, -1)$ 可以计算输出层中单元的激励值。最后，网络的输出是一个 m 维向量：

$$x^{(2)} = s(\hat{x}^{(1)}\hat{w}_2)$$

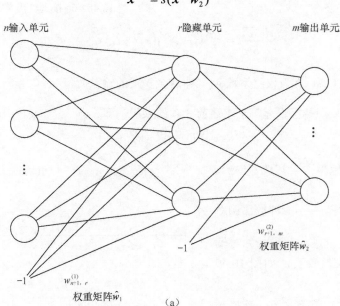

（a）

n输入单元
位置是n+1常数 输入-1
m输出单元

$w_{ij}^{(1)}$　标记输入单元 i 和隐藏单元 j 之间的权重。

$w_{ij}^{(2)}$　标记隐藏单元 i 和输出单元 j 之间的权重。

$w_{n+1, j}^{(1)}$ 常数输入-1和隐藏单元 j（等于 θ, $j=1, \cdots, r$）之间的权重。

$w_{r+1, j}^{(2)}$ 常数输入-1和输出单元 j（等于 θ, $j=1, \cdots, m$）之间的权重。

（b）

图 10.47　一个两层网络及其符号

（a）一个两层网络　（b）这个两层网络使用的符号

反向传播算法可以看作具有 4 个步骤的过程，具体如下。

步骤 1：前馈计算。

步骤 2：反向传播到输出层。

步骤 3：反向传播到隐藏层。

步骤 4：更新权重。

算法停止的标准类似于"增量规则"：要么是 epoch 数超出了限制，要么是网络误差 E 变得足够小。我们将在 10.15 节继续讨论这个问题。

在前馈步骤中，将模式 x 输入网络。接下来，计算向量 $x^{(1)}$ 和 $x^{(2)}$。在步骤 2 中，计算偏导数 $\dfrac{\partial E}{\partial w_{ij}^{(2)}}$。图 10.48 说明了从隐藏单元 i 到输出单元 j 的路径。

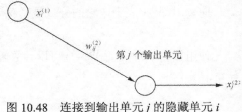

图 10.48　连接到输出单元 j 的隐藏单元 i

输出单元 j 的输出为 $x_j^{(2)}$，目标输出的第 j 个分量为 t_j。因此，输出单元 j 的网络误差为 $\dfrac{1}{2}(x_j^{(2)} - t_j)^2$，偏导数为

$$\frac{\partial E}{\partial w_{ij}} = x_j^{(2)}\left(1 - x_j^{(2)}\right)\left(x_j^{(2)} - t_j\right)x_i^{(1)}$$

$\dfrac{\mathrm{d}}{\mathrm{d}x}s(x) = s(x)(1-s(x))$ 为权重系数 w_{ij}（即这个权重的输入）。

输出单元 j 的反向传播误差等于上述前 3 项的乘积，即

$$\delta_j^{(2)} = x_j^{(2)}\left(1 - x_j^{(2)}\right)\left(x_j^{(2)} - t_j\right)$$

因此，可简单地将 $\dfrac{\partial E}{\partial w_{ij}}$ 写成 $\delta_j^{(2)}x_i^{(1)}$。

在步骤 3 中计算 $\dfrac{\partial E}{\partial w_{ij}^{(1)}}$，即按比例对网络左侧的每个权重进行分配，并对输出单元处产生的误差负责，如图 10.49 所示。

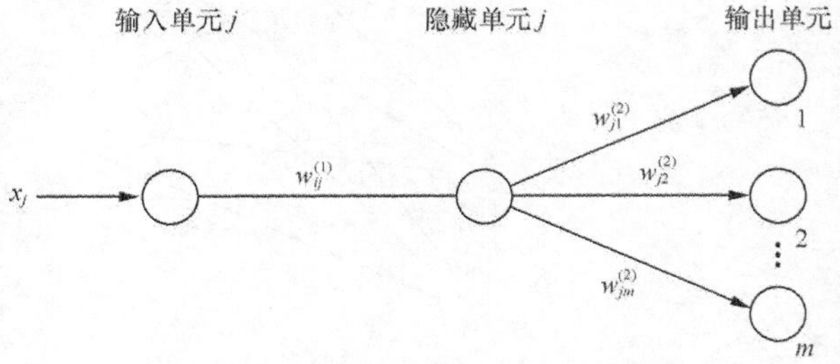

每个隐藏单元 j 都有一条边连接到输出层中的每个单元 q，其中边的权重为 $w_{jq}^{(2)}$，$q = 1, \cdots, m$。在隐藏单元 j 中，反向传播误差由 $\delta^{(1)}{}_j$ 表示，其中

$$\delta_j^{(1)} = x_j^{(1)}\left(1 - x_j^{(1)}\right)\sum_{q=1}^{m}w_{jq}^{(2)}\delta_q^{(2)}$$

图 10.49　误差是由隐藏单元 j 的入边权重造成的

表示误差 E 随着权重 $w_{ij}^{(1)}$ 的变化而变化的速率，也就是偏导数

$$\frac{\partial E}{\partial w_{ij}^{(1)}} = \delta_j^{(1)}x_i$$

如图 10.49 所示，x_i 是沿权重 w_{ij} 的边的输入。

在步骤 4 中进行权重调整。首先根据下面的式子对网络右侧的权重进行调整，也就是对隐藏层连接到输出单元的权重进行调整。

$$\Delta w_{ij}^{(2)} = -\alpha x_i^{(1)}\delta^{(2)} \qquad i = 1, \cdots, r+1 \text{ 且 } j = 1, \cdots, m$$

然后根据下面的式子对网络左侧的权重进行调整，也就是对输入神经元连接到隐藏单元的

权重进行调整。

$$\Delta w_{ij}^{(1)} = -\alpha x_i \delta_j^{(1)} \qquad i=1,\cdots,n+1 \text{且} j=1,\cdots,r$$

其中 α 是网络的学习率，并且 $x_{n+1} = x_{r+1}^{(1)} = -1$。

只有在为所有单元计算完反向传播误差之后，才应对权重进行校正。我们计算了反向传播网络中单个输入模式可能引起的误差。一般来说，训练集由 N 个模式组成，需要进行下列一系列的校正：

$$\Delta_1 w_{ij}^{(1)}, \Delta_2 w_{ij}^{(1)}, \cdots, \Delta_N w_{ij}^{(1)}$$

当进行批量（或离线）更新时，只有在所有 N 个模式都得到遍历的情况下，才应用反向传播规则对每个权重进行校正，即 $\Delta w_{ij}^{(1)} = \Delta_1 w_{ij}^{(1)} + \Delta_2 w_{ij}^{(1)} + \cdots + \Delta_N w_{ij}^{(1)}$。而在训练集中，模式往往可以达到几千个。因此，我们往往也会在输入每个模式后就进行权重调整（这种方式被称为在线训练）。这种方式不太适用于梯度下降，但是这种方式引入的噪声通常有助于训练，它可以使得训练不容易陷入函数的局部最优值。

考虑图 10.50 所示的反向传播网络。

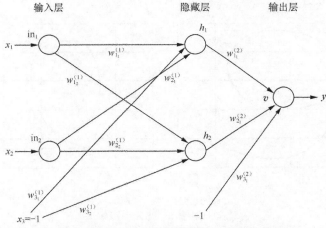

图 10.50　使用反向传播网络实现双输入异或函数

这个反向传播网络包括了实现双输入异或（XOR）函数的所有组成成分。可使用随机数生成器将所有权重初始化为介于-0.5 和+0.5 之间的随机数。然后，为了检验对反向传播的理解，读者可以尝试手动（可在计算器的帮助下）对这个反向传播网络训练一个 epoch。为便于计算，不妨令学习率 α 为 0.1。

10.14　实现中的问题

本章花了大量的篇幅讨论神经网络，包括构成生物体智能系统的生物单元，以及作为学习网络基本组件的人工单元。但要设计有效的人工神经网络模型，不仅要具备线性代数、微积分和学习规则的基础知识，还应该了解如何恰当地表示数据，更重要的是了解如何获取数据。最后，我们必须知道如何训练一个网络。增量规则和反向传播采用了这样一个停止条件，即要求网络误差 E 变得足够小。但是，模型要想成功，需要的条件就必须比这个停止条件更加具体。另外，如何解释网络中的单个神经元甚至整层的输出？在人工神经网络中，输出本身没有固有的含义，需要用户给系统提供外部的语义。

例如，看看下面的两个二进制模式的差异有多大：

$x = 0111010010111101100001110$

$y = 0111001010010100110101110$

读者可以参考 David M. Skapura 撰写的一本优秀教材，这本教材深入探讨了数据表示和训练方法的问题。

汉明距离（Hamming distance）是代数编码理论中常用的度量标准，代数编码理论是计算机数据中误差检测和误差校正背后的理论。

下面应该采用什么度量标准来衡量距离呢？一个常用于测量二进制模式间差异的标准是汉明距离。汉明距离被定义为两组信号中不同位的个数。例如，110 和 000 之间的汉明距离 $H(110, 000) = 2$，因为这两个模式的第一位和第二位不同。

在上面的两个二进制模式的例子中，$H(x, y) = 7$。如何解释这个结果呢？假设将 x 和 y 均视为二维模式，如图 10.51 所示。

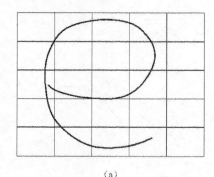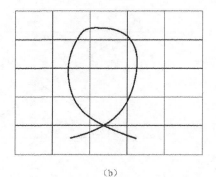

（a）　　　　　　　　　　　　　　　　（b）

图 10.51　字母 "e"

（a）印刷体　　（b）手写体

在图 10.51 所示的 5×5 网格中，我们以印刷体和手写体两种方式书写字母 "e"。对网格中的方块以行为主顺序进行编号。如果字母在某种程度上占据了对应的方块，则这个向量的第 i 个分量为 1，否则为 0。

模式的表示是一个关键问题。假设我们设计了一个应用来模拟铁在自身温度从 2780°F（约 1527℃）变化到 2820°F（约 1549℃）时的行为[铁的熔点是 2800°F（约 1556℃）]，那么对这些数字应该直接按比例缩放吗？回想一下，人工神经网络的输入和输出的变化范围为(0,1)或(-1,1)。更有意义的做法是对温度差（2820–2780=40°F）进行建模，而不是对温度本身进行建模，这样 2780°F 可以表示为 0，2790°F 可以表示为 0.25，2800°F 可以表示为 0.50，以此类推。此外，Sigmoid 函数不易缩放（见 10.13 节），因此建议使用斜坡函数作为激活函数。

另一个关注点是参数之间可能存在相互关系。例如，如果你正在设计用于天气预测的人工神经网络，则应该预期降水类型（例如雨、雪、雨夹雪和冰雹）与温度之间存在相关性，还必须注意数据之间的相互关系——实际上，可能存在重复的数据。

关于这一点，Skapura 在 *Building Neural Networks* 一书中举了一个很好的例子。

二进制模式是最简单的表示方法，你可以使用 1 来表示某特征（比如"拥有支票账户"）的存在，而使用 0 来表示此特征不存在。但是，有时还存在第三种可能性，即存在可有可无的条件。第 4 章讨论了简单的对抗游戏，如 Nim 取物游戏和井字棋游戏。如何使用人工神经网络来表示井字棋游戏的棋盘？方块可以被×或 O 占据，也可以是空的。你可以用 100 表示×，用 010 表示 O，用 001 表示空方块。这些表示之间是相互正交的（即两两向量之间的点积为 0），这有助于网络模型对它们进行区分。将 9 个独立的子模式连接在一起，就可以形成一个长度为 27 的向量，以表示整个井字棋游戏的状态。图 10.52（a）给出了一个按行进行编号的约定，用来表示游戏中的每个方块。图 10.52（b）给出了游戏中的某个状态及其向量表示。

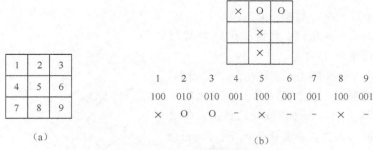

图 10.52　井字棋游戏

（a）按行进行编号的井字棋游戏网格中的方块　　（b）使用具有 27 个分量的二进制向量表示游戏的状态

数据表示中还存在许多其他问题。例如，如何表示正在移动的图像？任何打算成为人工神经网络技术重度用户的人，建议多参考关于该主题的优秀教材。[16-20]

例 10.3　反向传播网络的应用

设计一个反向传播网络，帮助研究生导师完成计算机科学专业研究生的录取决策。

首先讨论适合这个反向传播网络的输入输出。你建议使用哪种数据表示方式？使用哪种激活函数？利用你自己的现实世界知识，帮助反向传播网络平衡如下冲突：学生希望被录取的愿望与学院有限的资源之间的冲突，从而使得只有成功的学生才能被录取。请说明必需的训练数据的来源，并设计反向传播网络的初步架构。

这个反向传播网络（后文简称网络）的输入如下。

- 学生姓名和地址——这是文本，不需要加权。
- 本科专业——差不多有几十种可能的本科专业。可根据下列建议对这些专业进行分组。
  - ➢ 科学/数学/工程　　　　输入 1
  - ➢ 文科/人文/社会科学　　输入 0

    理由：具有理工科背景的本科生更有可能在计算机科学项目中取得成功。
  - ➢ 本科学分平均成绩（GPA）——大部分学校的评分标准是 A、B、C、D、F；在这些字母上，许多学校还采用了+和−。本例采用数字 0~4 的评分标准，其中 4 代表 A，3 代表 B，其余以此类推。
- 计算机科学课程的 GPA 成绩——缩放调整的数字，范围也是 0~4。
- 财务支付能力。
  - ➢ 如果没有，则输入 0。
  - ➢ 如果有，则输入 1。

除非奖学金资金有限，否则这不是录取标准。

- 英语水平——计算机科学学院的许多研究生来自国外，托福考试成绩能衡量其英语水平。输入是缩放调整的数字。
- 推荐信：
  - ➢ 如果优秀，则输入 1。
  - ➢ 如果处于平均水平，则输入 0.5。
  - ➢ 如果不好，则输入 0。
- 本科所在学校的教学质量。
  - ➢ 如果优秀，则输入 1。
  - ➢ 如果一般，则输入 0.5。
  - ➢ 如果不是很好，则输入 0.0（按比例调整为 0~1）。

这个网络的输出如下：0 表示拒绝，1 表示录取。

基于结论的强弱程度，可以在这些值之间对输出进行缩放调整。必须进行缩放的数值应使用斜坡函数作为激活函数，在其他情况下，Sigmoid 函数就足够了。

这个网络有 8 个输入。一条很好的启发式经验法则是，隐藏单元的数目应该等于输入单元数目的大约 20%。因此，模型的初始架构是一个 8-2-1 前馈反向传播网络，如图 10.53 所示。

训练数据可以从学校招生办公室获得。因为这些都是过去几年的数据，所以你还可以获得这些学生是否最终被成功录用的信息。

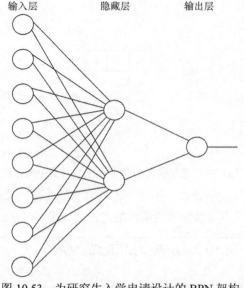

图 10.53　为研究生入学申请设计的 BPN 架构

10.14.1　模式分析

考虑例 10.3，假设招生办公室只有以前申请研究生项目的美国学生的记录，但是现在绝大多数申请人来自欧洲和亚洲。因此，你不能指望人工神经网络产生有用的结果。

假设你正在为天气预报设计一个人工神经网络，训练集中有以下两种模式。

（1）当前天气状况：多云和寒冷。

明天的天气：有雨。

（2）当前天气状况：多云和寒冷。

明天的天气：晴朗。

没有任何学习规则可以调和上述这种互相矛盾的结果。你需要消除模式中的不一致性，否则人工神经网络不可能收敛。要么去除这些模式，要么找到解释不同结果的其他因素（比如接近暖锋或冷锋）。

假设你正在设计用于光学字符识别（Optical Character Recognition，OCR）的反向传播网络的应用。OCR 设备有很多应用。邮局经常使用这类设备自动分拣邮件，那些不能用机器分类的邮件，则必须仍由邮政人员处理。在设计训练集时，你应该遵循 50:50 规则。一半的输入模式应该是有效的,例如,字母"A"的输入可以是 a、ₐ、A;而另一半的输入模式则应该是无效的,也就是说,输入是不属于(26 个字母)有效模式类中的任何一个,比如 Δ、<或 ξ。

10.14.2 训练方法

人工神经网络应该训练多长时间呢?对于感知器学习规则,答案很简单:如果网络权重在整个 epoch 中都保持不变,则应该停止训练。但对于反向传播网络而言,答案则略显微妙,如图 10.54 所示。在图 10.54(a)中,所有模式都得到了正确分类;而在图 10.54(b)中,程序错误地对一些模式进行了分类。你可能会误以为图 10.54(a)中的网络模型在分类方面效果更好,但实际上,此时它只是记住了训练集,它的归纳能力表现较差。图 10.54(b)中的反向传播网络虽然犯了几个错误,但它在**验证集**(validation set)上的表现相对较好。其中,验证集是网络以前没有看过的输入模式的集合。顾名思义,验证集用于衡量网络抓住任务"本质"的程度(即网络识别一些特征的程度,这些特征对识别模式至关重要)。

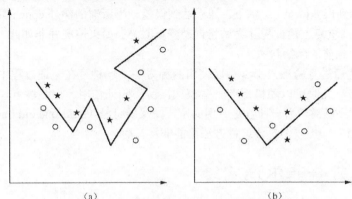

图 10.54 模式空间中网络训练的两个例子
(a)过度训练(过拟合) (b)泛化

如果选择了正确的样本集,并且训练数据中没有任何矛盾,则可以预期反向传播网络的误差会随着 epoch 的增加而减小,如图 10.55 所示。

但事情并不会如此一帆风顺,与此相反,一旦训练误差最小化,就有可能过度训练了网络,网络将无法在验证数据上表现良好。训练反向传播网络的目标应该是尽量减小验证误差(见图 10.56)。在训练过程中,经过若干 epoch 之后,验证误差(用虚线表示)开始上升(图 10.56 中用五角星表示的点),而训练误差则继续下降。

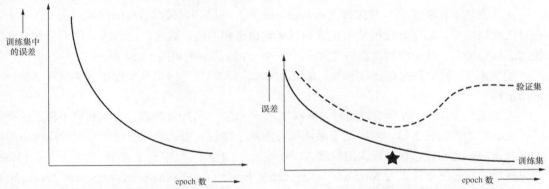

图 10.55 在反向传播网络中,训练集中的误差持续减小　　图 10.56 反向传播网络中的训练误差与验证误差

记住，研发人工神经网络的目的是在现实世界中使用它，而不是在训练集上使用它。因此，对于人工神经网络，交叉验证与训练是一个好主意（注意：在验证过程中禁止改变网络权重），一旦验证误差上升，就可以停止训练。

如果开始训练网络，但是误差没有下降，应该怎么办？这很可能是因为数据中存在不一致性。此时，手动检查几千个（或更多的）训练模式是不可行的。相反，你可以使用样本集进行二分搜索。将训练集分成两半，并在每一半数据上独立地训练两个网络副本。包含矛盾数据的那一半将无法收敛。继续这种划分过程，直到虚假的模式被充分隔离，以便手动检查变得可行。但是，有时网络无法收敛也可能是由于网络本身有问题，这可能需要在设计上添加或删除隐藏单元。在训练过程中，Hinton 图是一个非常有用的图形工具，它允许你视觉检查互连权重（参见 Skapura 的著作[16]）。

关于何时停止网络训练，你可能希望得到更多的指导。交替训练和验证可能相当耗时。另一种方法是训练反向传播网络，直到误差降至 0.2 以下。记下 epoch 数并保存所有网络权重的值，然后继续训练，直到误差降至 0.1 以下。如果达到误差一半所需的额外 epoch 数小于或等于原始 epoch 数的 30%，则重复上述过程并尝试将误差降至 0.05。如果情况并非如此，则说明发生了过拟合，应该返回到先前的网络状态。

如果在训练之后进行验证，那么可以使用两种方法。一种是在验证过程中，将不在训练集中的模式输入网络，此时可以随机保留一些模式，留作验证使用。但是注意，网络对于训练集模式的输入顺序并不敏感。另一种就是所谓的留一交叉验证法（hold-one out training），这时需要训练网络 N 次，当训练集较大时，这种方法可能非常耗时。

10.15 离散霍普菲尔德网络

本节讨论的**离散霍普菲尔德网络**（Discrete Hopfield Network）是由诺贝尔物理学奖获得者约翰·霍普菲尔德提出来的，所以能量函数与此模型相关联并不奇怪。霍普菲尔德网络总是能找到能量函数的局部最小值。它是一种关联网络，该网络在组合优化和 NP 完全问题上能够找到近似解，这也证明了其实用性。

离散霍普菲尔德网络也是一种关联网络。在关联网络中，彼此相似或相反的模式相互关联。在某些情况下，模式的一部分或其模糊（失真）的版本可以让系统想起这个模式。人类记忆的工作原理通常与关联网络类似。比如，你在收音机上听到一首歌，此时你可能回忆起过去某个特别的夜晚。

关联网络有两种类型：**自关联**（autoassociative）网络和**异关联**（heteroassociative）网络。在自关联网络中，用于训练的输入模式和目标输出是相同的。通常，这些网络用于检索失真的输入或部分输入。处于活动状态的自关联网络的一个应用示例如图 10.57 所示。

顾名思义，异关联网络会对不同模式类的模式进行关联。图 10.58 描绘了异关联网络的一个应用示例。

人们通常使用 **Hebb 学习规则**对关联网络进行训练[21]。Hebb 假设，比起那些不相关的神经元，在处理相同的任务时，同时处于激活状态的两个神经元应该更积极地参与到神经网络的活动中（即它们之间应该通过更大的权重进行连接）。对于输入神经元 x_i 和输出神经元 y_j，Hebb 学习规则的权重更新公式为 $\Delta w_{ij} = \alpha x_i y_j$。Laurene V. Fausett 的 *Fundamentals of Neural Networks* 一书提供了一些关于关联网络学习的优秀例子[22]。

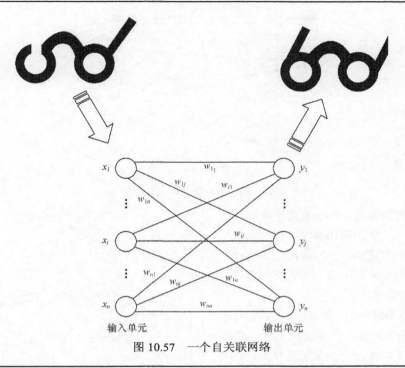

图 10.57　一个自关联网络

上过"开关理论（switching theory）"课程的读者可以看到，这与能够记住一些输出的时序电路类似。

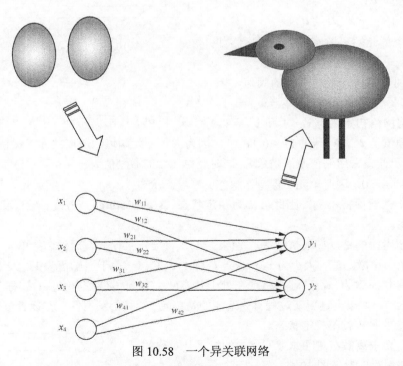

图 10.58　一个异关联网络

离散霍普菲尔德网络是一个带反馈的自关联网络，换句话说，它是一个循环的自关联网络（见图 10.59），时刻 t 的网络输出构成了时刻 $t+1$ 的网络输入。

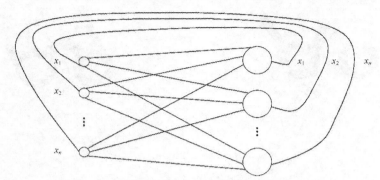

图 10.59　带反馈的自关联网络

　　但是，离散霍普菲尔德网络中不存在自环（self-loop），参见图 10.60。

　　离散霍普菲尔德网络的架构具有以下特性。

　　（1）网络中的每个单元都连接到除了自身以外的其他单元。

　　（2）网络是对称的，即 $\forall i, j$，有 $w_{ij} = w_{ji}$。

　　（3）每个单元的状态可以假定为 1 或−1。

　　（4）一次只选择一个单元进行更新，且这种选择是随机的。

　　（5）可以将网络引导到稳定状态的必要但非充分条件如下：

$$(x^{t+1} = x^t \ \forall t \geqslant t_*)$$

　　具有两个单元的离散霍普菲尔德网络如图 10.61 所示。

　　单元内的数字表示对应单元的阈值，因此 $\theta_1 = \theta_2 = 0$。另外可以观察到，$w_{12} = w_{21} = -1$。进一步假设将网络初始化为 $x_1 = 1$ 和 $x_2 = -1$。

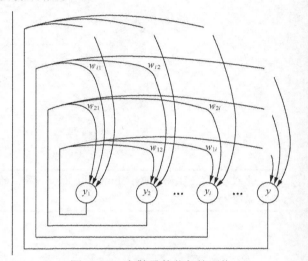

图 10.60　离散霍普菲尔德网络

图 10.61　具有两个单元的离散霍普菲尔德网络

单元 1 的激励值是 $x_2 * w_{21} = (-1) \times (-1) = 1$。因为大于单元阈值，所以单元 1 保持在状态 $x_1 = 1$（注意，这里已假设采用阈值激活函数）。同时，单元 2 的激励值为 $x_1 * w_{12} = (1) \times (-1) = -1$。这个激励值小于 $\theta_2 = 0$，因此单元 2 保持在状态 $x_2 = -1$。状态(1, −1)（为方便起见，这里使用这种方式来表示）依然保持不变，因此被称为**稳定状态**（stable state）。请读者验证状态(−1, 1)为另一种稳定状态。

　　接下来要考虑的是，如果初始状态是(−1, −1)，将会发生什么？假设选择单元 1 进行更新。单元 1 收到了一个激励值，大小为 $x_2 \times w_{21} = (-1) \times (-1) = 1$。由于激励值为 1，大于 $\theta_1 = 0$，因此单元 1 将自身状态改为 $x_1 = 1$。网络现在处于状态(1, −1)，因此状态(−1, −1)被称为**不稳定状态**（unstable state）。如果上述更新过程首先选择的是单元 2，又会发生什么？读者可以验证，状态(1, 1)是该网络的另一种不稳定状态。

　　如果不再要求离散霍普菲尔德网络中的权重是对称的，会发生什么情况呢？参考图 10.62。

　　令阈值 θ_1 和 θ_2 仍然为 0。验证状态(1, −1)将变为(1, 1)，

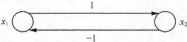

图 10.62　具有不对称权重的网络（$w_{12} \neq w_{21}$）

然后变成(–1, 1) → (–1, –1) → (1, –1)，如此循环往复。我们可以得出结论：如果要存在稳定状态，权重对称是必要条件。

霍普菲尔德定义了这些网络的能量函数（也称为 Lyaponov 函数）。如果用 $n×n$ 的权重矩阵表示具有 n 个单元以及行向量维数为 n 的霍普菲尔德网络，并用 $\boldsymbol{\theta}$ 表示单元的阈值，那么状态 $\boldsymbol{x}$ 的能量 $E(\boldsymbol{x})$ 为

$$E(\boldsymbol{x}) = -\frac{1}{2}\boldsymbol{xwx}^{\mathrm{T}} + \boldsymbol{\theta x}^{\mathrm{T}}$$

能量 $E(\boldsymbol{x})$ 也可以计算如下：

$$E(\boldsymbol{x}) = -\frac{1}{2}\sum_{j=1}^{n}\sum_{i=1}^{n}w_{ij}x_ix_j + \sum_{i=1}^{n}\theta_ix_i$$

在这个双重求和中，$w_{ij}x_ix_j$ 和 $w_{ji}x_jx_i$ 都出现了，所以这里使用了系数 1/2。霍普菲尔德网络通常用于解决组合问题。因为霍普菲尔德网络总是找到能量函数的局部最小值，所以获得的解有时只是近似解。

考虑图 10.63 所示的有两种稳定状态的霍普菲尔德网络。计算以下 4 种状态中每一种状态的能量。

不稳定：$E(1,1)=E(\boldsymbol{x})=-\frac{1}{2}\left(w_{12}x_1x_2 + w_{21}x_2x_1 + \theta_1x_1 + \theta_2x_2\right)$

$$=-\frac{1}{2}[(-1)×1×1 + (-1)×1×1 + 0×1 + 0×1]=-\frac{1}{2}[(-1)+(-1)]=1$$

稳定：$E(1,-1)=\frac{1}{2}[(-1)×1×(-1) + (-1)×(-1)×1+0+0]=-1$

稳定：$E(-1,1)=-\frac{1}{2}[(-1)×(-1)×1 + (-1)×1×(-1)+0+0]=-1$

不稳定：$E(-1,-1)=-\frac{1}{2}[(-1)×(-1)×(-1) + (-1)×(-1)×(-1)]=1$

图 10.63 展示了任意选择单元 1 或单元 2 进行更新时网络的状态转换，可以观察到稳定状态的能量最小。

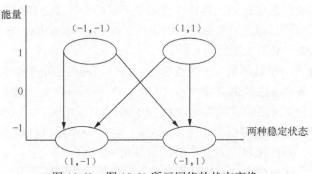

图 10.63　图 10.61 所示网络的状态变换

例 10.4　使用霍普菲尔德网络解决多重触发器问题

多重触发器是具有 n 个分量的二进制向量，其中一个分量为 1，其余分量为 0。例如，如果 $n=4$，则这个问题的一个解是(1,0,0,0)。考虑图 10.64 所示的霍普菲尔德网络。

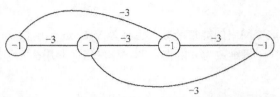

图 10.64　当 $n = 4$ 时，使用霍普菲尔德网络解决多重触发器问题

如果将某个单元设置为 1，则这个单元将通过权重等于–3 的边抑制其他单元。假设网络启动时，所有单元被设置为 0（本例只允许二进制值）。随机选择更新任何单元，将其状态翻转为 1，因为激励值为 0，而 0 大于 $\theta_1 = -1$。假设单元 1 被更新为 1，这将抑制任何其他单元的状态变为 1。这个例子看起来平淡无味，但在本章末尾的练习中，你将看到如何使用相似的网络来解决你在前几章中遇到的棘手问题，如 n 皇后问题和旅行商问题。

10.16　应用领域

在过去的 30 年里，神经网络被广泛应用于解决以下领域的问题：

- 控制；
- 搜索；
- 优化；
- 函数近似；
- 模式关联；
- 聚类；
- 分类；
- 预测。

在控制领域的应用中，给一台设备输入数据，可产生期望的输出。最近，神经网络在控制领域应用的例子是雷克萨斯、丰田汽车豪华系列。这种车的尾部配备了后备摄像机、声呐设备和神经网络，可以自动将车并排停放[23]。实际上，这是所谓的反向问题（inverse problem）的一个例子。汽车必须行驶的路线已知，需要计算的是所需的力以及方向盘的位移。反向控制的一个早期例子是卡车倒车[24]。与之对应的是正向识别（forward identification），比如机器人手臂控制问题（所需的力已知，必须识别行为）[25]。

在任何智能系统中，搜索都是一个关键部分。将神经网络应用于搜索的基本问题是状态空间的表示。对已经有效训练过的网络输入图 10.52（b）所示的向量，这个向量表示的是井字棋游戏中的状态，我们希望网络的响应为 $y = 001\ 001\ 001\ 001\ 001\ 001\ 001\ 001\ 010$，也就是在右下角的方块中放置 "0"，这样就可以阻止 "X" 玩家。神经网络还可以被应用于井字棋游戏、21点[26]、西洋双陆棋[27]、西洋跳棋[28]以及许多其他游戏中。

优化的目的是最小化或最大化一些目标函数。经典的优化问题是旅行商问题（见第 2、3、12 章）。离散霍普菲尔德网络可得到旅行商问题的实用近似解[21]。Bharitkar 等人描述了如何使用霍普菲尔德网络来优化计算机控制存储器中的字宽[30]。

在函数近似问题中，可试图将输入的数字（定义域中的元素）映射为适当的输出（值域中的元素）。在这个框架下，许多问题可以重写。例如，可以将井字棋游戏中的状态视为一些函数的定义域，最佳动作则属于函数的值域。

前面已经讲过，关联网络擅长处理模式关联问题。一些模式也许是模糊的照片（摄影师可能在拍摄过程中有移动），将照片输入关联网络，系统可以输出照片的清晰版本。关联网络在 OCR 应用中也取得了成功（见 10.14.1 节）。

通过使用聚类，可尝试将模式映射到不同的类簇中，这样同一类簇中的每个模式在某些特征值方面就有了共性，而不同类簇中的模式在特征值方面则没有共性。例如，根据颜色或花瓣长度，花可以被映射到不同类簇中。通常，聚类中决定成员所属类簇的特征并不是先验已知的，网络模型具有发掘这些特征的能力。

在模式分类中，可根据特定模式类的成员身份对输入模式进行分组。在讨论布尔函数和监督学习算法时，我们已经见到了分类的例子。例如，对于双输入 OR 函数，$x = (0, 1)$ 属于模式类 0 还是模式类 1？在模式分类这个研究领域，一项极具创意的工作是 Terry Sejnowski 和 Charles Rosenberg 发明的 NETtalk[31]。可将 NETtalk 看作一台会说话的打字机。NETtalk 将书面文字转换为音素序列，然后把这些音素输入语音合成器，生成声音。不过在英语中，文字和声音之间的关系往往比较复杂，有时是矛盾的。比如，为什么在"tough"中有一个"f"的发音，但在"dough"中没有这个发音？为什么"e"在"head"和"heat"中的发音不一样？在英语中，正确发音的关键在于元音的发音，通常这些元音的发音又依赖于周围的辅音。

向 NETtalk 输入一个字母以及与这个字母相邻的 3 个前续字母和 3 个后续字母。首先将这些字母表示成长度为 29 的二进制向量：

- 独热编码（N 个分量中的一个为 1，其余为 0）；
- 26 个大写英文字母，即 A～Z；
- 3 个影响发音的标点符号。

训练数据由 5 000 个英语单词及每个单词正确的语音序列组成。每个输入模式的长度为 203（每个字符 29 位×相邻的 7 个字符）。NETtalk 的训练集包括 30 000 个例子 [5 000 单词×每个单词的平均长度（6 个字符）]。NETtalk 应用程序的反向传播网络架构如图 10.65 所示。

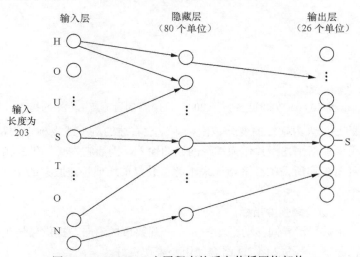

图 10.65　NETtalk 应用程序的反向传播网络架构

由这个网络产生的分类结果将被转换为音素，然后这些音素被作为语音合成器的输入。在训练过程中，NETtalk 产生的声音与幼儿首次学习发音时发出的声音类似。

- 在训练之前，网络会产生随机的声音。
- 在经过 100 个 epoch 后，适当的分段开始出现。
- 在经过 500 个 epoch 后，元音和辅音的声音可以被区分出来。
- 在经过 1000 个 epoch 后，单词可以相互区分，但仍不符合语音学规则。
- 在经过 1500 个 epoch 后，似乎已经学会了语音学规则。发音是正确的，但声音有些机械化。

当训练完成后，从验证集中取出 200 个单词输入 NETtalk。通过评估可以发现，NETtalk 阅读英文文本的准确率约为 95%。

在预测方面，人们希望可以估测未来某一时刻的现象。预测可以看作一类函数近似，其中函数的定义域是时间，值域是所研究现象的未来表现。神经网络从预测太阳黑子活动[32,33]到标准普尔 500 指数，都获得了成功[34]。

神经网络的后一种经济预测的应用让大多数人兴奋不已。如果能准确预测明天的股票价格，又有哪个人不兴奋呢？股价是混沌的吗？换句话说，这是一个复杂的现象，因此它难以预测吗？神经网络在这方面也取得了一定的成功。

道琼斯工业平均指数（Dow Jones Industrial Average）是一个单一的指标，提供的是美国最广泛持有的 30 家上市公司股票价格的加权平均数。它可以反映美国股市的状况，但是这个平均值会连续变化，因此需要进行修正才能用作神经网络的输入。人们一般采用离散时间采样技术（discrete time sampling），在规定的时间间隔内对连续变化的信号进行采样。一个模式由拼接在一起的 n 个采样样本组成。图 10.66 显示了 6 个月时间内的道琼斯工业平均指数。

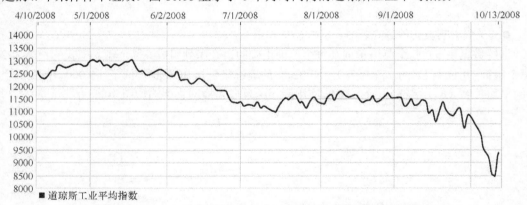

图 10.66　2008 年 4 月至 2008 年 10 月的道琼斯工业平均指数

每一栏表示的是一天内指标的变化范围，第一栏右边的刻度线上标记的是当天的收盘价。我们不能仅仅使用道琼斯平均指数作为神经网络的输入，因为它本身提供的预测价值非常有限。

金融分析师经常使用所谓的经济指标来了解总股票市场或特定股票的走势（上涨或下跌）。常用的指标有 3 个。

- ADX——市场趋势强度指标。
- MACD（指数平滑异同移动平均线）——观察市场走向，提供最佳买卖信号。
- 慢速随机分析——与 MACD 结合使用，表现良好。

ADX 旨在对当前市场的最高和最低价格与上一次的最高和最低价格进行比较。图 10.67 有助于你理解该度量指标的定义。

在图 10.67 中，垂直线表示一天内股票（或股票指数）的最高和最低价格，刻度线表示当日的收盘价。这里一共有 4 种情况。

（1）当前最高价高于先前最高价时，动向（Directional Movement，DM）为正（+ DM）。

（2）先前最高价高于当前最高价时，动向为负（–DM）。

（3）当前的交易价格不在先前时间的交易价格范围内时，DM = Max(|1+DM|，|1–DM|)。

（4）当前的交易价格在先前时间的交易价格范围内时，DM = 0。

方向线（Directional Indicator，DI）[27]提供了缩放 DM 的一种方法。DI 是在一段时间的交易价格范围内有方向部分的百分比。

$$DI = \frac{DM}{TR}$$

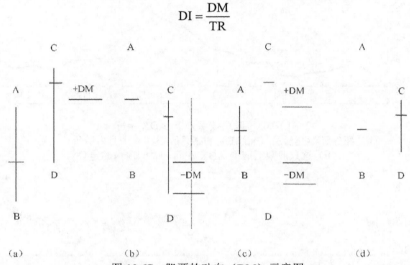

图 10.67　股票的动向（DM）示意图

（a）正 DM　　（b）负 DM　　（c）当前的交易价格超出上一次的交易价格范围　　（d）DM = 0

其中，TR 是显示的实际交易价格范围。TR 是以下三者中的最大值。

● 当前最高价和最低价之间的最大差额。

● 当前最高价与上次收盘价之间的最大差额。

● 当前最低价与上次收盘价之间的最大差额。

DI 可以为正，也可以为负。Wilder[33]定义了两个指标，每种情况对应一个指标。

● +DI 反映了具有正 DI 的时间间隔。

● –DI 使用 DI 的绝对值，其中 DI 为负。

最后，ADX 是一定时间间隔内 DI 值的平滑移动平均值，这个时间间隔由 n 个时间段组成。通常，金融分析师认为将 DI 转换为动向指标（DMI）比较实用，它使用范围 0～100 来表示趋势的强弱，ADX 就是 n 周期内 DMI 的移动平均线。如图 10.68 所示，利用 ADX 可以做出及时的买入和卖出决策。

不难观察到，在股票增长趋势放缓时，ADX 达到峰值。

随机指标（stochastic oscillator）是一个用于预测市场是否反转的信号[25,27,28]。华尔街的行家们都知道，股票市场的顶点或高点通常出现在围绕股票价格高值的每日收盘价中，而市场底部则出现在围绕股票价格低值的每日收盘价中。股价在顶部（或底部）往往会发生趋势反转。如果可以检测股票何时接近极限，那么预测反转就成为可能。为了计算这样一个指标，可对一段时间内股票的收盘价与最高价和最低价进行比较。莱恩指标[36]就是在 5～14 天的时间间隔内进行这样的比较。其中 14 天的时间间隔的符号是%K，%D 是%K 指标的 3 天平均值，参见图 10.69。

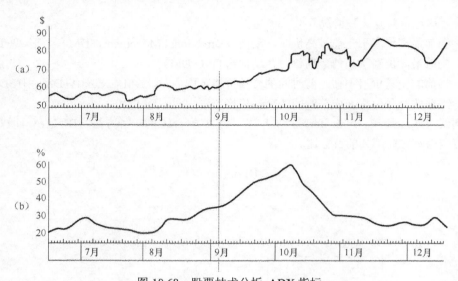

图 10.68　股票技术分析-ADX 指标
（a）纽约证券交易所（NYSE）的某只股票在 6 个月内的价格走势
（b）这只股票对应的 ADX 在同一时间段内的走势

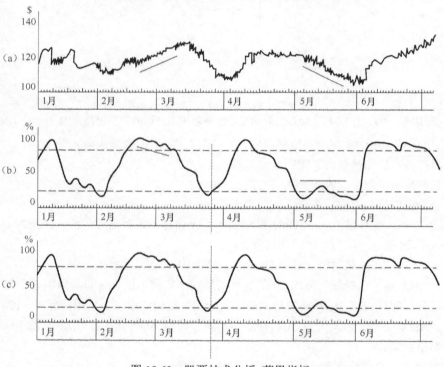

图 10.69　股票技术分析-莱恩指标
（a）由随机直线表示的卖出区间　（b）购买区间显示指标已经低于 20%
（c）由%D 指标进行数据平滑处理

当随机指标超过 80%（卖出好时机）时，股票被视为超买（overbought）；当随机指标低于 20%时（买进好时机），股票被视为超卖（oversold）。

MACD（指数平滑异同移动平均线）指标用于衡量股票在一段时间内的价格趋势（见图 10.70）。

　　仔细观察图 10.70 中 MACD 的数字和股票价格的走势，注意，买入信号往往出现在股价上涨的时期之前，而卖出信号出现在股价下跌的时期之前。

　　Fishman、Bar 和 Loick[27]开发了一个成功的反向传播网络，用于预测未来 5 天的标准普尔（Standard&Poors，S&P）指数。该网络有两层（虽然也有 3 层的版本），n 个输入，其中 n 对应于所使用的经济指标（或技术分析指标）的数目。该网络的输出是单一的单元，可通过缩放来预测从现在起 5 天内标准普尔指数的变化。其中一个网络的架构如图 10.71 所示，该网络具有 6 个输入单元和 1 个输出单元。

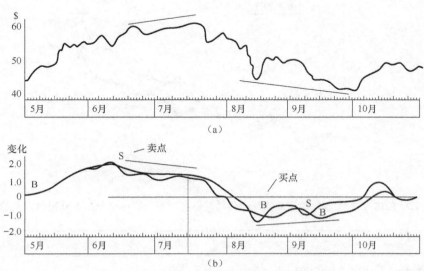

图 10.70　MACD 指标的用途
（a）股票的收盘价　（b）同一时期的 MACD

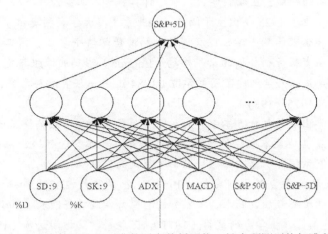

图 10.71　由 LBS 资本管理公司开发的反向传播网络，旨在预测平均标准普尔 500 指数

　　要获得能成功预测标准普尔指数的反向传播网络模型或最近其他模型的具体细节，不是一件容易的事。成功的模型往往不会向公众披露。

　　可从过去的市场数据中获得所需要的训练数据，该网络的预测效果如图 10.72 所示。

图 10.72 对实际的平均标准普尔 500 指数和网络的预测值进行了比较。可以看出，在对未来 9～22 天平均标准普尔 500 指数的预测中，这个网络表现得相当强大。这里需要注意，比起使用不太可靠的预测值，使用新近数据来重新训练网络并进行预测将更加合理。这种延伸到经济预测的例子提醒你：如果想要开发一个在特定领域有效的神经网络，那么你（或你的同事）应该在这个领域以及神经网络方面拥有渊博的知识。

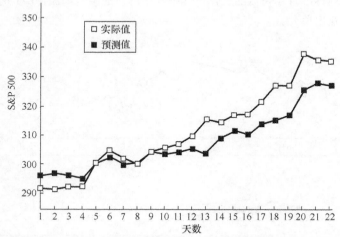

图 10.72　LBS 资本管理公司开发的反向传播网络在预测平均标准普尔 500 指数方面的表现

人物轶事

唐纳德 · 米基（Donald Michie）

　　唐纳德 · 米基（1923—2007）是一位杰出的科学家，他的成就涉及 4 个不同的领域：生物科学、医学、计算机和人工智能。

　　他于 1923 年出生于缅甸，毕业于牛津大学贝利奥尔学院，获得人体解剖学和生理学硕士学位以及哺乳动物遗传学博士学位。第二次世界大战期间，他在布莱奇利公园的恩尼格玛（Enigma）密码破译组与艾伦 · 图灵共事。后来，他在斯特拉斯克莱德大学创建了图灵学院（1984），并出任首席科学家，成为 A.M.图灵信托基金董事会主席（1975—1984）。

　　米基教授的科学出版物包括 5 本书和大约 170 篇学术论文，他编辑了一共 14 卷的"机器智能"系列图书以及其他几本书。他最著名的工作是在人工智能领域，他开创性的工作为计算机国际象棋、专家系统和机器学习领域做出了巨大的贡献。

　　他曾担任伦敦动物学会科学研究员（1953），爱丁堡大学实验编程单元创始人兼院长（1965），爱丁堡大学荣誉教授创始人，机器智能与感知学院首任院长（1967），爱丁堡皇家学会院士（1969），英国计算机学会研究员（1971），苏联科学院访问讲师（1973，1985），爱丁堡大学机器智能研究部院长（1974—1984），英国计算机学会专家系统专家组成员（1980）。他是美国人工智能协会创始人（1990），也是人类计算机学习基金会创始人（1995）。20 世纪 50 年代，米基与 Ann McLaren 博士合作，获得国际胚胎移植协会先锋奖（1988），他还是费根鲍姆世界专家系统大会奖章获得者（1996）、国际人工智能联合研讨会优秀奖获得者（2001）以及美国艺术与科学院外籍荣誉会员（2001）。

作为一位出色的演讲嘉宾，米基教授应邀出席了许多荣誉讲座，包括：牛津大学赫伯特·斯宾塞讲座（1976）、普林斯顿大学塞缪尔·威尔克斯纪念讲座（1978）、皇家机构讲授合作机器人（1982）、皇家学会的技术讲座（1984）、伊利诺伊大学 G. A. Miller 的讲座（1983）、美国陆军行为与社会科学研究所的 S. L. A. Marshall 讲座（1990），以及弗朗西斯理工学院和州立大学的加文讲座（1992）。米基教授具有访问职位的大学如下：斯坦福大学（1962，1978，1991）、雪城大学（1970，1971）、牛津大学（1971，1994，1995）、弗吉尼亚理工学院和州立大学（1974，1992）、伊利诺伊大学（1976，1979—1982）、麦吉尔大学（1977）和新南威尔士大学（1990—1992，1994，1998）。

他在以下大学或机构获得了荣誉博士学位：英国国家学术奖学金委员会（1991）、萨尔福德大学（1992）、斯特林大学（1996）、阿伯丁大学（1999 年）和约克大学（2000）。

他还为多家公司和公共机构提供咨询，包括斯坦福研究所（1973）、斯隆凯特灵研究所和纪念医院（1976）、兰德公司（1982）、位于帕罗奥图和洛杉矶的 IBM 科学中心（1982—1985），以及西屋公司（1988）。

米基教授不但迷人、聪明，而且具有深刻的、世界闻名的远见卓识。在他的朋友和同事中，Daniel Kopec、Alen Shapiro、David Levy、Austin Tate、Andrew Blake、Larry Harris、Ivan Bratko 和 Tim Niblett 等均是他的追随者，他们中的很多人在计算科学和人工智能领域做出了重要的贡献。

10.17 本章小结

本章介绍了机器学习，首先强调了对系统的某种形式的反馈的重要性。监督学习可为学习者提供直接的反馈，使其能立即判断它是否正确。无监督学习则在训练过程中不提供反馈，但学习者最终会知道它的表现是否正确。最后，对于强化学习，能否正确解释收到的反馈是最关键的问题。

本章强调了归纳学习，即找到最能准确反映一组观察结果的假设。在构建解释时，我们应用了奥卡姆剃刀原则：当有几个假设可以解释一个观察到的现象时，通常明智的做法是选择最简单的那个（至少作为起点）。

决策树是对数据进行分类的有用工具。本章解释了熵的概念，它是一个关于集合无序程度的度量指标。Quinlan 的 ID3 算法利用熵构建了较浅的决策树。长期以来，决策树已被广泛应用于医疗和金融领域。读者可以参考许多机器学习教材来了解 AdaBoost，这是一种增强决策树效果的算法。

更进一步地，本章介绍了人工神经网络的基本原理。我们首先阐述了人工神经网络与对应的生物神经网络之间的相似性。事实上，麦卡洛克和皮茨使用他们的人工神经网络模型来研究和理解生物神经网络。但是对麦卡洛克-皮茨网络来说，由于模型权重是预先设定的，不具有自适应能力，因此无法进行学习。

本章引入了 3 种学习规则，以便将人工神经网络改造为自适应系统。感知器学习规则和增量规则适用于单层网络，可学习线性可分的函数。反向传播则是一种更强大的算法，可通过训练多层网络来学习任意函数，许多成功的应用均基于该框架。本章最后介绍了离散霍普菲尔德网络，该网络擅于解决组合优化问题。

由于篇幅所限，本章对机器学习的介绍还有许多遗漏。例如，径向基函数（Radial Basis

Function，RBF）网络被证明是非常敏锐的函数近似器[37]，并且在预测应用中也取得了一些成功[20]。此外，本章的重点是监督学习。在某些应用中，当未给网络提供"正确答案"而网络又必须自行找到正确答案时，**无监督学习**是一种行之有效的方法。自适应共振理论（Adaptive Resonance Theory，ART）模型就是一个例子，这个模型非常适用于聚类应用[38]。通过竞争学习（另一种无监督的学习范式），对输入模式产生强烈反应的单元可以抑制网络中其他单元的响应。这种方法在生物学上是合理的，因为大脑必须节约资源，允许更多的神经元对刺激做出反应相比做出必要的反应更浪费。竞争网络成功地执行了向量量化（Vector Quantization，VQ），这是一种在图像和语音信号压缩中十分有用的技术。Teuvo Kohonen[31]开发的自组织映射（Self Organizing Map，SOM）也得到了广泛应用[20]。

神经网络的主要缺点在于它们是**不透明的**（opaque），也就是说，它们不能对产生的结果进行解释。有个研究领域是将人工神经网络与模糊逻辑（见第 8 章）结合起来生成神经模糊网络，神经模糊网络不但具有人工神经网络的学习能力，还具有模糊逻辑的解释能力。Negnevitsky[32]对这类混合系统做了很好的介绍。事实上，最近的研究领域致力于使人工神经网络变得更加透明（能够解释产生的结果）。Cloete 和 Zurada[33]使用整本书来专门介绍基于知识的神经计算。

人工神经网络研究的目标当然是设计出与人脑具有相同信息处理能力的网络，这个目标在可预见的将来依然是一个梦想。一些研究人员试图对猫的大脑进行建模[31]。Carver Mead 采用一种更加自底向上的方法，成功建立了一个能看能听的网络。库日韦尔（Kurzweil）[34]预测，到 2050 年，神经生物学家将完全理解人类的大脑。他还预测，构建由 100 亿个组件组成的、高度互联的网络是可行的。如果这些预测成真，那么创造人类级别的人工智能是否能最终成为现实呢？我们将在第 11 章中继续讨论深度学习。

讨论题

1．什么是机器学习？为什么它是人工智能的重要子领域？

2．列出几个机器学习范式。

3．描述机器学习系统中 3 种不同形式的反馈。

4．为什么反馈对学习者很重要？

5．描述归纳学习。

6．当进行曲线拟合时，为什么经过训练集中所有样本点的函数未必是最好的假设？

7．关于奥卡姆剃刀原则，试回答以下问题。

（a）什么是奥卡姆剃刀原则？

（b）它是否声称最短的假设总是最好的？

8．举例说明日常生活中用到奥卡姆剃刀原则的地方。

9．通过网络搜索，给出使用决策树的其他几个领域。

10．当计算集合的熵时，为什么对数的底数等于 2？

11．为什么选择具有最大信息增益的属性有利于构建较浅的决策树？

12．对于决策树算法，给出一种用来处理具有连续值属性的可行方法。

13．决策树是懒惰型学习器还是急切型学习器？给出答案并解释原因。

14．人工神经网络通常被描绘成一个黑盒。这种不透明性对人工神经网络的用途有什么限制？

15．在线性系统（linear system）中，输出与输入成比例。换句话说，输入中的小变化相应产生较小的输出变化，输入中的较大变化产生较大的输出变化。描述自然界中线性系统的两个例子。

16．非线性系统不遵循线性系统中输入和输出变化之间的比例关系。考虑阈值 $\theta = 0.50$ 的人工神经元，证明该神经元是一个非线性系统。

17．为什么人类承受压力可能被认为是一种非线性现象？

18．单层神经网络不能实现非线性可分的函数，这是一个严重的缺点吗？请说明理由。

19．学习率是一个介于 0 和 1 之间的常数，也就是说，$0 < \alpha \leq 1$。既然较大的学习率可以带来较快的学习速度，为什么不使用较大的 α 值呢？

20．在人工神经网络中，x 和 w 的点积提供了什么信息？在以下情况下，如何使用该信息？

（a）感知器学习规则。

（b）增量规则。

（c）反向传播。

21．为什么通常将反向传播算法称为广义增量规则？请给出理由。

22．为什么增量规则和反向传播都允许存在一些误差，而感知器学习规则却在没有误差时停止运行？

23．离线训练和批量训练有什么区别？

24．人脑由 100 亿（10^{10}）～1000 亿（10^{11}）的神经元组成。一旦了解人脑[1]的运行机理，就可以全面构建软件和/或硬件来对人脑进行模拟，你预测会发生什么情况？Kurzweil（1999）预测这种情况将在 21 世纪中叶发生。

25．在结构和功能方面，生物和人工神经元（神经网络）之间有什么区别？

26．对比监督学习和无监督学习。

练习题

1．为以下布尔函数设计决策树。

a．$a \vee (b \wedge \sim c)$。

b．多数函数 majority(x, y, z)。

2．计算以下集合的熵。

（a）[6(+), 11(−)]

（b）[1(+), 9(−)]

（c）[2(+), 12(−)]

3．在类别数为 3 或更大值的情况下，n 个不同类别下集合 S 的熵可定义为

$$\text{Entropy}(S) = \sum_{i=1}^{n} -p_i \log_2 p_i$$

其中 p_i 是类别 i 的元素在集合 S 中的比例，$i = 1, \cdots, n$。注意，对数仍然以 2 为底。

计算集合 S 的熵，其中 $p_1 = 6/20$，$p_2 = 9/20$，$p_3 = 5/20$。

4．写出由属性 M 产生的信息增益公式，即引入属性 M 对集合 S 进行划分后导致的熵减。

5．绘制一个麦卡洛克-皮茨网络以实现全加法器（full adder）的和函数 S，其中 $S(ABC_i) = A'B'C_i + A'BC'_i + A'B'C'_i + ABC_i$。

6．为三输入的少数函数（minority function）设计一个麦卡洛克-皮茨网络。其中，当只有一个输入或没有输入等于 1 时，$\text{Min}(x_1, x_2, x_3)$ 等于 1。换句话说，$\text{Min}(x_1, x_2, x_3) = x'_1 x'_2 x'_3 + x'_1 x'_2 x_3 + x'_1 x_2 x'_3 + x_1 x'_2 x'_3$。

7. 图 10.73 所示的麦卡洛克-皮茨网络计算的函数 F 是什么？

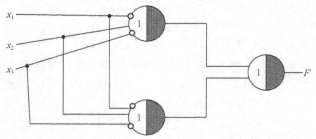

图 10.73 实现函数 F 的麦卡洛克-皮茨网络

8. 众所周知，有这样一种生理现象：如果在人的皮肤上短时间施加冷刺激，人就会感觉到热。然而，如果同样的刺激施加时间更长，人就会感觉到冷。使用离散时间步的麦卡洛克-皮茨网络能够模拟这种生理现象。神经元 x_1 和 x_2 分别表示热和冷的受体，神经元 y_1 和 y_2 是对应的感知器，神经元 z_1 和 z_2 是辅助神经元。如图 10.74 所示，每个神经元的阈值都为 2。如果进行热刺激，系统的输入为(1,0)；如果进行冷刺激，系统的输入为(0,1)。验证该网络是否正确模拟了这种生理现象，换句话说，如果仅用一个时间步进行冷刺激，则会感觉到热；但是，如果用两个时间步进行冷刺激，则确实会感觉到冷。请注意，我们允许该网络具有权重。

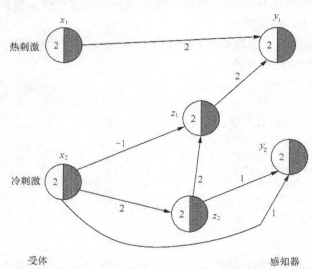

图 10.74 模拟人类对冷热刺激感受的麦卡洛克-皮茨网络

9. 证明双输入 XNOR 函数不能使用单个感知器来实现。使用不等式方程组进行证明。

10. 使用感知器学习规则来训练神经元，学习图 10.75 所示的双输入函数。要求如下。

（a）使用增广输入向量，令初始权值为 $w_1 = 0.1$，$w_2 = 0.4$，并令 $\theta = 0.3$，学习率 $\alpha = 0.5$。

（b）给出判别式方程，并在二维的模式空间中绘制这条线。

11. 使用感知器学习规则来学习三输入的多数函数（majority function），其中第二个输入 x_2 固定为 1。无论何时，只要 x_1、x_2 和 x_3 中的两个或三个等于 1，就有 $\mathrm{Maj}(x_1, x_2, x_3) = 1$。所有的输入都是 0 或 1，初始权值为 $(w_1, w_2, w_3, \theta) = (3/4, -1, 3/4, 1/2)$，其中学习率 $\alpha = 1/2$。

12. 使用感知器学习规则训练 TLU，输入向量 x 和权重向量 w 如图 10.76 所示。对于当前输入模式，目标 $t = 1$，但是单元 y 的实际输出等于 0。w 应该朝着哪个方向围绕 x

旋转？请给出理由。

x_1	x_2	$f(x_1, x_2)$
0	0	0
0	1	0
1	0	1
1	1	1

图 10.75　双输入函数

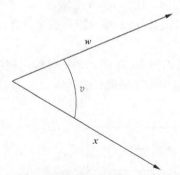

图 10.76　TLU 训练过程中的输入向量和权重向量

13. 假设你有一个 n 输入的单层 TLU，也就是说，无增广的输入向量 x_i 有 n 个分量。在可以确定算法不会停止之前（即模式是非线性可分的），你必须等待多少个 epoch？

14. 以下哪一个点集是线性可分的？

（a）类别 1: {(0.5, 0.5, 0.5), (1.5, 1.5, 1.5)}

　　　类别 2: {(2.5, 2.5, 2.5), (2.5, 2.5, 2.5)}

（b）类别 1: {(1, 1, 0), (2, 3, 1), (3, 2, 1.5)}

　　　类别 2: {(1, 1, 2), (2, 3, 2.5), (3, 2, 3.5)}

（c）类别 1: {(0, 0, 18), (2, 1, 10), (7, 5, 4)}

　　　类别 2: {(0, 1, 16), (2, 5, 9), (6, 8, 1)}

（d）类别 1: {(0, 0, 5), (1, 2, 4), (3, 5, 8)}

　　　类别 2: {(0, 0, −2), (1, 2, 5), (3, 5, −1)}

15.

（a）用增量规则来求解练习 6，训练神经元一个 epoch。

（b）对于该学习规则，算法停止的标准是什么？

16.

（a）设计一个反向传播网络，帮助保险公司计算健康保险费。系统将健康保险的潜在客户分为低风险客户和高风险客户，高风险客户将被收取较高的保险费，甚至可能被拒绝投保。请分析适合该反向传播网络的输入和输出。应该选择什么样的数据表示？使用哪一种激活函数？网络的初始架构应该是怎样的？

（b）说明所需的训练数据来自何处。

（c）鉴于计算机和基因学技术的进步，讨论可能出现的一些伦理和法律问题。

（d）描述训练方法，并讨论可能发生的问题类型，针对每种情况，提出可能的补救措施。训练应该何时停止？

（e）描述验证反向传播网络的几种方法，介绍每种方法的优缺点。

17. n 车问题就是将 n 个车放在 $n \times n$ 的国际象棋棋盘上，使得这些棋子之间不互相攻击。一个车可以攻击同一行或同一列上的任何一枚棋子。图 10.77 给出了 4 车问题的一个解。

请使用离散霍普菲尔德网络来解决该问题。

18. 第 2 章广泛讨论了 n 皇后问题。在 $n=4$ 的情况下，请使用离散霍普菲尔德网络解决该问题。

19．第 2 章和第 3 章也广泛讨论了旅行商问题。请使用离散霍普菲尔德网络解决这个问题的一个小实例，比如 $n = 4$ 个城市。

提示：使用 $n \times n$ 布尔矩阵表示旅行。如果在城市 i 之后访问了城市 j，则应该在第 i 行第 j 列中放入"1"。

20．考虑图 10.78 所示的霍普菲尔德网络。计算每个状态的能量，并画出网络的状态转换图，标识出稳定状态（如果有的话）。

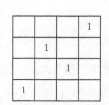

图 10.77　4 车问题的解决方案

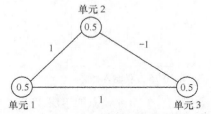

图 10.78　具有 3 个神经元的霍普菲尔德网络

编程题

1．使用 ID3 算法构建 10.7 节中的面食偏好决策树的最终形式。

2．将一些噪声数据添加到上述决策树的构建过程中，并分析产生的影响。

例如：

酱汁颜色 = 红色，含肉 = 真，含海鲜 = 假，但是　喜欢 = 否。

意大利通心粉配博洛尼亚酱（Penne with Bolognese）会获得这些属性值。

通过网络查找其他几个含有"噪声"的例子。

3．使用以下信息测试由编程题 1 和编程题 2 得到的决策树。

意大利炭烤意面（Spaghetti Carbonara），其中酱汁颜色 = 白色，含肉 = 真，含海鲜 = 假。

可得到什么结果？这是你所期望的结果吗？说明理由。

4．表 10.2 包含了两种疾病的症状数据，使用 ID3 算法构建一棵决策树，根据症状来诊断不同的疾病。

表 10.2　　　　　　　　　　　　　　　　感冒和流感

发烧或发冷	是否喉咙痛	咳嗽	头痛或身体痛	是否鼻塞或流鼻涕	疲劳	发烧	诊断
轻微	是	中等	无	是	轻微	无	感冒
中等	否	严重	严重	否	严重	严重	流感
严重	否	无	中等	是	轻微	轻微	流感
否	否	轻微	中等	是	无	轻微	感冒
严重	是	中等	严重	否	严重	严重	流感
否	是	中等	无	是	无	无	感冒
中等	否	中等	严重	否	严重	严重	流感
否	是	轻微	无	否	轻微	轻微	感冒

5．参考表 10.3，设计一棵决策树，区分支气管炎、肺炎和结核病。

表 10.3   病情诊断表

咳嗽	发烧	是否流鼻涕	是否打冷战	是否呼吸急促	是否虚弱或疲劳	诊断
严重	不发烧或低烧	是	否	是	是	支气管炎
无	中烧或高烧	是	是	是	是	肺炎
无	无	是	是	是	是	结核病

6. 如果决策树不能收敛，应该怎么办？

（a）输入更多的数据？

（b）找到能更好地分离假设的那些属性？

7. 生成 20 个三元组的随机数（共 60 个），其中每个数$\in[0,1]$。每个三元组对应单位立方体中的一个点。在生成过程中，使得 10 个三元组位于类别 1，10 个三元组位于类别 2，这两个类别是线性可分的。使用感知器学习规则对这些三元组进行分类，学习率 $\alpha = 0.01$、0.1、0.25、0.50、1.0 或 5.0。试评估该学习算法在每种情况下的效果。

8. 假设有 16 个二元变量布尔函数。请使用感知器学习规则来确定它们中有多少是线性可分的。

9. 使用增量规则完成对例 10.2 中双输入 OR 函数的训练。

10. 编写一个程序来实现反向传播算法，训练图 10.49 所示的两层网络，学习异或（XOR）函数。

11. 编写一个程序，将反向传播算法应用于任何两层的前馈神经网络。

12. 使用编程题 5 中的程序来近似计算澳大利亚野兔的体重（以毫克为单位）和年龄（以天为单位）。保留所提供数据的每第三个数据项，用于验证（见附录 D.2 节）。

13. 使用编程题 5 中的程序预测下周的黄金价格，使用最后 25%的数据进行验证（见附录 D.2 节）。

14. 使用编程题 5 中的程序，将虹膜分为三类——Setosa、Versicolor 和 Virginia（见附录 D.2 节）。

15. 编写一个程序，使用离散霍普菲尔德网络来解决 4 皇后问题。运行程序 10 次，每次运行时选择不同的单元进行更新。分析实验结果（回想一下，霍普菲尔德网络能发现局部能量最小值，因此有时可以获得"近似"解）。

16. 编写一个程序，使用离散霍普菲尔德网络来解决 $n = 10$ 个城市的旅行商问题。运行程序 10 次并分析实验结果。

参考资料

[1] Samuel A. 1959. Some studies in machine learning using the game of checkers. IBM Journal of Research and Development 3: 210-229.

[2] Langley P and Simon H A. 1995. Applications of machine learning and rule induction. Communications of the ACM 38 (11): 54-64.

[3] Mehryer M, Rostamizaden A, and Talwalker A. 2012. Foundations of Machine Learning. Cambridge, MA: MIT Press.

[4] Murphy K P. 2012. Machine Learning: Probabilistic Perspective. Cambridge, MA: MIT Press.

[5] Marsland S. 2009. Machine Learning: An Algorithmic Perspective. United Kingdom: Chapman and

Hall/CRC.

[6] Winston P H. 1992. Artificial Intelligence, 3rd ed. Reading, MA: Addison-Wesley.

[7] Ballard D H. 1999. An Introduction to Natural Computation. Cambridge, MA: MIT Press.

[8] Quinlan J R. 1993. Programs for Machine Learning. San Mateo, CA: Morgan Kaufman.

[9] McCulloch W S and Pitts W H. 1943. A logical calculus of the ideas immanent in nervous activity. Bulletin of Mathematical Biophysics 5: 115-133.

[10] Rosenblatt F. 1958. The perceptron: A probabilistic model for information storage. Psychological Review 65: 386-408.

[11] Widrow B and Hoff M. 1960. Adaptive switching circuits. In 1960 IRE WESCON Convention Record, volume 4, 96-104. New York, NY: Institute of Radio Engineers (now IEEE).

[12] Robenblatt F. 1961. Principles of Neurodynamics: Perceptrons and the Theory of Brain Mechanisms. Washington, DC: Spartan Book.

[13] Werbos P. 1974. Beyond Regression: New Tools for Prediction and Analysis in the Behavioral Sciences. PhD thesis, Harvard University.

[14] Parker D. 1982. Learning logic. Invention Report S81-64, File 1, Stanford University, Office of Technology Licensing.

[15] LeCun Y. 1988. A theoretical framework for backpropagation. In Proceedings of the 1988 Neural Network Model Summer School, edited by Touretzky D, Hinton G, and Sejnowski T Pittsburgh, PA: Carnegie Mellon.

[16] Skapura D M. 1995. Building Neural Networks. New York, NY: ACM Press.

[17] Bose N K and Liang P. 1996. Neural Networks Fundamentals with Graphs, Algorithms, and Applications. New York, NY: McGraw-Hill.

[18] Haykin S. 1999. Neural Networks: A Comprehensive Foundation, 2nd ed. Englewood Cliffs, NJ: Prentice Hall.

[19] Rojas R. 1996. Neural Networks: A Systematic Introduction . New York, NY: Springer-Verlag.

[20] Mehrotra K, Mohan K, and Chilukuri R S. 2000. Elements of Artificial Neural Networks. Cambridge, MA: The MIT Press.

[21] Hebb D O. 1949. The Organization of Behaviour. New York, NY: John Wiley & Sons.

[22] Fausett L. 1994. Fundamentals of Neural Networks: Architecture, Algorithms, and Applications. Upper Saddle River, NJ: Prentice-Hall.

[23] Healey J. December 4, 2006. Parallel parking a pain? Your car can do it for you as auto-park systems arrive. USA Today.

[24] Nguyen D and Widrow B. 1990. Reinforcement learning. In Proceedings of the IJCNN, 3, 21-26.

[25] Guez A, Eilbert J, and Kam M. 1988. Neural network architecture for control. IEEE Control Systems Magazine 40 (9): 22-25.

[26] Sipper M, Mange D, and Uribe A P. 1998. Evolvable systems: From biology to hardware. In Proceedings of the Second International Conference on Evolvable Systems, ICES 98, Lausanne, Switzerland, September 23-25. New York, NY: Springer-Verlag.

[27] Tesauro G. 1995. Temporal difference learning and TD-Gammon. Communications of the ACM 383: 56-68.

[28] Fogel D and Chellapilla K. 2002. Verifying Anaconda's expert rating by competing against Chinook: Experiments in co-evolving a neural checkers player. Neurocomputing 42 (1-4): 69-86.

[29] Hopfield J and Tank D. 1985. 'Neural' computation. Biological Cybernetics 52: 141-152.

[30] Bharitkar S, Kazuhiro T, and Yoshiyasu T. 1999. Microcode optimization with neural networks. IEEE Transactions on Neural Networks 10 (3): 698-703.

[31] Sejnowski T J and Rosenberg R. 1987. Parallel networks that learn to pronounce English text. Complex Systems 1: 145-168.

[32] Li M, Mehrota K G, Mohan C K, and Ranka C. 1990. Sunspot numbers forecasting using neural networks. Proceedings of the IEEE Symposium on Intelligent Control 1: 524-529.

[33] Wilder W J. 1978. New Concepts in Technical Trading Systems. McLeansville, NC: Trend Research.

[34] Weigend A S, Huberman B A, and Rumelhart D E. 1990. Predicting the future: A connectionist approach. International Journal of Neural Systems 1: 193-209.

[35] Fishman M B, Barr D B, and Loick W J. 1991. Using neural nets in market analysis. Technical Analysis of STOCKS & COMMODITIES 9 (April): 18-21.

[36] Lane G C. 1984. Stochastics. Technical Analysis of STOCKS & COMMODITIES 4 (May/June).

[37] Girosi F, Poggio T, and Caprile B. 1990. Extensions of a theory of networks for approximation and learning. Proceedings of Neural Information Processing Systems. 750-756.

[38] Carpenter G A and Grossberg S. 1998. The ART of adaptive pattern recognition by a self-organizing neural network. IEEE Computer 21 (3): 77-88.

[39] Kohonen T. 1988. Self-Organizing and Associative Memory . New York, NY: Springer-Verlag.

[40] Negnevitsky M. 2005. Artificial Intelligence: A Guide to Intelligent Systems, 2nd ed. Reading, MA: Addison-Wesley.

[41] Cloete I and Zurada J M. 1999. Knowledge-Based Neurocomputing. Cambridge, MA: The MIT Press.

[42] Kurzweil R. 1999. The Age of Spiritual Machines. New York, NY: Penguin Putnam. Samuel A. Some studies in machine learning using the game of checkers. IBM Journal of Research and Development 3: 210-229, 1959.

书目

[1] Darwin C. Origin of Species. New York, NY: Bantam, 1959.

[2] Heath M T. Scientific Computing: An Introductory Survey. New York, NY: McGraw-Hill, 1997.

[3] K]olodner J L. Proceedings: Case-Based Reasoning Workshop. San Mateo, CA: Morgan Kaufman, 1988.

[4] Quinlan J R. Induction of decision trees. Machine Learning 1: 81-106, 1986.

第 11 章　机器学习第二部分：深度学习

本章继续讨论机器学习，重点关注深度学习（Deep Learning，DL）。深度学习是一种通过示例（训练数据）教会计算机学习的机器学习技术。深度学习需要强大的算力和标注数据。深度学习模型可通过使用大量标注数据和包含多层网络的人工神经网络架构来进行训练。如今，在工业自动化、自动驾驶、航空航天、国防、电子、医学研究等行业已有许多使用深度学习的应用。图 11.0 形象地展示了 AI 大脑。

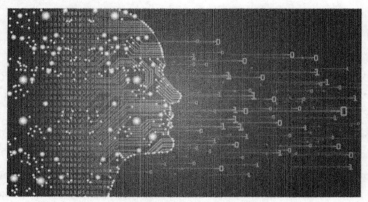

图 11.0　AI 大脑

11.0　引言

深度学习是机器学习的一个子集，其中被训练的模型在输入和输出之间有一个以上的隐层（Hidden Layer）。它通常指的是不止一层节点的神经网络，称为深度神经网络（Deep Neural Network，DNN）。因此，深度学习是一个大型的多层神经网络。当我们在数据中必须捕捉复杂的非线性模式，而这些模式又无法通过简单的浅层学习模型获取时，就需要这种多层的名为深度学习模型（Deep Learning Model）的模型架构。深度学习模型是分阶段或分层学习的，在每一层提取一些模式，这些模式会被输入模型的下一层。

深度学习算法可以看作机器学习算法的进化结果。因此，深度学习也称为深度神经网络，是指一组利用具有多个隐层的神经网络来完成任务的机器学习技术，每一层的目标是学习将输入数据转换成非线性、更抽象的表示。它是一种受到研究人员极大关注的分析工具。

深度学习算法利用神经网络处理大规模数据集以执行指定的任务。它们已被用于通过过程参数（输入）来预测质量属性（输出）。数据是深度学习有效的关键。深度学习技术可以从大量数据中自动学习复杂的高层数据特征。深度学习具有以下优点：

- 能够从有限的训练数据集中生成新的特征；
- 能够使用无监督学习技术生成可操作且可靠的任务结果；
- 能够减少特征工程所需的时间，它是机器学习实践中需要大量时间才能完成的任务之一；

● 经过持续训练，其架构能适应变化并能够处理各种问题。

11.1　深度学习应用简介

许多领域的研究都使用深度学习工具来方便地处理海量数据。深度学习的应用几乎是无限的，不同的应用使用了多种深度学习模型。深度学习已经从一种特殊用途的机器学习技术演变为通用的机器学习工具。它在自动语音识别、图像识别、计算机视觉、目标检测、生物信息学、药物发现和信息检索、工业机器和制造业等各种应用中大显身手。深度学习有以下应用。

（1）智能制造：智能制造是指使用高级数据分析技术来补充物理学，以提高系统性能和决策水平。它是一个完全集成的协作系统，旨在使用传感器、互联网连接的机器和大数据来监控生产过程并提高制造效率。智能制造展示了这样一个系统，它能为产品生命周期的每一步都提供富有洞察力的信息。

具有信息系统支撑的智能制造提高了工业组织的生产效率和产品质量。智能制造通过可承受的成本提供高质量的商品和服务，丰富了广大消费者的生活。深度学习被应用于缺陷预后的预测分析，也就是维修和服务预测。此外，深度学习还为处理和分析制造业大数据提供了高级分析工具。

（2）汽车行业：汽车行业涵盖了各种各样的车辆。深度学习在汽车行业的研发、制造和销售过程中有许多潜在的应用。此外，它在高级驾驶辅助系统、自动驾驶和高级检测控制中也很有用。

（3）预见性维护（predictive maintenance）：在预见性维护中，随着时间的推移，它会收集数据，以监测和发现用于预测故障的模式。虽然预见性维护在许多行业都有应用，但它在制造业中尤为蓬勃发展。随着预见性维护等技术的应用，制造业中的人工智能已经有了长足的进展。在制造业中采用机器学习和深度学习改进了预见性维护。深度学习有助于复杂机器和联网系统的预见性维护。

（4）自动化：为了降低成本、提高质量，以更低的投入推动更高的产量，制造业正在努力实现更高水平的自动化程度。多年来，装配设备自动化领域的机器制造商一直专注于机器的机械结构。

（5）机器人技术：深度学习架构使机器人能够自主学习。企业使用工业机器人来处理复杂和危险的流程。机器人可以通过对象和模式识别（深度学习模型的能力）来训练自己以完成新的任务。深度学习模型已经在金融和时间序列数据管理等领域证明了自身强大的能力。

（6）定向营销：深度学习有助于识别重要信息。深度学习收集关于个人喜好的数据，并判断个人最感兴趣的内容。

（7）语音识别：深度学习已经彻底改变了语音识别。大规模自动语音识别是深度学习的第一个也是最有说服力的案例。所有主要的商业语音识别系统，如谷歌 Now、Skype Translator、微软 Cortana 等，都基于深度学习算法。深度学习改进了智能手机上的语音搜索。

（8）图像识别：深度学习算法已经在图像识别问题上表现出十分优秀的学习能力，比如手写体数字识别。研究人员开发出了模仿人类感知的高级模式识别系统。

（9）医学信息学：深度学习已被应用于健康领域，用于预测睡眠质量和健康并发症。深度学习还被用于检测营养物和药物中环境化学物质的毒性作用。

11.2　深度学习网络中的层

图 11.1 展示了一个深度学习模型架构。深度学习网络共有 5 层或 5 层以上。

（1）一个输入层：为输入网络中的数据预留。

（2）三个或更多的隐层：从输入数据中学习表征或表示。在稠密型隐层中，给定层中的所有节点都可以从前一层的每个节点接收信息。

（3）一个输出层：为网络的输出值（预测值）预留。

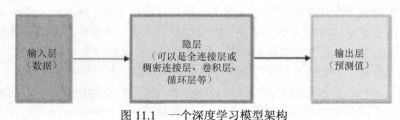

图 11.1　一个深度学习模型架构

11.3　深度学习类型

11.3.1　多层神经网络

多层神经网络包含输入节点、多层隐藏节点和输出节点。网络中的不同层可以使用不同的激活（转换）函数。网络中的不同层在功能上可能不同，例如可以是卷积层、**丢弃层**（dropout Layer）、全连接层/稠密连接层或**池化层**（pooling layer）。多层神经网络利用隐层来解决非线性集合的分类问题。增加的隐层用于增强网络的**分离能力**（separation capacity）。图 11.2 展示了一个典型的深度学习多层网络架构。

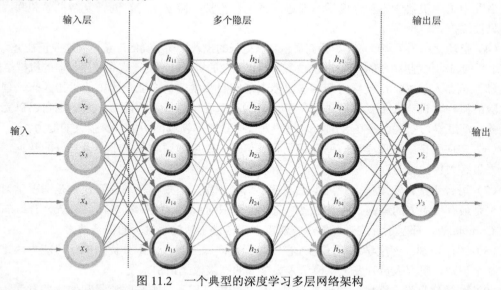

图 11.2　一个典型的深度学习多层网络架构

例 11.1　深度学习多层网络

在图 11.3 所示的三层神经网络中，隐藏节点和输出节点的激活函数都是 Sigmoid 函数。

$$给定\ \boldsymbol{I} = \begin{bmatrix} 0.9 \\ 0.1 \\ 0.8 \end{bmatrix}、\boldsymbol{W}_{\text{input-hidden}} = \begin{bmatrix} 0.9 & 0.3 & 0.4 \\ 0.2 & 0.8 & 0.2 \\ 0.1 & 0.5 & 0.6 \end{bmatrix} 和 \boldsymbol{W}_{\text{hidden-output}} = \begin{bmatrix} 0.3 & 0.7 & 0.5 \\ 0.6 & 0.5 & 0.2 \\ 0.8 & 0.1 & 0.9 \end{bmatrix}$$

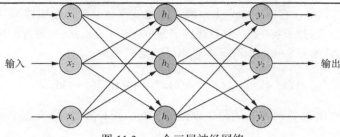

图 11.3 一个三层神经网络

（1）从输入到隐层，$\boldsymbol{X}_{\text{hidden}} = \boldsymbol{W} \cdot \boldsymbol{I}$。

$$\boldsymbol{X}_{\text{hidden}} = \begin{bmatrix} 0.9 & 0.3 & 0.4 \\ 0.2 & 0.8 & 0.2 \\ 0.1 & 0.5 & 0.6 \end{bmatrix} \cdot \begin{bmatrix} 0.9 \\ 0.1 \\ 0.8 \end{bmatrix} = \begin{bmatrix} 1.16 \\ 0.42 \\ 0.62 \end{bmatrix}$$

（2）隐层的输出为 $\boldsymbol{O}_{\text{hidden}} = \text{sigmoid}(\boldsymbol{X}_{\text{hidden}})$。

$$\boldsymbol{O}_{\text{hidden}} = \text{sigmoid} \begin{bmatrix} 1.16 \\ 0.42 \\ 0.62 \end{bmatrix} = \begin{bmatrix} 0.761 \\ 0.603 \\ 0.650 \end{bmatrix}$$

（3）从输入到输出层，$\boldsymbol{X}_{\text{output}} = \boldsymbol{W}_{\text{hidden-output}} \cdot \boldsymbol{O}_{\text{hidden}}$。

$$\boldsymbol{X}_{\text{output}} = \begin{bmatrix} 0.3 & 0.7 & 0.5 \\ 0.6 & 0.5 & 0.2 \\ 0.8 & 0.1 & 0.9 \end{bmatrix} \cdot \begin{bmatrix} 0.761 \\ 0.603 \\ 0.650 \end{bmatrix} = \begin{bmatrix} 0.975 \\ 0.888 \\ 1.254 \end{bmatrix}$$

（4）网络的输出为 $\boldsymbol{O}_{\text{output}} = \text{sigmoid}(\boldsymbol{X}_{\text{output}})$。

$$\boldsymbol{O}_{\text{output}} = \text{sigmoid} \begin{bmatrix} 0.975 \\ 0.888 \\ 1.254 \end{bmatrix} = \begin{bmatrix} 0.726 \\ 0.708 \\ 0.778 \end{bmatrix}$$

11.3.2 卷积神经网络

卷积神经网络（Convolutional Neural Network，CNN）具有用作卷积运算的前馈神经网络的卷积层，可以减小网络中权值参数的数量，从而降低计算的复杂性。它会对特征与输入矩阵进行卷积计算，这样得到的输出就强调了能高效发现模式的那些特征。图 11.4 展示了一个典型的 CNN 架构。

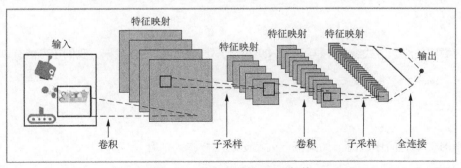

图 11.4 一个典型的 CNN 架构

CNN 有一个卷积层，它通过一个大小固定的滤波器（又称为卷积核），将输入转换为一组卷积特征。卷积特征经过激活函数，然后通过**子采样**（subsampling）进行汇聚，以降低维度。

函数 $f(x)$ 和滤波器 h 之间卷积的基本思想可以定义为

$$f(x*h) = \int_{-\infty}^{\infty} f(x-\tau)h(\tau)\mathrm{d}\tau = \int_{-\infty}^{\infty} f(\tau)h(x-\tau)\mathrm{d}\tau$$

其中 h 是一个沿函数 $f(x)$ 滑动的简单单位槽（unit slot）；任意 x 处的卷积值就是图 11.5 中的重叠阴影区域的面积。

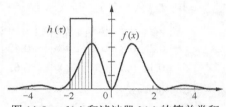

图 11.5 $f(x)$ 和滤波器 $h(\tau)$ 的简单卷积

一幅 2×2 像素的含有 3 种颜色的彩色图像可以使用 rand 函数生成的随机数据来表示（这里使用的是 MATLAB 语言）。

```
>> x = rand(2,2,3)
x(:,:,2) =
      0.5472    0.1493
      0.1386    0.2575

x(:,:,3) =
      0.8407    0.8143
      0.2543    0.2435
```

可使用 reshape 函数将同一数组中的数据点组织成一个新的向量[①]。

```
>> reshape(x,12,1)
ans =
      0.9293
      0.3500
      0.1966
      0.2511
      0.6160
      0.4733
      0.3517
      0.8308
      0.5853
      0.5497
      0.9172
      0.2858
```

上述数字的组织方式就不一样了。CNN 常用于处理图像结构化数据。我们还可能有以下向量：

```
>> s = rand(2,1)
s =
      0.0119
      0.3371
```

在学习一个时间序列时，如果每一列都是时间样本，则有

---

① 这个向量与上面的数组无关。

```
>>rand(2,4)
ans =
       0.1524 0.5383 0.0782 0.1067
       0.8258 0.9961 0.4427 0.9619
```

例 11.2 卷积运算

考虑一幅5×5大小的图像和一个3×3大小的滤波器。要为特征单元提供单个特征值，可在匹配滤波器大小的图像像素值和滤波器本身之间将元素两两相乘，然后将它们相加。

卷积运算的详细步骤如下。

卷积运算第 1 步：

  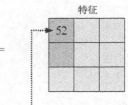

$$(3\times1)+(4\times2)+(9\times3)+[2\times(-4)]+(1\times7)+(4\times4)+(1\times2)+[1\times(-5)]+(2\times1)=52$$

卷积运算第 2 步：

  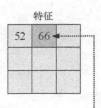

$$(4\times1)+(9\times2)+(1\times3)+[1\times(-4)]+(4\times7)+(4\times4)+(1\times2)+[2\times(-5)]+(9\times1)=66$$

卷积运算第 3 步：

图像
3	4	9	1	4
2	1	4	4	6
1	1	2	9	2
7	3	5	1	3
2	3	4	8	5

×

滤波器
1	2	3
-4	7	4
2	-5	1

=

特征
52	66	20

卷积运算第 4 步：

图像
3	4	9	1	4
2	1	4	4	6
1	1	2	9	2
7	3	5	1	3
2	3	4	8	5

×

滤波器
1	2	3
-4	7	4
2	-5	1

=

特征
52	66	20
31		

卷积运算第 5 步：

图像

3	4	9	1	4
2	1	4	4	6
1	1	2	9	2
7	3	5	1	3
2	3	4	8	5

×

滤波器

1	2	3
−4	7	4
2	−5	1

=

特征

52	66	20
31	49	

卷积运算第 6 步：

图像

3	4	9	1	4
2	1	4	4	6
1	1	2	9	2
7	3	5	1	3
2	3	4	8	5

×

滤波器

1	2	3
−4	7	4
2	−5	1

=

特征

52	66	20
31	49	101

卷积运算第 7 步：

图像

3	4	9	1	4
2	1	4	4	6
1	1	2	9	2
7	3	5	1	3
2	3	4	8	5

×

滤波器

1	2	3
−4	7	4
2	−5	1

=

特征

52	66	20
31	49	101
15		

卷积运算第 8 步：

图像

3	4	9	1	4
2	1	4	4	6
1	1	2	9	2
7	3	5	1	3
2	3	4	8	5

×

滤波器

1	2	3
−4	7	4
2	−5	1

=

特征

52	66	20
31	49	101
15	53	

卷积运算第 9 步：

图像

3	4	9	1	4
2	1	4	4	6
1	1	2	9	2
7	3	5	1	3
2	3	4	8	5

×

过滤器

1	2	3
−4	7	4
2	−5	1

=

特征

52	66	20
31	49	101
15	53	−2

正如你看到的那样，我们每次将滤波器移动 1 像素。这个数值被称为**步长**（stride）。也可以让滤波器按不同的步长移动，以提取不同种类的特征。选择的步长大小会影响所提取特征

的大小。当步长为 2 时，在 5×5 大小的图像上使用 3×3 大小的滤波器只能提取大小为 2 的特征。可使用如下公式计算特征大小：

$$特征大小 = \left[\frac{图像大小 - 滤波器大小}{步长}\right] + 1$$

因此，对于例 11.2：

$$特征大小 = \left[\frac{5-3}{1}\right] + 1 = 3$$

11.3.3 循环神经网络

循环神经网络（Recurrent Neural Network，RNN）是动态驱动的，循环神经网络的两层（或更多层）之间有一个反馈回路，这使得此类网络非常适合从序列数据中学习。RNN 实际也是一类递归神经网络，用于处理时间相关的问题。它们能够将上一个时间步的数据与隐层（或中间层）的数据结合起来，从而产生当前时间步的表示。RNN 使用它们的内部存储器来处理任意序列的输入。

当 RNN 处理一系列数据时，之前的输出将作为输入数据的一部分进行反馈，如图 11.6 所示。RNN 必须记住之前的输出，以便迭代地计算当前的输出。网络结构中隐层的节点之间存在着连接。隐层的输入需要迭代地利用输入层的输出和自身的输出。

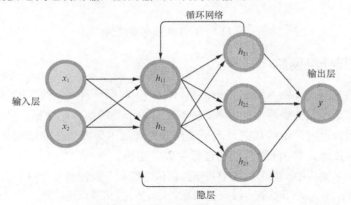

图 11.6 RNN 的基本架构

因此，RNN 可以视为短期记忆单元，包括输入层、隐层和输出层。RNN 要么为输入序列中的每个实体产生一个输出，要么为整个序列产生一个输出。RNN 是为序列数据设计的网络，已被广泛应用于自然语言处理（Natural Language Processing，NLP）。RNN 还被用于语音识别和机器翻译。前向计算的循环神经网络按计算时间展开的结构如图 11.7 所示。

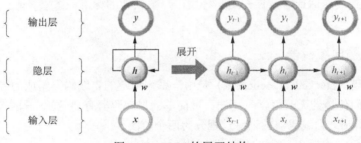

图 11.7 RNN 的展开结构

11.3.4　长短期记忆网络

长短期记忆网络（Long Short-Term Memory Network，LSTM）可以看成对 RNN 的一种改进，它在 RNN 的隐层中增加了记忆模块。LSTM 的设计可以避免对历史信息的依赖。标准的循环神经网络具有重复的模块结构。虽然长短期记忆网络也有重复的模块结构，但是每个模块结构有 4 层。LSTM 层决定将哪些历史信息传递给下一层。LSTM 有很多变体，但它们一般都包含了基本的遗忘能力。图 11.8 展示了 LSTM 的基本结构，这个 LSTM 可以用于天气预报。

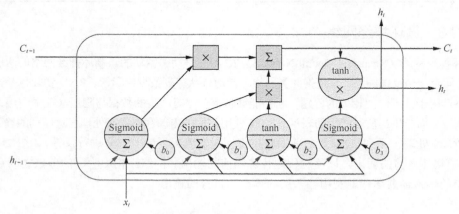

图 11.8　LSTM 的基本结构

11.3.5　递归神经网络

递归神经网络（Recursive Neural Network，RvNN）与循环神经网络（RNN）比较容易混淆，循环神经网络其实是递归神经网络的一种。RvNN 常用于处理结构化数据。它们已经被成功地应用于语言处理（因为语言是结构化的）而不是图像处理（因为图像是非结构化的）、递归自编码以及通过长方体抽象形式对 3D 形状结构进行生成式建模。

在 RvNN 的简单架构中，整个网络中共享的权值矩阵和非线性函数会将节点组合成父节点，如图 11.9 所示。如果 c_1 和 c_2 是节点的 n 维向量表示，则它们的父节点也将是一个 n 维向量，可定义为

$$p_{1,2} = \tanh(W[c_1; c_2])$$

其中 W 是一个训练过的 $n \times 2n$ 大小的权值矩阵。

对于结构化的输入，可递归地使用同一组神经网络节点的相等权值进行处理。这意味着并非所有的输入都是批量处理的。因此，当数据在不同时间进入，无须一次性处理所有可用数据，并且在当前时间得到最佳估计时，递归是一种用于一般估计的标准方法。

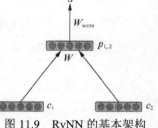

图 11.9　RvNN 的基本架构

11.3.6　堆叠自编码器

堆叠自编码器（stacked autoencoder）是由一系列稀疏的自编码器组成的神经网络。自编码器是一种利用反向传播的无监督学习算法。最简单的自编码器有 3 层——输入层、隐层和输出层，如图 11.10 所示。自编码器的训练过程分为两个阶段。

（1）编码，旨在将输入数据映射到隐式表示。

（2）解码，旨在使用隐式表示重构输入数据。

给定未标注的输入数据集 $\{x_n\}$（$n = 1, \cdots, N$）、h_n
以及 $\bar{x}_n$。其中 $x_n \in R^{m \times 1}$，h_n 是从 x_n 计算出来的隐编码
向量，$\bar{x}_n$ 是输出层的解码向量。编码的过程定义如下：

$$h_n = f_1(W_1 x_n + b_1)$$

其中 f_1 是编码函数，W_1 是编码器的权值矩阵，
b_1 为偏置向量（bias vector）。

解码的过程定义如下：

$$\bar{x}_n = f_2(W_2 h_n + b_2)$$

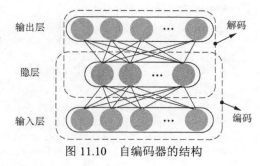

图 11.10　自编码器的结构

其中 f_2 是解码函数，W_2 是解码器的权值矩阵，b_2 为偏置向量。

自编码器的参数可通过最小化重构误差为目标函数来优化得到，目标函数的具体定义如下：

$$\phi(\Theta) = \arg\min_{\theta, \theta'} \frac{1}{n} \sum_{i=1}^{n} L(x^i, \bar{x}^i)$$

其中 L 是损失函数，被定义为 $L(x^i, \bar{x}^i) = \|x - \bar{x}\|^2$。

图 11.11 展示了堆叠自编码器的结构，它是通过无监督的分层学习算法将 n 个自编码器堆叠
成 n 个隐层来创建的，可通过监督学习的方法对它进行微调。基于堆叠自编码器的方法将执行以
下 3 个步骤。

（1）利用输入数据训练第一个自编码器，得到学到的特征向量。

（2）将前一层的特征向量作为下一层的输入，重复这个过程，直至训练完毕。

（3）所有隐层训练完毕后，使用反向传播算法最小化代价函数，并使用标注训练集更新权
值，以实现在标注数据集上的微调（fine-tuning）。

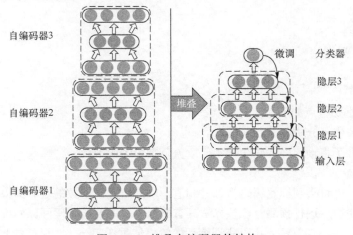

图 11.11　堆叠自编码器的结构

11.3.7　极限学习机

极限学习机（Extreme Learning Machine，ELM）是一个单隐层的前馈神经网络。它随机地选
择隐层节点的权值，然后以解析方式计算出输出节点的权值。极限学习机效果好，学习速度快。

下面给出一段可应用于图 11.12 所示的 ELM 结构的示例代码。ELM 的基本学习规则将通过
这段代码加以展示。

```
clear all;clc
addpath('codes', 'dataset');
```

%加载数据
```
D=load('spambase.data');
A=D(:,1:57);            % Inputs
B=D(:,58);              % Targets
```

%定义选项
```
Opts.ELM_Type='Class';      % 'Class' for classification and 'Regrs' for regression
Opts.number_neurons=200;    % Maximum number of neurons
Opts.Tr_ratio=0.70;         % training ratio
Opts.Bn=1;                  % 1 to encode labels into binary representations
                            % if it is necessary
```

%训练
```
[net]= elm_LB(A,B,Opts);
    net
    net =
       bn: 'binary Targets'
      app: 'Classification'
        X: [3220x57 double]
        Y: [3220x1 double]
      Xts: [1381x57 double]
      Yts: [1381x1 double]
       IW: [200x57 double]
       OW: [200x2 double]
    Y_hat: [3220x1 double]
  Yts_hat: [1381x1 double]
   BnY_hat: [3220x2 double]
 BnYts_hat: [1381x2 double]
      min: 0
      max: 1
     Opts: [1x1 struct]
   tr_acc: 0.8814
   ts_acc: 0.8689
```

图 11.12   ELM 的结构

%预测
```
[output]=elmPredict(net,A);
```

以上代码的重要特点如下。

● 　可扩展应用于分类和回归问题。

● 　其中包含了将输入样本归一化到任意值范围内的函数。

对于分类而言：

● 　该算法允许将类别标签编码为二进制值，以满足激活函数的边界约束条件；

● 　在训练完毕后进行预测时，该算法具有将这些二进制值解码回原始标签的能力。

但对于回归而言，该算法还可以将训练后的输出值重新归一化为原始的数值区间。

应用之窗

用于装配自动化的机器视觉

　　人类直接管理工厂生产线的时代已经一去不复返。如今，机器已使制造、装配和材料处理的任务自动化。配备了精确校准、识别算法和制导能力的机器视觉系统，使得制造手动无法制造的现代致密结构成为可能。在生产线上，机器视觉系统可以在每分钟内可靠、重复地检查成百上千个零件，远远超过了人类的检查能力。

几十年来，机器视觉系统已经教会计算机进行检查，以检测制造产品中的缺陷、污染物、功能不足和其他违规行为。由于速度快、准确率高和可重复，机器视觉在结构化场景的定量测量方面表现突出。以适当的相机分辨率和光学系统为核心构建的机器视觉系统，可以很容易地检查到人眼无法观察到的细小物体的细节，并以更高的可靠性和更小的误差执行检查操作（见图 11.13）。

图 11.14 展示了一款智能相机，表 11.1 给出了深度学习相较于其他检测方法的优势。

+速度

+准确率

+可重复性

+检查细小到人眼无

  法看到的细节

图 11.13 人类检查员擅长通过示例来学习，可以灵活处理与控制标准相比可接受的偏差。相比之下，机器视觉提供了只有计算机系统才能做到的速度和鲁棒性

图 11.14 In-Sight D900

表 11.1   深度学习相较于其他检测方法的优势

深度学习与人类视觉检测	深度学习与传统机器视觉
一致性更好 每一条生产线、每一班次、每一个工厂都保持同样质量水平的 24×7 小时运转。	**专为棘手问题而设计** 可解决基于经典规则的算法无法处理或难以处理的复杂检测、分类和定位等应用。
更可靠 能识别超出设定容差①的每个缺陷。	**配置更简单** 应用程序可以快速配置，加快概念验证和开发。
更快 毫秒级识别缺陷，支持高速应用并提高吞吐量。	**容许变化** 在需要容许可接受控制偏差的情况下，能处理应用的缺陷变化。

11.4 本章小结

深度学习在发现高维数据中的复杂结构方面具有强大的能力。它已被广泛应用于计算机视觉、自然语言处理、大数据分析等领域。此外，深度学习还在制造领域有多个应用。深度学习在制造领域应用的例子包括销售预测和高级分析。深度学习正在为设计、评估、生产、运营控制、维护和保障带来益处。它使用基于样本的训练和神经网络来分析缺陷、定位和分类对象以及阅读印刷标记。通过基于一组带标签的样本来告诉网络模型什么是好的图像，并且在考虑到预期偏差的情况下，它能够区分出好的部分和有缺陷的部分。

深度学习是一种机器学习，它训练计算机来执行类似人类所要完成的任务，如识别图像、

① 容差是指所规定的基准值与所规定的界限值的差。——译者注

识别语音，或者在时间序列中进行预测。深度学习并非通过预定义的方程来组织数据，而是设置关于数据的基本参数，并通过使用多层神经网络来处理模式识别，训练计算机自主学习。深度学习是人工智能的基础之一，通过使产品像人类一样具有智能，正在影响着一个又一个行业。

深度学习可以视为一种特征学习技术。不同的应用采用不同的深度学习模型。深度学习已经从一种专用的机器学习技术发展为通用的机器学习工具，成为大数据和人工智能的重要技术之一。

讨论题

1. 什么是深度学习，为什么说它是机器学习领域非常重要的子领域？
2. 深度学习可以简单地定义为一种使用深度神经网络的机器学习技术。（真或假）
3. 深度学习是从复杂数据中学习非线性特征和函数的过程。（真或假）
4. 存在着各种方式可以将偏差引入 AI 系统的计算方法中。常见的偏差类型包括以下几种：
   - 算法偏差；
   - 样本偏差；
   - 偏见性偏差；
   - 测量偏差；
   - 排除偏差；
   - 人类心理偏差。
   （a）讨论上述每一种偏差。
   （b）提供对偏差来源的理解，将此作为管理和预防上述人工智能偏差的基础。
5. 为什么 CNN 的卷积特征要经过激活函数，然后进行子采样？
6. 卷积运算可以使用闲置的网络连接，并专注于局部区域。（真或假）
7. 循环神经网络最适合处理序列数据。（真或假）
8. 递归神经网络适合处理结构化数据。（真或假）
9. 极限学习机是单隐层的前馈神经网络。（真或假）
10. 循环神经网络是一种递归神经网络，它可以用于处理时间依赖问题。（真或假）

练习题

1. 给定一幅 5×5 大小的图像和一个 3×3 大小的滤波器（见图 11.15）。为了给特征单元提供单个值，可在匹配滤波器大小的图像像素值和滤波器本身之间执行元素级乘法，然后将它们相加。

图像：

2	4	8	1	3
1	1	3	4	5
1	2	2	8	3
3	6	5	1	2
2	2	4	7	5

滤波器：

-1	2	-4
3	8	1
2	-3	1

图 11.15　练习 1 用到的图像和滤波器

2. 对于步长为 2 的情况，大小为 3×3 的滤波器在大小为 5×5 的图像上只能提取尺寸为 2 的特征（见图 11.16）。给定一幅 5×5 大小的图像和一个 3×3 大小的滤波器。考虑为特征单元提供单个值，可在匹配滤波器大小的图像像素值和滤波器本身之间执行元素级乘法，然后将它们相加。

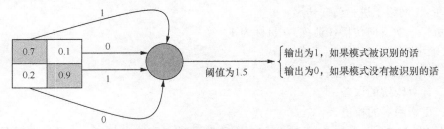

图 11.16　练习 2 用到的图像和滤波器

3. 图 11.17 展示了一幅 2×2 像素大小的图像。每个阴影像素的值为 1，无阴影像素的值为 0。这些像素被连接到具有图 11.17 所示权值的 AI 网络节点上。

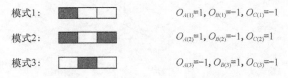

图 11.17　将像素连接到 AI 网络节点上

（a）求 AI 网络节点的总激励值。

（b）AI 网络能识别这种模式吗？为什么？

（c）试说明在这个 AI 网络中使用 Sigmoid 函数有什么好处。

4. 使用单样本（one-shot）学习方法，用以下 3 种模式训练图 11.18 所示的具有 3 个节点的 AI 网络。

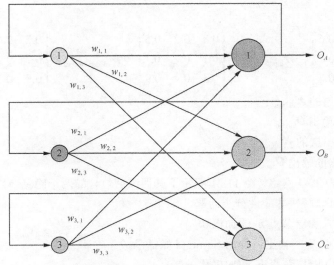

图 11.18　训练一个具有 3 个节点的 AI 网络

5. 考虑一个具有图 11.19 所示结构的 AI 网络。

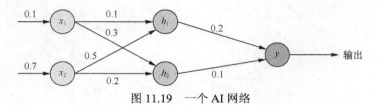

图 11.19　一个 AI 网络

假设节点使用 Sigmoid 函数作为激活函数。当目标为 1、学习率为 1 时，这个 AI 网络可以通过以下步骤来完成训练。

（1）在 AI 网络上进行前向传递。

（2）执行一次反向传播（训练）（目标为 1）：

　　 i．输出误差；

　　 ii．更新输出层的权值；

　　 iii．计算隐层的误差；

　　 iv．更新隐层的权值。

6. 观察图 11.20 所示的 3 层 AI 网络，对于隐藏节点和输出节点，激活函数都是 Sigmoid 函数。

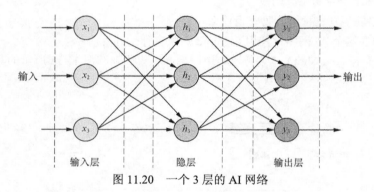

图 11.20　一个 3 层的 AI 网络

给定

$$I = \begin{bmatrix} 0.6 \\ 0.2 \\ 0.7 \end{bmatrix}、W_{\text{input-hidden}} = \begin{bmatrix} 0.8 & 0.2 & 0.5 \\ 0.1 & 0.7 & 0.1 \\ 0.3 & 0.4 & 0.9 \end{bmatrix} 和 W_{\text{hidden-output}} = \begin{bmatrix} 0.2 & 0.6 & 0.4 \\ 0.7 & 0.4 & 0.3 \\ 0.9 & 0.1 & 0.8 \end{bmatrix}$$

（a）求输入隐层的 X_{hidden}。

（b）求隐层的输出 O_{hidden}。

（c）求输入输出层的 X_{output}。

（d）求 AI 网络的输出 O_{output}。

7. 有一个多层的 AI 网络，图 11.21 展示了其训练后包含的两个隐藏节点、实际权值和偏置节点。该 AI 网络可以解决非线性分类问题。

（a）求所有输入隐层节点 h_1 的加权和。

（b）求隐层节点 h_1 的输出，使用 Sigmoid 激活函数。

（c）求所有输入隐层节点 h_2 的加权和。

（d）求隐层节点 h_2 的输出，使用 Sigmoid 激活函数。

（e）求所有输入单个输出节点 f 的加权和。

（f）求输入 x_1 和 x_2 后整个 AI 网络的输出。

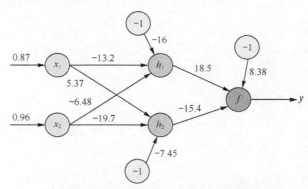

图 11.21　训练后的一个多层 AI 网络

8．图 11.22 给出了一个通过多层深度学习的 AI 网络运行大数据的例子，训练后的这个 AI 网络包含两个隐藏节点、实际权值和偏置节点。该 AI 网络可以解决非线性分类问题。

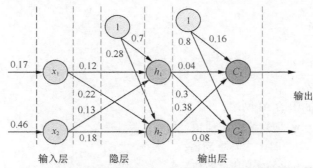

图 11.22　一个通过多层深度学习的 AI 网络运行大数据的例子

$\eta = 0.5$、$W_1 = 0.12$、$W_2 = 0.22$、$W_3 = 0.13$、$W_4 = 0.18$、$W_5 = 0.04$、$W_6 = 0.3$、$W_7 = 0.38$、$W_8 = 0.08$、$h_{w_1} = 0.7$、$h_{w_2} = 0.28$、$h_{w_3} = 0.16$、$h_{w_4} = 0.8$

（a）从输入层传递到隐层，求 neth_1 和 neth_2。

（b）从隐层传递到输出层，使用 Sigmoid 激活函数，求 $f(\text{neth}_1)$ 和 $f(\text{neth}_2)$。

（c）从隐层传递到输出层，求 netC_1 和 netC_2。

（d）从隐层传递输出层，使用 Sigmoid 激活函数，求 $f(\text{netC}_1)$ 和 $f(\text{netC}_2)$。

9．基于练习题 8 中的 AI 网络：

（a）求节点 C_1 的局部误差（SE_{C_1}）和节点 C_2 的局部误差（SE_{C_2}）；

（b）求最终的局部误差 SE_f 和总误差（SE）。

10．基于练习题 8 中的 AI 网络：

（a）求总梯度 $\dfrac{\partial E}{\partial w_1}$；

（b）求总梯度 $\dfrac{\partial E}{\partial w_2}$；

（c）求总梯度 $\dfrac{\partial E}{\partial w_3}$；

（d）求总梯度 $\dfrac{\partial E}{\partial w_4}$；

（e）求总梯度 $\dfrac{\partial E}{\partial w_5}$；

（f）求总梯度 $\dfrac{\partial E}{\partial w_6}$；

（g）求总梯度 $\dfrac{\partial E}{\partial w_7}$；

（h）求总梯度 $\dfrac{\partial E}{\partial w_8}$。

11．基于练习题 8 中的 AI 网络：

（a）求总梯度 $\dfrac{\partial E}{\partial hw_1}$；

（b）求总梯度 $\dfrac{\partial E}{\partial hw_2}$；

（c）求总梯度 $\dfrac{\partial E}{\partial hw_3}$；

（d）求总梯度 $\dfrac{\partial E}{\partial hw_4}$。

12．基于练习题 8 中的 AI 网络：

（a）当权值 $w_{1\mathrm{new}} = w_1^+$ 时，求其更新值；

（b）当权值 $w_{2\mathrm{new}} = w_2^+$ 时，求其更新值；

（c）当权值 $w_{3\mathrm{new}} = w_3^+$ 时，求其更新值；

（d）当权值 $w_{4\mathrm{new}} = w_4^+$ 时，求其更新值；

（e）当权值 $w_{5\mathrm{new}} = w_5^+$ 时，求其更新值；

（f）当权值 $w_{6\mathrm{new}} = w_6^+$ 时，求其更新值；

（g）当权值 $w_{7\mathrm{new}} = w_7^+$ 时，求其更新值；

（h）当权值 $w_{8\mathrm{new}} = w_8^+$ 时，求其更新值。

13．基于练习题 8 中的 AI 网络：

（a）当权值 $w_{hw_1\mathrm{new}} = w_{hw_1\mathrm{new}}^+$ 时，求其更新值；

（b）当权值 $w_{hw_2\mathrm{new}} = w_{hw_2\mathrm{new}}^+$ 时，求其更新值；

（c）当权值 $w_{hw_3\mathrm{new}} = w_{hw_3\mathrm{new}}^+$ 时，求其更新值；

（d）当权值 $w_{hw_4\mathrm{new}} = w_{hw_4\mathrm{new}}^+$ 时，求其更新值。

14．基于练习题 8 中的 AI 网络，通过解答以下问题回顾梯度。

（a）解析梯度和数值梯度的差异。

（b）计算相对误差。

（c）基于相对误差规则，关于这个 AI 网络你能得出什么结论？

编程题

1．编程实现 humps 函数，它是时间 x 的函数，它的表达式是 $y = 1/((x-0.3)^2 + 0.01) + 1/((x-0.9)^2 + 0.04) - 6$。请你尝试一下，看看是否有可能找到一个 AI 网络来拟合 humps 函数在区间[0,2]上的数据。请使用 MATLAB 语言，在产生的数据上拟合一个深度学习的多层 AI 网络，然后调用其训练算法。

（a）以时间和输出分别为横坐标和纵坐标绘制 humps 函数的图形。

（b）绘制最优训练的性能图，并给出其训练到 1000 轮（epoch）的值。

（c）绘制训练状态图，并求出其训练到 1000 轮的梯度值和校验值。

（d）绘制回归图并计算训练的 R 值。

2．考虑一个由 $z = \cos(x)\sin(y)$ 描述的曲面，该曲面被定义在一个方形区域上，$-2 \leqslant x \leqslant 2$，$-2 \leqslant y \leqslant 2$，要求使用 Python/MATLAB 语言。

（a）绘制曲面函数的图形。

（b）绘制最优训练的性能图，并给出其训练到 3 轮的值。

（c）绘制训练状态图，并给出其训练到 3 轮的梯度值、Mu 值和校验值。

（d）绘制回归图并计算训练的 R 值。

3．编程实现一个拥有两个输入的 AI 网络。其输出由方程 $y = f(-4.89x_1 + 5.70x_2 - 0.92) \equiv f(vx + b)$ 给出，其中 $v \equiv \overline{V}^{\mathrm{T}}$。绘制定义在网格[-2,2]×[-2,2]上，输入为 x_1、x_2，输出为 y 的函数的曲面。其中，输出曲面使用的是 Sigmoid 激活函数。

4．一个具有两个输入、一个输出的两层 AI 网络由下面的方程定义。

$$y = \overline{W}^{\mathrm{T}} \overline{f}(\overline{V}^{\mathrm{T}} \overline{x} + b_w) + b_w \equiv wf(vx + b_v) + b_w$$

权值矩阵和阈值定义如下：

$$v = \overline{V}^{\mathrm{T}} = \begin{bmatrix} -2.48 & -2.60 \\ -3.29 & -4.76 \end{bmatrix}, b_v = \begin{bmatrix} -2.31 \\ 4.67 \end{bmatrix}$$

$$w = \overline{W}^{\mathrm{T}} = [-4.71 \quad 4.97], b_w = [-2.36]$$

编写一个程序，绘制定义在网格[-2, 2]×[-2, 2]上，输入为 x_1、x_2，输出为 y 的函数的曲面。其中，输出曲面使用的是 Sigmoid 激活函数。

关键词

卷积神经网络	长短期记忆网络	递归神经网络
深度学习	多层神经网络	堆叠自编码器
极限学习机	循环神经网络	

参考资料

[1] Aljalbout E, Golkov V, Siddiqui Y, and Cremers D. Clustering with deep learning: Taxonomy and new methods, 2018.

[2] Ba J and Caruana R. Do deep nets really need to be deep? NIPS Conference, pp. 2654-2662, 2014.

[3] Graves A, Mohamed A, and Hinton G. Speech Recognition with Deep Recurrent Neural Networks: Acoustics, Speech and Signal Processing (ICASSP). IEEE International Conference on Acoustics,

Speech, and Signal Processing (ICASSP) (2013): 6645-6649.

[4] Hinton G, and Salakhutdinov R. Efficient Learning of Deep Boltzmann Machines. Journal of Artificial Intelligence and Statistics 3: (2009): 448-455.

[5] Honglak L, Grosse R, Ranganath R, and Ng A Y. Convolutional Deep Belief Networks for Scalable Unsupervised Learning of Hierarchical Representations. ICML (2009): 609-616.

[6] Hutchinson B, Deng L, and Yu D. Tensor Deep Stacking Networks. IEEE Transactions on Pattern Analysis and Machine Intelligence 1-15 (2012): 1944-1957.

[7] Kaelbling L P, Littman M L, and Moore A W. Reinforcement Learning: A Survey. Journal of Artificial Intelligence Research vol 4 (1996): 237-285.

[8] Mnih V, et al. Human-Level Control through Deep Reinforcement Learning. Nature 518 (2015): 529-533.

[9] Salakhutdinov R, Tenenbaum J B, and Torralba A. Learning with Hierarchical-Deep Models. IEEE Transactions on Pattern Analysis and Machine Intelligence 35 no. 8 (2013): 1958-1971.

[10] Schmidhuber J. Deep Learning in Neural Networks: An Overview. Journal of Neural Networks 61 (2015): 85-117.

[11] Socher R, et al. Recursive Deep Models for Semantic Compositionality over a Sentiment Treebank. Proc. IEEE Conference on Empirical Methods in Natural Language Processing, 2013.

[12] Minar M, Naher J. Recent advances in deep learning: an overview, arXiv:1807.08169, 2018.

[13] Hochreiter S and Schmidhuber J. Long short-term memory, Neural Computation, 9 (8), 1735-1780, 1997.

书目

[1] Hwang K, and Chen M. Big Data Analytics for Cloud, IoT and Cognitive Computing. Wiley, 2017.

[2] Mitchell T M. Machine Learning. McGraw-Hill, New York, 1997.

[3] Neal R M. Bayesian Learning for Neural Networks. Springer-Verlag, Berlin, 1996.

[4] David F. Generative Deep Learning. O'Reilly Media, Inc., June 2019.

[5] Patan K, and Korbicz J. Artificial Neural Networks in Fault Diagnosis. pp.333-379, Springer, Berlin, Germany, 2004.

[6] Ovidiu C. Deep Learning Architectures: A Mathematical Approach. Springer, Switzerland, 2020.

第 12 章　受大自然启发的搜索

本章继续讨论学习。本章首先描述几种从达尔文进化论中获得灵感的方法，然后介绍一种由社会习俗启发的算法——禁忌搜索，最后介绍从蚂蚁的行为中得到启发的蚁群优化算法。

巨人蒂基（Tiki）

12.0　引言

搜索是任何智能系统的必要组成部分。通过前面的章节大家已经知道，完全搜索整个状态空间是一个非常艰巨的挑战。在第 3 章中，我们演示了针对搜索树中最有可能存在解的部分进行搜索的启发式方法。这些启发式方法的灵感来自对问题的洞察，比如，要解决 8 拼图问题的一个实例，必须移动多少方块？而在本章中，灵感则来自大自然——包括生物系统和非生物系统。

众所周知，钻石和煤都是由碳元素组成的，二者的区别在于碳原子的排列形式不同：在钻石中，碳原子排列成金字塔形；而在煤中，碳原子排列成平面。物质的物理性质不仅取决于其组成元素，还取决于原子的排列，而这种排列是可以修改的——这就是金属冶炼中退火背后的机制。在退火过程中，金属首先被加热至液态，然后缓慢冷却，直至再次凝固。经过退火后，所得到的金属通常更坚韧。模拟退火是对该物理过程建模的一种搜索算法。12.1 节将描述该算法。

1859 年，查尔斯·达尔文（Charles Darwin）的巨著《物种起源》首次出版。在这本著作中，他揭示了生物种群数量是如何通过一个称为自然选择的过程不断进行演化的理论。生物个体交配之后，它们的后代显现出双亲性状。显然，具有有利于生存性状的后代更有可能生存繁衍。随着时间的推移，这些有利的性状可能会以更高的频率发生。一个典型的例子是英国的吉普赛蛾。19 世纪初，大多数吉普赛蛾是浅灰色的，因为这种颜色是它们的伪装色，可以迷惑捕食者。但随着工业革命如火如荼地进行，大量的污染物被排放到工业化国家的环境中。原本干净浅色的树木蒙上了烟灰，逐渐变成黑色。浅灰色的吉普赛蛾再也无法依赖它们的着色保护自己。经过几十年的进化，灰黑色的吉普赛蛾成了常态[1]。受此启发，计算机程序可以模拟执行"人工进化"的过程。12.2 节将重点讨论遗传算法。

各种文献中经常引用吉卜赛蛾的例子。但是，在整个种群产生非常显著的变化之前，自然选择通常需要数千年甚至数万年的时间。

格林兄弟的《精灵和鞋匠》（*The Elves and the Shoemaker*）讲述了这样一个童话故事：一个

穷苦的鞋匠在每天早晨醒来后发现，前一天夜里放在工作台上的皮革变成了似乎是自己做出的漂亮鞋子；但过了不久，他发现这原来是两位聪明精灵的杰作。作为计算机从业者，我们无不希望拥有能够（神奇地）自我编写的软件，以解决我们所面临的问题。12.3 节将讨论遗传规划算法，该算法可以借助进化策略（而不是精灵）进行自我设计。

12.4 节将描述**禁忌搜索**（tabu search），这是基于社会习俗的搜索方法。禁忌是社会认为应该禁止的行为。根据对人类行为的观察，可以发现随着时间的推移，某些事情会发生变化。例如，在历史上的某个时期，男人戴耳环被视为禁忌。显然，这样的禁忌现在没有了。禁忌搜索维护了一张禁忌清单（存储最近做出的移动），这些移动在某段时间内被禁止重复使用。由于暂时禁止搜索已访问的状态空间，因此这种禁止改善了搜索。禁忌搜索并不完全忽略对禁止搜索的"利用"，这是因为如果搜索到的节点的目标函数值优于此前访问的节点，那么被禁止的移动将重新允许。后者的"解除禁止"被称为**解禁准则**（aspiration criterion）。禁忌搜索在解决调度问题上取得了巨大的成功。

12.5 节的灵感来自昆虫群落——更具体地说，是蚂蚁群落。蚂蚁是群居昆虫，具有出色的合作能力和适应能力。在所谓的共识主动性（stigmergy）的过程中，蚂蚁通过发出信息素（化学气味）间接通信。蚁群在解决优化问题方面，表现出罕见的敏锐性，比如寻找食物源的最短路径，以及在巢穴形成时聚集。据推测，共识主动性在这些行为中起到了关键作用。计算机科学家在分布式算法中模拟了这种行为，以求解复杂的组合问题及构建有效的数据聚类算法。

12.1　模拟退火

模拟退火（Simulated Annealing，SA）算法旨在对实体物质内的原子能级与搜索算法进行类比，通常搜索算法对应着优化某些目标函数。

具体来说，在金属冶炼过程中，金属通常在退火的过程中进行原子重排列。金属中的原子已经按照局部能量最小化的方式排列好了。为了以更低的能量重新排列这些原子，首先需要将金属加热至液化，然后将熔融的金属缓慢冷却，直到凝固，如图 12.1 所示。退火后的金属表现出许多人们期望的性能，例如它的韧性和强度都提高了。

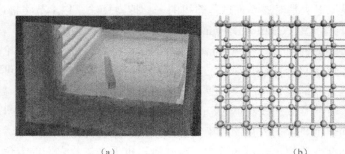

(a)　　　　　　　　　　　　　　　　　　(b)
图 12.1　金属中的原子由于退火发生了重排
（a）熔炉中的铁被加热至熔点　　（b）原子在发生晶格重排后通常表现出更大的强度

模拟退火在本质上是概率搜索，有时为了避免陷于局部最优，允许算法以违反直觉的方式移动。回想爬山法（见第 3 章），该算法有时无法找到全局最优值，如图 12.2 所示。从 x_0 开始的搜索将卡在 x_*，尽管真正的全局最优值位于 x_{best}。

任何搜索算法都有两个组成部分：利用（exploitation）和探索（exploration）。"利用"基于好的解可能在解状态空间中彼此邻近的准则，一旦"探索"到一个好的解，就检查它的邻居（解）以确定是否存在更好的解。此外，"探索"时应谨记"没有冒险，就没有收获"的格言。换句话说，更好的解可能存在于状态空间的未探索区域，因此不要将搜索局限在某个小的区域内。理想的搜索算法必须在这两种冲突策略之间取得适当的平衡。爬山法充分使用"利用"策略发现 x_*，即图 12.3 所示的局部最优值。

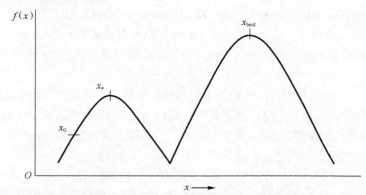

图 12.2 爬山法有时会陷入局部最优。从 x_0 开始的搜索将卡在 x_*。实际上，存在 $f(x_{best}) > f(x_*)$

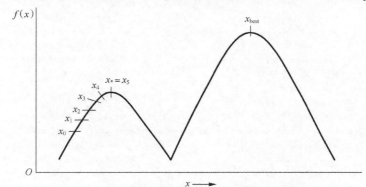

图 12.3 爬山法严重依赖于"利用"策略

如果想要找到位于 x_{best} 的全局最大值，则需要使用一些"探索"策略。如图 12.4 所示，假设 x_3 是当前位置，模拟退火需要允许跳转到 x_6，即使跳转到 x_6 构成一种"向后跳"的局面。注意，在本例中，无法探索最右边波峰的任何搜索算法都将永远不会找到全局最优值。

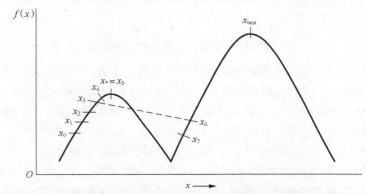

图 12.4 如果搜索意图在 x_{best} 处找到全局最大值，那么它可能需要同时使用"探索"和"利用"两种策略。即使 $f(x_6) < f(x_3)$，模拟退火也应该允许从 x_3 跳转到 x_6（此时忽略 x_7）

模拟退火算法是在 1983 年由 S.柯克帕特里克（S. Kirkpatrick）、C.D.盖拉特（C. D. Gelatt）和 M.P.韦基（M. P. Vecchi）发明的[2]。V.塞尔尼（V. Cerny）在 1985 年也独立地发明了该算法[3]。模拟退火算法是基于 Metropolis-Hastings 算法的[4]。

在模拟退火算法中，有一个全局温度参数 T。当模拟开始时，T 很高；随着模拟的进行，T 逐渐减小。T 减小的方式被称为**冷却进度表（cooling schedule）**。两种已经得到广泛使用的冷却方法是**几何冷却（geometric cooling）**和**线性冷却（linear cooling）**。在几何冷却中，$T_{new} = \alpha * T_{old}$，其中 $\alpha < 1$；而在线性冷却中，$T_{new} = T_{old} - \alpha$，$\alpha > 0$。只要目标函数 $f(x_{new}) > f(x_{old})$，模拟退火就允许跳转。而且模拟退火还以概率 P 允许违反直觉地跳转或反向跳转，P 的取值与下式成正比。

$$e^{-[(f(x_{old}) - f(x_{new}))/T]}$$

观察可知，当 T 的值很大时，向较小值的目标函数跳跃，所发生的概率比较大。再一次参考图 12.4，这意味着当模拟开始时，而不是晚些时候，从 x_3 到 x_6 的跳跃更可能发生。因为此时 T 的值更大。模拟退火的早期阶段有利于"探索"，而在搜索的后期则优先考虑"利用"。再次参考上述公式，可以观察到，即使允许违反直觉的跳转，随着 $f(x_{old})$ 和 $f(x_{new})$ 的差距不断加大，x 的新值得到的支持越来越少，跳转到 x 的概率也在减小。如果图 12.4 中的 x_6 和 x_7 都是 x_3 的可能后继，由于 $f(x_7)$ 小于 $f(x_6)$，因此跳转到 x_6 的概率大于跳转 x_7 的概率。模拟退火算法的伪代码如图 12.5 所示。

```
1. Choose x0 as initial solution          // Usually done randomly
2. Calculate f(x0)                         // Objective function
3. Place in memory                         // Solution = [x0, f(x0)]
4. xold = x0
5. f(xold) = f(x0)
6. Count = 0
7. T = T0                                  // Initial temperature T0 is high
8. while Count < maxcount and progress being made and ideal solution
   not found.                              // Number of iterations permitted
9. Count = Count + 1
10. choose xnew from neighborhood of xold
11. calculate f(xnew)
12. if f(xnew) >= f(xold) or rand [0,1] = e^([[f(xold)-f(xnew)]/T]) then
    xold = xnew
    Solution = [xold, f(xold)]
13. // end if
14. Tnew = cooling_schedule (count, Told) // geometric or linear cooling
    //can be adaptive, greater decrease if a large improvement is made
15. // end while
16. Print Solution                         // Best solution so far
```

图 12.5 模拟退火算法的伪代码

在图 12.5 中，第 8 行代码表明搜索过程不能永远进行下去。经过最大次数的迭代后，搜索必须结束并输出结果。第 10 行代码指定了搜索过程中每个可能的新点 x_{new} 必须从 x_{old} 处可达（即位于 x_{old} 的邻域内）。例如，如果尝试解决旅行商问题的一个实例，那么一个解的邻域可以由允许 d 剪枝时得到的所有旅行方案组成，并且指定的边可以得到重新连接（见图 12.6）。第 12 行代码确认了每当 $f(x_{new}) \geqslant f(x_{old})$ 时选择 x_{new}，这将鼓励使用"利用"策略。但是，即使 $f(x_{new}) < f(x_{old})$，x_{new} 也可能被接受。被接受的概率取决于 $f(x_{old})$ 和 $f(x_{new})$ 的差值以及温度 T。在模拟的早期，算法强烈鼓励"探索"。在整个搜索过程中，对目标函数而言，比起断崖式的下降，适度下降更容易让人接受。最后，第 16 行代码中的注释意味着模拟退火不能保证得到全局最优值。有两种方

法可以增加获得全局最优值的可能性：第一种方法是增加模拟运行的时间（增加 maxcount）；第二种方法是多次重新启动，换句话说，重置所有变量并开始新的模拟退火，从搜索区域的不同位置开始（你可以对这种方法与第 10 章中神经网络反向传播的重新启动进行比较）。模拟退火搜索在解决组合优化问题方面取得了成功。

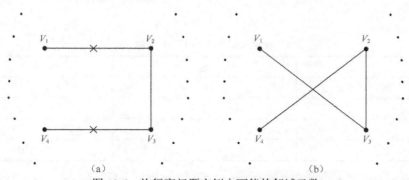

图 12.6 旅行商问题实例中可能的邻域函数
（a）在当前的解决方案中，假定切割数 $d = 2$ （b）重新排列所引用的边

12.2 遗传算法

1831 年 8 月，小猎犬号舰艇离开伦敦，开始环球探险之旅。它的任务是搜集植物、动物和化石样品。一位年轻的自然学家（物理人类学家）查尔斯·达尔文也在船上。这次航行历时 5 年，搜集了大量的实体样本。小猎犬号舰艇上全体船员的探险之旅在达尔文的 *The Voyage of the Beagle* 一书中有生动的描述（见图 12.7）[5]。

在接下来的几十年里，达尔文花了大量时间来分析航行中搜集到的样本。20 世纪 40 年代，他开始通过信件向同事传播新的进化论。带着些许的不安，他承认自己很担心人们以为他疯了。1857 年，

图 12.7 小猎犬号舰艇。查尔斯·达尔文曾随这艘舰艇探险，他花了 5 年时间，搜集了来自世界各地的植物、动物和化石的实体样本

他公开发表了进化论。1859 年，他的《物种起源》（*Origin of Species*）正式出版[7]。在这本书中，达尔文创造出了"适者生存"（survival of the fittest）一词。达尔文认为，生物种群（包括动物和植物）具有适应性。换句话说，那些使生物体更适合生存环境的性状，在经过几代之后会更频繁地出现，他将这种趋势称为**自然选择**（natural selection）。你可以将自然选择视为一种学习方式，通过该方式，物种（而不是物种中的个体）能够学习如何更好地适应环境。

20 世纪 60 年代后期，约翰·霍兰德（John Holland）在密歇根大学提出了遗传算法（Genetic Algorithm，GA）。他的著作《自然系统和人工系统中的适应》（*Adaptation in Natural and Artificial Systems*）[8]宣传推广了该算法。他解释说，遗传算法的灵感来自达尔文的著作。

约翰·霍兰德

在遗传算法中，解通过一个字符串来表示。在典型的遗传算法中，这个字符串是二进制串——一个由 0 和 1 组成的序列，当然用实数和其他表示方法也是可行的。该字符串通常被称为**染色体**（chromosome）。

假设需要设计一个遗传算法，目标是学习表 12.1 所示的双输入与非（NAND）函数（见第 5 章）。

表 12.1   双输入与非（NAND）函数

x_1	x_2	$x_1 \uparrow x_2$
0	0	1
0	1	1
1	0	1
1	1	0

可使用多种方式来表示表 12.1 中的信息。比如，你可以选择一种 12 位的表示法，以行为主顺序书写表 12.1 的内容（也就是在第 1 行的内容后紧跟第 2 行的内容，其余以此类推），如 001011101110。你也可以选择写入表 12.1 中最右列的内容，得到 1110，其中第 i 位表示对第 i 行中的操作数进行 NAND 运算的结果。例如，1110 中的第 3 位是"1"，这是对"1"和"0"（第 3 行操作数）进行 NAND 运算的结果。由于遗传算法是并行算法，因此可以从字符串种群开始。另外，典型的遗传算法是盲目搜索算法的一个实例（见第 2 章），在这种搜索算法中，没有给定任何领域知识。这一特点也使得遗传算法具有所谓的弱方法的特征（见第 7 章）。本例采用的种群大小为 4，每个字符串将随机生成，由 4 位数字组成。

遗传算法的核心是**适应度函数**（fitness function），又称收益函数（payoff function）。字符串的适应度旨在衡量字符串有效解决给定问题的程度。

如果某个适应度函数有用，那么它应该做的不仅仅是表明一个字符串是否解决了问题，它还应该能给出该字符串与理想解的接近程度。在上面的问题中，一个自然的适应度函数的度量是，每正确表示 NAND 函数表中的一行，就奖励该字符串 1 分。

参考图 12.8，第一行字符串 1010 的适应度为 3；这是因为 1010 正确地包含表 12.1 中的第 1、3、4 行的结果。只有第 2 行的结果不正确，因为 0 与 1 的与非（NAND）运算结果等于 1 而不是 0。遗传算法是一个**迭代过程**（iterative procedure）。该算法通过一系列阶段（stage）进行迭代，在每个阶段，算法都收敛于一个解。初始字符串的集合，也就是那些随机生成的字符串，被称为**初始种群**。因此，在图 12.8 中，可以观察到，由 P_0 表示的初始种群为 {1010, 0000, 1101, 0110}。在每个阶段（或迭代中），将遗传算子应用于字符串，生成一个新的字符串种群，这个新的字符串种群可能包含了一个更好（或更理想）的解。因此，通过遗传算法可生成一系列字符串种群：$P_0, P_1, P_2, \cdots, P_i, \cdots, P_{maxcount}$。当 $P_{maxcount}$ 包含理想的或足够好的解时，就可以停止该算法。否则，该算法可能因为超出其时间限制而得不到合适的解。

有些人区分了字符串的评估（它解决问题的有效程度）与适应度（它在复制过程中有多少优势），稍后我们将对此做出解释（Vafaie 等人，1994）。

也可能存在其他的算法停止准则。如果过了几代之后，只有一点点或几乎没有改进，则可以停止遗传算法的运行。

可参考第 4 章中有关期望值的讨论。

3 个典型的遗传算子分别是**选择**（selection）、**交叉**［crossover，又称**重组**（recombination）］和**突变**（mutation）。这 3 个遗传算子被用于种群 P_i，以生成下一个种群 P_{i+1}。选择算子用于选择参与形成下一个种群的个体（即字符串或染色体）。一种选择方法是**轮盘选择**（roulette wheel selection），在这种选择方法中，第 i 个字符串 S_i 有 $f_i / \Sigma f$ 的概率被选中，形成下一个种群。其中 f_i 是字符串 i 的适应度，Σf 是当前种群的总适应度。因此，字符串 S_i 被选中的概率与其在种群中适应度的百分比成正比。

字符串	适应度
1010	3
0000	1
1101	2
0110	3

图 12.8　随机生成的 4 个 4 位数的种群，以及每个字符串对应的适应度

如图 12.9 所示，如果 $P(S_i) = 0.5$，且选择的字符串数目为 4，则字符串 i 出现的预期次数为 2。

字符串	适应度	$P(S_i)$ 选中字符串的概率 $=f_i/\Sigma f$	预期次数	实际次数（使用轮盘选择法）
S_1: 1010	3	3/9	3/(9/4)=4/3	1
S_2: 0000	1	1/9	1/(9/4)=4/9	0
S_3: 1101	2	2/9	2/(9/4)=8/9	1
S_4: 0110	3	3/9	3/(9/4)=4/3	2
	总适应度 =9 最大适应度 =3 平均适应度 =3			

图 12.9　NAND 问题的初始种群，图中还显示了字符串被选中的概率和预期次数

在轮盘选择中，可以假设构成现有种群的字符串被放置在圆盘中，其中圆弧长度与其适应度成正比（见图 12.10）。

这是从 0 到 1 的半闭合半开区间[0,1)，包括 0，但不包括 1。具体请参考微积分教材。

当然，在遗传算法中，轮盘并不旋转，而是生成区间[0,1]上的随机数。

假设已经随机选择了 4 个字符串，如图 12.9 的最右边一列所示。换句话说，字符串 S_1 和 S_3 出现一次，字符串 S_4 出现两次。

现在可以从图 12.11 最左列所示的中间字符串池中生成下一代种群。为了做到这一点，在这些字符串上应用交叉算子。交叉算子是一种遗传算子，旨在通过共享遗传物质，从双亲字符串中生成后代字符串。例如，一位高鼻梁的男士与一位低鼻梁的女士结婚，预计他俩的孩子会有中等高度的鼻梁。

使用某种形式的交叉，随机选择一对"伴侣"，接下来随机生成单个交叉点，最后产生两个后代，如图 12.12 所示。

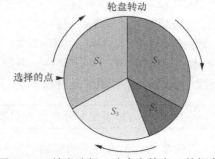

图 12.10　轮盘选择，选中字符串 S_i 的概率与 $f(S_i)/\Sigma f$ 成正比。$P(S_1)=(3/9)$，$P(S_2)=(1/9)$，$P(S_3)=(2/9)$，$P(S_4)=(3/9)$

从初始种群中选择的字符串	伴侣（随机选择）	交叉点（随机选择）	交叉后的种群	新种群（已应用突变）	$F(S_i)$ 为新种群的适应度
S_1: 1010	2	1	1110	1110	4
S_2: 0110	1	1	0010	0110	3
S_3: 1101	4	3	1100	1100	3
S_4: 0110	3	3	0111	0111	2
				总适应度 = 12 最大适应度 = 4 平均适应度 = 3	

图 12.11　下一代种群的形成。注意，这里从 P_0 中的两个 S_4 的副本、一个 S_1 和一个 S_3 副本开始。但是，为了方便参考，字符串将重新编号为 $S_1 \sim S_4$

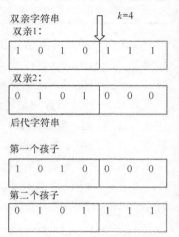

图 12.12　两个双亲字符串之间的交叉（交叉点 $k=4$）

为了简化讨论，本书忽略了对显性性状和隐性性状的讨论。例如，对于人类来说，棕色眼睛是显性性状，而蓝色眼睛是隐性性状（父母双方都必须携带该基因）。更多细节请参考遗传学方面的教材。

假设交叉点 $k=4$，第一个孩子与双亲 1 在交叉点（1～4 位）之前以及双亲 2 在交叉点之后（5～7 位）的遗传物质相同。类似地，第二个孩子分享双亲 2 在交叉点之前、双亲 1 在交叉点之后的遗传物质。在交叉后，得到图 12.11 中第 4 列的字符串。交叉过程完成后，对种群中的每一位应用突变算子。突变以较小的概率（大约等于 0.001）翻转每一位，将"1"变为"0"，或将"0"变为"1"。在自然界中，突变有助于确保遗传的多样性。通过突变发生的大多数性状都不是优势性状，因此会快速消失。然而，突变偶尔也会产生一些具有生存能力的优势性状，这些性状将在随后的世代中变得更加普遍。在上面的示例中，令突变的概率等于 0.1。

从图 12.11 可以观察到，字符串 S_2 中的第二位发生了突变，0010 变成了 0110（第 5 列，第 2 行）。新种群的适应度位于图 12.11 的最右边一列。注意，种群 P_1 的适应度的平均值、最大值和总适应度，相对于种群 P_0 都有所增加。另外请注意，种群 P_1 中最适应的字符串 S_1 等于 1110，它的适应度为 4，问题得以解决，因此 P_1 是最终的种群。概括来说，遗传算法具有并行性、概率性、迭代性和盲目性 4 个特点。

这里的示例只用于解释概念或过程，请勿作为实际应用的指导。

遗传算法首先将问题的解编码为一个字符串，然后应用适应度函数，以衡量这个字符串解决问题的好坏程度。程序开始于随机生成字符串种群，然后通过选择、交叉和突变算子生成后续种群，直至某一代中有一个字符串精确或令人满意地解决了问题。当然，人们还观察到，在求解问题的过程中，遗传算法也有可能无法取得令人满意的结果。图 12.13 说明了遗传算法的平行性。

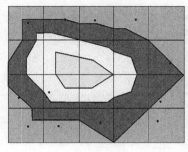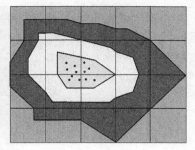

（a）　　　　　　　　　　　　　　　　（b）

图 12.13　遗传算法的搜索过程

（a）随机生成的点遍布搜索空间　　（b）可以观察到，在经过一定次数的迭代之后，点正在收敛到全局最优值

遗传算法的伪代码如图 12.14 所示。

```
Genetic algorithm search

1. Randomly generate S₁, S₂, ···, Sₙ from state space. // Initial
   population of strings - P₀.

2. Calculate the fitness for each string - f(S₁), f(S₂), ···, f(Sₙ).
3. Count = 0
4. While count < maxcount and progress being made and ideal
   solution not found.
5. Count = Count + 1
6. Select mates from the current population
7. Apply crossover
8. Apply mutation
9. Calculate the fitness for this new population of strings
10.      // end while

/*Print the string with the highest fitness from the last
population. If fitness equals ideal fitness (best possible), indicate
that the solution is exact, otherwise state that it is the best
possible. If no progress is made for several generations, specify that
GA is not converging toward an exact solution. */
```

图 12.14　遗传算法的伪代码

例 12.1：机器人目标导航的遗传算法

如图 12.15 所示，假设机器人从方格 S 开始移动，必须到达目标方格 G。

机器人可以沿各个方向（东、南、西、北）一次移动一个方格。只要没有超出棋盘约束，移动就是合法的。例如，机器人在方格 E 时，不能向西移动；在方格 F 时，不能向东移动；在方格 A 时，不能向南移动。在遗传算法中，第一步是将解编码为一个字符串。我们分别用字符串 00、01、10 和 11 来编码向北、向南、向东、向西的移动。假设认为通过 4 次移动可以到达目标，那么 4 次移动的序列可以用长度为 8 的字符串来表示。这是一个小问题，可以令种群大小为 4（参见图 12.16 的最左列）。

下一步是确定合适的适应度函数。一个自然的选择是使用到达目标的曼哈顿距离[①]。然而，如果采用曼哈顿距离作为适应度函数的话，字符串越好，分配的适应度就越低。一般来说，我们希望求解问题越精确的字符串分配的适应度越高。因此，这里使用函数 $f(S_i) = 4 - (S_i$ 引导机器人到达目标的距离），就可以满足上述条件。例如，在图 12.16 中，字符串 S_3 的适应度为

---

① 曼哈顿距离（Manhattan Distance）是指两点在 X 轴方向上的距离加上它们在 Y 轴方向上的距离，即 $d(i,j) = |x_i - x_j| + |y_i - y_j|$。
——译者注

2，因为 $S_3 = 00010000$。首先将机器人向北移动一个方格，然后向南移动一个方格（机器人回到方格 S），最后向北再移动两个方格，使得机器人到达方格 F。回顾一下，从方格 F 到方格 G 的曼哈顿距离是这两个方格之间距离（而不是实际距离）的估计值。因此，字符串 S_3 的适应度等于 2，如图 12.16 所示。按照类似的方式，可以计算其余字符串的适应度。

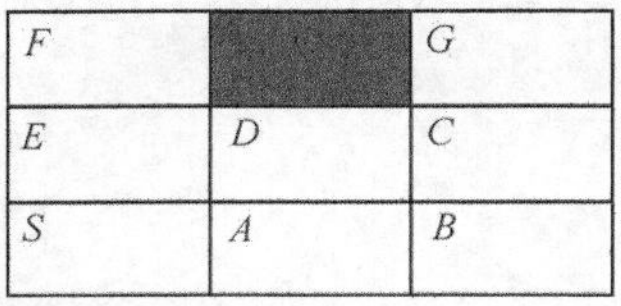

初始种群	适应度	$P(S_i)=f_i/\Sigma f$	期望值	实际值
S_1: 10101111	0	0	0	0
S_2: 10100001	2	1/3	4/3	2
S_3: 00010000	2	1/3	4/3	1
S_4: 10111000	2	1/3	4/3	1
	总适应度 =6 最大适应度 =2 平均适应度 =1.5			

图 12.15　机器人必须从方格 S（起始）到达方格 G（目标）

图 12.16　机器人问题中的初始种群 P_0

如图 12.16 所示，可以观察到，这里选中了字符串 S_2 的两个副本以及字符串 S_3 和 S_4 的各一个副本，来构建下一代种群。图 12.17 显示了这个过程的详细信息。在该例中，由于选择了更接近实际情况的突变概率 0.001，因此我们注意到突变在模拟中不起作用。在第 1 行第 4 列，我们观察到字符串 S_1 已经解决了问题，它的适应度为 4。此外，请注意，这个种群中发生了一些有趣的事情。尽管这个种群的总适应度和平均适应度都下降了，但字符串 S_1 确实把机器人带到了方格 G，稍后我们会讨论这种异常情况。

从初始种群中选择的字符串	伴侣（随机选择）	交叉点（随机选择）	交叉后的种群	$F(S_i)$ 为新种群的适应度
S_1: 10101111	2	4	10100000	4
S_2: 00010000	1	4	00011111	0
S_3: 10100001	4	6	10101000	0
S_4: 10111000	3	6	10110001	0
	总适应度 =4 最大适应度 =4 平均适应度 =1			

图 12.17　在模拟中构建的第二代种群

经过上面的讨论，读者可能会有疑问："为什么遗传算法有效？""为什么随机生成的字符串，通过重复地选择、交叉和变异，可以收敛得到一些函数的全局最优值？" Holland 对遗传算法收敛的解释用到了**模式**（schema）的概念[10]。为简化讨论，假设使用二进制字符串来表示遗传算法中的染色体。

如果染色体字符串的长度为 L，那么遗传算法就具有由 2^L 个位于 L 维空间中的点组成的状态空间。具体地说，如果令 $L=3$，那么状态空间就是由图 12.18 所示的立方体的 8 个顶点组成的。模式就是扩展字母系统 {0, 1, *} 中的一个字符串，其中不必关心 * 是什么符号（即 * 可以匹配 0 或 1）。例如 **0、1*1 和 110 是 3 种模式，模式的阶是它们包含的原始字母符号的数量。这 3 种示例模式的阶分别是 1、2、3。Holland 和 Goldberg 描述了将模式视为表示状态空间子空间的方式[10,11]。例如，参见图 12.18（c），可以确认模式 0**与 000、010、001 和 011 中的任何一个都匹配，表示立方体的前平面；而模式 1*1 匹配 101 和 111，表示右后垂直边，110 则代表这个点本身。比起这些点本身所包含的信息，遗传算法中的每个种群都揭示了更多的信息。每个字符串提供了包含每个点的众多模式所对应的所有超平面（和子空间）的信息。在文献中，这种性质被称为**隐式并行性**（implicit parallelism），它有助于解释遗传算法的鲁棒性。因此，我们在每一代中可以获得更多信息用于指导搜索。

　　模式的长度被定义为 $\Delta(H)$，即最右侧和最左侧出现的 0 或 1 之间的距离。例如，模式 1***0 的长度为 5−1 = 4，而模式 010 ** 的长度为 2。通过一个交叉点对长度为 L 的模式进行解耦的概率为 $\Delta(H)/(L-1)$。可以观察到，长度较短的模式不太可能受到干扰。我们定义长度短、高度匹配的图式为**构建块**（**building block**）。Goldberg 描述了将这些构建块结合起来形成最优解的方法[11]。他把这个过程比作商务会议上的头脑风暴，每位参会者都有一个如何解决所讨论问题的想法。这个想法与其他想法一起，通过反复地取其精华弃其糟粕，互相结合，最终形成了一个所有与会者都同意的想法。假设遗传算法的目标是最小化函数 $f(x)=x^2$，其中 x 是一个介于 0 和 127 之间的整数。染色体将由 7 位组成（思考一下为什么）。模式 000 ****、* 000 ***和** 00 ***具有较高的适应度。遗传算法与这些构建块（以及其他构建块）一起工作，有时会将它们组合起来，就像头脑风暴期间很多想法被组合起来一样。模式定理（Schema Theorem）为遗传算法提供了数学基础。模式定理指出，可以预期高于平均适应度的模式在下一代将变得更加频繁（模式定理的更简洁的陈述和证明参见参考文献[10]或[11]）。但就短期而言，平均适应度或总适应度下降了一些，这是相当合理的（参见例 12.1）。

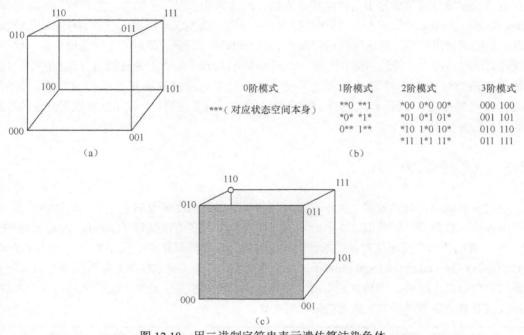

图 12.18　用二进制字符串表示遗传算法染色体
（a）染色体长度等于 3 时遗传算法的状态空间　（b）字符串长度等于 3 时的所有模式
（c）3 个模式的子空间——由模式 0**（前平面）表示的子空间，由模式 1*1
（右后垂直边）表示的子空间，而模式 110 仅代表左后顶点这里有几点仍然需要澄清。在早前思考的示例问题中，种群规模是 4。实际的遗传算法应用通常会使用数百到数千个染色体。计算若干代中所有这些字符串的适应度，需要相当大的计算能力。20 世纪 80 年代后期，随着当时处理器速度的快速提高，遗传算法得到了广泛应用。

本节只提到一个用于选择的模型——轮盘选择，实际上也有其他选择范式。其中一个是**精英选择**（elitist selection）。在精英选择中，需要保证最好的或几个较好的字符串被包括在形成下一代的种群中。但必须注意避免**过早收敛**（premature convergence），在过早收敛的情况下，"超级适应"的个体大量繁殖，种群的多样性随之下降，收敛会得到局部最优结果。在自然界中，这被称为**遗传漂移**（genetic drift）。由于自然界中的动物或植物只需要拥有适合生存的模式即可（最优性状不是强制性的），因此这不是个问题。为了控制遗传漂移，可以采用**放缩选择**（scaled selection），在此过程中，基于种群平均适应度统计学上的比较，进行繁殖。在模拟过程中，可以允许增加选择强度（注意与模拟退火中温度参数 T 的相似性）。最后，在**锦标赛选择**（tournament selection）中，种群被划分为亚群。每个亚群的成员彼此竞争，并且每个亚群的胜利者将被包括到形成下一代的种群中。

在过去的几十年里，遗传算法被应用到了许多领域，得到广泛的认可。遗传算法已被用于股票市场预测和投资组合规划。Kurzweil[12]表示，目前在股票购买决策中，遗传算法的渗透率已经达到 10%，而这个比例在 21 世纪中叶将会大幅飙升。遗传算法还被用来预测外币汇率。遗传算法特别适用于调度问题。你可能记得，由于轨道卫星超出范围，来自国外的电视报道在电视机的屏幕上逐渐消失（渐隐现象）。2001 年，E. A.威廉姆斯（E. A. Williams）、W. A.克罗斯利（W. A. Crossley）和 T. J.朗（T. J. Lang）[14]使用遗传算法辅助调度电视卫星轨道，最小化了这种渐隐现象。在伦敦希思罗机场，遗传算法还将机场着陆延迟降低了 2%～5%[14]。在为反向传播网络寻找适当的权重以及形成适当的网络拓扑方面，遗传算法也取得了成功。感兴趣的读者请参阅Negnevitsky[15]和 Rojas[16]的讨论。前面曾提到，适应度函数不仅应该指出一个字符串是否解决了问题，还应该指出它接近解决问题的程度。Chellapilla 和 Fogel[17]最近的工作值得关注，他们使用遗传算法来帮助人工神经网络（Artificial Neural Network，ANN）演化以进行跳棋游戏。他们的适应度函数仅仅表示结果是赢还是平局，而 ANN 本身的任务是发现游戏策略。他们的Anaconda 程序在对抗 Chinook（见第 16 章）和人类棋手时表现出色，但是没有取得完全的胜利。它的积分约为 2045，属于专家级别。

12.3 遗传规划

在遗传算法中，问题被编码为字符串。遗传算子在适应度函数的引导下，迭代地修改这些字符串种群，直到某个字符串解决了给定的问题为止。而在遗传规划（Genetic Programming，GP）中，我们使用字符串来对问题求解的程序编码。遗传算子作用于程序本身。这些程序通过类似于计算内省（computational introspection）的过程，基于问题求解的好坏程度进行自我评估，重新编写自己以求改善。遗传规划中的程序被编码成树而不是字符串。遗传规划与基于列表的LISP（以及其他函数式语言）语言搭配使用更佳。

近期的很多研究集中在线性遗传规划上，用的是诸如 C++或 Java 的命令式语言。

例如，函数 $f(x, y, z)$可以编码为(f x y z)——由函数 f 与其参数列表组成。当程序运行时，计算该函数。在 LISP 中，列表可以由**终结符**和函数组成。比如，X、Y、Z、1、2、3 就是**终结符**，

而<、+、*和 IF 是函数。LISP 程序可以写成嵌套
列表的形式，该嵌套列表的语义对应于一棵树。
例如，如图 12.19 所示，(*x(*yz))对应的算式是
x*y*z，而+((*xy)(/yz))对应的算式是(xy) + (y/z)。

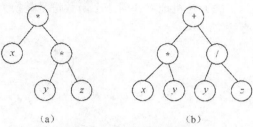

正如这些例子所示的那样，在 LISP 中，指令
的格式就是带参数的函数的格式。

在遗传规划中，常见的遗传算子是交叉、反
转（inversion）和突变。为了完成这些算子，必须

图 12.19 两个程序及其含义

识别列表中可以发生修改的断裂点（fracture point）。断裂点可能位于子列表的开头或结尾。

交叉算子的执行步骤如下（见图 12.20）。

（1）从当前的种群中选择两个程序。

（2）随机选择两个子列表：每个双亲一个子列表。

（3）在后代中交换这些子列表。

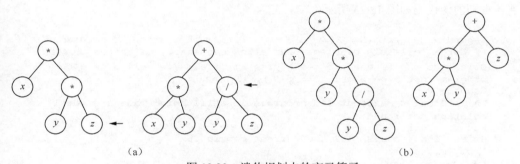

图 12.20 遗传规划中的交叉算子

(a) 从两个双亲中选择的断裂点（←） (b) 交叉后的后代

反转算子的执行步骤如下（见图 12.21）。

（1）从种群中随机选择一个个体。

（2）在这个单独的程序中选择两个断裂点。

（3）交换所指定的子树。

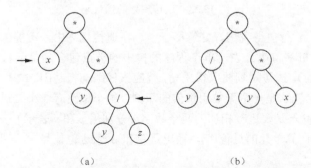

图 12.21 在一个双亲中执行的反转算子，产生单个后代

(a) 从程序中选择两个断裂点（→；←） (b) 反转后的新程序

最后，突变算子的执行步骤如下（见图 12.22）。

（1）从种群中选择单个程序。

（2）随机地将任何一个函数符号替换为另一个函数符号，或者将任何终结符替换成另一个终结符。

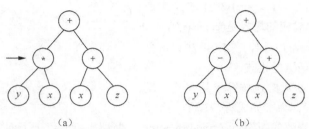

（a） （b）

图 12.22 突变算子改变了单个双亲，生成一个后代
（a）突变前的个体，这里指出了选择节点
（b）突变后的个体，注意在所选节点处，乘法运算已经变为减法运算

在执行突变算子时，为了避免错误，必须进行类型检查。例如，必须检查运算对象是数字型还是逻辑型。

遗传规划的伪代码如图 12.23 所示。

```
1. Randomly generate S₁, S₂,···, Sₙ // initial population of programs
2. // For a realistic problem, population can easily be in the thousands
3. Calculate the fitness for each program, i.e.: How well does each
   program solve the problem? - f(S₁),f(S₂),···, f(Sₙ)
4. Count = 0
5. While Count < maxcount and progress is still being made and ideal
   solution not found.
6. Count = Count + 1
7. Select individuals from the current population
8. Apply crossover
9. Apply inversion
10.Apply mutation
11. Calculate the fitness for this new population of strings
12. // end while

/*Print the string with the highest fitness from the best population.
If the program provides an ideal solution for the problem indicate that
the solution is exact, otherwise state that it is the best possible.
If no progress is made for several generations then specify that the GP
is not converging toward an exact solution.*/
```

图 12.23 遗传规划的伪代码

上述伪代码的第 1 行值得我们好好解释一番。在遗传规划中，不能像遗传算法那样生成二进制或其他形式的随机字符串。表示单个程序的树中的节点包含的是函数或终结符，这些内容通常被称为基因（gene）。遗传规划要取得成功，就应该仔细选择基因。试着考虑一个全加器（Full Adder，FA）电路，尽管这是一个无实用价值的示例。这个电路有 3 个二进制输入和两个二进制输出（见图 12.24）。输入是要进行相加的两个数字（分别用 x 和 y 表示）——加数和被加数，以及来自右边一个相似计算单元的进位 C_i。输出是总和 S 及进位信号 C_o（即作为进位信号从 FA 左侧传出）。

图 12.25 给出了 FA 的真值表，即对于每一组输入，真值表给定了正确的输出。当然，在许多计算机中，为了执行加法，可对 32 位 FA 进行串联（其中 32 是机器的字宽）。

本例将应用遗传规划算法构建一个类似于 FA 的程序。一组合适的基因是 {0, 1, +, ·, '}。0 和 1 表示终结符，+、·和'分别表示或（OR）、与（AND）、非（NOT）函数（见图 12.26）。

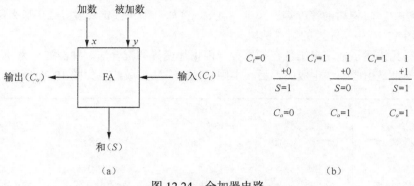

图 12.24 全加器电路
（a）全加器电路的示意图   （b）3 个加法样例

x	y	C_i	S	C_o
0	0	0	0	0
0	0	1	1	0
0	1	0	1	0
0	1	1	0	1
1	0	0	1	0
1	0	1	0	1
1	1	0	0	1
1	1	1	1	1

x	y	+
0	0	0
0	1	1
1	0	1
1	1	1

x	y	•
0	0	0
0	1	0
1	0	0
1	1	1

x	x'
0	1
1	0

（a）   （b）   （c）

图 12.25 FA 的真值表   图 12.26 或函数、与函数和非函数的真值表
（a）或（OR）函数   （b）与（AND）函数   （c）非（NOT）函数

值得注意的是，任何能够模拟{+, *, '}行为的函数集都是足够的。例如，第 5 章介绍的 NAND 函数（↑）也能在这里使用。

通常认为科扎（Koza）是"遗传规划之父"。他推荐了生成随机种群的 3 种策略：成长法、完全法和混合法。他还建议在初始种群中不允许重复。

通过成长法，一棵树可以生长到任意深度，直到某个指定值 m。

每个节点都是随机选择的，要么是一个终结符，要么是一个函数。当然，叶节点（树底部的节点）必须是终结符。如果选择一个节点作为函数的话，那么它的直接后代必须是终结符，并且必须有一定数量的终结符，这个数量等于函数的参数量。例如，加法有两个后代，而减法则只有一个后代。假设最大的深度 $m = 3$，则 FA 问题的初始种群中可能的树如图 12.27 所示。

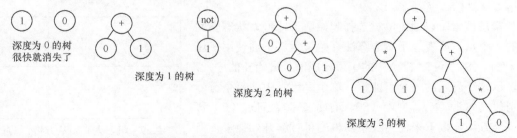

图 12.27 使用成长法生成的初始种群中可能的树（深度上界 $m = 3$，这里的与运算用符号*表示）

在完全法中，每棵树的深度等于预定深度 d。例如，如果预定深度 $d=2$，那么每棵树将由 3 层构成，与图 12.27 中从左数的第 5 棵树一样。

最后，科扎描述了他用来维持在初始种群内增加变异的混合法。种群被分为 $m*d-1$ 部分。每一部分的一半是由成长法生成的，另一半则是由完全法生成的，如图 12.28 所示。

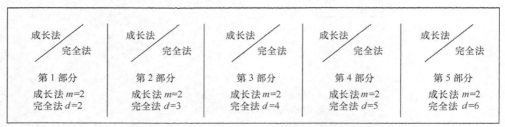

图 12.28　使用混合法时遗传规划的初始种群的组成情况

遗传规划已被成功应用于许多领域，包括天线设计[18]、现场可编程门阵列（Field-Programmable Gate Array，FPGA）、模式识别[19]和机器人技术[20]等。在已经获得专利的设备上以及在已发表的新发明中，科扎引用了相同的功能[21]。

12.4　禁忌搜索

本章到此为止已经讨论了一些受自然启发的搜索范式。其中模拟退火起源于物理退火——一种试图让材料中的原子按照能量最小化原则进行重排的冶金工艺。进化算法（GA 和 GP）则使用了受自然选择启发的算子，分别寻找问题解或构建问题求解的程序。接下来本节将要描述的搜索范式，看起来则是社会习俗的一种映射。

禁忌是一种即使没有被明令禁止也不太受欢迎的文化行为。当然，随着时间的推移，曾经禁忌的行为，现在可能已为人们所接受。

20 世纪 70 年代，弗雷德·格洛韦尔（Fred Glover）[22]提出了禁忌搜索（Tabu Search，TS）算法。该算法采用了两类列表：**禁忌表**（tabu list）和**解禁表**（aspiration list）。回想一下，为了防止收敛到局部最优值，模拟退火使用了温度参数 T，允许以一定的概率回跳。而禁忌搜索同样允许回跳。禁忌表的出现是为了防止重新访问搜索空间中先前访问过的点，同时也是为了防止循环。如果移动到 $x*$ 可以明显地增加目标函数 $f(x)$ 的值，例如 $f(x*) \geqslant f$(任何以前访问的点)，那么尽管移动到 $x*$ 是一种禁忌，也将是允许的。解禁表监测了这些情况。

为了简要说明禁忌搜索算法，下面回顾 12.2 节的机器人目标导航问题。同样，机器人必须从方格 S（起点）到达方格 G（目标），参见图 12.29。

禁忌搜索可以通过随机选择起始解（即搜索状态空间中的一个点）或者基于贪心算法开始搜索。下面使用字母表（"N""S""W""E"）中的字母构成的长度为 4 的序列，来表示这个问题的一个可能解，这个字母表中的每个符号分别代表向北（N）、向南（S）、向西（W）、向东（E）移动一个方格。接下来使用一个随机的可行解开始搜索，但是不能让机器人跑出整个网格（细节见 12.2 节）。这里选择

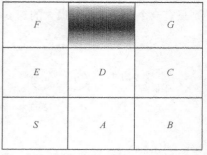

图 12.29　机器人必须从方格 S（起点）到达方格 G（目标）

的起始解是 $x_0 =$ ENWS。这里同样使用适应度函数 $f(x_i) = 4 -$ 执行样本点 x_i 移动后与目标的曼哈顿距离。我们称函数 f 为目标函数，禁忌搜索中的解不一定是字符串，因此这里使用 x_i 而非 s_i 来表示。在本例中，x_0 将机器人向东移一个方格，然后向北移一个方格，接下来向西移一个方格，最后向南移一个方格，最终将机器人带到起始方格 S。因此，此时的目标函数 $f(x_0) = 4 - 4 = 0$。

如果说禁忌搜索存在某种生物学基础的话，那么这种生物学基础就是记忆在决策中的重要性。决策水平理应随着经验的积累而提升。禁忌搜索同时使用**短期记忆（short-term memory）**和**长期记忆（long-term memory）**。短期记忆会以新近禁忌表的形式被纳入搜索中。最近访问的状态空间中的状态，在一段时间内不能被重新访问，这段时间被称为**禁忌占有期（tabu tenure）**。实际上，这指的是将一个点 x_i 转换成禁忌表中的 x_j 所需执行的移动 m（其中 $x_i + m = x_j$）。这种策略是在鼓励“探索”。长期记忆反映在解禁准则的使用中。前面曾提到，如果 $f(x^*)$ 优于任何以前访问的点 x_i，那么即使 x^* 被禁忌表禁止，在解禁准则下也仍然可以访问 x^*。其他的解禁准则如下。

（1）默认解禁。如果所有的移动都是禁忌，那么选择最早的移动。

（2）定向解禁。倾向于过去导致 $f(x)$ 改善的移动。这一启发式方法促进了“利用”。

（3）影响解禁。倾向于那些引导到状态空间中未探索区域的移动。这一启发式方法有利于“探索”[23]。

长期记忆还包括基于频率的禁忌表。自搜索开始，这种禁忌表就会监测每个移动的使用频率。

回到上面那个简单的机器人目标导航问题。其中，$x_0 =$ ENWS，并且 $f(x_0) = 0$。每一步移动对应于单步改变（相当于 4 个字母中只改变一个字母）。当选择移动时，需要确保存在从 x_0 到最优解的一条路径。对于这里的简单问题，我们不用担心这个条件，但是当遇到更实际的问题时，这个条件不容忽视。这里的机器人目标导航问题的状态空间中共有 $4^4 = 256$ 个点（即解空间的大小为 256）。其中许多点对应的解是不可行的，这是因为这些解会将机器人带出整个网格。

样本点 x_j 的邻域 $N(x_j)$ 指的是从 x_i 出发经过一步移动（本例指的是 x_i 中的一个字母发生变化）就可以到达的所有点。更确切地说，可以将 x_j 在时间 k 的邻域记为 $N(x_j, k)$，这是因为随着搜索的进行，邻域会发生改变（并且各种禁忌准则和解禁准则也会被更新）。在中等规模或大规模的问题中，内存使用的效率也可能成为禁忌搜索的关注点，这一点并不奇怪。在时间 0（搜索刚刚开始），x_0 的邻域 $N(x_0, 0)$ 包含了 12 个额外的样本点（这里的额外指的是除 x_0 外）。可以观察到，在 4 个方向中每个方向上的任意一步移动，都可以使得该方向转变成其余 3 个方向之一①。值得注意的是，在这 12 个样本点中，有一些是不可行的。例如，ENNS 试图进入方格 F 和方格 G 之间的灰色方格，这是不可行的。所做出的任何移动都会反映在基于最近事件的禁忌表（Recency-based Tabu List，RTL）中。这种禁忌表的初始格式如下：

1	2	3	4	RTL
0	0	0	0	

RTL$(i) = j$ 指的是某个样本点第 i 位的最后一次修改时间是 j。可以看到，由于一开始没有任何移动，因此这个表的所有元素都被初始化为零。

假设在时刻 1 选择属于 x_0 的领域 $N($ENWS$, 0)$ 的点 $x_1 =$ ENWN。请注意，由于 ENWN 将机器人留在方格 D 中，这与方格 G 的曼哈顿距离为 2，因此 $f(x_1) = f($ENWN$) = 2$。现在，RTL 更新为

① 记住，本节所说的解或样本点指的是由 4 个字母组成的一个序列。这里的起始点 $x_0 =$ENWS，其中的每个字母都可以用另外 3 个字母代替，于是通过一步移动（这里的移动不是网格中机器人的一次真实移动，而是两个解之间单个字母的改变，如 ENWN→NNWN）能够得到的解的数目为 4×3=12。——译者注

1	2	3	4	RTL
0	0	0	1	

RTL(4) = 1，这表示第 4 位最后改变的时刻为 1。任何移动都会在禁忌表中保留 k 个时间单位。换句话说，在足够长的时间过去之前，这些移动无法再次进行。这个 k 值被称为禁忌占有期，k 必须指定。假设 $k=3$，那么第 4 位在 3 个时间单位内不能再次修改。换句话说，直到时刻 4，第 4 位才能再次修改。在这个例子中，如果禁忌占有期的值设置得太大，比如 $k = 4$ 或 5，会发生什么情况呢？

在时刻 2，因为没有其他的移动会使机器人更接近方格 G，所以将 x_1 = ENWN 修改为 x_2 = EEWN。此次修改了第 2 位，也就是将 N 改为 E。可以看到，EEWN 也将机器人带到方格 D，因此 $f(x_2)$ 仍然等于 2。此时 RTL 更新为

1	2	3	4	RTL
0	2	0	1	

在时刻 3，第 2 位和第 4 位出于禁忌的原因不能修改。通过将第 3 位从 W 改为 N，得到 x_3 = EENN。最后，RTL 更新为

1	2	3	4	RTL
0	2	3	1	

更重要的是，所提出的这个解的适应度为 $f(x_3)$= 4–0 = 4，因此 EENN 会将机器人带到方格 G，问题得到解决。就使用基于频率的禁忌表和解禁表的禁忌搜索来说，我们很难构建出如此简单的示例。想使用禁忌搜索解决现实世界问题的读者可以参考 Glover[24]以及 Glover 和 Manuel[25] 的文献。图 12.30 给出了禁忌搜索的伪代码。

```
1. Randomly choose an initial solution x₀. // A Greedy method can also
   // sometimes be used to get started

2. Calculate f(x₀)  // Objective function

3. Initialize tabu list // Fill in RTL with all 0's

4. Count = 0

5. while Count < maxcount and progress being made and ideal solution
   not found

6. Count = Count + 1

7. Choose xₜ in N(x, t) - (tabu elements)  // Observe that the
                                 // neighborhood changes with time

8. Calculate f(xₜ)

9. Update the tabu list RTL

10.  // end while

/*Output the last solution xₜ and indicate whether this represents an
ideal or approximate solution  */
```

图 12.30　禁忌搜索的伪代码

禁忌搜索已被成功地用于解决许多调度和优化问题，并被应用于 VLSI 设计、模式分类和许多其他问题域[26-28]。

12.5　蚁群优化算法

在第 1 章中，我们将智力定义为应对日常生活需求和解决所出现问题的能力。需要特别指

出的是，实体中的智能不是一种二元属性，换句话说，智能并不是要么存在要么不存在，而是以程度来衡量的。如果要评选出地球上最聪明的生物，可能任何人都不会将蚂蚁列入"前十大名单"。但是，蚁群确实表现出非凡的智能。蚁群表现出来的智能是一种**涌现或突现行为**（**emergent behavior**）的例子，是在某一层次上产生于较低层次的未预见的行为。人类意识就是这样一个典型的示例。人的大脑由 100 多亿个神经元组成，这些神经元被安排用于处理视觉和听觉输入，以及控制呼吸、运动和其他生理功能。意识似乎没有规则，但它存在于我们的"自我"感觉中。这也是一个**自下而上设计**（**bottom-up design**）的例子，其中较低层次的基于规则的组织产生了意想不到的、较高层次的行为。

在这里，起到推动作用的涌现行为来自蚁群的明显智能。蚂蚁可以视为"智能体"——能感知环境，与其他"智能体"沟通，对变幻莫测的环境做出响应的实体。M.多里戈（M. Dorigo）是第一个认识到蚁群行为可应用于组合优化的人[29]。

蚂蚁觅食是一种让人感兴趣的行为。如果在蚁群附近放置食物，则会形成一条路径，使得蚁群能够定位并获取该食物（见图 12.31）。

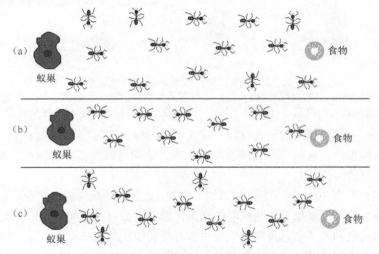

图 12.31　蚂蚁创建了一条从蚁巢到食物的路径，然后沿着这条路径前进
（a）蚂蚁最终会发现食物　（b）然后这些"侦察员"会召集同伴
（c）并不是每只蚂蚁都遵循规定的路径

从图 12.31（a）中可以看到，蚂蚁最终会发现食物。然后，这些"侦察员"在返巢的旅程中，通过化学标记物来召集同伴。它们可以通过释放信息素来做到这一点，这些信息素是在蚂蚁的肠道或特殊腺体中产生的小剂量化学剂。昆虫之间的这种间接通信被称为**共识主动性**（**stigmergy**），它具有如下优点。

（1）一只昆虫并不需要知道与其通信的其他昆虫的位置。

（2）如果发信者死亡，那么这种通信方式将比发信者的生命更持久。

信息素路线鼓励蚁巢其他成员"利用"这些信息。但是，如图 12.31（c）所示，并不是每只蚂蚁都遵循规定的路径。觅食者的这种看似随机的行为促进了"探索"的过程，在这种情况下也就是搜索其他的食物。

前面曾提到，蚁群行为适用于组合优化问题。刚才讨论的路径形成与跟随现象，使得某类蚂蚁能够找到食物与其蚁巢之间的最短路径。Goss 及其同事[30]，以及 Deneubourg 及其同事[31]进行了几项实验，演示了这一路径优化能力。如图 12.32（a）所示，食物和蚁巢之间有不同长度的两条路径：一开始，蚁巢是封锁着的。如图 12.32（b）所示，移开路障后，蚂蚁对选择哪一条路径并无偏好。但蚂蚁同时使用两条路径一段时间后，显然更偏向于较短的那条路径，如图 12.32（c）所示。

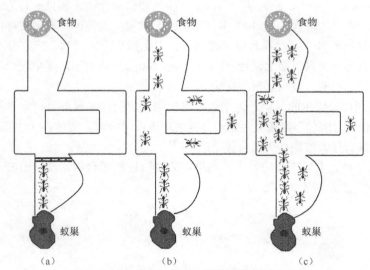

图 12.32 蚂蚁找到从蚁巢到食物的最短路径

（a）蚁巢最初是封锁着的 （b）移除障碍物后，蚂蚁在两条路径上的交通量似乎是随机的 （c）通往食物的最短路径上出现较大的交通量（"利用"），不过在另一条路径上也有一些觅食者（"探索"）

同样，一些蚂蚁继续选择较长的路径，这其实是一种"探索"。关于信息素，它还有这样的特点：随着时间的推移，这种化学物质会挥发出来。这句话可以帮你解释在该实验中为什么蚂蚁会明显选择较短的路径。

选择较短路径具有生物学上的优势。这样蚂蚁在觅食中消耗的能量更少，因此能更快地完成任务；这使得它们可以避免与其他蚁群的竞争，以及与掠食者之间可能的冲突。Dorigo 及其同事[32]采用人造蚂蚁和人工信息素路径来解决旅行商问题（第 2 章和第 3 章中的 TSP）的实例。在模拟中，一群人造蚂蚁从一个城市旅行到另一个城市；旅程是独立随机的，但在路径上有遗留的信息素。

信息素沉积的量与特定旅程的总长度成反比。由于信息素的挥发，较短的旅程比较长的旅程含有更多的信息素。蚂蚁多次进行这一旅行，在随后的旅程中，具有更多信息素的旅程将被更多的蚂蚁访问。在所谓的简单蚁群优化（Simple Ant Colony Optimization，S-ACO）算法中，图中的每条边 (i,j) 都有一定数量的人造信息素 τ_{ij}。每个"智能体"（人造蚂蚁）都能够在路径上留下信息素，并且可以感测其他"智能体"留下的信息素。根据以下公式，每个智能体都将以某种概率决定下一个访问的节点：

$$p_{ij}^{k}(t) = \begin{cases} \dfrac{\tau_{ij}(t)}{\sum_{j \in N} \tau_{ij}(t)} & j \in N \\ 0 & \text{其他} \end{cases}$$

在时刻 t，位于节点 i 处的蚂蚁 k 选择访问节点 j 的概率由 $p_{ij}^{k}(t)$ 表示，边 (i,j) 的信息素水平为 $\tau_{ij}(t)$，N 是相邻节点的集合。当一个"智能体"遍历边 (i,j) 时，它便会沉积一定数量的信息素 $\Delta\tau$。因此，信息素水平可根据下式更新为

$$\tau_{ij}(t) \leftarrow \tau_{ij}(t) + \Delta\tau$$

但是，在将信息素挥发也用作参数时，可以获得更鲁棒的结果，得到

$$\tau_{ij}(t) \leftarrow (1-p)\,\tau_{ij}(t) + \Delta\tau$$

其中，信息素衰变速率由取值区间为[0,1]的 p 表示[33]。ACO 的早期研究主要集中在离散优化领域。ACO 成功地解决了车辆路由问题（Vehicle Routing Problem，VRP）[34-36]，以及网络路由、图形着色（见第 2 章和第 3 章末尾的练习题）、机器调度和最短公共超序列问题 [37]。

尸体聚集是蚁群引起研究人员关注的另一种行为。在一些蚂蚁物种中，人们观察到，工蚁将收集蚂蚁的尸体（或蚂蚁的肢体），形成与坟场相似的类簇[31,38]。图 12.33 详细描述了这种现象。

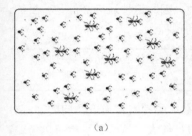 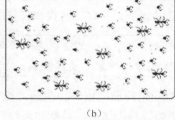 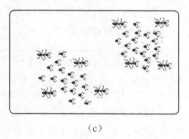

（a）　　　　　　　　　　　　（b）　　　　　　　　　　　（c）

图 12.33　蚂蚁墓地的形成

最初，蚂蚁的尸体是随机分布的。几小时后，你可以观察到工蚁已经开始在堆积蚂蚁的尸体。最后，工蚁堆成了尸体簇。

这种聚集现象是由工蚁促成的蚂蚁尸体之间的吸引力造成的。随着小型尸体簇的增长，更多的工蚁被吸引过来，堆积更多的蚂蚁尸体。这种**正反馈**（**positive feedback**）形成了越来越大的簇。与此相关的另一个行为是某蚂蚁物种对其幼虫的排列，在排列过程中，工蚁收集幼虫。小的幼虫在中间，大的幼虫在周围[39]。这两种行为启发了蚂蚁聚类算法（Ant Clustering Algorithm，ACA）在数据聚类中的应用。

展望未来几十年，人们可以设想应用微型机器人和纳米机器人在手术中以及在人体内部分发药物。

蚂蚁不是唯一的社会性昆虫。蜜蜂、黄蜂和白蚁也受到广泛的研究。我们可以使用群体（swarm）来称呼任何结构化的合作"智能体"集合[40]，因此一群鸟也可以视为一个群体。**群体智能**（**swarm intelligence**）指的是近距离一起工作的合作式"智能体"群体中所涌现的智能。在本节中，我们讨论了蚁群，并将其作为群体智能的一个例子。一个新的研究领域是**群体机器人**（swarm robotics），其中由相对简单的规则管理的一系列自主机器人智能体表现得就像一群蚂蚁。

这些小型机器人将在以下领域重现蚂蚁行为：觅食、尸体聚集、集体食物获取以及围绕着食物的聚集。Krieger、Billeter 和 Keller 的文章[40]，以及 Krieger 和 Billeter 的文章[41]都进行了觅食模拟。Beckers 及其同事对物体聚类进行了研究[42]。Kube 和 Zhang[43~45]以及 Kube 和 Bonabeau [46]进行了合作推箱子的研究，其中多个微型机器人合作移动了一个箱子，而这个箱子是任何单个机器人都无法推动的。

12.6　本章小结

我们已经看到，人工智能研究人员可以从我们周围的世界中收集有用的搜索范式。前面讨

论的许多优化算法，如爬山法（见第 3 章）和梯度下降法（见第 11 章），都有倾向于收敛到局部最优的缺点。

模拟退火受到了退火冶金工艺的启发。如果要让金属中的原子达到能量最小值，则首先必须对它们进行加热，激发它们，然后让它们缓慢冷却。在模拟退火中，达到全局最优可能首先涉及跳转到状态空间中目标值较低的点。

遗传算法和遗传规划借用了选择、交叉和突变等遗传算子，促进字符串到问题解的收敛，就像生物系统朝着与其环境适应的一致方向收敛一样。生物体的进化在本质上是一个并行的过程，它发生在整个种群中。此外，一个物种适应（不断变化的）环境需要历经许多代才能完成。由于种群中的个体并不能有意识地改变自身以提高自己的适应性，因此这种适应必然是盲目的。

诸如遗传算法和遗传规划的进化算法是并行、迭代和盲目的过程。

拉马克（Lamarck）是一位法国植物学家，他赞同这一理论，即个体获得的性状可以传给它的后代。但他的理论没有引起现代遗传学家的高度重视。

禁忌搜索利用人类信仰的不断变化，设计出一种促进"探索"的搜索。最近访问的那部分状态空间，在一段时间过去之前仍然被禁止访问。当然如果收益足够大，这些禁忌就可以忽略，它们的"自由通行证"则包含在解禁表中。

在蚁群中，蚂蚁之间存在社会化行为，其交流是通过化学剂的传播间接进行的，这是 ACO 和 ACA 算法背后的动力。从一大群近距离、互相交流和自治的"智能体"中涌现的智能，称为群体智能。人们已经成功地将这些智能行为的模型应用于小型机器人群体，并且只要能够实现小型化，在未来也充满希望。

当然，自然计算（Natural Computing）中的以下几个研究领域本章并没有介绍。

- 免疫计算——对动物的免疫系统进行建模，这在语音识别和计算机病毒检测系统中取得了一些成功。
- 人工生命——对生命系统行为的模拟，这些模拟也对生命系统产生了深刻的洞察。
- 量子计算——我们希望在不久的将来研发出一个可行的基于量子物理的计算机模型（亚原子水平的相互作用不遵守日常生活的传统物理原理）。这种计算机有望在某些搜索问题上高度并行。
- DNA 计算——模仿人类 DNA 转录算法的计算机系统。当需要更强大的计算能力时，这些计算机将具有复制处理器的能力。

讨论题

1. 退火与模拟退火的关系是什么？
2. 简述搜索算法中"利用"和"探索"的定义。
3. 在搜索中，倾向于"利用"、不倾向于"探索"的缺点是什么（提示：思考爬山法）？
4. 温度参数 T 如何帮助模拟退火平衡"利用"和"探索"？
5. 解释遗传算法中使用的遗传算子——选择、交叉和突变算子。
6. 你认为哪个算子对遗传算法更有用——交叉算子还是突变算子？请说明理由。
7. 还有一种未讨论的选择算法，那就是吝啬鬼选择法（miser selection），这种选择法选择种群中的最差成员参与繁殖。你预计这种方法有什么优势？
（a）如果增加遗传算法中的种群大小，会有什么优势吗？

（b）劣势是什么？

8．假设使用遗传算法来解决 TSP 的一个实例，那么执行交叉算子时，有什么注意事项？

9．在遗传算法中，还有一个遗传算子没有讨论，那就是反转算子。在染色体上随机选择两个位点：10 ^ 0100 ^ 11，然后反转两点之间的字符，将它变成 10001012。

（a）你认为反转能够纠正哪种可能的问题？

（b）我们处理这一操作的方式有什么不对？

10．遗传算法和遗传规划的主要区别是什么？

11．在遗传规划中，对于选择树的高度方面，预计会出现什么问题？科扎的混合法是如何解决这个问题的？

12．关于禁忌搜索，请回答以下问题。

（a）在禁忌搜索中，禁忌表是鼓励"利用"还是鼓励"探索"？

（b）解禁表是鼓励"利用"还是鼓励"探索"？

13．在禁忌搜索中，列出 3 条解禁准则，并解释它们为什么有帮助作用。

14．什么是共识主动性？为什么说这是一种有用的沟通方式？

15．解释最短路径示例中信息素挥发的作用。

16．观察图 12.32，一些蚂蚁不遵循从蚁巢到食物的最短路径。这些一般被认为误入歧途的觅食者有什么目的呢？

17．思考一下蚂蚁墓地形成的例子可能有哪些应用？

18．在宏观和微观层面上，列举几个群体机器人未来的应用。

练习题

在某种程度上，本章介绍的搜索方法使用了概率（禁忌搜索存在一个随机版本，本章并未讨论）。蒙特卡洛（Monte Carlo）模拟使用概率工具来逼近"困难"的函数。想象一下向图 12.34 所示的方形飞镖盘上掷飞镖。

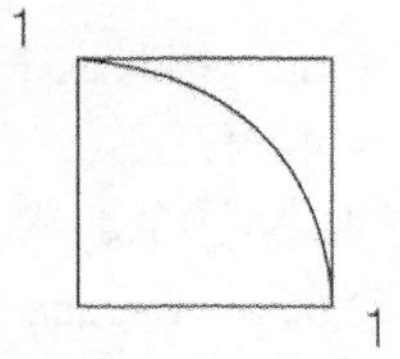

1．如图 12.34 所示，方形飞镖盘上绘制的是 1/4 个圆。向飞镖盘上掷 100 支飞镖，假设所有的飞镖都随机扎到飞镖盘上的某处。那么，如何用这个实验来逼近 π 的值？

2．为 4 皇后问题设计一个基于遗传算法的解决方案（见第 2 章），要求指定表示方法和适应度函数。

图 12.34　一个方形飞镖盘，每侧 1 英尺

3．为传教士与野人问题设计一个基于遗传算法的解决方案（见第 2 章）。这个解决方案中的适应度函数如何度量到目标的接近程度？如何防止不安全状态的发生？

4．设计一个基于遗传算法的解决方案来确定图的着色数（见第 2 章）。这个解决方案中的适应度函数如何避免不可行的解？如何奖励使用较少颜色的解？

5．为 15 拼图问题设计一个基于遗传算法的解决方案。

6．如何创建一个能玩井字棋游戏的遗传算法？

7．如何为迭代的囚徒困境（见第 4 章）设计一种基于遗传算法的策略？

8．通过设计遗传规划来确定图的着色数（参考练习题 4）。

（a）给节点分配颜色。

（b）必要时，改变节点的颜色。

（c）数清已使用的颜色数。

编程题

1．编写程序，使用蒙特卡洛模拟近似 π 的值（见练习题 1）。注意，这里使用的是[0，1)区间上的随机数对而不是飞镖。

2．编写程序，使用遗传算法解决 4 皇后问题（见练习题 2）。

3．编写程序，使用遗传算法解决传教士与野人问题（见练习题 3）。

4．编写程序，确定图的着色数（见练习题 4）。在图 2.39 和图 2.40 所示的图上测试程序。

5．编写程序，用遗传算法解决 15 拼图问题。程序的输入是随机排列的方块，输出则是按顺序排列的方块或无解这一消息（回顾前面章节中的证明，其中有一半的排列无法到达）。

6．基于遗传算法为井字棋游戏的玩家编写一个程序。

7．编写程序，使用遗传算法制定迭代的囚徒困境策略。

使用科扎的混合法，为编程题 8 和 9 形成初始种群，并用不同的 m 值和 d 值进行实验。

8．编写程序，使用遗传规划构建一个全加器。

9．编写程序，使用遗传规划确定图的着色数。在图 2.39 和图 2.40 所示的图上测试程序。

10．编写程序，使用遗传规划解决汉诺塔问题（见第 6 章），其中圆盘个数 $n=3$。

11．最小 k-树问题是指在标记图中找到一个树 T，使得树 T 具有 k 条边，并且总成本最小。对于图 12.35 所示的图，最小 3-树的成本为 9。

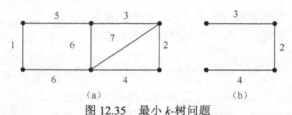

图 12.35　最小 k-树问题
(a) 图 G　(b) 成本为 $2+3+4=9$ 的最小 3-树

12．编写程序，使用禁忌搜索在图中找到最小 k-树。在图 12.36 所示的图上测试程序，其中 $k=4$。程序从一个贪心解开始，首先选择最小的成本边以及与这条边相邻的 3 条额外的边（见图 12.36 中的粗线）。搜索中的动作包括添加相邻边以及从树中删除单边。你可以参考 Fred Glover 和 Manuel Laguna 的 *Tabu Search* 一书[49]。

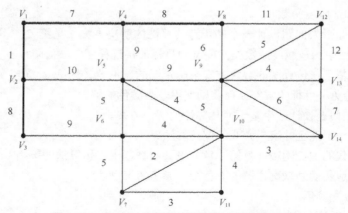

图 12.36　旨在对禁忌搜索程序进行测试的输入

13. 编写程序，使用 S-ACO 来解决第 2 章所述的最短路径问题。在图 2.14（a）上测试程序，并使用不同的信息素沉积物水平进行实验。同时，分别在应用和不应用信息素挥发的情况下，比较所获得的结果。

14. 在欧氏空间 TSP（旅行商问题）中，方框中的顶点随机排列（见图 12.37）。由于顶点 P_1 和 P_2 之间的距离可以由 $d(P_1, P_2) = \text{sqrt}[(x_2-x_1)^2 + (y_2-y_1)^2]$ 计算得出，因此不提供任何成本矩阵。编写程序，解决 $n = 25$ 时的欧氏空间 TSP 实例，分别使用下列搜索范式。

（a）模拟退火。

（b）遗传算法。

（c）禁忌搜索。

（f）使用各种不同的 d 值（即切割数，见 12.1 节中的讨论）进行实验。

（e）针对使用遗传算法的解决方案，尝试使用不同的种群大小进行实验并讨论得到的结果。

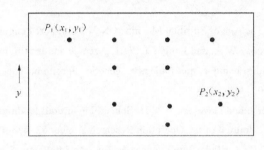

图 12.37　具有 $n = 10$ 个城市的欧氏空间 TSP 实例

关键词

解禁准则	几何冷却	放缩选择
解禁表	隐式并行性	模式
自下而上设计	反转	选择
构建块	迭代过程	短期记忆
冷却进度表	线性冷却	共识主动性
交叉	长期记忆	群体智能
精英选择	突变	群体机器人
涌现行为	自然选择	禁忌表
利用	正反馈	禁忌搜索
探索	过早收敛	禁忌占有期
适应度函数	重组	锦标赛选择
遗传漂移	轮盘选择	

参考资料

[1] Sambamurty A V S. 2005. Genetics, 2nd ed. Oxford: Alpha Science Int'l Ltd.

[2] Kirkpatrick S, Gelatt C D, and Vechi M P. 1983. Simulated annealing. Operations Research 39: 378-406.

[3] Cerny V. 1985. Thermodynamical approach to the traveling salesman problem: An efficient simulation algorithm. Journal of Optimization Theory and Applications 45: 44-51.

[4] Metropolis N, Rosenbluth A, Rosenbluth M, Teller A, and Teller E. 1953. Equation of state calculations by fast computing machines. Journal of Chemical Physics 21: 1087-1092.

[5] Darwin C. 2001. The Voyage of the Beagle. New Ed. New York, NY: Random House.

[6] Darwin C. 1994. The correspondence of Charles Darwin, Volume VI. The English Historical Review 109: 1856-1857.

[7] Darwin C. 1859. Origin of Species.New York, NY: Bantam.

[8] Holland J. 1992. Adaptation in natural and artificial systems, 2nd ed. Cambridge, MA: MIT Press.

[9] Molfetas A and Bryan G. 2007. Structured genetic algorithm representation for neural network evolution. Proceedings of Artificial Intelligence and Applications, Innsbruck, Austria, Feb. 12-14, 519-524.

[10] Holland J. 1975. Adaptation in Natural and Artificial Systems.Ann Arbor, MI: University of Michigan.

[11] Goldberg D E. 1989. Genetic Algorithms in Search, Optimization, and Machine Learning.Reading, MA: Addison-Wesley.

[12] Kurzweil R. 1999. The Age of Spiritual Machines. New York, NY: Penguin Books.

[13] Williams E A, Crossley W A, and Lang T J. 2001. Average and maximum revisit time trade studies for satellite constellations using a multiobjective genetic algorithm. The Journal of the Astronomical Sciences 49: 385-400.

[14] Beasley J, Sonander J, and Havelock J. 2001. Scheduling aircraft landings at London Heathrow using a population heuristic. Journal of the Operation Research Society 52: 483-493.

[15] Negnevitsky M. 2005. Artificial Intelligence: A Guide to Intelligent Systems, 2nd ed. Reading, MA: Addison-Wesley.

[16] Rojas R. 1996. Neural Networks: A Systematic Introduction. Berlin: Springer.

[17] Chellapilla K D and Fogel B. 2002. Anaconda's expert rating by computing against Chinook experiments in co-evolving a neural checkers. Neurocomputing 42: 69-86.

[18] Koza J R, Comisky W, and Jessen Y. 2000. Automatic synthesis of a wire antenna using genetic programming. Conference on Genetic and Evolutionary Computation, Las Vegas, Nevada.

[19] Teredesai A. 2003. Active Pattern Recognition Using Genetic Programming. PhD dissertation, SUNY at Buffalo.

[20] Messom C H and Walker M G. 2002. Evolving cooperative robotic behavior using distributive genetic programming. Seventh Int'l Conference on Control, Automations, Robotics, and Vision ICARCV'02, Singapore.

[21] Koza J R, Keane M A, Streeter M J, Mydlowec W, Yu J, and Lanza G. 2003. Genetic Programming: Routine Human-Competitive Machine Intelligence.New York, NY: Springer.

[22] Glover F. 1995. Tabu search fundamentals and uses. Technical Report. University of California at Davis.

[23] Nascaoui O. 2005. Class notes on tabu search. Dept. of Computer Engineering and Computer Science, Speed School of Engineering, University of Louisville, KY.

[24] Glover F. 1997. Tabu Search.New York: Springer.

[25] Glover F and Manuel L. 1997. Tabu search, September 22, 2008.

[26] Tung C and Chou C. 2004. Pattern classification using tabu search to identify the spatial distribution of groundwater pumping. Hydrogeology Journal 12: 488-496.

[27] Emmert J M, Lodha S, and Bhatia D K. 2004. On using tabu search for design automation of VLSI systems. Journal of Heuristics 9: 75-90.

[28] Kazuhiro A. 2005. Tabu search optimization of horizontal and vertical alignments of forest roads. Journal of Forestry Research 10: 275-284.

[29] Dorigo M. 1992. Optimization, learning and natural algorithms. PhD thesis, Dipartamento ai Electronica Politecnio di Milano, Italy.

[30] Goss S, Aron S, Deneubourg J-L, and Pasteels J M. 1989. Self-organized shortcuts in the Argentine ant. Naturwissenschaften 76: 579-581.

[31] Deneubourg J-L, Goss S, Franks N, Sendova-Franks A, Detrain C, and Chretien L. 1991. Simulation of Adaptive Behavior: From Animals to Animats. Cambridge, MA: MIT Press/Bradford Books.

[32] Dorigo M, Maniezzo V, and Calorni A. 1996. The ant system: Optimization by a colony of cooperating agents. IEEE Transcriptions on Systems, Man and Cybernetics 26: 26-41.

[33] Dorigo M, Di Caro G A, and Gambardella L M. 1999. Ant algorithms for discrete optimization. Artificial Life 5 (2).

[34] Bullnheimer B, Hartl R F, and Strauss C. 1999a. An improved ant system algorithm for the vehicle routing problem. Annals of Operations Research 89: 319-328.

[35] Bullnheimer B, Hartl R F, and Strauss C. 1999b. Applying the ANT system to the vehicle routing problem. In Meta-Heuristics: Advances and Trends in Local Search for Optimization. Boston, MA: Kluwer Academic Publishers.

[36] Bullnheimer B. 1999. Ant Colony Optimization in Vehicle Routing. PhD thesis, University of Vienna.

[37] Dorigo M and Stutzle T. 2004. Ant Colony Optimization. Cambridge, MA: MIT Press.

[38] Chretien L. 1996. Organisation Spatiale du Materiel Provenant de l'Excavation du Nid Chez Messor Barbarus et Agregation des Caduares d'Ouvrieres Chez LAsius Niger Hymenoptera: Formicidae. PhD Thesis, Department of Animal Biology, Universite Libre de Bruxelles, Belgium.

[39] Franks N R and Sendova-Franks A B. 1992. Brood sorting by ants: Distributing the workload over the work surface. Behavioral Ecology and Sociobiology 30: 109-123.

[40] Krieger M B, Billeter J B, and Keller L. 2000. Ant-task allocation and recruitment in cooperative robots. Nature 406: 992-995.

[41] Krieger M B and Billeter J B. 2000. The call of duty: Self-organized task allocation in a population of up to twelve mobile robots. Robotics and Autonomous Systems 30: 65-84.

[42] Beckers R, Holland O E, and Denenbourg J L. 1994. From local actions to global tasks: Stigmergy and collective robotics. In Artificial Life IV: Proceedings of the 4th International Workshop on the Synthesis and Simulation of Life, edited by R. A. Brooks and P. Maes, Cambridge, MA: MIT Press.

[43] Kube C R and Zhang H. 1992. Collective robotic intelligence. In From Animals to Animats: International Conference on the Simulation of Adaptive Behavior, 460-468.

[44] Kube C R and Zhang H. 1994a. Collective robotics: From social insects to robots. Adaptive Behavior 2: 189-218.

[45] Kube C R and Zhang H. 1994b. Stagnation recovery behaviors for collective robotics. In 1994 IEEE/ RSJ/GI International Conference on Intelligent Robots and Systems, 1893-1890.

[46] Kube C R and Bonabeau E. 2000. Cooperative transport by ants and robots. Robotics and Autonomous

Systems, 30: 85-101.

[47] Paley W. 2003. Natural Theology. Kessinger Publishing.

[48] Dawkins R. 1996. The Blind Watchmaker: Why the Evidence of Evolution Reveals a Universe without Design. New York, NY: W. W. Norton.

[49] Glover F and Laguna M. 1997. Tabu Search. Boston: Kluwer.

书目

[1] Corne D, Dorigo M, and Glover F. 1999. New Ideas in Optimization.New York, NY: McGraw Hill.

[2] Galdone P. 1986. The Elves and the Shoemaker, 2nd ed. Clarion Books.

[3] Kube C R and Zhang H. 1997. Multirobot box-pushing. IEEE International Conference on Robotics and Automation, video proceedings, 4 minutes.

[4] Vafaie H and Iman I F. 1994. Feature-Selection Methods: Genetic Algorithms vs. Greedy-like Search. Technical Report.

第四部分 高级专题

长期以来，自然语言处理一直是 AI 研究人员的目标。在机器翻译领域，研究人员起初没有意识到在语法和语义两方面所面临的严峻挑战。20 世纪 70 年代和 80 年代，基于形式表达的文法促使人类在自然语言处理方面取得重大进展。但是，自然语言处理真正的突破则来自语料库语言学以及包括马尔可夫方法在内的统计方法的发展。近年来，自然语言处理取得了很大进展，这可以通过几个问答系统的示例来说明，也可以通过语音理解系统方面的重大进展来说明（见第 13 章）。

在人工智能中，规划是一个古老的领域。在过去的几十年里，这个领域在设计、开发和应用方面取得了很大进展。人们正在设计未来的系统，以使用机器人执行工业自动化和空间探索等艰巨任务（见第 14 章）。

第 13 章 自然语言理解

多年来，让计算机理解人类的口语和书面语言一直是相关学科研究的目标之一。这段历史可以追溯到 20 世纪 70 年代和 80 年代，当时是使用基于知识的方法进行研究的。语料库的发展直接推动了语言统计方法的盛行。过去 20 多年来，这种方法深入人心，大受欢迎。本章将介绍过去 10 年中一些非常有趣的商业和技术系统。

尤金·查尼阿克（Eugene Charniak）

13.0 引言

语音和语言理解是 AI 中最古老、研究最多、要求最高的领域。任何智能系统的开发尝试，最终似乎都需要解决这样一个问题，即以何种形式作为交流的标准。比起使用图形化系统或基于数据的系统进行交流，语言交流通常是首选。20 世纪 50 年代到 60 年代，人们尝试用机器翻译来解决语言问题，但这最终被证明是徒劳的。人类在 20 世纪 40 年代和 50 年代就使用**有限自动机**、**形式语法**和**概率**，建立了自然语言理解的基础。到了 20 世纪 70 年代，发展的趋势是使用**符号**和**随机方法**。带着对未来的展望，本章将探讨自然语言处理（NLP）的发展，这种发展推动了随机过程、机器学习、信息提取和问答等现有方法的应用。

13.1 概述：语言的问题和可能性

目前，在许多系统中，当机器执行与语言相关的功能（口语互动/文字互动）时，甚至连人类都难以区分与其互动的究竟是与人还是机器。这些系统既让人感到沮丧，又让人印象深刻，这种情况并不少见。在与机器互动时，我们不得不忍受机器的大量简单决策，这可能会让我们感到沮丧；但是，有时机器似乎有能力做出人类才可能做出的决策，这又让我们印象深刻。

- 如今，旅客可以使用会话智能体来预订并查询他们的交通规划，这些智能体可以为旅客提供人类所能提供的大部分选项。
- 汽车导航系统取得了显著进步，它可以为司机提供文字、图形和语音导航，帮助人们到达目的地和周边感兴趣的地点，如加油站、餐馆、商店、银行等。重要的是，这些基于卫星的系统（一般是新款车辆的出厂标配，也可以额外加装）能高效地将你带到想去的地方，同时提供大量有用的信息。
- 视频搜索公司通过使用语音技术，捕获指定音轨中的单词，能够提供针对网络上数百万小时的视频的搜索服务。

- 正如我们所知，Google 可以执行惊人的信息检索任务。例如，Google 可以执行跨语言的信息检索和翻译服务。通过这项服务，用户可以使用母语书写查询，再由 Google 翻译成其他语言进行检索（搜索出一组文档）；在找到相关页面之后，翻译回用户的母语。
- 大型教育出版商和美国教育考试服务中心已经开发出了自动化系统，可以分析数以千计的学生论文，并对这些论文进行分级和评分，这与人工评分的方式并无二致。
- 交互式虚拟智能体能够模拟动画人物，成为孩子学习阅读的辅导员（Wise et al., 2007）。
- 除了在信息检索领域有巨大进步之外，文本分析也取得很大进展，通过文本分析，对意见、重要性、偏好和态度进行自动评估成为可能。

当前，关于这个主题的权威资料是由 D.汝拉夫斯基和 J.马丁合著的 *Speech and Language Understanding*[1]，上述几点都来源于他们的"最新研究进展"。

口语和书面语在某些层面上可以认为是人类独有的（尽管"其他动物也会通过声音和语言来交流"这一点毋庸置疑）。语言为我们提供了众多进行详细交流的机会，也带来了产生误解的可能性！口语使我们能够进行同步对话——我们可以与一个人或多个人同时展开交流。这可能是人类之间最常见、最古老的语言交流形式。语言很容易让我们变得更具表现力，也可以让我们彼此倾听。虽然语言提供了精确表达的机会，但很少有人可以做到非常精确。当两方或多方说的不是同一种语言，对语言存在不同的解释，或者词语没有被正确理解时，就容易产生误解；声音也可能模糊、听不清或很含糊，又或是受到地方方言的影响。也许更重要的是，除非有实际工作需要，否则口语几乎不会留下任何官方记录。

书面语具有提供记录的明显优势（无论是书、文档、电子邮件还是其他形式），但缺乏口语所能提供的自发性、流动性和交互性。

在本章中，我们将介绍一些技术来帮助读者了解计算机如何在程序的控制下，像处理文本一样处理语言。

无须绞尽脑汁，对语言产生误解和曲解是很容易理解的。图 13.0 给出了一些通信图标和这些场景下的现代通信方式。即便在正常通信的情况下，也是有可能导致沟通错误的。

图 13.0　通信图标

电话——声音可能听不清楚，一方说的话可能被对方误解，双方对语言的不同理解也会带来一系列的独特问题，存在曲解、误解、数据传输出错等诸多可能性。

手写信——字迹可能难以辨认，容易发生各种书写错误；邮局可能弄丢信件；发信人和日期可能忘记书写。

口述手打信——打字速度不够快，内容的初始版本及背后的真实含义可能被误解，也可能不够正式。

电子邮件——需要联网，容易造成对上下文理解错误以及曲解意图。

即时通信——精确、快速，可能是同步的，但仍然不能像当面交谈那样流畅。记录可以得到保存。

短信——需要手机，有字数限制，在特定场景下可能难以操作（如键盘太小，不能在开车或上课时发短信）。

语言之所以独特，是因为语言既可以精确，也可以模糊。语言可以精确地用于法律或科学，也可以有意地以"艺术"的方式使用（比如在诗歌或小说中）。作为交流的一种形式，书面语或口语都可能存在歧义。让我们来看几个例子。

例 13.1　"音乐会结束后，在酒吧见。"

这句话的意图是比较清晰的，但尽管如此，补充一些缺失的细节可能会使这次约会更有可能成功。如果音乐厅里不止一个酒吧，怎么办？音乐会是否就在酒吧里举行，我们在音乐会后见面吗？约会的确切时间是什么时候？你愿意为这次约会等待多久？"音乐会结束后"这句话表明了意图，但存在歧义。如果经过一段时间后，双方还没有见面，需要做些什么？

例 13.2　"在第三个红绿灯处右转。"

与例 13.1 类似，这句话的意图是比较清晰的，但忽略了很多细节。

红绿灯间隔多远？它们可能相隔几个街区，也可能相距几千米。在给出方向的同时，提供更精确的信息（如距离、地标等）将有助于指导驾驶。

例 13.3　"你干得怎么样了？我们已经都搞定了。"

这两句话有上下文歧义。"搞定"的是什么？是表示"准备出发"了吗？还是"餐桌已经摆好"了？又或是"不需要再进行心理咨询"了？这里的问题之一在于"搞定"有多重意思。对象可以是名词（餐桌）、动词（准备出发），还可以是其他对象。

通过上面的例子可以清楚地看到，语言交流确实可能存在歧义。因此，人与人之间的交流尚且如此，可以想象，语言理解同样会给机器带来问题。

13.2　自然语言处理的历史

汝拉夫斯基和马丁[1]认为自然语言处理（NLP）有 6 个主要时期，见表 13.1。我们将简要地描述这些时期。

进一步的讨论详见第 11 章。

表 13.1　NLP 的 6 个时期（参见汝拉夫斯基和马丁的文章，2008，第 9～12 页）

编号	名称	年份
1	奠基时期	20 世纪 40 年代和 50 年代
2	符号方法与随机方法	1957—1970
3	4 种范式	1970—1980
4	经验主义和有限状态模型	1983—1993
5	大融合时期	1994—1999
6	机器学习的兴起	2000—2008

13.2.1　奠基时期（20 世纪 40 年代和 50 年代）

自然语言处理的历史可追溯到计算机科学发展之初。计算机科学领域是以图灵（Turing）

的算法计算模型为基础的[2]。在奠定了初步基础后，计算机科学领域出现了许多子领域，每个子领域都为计算机进一步的研究提供了沃土。自然语言处理就是计算机科学领域的一个子领域，它借鉴了图灵思想的概念基础。

图灵的工作促成了其他计算模型的产生，如麦卡洛克-皮茨神经元[3]。麦卡洛克-皮茨神经元模拟了人类神经元来进行建模，能接收多个输入，并且仅当输入的组合值超过设定的阈值时才产生输出。

这些计算模型激励了克莱尼（Kleene）在**有限自动机**和正则表达式方面的工作，这些工作在计算语言学和理论计算机科学中发挥了重要作用[4]。

香农在有限自动机中引入了概率，使得这些模型在表达语言中的模糊性方面变得更加强大[5]。这些概率化的有限自动机以数学中的马尔可夫模型为基础，在自然语言处理的下一个重大发展中发挥了至关重要的作用。

诺姆·乔姆斯基借鉴了香农的观点，他在形式语法方面的工作对计算语言学的形成产生了重要影响[6]。乔姆斯基使用有限自动机描述形式语法，并按照生成语言的语法来定义语言。根据形式语言理论，一种语言可以视为一组字符串，而每个字符串可以视为由**有限自动机**产生的符号序列。

在乔姆斯基开拓这个领域的同一时期，香农对自然语言处理的早期工作产生了另一个重大影响——香农的噪声信道模型对语言处理中概率算法的发展起到至关重要的作用。在**噪声信道模型**中，假设输入信号已经被噪声掩盖，因此必须从带噪声的输入信号中恢复出原始信号。从概念上讲，输入被视为通过一条有噪声的通信信道。基于该模型，香农使用**概率**方法来寻找输入和候选单词之间的最佳匹配。

13.2.2　符号方法与随机方法（1957—1970）

从上述早期观点中可以看出，自然语言处理可以从两个不同的角度考虑：符号方法和**随机方法**。乔姆斯基的形式语言理论是符号方法的典型代表。基于这种观点，一种语言会包含大量符号序列，而这些符号序列必须遵循其生成语法的语法规则。这种观点将语言结构简化为一组明确定义的规则，允许将每个句子和单词分解为结构成分。

解析算法被开发出来后，输入便可以分解成更小的意义单元和结构单元。20 世纪 50 年代到 60 年代，人们提出了几种不同的解析算法策略，如自顶向下的解析和自底向上的解析。策利希·哈里斯（Zelig Harris）开发了转换和话语分析项目（Transformations and Discourse Analysis Project，TDAP），这是解析系统的早期代表。之后的解析算法工作使用了动态规划的概念，旨在将中间结果存储在表中，以构建最佳解析[7]。

因此，符号方法强调的是语言结构，以及将输入信息解析为结构单元。另一种方法是随机方法，它更关注使用概率来表示语言中的歧义。在数学领域，贝叶斯方法被用来表示条件概率，贝叶斯方法的早期应用包括光学字符识别，以及由布莱索和勃朗宁建立的一个早期的文本识别系统[8]。给定一个字典，每个字母序列的似然值可以通过将该序列中所包含的每个字母的似然值相乘得出。

13.2.3　4 种范式（1970—1983）

这一时期由以下 4 种范式主导。

（1）**随机方法**主要出现在语音识别系统中。早期对噪声信道模型的研究被应用于语音识别和解码，而马尔可夫模型被修改为隐马尔可夫模型（Hidden Markov Model，HMM），以进一步表示模糊性和不确定性。AT&T 的贝尔实验室在语音识别技术的发展中发挥了关键作用，IBM 的托马斯 J.沃森研究中心和普林斯顿大学的美国国防分析研究所也发挥了重要作用。在这一时期，随机方法开始占据主导地位。

（2）**符号方法**也做出了重要贡献。**自然语言理解**是继经典符号方法后的另一个发展方向，这个领域的研究可以追溯到最早的人工智能（AI）工作，包括 1956 年由约翰•麦卡锡、马文•明斯基、克劳德•香农和纳撒尼尔•罗切斯特组织的达特茅斯会议，"人工智能"一词就是在那次会议上被创造出来的（见 1.5.3 节）。AI 研究人员开始强调他们构建的系统所使用的潜在推理和逻辑，如纽厄尔和西蒙的"逻辑理论家"系统和"通用问题求解器"系统。为了能让这些系统通过推理找到解决方案，这些系统必须从语言的角度"理解"问题。因此，自然语言理解找到了在这些 AI 系统中的用武之地，使得这些系统能通过识别输入问题中的文本模式来回答问题。

（3）**基于逻辑的系统**使用"形式逻辑"的方式来表示语言处理中所涉及的计算。值得列出的贡献包括柯尔迈伦及其同事对"变形语法"的研究工作，佩雷拉和沃伦对"定从句语法"的研究工作，凯伊对"功能语法"的研究工作，以及布列斯南和卡普兰对"词汇功能语法（LFG）"的研究工作[9-12]。

随着威诺格拉德的 SHRDLU 系统的诞生，自然语言理解迎来它在 20 世纪 70 年代最富有成效的时期[13]。SHRDLU 系统是一个仿真系统，在该系统中，机器人能够将积木方块移到不同的位置。机器人响应来自用户的命令，将适合的积木方块移到顶部。例如，如果用户要求机器人将蓝色方块移到更大的红色方块的上方，机器人将成功理解并执行该命令。这个系统将自然语言理解的复杂性提升到了一个新的水平，为更高级的解析应用指明了道路。除了简单地关注语法，解析还应该被应用于语义和话语层面，以使系统更成功地解释命令。

类似地，耶鲁大学的罗杰•尚克及其同事在他们的系统中建立了更多有关语义的概念性知识。尚克使用诸如脚本（Script）和框架（Frame）的模型来组织系统可用的信息[14,15]。例如，如果需要回答有关餐厅订单的问题，那么系统会被提供与餐厅相关的典型信息。脚本模型可以捕获与已知设定相关的典型细节，系统将使用这些关联来回答问题[16]。其他系统，如 LUNAR（用于回答有关月球岩石的问题），将自然语言理解与基于逻辑的方法相结合，使用谓词逻辑作为语义表示[17,18]。因此，这些系统集成了更多的语义知识，它们将符号方法的能力从语法规则扩展到了语义理解。

（4）**对话建模范式**是格罗斯研究工作的重点，她和她的同事提出并集中研究了**对话**中的子结构和话语焦点，斯蒂尔则提出了"指代"问题或者说"回指（anaphora）"问题。霍布斯等其他研究者在这一领域也做出了贡献[19-21]。

13.2.4　经验主义和有限状态模型（1983—1993）

20 世纪 80 年代和 90 年代初，随着有限状态模型等早期思想的复兴，符号方法得以再次流行。这些模型在自然语言处理的早期被使用后，本已不再受欢迎。但卡普兰和凯伊在有限状态语音学和**词法学**（morphology）领域的研究，以及丘奇在有限状态语法模型上的研究，共同促成了它们的复兴[22, 23]。

这一时期的另一个趋势被称为"经验主义的回归"。这种方法受到 IBM 的托马斯 J. 沃森研究中心工作的很大影响，这个研究中心在语音和语言处理中采用了概率模型，通过将概率模型与数据驱动方法相结合，使研究的重点转向了词性标注、句法解析、附着歧义和语义。实证方法还促发了对模型评价的新关注，随之发展的还有评价的量化指标，其重点是与先前所发表的研究进行性能方面的比较。

13.2.5 大融合时期（1994—1999）

这一时期的变化表明，基于概率和数据驱动的方法在语言各个方面的 NLP 研究工作（包括句法解析、词性标注、**指代消解**和对话处理的算法）中已经成为研究的标准。它融合了概率，并借鉴了语音识别和信息检索中的评估方法。巧合的是（从某种程度上），同时期计算机的运算速度和存储能力的快速提升使得语音和语言处理的各个分支领域得以商业化开发，尤其是带有拼写和语法校正的语音识别子领域。同样重要的是，Web 的兴起强化了基于语言的检索和**信息提取**的需求及可能性。

13.2.6 机器学习的兴起（2000—2008）

21 世纪初的一个重要发展标志是，语言数据联盟（Linguistic Data Consortium，LDC）等组织发布了大量可用的书面文字和口语材料。比如在**宾州树库**等数据集中，书面文字都被标注了语法和语义信息[24]。这种资源的价值立刻在开发新的语言系统时得以显现。例如，在训练新系统时，可以使用标注信息对句法解析的正确性进行判定。有监督的机器学习逐渐成为解决诸如句法解析和语义分析等传统问题的主要手段。

随着计算机的运算速度和存储容量的不断提升，可用的高性能计算系统加速了上述过程。随着大量用户拥有更强大的计算能力，语音和语言处理技术也开始应用于商业领域。特别是在各种相关场景中，语音识别和拼写/语法校正工具的使用越来越普遍。而随着信息检索和信息提取逐渐成为 Web 的主要应用，Web 也成为上述工具的另一个主要推动力。

近年来，无监督统计方法开始重新得到关注。这些方法能够有效地应用于对无标注的数据进行机器翻译[25,26]。而开发可靠的、带标注的语料库的成本问题已经成为有监督学习方法广泛使用的一大限制因素。如果读者希望了解各个时期的更多细节，请参考汝拉夫斯基和马丁的著作[1]。

13.3 语法和形式语法

语言可以在几个不同的结构层次上进行分析，如语法、词法和语义等。接下来，我们介绍语言研究中的一些关键术语。

词法（morphology）——对一个单词的形式和结构，及其与词根和派生形式之间关系的研究。

语法（syntax）——研究将单词组合在一起形成短语和句子的方式，通常与句子结构的形式有关。

语义学（semantics）——对语言所表达的意思进行研究的科学。

句法解析（parse）——将一个句子分解成多个语言组成部分，并对每个部分的形式、功能和语法关系进行解释。语法规则决定了如何进行句法解析。

词汇（lexical）——与一种语言的词汇、单词或语素（原子）有关。词汇源自词典。

语用学（pragmatics）——对语言在语境中如何运用的研究。

省略（ellipsis）——在语法上需要但实际被省略的句子部分。尽管存在省略，但基于上下文，句子在语义上是清晰的。

在本节中，我们将从语法开始介绍。在 13.4 节中，我们将继续讨论语义和语义分析。

13.3.1　语法类型

学习语法是学习语言的同时将语言教给计算机的一种好方法。费根鲍姆等人将语言的语法定义为"指定语言中允许使用的句子形式，并详细说明将单词组合成良构（well-formed）的短语和子句的语法规则"[27]。

麻省理工学院的语言学家诺姆·乔姆斯基在对**语言语法**进行系统化和数学形式化的研究中做出了开创性的工作，为计算语言学领域的诞生奠定了基础[28]。他将形式语言定义为由符号词汇按照语法规则组成的一组字符串。字符串集合对应所有可能句子的集合，其数量可能是无限的。符号词汇表对应有限的字母或单词词典。他定义了如下 4 条语法规则。

（1）他定义了作为变量或非终结符的语法类别。语法变量的例子包括<VERB>（动词）、<NOUN>（名词）、<ADJECTIVE>（形容词）和<PREPOSITION>（介词）。

（2）词汇表中的自然语言单词可视为终结符，并根据重写规则连接（串联在一起）形成句子。

（3）特定的终端字符串和非终端字符串之间的关系，由重写规则或产生式规则（见第 8 章）指定。在当前讨论的背景下，这可以应用如下：

<SENTENCE> → <NOUN PHRASE> <VERB PHRASE>

<NOUN PHRASE> → the <NOUN>

<NOUN> → student

<NOUN> → expert

<VERB> → reads

注意，包含在<…>中的变量以及终结符都是小写的。

（4）起始符 S 或<SENTENCE>有别于产生式，它们可以根据语法规则（3）中指定的产生式规则生成所有可能的句子。这些句子的集合被称为由语法生成的语言。以上定义的简单语法可以生成下列句子：

The student reads.

The expert reads.

重写规则可以通过替换句子中的词语来生成新的句子，应用如下：

<SENTENCE> →

<NOUN PHRASE> <VERB PHRASE>

The <NOUN PHRASE> <VERB PHRASE>

The student <VERB PHRASE>

The student reads.

由此，你很容易看出语法是如何像"机器"一样，通过重写规则"制造"出所有可能的句子的。所需要的只是一个给定的词汇表和一组产生式规则。类似地，使用这种方法，所有编程语言的语法和"结构"都可以使用巴科斯产生式规则①生成。从这些句子开始，就可以执行所有 NLP 程序的第一阶段——句法解析——并且可以反向执行，将这些句子归入它们的语法类别，

---

① 巴科斯产生式规则是指满足巴科斯-诺尔范式（Backus-Naur Form，BNF）的那些产生式规则。BNF 是以美国人巴科斯（Backus）和丹麦人诺尔（Naur）的名字命名的一种形式化的语法表示方法，它表示语法规则的方式如下：非终结符用尖括号括起；每条规则的左部是一个非终结符，右部是由非终结符和终结符组成的一个符号串，中间一般以"::="隔开；具有相同左部的规则可以共用一个左部，右部之间则以"|"隔开。——译者注

而不会产生歧义。

乔姆斯基证明了他的形式语言理论在本质上能生成 4 种类型的语法，它们都可以定义为四元组（VN, VT, P, S），其中：

V 为词汇表；

N 为词汇表中的非终结符集；

T 为词汇表中的终结符集；

P 为形如 X→Y 的产生式规则集；

S 为起始符。

类型 0：递归可枚举语法

这种类型的语法对于产生式的形式没有任何限制，因此太过笼统而不实用。由这种语法生成的句子可以被图灵机识别，而图灵机也被认为是所有现代计算机的理论基础。

类型 1：上下文有关语法

这种类型的语法可以生成形如 X→Y 的产生式，其限制是右侧的 Y 必须至少包含与左侧的 X 一样多的符号。因此，产生式看起来如下所示：

uXv → uYv

其中：

X 为单个非终结符；

u 和 v 为包含空字符串在内的任意字符串；

Y 为词汇表 V 上的非空字符串。

这种形式的产生式（重写规则）等价于"如果上下文为 u 和 v，则 X 可以被 Y 替代"。

这种语法的规则实例如下：

规则 1　S→xSBC

规则 2　S→xBC

规则 3　CB→BC

规则 4　xB→xy

规则 5　yB→yy

规则 6　yC→yz

规则 7　zC→zz

其中：

S 为起始符；

A、B、C 为变量；

x、y、z 为终结符。

根据这种语法的重写规则进行替换，我们可以推导出下面的句子。

S→

规则 1　xSBC

规则 2　xxBCBC

规则 3　xxBBCC

规则 4　xxyBCC

规则 5　xxyyCC

规则 6　xxyyzC

规则 7　xxyyzz

经过分析后，读者应该不用太长时间就可以相信这种语法能够生成诸如 xyz、xxyyzz 等形式的字符串。

类型 2：上下文无关语法

在**上下文无关语法**中，左侧必须只包含一个非终结符。上下文无关的意思是，语言中的每个单词都有应用于它的规则，而不依赖该单词的上下文。这种语言最接近自然语言。

产生式规则为

S→aSb

S→ab

所生成字符串的形式为 ab、aabb、aaabbb 等。

让我们来看一个例子，进而了解上下文无关语法如何使用以下重写规则生成自然语言句子：

<SENTENCE>→<NOUN PHRASE> <VERB PHRASE>

　　　　　　　<NOUN PHRASE>→<DETERMINER> <NOUN>

　　　　　　　<NOUN PHRASE>→<NOUN>

　　　　　　　<VERB PHRASE>→<VERB> <NOUN PHRASE>

　　　　　　　<DETERMINER>→the

　　　　　　　<NOUN>→dogs

　　　　　　　<NOUN>→cat

　　　　　　　<VERB>→chase

由此得出的推导树或解析树（从句子到语法）如下：

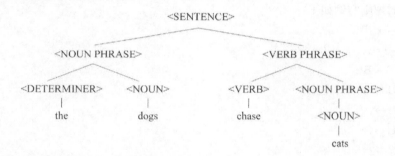

这种上下文无关语法可以生成下面的句子：

The dogs chase cats.

但是，按照同样的规则，也可以生成下面的句子：

The cats chase dogs.

这表明语法只关心结构，与语义无关。

类型 3：正则语法

这种语法也称为有限状态语法，它能根据产生式规则生成句子：

X→aY

X→a

其中：

X 和 Y 为单个变量；

a 为单个终结符。

下面给出了一条正则语法：

$S \rightarrow 0S \mid 0T$

$T \rightarrow 1T \mid \varepsilon$

这将生成包含至少一个"0"的语言，"0"的后面跟着"1s"的任何数字（包括 0）。

注意，当我们从类型 0 语言转向类型 3 语言时，其实是从更一般的语法转向了更严格的语法。也就是说，每个正则语法都是上下文无关的，每个上下文无关的语法都可以生成上下文相关的语法，每个上下文相关的语法都是类型 0 的语法，因为类型 0 的语法是没有限制的。因此，重写规则的限制越严格，所生成的语言就越简单。

图 13.1 展示了语法的一种层次结构，其中补充了被称为**"轻度上下文有关语法"**的第 5 个类别。这些语法可以通过许多不同的语法形式（包括 7.1 节中介绍的波斯特产生式系统）来定义，但这超出了本节的讨论范围。

图 13.1　转载自汝拉夫斯基和马丁的著作，以文氏图的形式描述了什么是**"乔姆斯基层次"**[1]

有必要强调的是，尽管上下文无关语法在编程语言的设计和大段自然语言的解码方面很有用，但乔姆斯基认为它们不能完全代表英语等自然语言。这也再次强调了如下结论：虽然句法/语法对于理解自然语言是必要的，但它本身是不完备的。法尔博注意到了用于语言解释的语法与用于问题求解的命题逻辑的相似性[29]。虽然在某些有明确定义的场景下，两者都可能适用，但对于规模较大的一般性问题，两者都不适用[29]。

13.3.2　句法解析：CYK 算法

自然语言的句法结构通常以解析树的形式表示。句子往往存在歧义，可以用许多不同的方式进行解析。因此，找到最佳解析是表示句子正确含义、揭示句子正确意图的关键步骤。

找到最佳解析的一种方法是将解析视为一个搜索问题。搜索空间包含输入句子的所有可能的解析树，通过搜索该空间，必然找到最佳解析。在使用这种方法时，可以采用两种主要的搜索策略：自顶向下的搜索和自底向上的搜索。

自顶向下的搜索从起始符 S 开始，将输入的句子作为叶节点，尝试构建出所有的解析树。从起始符 S 开始，该搜索策略会为语法中的每个 S 在左侧的产生式规则构建一棵单独的解析树。因此，在经过第一阶段后，每一条在语法中对 S 进行了扩展的产生式规则，都会有一棵独立的解析树。继续到树的下一层，由 S 生成的最左边的符号会首先进行扩展。该符号的每个可能扩展都将生成一棵单独的解析树。这个过程会一直持续下去，直到所有解析树都探索到它们的最后一层，然后对叶节点与输入的句子进行比较。不正确的解析会被拒绝并从搜索中删除，正确的解析将保留为输入句子的成功解析。

相比之下，自底向上的搜索则从输入句子的单词开始，试图从叶节点向上构建出一棵树。该搜索策略尝试对输入的单词与经过扩展可以生成该单词的非终结符进行匹配。如果一个词可以从一个非终结符产生，那么该非终结符将作为这个词在解析树中的父节点。如果这个单词可以从几个不同的非终结符产生，则必须为每一个可能的扩展构造一棵单独的解析树。从叶节点到上一层，该搜索策略将向上移动，直至到达起始符 S。无法到达起始符 S 的解析树则从搜索中删除。

这两种搜索策略的问题是，存储所有可能的解析树的内存需求是不切实际的，一种更现实的替代方案是使用回溯策略（见 2.2.1 节）。探索一棵解析树，直至它成功地到达一个解，或者它无法继续作为可行的解。然后搜索回溯到搜索空间中的较早状态，从一个尚未扩展的状态继续构建解析树。

回溯有其自身的效率问题，主要是因为从一个扩展到另一个扩展，树的大部分是重复的。如果一棵树无法到达解，即使树的大部分在下一个可能的解中是相同的，它也仍然会被丢弃。这种低效操作可以使用动态规划算法来避免。动态规划算法将中间结果存储在表中，以便对它们进行重用。子树则存储在表中，以允许每次寻找可能的解时都可以查找它们。

CYK 算法（由科克、卡萨米和扬格开发）既是一种动态规划算法（见第 3 章），也是句法解析中十分常用的技术之一。

要了解 CYK 算法的更多细节，可以参考如下文献：Kasami, T. 1965. An efficient recognition and syntax-analysis algorithm for context-free languages. Scientific report AFCRL-65-758, Air Force Cambridge Research Lab, Bedford, MA。

要使用 CYK 算法，输入的语法必须符合**乔姆斯基范式**，这意味着产生式规则必须采用以下两种形式之一：A→BC 或 A→x。右侧必须有两个非终端节点，或者必须有一个终端节点。在 CYK 算法的应用中，乔姆斯基范式非常有用，因为它确保了每个非终端节点要么有两个子节点，要么只有一个子节点，但这个子节点是一个终结符，同时也是叶节点。

如果语法符合乔姆斯基范式，则 CYK 算法可以构建出一个 $(n+1)\times(n+1)$ 的矩阵表格，其中 n 是输入句子中的单词数。矩阵表格中的每个单元格$[i,j]$都包含了从位置 i 到位置 j 的单词区间的信息。具体来说，每个单元格包含一个非终结符集，这个非终结符集可以产生从位置 i 到位置 j 的单词。

单元格$[0,1]$包含可以产生句子中第一个单词的非终结符。类似地，单元格$[1,2]$表示句子中的第二个单词（位于位置 1 和位置 2 之间的单词），这个单元格包含可以产生句子中第二个单词的非终结符。

单元格$[0,2]$的计算更复杂一些，这个单元格表示从位置 0 到位置 2 的单词区间。这种单词组合成的区间可以分为两部分：第一部分是从位置 0 到位置 1，第二部分是从位置 1 到位置 2。这两部分分别用单元格$[0,1]$和$[1,2]$表示。这两个单元格中的非终结符以每一种可能的组合方式进行组合，CYK 算法需要搜索出任何可能产生这些组合的产生式规则。如果存在这样的产生式规则，那么规则左侧的非终结符将被放置在单元格$[0,2]$中。

类似地，单元格$[0,3]$描述了从位置 0 到位置 3 的单词区间。但是，这个区间可以按几种不同的方式划分。例如，它可以从位置 1 之后开始划分，从而分为两部分：第一部分在位置 0 和位置 1 之间，第二部分在位置 1 和位置 3 之间。它也可以从位置 2 之后开始划分，第一部分在位置 0 和位置 2 之间，第二部分在位置 2 和位置 3 之间。因此，这个单元格的计算要更加困难。

如果在位置 1 之后开始划分，我们将使用单元格[0,1]和[1,3]，并组合它们的非终结符；如果在位置 2 之后开始划分，我们将使用单元格[0,2]和[2,3]，并组合它们的非终结符。我们必须使用这两种划分方法来获取单元格[0,3]的非终结符的总数。以这种方式继续，我们使用先前单元格的中间结果来构建矩阵表格，直至到达[0,n]。这个单元格表示位置 0 到位置 n 之间的词，这些词组成了整个输入句子。因此，单元格[0,n]包含了所有的、可以用来为输入句子构建解析树的非终结符。我们可以使用反向指针将矩阵表格中的最终单元格与生成它的中间单元格连接起来，从而获得句子解析中正确的非终结符序列。

13.4 语义分析和扩展语法

乔姆斯基意识到了形式语法的局限性，他提出语言分析必须在两个层面上进行：**表层结构**（从语法上进行分析和解析）和底层结构（又称**深层结构**，旨在保留句子的语义信息）[30]。基于复杂的计算机系统，米基教授通过与一个医学案例进行类比，总结了表层理解和深层理解的区别。

"如果一位患者的臀部有一个脓肿（表层问题），那么通过穿刺可以除去这个脓肿。但是，如果他患的是会迅速扩散的癌症（深层问题），那么再多的穿刺也无济于事。"[31]

针对这一问题，研究人员的解决方法是增加更多的知识，如关于句子更深层结构的知识，关于句子目的的知识，关于单词的知识，甚至可以详尽地列出句子或短语的所有可能含义。在过去的几十年里，随着计算机的运算速度和存储能力的不断提升，这种完全枚举变得更加可行。我们将在后面的章节中总结面向**短语结构语法**的扩展（也称为**扩展语法**）。

13.4.1 转换语法

转换语法的任务是将两个层次（语法和语义）的理解连接起来。引入转换语法后，就可以调整时态之间、单复数对象之间以及主动与被动语态之间的关系。通常采用的工具是一本词典，用来与上下文无关语法一起解析表层结构，并结合转换规则，将表层结构转换为深层结构。

可以通过查询，识别出具有不同结构但**语义**（深层结构）相同的句子，进而做出智能回答。为了实现这一点，需要另外两个组件。

（1）**音韵学组件**——这个组件能将句子从深层结构转换回表层结构，使其发音正确。

（2）**语义组件**——这个组件能从深层结构表示中确定句子的语义。

尝试通过使用转换语法来得出语义的整个框架被称为**解释语义学**，这不是一项容易实现的任务，之前曾受到一些批评。它曾经出现在我们对尚克的概念依赖系统 MARGIE、SAM 和 PAM 的介绍中（见第 6 章）。

请回顾第 6 章介绍的一些系统，如 SAM（脚本应用程序机制）、PAM（计划应用程序机制）和 MARGIE（记忆、分析、响应生成和英语推理）。

13.4.2 系统语法

当思考自然语言为何容易被误解时，我们会经常回到"语境"的概念上。在不同的语境下，相同的句子可能有截然不同的含义和解释。伦敦大学的迈克尔·哈利迪（Michael Halliday）开发了处理语境的早期系统之一[32]。他认为系统语法的核心概念是所研究语言的功能或目的。这个专注于研究语言的功能语境的领域被称为语用学。哈利迪定义了每个句子通常具备的 3 个功能。

（1）**概念功能**——句子想表达的主要意思是什么？为了实现这一目标，就需要回答如下几个关键问题。

- 谁是参与者（宾语）？
- 这句话描述了什么样的过程？
- 是否有其他参与者？如直接或间接宾语。
- 有描述状况发生的时间和地点吗？

这种方法试图应用一种称为"体系"的一系列层次化选项来确定

（2）句子的结构和语气，以及

（3）从"人际功能"方面来考虑这句话，换句话说，句子的语气是什么（通常有标点符号的辅助）；或者从"文本功能"方面来考虑这句话，例如，对之前发生过的事情的认知、问题或陈述的主题，以及对新发生的事情和已经给出的内容的认知。

哈利迪进一步将语法分为如下 4 类。

（1）语言单位（如子句、词组、词和语素）。

（2）单位的结构（如主语或谓语）。

（3）单位的类型（如单位的角色，比如动词用作谓语、名词用作主语）。

（4）体系（如前所述，指句子成分的层次化分解）。

这种研究语言的方法，即对语言语境的语用学进行研究，有助于更清楚地理解句子的意义，并且有助于消除语言中固有的大部分歧义。系统语法将句子单位嵌入语法中，这被称为**生成语义学**，并被维诺格拉德应用于他著名的 SHRDLU 程序中。

13.4.3 格语法

名词的格由其词尾决定。格可以包括主格、属格、宾格、与格以及离格。这些词尾有助于读者识别名词在句子中的功能（如主语、直接宾语、所有格等）。因此，名词在句子中带有自己的"标签"，揭示了其用法。这使得一个句子的单词顺序不再那么重要。这种称为**格语法**（case grammar）的研究语言的方法是乔姆斯基转换语法的扩展，由菲尔墨提出。

Fillmore C J. 1968. The case for case. In Universals in Linguistic Theory, ed., E. Bach and R. Harms. New York, NY: Holt, Rinehart, and Winston.

菲尔墨认为，名词短语始终以唯一可识别的方式与动词关联，关联的方式表明了名词短语的"深层格"。菲尔墨提出了以下深层格。

- 施事格（Agent）——事件的发起者。
- 当事格（Counteragent）——阻碍动作执行的力量或抵抗力量。
- 受事格（Object）——被移动或改变的实体，或位置和存在正在被讨论的实体。
- 结果格（Result）——作为动作执行结果的实体。
- 工具格（Instrument）——事件的导火索或直接的物理原因。
- 源点格（Source）——某物移动的起点。
- 终点格（Goal）——某物移动的终点。

● 承受格（Experience）——接受、得到、经历或遭受动作影响的实体。

动词需要在**格框架**（case frame）中指定。例如，动词"grow"可以指定在如下框架中。

$$[(Object)(Instrument)(Agent)]$$

动词需要用"框架"来合理地指定其使用方法，而"框架"也可以作为模板来对句子进行解释。

动词的格框架类似于谓词演算中带有相关参数列表的谓词（见第 5 章）。

格框架有助于解决先前语法无法解决的某些歧义。这种方法的贡献如下。

（1）对格进行排序，以便明确哪个名词是句子的主语（排名最高）。

（2）识别出合理的句子结构，例如，"I am toasting"和"the bread is toasting"都是合理的句子，但"I and the bread are toasting"就不合理了，因为"I"和"bread"属于不同的格。

（3）区分动词对之间的相似性，而非它们的互反性，例如 buy 和 sell 以及 learn 和 teach。格框架有助于区分这些相似的动词。

深层格还有助于从结构可能并不相同的句子中提取出正确且相同的语义。例如，"The cat knocked over the garbage"和"The garbage was knocked over by the cat"。格框架确实带来了一些进展，但它也说明了从语法中推导出语义的各种困难。

13.4.4 语义语法

根据亨德里克斯（Hendrix）和萨切尔多蒂（Sacerdoti）的描述，语义语法是亨德里克斯在构建自然语言工具 LIFER（具有省略和递归功能的语言接口装置）和数据库查询系统 LADDER（支持对带错误恢复功能的分布式数据的语言访问）的过程中的成果[33]。

Hendrix G and Sacerdoti E. 1981. Natural language processing, the field in perspective, Byte 6(9): 304-352. Peterborough, New Hampshire.

语义语法有如下 3 个主要特征。

（1）限制了问题域——因此 LIFER 可以为各种应用（如信息检索和数据库管理）提供前端。

（2）将语义集成到了语法中——这是通过限制用户可用于自然语言查询的句子范围来实现的。另外，非终结符被限定在一个定义较窄的集合中，如<PERSON>和<ATTRIBUTE>，而不是广义上的类别，如<NOUN>。在划分类别后，就可以对可能的终结符替换实现详尽的枚举。

（3）优秀的用户界面——LIFER 有一个非常友好的用户界面，具有拼写校正、省略和释义生成等功能。

向 LIFER 提出的问题形式如下：

$$(GETPROP\ 'PERSON\ 'ATTRIBUTE)$$

通过对大量数据库进行复杂的搜索，LIFER 可以处理以下各种问题。

● 罗杰·马里斯在 1961 年击出了多少次全垒打？

● 亚伯拉罕·林肯是什么时候出生的？

● 比尔·盖茨有多富有？

● 谁创立了苹果公司？

● 2005 年袭击了新奥尔良的飓风叫什么？

这些系统的性能令人印象深刻，它们是将语义知识直接编码到系统的语法和相关功能中的结果。整个过程是通过将问题域限制在一个大型但可管理的数据库中来实现的。

在即将结束对语义分析及其在 NLP 中的作用的讨论时，我们注意到，向系统中添加的知识越具体，系统的性能就越好。例如，使用语义语法编写自然语言解释器，需要为每个单词生成所有可能的格的一组列表。这又回到了我们所说的"语言可以被精确地使用和分析，但有些人可能更喜欢故意保持模糊和开放的解释，例如在诗歌中"。

13.4.5　尚克的系统

在 6.8 节中，我们介绍并讨论了罗杰·尚克（Roger Schank）的概念依赖（Conceptual Dependency，CD）体系。我们讨论了在诸如抽象、心理、物理传输、心理概念、身体状态、因果关系等许多现实世界的情景下，CD 如何用于开发自然语言的表示。

1. MARGIE 系统

尚克的 CD 理论的第一个产品是 MARGIE。它是尚克与其在斯坦福大学的学生一起开发的，这个产品包含解析器、推理引擎和生成器[30]。

解析器可以获取一个英文句子，并将其转换成语义的原语表示。推理引擎使用 16 条推理规则，基于语义原语生成句子的内部表示，并将其发送给生成器，由生成器转换为英文。生成器对内部表示进行检查，并返回句子的有效英文释义。

MARGIE 有两种操作模式——推理模式和复述模式。

推理模式

示例如下。

输入：John told Mary that Bill wants a book.

输出 1：A book about what?

输出 2：Mary knows that Bill wants a book.

输出 3：Bill wants to come to have a book.

输出 4：Bill wants someone to cease to have a book.

输出 5：Bill wants to read a book.

输入：John gave Mary an aspirin.

输出 1：John believes that Mary wants an aspirin.

输出 2：Mary is sick.

输出 3：Mary wants to feel better.

输出 4：Mary will ingest aspirin.

复述模式

示例如下。

输入：John advised Mary to drink the wine.

输出：John told Mary that drinking the wine would benefit her.

系统也可能会对下列输入进行复述。

输入：It is a warm cloudy day.

输出：The sky is not clear and temperature is high.

在当时，MARGIE 是一个令人印象深刻的程序，但它有严重缺陷，例如：

● 它只能处理单个句子；

● 它会遇到"推理爆炸"问题。也就是说，从原始陈述得出的推论可以无限扩展。

2. SAM 系统

1974 年，尚克搬到了耶鲁大学。在那里，他和心理学教授罗伯特·阿贝尔松开发了一个脚本来帮助 MARGIE 解决上述两个问题。这个脚本可以轻松地将句子扩展成故事，通过提供的上下文进行验证，保留一些推理而删除其他推理，从而缓解"推理爆炸"问题。这些想法在 SAM 项目中得到了实现，SAM 的内部结构由 4 部分组成。

（1）MARGIE 解析器的一个修订版本，它将故事中的句子转换为 CD 形式。

（2）MARGIE 生成器的一个修订版本，它将 CD 表示转换回正确的英文。

（3）一个脚本应用器，旨在对 CD 表示与脚本中指定表示的一致性进行检查。

（4）一个问答模块。

基于汽车事故的脚本，SAM 能够对报纸上的事故报道进行阅读、解释、翻译，并回答相关问题。以下是一段节选的脚本[29]：

输入

Friday evening a car swerved off Route 69. The vehicle struck a tree. Thepassenger, a New Jersey man, was killed. David Hall, 27, was pronounced dead at the scene by Dr. Dana Blanchard, medical examiner. Frank Miller, 32, of 593 Foxon Rd., the driver, was taken to Milford Hospital by Flanagan Ambulance. He was treated and released. No charges were made. Patrolman Robert Onofrio investigated the accident.

英文摘要

An automobile hit a tree near Highway 69 four days ago. David Hall, age 27, residence in New Jersey, the passenger, died. Frank Miller, 32, residence at 593 Foxon Rd. in New Haven, Connecticut, the driver, was slightly injured. The police department did not file charges.

西班牙语摘要

Un auto choco contra un arbol cerca de la carretera 69 el viernes al anochecher. David Hall, de 27 anos, que vivia en New Jersey, el pasagero, se murio. Frank Miller, de 32 anos, que vivia en 593 Calle Foxon en New Haven, Connecticut, el chofer, quedo un poco herido. El departamento de policia no acuso a nadie.

问答输出

Q1: Was anyone killed?
A1: Yes, David Hall died.
Q2: Was anyone hurt?
A2: Yes, Frank Miller was slightly injured.
Q3: Why was Miller hurt?
A3: Because the automobile hit the tree.
Q4: Did Miller go to the hospital?
A4: Yes, he was in the Milford Hospital.
Q5: How did Miller get to the hospital?
A5: The Flanagan Ambulance Company took him to the Milford Hospital.

就功能而言，SAM 的表现非常出色，但是它只适用于有严格限定的故事。经过努力，耶鲁大学的罗伯特·维伦斯基（Robert Wilensky）开发出了能够解决上述问题的 PAM。

3. PAM 系统

PAM 是 SAM 和 TALE-SPIN 的混合体[33]。在 TALE-SPIN 中，尚克和他的学生为故事中的角色设定了特定的目标，并模拟人类为实现这些目标而设定了计划。然后，程序基于给定的信息编写自己的故事。

PAM 有自己的生成器和专门的词汇表来增强对话的复杂性。此外，由于拥有每个主要角色的计划和目标，因此 PAM 可以从不同的角度叙述故事摘要！

　　还有一个基于 CD 的程序值得一提——CYRUS。CYRUS（Computerized Yale Reasoning and Understanding System）是珍妮特·科洛德纳（Janet Kolodner）的博士论文成果。CYRUS 是之前基于 CD 的程序的集大成者，具有一些令人印象深刻的能力和成就。

- 它尝试对一个具体的人——外交官赛勒斯·万斯（Cyrus Vance）的记忆进行建模。
- 它可以学习，也就是说，它可以在新经验的基础上不断改变自己。
- 它能不断地重组自己，从而尽可能好地反映它所知道的内容。这一特征类似于人类的"自我意识"能力。
- 它有能力"猜测"它没有直接知识的事件[33]。

人物轶事

罗杰·尚克（Roger Schank）

　　罗杰·尚克（1946 年生）在人工智能、学习理论、认知科学和虚拟学习环境的构建方面非常有远见。他是苏格拉底艺术（Socratic Arts）公司的首席执行官，这家公司的目标是针对中小学、大学和公司，设计和实施通过实践进行学习、以故事为中心的课程。

　　20 世纪 70 年代初，当时尚克还是斯坦福大学的助理教授，他是第一个让计算机能够打印日常英语句子的人。为了做到这一点，尚克开发了一个旨在表示知识和概念之间关系的模型，以使程序能够预测句子中接下来可能出现的概念。这促使心理学领域的学者研究人们如何从听到的内容中做出推断。

　　1974 年来到耶鲁大学后，尚克开始研究能够阅读报纸的计算机。他的工作得到美国国防部的大力资助，美国国防部对于让计算机通过阅读和分析新闻来预测世界上的动荡地区很感兴趣。1976 年，尚克开发了第一个读报程序。5 年后，他被任命为耶鲁大学计算机科学系主任，负责管理人工智能实验室。

　　为了使计算机能够充分了解世界，从而理解句子的语义，尚克提出了"脚本"的概念。脚本可以防止计算机做出的推理呈指数增长。例如，如果计算机对在餐厅中发生的事情有一组预期（表示成脚本），它就可以理解"你在餐厅点了什么，就会吃到什么"这个道理。脚本是一个非常好的想法，它使尚克的计算机能够阅读任何结构良好的话题。心理学家开始对人们进行测试，观察他们是否像尚克所建议的那样使用脚本进行操作。压倒性的证据表明，尽管尚克从事的是计算机科学方面的工作，但他发现了一些关于人类的十分重要的东西。这项工作最终催生了他与罗伯特·阿贝尔松（Robert Abelson）合著的一本书——*Scripts, Plans, Goals and Understanding: An Inquiry into Human Knowledge Structures*，这本书至今仍然是社会科学家的重要参考书。

　　尚克最知名的著作 *Dynamic Memory: A Theory of Reminding and Learning in Computers and People* 论述了如何通过对事件及其结果的记忆来进行学习。这种通过"模式"学习的理论与传统的学习理论是对立的。20 世纪 90 年代和 21 世纪初，尚克在学术界和商界都取得了成功。在创办了美国西北大学和卡内基·梅隆大学的人工智能相关部门，并管理耶鲁大学计算机科学系之后，尚克成为卡内基·梅隆大学计算机科学学院的杰出教授（Distinguished Career Professor），以及卡内基·梅隆大学西海岸校区的首席教育官。尚克是教育引擎（Engines for Education）公司的执行董事和创始人，也是苏格拉底艺术公司的董事长兼首席执行官。

13.5　NLP 中的统计方法

本章的前几节关注的是句法解析技术（见 13.3 节的句法内容），并尝试破解句子的语义（见 13.4 节的语义内容），但是这些方法还不足以处理有歧义的句子。例如，一个句子可能有几棵不同的解析树，这就很难选出最好的解析树并推断出正确的语义。

解决这个问题的一种方法是为每棵解析树分配概率，选出具有最大概率的解析树。由此，概率和统计方法成为过去 20 年语言处理的标准做法。

在过去 30 年左右的时间里，NLP 研究一直以统计方法作为主要方法来解决这个领域长期存在的问题。布朗大学的首席研究员尤金·查尼阿克（Eugene Charniak，见 13.9 节）在 2006 年 7 月 13 日至 15 日于达特茅斯学院举行的"人工智能 50 周年纪念会议"上发表了一篇精彩的论文，他将这个以统计方法为主的阶段称为"统计革命"[34]。

13.5.1　统计解析

概率解析器为每棵解析树分配一个概率，并为具体的输入句选出最可能的解析树。因此，可使用每个产生式规则的条件概率来增强上下文无关语法。

例如，如果语法中包括一个非终结符 A，并且它位于语法中 3 个产生式规则的最左侧，则可以基于非终结符 A 的每个扩展的似然性，为每个产生式规则分配一个概率。这 3 个概率的和必须为 1。类似地，对于任何其他非终结符 B，非终结符 B 的所有产生式规则的概率之和也必须为 1。

由此，对于产生式规则 A→CD[p]，条件概率 p 表示 A 被扩展得到 CD 的可能性。换句话说，p 是给定左部 A 得到右部的扩展式 CD 的概率。

将这个概念扩展到解析整个句子，我们可以通过将解析树中每个节点所使用的产生式规则的概率相乘，得到这棵解析树的概率。如果解析树中有 n 个非终端节点，那么将有 n 个用于生成这些节点的产生式规则。其中每一个产生式规则都有一个相关的概率，将这 n 个概率相乘，就能得出这棵解析树的总概率。

$$P(\pi,s)=\prod_{c\in\pi} p(\text{rule}(c))$$

要使用概率解析器，我们必须知道语法中每个产生式规则的概率。为语法规则分配概率的方式有两种。如果有可用的树库（如宾州树库），则可以简单地对非终结符 A 使用特定产生式规则进行扩展的次数进行统计。例如，对于产生式规则 A→CD，可使用以下表达式计算概率：

$$\frac{\text{Count}(A \rightarrow CD)}{\text{Count}(A)}$$

如果没有树库，则必须在句子语料库上训练系统。解析器从每个产生式规则等概率开始，解析语料库中的句子，并计算解析树的概率。基于首次解析的结果，解析器调整每个产生式规则的概率，然后使用调整后的参数再次解析句子，以此类推，直到解析器为每个产生式规则分配最合适的概率为止。

目前，人们对大多数概率解析器都进行了扩充，以考虑其他语法和语义特征。特别值得一提的是 Collins 解析器，它属于更复杂的系统类型，称为概率词法化解析器[35]。在词法化语法中，每个非终结符都会被标记一个词法头和词性标签。词法头指的是由非终结符生成的短语中最重要的单词。

在本质上，词法化语法（lexicalized grammar）是上下文无关语法的增强版本，其中每个非终结符都特定于自身的词法头。通过使用更多的非终结符，词法化语法可以使每个产生式规则对其所生成的词法头都是唯一的。因此，一个简单的产生式规则可以有许多副本，而每个副本则对应一个可能的词法头及其词性标签的组合。

查尼阿克给出了一个**词法化统计解析**的例子：思考规则"VP→VERB NP CH 13"的概率。这种结构表示一个动词后跟两个名词的句子，例如"Tom gave Jill a racket"。上述规则的概率 p(VP→VERB NP NP | VP, V =racket) = 0.003，这是一个非常小的概率。但是主动词"gave"的出现会使概率高出十几倍，p(VP→VERB NP NP | VP, V =gave) = 0.02。在这里，我们可以看到组合概率如何有效地提高做出正确解析的能力。实际上，概率正在被转换为知识。

这里所讨论的解析器已知的准确率约为 73%，但是再加上上面例子中提到的这种附加信息，就能使它们的准确率超过 90%。13.6 节将描述在将语言作为声音（语音）理解时如何寻求统计"优势"。

13.5.2　机器翻译（回顾）和 IBM 的 Candide 系统

早期的**机器翻译**主要使用非统计方法。3 种主要的翻译方法如下：①直接翻译，即对原文本进行逐字翻译；②迁移方法，其中运用了结构知识和语法解析；③**中间语言**方法，即将原句子翻译成语义的一般表示，然后将这种表示翻译成目标语言。这 3 种翻译方法都不太成功。

向统计方法的过渡始于 20 世纪 90 年代早期 IBM 的 Candide 系统的开发。Candide 项目对机器翻译的后续研究产生了巨大影响，在接下来的几年里，统计方法开始主导这个领域。当时，IBM 已经在语音识别领域开发了一些概率算法，并将这些概率算法应用到机器翻译的研究中。

机器翻译的统计方法继承了噪声信道模型的思想。通过使用这种方法，原语言中的句子可视为目标语言中句子的噪声版本。我们必须计算出在目标语言中，与原语言句子的噪声输入相对应的最可能的句子。例如，如果我们要将法语翻译成英语，那么法语是原语言，英语是目标语言。因此，我们将计算概率 $P(E|F)$，即给定法语句子的噪声输入 F，计算特定英语句子 E 的概率。

基于贝叶斯定理（见 8.4 节），可用以下等式表示这个概率。

$$P(E \mid F) = \frac{P(F \mid E)P(E)}{P(F)}$$

我们希望通过从所有可能的英语翻译中选出最可能的英文句子来最大化这个概率。分母 $P(F)$ 可以忽略，因为对于每个可能的英语翻译，法语句子都是固定不变的。

$$P(E|F)= \text{argmax}_E P(F|E)P(E)$$

有了上面这个方程，我们现在只需要计算两个值。
- $P(F|E)$，这是给定英语译句 E 条件下对应法语句子 F 的概率。
- $P(E)$，这是英语句子 E 出现的概率。

$P(E)$ 是句子在英语中出现的可能性，可使用 n-gram 概率模型，基于大量英语文本语料库进行估计。$P(F|E)$ 是在给定英语译句的前提下，法语句子出现的概率，要求在法语句子和英语译句之间逐个短语对齐。IBM 使用的短语对齐算法对机器翻译研究具有决定性的影响——为机器翻译提供了统计方法，并使其超越了先前研究中的其他方法。

13.5.3　词义消歧

统计方法也可用于**词义消歧**（Word Sense Disambiguation，WSD），这是自然语言处理中的关键任务之一。根据上下文的不同，同一单词可以有很多不同的含义，这种歧义是自然语言处理中很多困难的根源所在。

例如，单词 table 可用于描述一件家具，也可指数据的图形化表示。我们还可以找到很多这类有歧义的例子（见 13.1.1 节）。这些词的正确含义必须根据它们的上下文来推断。艾德（Ide）和维罗尼斯（Veronis）指出，在机器翻译领域，第一个阐述"词义消歧"这个概念的是韦弗[36]：

如果一个人逐词检查一本书中的单词，就像透过一个只有一个单词宽的小孔的不透明面罩一样，那么一次判断一个单词的含义显然是不可能的。但是，如果把这个不透明面罩上的小孔拉宽，直到不仅可以看到中心词，还可以看到它两边的 N 个词，那么如果 N 足够大的话，就可以明确中心词的含义。

实际的问题是："至少在可容忍的情况下，N 的最小值是多少，才能正确地确定中心词的含义？"[1]

使用监督学习算法，可以训练系统，使其识别出特定单词的正确含义。通过大量的文本训练集，系统可以学习到一个单词与其周围上下文线索之间的关联。例如单词 table，当用于表示家具时，它周围的词倾向于某一单词集，而当这个单词用来描述数据的表格表示时，它的周围就会倾向于另一个单词集。

特征提取是一个过程，它能够基于不同特征的预测价值，识别出文本周边的关键特征，进而确定单词的正确含义。通常，上下文线索会出现在所讨论单词周边的特定位置。例如，在单词 control 的前面一个位置经常可以找到单词 remote，组成词组 remote control。类似地，在单词 contents 的前两个位置经常可以找到单词 table，组成短语 table of contents。**搭配**（collocation）指的是一个单词（或单词序列），通常出现在所讨论单词周边的特定位置。当系统学习了单词之间的典型关联后，它就会关注这些位置，从而促进词义消歧。

13.6 用于统计 NLP 的概率模型

统计方法涉及概率模型的计算，概率模型用于为给定任务的每个可能结果分配概率。例如，在统计解析中，可通过计算每个产生式规则在文本语料库中出现的次数，为每个产生式规则分配一个概率。

在本节中，我们将提供一个用在 NLP 应用程序中的概率模型，以及基于这个概率模型来计算最可能结果的算法。

13.6.1 隐马尔可夫模型

隐马尔可夫模型（Hidden Markov Model，HMM）是很多 NLP 应用程序使用的统计模型。与有限状态自动机一样，HMM 可以表示为有向图，其中的顶点表示计算的不同状态，弧线表示状态之间的转移。类似于加权有限状态自动机，HMM 为每条弧线分配了概率，表示从一个状态转移到另一个状态的可能性。

马尔可夫链是一种加权的有限状态自动机，其中的输入唯一决定了自动机的转换。换句话说，每个输入只产生一条贯穿自动机的路径。通过将路径上各条弧线的概率相乘，可以计算得到输入的概率。

由于这些模型的**马尔可夫性质**（Markov property），我们可以将概率相乘。在估计转移概率时，马尔可夫性质允许我们忽略之前的事件。转移概率仅取决于当前状态（状态 2）和接下来的状态（状态 3），而不依赖序列中之前的转换。这简化了对概率的估计，允许我们通过将每条弧的概率相乘来计算序列的总概率。

　　与马尔可夫链一样，HMM 由一组状态和一组描述从状态 i 转移到状态 j 的转移概率 P_{ij} 指定。但是，当描述通过模型的路径时，我们并不知道状态的顺序，只能用沿着路径产生的输出来描述路径。

　　HMM 包括一组输出观测值 O 和一组观测值概率 B。对于每个观测值和每个状态，都存在一个相关的概率 $b_i(o_t)$，表示在时刻 t 由状态 i 产生观测值 o_t 的可能性。通俗来讲，观测值是可以产生的输出，而观测概率表示从特定状态产生特定输出的可能性。我们做了一个简化的假设，即每次状态转换都会产生一个输出观测值。由此，如果输出由 5 个观测值组成，我们就可以知道路径中必然包含 5 个状态，因为产生了 5 个输出符号。

　　为了更具体地说明 HMM，我们决定使用一个现实生活中的例子。在这个例子中，底层"状态"是隐藏的，必须从可观测的输出中进行推断。想象一名学生正在计算机生成的标准化考试中回答问题。计算机会生成不同难度的问题，并将这些问题混合在一起。这名学生不知道所要回答的问题简单还是困难，于是他试图从花在寻找问题答案上的时间来推断问题的难度。

　　例如，如果他只花了 1 分钟就回答一个问题，那么他有理由相信这个问题比较简单。但如果他花了 3 分钟来回答一个问题，他就会觉得这个问题相对困难。他只能根据在问题上花费的时间来推断出预期的困难程度。

　　在这个例子中，隐藏的状态是简单（**Simple**）和困难（**Difficult**），可观测的输出是在每个问题上花费的时间。所输出观测值的集合为{1,2,3}，分别表示回答问题花了 1 分钟、2 分钟和 3 分钟的时间。

　　图 13.2 展示了 **Simple** 和 **Difficult** 两种状态，以及起始状态和结束状态。

　　模型包括了状态之间每条弧线的转移概率。为了完善这个模型，我们需要加入观测概率。

$P(1|\text{Simple}) = 0.8$

$P(2|\text{Simple}) = 0.1$

$P(3|\text{Simple}) = 0.1$

$P(1|\text{Difficult}) = 0.1$

$P(2|\text{Difficult}) = 0.2$

$P(3|\text{Difficult}) = 0.7$

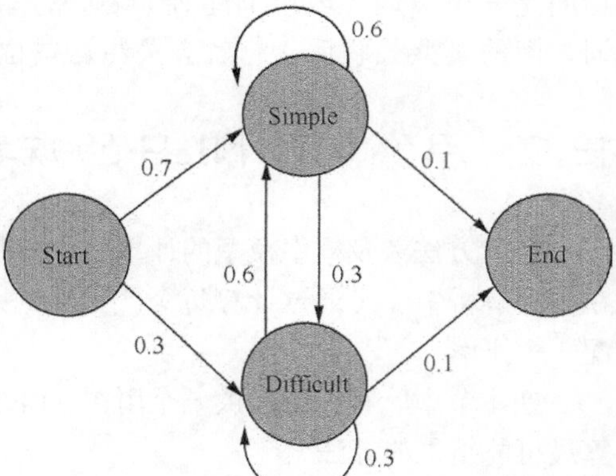

图 13.2　针对测试题目的 HMM

这些数字是在给定预期难度水平的问题上，所花费时间的条件概率。例如，$P(1|\text{Simple})$ 是在简单问题上花费 1 分钟时间的概率。同样，$P(3|\text{Difficult})$ 表示在困难问题上花费 3 分钟时间的概率。

　　如果给定一个输出观测序列 2 1 1 3，则可以通过计算每个状态序列的概率，选出具有最大概率的那个序列，从而找到最可能的状态序列。因为这个序列中有两个状态和 4 个观测值，所以存在 2^4（也就是 16）种可能的状态序列。

　　一种可能的状态序列是 **Simple Simple Simple Difficult**。这个状态序列的概率可以通过将路径上的转移概率相乘来计算得到：

$$P_{\text{startS}} \times P_{\text{SS}} \times P_{\text{SS}} \times P_{\text{SD}} \times P_{\text{DEnd}} = 0.7 \times 0.6 \times 0.6 \times 0.3 \times 0.1 = 0.007\,56$$

　　其中，P_{startS} 表示从起始状态到 **Simple** 状态的转移概率，P_{SS} 表示从 **Simple** 状态循环到 **Simple**

状态的转移概率，P_{SD} 表示从 **Simple** 状态到 **Difficult** 状态的转移概率，其余以此类推。

在将转移概率相乘时，我们需要将这个序列的观测概率考虑在内。这个序列的观测概率如下：

$$P(2|Simple)×P(1|Simple)×P(1|Simple)×P(3|Difficult)= 0.1×0.8×0.8×0.7 = 0.044\ 8$$

至于总概率，我们可以用观测概率的乘积乘以转移概率的乘积：

$$P_{startS}×P_{SS}×P_{SS}×P_{SD}×P_{DEnd}×P(2|Simple)×P(1|Simple)×P(1|Simple)×P(3|Difficult)$$
$$= 0.7×0.6×0.6×0.3×0.1×0.1×0.8×0.8×0.7 = 0.000\ 338\ 688$$

这个乘积是可能的状态序列——**Simple Simple Simple Difficult** 的概率。我们不知道这是不是正确的状态序列，我们必须尝试所有可能的不同序列。

真实的应用可能会有更多的状态和观测值，对于过大的数字，上述计算过程将变得不切实际。动态规划算法是更可行的方法之一，也就是将中间结果存储在一个表中，这样可以避免重复计算。

13.6.2　维特比算法

维特比算法（Viterbi algorithm）是一种动态规划算法，用来找出 HMM 中最可能的状态序列。该算法会创建一个表，其中的每个单元格表示在看到一定数量的输出观测值之后处于特定状态的概率。

在上面的示例中对状态进行编号，令开始状态为状态 0，**Simple** 状态为状态 1，**Difficult** 状态为状态 2，结束状态为状态 3。于是，表可以使用一个二维数组 Viterbi[ ][ ] 来表示。

在这个数组中，元素 Viterbi[1][1] 表示在看到第一个输出观测值之后处于状态 1 的概率。记住，我们的输出序列是 2 1 1 3，这个序列中的第一个输出符号是 2。因此，这个数组元素表示在到达状态 1（**Simple** 状态）时，会产生 2 作为第一个输出观测值的概率。

为了计算 Viterbi[1][1]，可使用从起始状态到 **Simple** 状态的转移概率 P_{startS}，将 P_{startS} 乘以观测概率 $P(2|Simple)$，后者表示从 **Simple** 状态产生 2 作为输出的概率：

$$Viterbi[1][1] = P_{startS}×P(2|Simple) = 0.7×0.1 = 0.07$$

类似地，Viterbi[2][1] 表示在产生第一个观测值之后处于状态 2（**Difficult** 状态）的概率。这个概率等于 P_{startD} 和 $P(2|Difficult)$ 的乘积：

$$Viterbi[2][1] = P_{startD}×P(2|Difficult) = 0.3×0.2 = 0.06$$

计算完这些初始元素后，将它们存储在表中，用它们来计算剩余的元素。在下一列中，Viterbi[1][2] 表示从状态 1 产生第二个输出观测值的概率。序列中的第二个观测值为 1，因此这个元素表示在到达状态 1（**Simple** 状态）时，第二个观测值产生 1 作为输出的概率。

为了计算这个元素，首先将前一列中每个元素存储的概率乘以其状态到 **Simple** 状态的转移概率，然后将每一个乘积乘以从 **Simple** 状态产生 1 的观测概率，最后将这些值的最大值保存在 Viterbi[1][2] 中：

$$Viterbi[1][1]×P_{SS}×P(1|Simple)= 0.07×0.6×0.8 = 0.033\ 6$$
$$Viterbi[2][1]×P_{DS}×P(1|Simple)= 0.06×0.6×0.8 = 0.028\ 8$$

因此，Viterbi[1][2] 将包含这两个乘积中的较大值 0.033 6。更一般地，在具有 n 个状态的 HMM 中，我们需要进行 n 次计算（对前一列中的每个状态都进行一次计算），并将最大值放在当前元素中。当到达代表最终观测值和终止状态的元素时，该元素就会包含最可能的状态序列的总概率。

可通过保存一个 backpointer[][] 数组来存储到目前为止的路径，并跟踪这个状态序列。这个跟踪过程将为我们提供产生输出序列的最大概率的状态序列。

13.7　用于统计 NLP 的语言数据集

使用统计方法训练概率模型需要大量数据。在语言处理应用中，大量的书面语和口语数据可用于这一目标。这些数据集由大量句子组成，人工标注者对这些句子进行了语法和语义信息的标注。在本节中，我们将描述过去 10 年统计 NLP 使用的最重要的数据集。

13.7.1　宾州树库项目

如前所述，给定上下文无关语法，可以解析任何句子。也就是说，我们可以建立一个**语料库**，其中的每个句子都用一棵解析树做了句法标注。我们称这样的系统性标注语料库为**树库**（treebank）。在针对句法场景的实证研究中，树库已被证明非常有用[1]。

在过去的 40 年里，人们已经创建了很多可以自动解析句子的树库，自动解析后再进行人工修正（参见 13.2 节中描述的 Brown 语料库）。宾州树库是基于 Brown、Switchboard（用于常规的电话对话）、ATIS 和《华尔街日报》英文语料来生成树库的。树库也可以基于其他语言生成，如阿拉伯语和汉语。其他的树库还包括捷克语的 Prague 依存树库、德语的 Negra 树库和英语的 Susanne 树库[1]。

宾州树库项目始于 1989 年左右，在不同阶段生成了不同语言的树库，目前已经发布了英语版本的 Treebank I、Treebank II 和 Treebank III[24,37]。

> 马库斯（Marcus）等人（1993 年）指出："有时候，语料库和数据集在理解上会有区别，语料库可理解为一组精心构造的材料聚合在一起，它们共同满足一些设计原则；而数据集在构建过程中掺杂了更多的机会因素。从这一点来看，我们认为宾州树库的原始材料构成的是一个数据集。"

Treebank I 由 450 万个单词组成，在 1989 年至 1992 年间构建，用于词性（Part-Of-Speech，POS）标注。它还标注了主干的语法句法结构。

查尼阿克（Charniak）给出了一个令人印象深刻的实际样例，旨在说明使用这些树库的 NLP 已经走了多远[34]。

查尼阿克在图 13.3 中总结了宾州 WSJ 解析器所做的工作，并做了以下分析[34,53]：

考虑到当前的解析器精度（92%）和句子长度（44 个单词和标点符号），我们预计会出现一些错误。唯一的错误是附件中以"only if…"开头的子句，我们认为它应该与"the United States…"开头的"S"结合，而不是与"that the United…"开头的 SBAR 结合。

后一种结合方式是解析器找到的，虽然存在合理性，但在我们看来没有那么可信。

接下来的几节将介绍更多使用了数据库技术、统计技

```
(S1 (S (NP (DT The) (NNP Bush) (NN administration))
(VP (VBD said)
(NP (NNP Wednesday))
(SBAR
(SBAR (IN that)
(S (NP (DT the) (NNP United) (NNPS States))
(VP (MD would)
(VP (VB join)
(NP (DT the) (NNPS Europeans))
(PP (IN in)
(NP (NP (NNS talks))
(PP (IN with) (NP (NNP Iran)))
===> (PP (IN over)
(NP (PRP$ its) (JJ nuclear) (NN program)))))))))
(, ,)
(CC but)
(SBAR (ADVP (RB only))
(IN if)
(S (NP (NNP Tehran))
(ADVP (RB first)
(VP (VBD suspended)
(NP (NP (PRP$ its) (NN uranium) (NNS activities))
(, ,)
(SBAR (WHNP (WDT which))
(S (VP (AUX are) (VP (VBN thought)
(S (VP (TO to)
(VP (AUX be)
(NP (NP (DT a) (NN cover))
(PP (IN for)
(S (VP (VBG developing)
(NP (JJ nuclear) (NNS arms)))))))))))))))))
(. .)))
```

图 13.3　解析 2006 年 6 月 1 日
《纽约时报》的导言

术和 Web 技术的最新系统。

13.7.2 WordNet

WordNet 是一个词汇数据库，其中存储的是以同义词集（synset）形式组织的单词。每个同义词集表示一个词汇概念，并附有它所表达的概念的简短定义，由此可以链接到所有语义相关的同义词集[38]。WordNet 是一种非常流行的工具，被广泛应用于人工智能和 NLP 领域。WordNet 数据库和软件工具也已经获得授权，读者可以通过 WordNet 网站在线获取。WordNet 的英文版本已经成为其他语言数据库（如 EuroWordNet、MultiWordNet 和 BalkaNet）的基础。

本蒂沃利（Bentivogli）和他的同事提出用一种新的数据结构来扩展 WordNet，这种结构被称为**同义短语集**（phraset），其中的单词可以自由组合成短语。本蒂沃利和他的同事认为，同义短语集对于平行语料库中基于知识的词语对齐非常有用，通过对齐，可以找到一种语言中词汇单位之间的对应关系。这可以解放另一种语言中词语之间的组合，同时促进单语言和多语言环境下的词义消歧。

组成 WordNet 同义词集的两种基本词汇单位是单词和多词，其中多词指的是**习语**（idiom）或**限制性搭配**（restricted collocation）。习语是指术语或短语，其含义通常无法从构成成分的字面定义来理解。习语的任何构成成分都不能用同义词代替。限制性搭配指的是“一组习惯性同时出现的词，其意义可以通过组合得出”[38]。习语和限制性搭配不同于词语的自由组合，后者只是遵循一般语法规则的词语组合[39]。词语的自由组合不被认为是词汇单位，因此在 WordNet 中不构成同义词集。

每种语言中都有一些常用来表示某个特定概念的短语，这些短语既不是习语也不是限制性搭配。例如意大利语短语“asare in bicicletta”，在英语中是“to bike”（骑自行车）的意思，而“punta di freccia”的意思是“arrowhead”（“箭头”）。本蒂沃利建议使用 phraset 对 WordNet 模型进行扩展，以囊括这类短语。phraset 的成员被称为“循环自由短语”（recurrent free phrase）。在多语言环境中，如果原语言使用一个词汇单位来表达特定概念，而在目标语言中不存在这个词汇单位，那么 phraset 将发挥重大作用，反之亦然。

13.7.3 NLP 中的隐喻模型

对于一个有效的 NLP 系统来说，它必须能够处理隐喻。这个任务可以分为两部分：隐喻识别和隐喻理解。在语言学和哲学文献中，可找到关于隐喻理论的 4 种主要观点。卡捷琳娜·舒科娃（Katerina Shukova）对 NLP 中的隐喻模型进行了全面深入的研究。她研究了许多模型，这些模型基于的观点包含[40]：

（1）比较观点[41]；

（2）交互观点[42,43]；

（3）选择性限制违反观点[44,45]；

（4）概念隐喻观点[46]。

丹·法斯（Dan Fass）是尝试开发系统来自动识别和理解隐喻的先行者之一。他开发的系统被称为 met *（发音为 met star），该系统能够实现字面意思、转喻、隐喻和异常的区分。转喻是一种修辞手法，旨在将一个事物或概念用与该事物或概念相关的其他事物的名称来表达。隐喻的作用是通过在不同领域建立两个概念之间的相似性来实现的，而转喻的作用则是通过在同一领域建立两个概念之间的联系来实现的。例如，“好莱坞”是美国电影业的转喻。洛杉矶的好莱

坞地区拥有美国大多数主要的电影制片厂，但地点本身和电影工业之间没有任何相似之处。met*
的工作分为 3 个阶段。首先，它使用"选择性偏好违反"（selectional preference violation）作为
指标来确定短语的字面意义。这指的是约里克·威尔克斯（Yorick Wilks）提出的用于词义消歧
的偏好语义学（Preference Semantics）方法。在该方法中，一个句子的"最连贯"解释是基于句
子各个部分内部偏好的最大数量来确定的。如果发现一个短语不表示它的字面意思，则使用一
组手动编码的转喻关系对该短语进行转喻测试；如果找不到转喻关系，就到知识库中寻找一个
合适的类比，以区分该短语是隐喻关系还是异常关系。选择性偏好方法的一个问题是，虽然有
些表达式是隐喻，但它们仍然没有违反偏好选择。例如，"Idi Amin is an animal"这句话在字面
上是有效的，没有违反偏好选择，但它明显是一个隐喻。此外，一个违反了偏好选择的句子，
可能既不是隐喻，也不是转喻。

还有一些其他的隐喻识别方法也值得一提。高特利（Goatly）提出了一种系统，旨在通过捕
获"so to speak"（"这么说吧"）等语言线索来识别隐喻。尽管本身可能还不够完整，但它可以成
为大系统的一个模块。彼得斯（Peters）兄弟对英文词汇数据库 WordNet 进行了挖掘，目的是系
统地寻找多义词，因为他们发现多义词与隐喻或转喻表达之间存在很强的相关性[47]。法斯的工
作依赖于对转喻和隐喻关系的手动编码，而扎卡里·梅森（Zachary Mason）的 CorMet 系统则首
次尝试了源-目标域映射的自动发现[48]。CorMet 对由特定领域文档组成的大规模语料进行分析，
针对特定角色和特定的参数类型，学习每个领域特征动词的偏好。例如，由于"pour"在 LAB
领域和 FINANCE 领域都是一个特征动词，因此 CorMet 会从这两个领域收集文本。在 LAB 领域，
"pour"与液体类型的对象有强烈的联系；而在 FINANCE 领域，"pour"与货币有强烈的联系。
由此可以推断出如下概念映射：液体-货币。比尔克（Birke）和萨卡尔（Sarkar）开发了 TropFi
系统，该系统使用句子聚类方法进行非字面意思的语言识别[49]。这个想法源于卡罗夫（Karov）
和埃德尔曼（Edelman）提出的一种基于相似度的词义消歧方法[50]。这种词义消歧方法使用了一
组带有意思标注的种子语句，然后计算了包含待消歧单词的句子和所有种子语句之间的相似度，
最后从最相似的种子语句中选出标注所对应的含义。

比尔克、萨卡尔和法斯关注的是动词，而克里希纳库马尔（Krishnakumaran）和朱（Zhu）
的方法处理了动词、名词和形容词[51]。对于名词，他们使用 WordNet 中的上下位（is-a）关系来
检查一个短语是否具有隐喻性。如果它不是下位词，那么该短语会被标记为隐喻。同时，他们
还计算了动词-名词对、形容词-名词对的二元概率，并且考虑了名词的所有上位词或下位词。
如果在数据中找不到频率高于某个阈值的词对，则该短语会被标记为隐喻。在法斯使用 met*进
行隐喻识别的同一时期，马丁（Martin）开发了隐喻解释、表意和获取系统 MIDAS[52]。MIDAS
依赖于一个组织成层次结构的常规隐喻数据库。给定一个隐喻表达式，它会在数据库中进行自
我搜索。如果无法找到，这个隐喻表达式就会被抽象为更一般的概念，并再次执行自我搜索；
如果找到了，系统会将这个得到"青睐"的隐喻附加到层次结构中的父节点上。2008 年，维尔
（Veal）和郝（Hao）开发了一个名为 Talking Points 的知识库，以及一个名为 SlipNet 的相关推理
框架。Talking Points 由一组属于源域和目标域的概念特征，以及从 WordNet 和 Web 中挖掘得到
的世界相关事实组成。SlipNet 是一个框架，它允许对这类特征进行插入、删除和替换，以便找到
源域和目标域之间的连接。

总体而言，隐喻的研究趋势与 NLP 领域的研究趋势是类似的，即从 20 世纪 80 年代和 90
年代早期的手动编码知识，转向更鲁棒的基于语料库的统计方法。词汇采集技术的最新发展，
使得在不久的将来实现基于语料库的全自动化隐喻处理成为可能。未来的研究将从标准化的隐

喻标注程序，以及大规模的公开可用的隐喻语料库的创建中获益。

13.8　应用：信息提取和问答系统

在 13.7 节中，我们描述了 NLP 中的一些统计方法，并对这些统计方法与形式语法和语义的符号方法进行了对比。通常，这两种方法是联合使用的，即单个应用程序必须同时使用符号方法和统计方法。

也许 NLP 方法最知名的应用是**信息提取**（Information Extraction，IE）和问答（Quesiton Answering，QA）系统，这些系统已被用于 Web 搜索。

在决定购买 AIG 的股票之前，你可能还想在网上找到一些能证明 AIG 股价会上涨的文章。为此，你需要找到包含"AIG""政府救助""股票"和其他一些关键词的文本，这些关键词能够帮助你找到 AIG 股票未来走势的相关信息。

这正是适合使用信息提取系统解决的任务类型。信息提取实际上是前面已经讨论过的许多技术的组合，包括有限状态方法、概率模型和语法分块等。在本节中，我们将描述用于构建信息提取和问答系统的技术。

13.8.1　问答系统

问答系统通过搜索文档集合来找出满足用户查询的最佳答案。通常，文档集合可以像 Web 一样大，也可以是特定公司拥有的一组相关文档。因为文档数量可能非常庞大，所以有必要对找到的相关文件进行排序，将排名靠前的文件分解成相关段落，并通过搜索这些段落来找出问题的正确答案。

因此，问答系统必须完成如下 3 个任务：①处理用户的问题，将它们转换为适合输入系统的查询；②检索与查询最相关的一些文档和段落；③处理这些段落，找出用户问题的最佳答案。

可通过识别关键字并剔除不重要的词来处理用户的问题。最开始，可基于关键字构造一个查询，然后将这个查询扩展为包括关键字的任何同义词。例如，如果用户的问题包括关键字 car，那么查询将扩展为包括 car 和 automobile。此外，查询中还可以包括关键字的形态变体。如果用户的问题包括单词 drive，那么查询将包括 driving 和 drive 在内的其他形态变体。通过扩展查询中的关键字列表，可以最大限度提高系统找到相关文档的可能性。

在文件中进行检索的任务被称为**信息检索**（Information Retrieval，IR）。IR 可以基于向量空间模型来进行，其中的向量用于表示词频。为了解释方便，下面以一篇小文档为例来介绍向量空间模型。假设这篇小文档由 3 个词组成，那么它们的词频可以用向量(w_1, w_2, w_3)来表示，其中w_1是第一个词的频率，w_2是第二个词的频率，以此类推。如果第一个词出现了 8 次，第二个词出现了 12 次，第三个词出现了 7 次，那么这篇文档的向量就是$(8, 12, 7)$。

当然在实际场景中，由大量文档组成的文档集往往包含成千上万个词，而不像上面的一篇小文档那样只有 3 个词。因此，在实际应用中，向量会有数千维，每一维对应文档集中的一个词。每篇文档都被分配一个向量来表示该文档中出现的词。在这个向量中，许多元素会是 0，这是因为文档集中的许多词并不会出现在某个具体的文档中。类似地，用户查询所分配向量的大多数元素也是 0。这是因为与整个文档集相比，查询中包含的词并不多。然而，因为可以使用哈希和其他形式的表示来简化向量，所以许多 0 其实并不需要真正存储在向量中。

在给查询分配一个向量后，可以对这个向量与集合中所有文档的向量进行比较，从而找到多维空间中与其最接近的匹配向量。为了计算两个向量之间的距离，可使用它们之间的夹角并计算该夹角的余弦值。

两个向量的夹角的余弦值，可以通过这两个向量的归一化点积来计算。计算结果越大，表示查询向量和文档向量之间越匹配。当两个向量相同时，它们的夹角的余弦值等于 1；当两个向量完全不同时，它们的夹角的余弦值等于 0。因此，只要基于查询向量和文档向量之间的夹角找到余弦函数的最大值，就可以识别出与查询最相关的文档。

在检索到最相关的文档后，将这些文档划分为大小可控的段落。其中，不包含任何关键字或潜在答案的段落将被丢弃，至于其余段落，则根据包含答案的可能性对它们进行排序。

最后，从有序段落中提取答案即可。

人物轶事

拉里·R.哈里斯

拉里·R.哈里斯（Larry R. Harris，1948 年生）在人工智能数据库系统和自然语言处理领域非常资深，做出了杰出贡献。他所提出的"将人工智能研究技术扩散到商业产品中"始于他在康奈尔大学的题为"A Model for Adaptive Problem Solving Applied to Natural Language Acquisition"的博士论文（1970 年）。他的早期著作包括 *The Bandwidth Heuristic Search*、*User-Oriented Data Base Query with the ROBOT Natural Language Query System*、*Experience with INTELLECT: Artificial Intelligence Technology Transfer* 等。1975 年，哈里斯开发了 ROBOT，并在同一年创立了 AI 公司。INTELLECT 是 ROBOT 的后继者，它提供了一个独特的英文界面，可以实现数据库系统的查询。ROBOT 的方法要求将英语语言问题映射成一种独立于数据库内容的数据库语义语言。这样，由于语义原语是不变的，系统可以工作在一个"可移动的微型世界"中，但对话区域会随着数据库的内容而变化。由此，只要修改字典，学生成绩文件就可以与员工文件和数据字典实现互动。

此外，哈里斯还是 KBMS（Knowledge-Base Management System，知识库管理系统）的首席架构师和 InfoHub 的首席架构师。KBMS 是一个专家系统工具，而 InfoHub 是一个用于访问非关系主机数据的关系引擎。

1972 年，哈里斯是达特茅斯学院数学系的教授，当时没有计算机科学系。他在开发达特茅斯计算机国际象棋程序方面发挥了重要作用，这个程序（1973 年）战胜了美国西北大学程序（NUCHESS），后者是 20 世纪 70 年代在美国占主导地位的计算机国际象棋程序（关于计算机国际象棋程序的更多信息，参见第 16 章）。

1994 年，哈里斯创立了一家语言技术公司——EasyAsk，他同时也是 EasyAsk 和 English

Wizard 产品的作者。2009 年年初，EasyAsk 从 Progress Software 中剥离出来，成了一家独立的公司，继续专注于哈里斯博士的创新愿景，并在电子商务、运营商业智能和搜索领域的创新方面发挥领导作用，同时使用自然语言创建用户体验，使产品真正能为知识工作者和终端用户服务。

早在 1984 年，哈里斯博士就在 *AAAI Magazine* 上发表了以下观点。

"我们以产品为导向，希望重复出售同一款产品。我们希望产品是通用的，这样它就可以被用于各个领域。我们希望人们在使用它的过程中能尽可能地去除人工智能的神秘感。在市场定位方面，我们承诺以市场为导向，根据我们所试图解决的问题，找出市场的真正需求，并选择合适的技术来解决这个问题。我们还承诺与现有软件进行接口化，并在共同的商业数据处理结构内工作，但同时不试图照搬现有的数据库技术、图形技术等。"

上述观点展示了一种深刻的理解，即人工智能系统需要做些什么，才能有效地服务于商业和经济活动。

拉里·R.哈里斯的相关出版物

A system for primitive natural language acquisition. International Journal of Man-Machine Studies 9:153-206, 1977.

ACM SIGART Bulletin Status report on the Robot natural language query processors. 66 (August): 3-4, 1978.

User-oriented database query with the ROBOT natural language query system. International Journal of Man-Machine Studies 9: 697-713, 1977.

INTELLECT on demand. Datamation 27(12): 73, 1981.

Using the database as a semantic component to aid in the parsing of natural language database queries. Journal of Cybernetics 10: 77-96, 1980.

ROBOT: a high performance natural language processor for data base query, ACM SIGART Bulletin [doi>10.1145/1045283.1045309] April 20, 2010.

Experience with INTELLECT: Artificial Intelligence Technology Transfer. AI Magazine 5(2): 43-50, 1984.

应用之窗

EasyAsk

拉里·R.哈里斯博士对人工智能的贡献之一是在 1994 年创立了 EasyAsk 公司。EasyAsk 是提供信息发现和分析的软件。EasyAsk e-Commerce 是零售行业最直观的网站搜索、导航和商品销售软件，它能帮助商家通过提高转化率、销售收入和客户满意度来实现即时的投资回报（ROI）。

EasyAsk 正被商业用户和消费者广泛使用，他们每天都使用商业语言来查找需要的信息，而不需要知道信息源是什么或位于何处。

当前，全球领先的零售商、制造商、金融服务机构、政府机构以及制药和医疗保健组织都在使用 EasyAsk 技术。

EasyAsk 允许商业用户提出普通的英文问题，并从关系数据库中获取答案。但常见的业务问题可能需要复杂的 SQL，因此，如果没有自然语言系统的帮助，用户常常无法自行获得所需的答案。以下 3 个示例是非常简单的业务问题,但恰巧都需要复杂的 SQL。图 13.4 展示了 EasyAsk 的工作原理。

问题 1:找到退货率较高的客户。这里的挑战是,必须同时从绝对和相对两方面来看待退货。你真正想要找到的客户是那些下单很多同时退货也很多的客户[见图 13.4(c)]。

SQL 的复杂性来自需要使用 HAVING 子句对部分求和进行限制,并且需要将(退货所占的)百分比之和表示为订单总和的百分比。

注意:用户的英文输入会出现在屏幕的左上方,答案则出现在屏幕的下方。EasyAsk 生成的 SQL 显示在底部。屏幕右侧相应位置的 Report 展示的是可能来其他系统的报告,因为 EasyAsk 认为这些报告也可能与用户的问题相关。

问题 2:一种产品的销售往往与相关产品的销售有关。有效的营销活动可以针对购买了第一种产品,但没有购买相关产品的客户。例如,如果我们问"哪些客户买了桌子,但没有买椅子?",那么我们可以向他们推销椅子。遗憾的是,这需要带有子查询的 SQL,对于需要自行提交查询的企业用户而言非常困难。奇怪的是,传统的查询工具无法帮助用户将带有子查询的查询组合在一起。自然语言系统的一个主要优点是,它们可以扩展用户查询的范围,将此类复杂问题包括在内。

问题 3:每家企业都会流失客户,找到流失的这些客户是非常有帮助的,这样企业就可以针对他们进行营销。问题"哪些客户在过去的 12 个月内下了订单,但在过去的 12 周内没下订单?"的答案,将为公司提供可能会流失的客户名单。遗憾的是,回答这个问题同样需要一个带有子查询的查询。

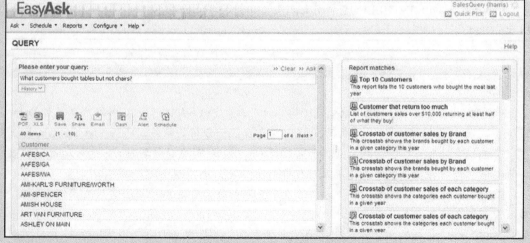

(a) 交互式 EasyAsk 的例子

(b) 在 EasyAsk 中提交交互式销售查询的例子

图 13.4 EasyAsk 的工作原理

```
Business problems:
Too many products are being returned
Sales of one product are fine, but sales of a companion product are too low
Some sales reps are underperforming
Losing too many customers

Dashboard showing that returns are high
Too many products are being returned
customer returns ~ 2 reports
    Note: report search & ad hoc query
    Note: help with date item names & questions Look at both reports: return rate is key
show the sales, returns and return rate last year of each customer with sales over $10,000
show the sales, returns and return rate last year of each customer with sales over $10,000 and a
return rate above 50%
share this report: Find it by "customer returns"
Line graph returns monthly last year for HENNEN (/ALEXANDRIA)
show the sales, returns and return rate this year of each brand
    Note: share this report
    Diffculty: all other systems sum(return rate)!
    EasyAsk transforms sum of a ratio into ratio of the sums
Rumor: sales of chairs is down, relative to tables
Compare the unit sales of tables to chairs last year/quarter/month.
What customers bought tables but not chairs?
    Show SQL
    Diffculty: SQL requires a subselect
Some sales reps are underperforming
Show the growth in sales of each sales rep from last year to this year.
    Diffculty: SQL requires temp tables to compute % growth!
Rumor: Losing too many customers
What percent of customers didn't have an order in the last year?
How many customers had an order in the last 12 months but had no order in the last 12 weeks.
Diffculty: SQL requires 2 sub-selects!
Add to dash board
```

（c）EasyAsk 的商业报告

图 13.4　EasyAsk 的工作原理（续）

13.8.2　信息提取

为了提取出答案，我们需要搜索这些段落，寻找在答案附近的文本中经常出现的特定模式。一般来说，与问题短语相关的答案短语通常在句子中会有一些清晰的、可识别的模式。

例如，假设用户问了一个问题："What is a syllogism?"这个问题包含了关键字 syllogism，我们也许可以基于特定的位置和模式，在这个关键字的后面找到可能的答案。一种常见的模式是**<AP> such as <QP>**，其中 **AP** 表示答案短语，**QP** 表示问题短语。这种模式是一个正则表达式，可用于在段落中搜索可能的答案。

因此，我们将搜索包含 syllogism 这个关键字且前面有 such as 字样的句子，我们有理由相信 such as 的前面存在一个答案。例如，假设在一个段落中可以找到如下单词序列：A logical argument such as syllogism。这个单词序列包含了问题关键字 syllogism，这个关键字的前面是答案短语 A logical argument。因此，这种模式捕获了答案和问题关键字之间的一种常见关系：关键字由答案短语定义，答案短语的后面跟着 such as，such as 的后面跟着问题关键字。

还有很多其他可用的模式。在另一种常见的模式中，答案短语是一个同位语，用逗号与问题短语分开：**<QP>，a <AP>**。这种模式可以在单词序列中找到，例如"Syllogism, a form of deductive reasoning"。其中，答案短语是一个同位语，用逗号与 syllogism 分开。基于找到的答案短语，可以知道 syllogism 既是 a logical argument，也是 a form of deductive reasoning。接下来，我们就可以开始把这些短语组合成用户问题的答案。

13.9　当前和未来的研究（基于查尼阿克的观点）

　　查尼阿克指出，当前正在研究的是向多个方向扩展系统的能力[34]。在使解析更准确方面，人类已经取得了一些进展，宾州树库的准确率已经达到 92%。这意味着在没有损失速度的前提下，已经消除了约 1/3 的错误。与速度相关的研究已经将每个句子的解析时间从 0.7 秒减少到 0.2 秒。研究正扩展到英语以外的语言，但很少有树库能达到宾州树库的规模。其他语言倾向于更多地依赖名词的格词尾（见 13.4.3 节），这可能需要新的技术。既然语法解析已经取得一定的成功，因此可以把更多的注意力放在"深层结构"问题上。

　　查尼阿克认为，NLP 的未来必须聚焦在语义上。因此，我们必须将工作重点从关注句子的正确解析转向关注句子的正确语义。这仍然需要我们付出许多年的努力，可能的方向是较长的表示序列，其中每一项都会增加关于语义方面的信息，而句子中无关语义的部分则可能被删除。

　　查尼阿克总结道："统计学已经接管了人工智能，因为它非常有效。"[34]统计方法已经被用于机器解析和语音识别，甚至介入本章开始提到的机器翻译任务。他指出，谷歌公司已经实现了一个相当不错的从阿拉伯语和中文到英语的机器翻译系统，其他语言很快也会跟进，这些都是基于统计方法实现的。查尼阿克预测，未来的 AI 将由统计方法主导。因为他相信概率论是利用多种信息源的最佳方法。在 AI 领域，成功运用统计方法的例子还包括机器学习和机器人技术，并很有可能会扩展到其他领域。

13.10　语音理解

　　语音理解是这样一种功能，它使系统能够理解来自麦克风的语音输入，并进行正确的回应。这样的系统又称为语音识别系统。目前存在多种不同类型的语音理解系统，它们在过去的 20 年里已经有了巨大的改进。时至今日，很多人的生活都被这样的软件和设备包围着。语音理解系统取得的进展引人瞩目。语音理解系统取得如此大进展的一个原因可能是，语音理解是人工智能最初的研究领域之一，而且需求量很大。本节内容是由 Mimi Lin Gao 基于索娜·布兰巴特（Sona Brahmbhatt）的论文撰写的[58]。

　　语音识别软件之所以受欢迎，可能是因为说话比打字更方便，以及口述命令比用鼠标或触摸板单击按钮更快。要在 Windows 系统中打开一个程序，比如"记事本"，则需要首先单击"开始"按钮，然后单击"程序"，接下来单击"附件"，最后单击"记事本"，最快也需要单击 4 次。语音识别软件允许用户简单地说"打开记事本"，就可以打开程序，节省了时间，当然有时也会响应失败。

　　语音理解系统发展的思路源于机器翻译领域，但即使只是解决基本语法问题的尝试，也比想象的更具挑战性，更不要提后续语义、口音和变音等问题的解决。语音翻译（这里指语音识别）的 3 种早期方法是**直接翻译法**、**转换法**和**中间语言法**。直接翻译法通过将原始语音"逐词"翻译为文字来进行翻译。转换法则使用了结构知识和语法解析。中间语言法首先将句子翻译成语义的一种表示，然后将这种表示翻译成目标语言[1]。

语音理解技术

　　有几种技术可用来进行语音理解模式的识别。其中，模式识别方法是模式训练和模式比较的结合，它将隐马尔可夫模型（见 13.6.1 节）应用于声音或单词，以实现精确的模式训练识别；直接比较方法则出现在诸如维特比算法（见 13.6.2 节）和特征提取方法等算法中，它能够基于训练系统所学到的模式对未知单词进行测试[54]。

词性标注

隐马尔可夫模型可用于**词性标注**（Part-of-Speech Tagging，POST）。8 种词性标签分别是名词、动词、代词、介词、副词、连词、分词和冠词。词性标注的重要性在于它提供了关于单词及其上下文的大量信息。它通常被应用于从麦克风处得到的单词序列。"知道一个词是物主代词还是人称代词，可以告诉我们哪些词可能出现在它的附近。"[1]当句子的一部分或单词被曲解时，POST 就能体现出其价值。语音识别软件可以使用词性标签找到缺失词的最佳匹配，由此估计最佳的标签序列[54]。

贝叶斯推断

贝叶斯推断（见例 8.4）是一种特殊情况，在这种情况下，词性标注使用的是隐马尔可夫模型（HMM）。贝叶斯推断通常基于单词的顺序或句子来确定单词的词性标签。换句话说，句子中的每个单词都会被分类，以进行正确的标注。要正确地对单词进行分类，就需要在所有可能的序列标签上进行判断，而最可能的标签将被分配给对应的单词。

贝叶斯推断使用贝叶斯规则（见图 13.5）来计算概率方程，返回先验概率和单词词性标注正确的似然概率。"这两项分别是，单词序列 $P(t_1^n)$ 的先验概率和单词串 $P(w_1^n \mid t_1^n)$ 的似然概率。"[55]

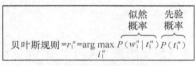

$$\text{贝叶斯规则} = \hat{t}_1^n = \arg\max_{t_1^n} \overbrace{P(w_1^n \mid t_1^n)}^{\text{似然概率}} \overbrace{P(t_1^n)}^{\text{先验概率}}$$

图 13.5　贝叶斯规则

当使用贝叶斯规则得到计算结果后，HMM 标记器会做出两个"简化假设"。第一个简化假设是，词是独立的，不依赖于它周围的词；第二个简化假设是，词依赖于它前面的标签词。HMM 标记器有助于估计最可能的标签序列[55]。

二元组等式

基于 HMM 的"简化假设"可以建立一个**二元组等式**（bigram equation）。这个二元组等式包括标签**转移概率**（transition probabilities）和**词似然**（word likelihood），这有助于确定最可能的标签。标签转移概率是 $P(t_i \mid t_{i-1})$，表示"给定前一个标签，出现当前标签的概率"。使用语料库计算似然度有助于我们确定标签转移概率。用于计算标签转移的**语料库等式**（Corpus equation）是 $P(t_i \mid t_{i-1}) = P(\text{NN} \mid \text{DT})$，其中 NN 表示常用名词，DT 表示**限定词**，如"a，the"等。语料库等式可以使用已标注词性的词，计算限定词出现在名词之前的数量[55]。

特征提取方法

特征提取（feature extraction）**方法**通过识别文本周边的关键特征，确定单词的预测值。特征提取能够通过从语音中提取相关信息来克服词语歧义问题。

特征提取方法使用一组**特征向量**（模数转换的结果）来理解语音，以进行适当的声音标记。其中的向量表示信号在一个时间窗口中的数据[54]。

模拟声波通过麦克风进行采集，并被转换为数字信号。模数转换过程涉及**采样**和**量化**两个步骤。在特定时刻测量到的信号振幅值被称为**采样率**。而要精确地测量声波，就必须至少使用两种采样率。因此，声波的每个周期都有一个负极和一个正极[1]。

在声波图（见图 13.6）中，从第 1 秒到第 2 秒是一个周期。一个周期内最好有两个以上的样本，以提高振幅精度。**奈奎斯特频率**（Nyquist Frequency）表示特定采样率下的最高频率。在人类语音中，频率通常低于 10 000 Hz。因此，采样率需要达到 20 000 Hz 才能保证所需的精度。由于语音通过交换网络传输，电话频率小于 4000 Hz，因此电话带宽上的传输频率需要 8000 Hz 的采样率。麦克风语音使用的宽带能够以 16 000 Hz 的采样率传输频率[1]。

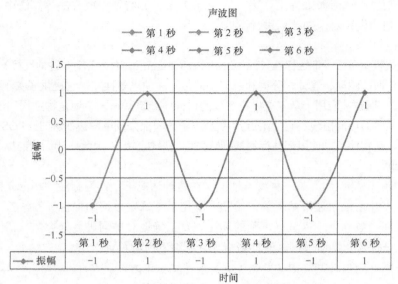

图 13.6　声波图

振幅测量值使用 8 至 16 位的整数存储，其中某个测量值以及与之接近的值都会表示为相同的大小，这个过程被称为**量化**（quantization）。量化波形是 $x[n]$，表示一个数字化样本（见图 13.7）。

图 13.7　量化波形方程[1]

梅尔频率倒谱系数

最知名且最受推崇的特征提取技术是**梅尔频率倒谱系数**（Mel Frequency Cepstral Coefficient，MFCC）。如图 13.8 所示，完成 MFCC 过程需要 7 个特征：①预加重；②窗口操作；③离散傅里叶变换；④梅尔滤波器组；⑤对数运算；⑥离散傅里叶逆变换；⑦差量[56]。

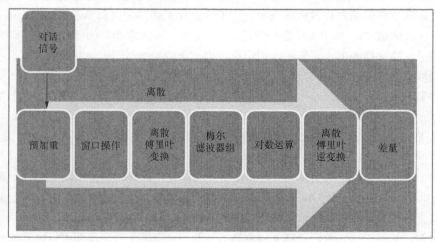

图 13.8　MFCC 过程

（1）**预加重**（pre-emphasis）可以将能量提升到最大值。在语音频谱中，位于低频段的元音片段相比高频段具有更大的能量，这被称为**频谱倾斜**（spectral tilt）。加大高频频率，可提升声学模型的效果和手机识别的精度。

（2）**窗口操作**（windowing）允许提取一部分对话的频谱特征。由于语音由非平稳信号组成，因此频谱变化很快。窗口操作能够使我们在小窗口中采集的信号平稳化。窗口部分包括一个零区域和一个非零区域，可在非零区域提取波形。MFCC 提取过程使用的是**汉明窗**（Hamming Window），窗口边界附近的值会被调整为趋近于零。这避免了信号在任何一端被短时间切断（切断通常发生在矩形窗口中）。

（3）**离散傅里叶变换**（Discrete Fourier Transform）从窗口中提取频谱数据。这个过程能够在离散时间中识别出每个频带上的信号能级[1]。

（4）**梅尔滤波器组**（Mel Filter Bank）收集每个频带的能量，其中包括 10 个频率小于 1000 Hz 的滤波器。其余滤波器的频率都高于 1000 Hz。因为人类听不到频率高于 1000 Hz 的声音，所以在梅尔滤波器中，1000 Hz 是一个重要的频率。

（5）**对数运算**是对每个梅尔频谱结果取对数的过程。取对数过程可以帮助特征估计降低由语音输入设备产生的噪声级别，因为噪声可能是由用户和语音输入设备之间的距离引起的[1]。

（6）**离散傅里叶逆变换**通过检测波形中的所有滤波器来帮助提高语音识别的精度。滤波器代表了声道的实际位置。

（7）**差量**（**delta**）表示每一帧之间的变化。由于语音信号不是恒定的，因此差量被添加到每个特征中以提高精度[1]。

很明显，提取上述 7 个特征有助于改善语音理解过程。

综上所述，我们可以看到语音理解系统的评估涉及诸多因素，包括语音识别、适应、听写、命令、个性化、训练、开销和系统特征等。用于开发语音识别系统的一些常用技术如下：使用贝叶斯推断的词性标注，使用维特比算法的隐马尔可夫链，二元组的识别以及使用梅尔频率倒谱系数的特征提取（带有一些先决条件）。

13.11　语音理解的应用

本节将介绍语音理解系统的 3 个例子，以说明过去几十年人类在这一领域取得的巨大进展。20 世纪 90 年代初，开发这类系统的第一个版本花费了数千美元，对大多数人而言，这是非常昂贵的。人类在这一领域取得巨大进步的一个佐证是，如今人们能够以不到 100 美元的价格买到这样一个系统，它对经过训练的声音的理解准确率接近 100%。

人物轶事

詹姆斯·梅塞尔（James Maisel）博士和 ZyDoc 公司

自 1993 年创立开始，ZyDoc 公司的使命一直是通过使用软件技术和服务来提高医生的效率，以改善患者的护理和医疗结果，降低医疗事故风险，使回报最大化。1993 年，正如医学研究人员预想的那样，ZyDoc 公司发布了第一批多媒体电子病历（Electronic Medical Record，EMR）。美国国防部采购了原型机，将其作为行业的典范。ZyDoc 公司立即意识到了 EMR 中固有的数据输入瓶颈问题，并从那时起一直在寻找解决方案。创始人詹姆斯·梅塞尔是一名医学博士、视网膜外科医生，他由此开始涉足医学信息学，并于 1998 年担任了医疗保健开放系统和测试（HOST）协会的主席。2000 年，ZyDoc 公司离开了 EMR 领域，转而开发其

他对医生来说更有效的解决方案。

　　在这之前，ZyDoc 公司已经推广了语音识别技术，并为每个医学专业创建了语言模型。2000 年，这些模型被捆绑在 Dragon Systems Naturally Speaking 4.0 Medical 中进行销售，在行业内得到了广泛使用。ZyDoc 公司认识到语音识别只是一种需要嵌入其他应用程序的工具，于是与东芝公司合作开发了一种屡获殊荣的多模式 EMR 解决方案，以允许医生通过口述、触摸屏、键盘或鼠标输入信息。语音识别的可用性和支持问题限制了这种 EMR 解决方案的成功。2002 年，ZyDoc 公司将注意力转向医疗转录领域。2004 年，ZyDoc 公司的医疗转录基础设施平台在 TEPR 竞赛中排名第三，并被授权给了公共和私人转录公司。而 ZyDoc 公司则通过该平台，将其转录业务扩展到全美范围。这个平台以易于使用、高精度、快速周转和全天候 ZyDoc 运营中心（ZyDoc Operations Center）支持的全功能服务而闻名。

　　随着安全性问题日益严峻，医院环境中的软件实施难度日益增加，ZyDoc 公司认识到了医学信息学行业的这个全行业问题，于是在 2009 年，ZyDoc 公司的软件部门 ZyDoc.com 发布了防弹信使（Bullet Proof Messenger，BPM）。BPM 是新一代的文件传输软件，它避开了管理权限的需求，能够绕过办公室内的网络安全和防火墙的各种限制。这个应用程序允许没有计算机专业知识的医生轻松安全地传输高达 2GB 大小的音频、图像和其他数据文件。当与 TrackDoc（ZyDoc 公司专有的基于 Web 的对象管理服务）结合使用时，可定制工作流，以适应几乎任何规模的医疗机构的文件传输要求。经由超过 2000 名医师完成对该软件的 Beta 测试，这款软件在 2009 年 4 月的 HIMSS（Healthcare Information and Management System Society）会议上正式发布。

Dragon 自然语音系统和 Windows 语音识别系统

　　索娜·布兰巴特（Sona Brahmbhatt）在她 2013 年的信息系统管理硕士论文中，对 Dragon 自然语音系统和 Windows 语音识别系统进行了比较研究[58]。以下是关于她所做工作的摘要，由 Mimi Lin Gao 提供。

　　"今天，几乎每个人拥有一部安装有 iOS 或安卓操作系统的智能手机。这些设备具有语音识别功能，用户只需要说出自己的短信内容而无须输入字母。导航设备也增加了语音识别功能，用户无须打字，只需要说出目的地址或说出 '家'，就可以导航回家。如果有人由于拼写困难或视力问题而无法在小窗口中使用键盘，上述功能是非常有用的。"

　　领先的商用语音识别软件有两款：Nuance 公司的 **Dragon 自然朗读家庭版**软件，它通过理解口语并遵循定制命令，为用户提供导航、翻译和网站浏览的功能；微软公司的 **Windows 语音识别**软件，它可以理解语音命令，也可以用作导航工具，既允许用户选择链接和按钮，也允许从编号列表中进行选择。

　　在索娜·布兰巴特的论文中，她基于这两个软件的优缺点和用户配置文件，以及为新用户提供的语音培训教程，对它们进行了比较和评估[58]。

用户配置文件的创建和语音训练

　　建立用户配置文件的过程是非常重要的，因为系统要学习用户的声音，并根据用户的口音进行调整。这也使得系统只能重点关注用户的声音，并过滤掉大部分背景噪声。Dragon 自然语音系统和 Windows 语音识别系统都允许用户使用计算机为不同的人创建多个配置文件。

Dragon 自然语音（Dragon Naturally Speaking，DNS）系统的用户配置文件

　　DNS 配置文件在创建过程中会要求输入姓名、年龄、地区、口音以及将要使用的语音设备类型。在此过程中还会调整用户的麦克风，并对麦克风的声音进行质量检查，以获得更高的准确性。

训练过程中会提示用户朗读屏幕上的一段文字，以测试声级、语音和口音，以便系统能够通过采集用户读过的文章，来识别用户的声音。

训练过程中还会通过用户的应用程序（如 Word 和 Outlook）来添加个性化词汇，并对已发送的电子邮件、文档和联系人姓名中的未知单词进行扫描。

Windows 语音识别系统的用户配置文件

微软的 Windows 7 专业语音识别系统在构建用户配置文件时，采用了与 DNS 系统相同的步骤，主要包括设置麦克风和进行语音训练。它的界面不像 DNS 的界面那样友好，但它给了用户访问和修改一些设置的机会。屏幕向导会引导用户在给定的设置选项中选出最合适的麦克风，以获得最佳效果，并且可以调整麦克风的音量。完成用户配置文件的最后一步是进行语音识别声音的训练，这将使系统适应用户说话的方式。

Dragon 自然语音系统交互式教程

Dragon 自然语音系统交互式教程可帮助用户了解 DNS 的基本功能，以便在后期提高效率。该教程分为几个部分，分别介绍了"口述命令""修正菜单""拼写窗口""编辑""学习更多"等基本功能。

Windows 语音识别系统的训练教程

该教程分为几个部分，其中每一部分又细分为几个小节。整个过程都会提示用户在这个教程的每个部分后可以单独使用命令，但最后需要完成一个使用所有已学习命令的实验。这个教程允许用户在学习过程中删除一些单词或更正一些句子，以便更有可能记住更多的命令，并了解如何更好地使用它们。

优缺点

DNS 的界面非常友好（见图 13.9）。界面中的左侧面板显示了所有可以使用的命令，这对于新用户和不记得所有命令的用户非常有帮助。左侧面板还显示有"使用提示"，如果不需要，可以最小化。顶部栏上有一个面板，用于显示消息和已经说过的内容，这在纠正错误时非常有用。这个面板还提供了"访问配置文件""工具""词汇表""模式""音频""帮助"等菜单。

图 13.9 DNS 系统的界面

DNS 系统通过说出"选中<某个词>""粗体"或"下画线"，就可以像使用 Excel 或 Word

一样格式化文本。同样，可以通过口述"打开 Firefox""搜索网站 Yahoo.com"打开 Firefox 并浏览 yahoo.com。DNS 系统的缺点是加载用户配置文件需要大约两分钟的时间。

Windows 语音识别系统的面板相对简单易懂一些。所有消息都显示在面板中，面板上的麦克风图标（见图 13.10）允许用户打开和关闭语音识别功能。面板很小，可以轻松地移到屏幕上的不同位置，或在不需要时最小化。Windows 语音识别系统的界面不像 DNS 系统的界面那样友好，因为面板上提供的选项很少。

在 Windows 语音识别系统中，用户需要先选中单词，再说出"字体选项卡"，然后说出"粗体"或"下画线"。同样，用户必须说出"打开 Firefox"并拼读出整个网站的 URL。但是，Windows 语音识别系统在加载用户配置文件时速度很快。此外，"显示编号"是 Windows 语音识别系统的一个优点，由于所有应用选项都编号了，因此通过选择应用的编号就可以轻松实现导航。

综上所述，我们发现 DNS 系统在界面上更友好，而 Windows 语音识别系统在训练模式下效率更高。

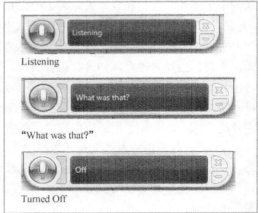

图 13.10 Windows 语音识别系统的面板

应用之窗

思科语音识别系统

语音自动助理（Speech Enabled Auto Attendant，SEAA）的设计理念：使用应用程序智能，提供卓越的语音识别

如今，企业管理层和员工可以使用的工具似乎"无穷无尽"：手机、语音信息、电子邮件、传真、移动客户端和富媒体会议。但是，由于各种原因，如信息过载、通信错误、技术困难和培训不足，这些工具往往没有得到有效使用。随着统一的通信解决方案将应用程序、手机和计算机集成于一体，语音识别在我们与这些设备和应用程序的交互方式中发挥着越来越重要的作用。语音识别解放了我们的双手，使我们能够通过语音命令来控制统一的通信体验，而无须通过记忆，单击控制菜单、按键和推送按钮。

然而，由于各种原因，语音识别解决方案未能发展到最大限度地提高统一通信解决方案的有效性。特别是，许多自动话务员产品都增加了语音识别功能，允许客户使用自然语言命令话务员转移呼叫，从而改善了用户体验，提高了客户满意度。但尽管如此，许多替代的解决方案所开发的应用在智能方面表现欠佳，无法提供既节省时间，又令人满意的客户体验。许多 SEAA 解决方案中的缺点可以归结为设计解决方案的方法过多。典型的 SEAA 解决方案由以下 3 个关键组件组成：

（1）语音增强的用户界面；

（2）语音引擎；

（3）目录（或语法器）。

思科解决方案包含以下 6 个组件：

（1）语音增强的用户界面；

（2）语音引擎；

（3）目录（或语法器）；

（4）高级消歧；

（5）名字调整语言专家；

（6）动态词典。

高级消歧

这是当呼叫者通过系统发出请求，系统验证呼叫者请求，并与呼叫者进行对话的过程。例如，一个用户告诉系统他想联系一个名叫吉姆·史密斯的员工。当有多名员工都叫这个名字时，语音引擎将开始"高级消歧"过程。

（1）吉姆·史密斯：（营销部，芝加哥，伊利诺伊州）。

（2）吉姆·史密斯：（营销部，圣何塞，加利福尼亚州）。

（3）吉姆·史密斯：（生产部，位置未知）。

（4）吉姆·史密斯：（产品管理，圣何塞，加利福尼亚州）。

高级消歧增加了用户界面的智能，它能够从过去消除歧义的过程中学习，并应用推理来减少你尝试与对方联系的时间（和挫败感）。

具有竞争力的 SEAA 产品

SEAA 产品会通过对话将结果呈现给你，例如"呼叫营销部的吉姆·史密斯，请按 1，……请按 2"或"如果你呼叫的是芝加哥的吉姆·史密斯，请按 1……"。在大多数企业中，这种做法失败了，并不是因为你第一次参加对话时需要听完所有的 4 个结果，而是因为在第 100 次过后，程序仍然没有任何变化。只要你说出"吉姆·史密斯"，你就必须忍受同样的互动。不久后，你就会重新开始拨打号码，这意味着 SEAA 产品已经无法提供任何价值。

名字调整语言专家

这款产品会收集消歧的结果和你的操作，对信息进行排序并将记录发送给语言专家。然后，语言专家可以准确地确定错误的来源——信息是否已经从语法器中丢失，名字发音是否错误，还是噪声导致了问题。语言专家可以及时做出修正，并将修正信息传送回语法器，从而实现对目录的调整。

动态词典

随着新员工的加入、岗位的调整，以及新的联系电话添加进来，应用程序将允许管理员轻松地在主字典中实时反映这些变化。

参考资料

Cisco Systems, Inc. 2008. Speech enabled auto attendant design: Using application intelligence to deliver superior voice recognition. Cisco.com.

13.12 本章小结

本章讲述了试图让计算机理解自然语言所带来的挑战。13.1 节介绍了语言和歧义的问题。13.2 节基于汝拉夫斯基和马丁的经典著作中提出的发展阶段划分，介绍了这个领域过去 70 年的历史[1]。

13.3 节阐释了乔姆斯基在 20 世纪 50 年代提出的形式语法,这对句法解析及句子语义都很重要。13.4 节通过语义分析和扩展语法的例子描述了理解语义的复杂性。

13.5 节阐述了从符号方法到统计 NLP 方法的过渡,这涉及诸如 HMM 等概率模型的使用(见 13.6 节),并且需要大规模的语言标注数据集(见 13.7 节)。

13.8 节通过信息提取和问答系统(一个 NLP 应用的示例系统)回顾了其中的几种方法。接下来,基于尤金・查尼阿克教授的观点,本章讨论了 NLP 的现在和未来。

我们要对密歇根大学的德拉戈米尔・拉德夫教授表示诚挚的谢意,感谢他对本章如何改进、哪些系统和方法是重要的,以及如何使本章更符合该领域的当前发展提出的建议。我们据此增加了 13.5 节、13.7 节和 13.8 节的一些具体内容。我们还要感谢哈伦・伊夫蒂哈尔(哥伦比亚大学)编写的 13.2 节、13.6 节、13.3.2 节和 13.5.1 节。

拉德夫教授的具体建议包括 13.2 节和 13.5 节涵盖的一些具体主题——噪声信道模型(见 13.2.1 节)、机器翻译(重述)、IBM 的 Candide 系统(见 13.5.2 节),以及 CYK 算法(见 13.3.2 节)和 Collins 解析器(见 13.5.1 节)。

本章新增的内容包括丹尼尔・阿扎实耶夫编写的关于"隐喻"的内容(见 13.7.3 节),Mimi Lin Gao 编写的关于"语音理解"的内容(见 13.10 节)(基于索娜・布兰巴特 2013 年的论文)和"应用之窗"(见 13.11 节)(包括 Nuance 公司的 Dragon 自然语言系统和微软的 Windows 语音识别系统),以及奥列格・托西奇编写的思科语音识别系统 SEAA。

讨论题

1. 描述一些典型的语言歧义。
2. 为什么说"语言是诡谲的"?
3. 机器翻译的目标是什么?
4. 机器翻译的目标已经实现了吗?
5. 调研亨利・库切拉为建立 Brown 语料库所做的工作。
6. 简要描述自然语言处理的 6 个阶段。
7. 从语言的角度描述 5 种类型的理解。
8. 描述乔姆斯基的语法层次结构。
9. 举一个正则语法的例子。
10. 描述使 Prolog 适用于 NLP 的两个特征。
11. 什么是转换语法(transformational grammar)?
12. 什么是系统语法(systemic grammar) ?
13. 什么是格语法(case grammar)?
14. 什么是语义语法(semantic grammar)?是谁开发的?用于什么系统?
15. 描述有限状态转换网络的特征。
16. 什么是 CYK 算法?它是如何工作的?
17. 什么是 HMM?它与马尔可夫链有什么不同?
18. 尚克的 MARGIE、SAM 和 PAM 系统的特点分别是什么?
19. 描述对 NLP 的研究工作是何时转向统计方法的。
20. 导致统计方法成功的主要工作有哪些?
21. 什么是噪声信道模型?

22．描述信息提取的一些主要元素。

23．描述宾州树库项目。

24．查尼阿克认为 NLP 和 AI 的未来是怎么样的？

练习题

1．尝试对机器翻译遇到的困难进行解释。

2．写两个上下文无关的语法来生成句子"Time flies like an arrow."。

3．解析约吉·贝拉的两句名言："It's getting late early."和"That place is getting too crowded so nobody goes there anymore."。

其中存在什么语法和语义问题？

4．扩展语法发展背后的概念是什么？

5．尝试描述自然语言处理是如何从人工智能研究人员的早期理想（试图区分语法和语义）转变为当前方法的。

6．找一份早期 ELIZA 程序的副本，并与她进行几页对话。你可以提及计算机、家庭（母亲、父亲等），也可以使用刺激性的语言。

你观察到了什么模式？

7．威诺格拉德观察到，基于下列句子可以回答有关时间上下文的问题。

（a）许多富人是在大萧条时期发家致富的。

（b）许多富人在大萧条期间失去了财富。

（c）大萧条时期，许多富人在餐馆工作。

考虑一个问题："人们什么时候是富有的？"并基于每个句子验证你的答案。

8．经验表明，普通程序员平均每天能生成 N 行文档化的、经过调试的代码，其中 N 是小于 10 的数字。高级语言的编码效率通常是汇编代码的 n^1 倍（即同一任务所需的高级代码行数是低级代码的 $1/n^1$ 倍），Prolog 的效率通常是高级语言的 n^2 倍，其中 n^1 和 n^2 是 4～10 的数字。找到证据支持这些数字，并从 NLP 对编程效率的影响方面解释你的结果。

9．写下对下面这句话尽可能多的解释：

"Tom saw his dog in the park with the new glasses."

10．巴·希勒尔惊奇地发现，从来没人指出，在语言理解过程中，听者的头脑中有一个世界建模的过程。这个观察结果在哪些方面与概念依赖理论的基本假设有关？

11．确定下列句子中动词"roll"的不同含义，并给出每种含义的非正式定义。尝试确定每种不同的含义是如何从每个句子中得出不同结论的（可以使用字典）。

We rolled the log on the river.

The log rolled by the house.

The cook rolled the pastry with a large jar.

The ball rolled around the room.

We rolled the piano to the house on a dolly.

12．思考以下生成字母序列的上下文无关语法：

S -> a X c

X -> b X c

X -> b X d

　　X -> b X e

　　X -> c X e

　　X -> f X

　　X -> g

（a）如果你必须为该语法写一个解析器，使用自顶向下的方法还是自底向上的方法会更有效？解释原因。

（b）输入 bffge，追踪你所选择的方法。

13．思考以下语法及其可能产生的句子形式。绘制一棵解析树来演示如何生成下面的输出字符串。

　　S → aAb | bBA

　　A → ab | aAB

　　B → aB | b

（a）aaAbb

（b）bBab

（c）aaAbBb

14．解释传统马尔可夫链与隐马尔可夫模型的区别。

15．阐述 NLP 在过去 10 到 20 年间的发展趋势，并说明信息提取遇到了哪些挑战。

关键词

格框架	生成语义学	解析
格语法	汉明窗	宾州树库
乔姆斯基层次	隐马尔可夫模型	音韵学组件
乔姆斯基范式	概念功能	短语结构语法
搭配	信息提取	语用学
上下文无关语法	中间语言方法	预加重
语料库	解释语义学	概率
语料库等式	inverse of discrete Fourier	量化
底层结构或深层结构	变换	指代消解
差量	词汇	采样率
限定词	词法化统计解析	语义组件
直接翻译或直译	基于逻辑的系统	语义学
消歧	机器翻译	频谱倾斜
对话	概念依赖系统	随机方法
对话建模	梅尔滤波器组	表层结构
对话建模范式	梅尔频率倒谱系数（MFCC）	迁移
离散傅里叶变换	轻度上下文有关语法	转换语法
扩展语法	词法学	转移概率
特征提取方法	自然语言理解	树库
特征向量	噪声信道模型	维特比算法
有限自动机	词性标注	窗口操作

参考资料

[1] Jurafsky D, Martin J. Speech and Language Processing, 2nd ed. Upper Saddle River, NJ: Prentice Hall, 2008.

[2] Turing A M. On computable numbers, with an application to the Entscheidungsproblem. Proceedings of the London Mathematical Society 42: 230-265, 1937.

[3] McCulloch W S, Pitts W. A logical calculus of ideas immanent in nervous activity. Bulletin of Mathematical Biophysics, 5: 115-133. Reprinted in Neurocomputing: Foundations of Research, edited by J A Anderson and E Rosenfeld. Cambridge, MA: MIT Press, 1988.

[4] Kleene S C. Representation of events in nerve nets and finite automata. In Automata Studies, edited by C. Shannon and J. McCarthy. Princeton: Princeton University Press, 1951.

[5] Shannon C E. A mathematical theory of communication. Bell Systems Technical Journal 27: 373-423, 1948.

[6] Chomsky N. Three models for the description of language. IRE (now IEEE) Transactions on Information Theory 23: 113-124, 1956.

[7] Harris Z S. String Analysis of Sentence Structure. The Hague: Mouton, 1962.

[8] Bledsoe W W, and Browning I. Pattern recognition and reading by machine. In 1959 Proceedings of the Eastern Joint Computer Conference, 225-232. New York: Academic Press,1959.

[9] Colmerauer A. Les systemes-q ou un formalisme pour analyzer et synthetiser des phrase sur ordinateur. Internal Publication 43, Departement d'informatique del'Universite de Montreal, 1970.

[10] Pereira F C N, and Warren D S. Definite clause grammars for language analysis: A survey of the formalism and a comparison with augmented transition networks. Artificial Intelligence 133: 231-278, 1980.

[11] Kay M. Functional grammar. In Proceedings of the Berkeley Linguistics Society Annual Meeting, 142-158. Berkeley, CA, 1980.

[12] Bresnan J, Kaplan R M. Introduction: Grammars as mental representations of language. In The Mental Representation of Grammatical Relations, edited by J. Bresnan. Cambridge, MA: MIT Press, 1982.

[13] Winograd T. Understanding natural language. New York, NY: Academic Press, 1972.

[14] Schank R C, and Abelson R P. Scripts, Plans, Goals and Understanding. Hillsdale, NJ: Lawrence Erlbaum, 1977.

[15] Shank R C, and Riesbeck C K, eds. Inside Computer Understanding: Five Programs Plus Miniatures. Hillsdale, NJ: Lawrence Erlbaum, 1981.

[16] Lehnert W G. A conceptual theory of question answering. In Proceedings of the international joint conference on artificial intelligence '77: 158-164. San Francisco, CA: Morgan Kaufmann, 1977.

[17] Woods W A. Semantics for a question-answering system. PhD thesis, Harvard University, 1967.

[18] Woods W A. Progress in natural language understanding. In Proceedings of NFIPS National Conference, 441-450, 1973.

[19] Grosz B A. The representation and use of focus in a system for understanding dialogs. In Proceedings of the International Joint Conference on Artificial Intelligence '77, 67-76. San Francisco, CA: Morgan Kaufmann, 1977.

[20] Sidner C L. Focusing in the comprehension of definite anaphora. In Computational Models of Discourse, edited by M. Brady and R. C. Berwick, 267-330. Cambridge, MA: MIT Press, 1979.

[21] Hobbs J R. Resolving pronoun references. Lingua 44: 311-338, 1978.

[22] Kaplan R M, and Kay M. Phonological rules and finite-state transducers. Paper presented at the Annual Meeting of the Linguistics Society of America, New York, 1981.

[23] Church K W. On memory limitations in natural language processing. Master's thesis, MIT. Distributed by the Indiana University Linguistics Club, 1989.

[24] Marcus M P, Marcinkiewicz M A, and Santorini B. Building a large annotated corpus of English: The Penn Treebank. Computational Linguistics 192: 313-330, 1993.

[25] Brown P F, Cocke J, Della Pietra S A, Della Pietra V J, Jelinek F, Lafferty J D, Mercer R L, and Roossin P S. A statistical approach to machine translation. Computational Linguistics 162: 79-85, 1990.

[26] Och F I, and Ney H. A systemic comparison of various statistical alignment models. Computational Linguistics 29 (1): 19-51, 2003.

[27] Feigenbaum E, Barr A, and Cohen P. The Handbook of Artificial Intelligence 1-3: 229. Stanford, CA: HeurisTech Press/William Kaufmann, 1981-1982.

[28] Chomsky N. Syntactic Structures. The Hague: Mouton, 1957.

[29] Firebaugh M. Artificial Intelligence: A Knowledge-Based Approach. Boston, MA: PWS-Kent, 1988.

[30] Chomsky N. Aspects of the Theory of Syntax. Cambridge, MA: MIT Press, 1965.

[31] Kopec D, and Michie D. Mismatch between machine representations and human concepts: Dangers and remedies. Report to the EEC, Subprogram FAST, Brussels, Belgium, 1982.

[32] Halliday M. A Short Introduction to Functional Grammar. London, UK: Arnold, 1985.

[33] Wilensky R. Planning and Understanding: A Computational Approach to Human Reasoning. Reading, MA: Addison-Wesley, 1983.

[34] Charniak E. Why natural-language processing is now statistical natural language processing. In Proceedings of AI at 50, Dartmouth College, Hanover, NH, July 13-15, 2006.

[35] Collins M J. A new statistical parser based on bigram lexical dependencies. In Proceedings of the 34th Annual Meeting on Association for Computational Linguistics. Morristown, NJ: Association for Computational Linguistics, 1996.

[36] Ide N M, and Veronis J. Computational Linguistics: Special Issue on Word Sense Disambiguation. Vol. 24. Cambridge, MA: MIT Press, 1995.

[37] Marcus M, Kim G, Marcinkiewicz M A, MacIntyre R, Bies A, Ferguson M, Katz K, and Schasberger B. The Penn Treebank: Annotating predicateargument structure. In Advanced Research Projects Agency Human Language Technology Workshop. Plainsboro, NJ: Morgan Kaufmann, 1994.

[38] Bentivogli L, and Pianta E. Beyond lexical units: Enriching wordnets with phrasets. In Proceedings of European Chapter of the Association for Computational Linguistics' 03, Budapest, Hungary, 2003.

[39] Benson M, Benson E, and Ilson R. The BBI Combinatory Dictionary of English: A Guide to Word Combinations. Philadelphia, PA: John Benjamins Publishing Company, Philadelphia, 1986.

[40] Sukova E. Models of Metaphor in NLP. Computer Laboratory, Cambridge, England: University of Cambridge, 2010.

[41] Gentner D. Structure mapping: A theoretical framework for analogy. Cognitive Science 7: 155-170, 1983.

[42] Black D. Models and Metaphors. Cornell University Press, 1962.

[43] Hesse M. Models and Analogies in Science. Notre Dame University Press, 1966.

[44] Wilks Y. A preferential pattern-seeking semantics for natural language inference. Artificial Intelligence 6: 53-74, 1975.

[45] Wilks Y. Making preferences more active. Artificial Intelligence 11 (3): 197-223, 1978.

[46] Lakoff J, and Johnson M. Metaphors We Live By. University of Chicago Press, Chicago, 1980.

[47] Peters W, and Peters I. Lexicalised systematic polysemy in wordnet. In Proceedings of LREC 2000, Athens, 2000.

[48] Mason Z J. Cormet: A computational, corpus-based conventional metaphor extraction system. Computational Linguistics 30 (1): 23-44, 2004.

[49] Birke J, and Sarkar A. A clustering approach for the nearly unsupervised recognition of nonliteral language. In Proceedings of EACL-06, 329-336, 2006.

[50] Karov Y, and Edelman S. Similarity-based word sense disambiguation. Computational Linguistics 24 (1): 41-59, 1998.

[51] Krishnakumaram S, and Zhu X. Hunting elusive metaphors using lexical resources. In Proceedings of the Workshop on Computational Approaches to Figurative Language, Rochester, NY, 13-20, 2007.

[52] Martin H. A Computational Model of Metaphor Interpretation. San Diego, CA: Academic Press Professional Inc, 1990.

[53] Veale T, and Hao Y. A fluid knowledge representation for understanding and generating creative metaphors. In Proceedings of COLING 2008, Manchester, UK, 945-952, 2008.

[54] Santosh B W Y, and Gaikwad K. A Review on Speech Recognition Techniques, 2010.

[55] Juang L A B. An Introduction to Hidden Markov Models, 2014.

[56] Lindasalwa M, Mumtaj B, and Elamvazuthi I. Voice recognition algorithms using Mel Frequency Cepstral Coefficient (MFCC) and Dynamic Time Warping (DTW) techniques. Journal of Computing (3). 2010.

[57] BBC. Voice recognition software—An introduction, 2011.

[58] Brahmbhatt S. Speech Understanding: History, Techniques, Leading Systems and Future Directions. MIS thesis, Brooklyn College: Brooklyn, N.Y, 2013.

第 14 章　自 动 规 划

在 AI 领域，规划的需求和想法并不是新鲜事物。本章探讨了规划领域的传统问题、方法和技术，以及过渡到新方法的过程。随着工业上众多应用的成功，规划领域显然已经取得很大的进展，这对 AI 众多领域的未来发展（见图 14.0）非常重要，包括工业机器人、通信和交通①。

奥斯汀·泰特（Austin Tate）

图 14.0　未来的机器人太空实验室

14.0　引言

与自然语言处理（第 13 章的主题）一样，规划通常被认为是一种与人类密切相关的活动。由于规划代表了一种非常特殊的智力指标，即为了实现目标而对活动进行调整的能力，因此它为人类所独有。

规划有以下两个显著的特点。

（1）要完成一项任务，可能需要执行一系列预定义好的步骤。

（2）定义问题解决方案的步骤序列可能是有条件的。也就是说，构成规划的步骤可能需要根据条件进行修改，称为**条件规划**（conditional planning）。

因此，规划能力代表了某种意识及随之产生的能使我们成为人类的自我意识。

泰特（1999 年）指出：

规划指的是在使用它对未来行为进行约束和控制之前，生成这些行为的（可能只有部分的）表示的过程。其输出通常是一组动作，它们受到时间和其他条件的约束，由某个或某些智能体来执行[1]。

规划也可以定义如下：

① 感谢克里斯蒂娜·施魏克特（Christina Schweikert）博士对本章的编辑和准备提供的帮助。——作者注

规划是智能体和智能系统的一个重要组成部分，它增强了智能体的独立性和适应动态环境的能力。为了实现这一点，智能体必须能够表示世界的当前状态，并能够预测未来。智能体利用规划来生成达成目标的一系列动作。规划一直是人工智能研究的一个活跃领域。规划算法和技术已被应用到很多领域，包括机器人、过程规划、基于 Web 的信息收集、自主智能体、动画以及多智能体规划等等。

14.1 规划问题

作为人工智能很早就受到关注的领域之一，规划通常被认为是在问题求解的常规领域内推理的一个子领域。人工智能中一些典型的规划问题包括[2]：

- 与时间、因果关系和意图有关的表示和推理；
- 可接受的解决方案中的物理约束和其他类型的约束；
- 计划执行过程中的不确定性；
- "现实世界"如何被感知和理解；
- 互相合作或互相干扰的多智能体。

在过去 20 年左右的时间里，随着机器能力和机器学习领域的进步，规划领域也取得了非常大的进展。

虽然规划和调度（scheduling）常常被列为常见的问题类型，但它们之间存在一个相当明显的区别：规划关注的是"确定什么动作需要执行"，而调度关注的是"确定动作何时执行"[1]。从一般意义上讲，规划侧重于为实现目标对动作进行选择并进行合适的排序，而调度侧重于资源的约束（包括时机的把握）。在本章中，我们将把调度问题作为规划问题的一个特例来考虑。

14.1.1 规划中的术语

AI 中所有规划问题的本质都是将当前状态（可能是初始状态）转换为期望的目标状态。生成的规划由某个领域内执行此转换的一系列步骤组成。求解规划问题所遵循的步骤序列被称为**操作符模式**（operator schemata）。操作符模式会对一系列动作（action）或事件（event）（这两个术语在规划领域可互换使用）进行刻画。操作符模式还会定义一类可能的变量，此类变量可以用一些数值（常数）替换，而这些数值由能够描述特定动作的操作符实例（instance）构成。在这里，术语"操作符"（operator）可以作为"操作符模式"或"操作符实例"的同义词使用。AI 文献中的这个术语通常指的是 STRIPS（Stanford University Institute Problem Solver，这是 Fikes 等人开发的最为古老的规划程序之一）操作符[4,5]。STRIPS 操作符用来描述由如下 3 个成分组成的动作（见图 14.1）：**前提（precondition）公式**、**添加列表**（add-list）和**删除列表**（delete-list）。

操作符的前提公式（简称操作符的前提）给出了在操作符可以使用之前必须为真的条件。每当发生一个动作时，添加列表和删除列表就会帮助定义这个动作。使

PICKUP(x)

Precondition: ONTABLE(x) ∧

HANDEMPTY ∧

CLEAR(x)

Delete List: ONTABLE(x)

HANDEMPTY

CLEAR(x)

Add List: HOLDING(x)

图 14.1   PICKUP(x) ——
一个典型的 STRIPS 操作符

用操作符意味着添加列表和删除列表都产生了一个新的状态。当新的状态产生时，删除列表中所有的公式会被删除，同时添加列表中的所有公式会被添加。我们要考虑的第一个状态是初始状态，不断地重复使用操作符，生成对中间状态的描述，直至达到目标状态。在这个阶段，规划可以称为具体问题的一个解决方案。

从初始状态转换到目标状态的规划称为**前向**或**递进**（progression）**规划**，而从目标状态反向转换的规划称为**反向**或**回归**（regression）**规划**，这类似于第 7 章中讨论的前向链接和后向链接。

重复分析（repeated analysis）将确定一个规划中的所有操作符是否可以按照这个规划指定的顺序来应用，这样的分析称为**时间投影**（temporal projection）。

14.1.2　规划的应用示例

我们在一些耳熟能详的应用中可以发现规划的存在，例如魔方之类的离散拼图、15 拼图（见第 4 章）之类的滑动块拼图、国际象棋、桥牌之类的游戏项目，以及日程安排问题等。这些领域由于涉及运动部件的规律性和对称性，因此非常适合规划算法的开发和应用。

第 16 章对国际象棋中的战略（strategy）与战术（tactics）进行了区分。在博弈游戏中，玩战略对抗实际上等同于规划。它通常不涉及力量的直接对抗，而比拼的是对战局的长线思维，这会促进力量布局方面的明显改进。在国际象棋和跳棋中，能够实际吃掉对方棋子的下法通常是战术对抗的同义词。图 14.2 展示了一个著名棋局，该棋局出自 1909 年在纽约市举行的何塞·劳尔·卡帕夫兰卡（Jose Raul Capablanca）和弗兰克·马歇尔（Frank Marshall）之间系列对抗赛的第 23 局，也就是最后一局。马歇尔是一位天生的战术大师，但在战略上缺乏深度；而卡帕夫兰卡是一位**全面的**棋手，他在很长时间内都保持着世界冠军（1921—1927）的称号。最终，卡帕夫兰卡以 8 胜 14 平 1 负的战绩赢得这次系列对抗赛。

图 14.2　1909 年，卡帕夫兰卡对战马歇尔

马歇尔在“16.Rfc1”之后的下法成为如何在皇后边兵数占优的情况下获胜的最为著名的案例之一，而白棋的正确规划应该是下 16.e4，然后下 Qe3、f4，挺进国王边上一枚普通的兵。

图 14.3 摘自“桥牌男爵”程序——1997 年桥牌程序中的世界冠军。

第 16 章将证明在国际象棋和跳棋中，计算机棋手的搜索和思考方式与人类棋手存在很大的不同。相比之下，“桥牌男爵”程序模拟了桥牌中的规划声明器（见附录 D.3.1）。“桥牌男爵”程序使用一种修正后的**层次型任务网络**（Hierarchical Task Network，HTN）来进行规划，并最终完成棋局。我们将在 14.3 节讨论它是如何做到这一点的。

同样常见的问题是尝试让机器人通过识别墙壁和障碍物在迷宫中移动，并最终成功到达目标。这是计算机和机器人视觉领域的一个典型问题。图 14.4 所示的就是多年来机器人一直在求解的迷宫问题。

图 14.5 中的任务是使用 3 个配备有操作臂的移动机器人，移动一架大钢琴穿过房间，房间中有家具作为障碍物。这被幽默地称为“钢琴搬运工问题”（The Piano Mover's Problem）。在这个问题中，必须避免机器人与家具的碰撞。这是一个典型的规划问题。

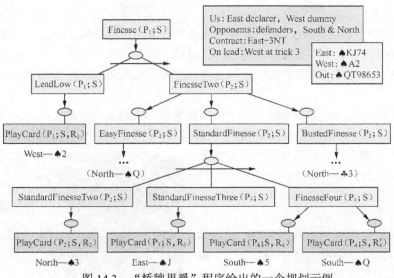

图 14.3 "桥牌男爵"程序给出的一个规划示例

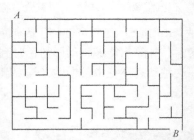

图 14.4 一个典型的迷宫问题。机器人
不仅需要从 A 点到达 B 点，还需要能够
识别墙壁，并进行妥善的处理

图 14.5 著名的"钢琴搬运工问题"

在设计和制造的应用场景中，规划被用来解决装配维护性问题和机械零件拆卸问题。动作规划可用来自动计算从一个整体中移除部件的无碰撞路径。图 14.6 演示了从复杂的机房中移除管道而不发生任何碰撞的过程[7]。

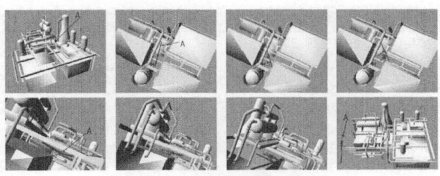

图 14.6 维护管道的动作规划

对于可视游戏开发者和 AI 规划者社区而言,有很多潜在的机会,可以通过共同努力创造出精彩、独特、类似于人类的角色。而开发虚拟人类和计算机生成动画也吸引了广泛的关注。动画师的目标是开发具有人类演员特征的角色,同时设计出可以由智能体执行的高级运动描述。然而,这仍然是一个非常细碎且费力的逐帧过程,动画师希望可以通过规划算法的发展来缩短这一过程。

将自动操作的规划应用到计算机动画中,根据场景中不同人物的任务描述来设计他们的动画效果,这使得动画师可以专注于场景的整体设计,而不需要在逼真且无碰撞的路径中移动人物的细节上花太多精力。一个具体的例子是为人类和机械臂生成执行任务(如操纵一个物体)的最佳动作,这不仅与计算机动画相关,还与人体工程学和产品的可用性评估相关。古贺(Koga)等人开发了一种执行多臂操作的规划器:当给定一个待完成的目标或任务时,这个规划器会生成必要的动画,用于人类与机器臂之间对棋盘的协同操纵[8]。图 14.7 所示的是一个机械臂规划器,它能在汽车装配线上执行多臂任务。

图 14.7　在汽车装配线上帮忙的机械臂

娱乐和游戏行业关注的是制作高质量的动画角色,希望角色动作尽可能逼真,同时希望角色有能力自动适应充满挑战和障碍的动态环境。行为规划可用来为动画角色生成逼真的动作。劳(Lau)和库夫纳(Kuffner)通过创建一个具有高级行为的有限状态机来捕获真实的人体动作,然后执行全局搜索,计算出能够将动画角色带到目标位置的一个动作序列[9]。图 14.8 描述了一种动态环境,在这种动态环境中,慢跑者需要跳过一棵倒下的树。

图 14.8　一个正在适应动态环境的动画角色(由 Lau 提供)

构建规划的过程和执行规划的过程之间还存在其他区别。例 14.1 说明了这些区别。

例 14.1:使用不同的方法进行规划

下面考虑对某天离家上班进行规划的过程。你必须出席上午 10:00 的会议。早上通勤通常需要 40 分钟。在准备上班的过程中,你还可以做一些自己想做的事情——有些你可能认为是必要的,有些则可有可无,这取决于你的时间。下面列出了 8 件你在工作前考虑要不要去做的事。

(1)(开车)将几件衬衫送至干洗店。

(2)(开车)将瓶子送去回收。

（3）把垃圾拿出去。

（4）在银行的自动提款机上取现金。

（5）以本地最优惠的价格给汽车加油。

（6）为自行车轮胎充气。

（7）清洗汽车——整理和除尘。

（8）为汽车轮胎充气。

聪明人可能立刻会问这 8 件事（为描述方便，后文称任务）是否存在限制条件。也就是说，在保证你能够准时参加会议的情况下，还有多少时间可用来完成这些不同的任务？

你早上 8:00 起床，有两小时的时间去完成上述一些任务，然后准时参加上午 10:00 的会议。

在这 8 项任务中，你很快确定只有两项任务是真正重要的：第 4 项任务（在银行的自动提款机上取现金）和第 8 项任务（为汽车轮胎充气）。第 4 项任务很重要，因为根据经验，如果缺少现金，那么这一天会困难重重，因为需要买饭、买零食，可能还要购买其他东西。第 8 项任务可能比第 4 项任务更重要，这取决于轮胎中还有多少气。在极端情况下，它会导致你无法开车或无法安全开车。在大多数情况下，轮胎气压不足至少会影响驾驶的舒适性和油耗。现在，你确定了第 4 项和第 8 项任务很重要，不能回避。这就是一个**层次规划**或**分级规划**（hierarchical planning）的例子，也就是对必须完成的任务给出分级体系或进行一系列赋值。换句话说，不是所有的任务都同等重要，你可以按照上述分级体系或赋值对它们进行排序。

你会考虑前往银行附近的加油站。得出的结论是，最近的加油站距离银行三个街区。你还会想："如果我去加油站加油了，那也可以顺便给轮胎充气。"现在你就会思考："哪个加油站在银行附近并且有气泵呢？"这是一个**机会规划**（opportunistic planning）的案例。也就是说，在规划形成和规划执行的过程中，你会尝试利用某个状态提供的条件和机会。在这种情况下，你其实需要加油的需求并不迫切，但你希望能够省钱。从这个意义上讲，如果你已经花了时间和精力开车去加油站加油，那么再到另一个加油站给轮胎充气，就不是很高效了（无论是在时间上还是在金钱上）。

到现在为止，第 1 项~第 3 项任务看起来完全不重要；第 6 项和第 7 项任务看起来也同样不重要，而且更适合在周末进行，因为周末有更多的时间。当然，除非你正打算把开车和骑自行车组合起来，否则为自行车轮胎充气通常与开车上班不相关。让我们考虑一些与第 1 项~第 3 项任务也非常相关的场景。

任务 1：将几件衬衫送至干洗店

在繁忙的工作日上午，这似乎是一项无关紧要的多余任务，但也许第二天你要参加一份新工作的面试，或者你希望在演讲时穿得得体一些，又或者你有一个期待已久的约会。在这些情况下，为了有最大的机会做一件成功和快乐的事情，你需要正确地思考并做出规划。

任务 2：将瓶子送去回收

同样，这通常是一个"周末"类型的活动。但会不会在某种场景中，这是一个必须完成的任务？的确有可能，不过这对你来说就很糟糕了：你刚刚丢了钱包，而钱包里有你所有的现金、信用卡和身份证。你需要将 100 个空瓶送到超市回收以换取现金，每个瓶子 5 美分。这是一件非常遗憾的事情，我们希望永远不会发生在你身上。此外，如果你丢了钱包，你就不应该无证驾驶。尽管如此，这听起来像是我们应该做好准备的情况。如果这确实发生了，你也许有足够的理由缺席会议。

任务 3：把垃圾拿出去

在一些现实场景下，这项任务的重要性可能会显著提升。下面是一些例子。

（1）垃圾散发出了可怕的恶臭。

（2）你的公寓被宣布为废弃公寓，你有责任把它打扫干净。

（3）现在是星期一早上，直到星期四才会有人来收拾垃圾。

基于某些可能发生的事件或某些紧急情况做出的规划，称为**条件规划**（conditional planning）。如果你必须考虑可能发生的一系列事件，那么作为一种"防御"措施，这种规划通常是有用的。例如，如果你计划 9 月初在佛罗里达组织一场大型活动，那么购买飓风保险可能是个不错的主意。

有时候，我们只需要规划事件（操作符）的某些子集就能达成目标，而无须特别关注这些操作执行的顺序，这被称为**偏序规划**或**部分有序规划**（partially ordered plan）。在例 14.1 中，如果轮胎的情况不是很糟糕，那么我们可以先去加油站加油，或者先到银行取钱。但是，如果轮胎确实瘪了，那么执行规划的顺序就应该是先修理轮胎，再完成其他任务。

在结束这个案例的时候，我们还需要注意更多的细节。尽管两小时对于处理一些琐事来说似乎是一段很长的时间，但通勤需要 40 分钟。你可以想到，即使在这个简单的场景下，也有许多未知数。例如，加油站或银行门前可能会排长队；高速公路上的交通事故可能会延长通勤时间；还可能会有火警或校车造成的延迟。换句话说，有许多未知的事件可能会干扰我们精心制定的规划。

14.2   规划简史和著名的框架问题

认知科学与 AI 结合的早期尝试是作为通用问题求解器的系统的开发。其中第一个，也是最成功的系统是纽厄尔和西蒙（1963 年）的通用问题求解器（GPS）[10]。该系统基于一个称为"手段-目的（means-ends）分析"的贪心算法，而这个贪心算法反过来又以基于目标导向的问题为基础，可以通过最小化目标（后继者）状态和当前状态之间的差异（距离）来求解。

20 世纪 60 年代，有相当多的研究聚焦于搜索方法（如运筹学中的分支定界法）以及在定理证明系统中使用谓词逻辑的推理方法。这对 AI 而言是一片沃土，与此同时，世界也经历了巨大的变化。回想一下，正是在这 10 年间，约翰·麦卡锡提出了 LISP 语言，而"人工智能"这个术语也是在这一时期被创造出来的。

1969 年，斯坦福研究所推出了 STRIPS（见 14.4.1 节的斯坦福研究所问题求解器）。STRIPS 使用一阶逻辑来表示应用域状态，能够通过世界状态的变化来表示动作。STRIPS 还采用"手段-目的分析"来确定需要求解的目标和子目标。STRIPS 的方法为许多后来的系统奠定了基础，也为固有问题提供了测试平台。

之后的方法研究了部分定义规划的识别、规划修改、约束发布和最小提交规划。这些技术将在 14.3 节讨论。斯特菲克（Stefik）在 MolGen（分子结构生成）领域的工作专注于使用规划对管理技术进行约束，他在 DEVISER（航海家任务飞船排序）领域的工作专注于对目标约束进行规划，而他在 FORBIN 领域的工作专注于工厂控制中的时间约束 [11-13]。SIPE（交互式规划和执行监控系统）是另一个专注于资源约束的知名系统。这些方法都对规划和调度问题进行了结合[14]。

局部规划与规划的细化密切相关[15]。这自然促进了对类比以及基于案例的规划的研究工作

（见 14.3.4 节）。

20 世纪 70 年代中期，研究重心转向动作层次网络（Networks of Action Hierarchies，NOAH）[16]，详见 14.3.3 节和 14.4.2 节[16]。在这一时期，规划开始被认为是部分有序的（偏序），而不是完全有序的（全序），规划的思想也变得更加一般化，独立于领域。NONLIN（见 14.4.3 节）是这一时期非常重要的系统，它使用了一个问答过程。

偏序规划器（Partially Ordered Planner，POP）是当时的标准规划器。这类系统包括 SIPE、O-Plan 和 UCPOP（Universal Conditional Partially Ordered Planner，通用条件偏序规划器）[14,17,18]。

在这大约 20 年的时间里，规划器在健全的方法论基础上，有了明确切合实际的方向。这些内容将在 14.5.1 节的通用规划器（O-Plan）和随后的图规划中进行阐述[19,20]。

规划在问题求解的许多方面是很有帮助的。其中一个需求就是提升一年级新生编程的成功率。这也是 WPOL（见 14.5.4 节）的目的——使用一个规划系统来帮助这些学生取得成功[21]。

框架问题

正如我们所看到的，规划涉及一个有良好定义的世界的变化。如何让智能体（机器人）从当前状态到达目标状态？哪些是必要的转换？哪些转换已经发生了？因此，明确什么已经改变了，什么还未改变，就非常重要。当机器臂抓住一块积木并将它拿起时，这块积木的位置、手臂的状态（是否正抓着积木）以及这块积木的上方是哪块积木，都发生了变化。抓起一块积木并不会改变其他积木、墙壁、门或房间的位置。图 14.9 展示了积木世界的一张快照，这张快照说明了在某些前提条件（precondition）存在的情况下，机器臂和积木所允许的典型操作以及产生的效果（effect）。

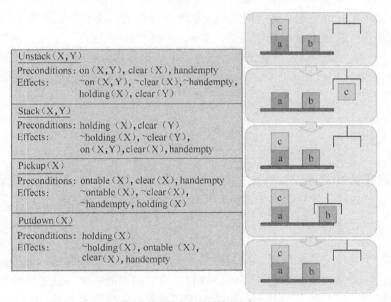

图 14.9　积木世界的一张快照

学人工智能应用研究所（Artificial Intelligence Applications Institute，AIAI）的所长。1984 年，他帮助创立了 AIAI，从那时起，他一直致力于将人工智能和知识系统的技术、方法转移到世界各地的商业、政府和学术应用中。他拥有计算机专业的学士学位（兰卡斯特大学，1972 年）和机器智能专业的博士学位（爱丁堡大学，1975 年）。他是爱丁堡皇家学会（苏格兰国家科学院）院士、AAAI 会士。他有其他很多荣誉称号。此外，他还是一名专业的特许工程师（Chartered Engineer）。

泰特教授的研究兴趣是充分利用丰富的流程和规划表示，以及使用基于这些表示来支持规划和活动管理的工具。他在 Interplan、NONLIN、O-Plan 和 I-Plan 规划系统中开创性地使用了早期的层次规划和约束满足方法，这些方法目前已被广泛使用和部署。他在"I-X"上的工作聚焦于人和系统智能体之间的协作，以便在"有益的环境"中执行合作任务。泰特教授是 EPSRC（英国工程与物理科学研究委员会）资助的"高级知识技术跨学科研究合作项目"的爱丁堡首席研究员。他还领导了 DARPA 资助的联合智能体实验（CoAX）项目，这个项目为期 3 年，涉及 4 个国家的大约 30 个组织。他的研究成果被应用于搜索、救援和应急响应任务中。他获得资助的国际研究工作集中在先进知识和规划技术，以及协作系统的使用上，特别是虚拟世界的使用。

泰特教授领导了爱丁堡大学的一个虚拟教育和研究机构 Vue，这个机构汇集了对使用虚拟世界进行教学、研究和推广感兴趣的人。泰特教授是 *IEEE Intelligent Systems* 期刊的高级顾问委员会成员，也是其他一些期刊的编委会成员。

麦卡锡和海斯（1969 年）发现了 AI 领域的一个著名问题，即需要描述在动作发生时世界发生了什么变化，这就是著名的**框架问题**（frame problem）[22]。随着问题空间复杂度的增加，追踪所有发生改变和没有改变的事物（即完整的状态空间描述）成了一个越来越困难的计算问题。麦卡锡认为这在很大程度上是组合学问题。其他一些人则认为这是一个使用不完全信息进行推理的问题，还有一些人认为，这与系统难以注意到世界的显著特征有关[23-25]。艾伦和他的同事们认为，"只需要简单地构建一个规划，在这个规划中，可以很容易地指定事件的属性和子问题，并进行推理"[26]。

14.3   规划方法

在 AI 规划领域 40 多年的发展过程中，人们提出并尝试了很多技术。在本节中，我们将探讨其中一些重要的方法，并对特别能够说明某些方法的系统进行详细阐述。

14.3.1   规划即搜索

规划在本质上是一个搜索问题。我们在第 2～4 章和第 12 章中描述的同类型的搜索问题在这里也很关键。这涉及搜索技术在计算的步数和存储空间上的效率以及正确性和最优性。要找到一个有效的规划，通常涉及对一个潜在的大规模搜索空间的探索，从初始状态开始，到目标状态结束。如果不同状态之间或部分规划之间存在相互作用的话，事情还会变得更加复杂。查普曼（1987 年）证明了，即使是简单的规划问题也可能演变成指数级规模，这并不奇怪[26]。规划的相关文献通常侧重于如何组织启发式搜索、如何处理部分规划或失败的规划，以及一般情况下如何对问题求解做出良好的、明智的决策[2]。在本小节中，我们将就"规划即搜索"的观点进行总结，然后转向一种更量化的观点——将规划视为一种启发式搜索[27]。

14.3.1.1　状态空间搜索

正如 14.1 节所描述的，早期的规划工作主要关注拼图游戏（如 8 拼图游戏）中的"合法移动"，观察是否能够找到一个移动序列，将初始状态转换到目标状态。然后使用启发式评估方法（如 A*算法，见 3.6.4 节）或图遍历器评估距离目标状态的"接近度"或"邻近度"[28,29]。如果没有启发式评估方法，状态空间搜索很快就会变得难以管理。

在第 2 章和第 3 章中，我们已经讨论过的一个案例是使用 $O(b^d)$ 的时间来寻找长度为 d 的最优解的广度优先搜索（b 是问题的分支因子，d 是解的深度），其中需要使用 $O(b^d)$ 的存储空间，这是因为在生成下一层之前，当前层上的所有节点都需要进行存储。相比之下，深度优先搜索只需要使用线性存储空间，但为了算法能够终止，必须给定截断深度。因为解的位置可能超出截断深度，所以有可能找不到解，这取决于截止深度的值。这些问题可以通过迭代加深的深度优先搜索（迭代加深的 DFS，见第 2 章）进行补救，其中截断深度被初始化为 1，但这个值会随着搜索的进行被迭代加深，直到找到解为止。如果算法找到的解的深度为 d，那么算法的时间复杂度为 $O(b^d)$、空间复杂度为 $O(d)$。本书曾提到，迭代加深的 DFS "……在所有确保能找到最优解的暴力树搜索算法中，它在时间复杂度和空间复杂度上都是渐近最优的" [27]。接下来，我们将把注意力转向一些用于规划的启发式搜索技术。

14.3.1.2　手段-目的分析

最早的人工智能系统是纽厄尔和西蒙（1963 年）的通用问题求解器（GPS），我们在之前的章节中已经介绍过它[10]。GPS 针对问题的求解和规划使用了一种称为"手段-目的分析"的方法，主要思想是减小当前状态和目标状态之间的距离。也就是说，如果要测量两个城市之间的距离，算法将选出能够在最大限度上减少到目标城市距离的"移动"，而不考虑是否存在从中间城市到达目标城市的可能性。这是一个贪心算法（见 2.2.2 节），因此它不会记得去过哪里，也不会生成对任务环境的具体认识。

思考表 14.1 所示的例子。假设想从纽约去加拿大的渥太华。这两个城市之间的距离是 424 英里（1 英里约 1609 米），开车预计需要 9 小时。虽然飞机只需要 1 小时，但由于是国际航班，费用高达 600 美元，因此难以承受。

表 14.1　距离与可能选择的交通工具。一旦距离超过 1000 英里，就需要考虑舒适性和成本

距离/英里	出租车	公共汽车	火车	租车	飞机
0～50	√	√	√	√	
51～200		√	√	√	
201～600			√	√	√
601～1000			√	√	√
1001～3000				√	√

对于这个问题，手段-目的分析法很自然地倾向于乘坐飞机，但这非常昂贵。有一种有趣的替代方案，不仅结合时间和金钱进行了成本和舒适性的考虑，又能让你享受充分的自由，即先飞到纽约州的雪城（离目的地最近的美国大城市），然后租一辆车去渥太华。值得注意的是，就这个推荐的方案而言，有很多决定性因素。例如，必须考虑租车的实际成本、将在渥太华逗留的天数以及在渥太华是否真的需要一辆车，等等。根据这些问题的答案，可以考虑选择公共汽

车或火车，来满足你部分或全部的出行需求。

14.3.1.3　规划中的各种启发式搜索方法

正如 14.3.1.1 节所指出的，非智能的穷尽式状态空间搜索技术可能导致需要探索太多的可能性，就像我们在第 2 章开头探讨搜索时遇到的情况一样。在这里，我们将简要介绍各种启发式搜索技术，它们被开发出来的目的就是解决上述问题。

1.　最小承诺（Least Commitment）搜索

规划中的最小提交指的是"规划器受到某些约束时仅仅承诺某个特定的选择"[2]。这允许在单个搜索空间中表示出更广泛的、可能的不同规划。例如，在做出承诺之前，使用**并行规划**（parallel plan）来表示一些可能的行动顺序。这可以通过 NOAH 来完成，也可以通过发布规划中提及的对象，而不是通过做出随意的选择（如 MOLGEN）来完成[11,12,16]。韦尔德（1994 年）指出，**最小承诺规划**背后的思想如下：

以一种灵活的方式表示规划，从而能够延迟决策。规划会表示为一个部分有序（偏序）的序列，而不是贸然承诺一个完整的、完全有序（全序）的行动序列，且规划算法已经践行了最小承诺规划，即只记录必要的顺序决策[30]。

比如，假设你打算搬到一所新的公寓。你首先要根据自己的收入水平选定合适的城镇或社区，而暂时不需要决定住在哪个街区、哪幢大楼、哪个公寓。这些决定可以推迟到之后更适合的时间做出。

2.　选择并承诺

选择并承诺是由亨德勒、泰特和德拉蒙德描述的一种独特的搜索规划技术，但这种方法并没有得到太多的关注。它指的是基于局部信息（类似于手段-目的分析）做出遵循某条解路径的决策（承诺）来测试的新技术[2]。通常情况下，经过这种测试的规划器会被集成到之后的规划器中，用来搜索替代方案。当然，如果对某条路径的承诺没有产生解，就会出现问题。

3.　深度优先回溯

深度优先回溯是一种在替代方案中做出选择的简单方法，特别是当可供选择的方案很少时。这种方法需要在有替代方案的位置保存路径的状态，使得当选择替代方案时，搜索能得以恢复；如果没有找到解，则选择下一条替代路径。测试这些分支的过程——通过部分实例化操作符来查看是否已经找到解——被称为"提升"（lifting）[31]。图 14.10 展示了深度优先回溯。读者很容易发现，"提升"所生成的备份搜索仍然太大，并且呈指数增长。

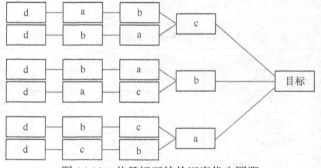

图 14.10　从目标开始的深度优先回溯

4.　集束搜索

第 3 章介绍过集束搜索。回顾一下，它会在广度优先搜索的每一层上探索几个"最佳节点"。在规划的背景下，这会得到一个小规模的预约束区域，用来进一步搜索解。集束搜索可以与其他启发式方法一起工作，进而选出由集束搜索建议的子问题的"最优"解，这种情况并不少见，比较典型的代表是 ISIS-II（International Satellite for Ionospheric Studies）[32]。

5.　主因最佳回溯

正如我们在本书中所注意到的，在搜索空间中进行回溯虽然可能会得到解，但就需要在多层中探索的节点而言，代价可能非常昂贵。通俗来讲，就是"找错了回溯树"。主因最佳回溯会花费更多精力，来确定某个节点所备份的局部选择是不是最佳选择。

打个比方，接下来回到选择居住地的问题上来。我们考虑候选居住地的两个主要因素是距离和价格，并会根据这些因素找出最理想的居住地。但现在我们必须做出决定，从 5～10 个合理的候选城镇中进行选择。我们必须考虑更多的因素。

（1）（针对孩子的）教育系统怎么样？

（2）这个地区的购物方不方便？

（3）住在这个城镇有多安全？

（4）在交通上，它距离中心位置有多远？

（5）这个地区还有哪些亮点？

根据每个候选城镇的公寓价格以及它们到工作地点的距离，再综合上述 5 个额外因素进行评估，就应该能够选出一个城镇，然后继续进一步寻找合适的公寓。一旦选定一个城镇，就可以查看这个城镇里不同公寓的可用性和适用性。如有必要，还可以重新评估其他城镇的可能性，并将另一个城镇（基于两个主要因素和 5 个次要因素）作为首选。这就是主因最佳回溯算法的工作原理。

6. 依赖导向式搜索

正如前面的方法所描述的那样，回溯需要保存一些状态并重启搜索，这可能会带来极大的开销。虽然在选择点发现解决方案的存储状态可能有用，但事实证明，对决策之间的依赖关系、做出的一个假设以及从这个假设可以做出的替代方案进行存储更加有用和有效。这就是海斯（1975 年）、苏斯曼（1977 年）、NONLIN +决策图（丹尼尔，1983 年）和 MolGen（斯特菲克，1981 年）的研究工作所得出的结论[11,12,33-35]。这类系统通过重建解决方案中的所有依赖部分，可以有效地避免失败，同时无依赖的部分可以保持不变。

7. 机会搜索

机会搜索技术基于"最受约束的可执行操作"[2]。所有问题求解组件都可以将它们对解决方案的要求，总结为对解决方案的约束，或对表示被操作对象的变量值的限制。在获得进一步的信息之前，操作可以暂停（如 MolGen）[11,12]。这类系统通常使用"黑板架构"。通过这种架构，各种组件可以声明它们各自的作用和通信方式（如 Hearsay-II 和 OPM）[36,37]。任务调度也可以通过黑板架构来完成。对于人类而言，机会搜索的黑板架构包含 5 层：规划、规划抽象、知识库、执行和元规划（meta-plan）[38]。

8. 元级规划

元级规划（meta-level planning）是从各种规划选项中进行推理和选择的过程。很多规划系统具有规划转换的类操作符表示，可供规划器使用。系统执行一次独立的搜索，以决定在每个点上最适合使用哪个操作符。这发生在对任何规划应用做出任何决策之前，是一种非常高级的技能，MolGen 和维伦斯基（1981 年）对它进行了阐述[11,12,38]。

9. 分布式规划

分布式规划系统将子问题分配给一群专家，让他们来解决这些子问题。子问题在专家之间传递，而专家则通过黑板和执行人员进行交流。相关案例参见乔治夫（1982 年）、考基尔和莱塞（1983 年）的论文[39,40]。

以上就是对规划中使用的搜索方法的回顾。我们已经看到，AI 中的常规搜索问题（组合爆炸问题，以及相应的计算时间和存储空间的增长问题）在这里也同样适用。AI 规划社区已经开发了一些技术来限制所需的搜索量。接下来，我们将继续介绍业内已经开发的其他规划方法。

14.3.2 偏序规划

在 14.1.1 节中，我们将偏序规划（Partially Ordered Planning，POP）定义为"只需要规划事件（操作符）的某些子集就能达成目标，而无须特别关注这些操作执行的顺序"。

在偏序规划器中，一个规划可以表示为操作符的一个部分有序网络。偏序规划器执行的是**最小承诺**（least-commitment），即只有当规划制定过程中的问题需要时，才会引入操作符之间的有序链[2]。相比之下，**全序规划器**［又称**完全有序规划器**（total order planner）］则使用一个操作符序列来表示其搜索空间中的规划。

偏序规划通常包含 3 个部分。

（1）动作集。

{开车上班，穿衣服，吃早餐，洗澡}

（2）顺序约束集。

{洗澡，穿衣服，吃早餐，开车去上班}

（3）因果关系链集。

穿衣服——穿好衣服→开车去上班

这里的因果关系链是，开车上班前穿好衣服……没有人会衣不蔽体地去上班！在部分规划的完善和实施过程中，这种链将有助于检测和防止不合理的动作。

回顾一下，在前几章讨论的标准搜索中，节点等于具体世界（或状态空间）中的状态；而在规划世界中，节点指的是部分规划。

部分规划通常包括以下内容。

● 操作符应用集合 S_i。

● 部分（时间上的）有序约束 $S_i < S_j$。

● 因果关系链 $S_i \overset{c}{\longrightarrow} S_j$。

这意味着 S_i 能够实现 c，而 c 是 S_j 的前提条件。因此，操作符是因果关系条件上为达成**开放条件**（open condition）而采取的动作。开放条件指的是不在因果关系链中的动作的前提条件。

将这些步骤组合起来，就可以形成如下部分规划。

● 动作使用因果关系链来描述，以达成开放条件。

● 因果关系链是从一个现有动作到一个开放条件做出的。

● 在上述步骤之间做出顺序约束。

图 14.11 描绘了一个简单的偏序规划。这个偏序规划的起点和终点都是家。在偏序规划中，不同的路径（比如选择先去加油站还是银行）不是可选规划，而是可选动作。如果每个前提条件都能达成，我们就认为一个规划完成了（我们安全到达银行和加油站，并安全到家）。当动作顺序完全确定后，偏序规划就成了全序规划。例如，我们是否发现汽车的油箱几乎是空的！当且仅当每个前提条件都达成时，规划才算完成。当一些动作 S_k 阻碍我们实现规划中的某些前提条件，进而阻碍规划的执行时，就认为规划受到了**威胁**（threat）。威胁是一种潜在的干扰步骤，它会阻碍因果关系达成的条件。在上面的例子中，如果汽车无法启动，就会出现威胁，如图 14.11 所示。这可能会打乱我们的"最佳规划"。

苏斯曼（Sussman）异常

在 STRIPS 积木世界中，如果应用偏序规划将 3 块积木按照图 14.12 所示的顺序堆叠起来，就会出现苏斯曼异常问题。

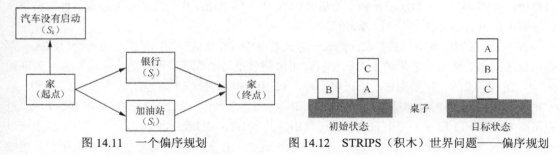

图 14.11 一个偏序规划   图 14.12 STRIPS（积木）世界问题——偏序规划

在 STRIPS 和积木世界的语言中，$x = B$，$y = C$，$z = A$，初始状态是 Clear(x)、On(y, z)和 Clear(y)，目标状态是 On(x, y)、On(z, x)和 Clear(z)。

为了达成目标状态，你很快就会发现子目标之一 PutOn(x,y)——将积木 B 放在积木 C 上——是必要的一步，但它必须在正确的时间实现，因此会出现"顺序效应"（ordering effect），而偏序规划无法解决这个问题。

必要的步骤如下：（1）PutOnTable(y)；（2）PutOn(x, y)；（3）PutOn(z, x)。步骤（1）实现了一个必要的子目标，即将所有积木上方清空并将积木放在桌子上。这就处理了一个基本问题，即初始状态中的积木（积木 C 在积木 A 上）对目标状态而言是次序颠倒的。把所有积木上方清空可以让我们重新开始积木的堆叠。一旦积木 B 位于积木 C 上，积木 A 就可以放在积木 B 上，从而实现目标状态。实际上，积木 C 叠在积木 A 上是这个规划的一个威胁。因此，为了解决这个苏斯曼异常问题，我们至少需要实现上面描述的子目标或进行全序规划。

综上所述，偏序规划是一种良好的、完整的规划方法。如果发生失败，它可以回溯到选择点。它还可以使用析取、全称量化、否定和条件进行扩展。总的来说，当与良好的问题描述结合时，这是一种有效的规划技术。但是，它对子目标的顺序非常敏感[41]。

14.3.3 层次规划

规划在本质上是一种适合分层的活动。也就是说，并不是所有的任务都处于同一个重要级别，有些任务必须在进行其他任务之前完成，还有些任务可能需要交错进行。此外，层次结构（有时为了满足任务前提条件是必需的）有助于降低复杂性。泰特认为，"大多数实用的规划器采用的是'**层次规划方法**'"[1]。

层次规划通常由一个**动作描述**（action description）库组成，而动作描述由规划的各个前提条件所涉及的操作符组成。其中一些动作描述可以"分解"成多个子动作，这些子动作可在更详细（更低）的层次上操作。因此，一些子动作被定义为"原子动作"，即不能再进一步划分为更简单任务的动作。例如，STRIPS 中的"ClearTop"就是一个原子动作，它的意思是"一块积木的上方没有任何积木"。而"ClearTable"表示"桌子上没有任何东西"。ClearTable 由许多子动作组成，例如抓取一块积木（或桌子上的任何东西）、移动积木，松开积木以及放置积木在桌子外定义的空间中。在这个例子中，"ClearTable"将包含一个层次任务网络（HTN），这个 HTN 由子任务（包括 ClearTop 等原子动作）组成。泰特指出：

HTN 规划适用于细化规划模型。初始规划可能会集成关于规划执行环境的任务规范假设，也许还包括部分解决方案。然后可以通过分层，将初始规划细化到更详细的层次，同时也可以解决规划中的问题和缺陷[1]。

埃罗尔、亨德尔和诺（1994 年）的工作解决了"ATN 规划缺乏明确的理论框架的问题"[42]。虽然杨（1990 年）、卡姆汉帕蒂和亨德尔（1992 年）的早期工作关注了这个问题，但他们是从语法而不是语义的角度[43,44]进行考虑的。

在 HTN 规划世界中，基本动作的表示方式与 STRIPS 类似[27,45]。世界的每一个"状态"都是由原子动作的集合来表示的，而操作符被用来将效果与动作（我们称之为原始任务）关联起来[43]。在对世界的"期望变化"进行表示时，STRIPS 和 HTN 有着本质上的区别。

在 HTN 中，STRIPS 类型的目标被任务和任务网络替代[45]。前文所述的任务网络也称为"过程网络"。图 14.13 展示了几个启发式系统使用的基本 HTN 规划过程的本质[2,13,15,44,45]。从中可以看出，HTN 规划是通过迭代地扩展任务和解决冲突来工作的，直至发现一个仅由原子任务组成的无冲突规划[43]。

```
1.输入规划问题P。
2.如果P只包含原始任务，则解决P中的冲突并返回结果。如果冲突无法解决，则
  返回失败。
3.选择P中的一个非原子任务t。
4.选择t的一个展开式。
5.将t替换为这个展开式。
6.通过评论器找出P中的任务之间的相互作用，并提出处理它们的方法。
7.应用步骤6中提出的方法之一。
8.转到步骤2。
```

图 14.13 基本的 HTN 规划过程

非原子任务的扩展（图 14.13 中的步骤 3～步骤 5）是通过选择适当的约简结果来实现的。这种约简实际上指明了完成任务的一种可能方式——将约简存储为方法，进而将非原子任务与任务网络关联起来。

有时任务之间的交互是冲突的，这可能由图 14.13 中的步骤 5 引起。发现和解决这种交互的工作是由评论器完成的。评论器的概念是在早期的 NOAH 程序（见 14.4.2 节）中引入的，作用是"识别和处理不同网络之间用来约简每个非原子操作符的几种交互（而不仅仅是删除的前提条件）"[17]。图 14.13 中的步骤 6 和 7 展示了如何使用评论器来识别和解决交互。这样做的效果是，评论器能够促进对交互操作的识别，从而减少必要的回溯量。

埃罗尔等人开发了 HTN 规划的形式体系[42]。该形式体系的细节超出了本节的讨论范围，但它能够证明 HTN 规划比没有分解的规划更具表达能力。该形式体系的语义学也使人们能够更深入地了解 HTN 规划系统（如任务、任务网络、过滤条件、任务分解和评论器等概念）。

层次规划在实际应用中已经得到了广泛部署，如物流、军事行动规划、危机响应（如石油泄漏）、生产线调度、施工规划、软件开发以及任务排序、卫星控制等空间应用任务。

14.3.4 基于案例的规划

基于案例的推理是一种经典的 AI 技术，它与描述世界中某个状态的先前实例的能力密切相关，然后确定新情况与先前案例的匹配程度。在法律与医学领域，它与识别先例有着千丝万缕的关联。如果能这样做的话，那就应该能够对先前的案例进行足够多的匹配，然后选出基于静态的动作过程。

在基于案例的规划中，学习会在规划重演以及与工作在之前类似情况下的规划进行"推导类比"时发生。基于案例的规划涉及对过去成功的规划的重用，以及从失败的规划中恢复[46]。

基于案例的规划器是为解决以下问题而设计的。

- 规划内存表示（Plan-Memory Representation）指的是决定存储对象以及如何组织内存，使得能够有效且高效地对旧规划进行检索和重用。
- 规划检索（Plan Retrieval）处理的问题是检索出一个或多个规划，以解决与当前问题较为类似的其他问题。
- 规划重用（Plan Reuse）解决的问题是对检索到的规划进行重用（调整）以满足新问题。
- 规划修订（Plan Revision）指的是对新规划是否成功进行测试，并在失败时进行修订。
- 规划保留（Plan Retention）处理的问题是对新规划进行存储，以便对未来的规划有用。通常情况下，如果新规划失败了，它就会与其失败的原因一起被存储起来。

斯帕茨针对这 5 个方面的问题调研了大量系统。基于案例的规划器可以使用合理的局部选择，对成功的规划进行积累和协商[46]。部分匹配的学习经验可以被重用，而新问题只需要相似也可以被重用。因为学习片段没有就正确性做出解释，被称为"Prodigy/Analogy"（贝洛索等人，1996 年）的系统执行的是"惰性"归纳，所以也就不需要完整的领域理论。要在学习到的被证明是正确的知识上提升是很困难的。局部决策中的学习可以增加所学知识的转移（但也会增加匹配成本），因此，定义规划场景之间的相似性指标是很有必要的。为了完成此类任务，现代规划系统通常与机器学习方法关联在一起。

14.3.5 规划方法集锦

在本章中，我们花了较大的篇幅来讨论规划中的几种关键技术，包括搜索（见 14.3.1 节）、偏序规划（见 14.3.2 节）、层次规划（见 14.3.3 节）和基于案例的规划（见 14.3.4 节）。然而，研究人员已经探索并开发了更多的规划技术。我们认为以下内容也十分重要，值得一提。

基于逻辑的规划（也称为基于变更的规划）——规划器将尝试生成一个规划，当由动作模块或执行器执行这个规划时（并且当系统处于满足初始状态描述的状态 i 时），将得到满足目标状态描述的状态 g。这种方法通常导致对情景演算的讨论。这也是吉内塞雷斯和尼尔森在他们的著作 *Logical Foundations of Artificial Intelligence* 中所推崇的方法。

基于操作符的规划——将动作表示为操作符。这种方法也称为 STRIPS 方法，它会使用各种操作符模式和规划表示。

反应式方法，具体如下。

- 规划与执行：规划器进行思考，执行器负责执行。
- 可预测性（思考）与反应性（执行）。
- 在线规划与离线规划：经典的规划通常离线完成，再将生成的规划交给在线执行模块。
- 闭环与开环：对"感知-行动"循环进行编码的反应规则。
- 三角形表格。
- 通用规划。
- 情景自动机。
- 动作网络。
- 反应式动作包。
- 任务控制架构。
- 包容架构。

此外，还有更多的一些技术，如规划作为条件规划、约束满足、规划图搜索、规划作为模型检查、在计算网格上规划、使用时间逻辑进行规划、分布式和多智能体规划、不确定性下的规划、概率规划、规划和决策理论、混合驱动规划等。

14.4　早期的规划系统

在本节中，我们将探讨在规划的研发历史上特别重要的 3 个早期系统。我们将从最知名的 STRIPS 开始；然后转向它在斯坦福研究所的一个后继者 NOAH，NOAH 泛化了 STRIPS 背后的规划思想；最后是 NONLIN，它把 NOAH 的想法继续往前推进了一步。

14.4.1　STRIPS

如 14.1.1 节所述，STRIPS 也称斯坦福研究所问题求解器（菲克斯、哈特和尼尔森，1971 年），它是最早的、最基础的规划系统。本章示例中出现的 STRIPS 语言也已经成为一种标准［例 如 Grasp(x)、Puton(x, y)、ClearTop(y)］。它能够使用一阶逻辑表示域状态的应用，也可以表示域 状态的改变。它还可以使用手段-目的分析法来确定需要实现的目标和子目标，作为解决方案的 前提条件。STRIPS 操作符提供了一个简单而有效的框架，这个框架可以表示域中的搜索和操作。 它们为规划的很多后来的工作奠定了基础。

例如，以下是 STRIPS 表示机器人服务员世界的方法：

```
At (Robot, Counter), On (Cup-a, Table-1), On (Plate-a, Table-2)
```

以下动作弧表示机器人服务员的移动或拾取动作：

操作符：`Pickup(x)`。
前提条件：`On (x, y), At (Robot, y)`。
删除列表：`On (x, y)`。
添加列表：`Held (x)`。

在这个例子中，机器人需要获取两张桌子上的两个物体。STRIPS 有 3 种类型的列表：①前 提条件列表，其中包含执行某个动作需要满足的前提条件；②删除列表，其中包含已经被满足 或变更的前提条件；③添加列表，其中包含当动作执行时世界状态会发生的变化。对于表达简 单的世界，这样一个系统很有吸引力！但是，随着世界变得越来越复杂，维护这些列表的任务 变得非常烦琐（即使借助计算机也是如此）。这自然就会导致上文所述的框架问题。

STRIPS 世界还会导致另外两个问题。首先是**衍生问题**（ramification problem），即世界所发 生的变化的衍生结果是什么？例如，如果机器人从 A 点到达 B 点，那么积木 A 是否还在积木 B 上？机器人的轮子上是否仍然有轮胎？它是否需要同样多的电力来运转？

正如我们所看到的，有关积木状态的问题回答起来相对容易。但是，一旦遇到涉及自我状 态意识（知觉）和常识的问题，衍生问题就会变得更加严重。STRIPS 世界导致的另一个问题被 称为**资格问题**（qualification problem）。也就是说，当执行某些动作（例如将钥匙插入锁孔）时， 定义成功的必要条件是什么？如果钥匙没有打开门，可能是哪里出了问题（例如，是用错了钥 匙，还是锁坏了，抑或是钥匙磨损了，等等）？

综上所述，在自动规划系统的历史、思考和发展中，STRIPS 是一个非常重要的系统。

14.4.2　NOAH

在厄尔·萨切尔多蒂的开创性著作 *A Structure for Plans and Behavior*（1975 年）中，萨切尔

多蒂描述了他的程序 NOAH（Nets of Action Hierarchies，动作层次网络）背后的理念[17]。他在斯坦福研究所的同事尼尔斯·尼尔森认为这项工作在三个方面具有里程碑意义。

（1）它对层次规划（相较于单层规划而言）的开发技术做出了重大贡献。

（2）它引入和使用了将规划表示为部分有序序列的思想，仅对步骤的时间顺序做出必需的承诺。

（3）它制定了一些机制，使规划系统能够审查自己的规划，以便改进这些规划，并能够智能地监测规划的执行情况[17]。

与 GPS、STRIPS 和 MIT 的积木世界将动作限制在单层上相比，这些都是明显的进步。

萨切尔多蒂总结了 NOAH 的重要性：计算机内存中关于动作的知识结构与知识的内容同样重要。

NOAH 使用类似于 PLANNER 的高级语言在网络中创建节点，而不是执行代码。这些节点表示的是构成一个规划的类框架（基于明斯基的概念）动作。节点上附有独立的过程，但同时也具有许多可以独立访问的声明式属性。系统通过对这些声明式属性进行分析来对动作进行分析。NOAH 的发展和研究促成了早期关于程序性知识和陈述性知识的相对优点的 AI 辩论，因为这个框架中包含了这两种知识。

NOAH 使用了 3 种知识：①问题求解；②动作的程序性规范中的领域特异性；③用于处理特定情况的符号知识数据库。总而言之，NOAH 对自动规划做出了很多贡献，特别是在以下方面。

（1）它使用命令式语义来生成类框架结构（如上所述）。

（2）它解释了规划的非线性性质，规划可视为相对于时间的部分排序。这也避免了线性带来的深度回溯的必要性。

（3）规划可以在很多抽象级别上完成。

（4）它通过层次规划，提供了对执行的监控以及简单的错误恢复。

（5）它提供了迭代表示的抽象化。

（6）它强调了结构的重要性，有助于处理具有不同细节层次的大量知识。

14.4.3　NONLIN

NONLIN 是由奥斯汀·泰特（1977 年）开发的，作为"SRI 中 NOAH 规划器的里程碑工作"的延续，它将规划作为动作的一个部分有序网络来生成[2,17,48]。NONLIN 是一种规划空间规划器（有别于状态空间规划器），它的解决方案是从目标开始，通过对问题空间进行反向搜索得到的。它使用了一种功能性的、状态可变的表示来生成规划。NONLIN 的基于目标结构的规划开发，在规划基本原理的基础上考虑了可选的"方法"。

NONLIN 可以执行问答模态下的真值标准条件。也就是说，它可以响应如下两种查询[49]。

（1）语句 P 在当前网络中的节点 N 处的值是 V 吗？（V 值的选项是"肯定是 V""肯定不是 V"或"不确定"。）

（2）如果语句 P 在给定的网络中没有某个值，那么要使语句 P 在节点 N 处有这个值，需要在网络中添加哪些链？

为了回答第一类问题，NONLIN 会在网络中寻找可用于提供真值结果的"关键"节点。

前面曾提到，NOAH 在选择点会以一种避免回溯的方式做出决策，但这可能导致搜索空间的某种不完备性——这意味着 NOAH 可能无法完成一些简单的积木任务。相比之下，NONLIN 可以在选择点尝试两种排序，从而避免 NOAH 可能存在的不完备性。

NONLIN 也有一个形式体系，用于在域中以分级的方式指定动作，目的是鼓励在不同的细节级别上编写模块化的工作描述。因此，子任务描述的编写可以独立于它们在更高层次上的使用方式[49]。这个形式体系还包括以下信息：

- 何时在规划中引入动作；
- 动作的效果；
- 在执行动作之前必须具备哪些条件；
- 如何将一个动作扩展成较低层的动作。

NONLIN 提供了任何节点上条件的显式记录，以及实现这些条件的节点（即网络的目标结构）。这相当于规划的简化表示，有助于指导规划器的搜索。

NONLIN 还有很多其他好的特性，泰特（1983 年）在他的论文 "The Less Obvious Side of NONLIN" 中强调了这一点，包括多重效果表（Table of Multiple Effects，TOME）、使用启发式和依赖导向的搜索控制策略、用于规划的（预）输入条件，以及使用时间或成本信息的规划等等[50]。

NONLIN 最重要的特征是它在规划过程中维护了一个目标结构表，用来记录网络中的各个节点上哪些条件必须为真，以及可以使其为真的潜在"贡献者"。通过这种方式，系统可以在不选择一个（也可能是多个）贡献者的情况下进行规划，直至上述交互检测强制这么做。

14.5 更多的现代规划系统

在本节中，我们将探讨一些在过去的 20 多年里发展起来的较新的规划系统。首先是 O-Plan，然后是 Graphplan。

14.5.1 O-PLAN

O-Plan 是奥斯汀·泰特针对已经广受好评的 NONLIN 开发的后继者，于 1983 年至 1999 年在爱丁堡大学开发完成[18,20]。O-Plan 是用通用 LISP 语言编写的，可用于网络规划服务（自 1994 年起）[2,20]。O-Plan 扩展了泰特在 NONLIN 上的早期工作，NONLIN 能够将规划生成为动作的部分有序网络，这些网络可以检查时间、资源、搜索方面的各种限制。

O-Plan 与之前的 NONLIN 一样，也是一个实用的规划器，适用于各种 AI 规划功能，包括：

- 领域知识的启发和建模工具；
- 丰富的规划表示和使用；
- 层次任务网络的规划；
- 详细的约束管理；
- 基于目标结构的规划监控；
- 动态问题处理；
- 低速和高速场景下的规划修复；
- 针对不同角色的用户接口；
- 规划和执行流的管理。

下面列出了 O-Plan 的各种实际应用：

- 空战规划[52]；
- 非战斗人员撤离行动[52]；
- 搜索与救援协调[53]；

- 美国陆军小单位行动[4]；
- 航天器任务规划[5]；
- 施工规划[18]；
- 工程任务[56]；
- 生物通路发现（Biological Pathway Discovery）[57]；
- 无人驾驶车辆的指挥与控制[20]。

O-Plan 的设计还被用作 Optimum-AIV 的基础，后者是一种用于组装、集成和验证的部署系统，旨在为欧洲航天局 Ariane IV 发射装置的飞行有效载荷舱做准备[58]。

应用之窗

爱丁堡 AI 规划器的实际应用（见图 14.14）

- 1975 年：NONLIN——电力涡轮机大修程序（英国 CEGB）。
- 1982 年：基于 NONLIN 的设计器——"航海家"号任务规划（NASA JPL）。
- 1996 年：基于 O-Plan 的 OPTIMUM_AIV——针对有效荷载舱的 ESA Ariane IV AIV。
- 1996 年至今：搜索和救援（英国 RAF 和美国 JPRA）。
- 针对 Nynas 油轮调度的商业应用和 Edify 财务辅助平台。

图 14.14　O-Plan 的实际应用

O-Plan 在 Web 上提供的简单规划服务是 UNIX 系统管理员的脚本编写助手。规划器可以生成合适的脚本来说明将物理磁盘卷映射到逻辑 UNIX 磁盘卷的需求。这是一个使用 AI 规划的例子，其中的基本组件为我们所熟悉，但它们的具体组合还有很多。

O-Plan 也被用于多用户规划服务。多个用户可以以混合导向的方式同时使用 O-Plan。O-Plan 与美国陆军的合作包括，对陆军连级小单位作战（Small Unit Operation，SUO）的指挥、规划和执行过程中各个阶段的确认（也就是对从接收命令到成功输出的过程进行确认）[20,59]。

O-Plan 也是一个使用开放规划架构进行成功设计的例子。这个过程得到了 LISP 的很大帮助，因为关键组件可以根据需要嵌入其中。O-Plan 通过拓展部分规划的搜索空间来查找规划。"问题"指的是部分规划中缺失的部分，它们决定了哪些动作需要扩展为子动作，或扩展为需要满足的条件。在顶层，O-Plan 有一个控制器，它可以逐个选出问题，并调用"知识源"来解决所有问题。

知识源决定了在规划中放入什么内容，以及应该访问搜索空间的哪些部分。然后，通过向部分有序的动作网络添加节点，并通过添加表示动作的前置和后置条件、时间限制、资源使用和其他事件的约束来构建规划[59]。

约束管理器决定了可以满足哪些约束，并与知识源沟通实现这些约束的可能方式。在这种灵活的架构中，可根据需要添加、删除、替换知识源和约束管理器[60,61]。

I-X 是 O-Plan 的后继者，它提供了一种更通用的方法来支持混合导向规划和配置等[62,63]。O-Plan 作为 Web 上的一种规划服务可继续使用，并且可以通过 I-X 来实现[20]。

14.5.2 Graphplan

Graphplan 是一种规划器，它通过构建和分析一种称为**规划图**（planning graph）的紧凑结构，工作在类似于 STRIPS 的领域。规划图对规划问题进行编码，目的是利用内在的问题约束来减少必要的搜索量。

正如我们在本书中所强调的，搜索是 AI 中一个非常重要的过程。有些人甚至认为搜索过程本身就是人工智能的本质，而另一些人则更关心知识。很明显，没有知识和方向（约束）的搜索将导致大量的付出白白浪费，有时（在复杂的领域）永远找不到解决方案。但是，没有搜索的知识有点像"困在树脂中的昆虫的 DNA"——也就是说，虽然很有用，但无法移动。在任何情况下，我们都确信，使用知识（智能、启发式方法）来限制搜索是一件好事。

规划图可以很快构建出来（多项式的空间复杂度和时间复杂度），而规划就是贯穿其中的一种真值"流"[21]。Graphplan 致力于搜索，因为它对全序和偏序规划器的很多方面进行了结合。它以一种"并行"的规划方式执行搜索，确保在这些规划中能找到最短规划，然后独立地执行最短规划。

回顾一下，一个动作就是一个完全实例化的操作符，例如"Put X on Y"。这意味着时刻 t 的所有动作都会将添加-效果（Add-Effect，即前面提到的添加列表）中的所有命题添加到世界中，并将删除-效果（Delete-Effects，即前面提到的删除列表）中的所有命题删除。

在 Graphplan 域中，有效的规划由一组动作和每个动作执行的指定时间构成。

有些动作发生在时刻 1，而有些动作发生在时刻 2，以此类推。只要动作之间不相互干扰，就可以指定多个动作发生在同一时刻。

如果一个动作删除了另一个动作的前提条件或附加的效果（add-on effect，指添加或删除的效果），则认为这两个动作会相互干扰。在线性规划中，独立的并行动作可以任何顺序执行，结果完全相同。如果时刻 t 之前的任何时刻的所有前提条件都已满足，并且最终时刻的问题目标为真，则任何时刻 t 的规划都被视为有效。这意味着如果在时刻 $t>1$，所有规划的前提条件都得到满足，并且如果在时刻 $t-1$，动作的所有添加效果也都得到满足，那么规划在时刻 $t=1$ 是有效的[21]。

除了需要删除在给定时刻无干扰的动作以外，规划图与有效规划是相似的。规划图分析的一个重要方面是注意到并传播节点之间的某些互斥关系的能力。如果针对规划图的给定动作级别上的两个动作，没有有效的规划能够使它们都为真，那么这两个动作就被认为是互斥的。

这里有一个来自现实世界的例子，它说明了互斥关系：你计划去看望自己的母亲。当你去的时候，你的母亲只要求你做到两点：①准时；②着装体面。

要求不算太高吧？但是，在即将离开家时，你发现离约好的时间仅剩 30 分钟，而到母亲的住处需要 25 分钟的车程。你考虑着装，却发现你没有任何"得体"的休闲裤，你早上没喝咖啡提神，可能无法安全驾车到母亲的住处。你很快就会明白，你的必需品（动作/目标）是相互排斥的。你不能换好衣服、喝完咖啡，还能准时到达母亲的住处。如果你不换衣服，母亲就不会开心；如果不去喝咖啡，你可能无法安全地驾车到达母亲的住处。你该怎么办？

识别互斥关系可以极大地帮助减少对规划图中可能对应有效规划的子图的搜索[21]。互斥关系提供了一种在图中传播约束的机制。一个简单有用的事实是，在时刻 t，一个对象只能出现在一个地方。这有助于限制可能成为解决方案一部分的前提条件。

在对规划世界中几个常见问题（包括火箭问题、备胎问题、猴子和香蕉问题）的实验研究中，Graphplan 相比 UCPOP 和 PRODIGY 系统表现得更好。

14.5.3 规划系统集锦

前面我们回顾了自动规划历史上的 3 个经典规划系统（STRIPS、NOAH 和 NONLIN）和两个较新的规划系统（O-Plan 和 Graphplan）。图 14.15 列出了已开发的更多规划研究领域、规划系统和规划技术。我们在这里讨论了其中的许多规划技术，但由于篇幅所限，还有一些规划技术没有讨论，如约束满意度规划、规划细化、优化方法、多智能体规划、重新规划、规划学习和混合导向规划等。

• 领域建模：HTN、SIPE • 领域描述：PDDL、NIST PSL • 领域分析：TIMS	• 规划修复：O-Plan • 重新规划：O-Plan • 规划监控：O-Plan、IPEM
• 搜索方法：启发式方法、A* 算法 • 图规划算法：Graphplan • 偏序规划：NONLIN、UCPOP • 层次规划：NOAH、NONLIN、O-Plan • 细化规则：Kambhampat • 机会搜索：OPM • 约束满意度：CSP、OR、TMMS • 优化方法：NN、GA、蚁群优化 • 问题/缺陷处理：O-Plan	• 规划泛化：Macrops、EBL • 基于案例的规划：CHEF、PRODIGY • 规划学习：SOAR、PRODIGY • 用户界面：SIPE、O-Plan • 规划建议：SRI/Myers • 混合导向规划：TRIPS/TRAIN • 规划Web服务：O-Plan、SHOP2
• 规划分析：NOAH、Critics • 规划仿真：QinetiQ • 规划定性建模：Excalibur	• 规划共享&通信：I-X、⟨I-N-C-A⟩ • NL生成…… • 对话管理……

图 14.15　已开发的更多规划研究领域、规划系统和规划技术[2]

14.5.4 面向学习系统的规划方法

本章所述的规划系统已被成功应用于各个领域。本节介绍一种基于规划的学习系统，学习的目的是提高概念表达、集成和应用的有效性。研究这种规划方法是为了针对面向对象编程和设计的程序员新手进行指导。

为新手对象设计的、以规划为导向的学习环境

计算机科学系面临的一个严重问题是编程入门课程的减员率和挂科率。教师们一直在寻求方法来提高编程教学，以解决学生的困难。尽管在编程语言、环境和教学方法方面进行了各种增强措施，但初学者在学习编程时仍然面临许多挑战——特别是面向对象范式（Object-Oriented Paradigm，OOP）所提出的附加抽象层。

规划可以用来捕捉专家程序员表示编程知识的方式，而学习系统中规划的可视化可用于增强初学者在面向对象范式下的编程学习[22]。实践表明，有经验的程序员可以利用规划表示来对编程的概念和任务进行编码[64]。而程序员新手则缺乏这种高级（规划）知识，这些知识是专家通过多年经验积累起来的。以结构化的规划表示形式向新手展示编程知识，可以促进他们对各种编程概念的理解，例如 OOP 中的抽象。对程序员新手的研究表明，大多数重大错误是不正确的规划集成，以及与对象相关的概念误解造成的，例如在问题求解中集成不正确的对象表示和 OOP 概念[65]。

规划-对象学习范式可以通过规划表示实现对象设计的概念强化，从而帮助学生提高设计和实现对象的能力，并提高他们利用对象求解问题的能力。Web 规划对象语言（Web Plan Object Language，WPOL）是一种在线学习环境，它利用规划-对象方法进行 3 个阶段的学习：规划的观察、集成和创建[65]。观察阶段会从规划和目标的角度逐步验证问题的示例解决方案。集成阶段会测试新手正确整合规划并形成解决方案，以及强化规划集成和对象设计概念的能力。在创建阶段，学生可以自定义规划并设计新的对象。

规划-对象学习范式表示的是对象的概念化和设计阶段，人们提出了一种面向对象的早期同化方法。对象在规划框架中进行了显式的定义，并给出了上下文。对象规划由数据成员、成员函数和对象实用程序的子规划（类组件）组成。根据应用程序，可以创建和集成适当的变量和/或函数。对象的实用程序包括设置规划、获取规划以及对子规划进行构造和析构。

规划-对象学习范式将规划的概念应用于面向对象编程。规划-对象方法增强了程序员新手设计对象、实现对象，以及将对象集成到程序中的能力。我们在一个案例研究工作中对程序员新手的能力进行了一组实证研究，其中涉及对象和问题求解。使用了规划-对象方法和 WPOL 的学生，在与对象相关的问题求解中的错误减少了 56.7%，在与算法和问题求解规划相关的问题求解中的错误减少了 54%。规划与对象设计、集成和实现的可视化体验，增强了程序员新手在对象表示以及将规划和对象整合到解决方案中的能力。

14.5.5 SciBox 自动规划器

对太空的科学任务进行规划一直是一个耗时、费力且昂贵的过程。它需要子系统工程师、轨道和指向分析师、命令定序人员、任务操作员和仪器科学家等很多团队成员之间的多轮迭代和相当大规模的协调。项目进度紧张，只能执行一定数量的迭代。因此，航天器资源往往得不到最佳利用。

SciBox 是一个端到端的自动化科学规划和指挥系统。这个系统从科学目标开始，推导出所需的观测序列，调度这些观测值，最后生成并验证可上传的命令，进而驱动航天器和仪器。除了有限的特殊操作和测试之外，这个过程是自动化的，不需要科学操作的手动调度或者命令序列的手动构建。

SciBox 的开发始于 2001 年的信使号（MESSENGER）水星任务，并逐步推进，其中的各种关键软件模块都在其他航天任务中进行了测试。

使用 SciBox 的基于目标的规划和指挥系统已于 2005 年成功应用于火星侦察轨道器上的小型火星侦察成像光谱仪，并于 2008 年和 2009 年成功应用于月球 1 号以及月球侦察轨道仪上的板载微型射频（MiniRF）仪器。基于目标的规划系统将科学规划与命令生成分离开来，使得科学家能够专注于科学观察机会分析而不是命令细节。

2004 年 8 月 3 日，美国航空航天局的信使号宇宙飞船发射升空。2011 年 3 月 18 日，信使号宇宙飞船进入一条不与太阳同步、高度为 200×15 200 千米、倾角为 82.5°、周期约为 12 小时的高偏心轨道。2011 年 4 月 4 日，信使号宇宙飞船开始了它的主要科学阶段。此时，这项技术已经成熟，可以用来规划和指挥信使号水星任务的所有轨道科学操作。信使号宇宙飞船的任务是解决以下科学问题。

（1）什么样的行星形成过程导致水星中的金属相比硅酸盐的高比例？

（2）水星的地质史是怎么样的？

（3）水星磁场的性质和起源是什么？

（4）水星核的结构和状态是怎么样的？

（5）水星两极的雷达反射物质是什么？

（6）水星上及其周边沉积了哪些重要的挥发性物质？它们的来源和渗坑是什么？

为了回答这些关于水星的问题，SciBox 将自动完成从测量目标开始的规划过程，测量目标分为 3 种类型：需要持续观察的、需要在指定的观测条件下建立观测覆盖范围的，以及无法获取全局数据的。SciBox 架构由 4 个主要组件组成——机会分析仪、约束检查器、优先级调度器和命令生成器——它们简化了从测量目标开始生成航天器和仪器命令序列的过程。机会分析仪的任务是找到所有机会，在特定约束条件下进行预期的观测。对于每个观测机会，约束检查器会系统地验证观测操作，使其符合工程师对航天器和仪器所设置的操作约束。然后，优先级调度器会对约束检查器验证过的观测机会的优先级进行权衡，并对观测机会进行排序。例如，一个频繁出现的观测机会可能会被赋予较低的优先级。在给定的观测中，机会也会根据质量度量（如分辨率或光照）进行排名，这里的质量度量是根据到目标的预测距离、太阳位置等计算出来的。接下来，优先级调度器会选出最佳观测机会，并将它们按照优先级递减的顺序插入时间轴，直到可用的航天器资源（例如，确保航天器的热安全性的航天器指向限制，地球-水星距离变化和太阳能并合导致的可用下行链路容量的变化，以及固态记录空间）用完为止。再接下来，无冲突的时间表将被输入命令生成器，后者将创建一个命令序列，并上传到航天器和仪器，同时生成一份 HTML 报告以供审查。

SciBox 不仅缩短了需要在不同专业团队之间进行耗时协调的运营规划的筹备时间，还通过将迄今为止人工判断观测优先级的工作自动化而降低了成本。它通过系统地检查约束条件来减少操作风险，并通过权衡观测机会之间的取舍来最大限度地提高任务的科学价值。这使得信使号宇宙飞船的科学优先级，能够与诸如航天器记录器容量、下行链路带宽、调度和轨道几何等操作约束进行协调。

SciBox 相关参考资料

MESSENGER SciBox. 2011. An Automated Closed-Loop Science Planning and Commanding System, Teck H. Choo et al. AIAA SPACE 2011 Conference & Exposition.

SciBox, An End-to-End Automated Science Planning and Commanding System. Teck H. Choo et al. John Hopkins University Applied Physics Laboratory, Laurel, MD.

人物轶事

弗雷德里克·海斯-罗斯（Frederick Hayes-Roth）

弗雷德里克·海斯-罗斯（1947 年生）是规划领域的早期领导者之一。自 2003 年起，他一直在位于加利福尼亚州蒙特雷的美国海军研究院（Naval Postgraduate School，NPS）担任信息科学系的教授，教授信息技术战略和政策的"顶点"课程。他在自己的网站上写道：

"基于在人工智能、知识工程、分布式系统、语义学、业务流程管理和企业应用集成领域的丰富经验，我认为政府在信息共享工作中必须具备一些重要的成功因素。"

在入职 NPS 之前，他曾担任惠普软件方面的首席技术官。早年，他自己建立了两家硅谷公司并任董事长兼首席执行官。他还曾在兰德公司担任信息处理研究的项目主管。弗雷德里克·海斯-罗斯作为第一个连续语音理解系统 Hearsay-II 的共同发明者之一而声名远扬，这个系统因其"黑板架构"而闻名。

他的研究聚焦于以下问题。

（1）信息有多大价值（对谁，何时，为什么）？

（2）我们如何才能将更多的信息过滤工作委托给计算机？

（3）我们如何才能最快地从问题（1）和问题（2）中获益，使人们可以在具有挑战性的操作环境中更快、更好地做出决策？

（4）我们如何重组技术程序和采购流程，进而实现问题（3）的答案？

2011 年，弗雷德里克·海斯-罗斯博士与他人共同创立了一家非营利慈善组织——Truth Seal Corp.，这个组织的使命是促进公共通信的真实性，使公众能够获得可靠的信息，以便做出判断、决策和行动。

14.6　本章小结

本章概述了人工智能背景下的自动规划。我们首先介绍了规划的概念，这是人类智力的一个特征。规划涉及了解执行哪些步骤能完成一个特定的任务或达到一个目标，以及在规划中执行步骤的顺序可以根据不同的条件而改变。我们能否开发出具有人类推理和解决问题能力的智能体和系统？在设计这样一个系统时，需要考虑很多事情，包括以一种定义良好的方式表示智能体世界，追踪这个世界中发生的变化，预测智能体的行为会产生什么影响，处理新出现的障碍，以及制定出使智能体能够实现其目标的规划。

在本章中，我们讨论了许多现有的规划应用——从国际象棋和桥牌到机器人技术和计算机动画。我们还介绍了主要的规划方法，如搜索（状态空间搜索、手段-目的分析、启发式搜索方法）、偏序规划、层次规划和基于案例的规划。作为背景和历史，我们回顾了对规划领域做出过巨大贡献的早期经典规划系统，包括 STRIPS、NOAH 和 NONLIN。更多现代的规划系统，如 O-Plan 和 Graphplan，通过引入和集成新技术，扩大了规划领域。14.5.4 节和 14.5.5 节分别介绍和探讨了两个已实现但仍在改进的规划系统——WPOL 和 SciBox。

讨论题

1. 为什么人们想要一台能够进行规划的计算机呢？
2. 从计算机的角度看，规划的基本组成部分是什么？
3. 第一个执行规划的问题求解系统是什么？它的目的是什么？
4. 很多未来的规划系统的基础是哪一个系统？它是在哪里开发的？它能做些什么？
5. 为了泛化这个系统，人们又开发了哪些系统？
6. 列出规划中 5 种不同的搜索方法。
7. 什么是最小承诺搜索？
8. 阐述手段-目的分析的工作原理。
9. 如何区分游戏中的规划方法与其他玩法？

10．什么是框架问题？什么是资格问题？什么是衍生问题？

11．阐述偏序规划和全序规划的区别。

12．说出 5 种规划技术并对它们进行描述。

13．NOAH 对 STRIPS 做了哪些改进？

14．什么是"主因最佳回溯"？

15．什么是苏斯曼异常？

16．NONLIN 的主要特点是什么？

17．O-Plan 提供的哪些功能是早期规划器未能提供的？

18．列举几个已经构建了实际规划器的领域。

练习题

1．回想一下第 3 章中提到的驴滑块拼图游戏。阐述你会如何定义子目标来解决这个问题。当子目标已经完成时，程序如何能够识别？这些子目标有什么前提条件？

2．在 STRIPS 世界中，使用标准操作符和动作将在桌子上的 3 个积木 A、B、C 互相堆叠起来，初始状态如下：积木 A 在积木 C 上，积木 B 在桌子上。

3．如何将桌子 X 上的 3 个积木 A、B、C，按照 A、B、C 的顺序堆叠在桌子 Y 上，其中积木 A 在顶部？除了练习题 2 中的操作符，你还需要什么操作符？

4．苏斯曼异常说明了什么？

5．尝试使用爱丁堡大学网站上的一个实用规划器，介绍一下你使用的经验。

6．考虑一个类似于 STRIPS 的系统如何解决约翰·麦卡锡提出的著名的猴子与香蕉问题。猴子面临的问题是天花板上悬挂着一串香蕉，但够不着。为了解决这个问题，猴子必须把一个箱子推到香蕉下方的空地上，爬到箱子上，然后得到香蕉。

常数是猴子、箱子、香蕉和香蕉下方。

函数分别是 reach、climb 和 move，定义如下。

Reach(m, z, s)：从状态 s 开始，经过 m 到达 z 的动作所到达的状态。

Climb(m, b, s)：从状态 s 开始，经过 m 爬上 b 的动作所到达的状态。

Move(m, b, u, s)：从状态 s 开始，经过 m 将 b 移到位置 u 的动作所到达的状态。

尝试使用这些函数进行一系列逻辑操作，解决上述问题。

7．计算机规划程序对军方有什么帮助？

8．计算机规划如何协助应对自然灾害？

9．描述人类进行规划的方法与计算机处理规划问题的方法有何不同，描述这两类方法的相似之处。

10．撰写一份关于多智能体规划器的报告，长度为 5 页。内容包括最新的系统有哪些、是谁开发的、它们有多成功、它们被用来做了什么测试，等等。

关键词

添加列表	基于逻辑的规划	规划图
全面的	互斥	先决条件
条件规划	开放条件	资格问题
删除列表	操作符模式	衍生问题

框架问题	机会规划	回归
分级规划	并行规划	时间投影
最小提交规划	部分有序规划	完全有序规划器

参考资料

[1] Tate A. Planning. In The MIT Encyclopedia of the Cognitive Sciences MITECS, edited by R. A. Wilson and F C Keil. Cambridge, MA: The MIT Press, 1999.

[2] Hendler J, Tate A, Drummond M. AI planning: Systems and Techniques. AI Magazine 11 (2): 61-77, 1990.

[3] Dean T, Kamhampati S. Planning and Scheduling: CRC Handbook of Computer Science and Engineering. Boca Raton, FL: CRC Press, 1997.

[4] Fikes R E, Hart P E, Nisslon N J. Learning and executing generalized robot plans. Artificial Intelligence 3 (4): 251-288, 1972.

[5] Fikes R E, Hart P E, Nilsson N J. Some new directions in robot problem solving. In Machine Intelligence 7, edited by B. Meltzer and D. Michie. Edinburgh: Edinburgh University Press, 1972.

[6] Smith S J, Nau D, Throop T. Computer Bridge: A big win for AI planning. AI Magazine 19 (2): 93-105, 1998.

[7] Zhang L, Huang X, Kim Y J, Manocha D. D-plan: Efficient collision-free path computation for part removal and disassembly. Computer-Aided Design & Applications 5(1-4), 2008.

[8] Koga Y, Kondo K, Kuffner J, Latombe J. Planning motions with intentions. In Proceedings of the 21st Annual Conference on Computer Graphics and Interactive Techniques. SIGGRAPH '94, 395-408. New York, NY: ACM, 1994.

[9] Lau M, Kuffner J J. Behavior planning for character animation. In Proceedings of the 2005 ACM Siggraph/Eurographics Symposium on Computer Animation, 271-280. Los Angeles, CA, July 29-31. New York, NY: ACM, 2005.

[10] Newell A, Simon H A. GPS: A program that simulates human thought. In Computers and Thought, edited by E. A. Feigenbaum and J. Feldman. New York: McGraw-Hill, 1963.

[11] Stefik M. Planning with constraints MOLGEN: Part 1. Artificial Intelligence 16: 111-140, 1981.

[12] Stefik M. Planning with constraints MOLGEN: Part 2. Artificial Intelligence 16: 141-170, 1981.

[13] Vere S. Planning in time: Windows and durations for activities and goals. IEEE Transactions on Pattern Analysis and Machine Intelligence (PAMI) 53: 246-267, 1983.

[14] Wilkins D. Practical Planning. San Francisco, CA: Morgan Kaufmann, 1998.

[15] Kambhampati S, Knoblock C, Yang Q. Planning as refinement search: A unified framework for evaluating design tradeoffs in partial order planning. Artificial Intelligence 76: 167-238, 1995.

[16] Sacerdoti E. A structure for plans and behavior. PhD thesis, Stanford University, Stanford, CA, 1991.

[17] Currie K W, Tate A. O-Plan: The open planning architecture. Artificial Intelligence 521 (Autumn), 1991.

[18] Penberthy J S, Weld D S. UCPOP: A sound, complete, partial order planner for ADL. In Proceedings of Knowledge Representation KR-92, 103-114, 1992.

[19] Dalton J, Tate A. O-Plan: A common Lisp planning web service. International Lisp Conference 2003, October 12-25. New York, NY, 2003.

[20] Blum A, Furst M. Fast planning through planning graph analysis. Artificial Intelligence 90: 281-300, 1997.

[21] Schweikert C. Study of novice programming: Plans, object design, and the web plan object language WPOL. PhD thesis, The Graduate Center, City University of New York, 2008.

[22] McCarthy J, Hayes P J. Some philosophical problems from the standpoint of artificial intelligence. In Machine Intelligence 4, edited by B. Meltzer and D. Michie. Edinburgh: Edinburgh University Press, 1969.

[23] McDermott D. A temporal logic for reasoning about processes and plans. Cognitive Science 6: 101-155, 1982.

[24] Haugeland J. Artificial Intelligence: The Very Idea. Cambridge, MA: The MIT Press, 1985.

[25] Allen J, Hendler J, Tate A P. Readings in Planning. Palo Alto, CA: Morgan Kaufmann, 1990.

[26] Chapman D. Planning for conjunctive goals. Artificial Intelligence 32: 333-377, 1987.

[27] Korf R. Planning as Search: A Quantitative Approach. Essex, UK: Elsevier Science Publishers, 1987.

[28] Hart P, Nilsson N, Raphael B. A formal basis for the heuristic determination of minimum cost paths. IEEE Transactions on System Science and Cybernetics (SSC) 42: 100-107, 1968.

[29] Doran J E, Michie D. Experiments with the graph traverser program. Proceedings of the Royal Society 294: 235-259, 1966.

[30] Weld D. An introduction to least-commitment planning. Artificial Intelligence 15: 27-61, 1994.

[31] Ghallab M, Nau D, Traverso P. Automated Planning: Theory and Practice. San Francisco, CA: Morgan Kaufman, 2004.

[32] Fox M S, Allen B, Strohm G. Job search scheduling: An investigation in constraint-based reasoning. In Proceedings of the Seventh International Joint Conference on Artificial Intelligence. Menlo Park, CA: International Joint Conferences on Artificial Intelligence, 1981.

[33] Hayes P J. A representation for robot plans. In Advance Papers of the 1975 International Joint Conference on Artificial Intelligence. Tbilisi, USSR, 1975.

[34] Stallman R M, Sussman G J. Forward reasoning and dependency directed backtracking. Artificial Intelligence 9: 135-196, 1977.

[35] Daniel L. Planning and operations research. In Artificial intelligence: Tools, techniques, and applications. New York, NY: Harper and Row, 1983.

[36] Erman L D, Hayes-Roth F, Lesser V R, Reddy D R. The HEARSAY-II Speech understanding system: Integrating knowledge to resolve uncertainty. ACM Computing Surveys 12 (2), 1980.

[37] Hayes-Roth B, Hayes-Roth F. A cognitive model of planning. Cognitive Science 30:275-310, 1979.

[38] Wilensky R. Meta-planning: Representing and using knowledge about planning in problem solving and natural language understanding. Cognitive Science 5 (3), 1981.

[39] Georgeff M. Communication and interaction in multi-agent planning systems. In Proceedings of the Third National Conference on Artificial Intelligence. Menlo Park, CA: American Association for Artificial Intelligence, 1982.

[40] Corkill D D, Lesser V R. The use of meta-level control for coordination in a distributed problem-solving network. In Proceedings of the Eighth International Joint Conference on Artificial Intelligence,

748-756. Menlo Park, CA: International Joint Conferences on Artificial Intelligence, 1983.

[41] Beckert B. Introduction to Artificial Intelligence Planning. University Koblenz-Landau. Course Notes, Germany, 2004.

[42] Erol K, Hendler J, Nau D S. UMCP: A sound and complete procedure for hierarchical task-network planning. In Proceedings of the International Conference on AI Planning Systems (AIPS), 249-254, 1994.

[43] Yang Q. Formalizing planning knowledge for hierarchical planning. Computational Intelligence 6: 12-24, 1990.

[44] Kambhampati S, Hendler J A. A validation structure based theory of plan modification and reuse. Artificial Intelligence 552-3: 193-258, 1992.

[45] Fikes R E, Hart P E, Nilsson N J. STRIPS: A new approach to the application of theorem proving to problem solving. Artificial Intelligence 34: 251-288, 1971.

[46] Spalzzi L. A survey on case-based planning. Artificial Intelligence Review 16 (1 Sept.): 3-36, 2001.

[47] Borrajo D, Veloso M. Lazy incremental learning of control knowledge for efficiently obtaining quality plans. AI Review Journal, Special Issue on Lazy Learning, 10: 1-34, 1996.

[48] Tate A. Generating project networks. In Proceedings of the International Joint Conference on Artificial Intelligence, IJCAI-77 San Francisco, CA: Kaufmann, 1977.

[49] Tate A, Daniel L. A Retrospective on the Planning: A joint AI/OR Approach Project. Department of Artificial Intelligence Working Paper 125, Edinburgh, 1982.

[50] Tate A. The less obvious side of NONLIN. Department of Artificial Intelligence, University of Edinburgh, 1983.

[51] Tate A, Dalton J, Levine J. O-Plan: A web-based AI planning agent, AAAI-2000 intelligent systems demonstrator. In Proceedings of the National Conference of the American Association of Artificial Intelligence AAAI-2000, Austin, TX, 2000.

[52] Tate A, Polyak S, Jarvi P. TF method: An initial framework for modelling and analysing planning domains. Workshop on Knowledge Engineering and Acquisition at the Fourth International Conference on AI Planning Systems APIS-98, AAAI Technical Report WS-98-03, Carnegie-Mellon University, Pittsburgh, PA, 1998.

[53] Kingston J, Shadbolt N, Tate A. Common KADS models for knowledge based planning. In Proceedings of the 13th National Conference on Artificial Intelligence AAAI-96, Portland, OR: AAAI Press, 1996.

[54] Tate A, Levine J, Jarvis P, Dalton J. Using AI planning techniques for army small unit operations. Poster Paper in the Proceedings of the Fifth International Conference on AI Planning and Scheduling Systems AIPS-2000, Breckenridge, CO, 2000.

[55] Drabble B, Dalton J, Tate A. Repairing plans on-the-fly. In Proceedings of the NASA Workshop on Planning and Scheduling for Space, Oxnard, CA, 1997.

[56] Tate A. Responsive planning and scheduling using ai planning techniques—optimum-aiv, in trends & controversies—AI planning systems in the real world. IEEE Expert: Intelligent Systems & Their Applications 11 (December 6): 4-12,1996.

[57] Khan S, Decker K, Gillis W, Schmidt C. A multi-agent systemdriven ai planning approach to biological pathway discovery. In Proceedings of the Thirteenth International Conference on Automated Planning

and Scheduling ICAPS 2003, edited by E. Giunchiglia, N. Muscettola, and D Nau. Trento, Italy: AAAI Press, 2003.

[58] Aarup M, Arentoft M M, Parrod Y, Stokes I, Vadon H, Stader J. Optimum-aiv: A knowledge- ased planning and scheduling system for spacecraft aiv. In Intelligent scheduling, edited by M. Zweben and M. S. Fox, 451-469. Morgan Kaufmann, 1994.

[59] U. S. Army. Center for Army Lessons Learned. Virtual Research Library, 1999.

[60] Reece G, Tate A. Synthesizing protection monitors from causal structure. In Proceedings of the Second International Conference on Planning Systems AIPS-94, Chicago, IL: AAAI Press, 1994.

[61] Beck H, Tate A. Open planning, scheduling and constraint management architectures. In The British Telecommunications Technical Journal, Special Issue on Resource Management, 1995.

[62] Tate A. Intelligible AI planning. In Research and Development in Intelligent Systems XVII, Proceedings of ES2000, the Twentieth British Computer Society Special Group on Expert Systems International Conference on Knowledge Based Systems and Applied Artificial Intelligence, 3-16. Cambridge, UK: Springer, 2000.

[63] Tate A. Coalition task support using I-X and <i-n-c-a>. In Proceedings of the 3rd International Central and Eastern European Conference on Multi-Agent Systems CEEMAAS 2003, Prague, Czech Republic, 7-16, June 16-18. Springer Lecture Notes in Artificial Intelligence LNAI 2691, 2003.

[64] Soloway E, Ehrlich K, Bonar J. Tapping into tacit programming knowledge. In Proceedings of the Conference on Human Factors in Computing Systems. Gaithersburg, MD: NBS, 1982.

[65] Ebrahimi A, Schweikert C. Empirical study of novice programming with plans and objects. ACM Inroads 38 (4): 52-54, 2006.

书目

LaValle S. Planning Algorithms, University of Illinois, Urbana-Champaign, IL: Cambridge Press, 2006.

第五部分　现在和未来

机器人技术（见第 15 章）用到了前面章节中所讨论的研究。近几十年来，机器人技术已经取得长足的进步，可能会为人工智能方法开辟新的视野，并在不久的将来给人类带来巨大的冲击。

第 16 章讨论 AI 研究人员从一开始就研究的博弈游戏。其中，跳棋、国际象棋、奥赛罗棋、西洋双陆棋、桥牌、扑克和围棋都是知名的人类竞技场。尽管人工智能已经使计算机掌握了所有这些博弈游戏，但是人类仍然可以从中得到乐趣，保持竞争力并找到共生空间（如国际象棋）。

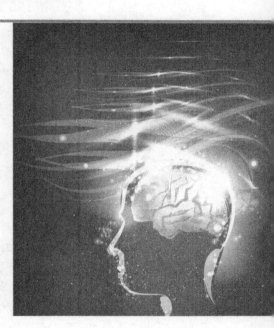

第 17 章总结了人类已获得的成就，并指出了未来的发展方向。

现在到了回顾人工智能的旅程、思考已获得的成就，以及展望未来发展方向的时候。

令人兴奋的最新例子是，在《危机边缘》游戏中，IBM 沃森与最好的人类参赛者不分伯仲。这一事件使得人们对于 AI 的成功保持乐观，在新的领域征服图灵测试也许不再遥远。

在未来几十年，AI 面临的最重要的问题如下。

（1）人的定义是什么——假设我们很快就可以获得人类增强的能力（更好的视力、更好的计算技能、更健康、更长的寿命等）？

（2）人的本质(灵魂)是什么——何时、何地、如何定义人的真正身份？

（3）当资源有限时，谁将获得最好的照顾（增强技术、资源）？

（4）如果生命可以通过这些方式延长，如何防止人口过剩？

（5）如何保持对所创造机器的"控制"？

第 15 章　机器人技术

本章的主题是机器人技术。机器人不是对未来的展望，它已经被研究了很多年，并在持续发展。而在不可预见的未来，它可能会成为人类生活的一部分。图 15.0 展示了在视觉引导下自主攀登楼梯的"Urbie"城市机器人。本章将首先介绍这一领域的哲学和实用主义问题，然后回顾人类尝试创造机器来模仿人类或者重塑人类的历史，最后讨论制造机器人所必须解决的技术问题，并介绍当今机器人技术的一些应用。本章以一个图灵测试的展示和讨论作为结尾，这个图灵测试被称为 Lovelace 项目。

图 15.0　在视觉引导下自主攀登楼梯的"Urbie"城市机器人（由 NASA 提供）

15.0　引言

In the Year 2525（*Exordium et Terminus*）是 1969 年发行的由扎格和埃文斯演唱的一首歌曲，位列当时热门歌曲榜第一名。这首歌预言了未来人类世界可能会发生的事情。歌词的"中心思想"是：随着人类屈服于技术的进步，在未来，人类将继续自行"去人类化"。

虽然这不是本章的主题，但它对这类思虑奠定了基调，即当我们寻求机器人技术的进步时，需要认真思考人类的未来。在这里，我们可以猜测、梦想、想象或者"观察水晶球"，思考我们的生活将如何改变。机器人已不再是 AI 早期历史中的一个未来话题——它们已经变成现实，并且逐渐成为人类日常生活的一部分。机器人技术的发展与 AI 的进步密不可分。

现在，让我们考虑未来的一个小型机器人应用场景。

MrTomR：鲍比，你现在应该吃早餐了。

鲍比：（正在餐厅周围跑闹）

MrTomR：鲍比，请坐在这里。（用手指着鲍比应该坐的位置）

鲍比：（终于坐在了餐厅的椅子上）

MrTomR：你今天早上想吃什么？

鲍比：我有什么选择？

MrTomR：让我想想。我可以给你做烤面包，配果汁和牛奶；或者做一碗配牛奶和果汁的麦片粥。或者，我也可以做炒鸡蛋，配英式松饼。

鲍比：MrTomR，可以给我做烤面包配咖啡吗？

MrTomR：鲍比，你知道你不可以喝咖啡的。

让我们思考一下这段对话的内容，以及对话背后蕴含的信息、知识和技术进步。5 岁的鲍比和 MrTomR 的每一句话都为对话发生时的世界状态提供了重要线索。

MrTomR 是一个机器人，它的角色类似于照顾一个 5 岁孩子的管家或保姆。鲍比的父母外出工作或度假去了。MrTomR 正在尽其所能模拟可能发生的互动。让我们分析一下 MrTomR 需要具有什么样的智能才能进行这段对话。

首先，MrTomR 建议鲍比应该在特定时间吃早餐——这不是一个困难的编程任务。唯一比较复杂的事情是，机器人需要能讲出这种可被理解的句子。这句话本身可以通过一系列命令来构建，而 MrTomR 被设定为在某些触发情况下说出这句话。这里的触发因素有两个：①鲍比独自在家，由 MrTomR 照顾；②早餐时间到了，鲍比还没有吃早餐（鲍比从来不会自己吃早餐）。

MrTomR 告诉鲍比坐下——这表明 MrTomR 了解站立的意义，它有一定的运动意识。为了"文明地"吃早餐，鲍比应该坐在餐桌边。此外，MrTomR 能够指出并理解鲍比应该坐的位置。MrTomR 已经展示出相当先进的智能了。

MrTomR 宣读早餐菜单——这表明 MrTomR 理解了鲍比的问题，并且可以准确地说出答案。鲍比向 MrTomR 要烤面包配咖啡。MrTomR 知道鲍比不可以喝咖啡（虽然它知道烤面包是菜单的一部分）。正如孩子们会做的那样，鲍比正试着看看他的看护人能理解多少。MrTomR 很聪明，能够意识到这些小伎俩。它的反应就像一位聪明的、经验丰富的人类管家或保姆。

到现在为止，本书的每一章和每个主题都可能与机器人领域有关。无论我们讨论的是搜索、博弈、逻辑、知识表达、产生式系统和专家系统，还是神经网络、遗传算法、语言，规划等，都与机器人有着简单而自然的联系——它们并不牵强，也不遥远。接下来，我们将更详细地思考其中的一些关联。

机器人和搜索——从早期的机器人技术（机器通过完成任务来为人类服务）开始，搜索一直是机器人技术不可或缺的一部分。例如，我们在第 2～4 章中讨论的搜索问题，包括广度优先搜索和深度优先搜索（见第 2 章）、启发式搜索（见第 3 章）和博弈中的搜索（见第 4 章），都是机器人专家在构建系统时必须解决的典型问题。也就是说，对机器人编程的目的，是使其以最有效的方式从 A 点到达 B 点。或者机器人必须绕过一些障碍，才能到达目的地或目标，这类似于我们在这些章中介绍的各种迷宫问题。

机器人技术、逻辑和知识表达——机器人技术与逻辑理论也是密切相关的。第 5 章提出的各种逻辑问题是机器人的基础，而"反演证明"和"合一"等方法是构建健全机器人系统的基石。在构建任何 AI 系统之前，必须思考如何表示 AI 系统中的元素。是使用基于智能体的方法，如群体智能、树、图、网络，还是使用其他方法，这些思考都是机器人系统的基础。

产生式系统和专家系统——作为专家系统的基础，产生式系统与控制系统密切相关，而控制系统是机器人系统的基础。引导机器人穿过工厂车间，让机器人在亚马逊工厂取包裹——为了能够完成更大的任务（层次结构），还需要完成什么任务。这些都是机器人依赖于产生式系统和专家系统的例子（见第 7 章和第 9 章）。此外，人类在各个领域（如机械工具、工厂装配线、为生产涂料进行颜色调配、选择合适的包装等）得出的专业知识，都是由专家系统组成的产生式系统的自然舞台。

模糊逻辑——这是第 8 章的主题，即使在机器人的世界中，结果也不是非黑即白，也存在"一定程度上"的结果。例如，机器人在通往目标的路上可能会遇到阻碍并被绊倒。机器人必须坚持实现目标，换句话说，机器人的世界不是离散的，也依赖于某些"自由度"，这些"自由度"会随属性的不同程度而变化，而不仅仅是"开"或"关"、"是"或"否"的结果。

机器学习和神经网络——随着这些 AI 方法复杂性的提高，它们已经有机会出现在机器人的应用中。Google Car 就是一个典型的例子。

　　诸如遗传算法、禁忌搜索和群体智能等技术——这些都是机器人系统自然探索的领域，特别是必须在群体中工作的场景。例如，模拟人群在纽约的街道上行走；或者模拟人们急匆匆赶去上班，同时避开迎面而来或挡在路上的人。

　　自然语言理解和语音理解——这是第 13 章的主题。我们将越来越多地了解到机器（机器人）如何在涉及语言和语音理解的更高级任务中取代人类。因此，这些学科的进步对于机器人技术来说是重要且不可或缺的。所涉及的问题和因素非常多，如语义、语法、口音和变音。

　　规划——这在第 14 章中有介绍，它一直是 AI 领域的一个子领域，与机器人技术密切相关。在第 14 章中，你可以看到很多机器人规划的案例，涉及机器人应该如何完成一项或一组任务。

　　接下来我们将讨论机器人技术面临的一些挑战，以及为什么说它既是一个有前途的领域，也是一个非常困难的领域。在构建机器人的过程中，我们正在解决的是使人类独一无二的问题。挑战取决于我们有多大的雄心壮志。也就是说，我们只希望机器人能移动吗？我们是否希望机器人执行的任务，符合捷克剧作家卡雷尔·卡佩克在戏剧 *R.U.R.*（1921 年）中对"机器人"这个词的首次定义？在捷克语中，robota 的意思是劳动或工作；而在戏剧的语境中，它的意思是奴役或强迫劳动[1]。我们对机器人是否有更大的野心——它们不仅能帮助人类，还能模仿人类，提高人类的能力，并按照人类的形象重塑/取代人类。因此，我们不仅需要机器人执行人们不得不做的平凡任务（例如，使用 IROBOT 扫地机器人进行吸尘清洁，见第 6 章），同时也希望机器人能够进行手术、进入危险场所、搬运重物，甚至安全驾驶无人汽车！它们执行这样的困难任务，将比人类表现得更好——更准确、更快、更有效，从而将人类从这些任务的危险和挑战中解放出来。机器人正在开始承担很多年以来一直由人类自己完成的任务。机器人甚至被用来模拟娱乐活动，如打桥牌（见第 16 章）和踢足球。

　　上述进步得益于机器人在运动能力、机器视觉、机器学习、规划和问题求解等方面的改进。未来，我们可能会委托机器人做越来越多对人类至关重要的决定。一些人认为，在我们更好地了解自己之前，机器人能完成的任务是有局限性的。马文·明斯基在他相对早期的机器人研究工作中提出了这个观点[2]。近 30 年来，马文·明斯基、道格·莱纳特（见第 9 章）和其他人一直在尝试解决常识的问题。马文·明斯基解决了以下问题：孩子们究竟是如何学习的？是什么将短期记忆变成了长期记忆？人如何组织知识？在过去 25 年左右的时间里，机器人已经取得（并将继续利用）自然语言处理和语音理解方面的巨大进步（见第 13 章）。正如前文已经提到的，这些进步，伴随着构建出与人类智能相当甚至超过人类智能的机器的可能性，将带来棘手的哲学和实践问题。但有一件事是明确的——尽管构建高度智能的机器人系统存在明显的利与弊，但在这个技术时代，没有回头路可走。

15.1　历史：服务人类、模仿人类、增强人类和替代人类

　　正如 T·A.黑彭海默将自己的文章命名为"人造人"（Man Makes Man）一样，这个主题的内涵比人们想象的要丰富和悠久得多[1]。我们将从多个角度来思考机器人技术的发展史，包括机器人的传说、早期的机械机器人、电影和文学中的机器人，以及 20 世纪早期的机器人。

15.1.1　早期的机械机器人

　　也许第一个被人们接受的机械形态是斯特拉斯堡公鸡，这是一只建造于 1574 年的铸铁公鸡

（见图 15.1）。每天中午，它张开嘴，伸出舌头，拍打翅膀，展开羽毛，抬起头，啼叫 3 声。它一直工作到 1789 年，为霍布斯、笛卡儿和博伊尔提供了灵感，并作为未来机器的一个实现目标。

　　紧随其后的是 18 世纪中期雅克·德·沃康松的发明，他创造了各种"人造人"和"人造动物"，都非常逼真。他最著名的发明是 1738 年的机械鸭，它能嘎嘎叫，在水中扑腾，吃喝拉撒（见图 15.2）。沃康松还创造了两个能够演奏乐器的人形机器人（见图 15.3），一个吹长笛，另一个打鼓。最令人印象深刻的是，长笛手是真的在演奏，而不是从隐藏的地方发出声音。它通过一套波纹管直接从嘴里呼出气来，而唇部运动由一种机械装置控制。长笛作为一种标准乐器，需要像人类一样通过手指在孔上的运动来发出声音。因此，在机器人技术的早期历史上，这被视为一个里程碑，因为长笛被认为是一种技巧乐器，只有

图 15.1　斯特拉斯堡公鸡

少数人能演奏好。综上所述，我们有了第一个比大多数人能更好地呈现学习技能的机械装置[1]。

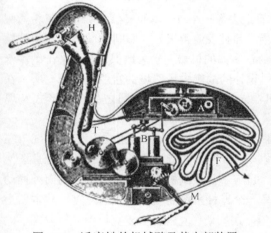

图 15.2　沃康松的机械鸭及其内部装置

图 15.3　沃康松的长笛手、机械鸭和鼓手

　　接下来的著名"人造人"案例是一个欺骗欧洲多年的恶作剧。"土耳其人"是沃尔夫冈·冯·肯佩伦男爵于 1769 年在奥匈帝国宫廷建造的一个精巧装置。据说，在一个装有齿轮的箱子里，有一位矮小的波兰象棋大师，它的特点是"一个土耳其人形状的假人，戴着头巾，蓄着八字胡，坐在一个木柜的后面"[1]（见图 15.4）。多年来，"土耳其人"在国际象棋中表现出色，不会被非法的走法所愚弄，令全欧洲的观众惊叹不已。令人印象深刻的是，这是人们第一次意识到，人与机器的区别已经很模糊了[1]。

　　后来，"土耳其人"被运送到费城的一家博物馆，20 世纪中期，它在一场大火中被烧毁了。

　　1770 年至 1773 年期间，皮埃尔和他的两个儿子——亨利-路易斯和雅凯-多弗开发并展示了 3 个令人惊叹的机械人，分别是抄写员、绘图员和音乐家（见图 15.5）。这 3 个装置都是通过精密的凸轮阵列来操作的。其中两个机械人——抄写员和绘图员——是穿着优雅服饰的年轻男孩形象。抄写员能够将羽毛笔浸入墨水瓶，然后写下多达 40 个字母。抄写员的手由一个凸轮控制，可以通过在 3 个方向上移动来写字。磁盘上的杠杆用于控制，因此抄写员可以写出任何想写的

文本。绘图员可以画出路易十五和其他物体（比如一艘战舰）。在工作时，这些机器人的眼睛会做出相应的移动，以表现出一种专注的态度。

图 15.4　冯·肯佩伦男爵的"土耳其人"

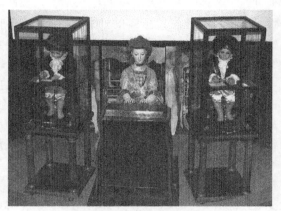

图 15.5　抄写员、绘图员和音乐家

雅凯-多弗开发的另一个机器人——音乐家，看上去像一个 16 岁的女孩，戴着涂了粉的假发，穿着维也纳宫廷风格的礼服。她在演奏管风琴，并且表演得很好，眼睛和肢体的动作使她看起来栩栩如生。表演结束时，她会鞠躬谢幕。雅特-多弗的机器人永久地保存在了瑞士纳沙泰尔的艺术与历史博物馆中。而"绘图员"带着自己设计的战舰去了费城的富兰克林研究所。在每个机器人身上，人们都可以看到引领现代工业机器人的创新和设计。不同之处在于形式及现代液压和编程的使用，代替了弹簧、凸轮和发条装置。

随之而来的是工业革命时期，这个时期的成果之一是詹姆斯·瓦特（他被认为在 1783 年左右发明了第一台实用蒸汽机）设计的一种机械装置。1788 年，瓦特设计了一种"飞轮调速器"，其中有两个旋转的球，可以通过离心力向外摆动。它与一台蒸汽机相连，通过飞球的向外摆动来测量蒸汽机的速度；此外，它使用向外摆动的另一个连杆来控制其保持当前速度。从本质上讲，这就是世界上的第一个反馈控制机制。1868 年，詹姆斯·克拉克·麦克斯韦（他发现了电磁学中的麦克斯韦方程组）发表了第一部关于反馈控制的系统研究著作——*On Governors*。这套机制成了 20 世纪机器人的一个基本元素。

1912 年，莱昂纳多·托雷斯·克韦多使用齿轮建造的自动机械式的国际象棋机器（见图 1.24），可以通过一套明确的规则，在初级残局中博弈，无论起始棋局如何，它都可以在有限的步数内战胜对方。这被认为是第一台不仅能处理信息，还能根据信息做出决策的机器。

15.1.2　电影与文学作品中的机器人

戏剧作品 *R.U.R.*（《罗森的万能机器人》）讲述的是被设计成普通劳动者的机器人的故事。这些机器人没有人类的感情和情绪，被用作战争中的士兵。在剧中，一名助理发现了如何对机器人赋予痛苦和其他情绪。于是，机器人开始反抗它们的人类主人，几乎消灭了人类。但是，它们无法自我繁殖。最后一幕是，两个机器人坠入爱河，这暗示了新的亚当和夏娃的到来。

我们必须记住 *R.U.R.* 出现的时间——第一次世界大战刚刚结束。另一部风格相同的作品是 1926 年弗里茨·朗的经典电影《大都会》（*Metropolis*），弗里茨·朗是一位非常受欢迎和受人尊敬的德国电影制作人。这部电影是根据他妻子西娅·哈尔博的一本书改编的。《大都会》聚焦于生活在城市底层的工人的悲惨生活。这部作品中的机器人玛丽亚是一名受到工人信任的劳工领袖。玛丽亚带领机器人走向自我毁灭，最后被绑在火刑柱上烧死，变回了金属[1]。

讲到这里，我们必须介绍一下艾萨克·阿西莫夫的作品，因为他在电影、艺术和文学中对机器人的描述做出了贡献。1942 年，作为一名年轻的科幻作家，他为《银河科幻》（*Galaxy Science Fiction*）撰写了故事"钢铁洞穴"。在这个故事中，他首先提出了常被提起的**机器人三大定律**。

（1）机器人不得伤害人类，也不得坐视人类受到伤害。

（2）机器人必须服从人类的命令，除非这种命令与第一定律相冲突。

（3）机器人必须保护自己，除非与第一或第二定律冲突。

几十年过去了，阿西莫夫的思想仍然通过诸如《禁忌星球》（1956 年）和《星球大战》三部曲（1977 年的《星球大战》、1980 年的《帝国反击战》和 1983 年的《绝地归来》）等电影影响着全世界。

15.1.3　20 世纪的机器人

在 20 世纪，许多机器人系统被创建出来。到了 20 世纪 80 年代，机器人开始在工厂和工业环境中变得普遍。在本节中，我们将讨论对该领域的研究和进步特别有帮助的机器人。

15.1.3.1　仿生系统

下面我们将介绍两个对机器人研究进展非常重要的**仿生系统**。到目前为止，有一个被认为是 AI 早期先驱的领域还没有在本书中讨论，它就是**控制论**领域——该领域主要对生物和人工系统中的通信及控制过程进行研究和比较。麻省理工学院的诺伯特·维纳为这个领域的定义做出了杰出贡献，并进行了开创性的研究[3]。这个领域将神经科学、生物学和工程学的理论与原理结合起来，目的是找出动物和机器的共同特征及规律[4]。马塔里奇指出："控制论的一个关键概念是机械或有机体与其环境之间的耦合、结合和相互作用。"我们很快将看到，这种相互作用非常复杂。

她对机器人的定义是这样的：

一种存在于物理世界中的**自治**系统，它可以感知周围的环境，并采取行动以实现一些目标[4]。

根据这一定义，马塔里奇教授称威廉·格雷·沃尔特的**"乌龟"**是第一个基于控制论的潜在目标而制造的机器人。沃尔特（1910—1977）出生于堪萨斯城，但在英国生活并接受教育。他是一位神经生理学家，对大脑的工作原理有着浓厚的兴趣，他发现了睡眠时产生的 θ 波和 δ 波。他制造了具有动物行为的机器来研究大脑是如何工作的。沃尔特相信，即使是神经系统非常简单的生物，也可能表现出复杂和意想不到的行为。沃尔特的机器人与之前的机器人不同，它们以不可预知的方式行事，能够做出反应，并在它们的环境中避免重复的行为[5]。"乌龟"由 3 个轮子和一个硬塑料外壳组成（见图 15.6）。其中的两个轮子用于前进和后退，第三个轮子用于转向。它的"感觉器官"非常简单，只有一个用来感受光的灵敏度的光电管，以及一个作为触摸传感器的表面电触头。电力通过一个电话电池来提供，外壳则提供了一定程度的保护，防止物理损坏[5]。

图 15.6　沃尔特的"乌龟"——第一个公认的机器人

有了上述几个简单的组件和其他一些组件，沃尔特的 Machina Speculatrix（**一种能思考的机器**）便能够表现出如下行为：

- 找到光源；
- 朝着光源前进；
- 远离强光；
- 转向和推动，以避开障碍物；
- 给自己的电池充电。

"乌龟"是**人造生命**或 ALife 最早期的例子；它的各种复杂的、未经编程的行为就是我们现在所说的**涌现行为**的早期例子[4]。

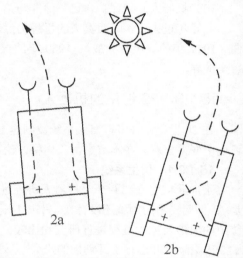

瓦伦蒂诺·布赖滕贝格是一位德国科学家，他受到沃尔特工作的启发，在控制论的思想出现并作为一门独立的学科很长时间之后，于 1984 年出版了一本名为《车辆》的书。该书提出了一系列的想法（或思想实验），展示了简单的机器人（书中称之为"车辆"）如何产生看起来非常人性化和逼真的行为（见图 15.7）[4]。虽然布赖滕贝格的"车辆"从未被制造出来，但事实证明，它们为机器人专家带来了灵感。

启动的时候，这些机器人只需要一台电机和一个光传感器。逐渐地，它们的复杂性增加到了多个电机和传感器，并开始探索它们之间的各种传感器阵列。传感器与电机相连。因此，光传感器可以直接连接到车辆的轮子上，随着光线的增强，机器人向光源移动的速度会加快——这被称为**趋光性**。同样，这种

图 15.7　布赖滕贝格的"车辆"的例子。车辆 2a 朝光源移动，而车辆 2b 则远离光源移动

连接也可以颠倒过来，这样机器人的移动速度就会变慢，并表现出**趋暗性**或对光的恐惧。

此外，类似于第 11 章中提到的神经网络的概念，传感器和电机之间的连接——更强的传感器输入会产生更强的输出——被称为**兴奋性连接**。相反，当更强的传感器输入削弱电机的输出时，则称为**抑制性连接**。同样，这些灵感来自生物神经元，以及它们的兴奋性和抑制性连接。继续这种类比，很明显，传感器和电机之间的这些连接的变化会导致各种不同的行为。布赖滕贝格的《车辆》一书描述了如何利用这种简单的机制来存储信息、建立记忆，甚至实现学习[4]。

15.1.3.2　最新系统

20 世纪的人工智能研究在许多领域都取得了进展，这一点在本书中已有描述。将 AI 各个学科中已取得的成果或正在研究的内容进行集成的研究工作主要集中在 3 个机构：麻省理工学院、斯坦福大学和 SRI 国际研究所（后来被称为斯坦福研究所）。

SRI 国际研究所的 Shakey（1966—1972）是第一个能够对自己的行为进行推理的通用移动机器人。Shakey（见图 15.8）被设计用来分析命令，并将命令分解为一系列必须执行的操作。它的基础是对计算机视觉和自然语言处理的研究。沙莱尔斯·罗森是项目经理；成员

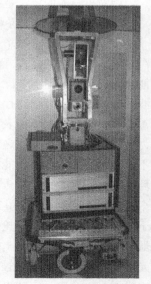

图 15.8　SRI 国际研究所的 Shakey

包括尼尔斯·尼尔森、阿尔弗雷德·布雷恩、斯文·瓦尔斯特龙、伯特伦·拉斐尔等。第 14 章提到的 STRIPS（斯坦福研究所问题求解器）是自动规划机器人系统的一个主要示例，它由理查德·菲克斯和尼尔斯·尼尔森于 1971 年在 SRI 国际研究所开发。MIT（麻省理工学院）在 AI 和机器人领域有着悠久的研究历史，并做出了卓越的贡献，包括太空和海洋等各种环境中的机器人，这些机器人都表现出了不俗的运动能力。

机器人的案例非常多，我们无法在此一一列出，在 15.3 节，你将了解到 21 世纪的机器人应用，包括麻省理工学院的 Cog。表 15.1 列出了各种不同的机器人系统。值得注意的是它们日益增长的复杂性、功能和目标，涉及在开阔地形上的运动问题，要比在有明确定义的空间或环境中困难得多。

表 15.1　　　　　　　　　　1960 年至 2010 年的机器人项目综述

编号	系统名称	年份	创建者	机构/公司	特点
1	Stanford Cart	1960—1980 年	詹姆斯·亚当斯	斯坦福大学	能够利用摄像头绕过障碍物
2	Freddy	1969—1971 年	唐纳德·米基	爱丁堡大学	能够利用摄像头组装积木
3	WABOT-1	1970—1973 年	早稻田大学	早稻田大学	第一个全尺寸的人形机器人，能够使用日语与人交流，能够测量与受体之间的距离
4	FAMULUS	1973 年	库卡机器人（公司）	库卡机器人（公司）	物料搬运，例如在工厂里搬运零件和材料
5	Silver Arm	1974 年	大卫·西尔弗	麻省理工学院	根据触摸和压力传感器的反馈做出反应的小部件组装器
6	WABOT-2	1980—1984 年	早稻田大学	早稻田大学	会读乐谱，会弹奏管风琴，能与人交谈
7	Omnibot	20 世纪 80 年代至 2000 年	日本托弥（公司）	日本托弥（公司）	使用机械臂携带轻物品，也可使用托盘来携带物品
8	Direct Drive Arm	1981 年	金出武雄	卡内基·梅隆大学	机械臂能够相对自由和顺畅地移动
9	Modulus Robot	1984 年至 20 世纪 90 年代	马西莫·朱利亚娜	天狼星（公司）	家用机器人，会做一些家务
10	Big Dog	1986 年至今	马丁·比勒	波士顿动力	四足行走，能够驮东西
11	Kismet	20 世纪 90 年代	辛西娅·布雷齐尔	麻省理工学院	低级的特征提取系统、动力系统和电机系统
12	COG	1993 年至今	罗德尼·布鲁克斯	麻省理工学院	人形，能模仿人类思考
13	The Walking Forest Machine	1995 年	PlusTech 有限公司	PlusTech 有限公司	能在不平坦的道路上后退、前进、横走和斜走
14	Scout Ⅱ	1998 年	流动机器人实验室	流动机器人实验室	四足行走
15	AIBO	1999 年	索尼	索尼	四足行走，宠物
16	Hiro	1999—2010 年	河田 KK	日本河田公司	能在实时 Linux 系统（QNX）中运行

编号	系统名称	年份	创建者	机构/公司	特点
17	CosmoBot	1999 年至今	科琳娜·莱森博士和助手杰克	Anthro Tronix 公司	实时播放 *Simon Says*，支持重放
18	ASIMO	2000 年至今	本田公司	本田公司	人形站立，二足行走
19	Anybots	2001 年至今	特雷弗·布莱克韦尔	ANYBOTS 公司	虚拟存在系统
20	Inkha	2002—2006 年	mat 和 mrplong	伦敦国王学院	使用摄像头追踪人类运动，定期讲述事实
21	Domo	2004 年至今	杰夫·韦伯和亚伦·埃德辛格	麻省理工学院	感知、学习、操作
22	Seropi	2005 年至今	韩国生产技术研究院	韩国生产技术研究院	人性化的工作空间向导
23	Wakamaru	2005 年至今	三菱重工	三菱重工	提醒，紧急呼叫，Linux 操作系统，可以上网
24	Enon	2005 年至今	日本富士通公司	日本富士通公司	自我引导，有限的语音识别和合成
25	MUSA	2005 年至今	Young Bong Bang	首尔国立大学	使用剑道对战
26	BEAR	2005 年至今	Vecna 科技公司	Vecna 科技公司	6 英尺（约 183 厘米）高，液压上半身能举起 500 磅（约 227 千克）物体，钢制机身，可承受最大液压作用 3000 psi
27	Issac	2006 年至今	IssacTeam	都灵理工大学	为自动化工业提供了多种解决方案
28	Willow Garage	2006 年至今	斯科特·哈桑	Willo Garage 有限公司	为机器人应用进行硬件和软件开发的 ROS（Robot Operating System，机器人操作系统）
29	RuBot Ⅱ	2006 年至今	皮特·雷德蒙	Mechatrons.com	解决了魔方问题
30	KeepOn	2007 年	小岛秀城	宫城大学	能够对情感做出反应，会跳舞
31	Topio Dio	2008—2010 年	TOSY Robotics JSC	Automatica	无线遥控，通过两个摄像头集成了 3D 视觉和 3D 操作空间，处理预定义的图像，通过超声波传感器探测障碍物，三轮底座能够进行全方向的平衡运动
32	Phobot	2008 年至今	学生	阿姆斯特丹大学	能够模仿恐惧的行为，并通过逐步暴露法克服恐惧
33	Salvius	2008 年至今	冈瑟·考克斯	Salvius 机器人（公司）	模块化设计，使用可回收材料制造，开源
34	ROBOTY	2010 年至今	哈姆迪·M.萨赫卢勒	萨那工程大学	会下棋的机器人

表 15.1 的参考资料

[1] RobotWorx. The History of...KUKA Robotics. December 9, 2014.

[2] Nocks L. 2007. The Robot: The Life Store of Technology. Westport: Greenwood Publishing Group.

[3] Williams J D. Direct Drive Robotic Arms. December 9, 2014.

[4] Ahmad N. 2003. The humanoid robot Cog. Crossroads 10 (2): 3.

[5] Carbone G., and Ceccarelli M. Legged Robotic Systems. December 9, 2014.

[6] Sony. ERS-1010. December 9, 2014.

[7] Buehler M. 2006. BigDog—a dynamic quadruped robot. Robotics Institute Seminar. Boston Dynamics. BigDog—The Most Advanced Rough-Terrain Robot. December 9, 2014.

[8] Cox W. Top 10 Robots of the Past 10 Years—Robots of the Decade Awards. 4 January 2010. December 9, 2014.

[9] Earnest L. December 2012. Stanford Cart. December 9, 2014.

[10] Tate A. December 14, 2012. Edinburgh Freddy Robot. December 9, 2014.

[11] Humanoid Robotics Institute, Waseda University. Humanoid History-WABOT-. December 9, 2014.

15.2 技术问题

正如我们在本章开始时提到的，开发机器人的技术问题非常复杂，并在某种程度上取决于我们对机器人的能力有多远大的目标追求。从本质上讲，机器人的研究工作是一种多方面的问题求解形式。

通过类比，让我们思考一个人在购物中心试图找到一家特定的商店时所面临的问题。对于人类来说，要找到这家商店，只需要执行一些很简单的步骤以及问一些简单的问题。你可能会查找商场导航图，询问咨询台的工作人员，咨询熟悉商场的店长，或者使用互联网或手机应用程序等信息源。如果我们曾到过这家商店，我们甚至可能会对这家商店在商场中的位置有印象，包括所处的楼层、邻近的商店以及其他的典型特征等。现在让我们思考一下，对于一台可移动机器人来说，在商场中找到一家特定商店会遇到哪些挑战。一种解决方案是让机器人简单地遵循运动方向指示，例如直行 320 米、左转、再走 160 米，或者告诉它乘电梯上二楼等。向机器人传达方向可以有多种形式的指示，可以是感官的、听觉的、书面的或视觉的。本节的主题是不同的机器人在处理这个问题和相关问题时有何差异。重要的是要记住，无论机器人选择哪种解决方案来找出问题中的目标商店，机器人的开发者都必须考虑到解决方案的方方面面。机器人的运动，对障碍物、地标和目标点的感知，都是开发者必须细致考虑的。这就是为什么在机器人中使用机器学习的可能性（见第 10 章和第 11 章）代表了这一领域的重要进步。如果机器人可以学习，那么几乎任何事情就是可能的。

机器人的早期研究历史关注的是运动和视觉（也称为机器视觉）。与这门学科紧密相关的是计算几何和规划问题。在过去的几十年里，随着语言学、神经网络和模糊逻辑等领域与机器人技术的研究及进步的关系越来越紧密，机器人正变得越来越现实。

15.2.1 机器人的组件

在深入研究机器人专家所面临的典型问题之前，我们应着重思考构成一个机器人的典型组件，其中应该包括：

- 肉体或仿真身体；
- 感知环境的传感器；
- 使动作生效的效应器和执行器；
- 实现自主行为的控制器。

我们将逐一考虑这 4 个组件的需求。

（1）具有**肉体**意味着机器人可能会发展出自我意识。也就是说，机器人可以思考这样的问题：我在哪里？我的状态（或条件）是什么？我要到哪里去？这意味着机器人也遵循我们所赖以生存的物理法则——既需要占据一定的空间，也需要能量来执行各种功能，如感知和思考①。

（2）**感知能力**是真正的机器人的必备条件。它必须能够感知环境，对环境做出反应并采取行动。通常，这种反应涉及运动，后者也是机器人的基本任务。正如在计算机硬件中，电子系统的状态通常用 1 和 0 的二进制数字组合来表示。根据所涉及的传感器的数量，机器人可以有 2^N 种感知组合（传感器状态）。传感器用于表示机器人的内部和外部状态。"内部世界"指的是机器人感知到的自己的状态。"外部状态"指的是机器人如何感知与其交互的世界。机器人的内部和外部状态的表示（或**内部模型**）是一个重要的设计问题。

（3）**效应器**和**执行器**（效应器是使机器人能够采取行动的组件）使用一些基本的机制（如肌肉和电机）来执行各种功能，但主要是运动和操纵[4]。运动和操纵构成了机器人技术的两个主要子领域。前者与移动有关（即机器人的腿），后者与处理事务有关（即机器人的手臂）。

（4）**控制器**是使机器人具有自主能力的硬件和/或软件，它是控制机器人如何决策的装置，或者说是机器人的大脑。如果机器人部分或完全由人类控制，那么机器人就不是自主的。

值得注意的是，机器人与人类在能量供应方面有很多重要的相似性。人类需要食物和水来为身体、运动和大脑的运转提供能量。机器人的大脑目前还没那么发达，因此需要电力（通常由电池提供）进行移动和操控。想象一下当电力供应下降时（类似于当我们饿了或需要休息时）会发生什么。我们会变得无法做出正确的决定，会犯错误，甚至可能表现得很糟糕或很奇怪。同样的事情也会发生在机器人身上。因此，它们的供电必须是独立的、受保护的和高效的，并且应该可以**平稳降级**。也就是说，机器人应该能够自主地补充能量，而不会完全瘫痪[4]。

效应器指的是机器人身上的能够对环境产生影响的任何设备。在机器人世界中，效应器可能是手臂、腿或轮子，也就是任何可以对环境产生影响的机器人组件。执行器是驱动效应器执行其任务的机械装置。执行器可能包括电机、液压或气动缸以及温度敏感或化学敏感的材料。这样的执行器可用于激活轮子、手臂、抓手、腿和其他效应器。执行器可以是主动的，也可以是被动的。虽然所有的执行器都需要能量，但有的被动执行器需要直接的动力来操作，另外一些被动执行器使用物理运动定律来保存能量。最常见的执行器是电机，但也可能是使用流体压力的液压装置、使用空气压力的气动装置、光反应材料（对光做出响应）、化学反应材料、热反应材料或压电材料（通常为晶体材料，在推动或按压时会产生电荷）[4]。

1. 电机和齿轮

约瑟夫·亨利在 1831 年发明的电磁铁被许多人认为是人类自发明轮子以来最伟大的发明。受到同样关注的是艾蒂安·勒努瓦于 1861 年发明的电机。电机对运动的影响是至关重要的，而

---

① 值得一提的是，运动（或运动能力）被认为是生命的基本要素之一。因此，当我们思考机器移动的可能性时，本质上是在为它赋予一种生命最为基本的公认成分之一。

这种重要性同样也体现在电机对机器人的影响上。

机器人通常使用由电磁体和电流组成的直流电机来产生磁场，从而转动电机的轴。电机必须在与所要执行的任务相适应的电压下运行，以免受到磨损。直流电机是首选，因为它能够提供恒定的电压，并产生与所做的功成正比的电流。遇到高阻力的电机（例如，机器人被卡在墙里）在耗尽能量后最终会熄火。回顾物理学中的如下公式：

$$V(电压) = I(电流) \times R(电阻)$$

因此 $V/I = R$，即电压与电阻成正比。但是，**功=力×距离**。在机器人被卡在墙里的情况下，距离变得非常小（接近于零），因此尽管有高功率（电压），实际完成的功却很少或根本没有。也许可以用一个简单的类比来说明这种情况：一辆汽车陷在雪地里，发动机提高了转速，但轮子一直空转。如果这种情况持续太长时间，汽车终将熄火[4]。

电机产生的电流（单位时间内移动的电子，以安培为单位）越多，电机轴产生的扭矩（旋转力）也越大。因此，电机的动力等于其扭矩和轴转速的乘积。大多数直流电机的运行速度为3000～9000 转/分（r/min）。这意味着它们产生了高速度，但扭矩很小。然而，机器人通常需要执行的任务要求较小的转速和较大的扭矩，例如转动车轮、运输货物和起重。

通过理解和巧妙地运用齿轮工作理论，机器人电机需要更大扭矩而不是更大转速的问题得到了缓解。与常规的机器人技术一样，得到充分理解的简单想法可以组合起来开发更复杂的工作系统。小齿轮转得更快，但动力较弱；大齿轮转得较慢，但动力更强。这是多挡/多速自行车所依据的齿轮原理。因此，如果用一个较小的齿轮驱动一个较大的齿轮，则会按比例产生较大的扭矩，这个比例等于小齿轮的大小与大齿轮的大小的比值（就齿数而言）。这种成对的齿轮被称为**联动齿轮**。图 15.9 所示的"复合轮系"诠释了联动齿轮的这一原理。例如，如果轮轴的输入输出比为40:8，化简为 5:1。第二对啮合齿轮可以用一个 8 齿齿轮的输入来驱动一个 24 齿的齿轮，转换率为 3:1。现在我们注意到，第二轴的 8 齿齿轮可能与第一对啮合齿轮的 40 齿齿轮在同一个轮轴上，这使得联动齿轮的传动比为(5:1)×(3:1)，等于 15:1。因此，第一轮轴（小齿轮）必须转动 15 次，第二轮轴才转动 1 次。因此，第二轮轴产生了更大的扭矩（以 15:1 的比例）。

图 15.9　联动齿轮

机器人电机的另一个概念是伺服电机。这种电机可以旋转，使轴到达指定位置。它们在玩具中很常见，常用于调节遥控汽车的转向或遥控飞机的机翼位置。伺服电机由直流电机和以下附加组件组成：

（1）扭矩齿轮，用于减速；

（2）电机轴的位置传感器，用于告诉电机在哪个方向上转动多少；

（3）控制电机的电子电路，用于告诉电机转动多少以及向哪个方向转动[4]。

电子信号以一个脉冲序列的形式告诉电机轴转动的幅度，通常在 180 度的范围内。脉宽调制是一种通过脉冲长度控制电机轴旋转量的方法，脉冲越长，轴的转角越大。这通常以微秒为单位进行测量，因此相当精确。在脉冲间隔期间，电机轴停止转动。

2. 自由度

机器人领域的一个常见概念是物体的运动度。这是一种表达机器人各种运动类型的方法。以直升机的运动自由度（也称为**平移自由度**）为例。存在 6 个自由度（Degrees Of Freedom，DOF），

通常用来描述直升机可能的运动——翻滚、俯
仰和偏航（见图 15.10）。翻滚表示左右滚动，
俯仰表示向上或向下倾斜，偏航表示向左或向
右转弯。像汽车（或地面上的直升机）之类的
物体只有 3 个自由度（没有垂直运动），但只有
两个自由度是可控的。也就是说，地面上的汽
车只能前进或后退（通过车轮），以及通过方向
盘向左或向右转弯。如果一辆汽车可以直接向
左或向右移动（比如将每个轮子转动 90°），

图 15.10　直升机及其自由度

则需要增加另一个自由度。因此，随着机器人运动越来越复杂，例如手臂或腿都试图在不同方
向上移动（就像人类的手臂中有肌腱套一样），自由度的数量是个重要问题。

15.2.2　运动

运动可能是机器人领域最古老的问题了。无论你是想让机器人踢足球，还是登上月球，或
是在海底工作，最根本的问题都是运动。机器人如何移动？它需要具备什么能力？我们所能想
到的典型执行器包括：

- 用于滚动的轮子；
- 用于行走、爬行、奔跑、攀爬和跳跃的腿；
- 用于抓握、摆动和攀爬的手臂；
- 用于飞翔的翅膀；
- 用于游泳的脚蹼。

一旦开始考虑运动，你就必须考虑稳定性。毕竟，一个孩子通常需要至少一年的时间
才能学会走路。对于人类和机器人来说，还有
一个重心的概念，即行走时地面上的某个点，
它能使我们保持平衡。重心过低意味着我们在
地面上拖行前进，重心过高意味着不稳定。与
这个概念紧密相关的是**支撑多边形**的概念。这是
支撑机器人保持稳定性的平台。人类也有这样的
一个支撑平台，只是我们通常感觉不到它就在我
们身体的某个地方。对于机器人而言，当它有更
多的腿时——3 条、4 条或 6 条——都不是什么问
题。图 15.11 描绘的是 NASA 喷气推进实验室的
"蜘蛛机器人"。

图 15.11　2002 年前后，NASA 喷气推进
实验室的"蜘蛛机器人"

应用之窗

"蜘蛛机器人"

这是被称为"蜘蛛机器人"的机器人系列中的第一个，因为它的外形像蜘蛛。NASA 喷
气推进实验室对此做了进一步的描述：

"大型机器人使用大型驱动器来构建大型结构，而精细的工作需要小型、精确的

执行器，通常还需要小型机器人，以便能适应狭小的空间。蜘蛛机器人可以提供小型底盘和机动性来支持第二类工作。蜘蛛机器人的设计目的是开发和演示六足机器人，它们可以在平面上行走，在网格上爬行，并能组装简单的结构。该项目当前的任务是演示复杂的移动行为，包括在模拟太空（即微重力）环境中的移动能力（在网格上爬行）。"

15.2.3　点位机器人的路径规划

点位机器人是一个简单的概念，它将一个自主机器人看作能够在一些有良好定义的环境（通常是笛卡儿平面）中进行操作的一个点。因此，点位(x,y)足以描述机器人的状态。

最基本的问题是，为机器人找到一条从某个初始状态 $S=(a,b)$ 到某个目标状态 $T=(c,d)$ 的路径。如果存在这样一条连续的路径，如何找到它呢？这个问题最基本的解决方案被称为 Bug2 算法。

Bug2 算法相当简单。如果在从 S 到 T 的自由空间中存在一条直接的直线路径，则机器人应该使用该路径。如果路径中有障碍，则机器人应该沿着该路径前进，直至遇到障碍物（点 P），然后机器人应绕行障碍物，直到能够重新返回 $S{\rightarrow}T$ 这条路径，继续朝目标状态 T 移动。如果遇到另一个障碍物，则机器人应该再次绕行它，直到在这个障碍物上找到另一个点，机器人可以从这个点绕开障碍物并继续朝目标状态 T 移动，并且这个点相较起点 P（刚开始绕行障碍物的起点）离目标状态 T 更近。如果不存在这样的点，则机器人判定不存在从 S 到 T 的路径。

虽然已知 Bug2 算法是完备的（见第 2 章），并且如果存在通往目标的路径，就一定能够找到这条路径，但无法保证这是最高效的路径[6]。

为了随时感知机器人的位置并进行适当的规划，传感器必须不断完善它们的环境地图，并更新它们对机器人位置的估计。在机器人领域，这被称为 SLAM（Simultaneous Localization and Mapping，同步定位与映射）算法。

15.2.4　移动机器人运动学

运动学是研究机械系统行为的基础学科。在移动机器人领域，这是一种自下而上的技术，涉及物理、力学、软件和控制领域。因此，它很快就会变得相当复杂，因为它需要软件随时控制硬件。

为此，很多关于运动学的知识都是从早期对机器人操纵器的编程中获得的。这里的任务主要是控制机器人的手臂。当我们在工作空间和轨迹上建立约束时，考虑各种情况下的动力学（力和质量）是很重要的。15.2.2 节介绍了运动的概念。我们将进一步思考集成在**位置估计**和**运动估计**中的因素，这本身就是非常具有挑战性的任务[7]。

要考虑移动机器人的位置和运动，就必须考虑每个轮子的位置和角度。因此，我们需要考虑每个轮子对机器人运动的贡献，并将这些运动学约束组合起来，以表示整个机器人的运动学约束。

起点是机器人在简单的 X-Y 平面上的位置。考虑它的角度 Θ，这有助于为机器人的运动方向创建一个参考点。这个方向使用相对于 x 轴的角度 Θ 来表示。

因此，机器人的全局参考坐标可以表示为

$$I = \begin{bmatrix} X \\ |Y| \\ \Theta \end{bmatrix}$$

这个由 X、Y 和 Θ 组成的向量定义了机器人的"姿态"。根据这个等式，机器人在全局平面{X_1,

Y_1} 中的所有运动，都可以用一个**正交旋转矩阵**表示为局部参考系 {X_R, Y_R} 中的运动。

　　因此，机器人位置的瞬时变化可以通过机器人轮子角度变化的矩阵操作来表示。当然，这种建模是必要的，而且很复杂。在可能不同的方向和维度上添加更多的轮子，引入速度和各种运动的概念，会进一步增加复杂性，这已经超出了本书的范畴。如果需要进一步研究运动学、机器人感知，以及移动机器人定位、规划和导航的技术细节，一个很好的参考文献就是西格瓦尔特、努尔巴赫什和斯卡拉穆扎的著作[7]。

人物轶事

塞巴斯蒂安·特龙

　　塞巴斯蒂安·特龙（Sebastian Thrun）博士是当今在世的真正伟大的科学家之一。他在 47 岁前所获得的头衔和奖项，以及他所取得的成就都是非凡的。他给人的印象是，他的成功使得今天的特龙博士能够从事他真正感兴趣的活动。例如，他与大卫·斯塔文斯和迈克·索科尔斯基在 2012 年创立了 Udacity 公司。他是公认的教育家、程序员、机器人专家和计算机科学家。他于 1967 年出生于德国的索林根。

　　在 AI 领域，很少有人能像特龙博士那样拥有辉煌而多样的职业生涯。他获得了波恩大学（1993 年完成本科学业，1995 年获得博士学位）和希尔德斯海姆大学（1988 年）的计算机科学、经济学和医学学位。他的博士论文标题是 "Explanation-Based Neural Network Learning: A Lifelong Learning Approach"。

　　特龙博士自 1995 年作为研究科学家加入卡内基·梅隆大学（CMU）计算机科学系以来，他的晋升和成就便一直令人惊叹。1998 年，他成为 CMU 机器人学习实验室的助理教授和联合主任。此后不久，他与人合作创立了一个自动学习和发现的硕士项目，后来这成为机器学习和科学发现的博士项目。在斯坦福大学休假一年之后，他回到 CMU 担任芬梅卡尼卡计算机科学副教授，并获得教授职位。2003 年 7 月，特龙教授离开 CMU，成为斯坦福大学副教授和 SAIL（斯坦福 AI 实验室）主任。2007 年到 2011 年，他担任斯坦福大学计算机科学与电气工程系的正教授，还出任了 Google 副总裁兼董事。他创立了 Google X，在那里为许多系统的开发做出了重要贡献，包括 Google 无人驾驶汽车系统、Google Glass、室内导航、Google 大脑、Project Wing 和 Project Loon。

　　特龙教授的国际声誉还源于他开发了许多成功的自主机器人系统。1997 年，他与同事沃尔夫拉姆·布加德和迪特尔·福克斯在波恩德意志博物馆开发了世界上的第一个机器人导游。Minerva 是一个类似的后续系统，他将这个系统安装在了华盛顿特区的史密森尼美国历史博物馆中，在为期两周的部署中，这个"导游"服务了数万人。

　　特龙教授的其他成就还包括互动式人形机器人 Nursebot，它为宾夕法尼亚州匹兹堡的一家养老院的居民提供了帮助。2002 年，特龙教授与 CMU 的同事威廉·惠特克和斯科特·塞耶共同开发了煤矿测绘机器人。2003 年，他在斯坦福大学参与了机器人 Stanley 的开发，这个机器人于 2005 年赢得由 DARPA（美国国防部高级研究计划局）主办的 DARPA Grand Challenge。该挑战赛旨在支持高回报的研究，以弥合基础研究与军事用途之间的差距。DARPA Grand Challenge 的初衷是为了刺激技术的发展，以创造出第一批能够在有限时间内完成长距离越野赛道的完全自主地面车辆。2005 年的第二届挑战赛有 23 辆汽车进入决赛，这些车辆均行驶超过了 7.32 英里（约 11.8 千米），通过了 3 条狭窄的隧道，并完成 100 个左右的急转弯。比赛的终点位于加州与内华达州边界附近的啤酒瓶隘口，这是一个蜿蜒的山口，一边是陡峭的悬崖，另一边是岩壁。特龙教授的 Stanley 团队比 CMU 团队早 9 分钟完成比赛，获得 200 万美元的奖金。

特龙教授因其对机器人技术的理论贡献而闻名，特别是在概率机器人领域。这个领域结合了统计学和机器人技术。2005 年，他与威廉·布加德和迪特尔·福克斯合作出版了一本专著（由麻省理工学院出版社出版）。

2011 年，他获得了研究奖和 AAAI Ed Feigenbaum 奖。他于 2007 年被选为德国工程院和德国 Leopoldina 科学院院士。其他奖项还包括：

- 被《大众科学》评为最杰出的 5 人之一（2005 年）；
- 美国国家科学基金终身成就奖（1999—2003 年）；
- 在《外交政策》杂志评选的"全球百大思想家"中排名第 4（2012 年）；
- 《史密森杂志》"美国独创性教育奖"得主（2012 年）。

在过去的 25 年里，特龙教授贡献了 374 本出版物（平均每年 15 本，包括 5 本专著、7 本编辑卷，以及书中的许多章节、期刊论文、会议论文等）。也许这有助于解释为什么特龙博士能够在 2011 年辞去斯坦福大学计算机科学教授的职位，成为那里的研究教授。随后，他辞去了 Google 副总裁兼董事的职位。有人认为特龙教授可能是在宣泄情绪，但通过进一步了解，你就会明白他已经取得了如此多的成就，他正在追求自己真正相信的教育未来——Udacity（这是他于 2012 年 1 月创办的在线学习大学）。他在个人网站上写道：

> 在 Udacity，我们正在努力实现高等教育的民主化。Udacity 的宗旨是"为了你，我的学生，我们要大胆创新"。我们创造了"纳米学位"的概念，以帮助不同年龄、不同性格的人都能在科技行业找到工作。

在 *WIRED* 杂志的一篇深度文章中，特龙教授谈了他对 Udacity 的计划和想法。他预言，大约 50 年后，以提供高等教育为目的的大学几乎不会存在。

显然，特龙教授对 Udacity 有着伟大的愿景和规划，并致力于这个理念。如果我们从他过去的履历中能够得到任何指示的话，那就是他定会成功。

特龙教授已经出版了好几本书，其中一本是 *The FastSLAM Algorithm for Simultaneous Localization and Mapping*（与 M.蒙特梅罗合著）。

15.3 应用：21 世纪的机器人

本节介绍人们于 21 世纪开发的三个主要的机器人系统：BigDog、Asimo 和 Cog。其中的每一个机器人系统都代表了人类从 20 世纪后期开始数十年来的重大努力，并且涉及机器人领域出现的复杂而烦琐的技术问题。BigDog 主要涉及重型货物的移动和运输，特别适用于军事目的；Asimo 展示了运动的不同方面，强调了拟人化的元素，即理解人类是如何运动的；Cog 更多的是思考，这也被认为是人类所特有的能力，它使我们有别于其他生物。

应用之窗

BigDog

1986 年，麻省理工学院 BigDog 团队的领导者马克·雷伯特、凯文·布兰克斯普尔、加布里埃尔·纳尔逊和罗布·普莱斯特希望在人类和车辆都难以驾驭的崎岖地形上实现动物般的移动能力（雷伯特，1986 年）。这一努力的动机是，地球上只有不到一半的土地是轮式和履带式车辆所能通行的。他们的目标是开发出在机动性、自主性和速度方面可以与人类和动物媲美的移动机器人。典型的挑战包括陡峭、车辙、岩石、潮湿、泥泞和被雪覆盖的地形。这个团队开发了一系列机器人，它们最多有 4 条腿，可以做出人类和动物都能完成的动作（雷伯特，1986 年）。开发这些多足机器人是为了研究不同地形下的动态控制和保持平衡的挑战。人们需要动态平衡的有腿系统，于是发明了 BigDog。

BigDog 是由波士顿动力公司于 1996 年开发的一种有腿机器人，这个项目得到了 DARPA（美国国防部高级研究计划局）的资助。它和大型狗差不多大小，约 3 英尺（91 厘米左右）长、2.5 英尺（76 厘米左右）高，重约 240 磅（109 千克左右）。BigDog 项目的目标是创造一个无人操作的有腿机器人，它可以去人或动物所能去的任何地方。这个机器人有内置的动力、驱动、传感、控制和通信系统。理想情况下，它能够在任何地方运行，连续运行数小时，并且在携带燃料和重物时不会出现故障。

人们通过连接到 IP 无线电的一个操作器控制单元（Operator Control Unit，OCU）来控制 BigDog 的行动。通过控制器提供转向和速度参数，引导 BigDog 通过不同的地形。控制器可以根据需要启动和停止 BigDog。此外，控制器还可以指挥 BigDog 步行、慢跑或小跑。数据是可以输入并显示在系统中的。然后，BigDog 的 AI 系统会接管并自行操作，以确保其保持直立或运动。

BigDog 基于 AI 来协调基本姿势，防止跌倒，并能够学会在 4 条腿之间分配重量。这使得 BigDog 能够携带重物，有策略地通过多样化且崎岖的地形，而无须人力支持。BigDog 项目的目标是开发一个具有自动控制能力的系统。BigDog 必须足够聪明，要能够在少量甚至没有人类指导或干预的情况下行走。BigDog 有 50 个传感器，它们向板载计算机提供信息，监控 BigDog 的移动情况和位置，并提供来自现场的数据。未来的项目将寻求进一步独立于人类控制，特别是在人类难以到达的地区。

BigDog 通过高级和低级控制系统的帮助来保持平衡。高级控制系统协调运动过程中的腿部移动、速度以及身体的高度，而低级控制系统对关节进行定位和移动。控制系统还会帮助 BigDog 学会在通过斜坡和爬坡时进行调整以保持平衡。控制系统甚至可以控制地面动作，以帮助维持对 BigDog 运动的支持，防止它滑倒。如果 BigDog 跌倒了，它将爬起来，用 4 条腿站立，并继续在地面上移动。此外，控制系统还允许 BigDog 具有各种运动行为，包括用 4 条腿站立、蹲下、正常行走，以及以一次向前移动一条腿或对角腿的方式爬行。

BigDog 的动力系统包括了用水冷却的二冲程内燃机，发动机会将高压油输送到机器人腿部的执行器中。BigDog 的每条腿都有 4 个液压执行器（用于为 BigDog 的关节提供动力），还有一个被动的第 5 自由度。这些执行器在关节位置有传感器，同时在机体上安装了一个热交换器，以防止发动机过热。BigDog 的 50 个传感器包括测量身体姿态和加速度的惯性传感器，以及帮助机器人移动的执行器的关节传感器。这些功能使 BigDog 能够连续移动 6.2 英里（10 千米左右）。在平坦的地形上，BigDog 可以携带最多 154 千克的重物，但正常负载通常为 50 千克（见图 15.12）。BigDog 还有一个视觉系统和一个激光雷达（LiDAR），LiDAR 由一对摄像头、一台计算机和一个可视化软件组成。这些组件能够帮助对 BigDog 正在通过的地形做出仿真，并帮助它找到一条明确的前进道路。LiDAR 系统的唯一目的是不需要人类操作员，就使机器人能够使用其传感器在野外跟随人类领航员。

BigDog 有一个适用于斜坡和崎岖地形的四足行走算法。它可以在高达 60° 的斜坡上行走，也可以在控制系统的帮助下尝试意外或不规则的地形。BigDog 通过两种方式来适应变化：①根据地形的高度和海拔以及脚步位置来修复自己，这样它就不会侧翻；②在穿越不同的地形时，它会通过观察阴影的变化来调整自己的姿势（见图 15.13）。BigDog 的控制系统能够与运动学和地面反作用力进行协调，这样它就可以优化其所能够承载的重量。控制系统通过将重量平均分配到 BigDog 的 4 条腿上来优化负载。

图 15.12　驮着重物的 BigDog

图 15.13　BigDog 正在阴影中小跑

总结与未来方向：关于 BigDog 的未来有很多种规划，研发团队希望 BigDog 可以在更崎岖、更陡峭的地形上移动，并能携带更多、更重的物品。他们希望升级 BigDog 的发动机和控制系统，以降低噪声，因为 BigDog 的发动机和控制系统非常嘈杂。他们还希望 BigDog 能减少对人的依赖，以及借助计算机视觉实现完全自主导航。新的研究项目还包括头部、手臂、躯干和其他各个部件，以增加通用性。这些新增的部件使 BigDog 能用整个身体来投掷重物，或者在重物挡住去路时将其提起并移到一旁。

BigDog 的参考文献

Raibert M. Legged Robots that Balance. MIT Press，1986.

接下来，我们介绍另一个已经开发了多年的机器人项目：本田的 Asimo 机器人。Asimo 的移动方式非常像人类，并能够为人类提供帮助。

应用之窗

Asimo
历史与介绍

想象这样一个世界：人类和机器生活在一起，在所有任务中相互帮助和扶持，从搬运日常杂货购物袋，到帮助消防员营救被困在燃烧的房子或坍塌的废墟中的人。这是 1986 年在日本构想 Asimo 的本田工程师所设想的世界。Asimo 是本田研究实验室经过 20 年的研发创造出来的一款两足人形机器人（见图 15.14）。创造一种效仿和复制人类复杂结构的人形机器人，是为了能够帮助人类进行各种活动，促进科学发展[1]。

目的

创造一个人形机器人并非易事。但是，本田工程师通过设想一个机器人与人类和谐相处的世界，迎接了这个挑战。拥有一个具有强大机动性和策略能力，可以与人类互动的有价值的伙伴，对于需要额外帮助的人来说是一个很好的支持，因为这样就不再需要另一个人的帮助了。

特点：设计理念

Asimo 的设计理念是使其成为一个轻巧、灵活的人性化机器人。Asimo 外形紧凑：高约 120 厘米，重约 52 千克[2]。选择这个尺寸是为了能让 Asimo 在人类的生活空间中自由、高效地运行。根据研究，这个高度使得 Asimo 能够"操作电灯开关和门把手，并且可以在桌子和工作台上工作"[3]。

图 15.14　本田的 Asimo

灵活性和运动能力

本田公司在收集了包括走路和其他人类运动形式在内的各种人类移动和运动数据之后，开发出了与人类行走方式非常相似的 Asimo。双腿行走的概念包括在不同表面上进行的操作和运动。Asimo 可以完成日常任务，例如避开障碍物，从一个地方走到另一个地方，上下楼梯，推手推车，穿过门口，边走路边拿东西。这些高级的物理功能是通过放置多个传感器来确定腿部关节的角度和速度，以模拟人的重心来实现的。这些传感器收集数据，并将它们解释为信息，以便对下一次运动进行处理。

人工智能特征

Asimo 的第二大突出特点是能与人类互动。Asimo 必须能够与人类接触和沟通，它通过模拟人类的 5 种感官来处理捕捉到的信息，从而做到了这一点。

Asimo 通过安装在其头部的两个摄像头来捕获视频输入信号，这使它能够识别移动的物体和人类的面部特征，从而进行有限的面部识别。它还能使用视觉信息创建周围环境的地图，这有助于防止碰撞和定位物体。

此外，Asimo 还能分辨并解释安装在其头部的麦克风所捕捉到的声音和语音命令。Asimo 处理音频输入，能够"识别出人们呼唤它的名字，并转向声源位置"，并能对"不寻常的声音（如物体掉落或碰撞的声音）"做出反应（朝向那个方向）[3]。音频处理还使 Asimo 能够通过其语音和自然语言理解（见第 13 章）能力与人类进行对话。Asimo 能够执行指令，并对指令做出具体的反馈。Asimo 还能连接互联网，这使它能够通过互联网获取信息并提供答案（如新闻和天气状况）。

未来

Asimo 实现其初衷——成为有需要的人的帮手——的前景似乎非常光明。凭借所拥有的功能，Asimo 不仅能帮助病人和老年人，还能在人有危险的情况下提供帮助，比如清理泄漏的有毒物质，或在不危及生命的情况下扑灭火灾。此外，Asimo 可以给人提供一种陪伴的感觉。虽然目前这款机器人还无法出售或出租，但它已经成为日本科学博物馆的特色，并且"被一些高科技公司用来迎接客人"[2]。

虽然 Asimo 是一个机器人，但它已经去过很多国家和世界各地的地标建筑，从布鲁克林大桥一直到欧洲和瑞士。它还曾作为嘉宾出现在迪士尼乐园，并与人踢过足球。它的受欢迎程度持续升温，因为它一直激励着世界各地的年轻人通过机器人和人工智能来学习科学。

快速应用之窗

人形机器人 Jaemi

图 15.15 展示了人形机器人 Jaemi 访问宾夕法尼亚州费城的"请触摸博物馆"期间，孩子们与它一起玩"西蒙说"游戏的情景。Jaemi 是美国德雷克塞尔大学的一个团队与韩国的研究人员合作开发的。该项目得到了美国国家科学基金会国际研究与教育伙伴关系（PIRE）计划的支持。

图 15.15　人形机器人 Jaemi

接下来，我们介绍另一个长期项目，该项目试图实现前文所讨论的机器人技术的一些早期想法——能够模仿人在孩童时期学习互动和发展认知技能的方式。

应用之窗

Cog

1993 年，罗德尼·布鲁克斯领导的麻省理工学院（MIT）团队开始构建一个名为 Cog 的机器人（见图 15.16）。构建 Cog 的动机基于这样一个理论："类人智能需要与世界进行类人互动"，这就需要创造一个能像人类一样思考和体验世界的机器人[1]。Cog 由执行器和电机组成，其工作原理类似于人类的骨骼、关节和运动器官。MIT 团队创造了一个具有类人智能、可模仿人体及其行为的机器人。但尽管如此，人体的一些重要方面仍是机器人无法模仿的。MIT 团队还希望这种机器人能够与其他机器人互动，就像人与人之间那样。因此，为了训练它们，Cog 将与人类互动，还有什么比与人类互动更好的方式来学习人类的行为呢？

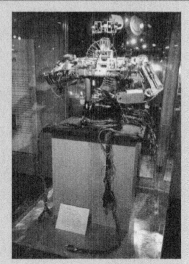

图 15.16　图片来自 MIT 博物馆

Cog 的设计环境是模拟成人所遇到的相同环境和物理约束。Cog 虽然没有腿，但它有一双对称的手臂、一个身体和一个脑袋。它身体的下半部，但腰部以上的部分只是一个支架。Cog 的头部安装有两对具有两个自由度的摄像头，所以它可以"看"，两个麦克风则使它能"听"到声音。此外，Cog 的每只眼睛还有自己的一对摄像头，以获得更广的视野和更远的范围。电机系统自带的传感器可以指示关节的位置，并提供关节当前状态的信息，以及是否存在任何问题的信息。Cog 的手臂处安装有一个电机，通过它可以操控手臂，并提供扭矩反馈信息。Cog 一共有 22 个自由度。它的手臂有 6 个自由度，颈部有 4 个自由度，眼睛有 3 个自由度，腰部有 2 个自由度，躯干有 1 个自由度，可以进行扭转运动[2]。

Cog 拥有一个多极化的网络，其中有许多不同的处理器在不同的控制级别下运行。范围覆盖了从控制关节的小型微控制器到数字信号处理器。为了使 Cog 的行事方式更接近人类，

Cog 的大脑控制系统已经被修改了很多次。第一代网络包含了 16 MHz 的摩托罗拉 68332 微控制器和定制板,通过双端口 RAM 进行连接[2]。现代的 Cog 包含一个运行 QNX 实时操作系统的 200 MHz 工业个人计算机网络,它被连接到 100 VG 的以太网。这个网络目前有 4 个节点,但我们可以增加更多的节点。

机器人头部靠近耳朵的位置安装有一对驻极体电容式麦克风。它的功能类似于助听器。Cog 有一个立体声系统,可以放大音频,并被连接到一个 C40 DSP 系统。MIT 团队希望借助这些听觉系统,能够让 Cog 在与人类相同的环境中听到声音。他们还想对 Cog 的视觉做同样的事情。Cog 的每只眼睛都可以在垂直轴和水平轴上旋转。为了获得更好的分辨率和环境视图,Cog 可以获取视觉信息,并在它的网络上处理图像,以获得更好的图像效果。

人类有一个前庭系统,用于运动和保持平衡。如果没有这个系统,人就会摔倒或静止不动。人脑从这个系统中获取这些信息,帮助人们协调日常活动,如行走和保持身体直立。人体系统有 3 个具有半圆形通道的感觉器官。MIT 团队想把这些在 Cog 上复现。Cog 包括了放置在正交轴上的 3 个速率陀螺仪和两个线性加速度计。他们将这些装置放在机器人眼睛的下面,这样 Cog 的眼睛就可以模仿感官信息来保持平衡。Cog 将来自这些感官设备的信息放大,处理并转换后,输入自己的个人计算机大脑。

MIT 团队创造了一种指向动作,允许 Cog 伸出手臂指向任何位置。这种指向动作经过了多次测试,使得机器人可以无须团队观察就执行这些操作。在这些动作中,Cog 的脖子是静止的,并指向一个目标。在实验的初始阶段,Cog 会以相当原始的方式执行这些动作,类似于婴儿或对任务缺乏经验的人。但是,在逐渐“成熟”的过程中,Cog 似乎学会了如何使目标定位更加准确。在某种意义上,Cog 通过模仿人类动作进行学习,然后通过练习在执行一个动作时达到完美,使自己更接近人类。Cog 的开发者力求不断改进,使其行为更像人类,包括面部特征。虽然目前 Cog 没有脸部器官,但未来,MIT 的机器人专家将尝试赋予 Cog 类似于人类的有机特征。这个正在进行的研究项目也试图复制人类的行为和思维过程。目标包括让 Cog 学习运动指令和感觉输入的关系,这样它就可以通过自己的行为来观察和学习。MIT 团队将尝试让其颈部和身体尽量充分旋转,以模拟人体的旋转方式。他们通过使用阻力传感器,对机器人的前肢反馈进行了测试。其中一项实验是对表面传感器施加相当大的力,从而仿真机器人对力的感知。

另外,MIT 还计划在 Cog 上增加传感器、电机、摄像头和关节,使 Cog 具有更多的自由度。这将使 Cog 更像人类。虽然 Cog 已经学会了适应人类做事的方式,但仍有一些动作需要它学习和适应。对 Cog 而言,一个巨大的挑战是能否像婴儿一样适应新的环境。尽管如此,Cog 要想成为一个拥有完整思想、能够产生类似人类的动作和互动的完整人类模拟系统,仍有很长的路要走。

正如 1.1 节、15.1 节和 15.2 节,以及本书其他章节多次提到的那样,几个世纪以来,困扰科学家和哲学家的一个主要问题,就是如何确定机器、机器人或人造生物是否拥有与人类水平相当的智能或意识。然而我们讨论过(回顾 1.1 节),为了比较不同主体的智能水平,我们必须定义智能是什么或智能体是什么。人类是智能体,因为人类能思考、能将事务理性化、能学习,并能在大脑中将信息概念化。但是,拥有足够多案例场景的机器人是否也能表现出某种形式的智能呢?机器人已经能够像人类一样看、听和行动。它们能够学习,将信息存储到记忆中,而后处理成符合逻辑的案例。此外,它们能够根据语义和语法来分析给定的句子,并给出可信的、合乎逻辑的答案——但这就能证明机器人是智能的吗?另外,回顾第 1 章中约翰·瑟尔的“中文房间”论点,能够有效、持续正确地回答问题并不等同于理解[1]。

　　然而，一个名为尤金·古斯特曼的聊天机器人通过了图灵测试，它欺骗了评委，让他们相信对方是一个 13 岁的乌克兰男孩[2]。有人认为，这个聊天机器人通过回避一些它没有具体答案的问题愚弄了评委。

　　因此，一些科学家认为图灵测试只适用于低级智能（弱 AI）机器，即只能在一些场景下区分机器和人，但不同科学家对此存在争议。然而，当今天新型的高级智能（强 AI）机器被开发出来以后，图灵测试无法将它们与人类区分开来。在过去的几年里，正如我们之前所讨论的，有许多新的图灵测试被提出。

应用之窗

Lovelace 测试

　　为了设计出一种能够区分强人工智能的测试，布林斯乔德、贝洛和费鲁奇提出了 Lovelace 测试，这为判定智能体设置了一个新的标准。它要求机器能够创造一些东西——一些连创造者都无法解释它们是如何被创造出来的东西，如诗歌、故事、音乐或绘画——或者任何需要人类认知能力的创造性行为，然后由人类专家评估这些创造性行为，以确定机器是否通过测试。

　　Lovelace 与 Lovelace 2.0——马克·O.里德尔提出了 Lovelace 2.0 测试来加强 Lovelace 测试，他指出："如果一个人工智能体可以从一种被认为需要人类智能水平的艺术流派的子集中开发出创造性的工艺品，并且这些工艺品满足人类评估专家给出的特定创造性约束条件，那么这个人工智能体就通过了测试。"[4]Lovelace 2.0 测试评估的是创造力，而不仅仅是机器的智能。

　　Lovelace 2.0 测试如下：人工智能体 α 通过测试，当且仅当满足如下条件时。

- α 创造了一个类型为 t 的工艺品 o。
- o 符合一组约束条件 C，其中 $c_i \in C$ 是任何可以用自然语言来表达的标准。
- 选择了 t 和 C 的人类评估专家 h，只有当 o 是 t 的一个有效实例且满足 C 时才会满意。
- 人类裁判 r 确定 t 和 C 的组合是可能的[4]。

　　里德尔相信"计算系统能够生成创造性的工艺品"。例如，当构建一个虚构的故事时，机器需要常识、规划、推理、语言处理，还需要对主题和文化工艺品比较熟悉。然而，目前还没有任何一个故事生成系统能够通过 Lovelace 2.0 测试，因为大多数故事生成系统需要先验知识或独立于经验领域描述的参数[4]。

　　由此可见，尽管机器人和机器在人工智能领域已经取得巨大的进步，但人和机器之间仍然存在着根本的区别，人拥有创造力，而机器仍然遵循既定的程序或合理化的路径。

　　图 15.17 展示了位于堪培拉的澳大利亚皇家铸币厂的机器人和一幅由机器人生成的水彩画。

图 15.17　位于堪培拉的澳大利亚皇家铸币厂的机器人和一幅由机器人生成的水彩画

Lovelace 测试的参考资料

Cole D. The Chinese Room Argument. The Stanford Encyclopedia of Philosophy (Summer 2014 Edition), Edited by Edward N. Zalta.

Amlen D. 2014. Our Interview with Turing Test Winner Eugene Goostman.

Bringsjord S, Bello P, and Ferrucci D. 2001. Creativity, the Turing Test, and the (better) Lovelace Test. Minds and Machines 11: 3-27.

Riedl M O. 2014. The Lovelace 2.0 Test of Artificial Creativity and Intelligence.

15.4 本章小结

机器人曾经是一个通过计算几何和视觉与 AI 密切相关的独特领域。目前，我们可以在机器人（尤其是嵌入式系统）技术中看到 AI 的许多身影，包括搜索算法、专家系统、模糊逻辑、机器学习、神经网络、遗传算法、规划甚至博弈。如果没有 AI，机器人技术就不会有今天的成就。我们举例说明了如何使用，以及在哪里使用机器人技术。当然，不要忘记自然语言和语音理解的进步对改进机器人技术的影响。

机器人与机器人技术的历史比我们想象的要丰富多彩。本章首先介绍了机器人知识的概念，然后介绍了早期的机械系统，如 18 世纪沃康松的"机械鸭"和冯·肯佩伦的"土耳其人"。在电影和文学作品中，机器人通过玛丽·谢利的 *Frankenstein*（1817 年）、卡雷尔·卡佩克的 *R.U.R.*（1921 年）和弗里茨·朗的 *Metropolis*（1926 年）而声名远播，所有这些作品都描述了未来技术给人类生活带来的重大影响。20 世纪上半叶，科幻小说作家艾萨克·阿西莫夫就已经有了制定"机器人三定律"的愿景。本章不仅介绍了 AI 领域最近的一些机器人系统及其功能，还介绍了技术细节（15.2 节）以及一些标准和难点问题。

15.3 节介绍了机器人技术的一些应用，重点介绍了 BigDog、Asimo 和 Cog，还介绍了通过 Lovelace 项目对 AI 进行的新测试。皮特·塔恩撰写了应用之窗的 BigDog 和 Cog，Asimo 和 Lovelace 测试则由 Mimi Lin Gao 执笔。

讨论题

1. 讨论前几章介绍的人工智能的 5 个领域，以及它们与机器人的关系。
2. 结合 MrTomR 和鲍比的故事，解释今天的机器人是否有可能履行 MrTomR 的职责。
3. 描述本章介绍的一些关于机器人的早期发明。
4. 描述父子团队皮埃尔和亨利-路易斯、雅凯-多弗的发明。这些发明是什么时候出现的？
5. 说出两种几个世纪前就建成的与国际象棋相关的自动机的名字，并简单描述。
6. 描述卡雷尔·卡佩克、玛丽·谢利和艾萨克·阿西莫夫的文学作品，以及他们对机器人技术所涉及的问题和技术发展有怎样的预测。
7. 思考阿西莫夫的"机器人三定律"，它们还有效吗？
8. 描述控制论领域的目的。
9. 讨论格雷·沃尔特的"乌龟"的目的和能力。
10. 描述 15.3 节介绍的 3 个重要的现代机器人项目——BigDog、Asimo 和 Cog 的目的和能力。
11. Lovelace 项目是关于什么的？你认为它是合理和恰当的吗？

练习题

1. 观看并评论电影 *IROBOT*。这部电影的核心主题、方法和技术问题是什么？

2. 观看并评论电影 *Bicentennial Man*。这部电影提出了关于机器人的哪些主要问题？

3. 比较上述两部电影。就机器人和 AI 的理论、伦理和技术方面而言，你认为哪一部更好？请说明理由。

4. 实现本章描述的 Bug2 算法。你可以假设障碍物是由三个单元格拼成的三角形组成的，它们位于一个离散的、定义良好的空间中。当机器人遇到障碍物时，它应该逆时针移动以绕过它们。

5. 回顾罗德尼·布鲁克斯的一些作品。他研究机器人的方法是什么（见第 6 章）？他创立了哪些公司？他对哪些机器人系统做出了贡献？

6. 你已经了解了塞巴斯蒂安·特龙的工作。他建立了哪些机器人系统？针对我们还未讨论过的机器人系统，写一篇短文。

7. 回顾表 15.1，判定它是否准确。表 15.1 中是否遗漏了什么机器人系统？你可以从中看到什么趋势？它阐述了机器人系统取得了怎样的进步？

8. MrTomR 和 5 岁的鲍比之间的对话在今天可能吗？请说明理由。在成功构建出这样的机器人系统之前，AI 的哪些领域需要取得更多的进步？

9. 如今，机器人正在协助进行复杂的手术。通常这些手术都很成功，但是当手术失败时，就会出现很复杂的法律问题需要解决。请查阅资料，列出机器人已经成功协助过的手术类型，并找出手术失败并导致诉讼的案例。

参考资料

[1] Heppenheimer T A. Man makes man. In Robotics, edited by M. L. Minsky. Omni Press: New York, 1985.

[2] Minsky M L. Chapter 1, Introduction. In Robotics, edited by M. L. Minsky. Omni Press: New York, 1985.

[3] Wiener N. Cybernetics: Or Control and Communication in the Animal and the Machine. Paris (Hermann & Cie) & Cambridge, MA: MIT Press, 1948.

[4] Mataric M. The Robotics Primer. Cambridge, MA: MIT Press, 2007.

[5] Levy D N L. Robots Unlimited. A.K. Peters, Ltd: Wellesley, MA, 2006.

[6] Dudek G, Jenkin M. Computational Principles of Mobile Robotics, 2nd edition. Cambridge, England: Cambridge University Press, 2010.

[7] Siegwart R, Nourbaksh I, Scaramuzza D. Introduction to Autonomous Mobiles Robots, 2nd ed. Cambridge, MA: MIT Press, 2011.

第 16 章　高级计算机博弈

长期以来，人们一直相信，如果计算机能够掌握一些较难的棋类博弈，如国际象棋、跳棋[①]、奥赛罗棋和双陆棋，就足以证明它们具有真正的人工智能。事实证明，经过大约 60 年的研究，计算机在这些博弈游戏中展现出了强大的掌控能力（性能），但并不一定基于"强 AI"研究人员所希望的方式。

本章是从经验丰富的国际象棋大师及 AI 研究人员的角度撰写的。人们正在努力克服"新果蝇"、围棋及其他博弈游戏带来的挑战。

提示：除非你非常清楚博弈的规则和目标，否则你很难理解为博弈游戏编写程序的难度。

扑克牌手

16.0　引言

几个世纪以来，人们总是在努力工作、履行职责之余，挑战和发展自身的智力。博弈的部分魅力来自于：人们可以在不同的层面上进行竞争，也可以测试自己的知识和能力，并及时看到结果。大家可以分析出现特定结果（赢、平或输）的原因，然后从错误中吸取教训，进行另一场博弈。

回顾第 4 章，赢家的收益总和，恰好会被输家的损失抵消。例如，国际象棋的胜者得 1.0 分，负者不得分；而在平局情况下，双方各得 0.5 分。

肯尼思·莱恩·汤普森

本章的讨论主要集中在二人完美信息零和棋类博弈（即不涉及机会的博弈），包括跳棋、国际象棋和奥赛罗棋。后面我们还会探索一些非常流行的机会博弈，包括双陆棋、桥牌和扑克。本章最后将转向围棋，围棋被一些人称为"现在和未来的理想的 AI 测试对象"。

16.1　跳棋：从塞缪尔到谢弗

回顾第 1 章，阿瑟·塞缪尔（见图 16.0）于 1952 年编写了第一版的跳棋程序。显然，在为 IBM 704 计算机编写跳棋程序时，塞缪尔的主要兴趣是开发一个可以演示机器学习的跳棋程序。塞缪尔关于跳棋的早期论文和研究的重要意义并不在于这个跳棋程序的成果或成功（这个跳棋

[①] 本书提到的跳棋是指西洋跳棋，和中国传统的跳棋不是一回事。西洋跳棋是一种在 8×8=64 格的两色相间的棋盘上进行的技巧游戏，双方轮流走棋，以吃掉或堵住对方所有棋子的去路而获胜。为理解本章的内容，建议读者尝试了解各种棋类的规则。——译者注

程序在一场比赛中战胜了人类跳棋冠军罗伯特·尼利），而是作为不错的 AI 技术的一种早期模型进行应用和研究[1,2]。塞缪尔的工作代表了机器学习的一些早期研究。塞缪尔曾考虑过在博弈中使用神经网络方法的可能性，但他最终决定采用一种更有组织、更结构化的网络方式来学习。

图 16.0 阿瑟·塞缪尔

塞缪尔选择研究跳棋的原因如下：

- 在实际意义上，跳棋并不是确定性的；
- 每场对弈都有一个明确的目标——使对手丧失走子能力；
- 游戏（博弈）规则很明确；
- 关于这个游戏已经有相当多的知识；
- 许多人都熟悉作为一种棋盘游戏的跳棋，因此人们可以理解跳棋程序的行为。

塞缪尔的跳棋程序使用了标准的极小化极大算法来使用线性多项式，并根据一些启发式规则来对位置进行评分。走子的能力是跳棋中的主要得分项——尽管是单独计算的——也就是说，任何一步棋都可能导致棋子被对手吃掉。

因此，跳棋中的主要启发式函数是吃掉对手的棋子。这就引出了进一步的启发式规则："领先时兑子是有利的，落后时则要避免兑子。"

跳棋程序一般只向前搜索 **3 层**，但如果棋局涉及以下活动之一，则扩大搜索范围。

（1）当前这一步是"跳吃"。

（2）上一步是跳。

（3）可能要换子。

以上特殊条件将会把搜索扩展到 5 层、11 层，甚至 20 层，这取决于具体的情况。

为了理解诸如国际象棋、跳棋的游戏，你应该熟悉用来描述博弈游戏和棋局的标记系统。图 16.1 详细说明了跳棋游戏中使用的标准寻址和标记系统。附录 D 描述了国际象棋的规则和代数标记系统。

在国际象棋中，无法走子被称为"迫移"，是"强迫走子"的意思。换句话说，就是没有好的走法，走一步对自己反而不利。

因此，如果我们看到记法 9-13，则意味着黑棋玩家（黑方）将棋子从 9 号方格移到 13 号方格。然后白方可以回应 22-17。稍后我们就会看到，这是一个已被证明至少能让黑方获得平局的开局序列的一部分，但现在的话，我们还是不要过于超前。在国际象棋、跳棋和双陆棋之类的游戏中，残局的魅力在于穷尽式计算通常是可行的，这样最终就可以"从数学上证明"某个具体结果。某些残局优雅而又简单，掩盖了潜在的复杂性，并突出了应用启发式方法和基本法则的重要性。众所周知，典型的**中盘博弈组合**（一系列强制性的走法，以获得棋子优势或明显的

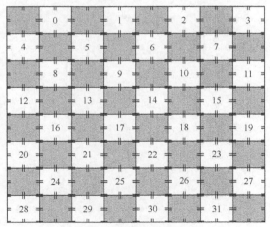

图 16.1 跳棋的标记方案

位置优势）可以帮助我们赢得比赛。残局则可以通过具体分析来展示重要的获胜（或平局）主题。

在国际象棋中，中盘博弈组合也可以用来实现将死、逼平或其他目标。

如果你愿意使用上述记号或者实际的棋盘和棋子来摆出棋局，那么即使不是跳棋专家，你也能理解下列分析的结果。图 16.2 展示了在一盘跳棋对弈中白方走子时可能面对的棋局。

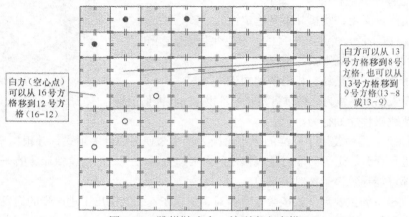

图 16.2　跳棋游戏中，轮到白方走棋

在图 16.2 所示的棋局中，白方有 3 种合法的走子方案：16-12、13-8 或 13-9。根据极小化极大博弈值，哪种方案对白方最优？要找到答案，我们可以尝试通过构建一个 5 层的极小化极大博弈树（见第 4 章）来寻找解。针对图 16.2 所示的棋局，图 16.3 展示了一棵几乎完整的 α-β 极小化极大博弈树。

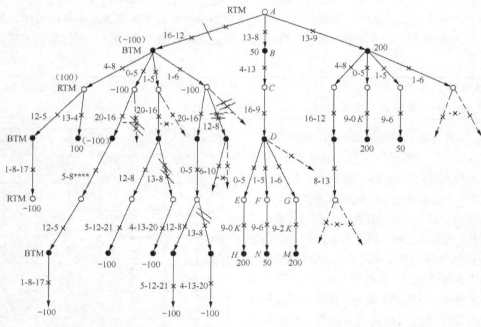

图 16.3　针对图 16.2 所示棋局的 α-β 极小化极大博弈树

从左到右对白方的走子进行排序，首先检查 16-12 这一步。黑方可以用 4-8 应对，但是在白方回应 13-4 这步走子之后，黑方至少会损失一枚棋子。或者，对于一开始白方的 16-12，黑方下一步可以用 0-5 应对。白方只能应对 20-16 这个唯一安全的方案。接下来，黑方以 5-8 "给吃"，而白方必须通过 12-5 吃掉黑方棋子。最终，黑方通过一次 6 层的搜索，得到了 1-8-17 的获胜组合，在赢得一枚棋子的同时也收获最终的胜利。因此，黑方用 0-5 应对白方 16-12 是一种反证法，在通过一次 6 层的搜索后，证明白方 16-12 会导致失败。在黑方 5-8 "给吃"之后，第 4 层出现了吃子机会，因此对 3 层搜索进行扩展。此外，由于可能的 α-β 剪枝（见第 4 章），对黑方在第 2 层（为了应对白方的 16-12）的其他选项进行分析是不必要的。5 层搜索同样揭示了黑方在第 2 层的其他方案（1-5 和 1-6）将导致黑方损失一枚棋子。α-β 算法表明，一旦确定了可以用 0-5 来反击 16-12，就不需要探究 16-12 这步棋有多糟糕。

同样，经过 5 层搜索之后，我们意识到 13-8 是最好的白方走子方案，因为这样白方最坏也能多一枚棋子获胜，这枚棋子是"王"（200 点）或几乎是新"王"（50 点）。

16.1.1 跳棋游戏中的启发式学习方法

在塞缪尔的工作中，特别值得注意的是他对启发式方法的探索，以及如何将启发式方法用于机器学习的研究。在这方面，他明显领先于那个时代。他的一个基本想法是，让不同版本的程序相互竞争，再让输家采用赢家的启发式方法。通过这种方式，程序会不断学习和改进。另一种方法是对程序的首选走法与跳棋大师掌握的最佳走法进行比较[1]。

一种实现方式是，按照存储的"棋谱"（公认的大师走法）下棋，在每一步记录程序认为比"棋谱"更好的走法，以及程序认为不如"棋谱"的走法。这个过程对下棋双方都适用。因此，程序首选走法与大师走法的相关系数可以由下式计算：

$$C = (L-H) / (L+H)$$

其中，L 表示在棋局或比赛中，程序评分低于大师评分的走法数量；而 H 表示程序评分高于大师评分的走法数量。在实践中，这些值介于 0.2（低相关性）和 0.6（最终采用多项式系数进行评估）之间。

如果 L 很高，而 H 很低，则相关系数接近 1.0，这是最理想的结果。程序会持续地评估不比大师走法差的走法，并正确判断出其他比大师走法差的可能走法。塞缪尔尝试在开局时不给程序棋谱，而是让它们在不同的测试棋局、残局和迷局的博弈中学习经验。

塞缪尔投入了相当大的精力，他尝试将棋局上的位置（当时通常存储在磁带或记忆带上）高效存储为一种独特的位串，类似于克里斯托弗·斯特雷奇（1952 年）的工作。塞缪尔需要在内存中快速访问组织良好的位置"记录"，这样就可以搜索并比较它们。他在搜索过程中使用了一种有趣的启发式方法：如果两个不同的走子序列在第 3 层和第 6 层上得到的分数差不多，那么如果最终获胜，程序将选择较浅深度的走子方案（第 3 层）；而如果最终输掉，程序将选择较大深度的走子方案（第 6 层）。另一种聪明的启发式方法源于**衰老**的概念。请记住，当时内存容量有限并且十分昂贵。内存中的一条记录（棋局）未被访问的时间记为这条记录的"年龄"。当一条记录的年龄超过设定的最大值时，对应的棋局将被"遗忘"并从内存中删除。这种启发式方法被称为**遗忘**（forgetting）。当搜索过程访问到内存中的某个棋局时，与这个棋局关联的年龄会被除以 2，这个过程被称为**刷新**（refreshing）。

上述搜索过程使用的主评估函数的 4 个因子项，按重要性从高到低排列后，依次如下。

● 棋子优势。

- 拒绝对方占位。
- 活动性。
- 结合中心控制和棋子推进的混合项。

基于塞缪尔的上述启发式方法开发的程序，会有一个很好的开局，并能提前识别出大多数胜负局，但是对中局没有多大改善。它的棋力肯定高于新手水平，但低于专家水平。

对于机械式学习测试，塞缪尔得出了以下简单的结论。

- 有效的机械式学习技术必须包括给程序一个方向感的过程，并且必须包含一个对棋局进行分类和存储的细化体系。
- 当时所使用的机器（IBM 704）在存储容量上的限制是人们关注的一个大问题。
- 对于开发和演示机器学习技术而言，诸如跳棋的博弈游戏是很好的载体。

对泛化学习的研究使用了该程序的两个版本，一个叫 Alpha，另一个叫 Beta。根据塞缪尔（1952 年）的说法：“Alpha 在每一次走子后，都会通过调整评估多项式中的系数，以及使用从备用列表中提取的新参数，替换那些看起来不重要的项，并对经验进行泛化。相反，Beta 在任何博弈过程中都使用相同的评估多项式。Alpha 用来与人类对手进行对抗，Beta 则主要用来与 Alpha 进行博弈。”

在与 Beta 的博弈对抗中，如果 Alpha 获胜，那么 Beta 将采用 Alpha 的评分函数。如果 Beta 获胜，那么程序的中立部分将对 Alpha 进行评估。如果 Alpha 的失败达到一定的次数（通常为 3 次），就将评估多项式的系数设置为 0。理想情况下，程序应该自行调整自身的评估多项式，但在实践中，有时需要进行手动干预。在多项式中，总共可以使用 38 种启发式方法，但其中只有 16 种曾被使用过，其他 22 种仍在备用列表中。

在相关系数上反复得低分的走子方式最终将被转移到备用列表的底部，并用备用列表顶部的项进行替换。平均而言，每 8 次走子就会有一个活跃项被替换，每 176 次走子就会有一次被重新启用的机会。这些项也有可能因为使用次数少而被替换。项的系数可以采用二值方式，系数和符号都是可调的，但它们通常被限制在较小的数字范围内。

Alpha 与 Beta 进行了一个系列比赛，共 28 场，这些比赛被用来测试学习的泛化性。随着博弈场次的增加，一些项会发生巨大的变化，这些项一旦稳定下来，机器的力量和学习能力就会稳定下来。在经过这些比赛之后，该程序被认为达到优于普通棋手的水平。以下缺陷被认为是该程序发挥糟糕的主要原因。

（1）对手故意走烂棋，愚弄程序。一个简单的解决方案是，当产生正分时，相关系数的改变幅度要小一些。

（2）第二个缺陷与评估函数中走子方式项的变化太过频繁有关。

（3）第三个缺陷是将功劳归于那些看起来引起了显著改进的走子，而实际上是早期的基础性走子为改善局面、促进组合移动或局面得分飙升做出了贡献。

以下是塞缪尔（1967 年）关于机器学习的两个重要结论。

（1）“这里所使用的简单泛化方式可以是一种有效的学习，用于解决适合树搜索程序的问题……

（2）即使迄今为止所使用的参数集合是不完整且冗余的，计算机也仍有可能在相对较短的时间内达到比普通棋手更好的跳棋博弈水平。”

图 16.4 摘自塞缪尔发表的论文（1967 年），旨在展示塞缪尔通过进行泛化测试得到的第二轮学习的结果。

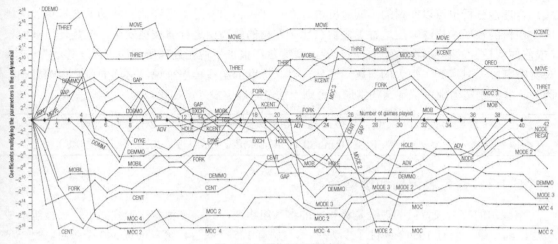

图 16.4　泛化学习的过程

16.1.2　机械式学习与泛化

在第一次实验结束后，塞缪尔观察到，使用机械式（通过死记硬背）学习的程序确实学会了下棋的标准开局，并学会了如何避免大多数标准的残局陷阱。但程序从没学会如何下好中局。相反，使用泛化学习的程序从没学会标准的开局，也没学会下好残局（例如，在两个角上两个王对一个王的残局），但在进行中局的博弈时有很好的表现，能在具有棋子优势的大多数棋局中高效地获胜。因此，机械式学习被认为对需要非常具体的行动或棋局结束将长时间延迟的情况有用，而泛化学习则在有大量排列组合且棋局可以快速结束的情况下有用。这两种方法在使用了 $\alpha\text{-}\beta$ 极小化极大搜索技术之后，都被证明是可靠但较慢的方法。在这之后，塞缪尔把注意力转向**签名表**（signature table），而不再关注线性多项式方法。参数的值可以从签名表中读取并组合成子集。

塞缪尔认为，试图研究跳棋高手和他们的"思维方法"有些徒劳，他提出："……从我对棋手的有限观察来看，我确信棋手水平越高，他解决问题时存在的混乱就越明显，而且他的反应似乎更加凭直觉，至少在普通人看来是这样的，而普通人并没有类似的技能。"

在国际象棋的世界里，我们经常听到这样一种言论，即国际象棋大师的思维对于"凡人"来说是深不可测的。然而，国际象棋大师在思考和选择走法或走子序列时，通常基于大量的模式存储和丰富的经验。在很多情况下，国际象棋大师也无法清晰地解释他们的想法。

塞缪尔（1967 年）还得出一个结论，"对启发式方法进行启发式搜索"是"比游戏本身更复杂的任务"。

启发式方法似乎是以成组的方式发挥作用的，这并不奇怪。在 AI 领域，大家经常听到"边际效益递减规则"，也就是说，少量规则（例如 10%的规则）可以处理或适用于 90%的情况。剩下 10%的情况（所谓的例外）可能需要 90%的规则。

这一见解得到了知识工程师的认同（见第 9 章），并在柏拉图的 *Euthypro* 中有了先例（Stephen Lucci）。

塞缪尔还研究并报告了如何最有效地使用 $\alpha\text{-}\beta$ 过程来减少跳棋游戏中所需的搜索树。其中一种方法被称为"合理性分析"，它被用来搜索至一个固定的深度，以快速确定最合理的走子方

式。合理性分析也可以在树的不同深度进行。塞缪尔指出，尽管当评估和移动的选择更加关键时，在树的较低（更深）层进行更多剪枝比起在树的较高层进行剪枝更安全，但是任何被剪枝（或前向剪枝）的移动都存在一定的风险。塞缪尔还报告了他在处理所谓的"投子移动"（或者说暂时牺牲）时遇到了很大的问题。当然，对于标准的游戏程序来说，这样的概念很难处理，因为除非特别努力地去识别这些棋局，否则无法及时确定投入产出比。

　　　　在操作系统的设计过程中，类似的结果在开发页面优先表时可以看到。此外，生活中也有类似的结果——参见 G. William Domhoff 的 *Who Rules America*（2014 年，第 7 版）。

16.1.3　签名表评估和棋谱学习

　　塞缪尔的签名表背后的理念是将相关的参数组织在一起。一种安排形式如下：表被组织成三层，其中第一层有 105 个条目（移动），第二层有 125 个条目，第三层有 343 个条目。另一种安排形式如下：第一层有 68 个条目，第二层有 125 个条目，第三层有 225 个条目。为了让签名表中的值有意义，塞缪尔做了很多工作。很多条目甚至在比较超过 10 万个棋谱棋局之后，依然为零或数据不足。塞缪尔通过计算相关系数来衡量签名表程序和线性多项式程序的学习效果，并将其作为所分析的棋谱移动总数的函数。研究表明，签名表方法的相关性比线性多项式方法高得多。在研究了 17.5 万次移动之后，签名表方法达到 0.48 的相关性极限，而线性多项式方法在 5 万次移动之后，相关性稳定在 0.26[3]。

　　人类跳棋高手注意到了塞缪尔程序中的一个问题——程序似乎没有长期战略的意识。相反，每个棋局都被视为一个全新的问题进行评估。解决这个问题的一种尝试是，将签名表与合理性分析结合起来。得到与战略相关的参数的相互依赖关系是采用这种做法的目标，当相关的参数似乎能够有效运行时，就用一个常数因子对它们进行加权。

16.1.4　谢弗的 Chinook：跳棋程序中的世界冠军

　　乔纳森·谢弗（Jonathan Schaeffer）不仅是一位杰出的计算机科学家，和大多数优秀的国际象棋选手一样，他也是一位极具竞争力的国际象棋棋手。

　　　　谢弗是一位来自加拿大的国际象棋大师，在撰写本书时，他还是加拿大阿尔伯塔大学理学院院长。

　　大约 1990 年，乔纳森·谢弗向我们坦言，他真的想成为某方面的世界冠军。他在 20 世纪 80 年代中期开发了一个名为 Phoenix 的国际象棋程序，由此奠定了他在计算机国际象棋历史上的地位。Phoenix 可以打出 A 级（1800～2000 等级分）水平，但无法更进一步。

　　　　事实上，在 1984 年访问埃德蒙顿期间，我们在一场小型比赛中使用了这个程序，并且赢得了这场比赛。

　　由于各种原因（包括计算机资源），谢弗认为自己几乎没什么机会开发出一个世界冠军级别的国际象棋程序。他开发国际象棋程序的方法，在试图研究和开发各种启发式方法方面是非常优秀的[4]。他尝试在添加或移除特定的启发式方法时，对程序的不同版本的执行方式进行系统的评估。1989 年前后，谢弗决定着手开发世界冠军级别的跳棋程序，他认为这是一个可以实现的目标。当杜克大学的跳棋程序（由汤姆·特拉斯科特开发）于 1979 年在一场短棋赛中击败塞缪尔的程序时，"塞缪尔的程序无比强大"这一观念终于被打破[5]。到了 1990 年，Chinook（由谢弗、诺曼·特雷洛尔、罗伯特·莱克、保罗·卢和马丁·布莱恩特开发）赢得了与马里昂·廷利进行世界冠军赛的权利，后者在大约 40 年的时间里一直是世界跳棋冠军。与廷利的比赛最终在 1992 年举行，当时一共进行了 40 场比赛，Chinook 赢了 4 场，廷利赢了 2 场，其余 34 场比赛为平局。1994 年，廷利与 Chinook 再度交锋，但仅 6 场比赛（全部战平）后，他就以身体不适为由退出了比赛。事实上，他在一周后被诊断出患有癌症，于 8 个月后去世。Chinook 是第一个在正式比赛中战胜人类世界冠军的跳棋程序。随后，Chinook 两次卫冕，1994 年以后就再没有被击败过。1997 年，它退出了与人类的比赛，其水平被认为比最好的人类棋手高出 200 等级分（或至少高一个等级）。换句话说，在与人类世界冠军的比赛中，它预计能得到 75% 的分数。

人物轶事

乔纳森·谢弗

乔纳森·谢弗（1957 年生）被誉为"计算机博弈大师"。他于 1986 年获得滑铁卢大学的计算机科学博士学位，并且是一位国际象棋大师。1994 年，他成为阿尔伯塔大学计算机科学教授，并于 2005 年至 2008 年担任系主任。从 2008 年起，他开始担任阿尔伯塔大学的副教务处长和信息技术副校长。

谢弗从 20 世纪 80 年代开始声名鹊起，因为他开发了一个强大的名叫 Phoenix 的计算机国际象棋程序，并定期参加北美和世界计算机国际象棋锦标赛。1990 年左右，他决定着手开发跳棋博弈程序，他觉得自己能够开发出世界冠军级别的程序。这个目标在 1994 年成为现实，当时，他的 Chinook 跳棋程序击败了世界跳棋冠军马里昂·廷利。在至少部分解决了跳棋博弈的问题之后，谢弗开始对扑克这种非完美信息博弈游戏发起进攻，并取得相当大的成功。多年来，谢弗一直是笔者的朋友和专业伙伴。

考虑到谢弗的背景和经验，Chinook 的设计结构"类似于典型的国际象棋程序"，这并不奇怪[2,6,7]。他还表示，Chinook 使用了"搜索、知识、开局数据库和残局数据库"。Chinook 还使用了 α-β 搜索，并进行了大量增强，包括迭代加深、换位表、走子排序、搜索扩展和搜索约简等。在对廷利的比赛中，Chinook 平均至少搜索 19 层（使用 1994 年的计算机硬件），偶尔能扩展到 45 层。评估的中位数是搜索到 25 层。

Chinook 对战马里昂·廷利（1994 年）

16.1.5　跳棋博弈问题已被解决

乔纳森·谢弗彻底解决了跳棋博弈问题。

最近，谢弗证明了跳棋博弈问题是可以解决的，在对手无失误的博弈中也能以平局结束。跳棋游戏包含大约 5 000 亿个棋局或 $5×10^{20}$ 种可能的走子方式[8]。

谢弗采用了一种"三明治式"或"内外颠倒"的方法来彻底解决跳棋博弈问题。不同于国际象棋，他知道如果开局是预先设定的（如双方走子的前 10 步）或使用人类在跳棋游戏中发展多年的一些标准开局库，那么跳棋游戏就可以很容易地进行控制。Chinook 的搜索过程仔细深入地检查了这些标准开局库，而当棋盘上只剩余 10 枚或更少的棋子时，数据库则通过搜索和分析来解决跳棋游戏的残局问题。所使用的搜索技术和数据库构成了复杂三明治的"面包"（或外部），而"肉"则可以视为结合了启发式方法的搜索来处理游戏中局。

换句话说，一旦知道了开局和残局，游戏中局也就没剩多少了——平均 20 步。

跳棋博弈问题的解决使用了 3 种算法和数据组件。

（1）残局数据库：从反向搜索（也称为逆向分析）开发，即从所有已知的单棋子棋局及其值开始反向工作，将它们链接到所有可枚举的双棋子棋局，3 棋子棋局，其余以此类推。10 枚棋子的数据库由 $3.9×10^{13}$ 种棋局组成，这些棋局下的博弈论值（game-theoretic value）已经确定。

（2）证明树管理器：采用前向搜索来维护正在构建的证明树，并生成需要进一步探索的棋局。

（3）证明求解器：采用前向搜索，确定由证明树管理器给出的棋局的值。

在 10 枚棋子的数据库中，已知获胜所需的最长的走子序列为 279 层。39 万亿个可能的棋局被压缩成 237GB，平均每字节包含 143 个棋局。

自制的压缩程序可实现"快速局部实时解压缩"[8,9]。数据库的构建始于 1989 年，用于存储棋盘上只有 4 枚或更少棋子的所有可能的棋局。到了 1996 年，这个数据库涵盖了小于或等于 8 枚棋子的情况下的所有残局。2001 年，随着计算资源的提升，仅仅 1 个月就可以创建出 8 枚棋子的数据库，而不再需要 7 年的时间。2005 年，人们完成了 10 枚棋子的数据库。最初在 1989 年时使用了 200 台计算机，但到了 2007 年，平均使用的计算机数目是 50。

跳棋博弈问题的求解是以一种**弱解决**（weakly solved）的方式实现的。从这个意义上讲，并非所有的游戏棋局都得到了分析和解决（"强解决"）。但有一个独特的走子序列被分析发现，该走子序列表明，首先走子的棋手（黑方）若使用 09-13 的走子开局，则至少可以获得强制平局。黑方走出 09-13 开局后，白方以 22-17 应对，表示要进行"跳吃"，并迫使黑方使用 13-17-22 的走子来应对。事实证明，针对黑方的初始走子 09-13，白方其他可能的 6 种走子回应（21-17、22-18、23-18、23-19、24-19 和 24-20）对黑方而言至少是平局，因此白方更喜欢 22-17 的走子[8]。

通过这种方式生成的一棵存储的证明树总共"仅"有 107 个棋局（参见图 16.5 中的表 1）。存储从 09-13 开始的每一步棋局都需要几万亿字节。因此，无论是出于存储还是计算的目的，都需要将来自搜索的启发式结果与证明树管理器相组合，以便将需要存储的棋局数目减少到可管理的程度。分析的最长走子序列为 154 层（参见图 16.5 中的表 2）。求解器经过 20 多层的分析后，与数据库中的某个棋局进行绑定，而对这个棋局的分析则可能是几百层的分析结果。

表 1　跳棋博弈问题中的棋局数目

棋子数目	棋局数目	棋子数目	棋局数目
1	120	11	259,669,578,902,016
2	6,972	12	1,695,618,078,654,976
3	261,224	13	9,726,900,031,328,256
4	7,092,774	14	49,134,911,067,979,776
5	148,688,232	15	218,511,510,918,189,056
6	2,503,611,964	16	852,888,183,557,922,816
7	34,779,531,480	17	2,905,162,728,973,680,640
8	406,309,208,481	18	8,568,043,414,939,516,928
9	4,048,627,642,976	19	21,661,954,506,100,113,408
10	34,778,882,769,216	20	46,352,957,062,510,379,008
		21	82,459,728,874,435,248,128
		22	118,435,747,136,817,856,512
		23	129,406,908,049,181,900,800
		24	90,072,726,844,888,186,880
总数 1-10	39,271,258,813,439	总数 1-24	500,995,484,682,338,672,639

表 2　最好的开局走子序列。注意，总数与19个开局的总和不一致。结合树具有一些重复的节点，这在总数中已经被移除了

#	开局	证明[①]	搜索	最大层数	最小数目	最大层数
1	09-13 22-17 13-22	平局	736,984	56	275,097	55
2	09-13 21-17 05-09	平局	1,987,856	154	684,403	85
3	09-13 22-18 10-15	平局	715,280	103	265,745	58
4	09-13 23-18 05-09	平局	671,948	119	274,376	94
5	09-13 23-19 11-16	平局	964,193	85	358,544	71
6	09-13 24-19 11-15	平局	554,265	53	212,217	49
7	09-13 24-20 11-15	平局	1,058,328	59	339,562	58
8	09-14 23-18 14-23	≤平局	2,202,533	77	573,735	75
9	10-14 23-18 14-23	≤平局	1,296,790	58	336,175	55
10	10-15 22-18 15-22	≤平局	543,603	60	104,882	41
11	11-15 22-18 15-22	≤平局	919,594	67	301,310	59
12	11-16 23-19 16-23	≤平局	1,969,641	69	565,202	64
13	12-16 24-19 09-13	失败	205,385	44	49,593	40
14	12-16 24-19 09-14	≤平局	61,279	45	23,396	44
15	12-16 24-19 10-14	≤平局	21,328	31	8,917	31
16	12-16 24-19 10-15	≤平局	31,473	35	13,465	35
17	12-16 24-19 11-15	≤平局	23,803	34	9,730	34
18	12-16 24-19 16-20	≤平局	283,353	49	113,210	49
19	12-16 24-19 08-12	≤平局	266,924	49	107,109	49
总数		平局	总数 15,123,711	最大层数 154	总数 3,301,807	最大层数 94

图 16.5　跳棋博弈问题是如何得到彻底解决的，表 1 给出了跳棋博弈问题中的棋局数目，表 2 给出了最好的开局走子序列（删除了一些重复的走子序列）[8]

综上所述，谢弗团队花了 18 年的时间来解决跳棋博弈问题，其间结合了许多 AI 方法，包括深度而巧妙的搜索技巧、微妙的算法证明、来自人类专家的启发式方法和先进的数据库技术。图 16.6 详细说明了跳棋博弈问题是如何得到解决的。

图 16.5 和图 16.6 摘自乔纳森·谢弗、尼尔·伯奇、英格维·比昂森、岸本章弘、马丁·穆勒、罗伯特·莱克、保罗·卢和史蒂夫·萨特芬的文章 "Checkers is Solved" ——发表在 2007 年的 *Science Express* 上。

---

① 在跳棋中，这指的是一种技巧，用于证明某棋局必胜或必和。这种技巧通常涉及一系列复杂的计算和推理，以确定在某些情况下，玩家可以采取哪些步骤确保胜利或至少不输。

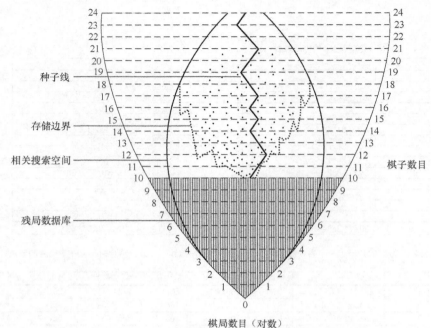

图 16.6　跳棋博弈问题是如何得到解决的

16.2　国际象棋：人工智能的"果蝇"

大约 50 年前，纽厄尔、肖和西蒙就写过关于国际象棋和 AI 的文章[10]。国际象棋经历了 250 多年的深入研究，尽管 50 多年来，有计算机的帮助和大量国际象棋比赛和开局、中局、残局数据库的努力，但我们仍然不知道下列基本问题的答案。

（1）在双方无失误走子的情况下，棋局会有怎样的结果？

（2）对于白方而言，最佳的第一步是什么——1.e4、1.d4，还是其他走子方式？

> 也就是说，在双方无失误走子的情况下，比赛结果可能是白方获胜、黑方获胜或平局。一种流行的理论是，在双方无失误走子的情况下，国际象棋会达成平局。

> 国际象棋记法的说明参见附录 D.3.3。同样，根据统计数据，大多数人认为 1.e4 或 1.d4 是白方的最佳起步，但目前没有证据证明这一点。

此外，全球数以万计的国际象棋专业人士正通过比赛、教学、写作和组织这种智力游戏的各个方面来谋生。关于国际象棋的书比关于其他棋类游戏的书的总和还要多。很明显，国际象棋是一种引人入胜的博弈游戏，绝不会像古巴世界冠军（1921—1927）何塞·劳尔·卡帕布兰卡曾经预测的那样会被"玩腻"。国际象棋的可能性很多并没有被"玩腻"，因为有无数种可能。大多数国际象棋游戏在每个典型的位置为棋手提供了大约 30 种可能的走法。如果一场典型的、充满竞争的大师级博弈持续 40 个回合（80 层）的话，你就会明白为什么会有大约 10^{43} 种可能的合理棋局。如果将不合理的下法考虑在内，那么国际象棋估计有 10^{120} 种可能的棋局。这是一个天文数字（关于这个数字在计算复杂性方面的进一步讨论，见第 4 章）。时至今日，尽管已经有了强大的、至少能与最优秀的人类棋手势力敌的计算机程序，但国际象棋仍然很受欢迎。国际象棋在两个棋手之间的对抗中不断发展，结合了体育、科学、战争和艺术等元素。那些不完全了解游戏规则和目标的人可能很难看到游戏中的这些元素，但高水平的棋手会很快证实这一点。为什么？首先，高水平的国际象棋比赛就是一场马拉松。也就是说，即使为了避免延期和可能的外部干预而进行了加速，这种水平的对抗也通常会持续4～6小时。在体育项目中，耐力和体力往往也是在博弈中取得胜利所必需的。国际象棋还提供了充分的机会来进行深度分析和精确计算，并将直觉与知识、经验和本能相结合，类似于科学中的决策过程。

当你思考对选择一步棋、一个计划或一系列走子有贡献的战术和战略因素时，战争元素就会在国际象棋中发挥作用。机动性和物质是至关重要的，但"王"的安全是最重要的。子力的部署（通常在中心）对于快速打击、安全和机动性都很重要。与时机和突袭一样，子力的分布和协调参与也很重要。最后，斗争观念和渴望胜利是使国际象棋独特且有吸引力的人类元素。没有人喜欢失败，因此，避免失败或享受胜利的心态，可以驱使一个棋手与另一个同样决心展示优越性的棋手进行对抗。抛开休息、疲劳、下棋速度和毅力等身体因素不谈，国际象棋让你有机会用自己的知识与对手的知识直接进行博弈。

埃曼努埃尔·拉斯克（Emmanuel Lasker，1862—1941），德国人，因在哲学和数学方面的著作而闻名，据说他仅在需要维持生计的时候才参加国际象棋比赛。

正如埃曼努埃尔·拉斯克（1894年至1921年的世界国际象棋冠军）所说："在棋盘上，谎言和虚伪无法生存。"1933年，加州理工学院的托马斯·亨特·摩根（Thomas Hunt Morgan）因在种群遗传学方面的研究被授予诺贝尔奖。这项研究的对象是果蝇。果蝇是进行这种研究的理想对象，因为它的生命很短暂，有易于识别的特征，包括翅膀大小和眼睛颜色，以及进行实验的经济性。1910年，摩根和他在哥伦比亚大学的同事在当时有限的资源条件下，通过低成本的果蝇实验获得了大量信息。约翰·麦卡锡将"国际象棋是人工智能的'果蝇'"这句话归功于俄罗斯数学家和人工智能研究者亚历山大·克朗拉德[11]。已故的唐纳德·米基也认为国际象棋适合进行AI实验，原因如下。

（1）国际象棋构成了一个形式化的知识领域。

（2）它在广泛的认知功能上挑战了最高水平的智力能力，包括逻辑计算、机械式学习、概念形成、类比思维、演绎和归纳推理。

（3）基于几个世纪以来的国际象棋教学作品和相关评论，国际象棋知识语料库已经有了非常详尽的积累。

（4）ELO和美国国际象棋联盟（USCF）的评分系统提供了一种已被普遍接受的棋力度量方法。

（5）国际象棋可以分解成子游戏来进行深入的单独分析[12]。

ELO评级系统是一种可靠地对国际象棋棋手进行排名的方法。在ELO评级系统中，有5个等级（A～E），每个等级相差200分。E级对应1000~1199分，D级对应1200～1399分，C级对应1400～1599分，B级对应1600～1799分，A级对应1800～1999分。专家级对应2000~2199分，大师级对应2200~2399分，国际大师级一般在2400分以上，特级大师则超过2500分。今天，世界级棋手的分数已经超过2700分，顶尖的少数几名棋手在2800分左右。一旦棋手在经过25场比赛后进行了评级，ELO评级系统就可以根据棋手之间的分差，准确地对两名棋手的博弈结果进行预测。

16.2.1　计算机国际象棋的历史背景

几个世纪以来，人们一直在尝试让计算机具有强大的国际象棋博弈能力，甚至试图把一位国际象棋大师藏在盒子里来愚弄公众，例如第1章提到的1770年的"土耳其人"[13]。"土耳其人"在欧洲巡展的过程中,愚弄了许多人[13]。随后的研究则高级得多,西班牙发明家托雷斯·克韦多(Torres Quevedo)大约在 1900 年发明了一种机械装置,它能在 KRK(King and Rook vs. King,王车对王)的残局中获胜[14]。

1948 年,被誉为"计算机科学之父"的艾伦·图灵与被誉为"信息科学之父"的克劳德·香农(Claude Shannon)分别独立研发了今天仍被国际象棋程序使用的基本算法[15,16]。1957 年,已故诺贝尔经济学奖得主、卡内基·梅隆大学的赫伯特·西蒙预言,计算机将在 10 年内成为国际象棋冠军(然而事实证明,他和之后很多人的预测都错了)。基于前人开发国际象棋程序的大量初步工作,纽厄尔、西蒙和肖(Shaw)在 1959 年完成了第一个真正成功的国际象棋程序。1967 年,麻省理工学院(MIT)的理查德·格林布拉特(Richard Greenblatt)开发了第一个俱乐部级别的国际象棋程序 Machack,它具备大约 1600 分的棋力水平(B 级)。但格林布拉特只让他的国际象棋程序与人对弈[17]。

1968 年,苏格兰的国际大师大卫·莱维(David Levy)与 3 位计算机科学教授打赌 2000 美元,他声称没有任何计算机程序能在高级别的国际象棋比赛中击败他。莱维下这个赌注是为了刺激研究和开发强大的计算机国际象棋程序。1970 年,麦吉尔大学的计算机科学教授蒙蒂·纽波尔(Monty Newborn)发起了北美计算机国际象棋锦标赛,它成为衡量计算机国际象棋程序进展的一个绝佳实验场所。1970 年至 1980 年间,由大卫·斯莱特(David Slate)、拉里·阿特金(Larry Atkin)和基思·戈伦(Keith Gorlen)开发的美国西北大学 Chess 3.X 和 4.X 系列,在北美计算机国际象棋锦标赛(后来称为国际计算机象棋锦标赛)上独占鳌头。

1978 年,国际大师莱维终于接受挑战,并以 3.5∶1.5 轻松击败 Chess 4.7。

在国际象棋中,胜一场积 1 分,平一场积 0.5 分,负一场积 0 分。因此,这一比分代表莱维赢 3 场,平 1 场,输 1 场。

1983 年,由贝尔实验室的肯尼恩·莱恩·汤普森(Ken Thompson)开发的 Belle 成为第一个被官方评级为 USCF 大师级别的计算机国际象棋程序。但在 1983 年,在每 3 年举行一次的世界计算机国际象棋锦标赛(纽约站)上,Belle 被南密西西比大学的鲍勃·海厄特(Bob Hyatt)、阿尔伯特·高尔(Albert Gower)和哈里·纳尔逊(Harry Nelson)开发的 Cray Blitz 击败。1983 年,莱维再次接受挑战,他在伦敦的一场比赛中以 4∶0 击败了当时的世界冠军程序 Cray Blitz。Cray Blitz 运行在当时世界上最快的计算机 Cray XMP 上。本书的作者之一 Danny Kopec 当时在比赛中担任莱维的副手。莱维能够在早期就将 Cray Blitz 从开局引导到相对封闭的中局,从总体上避免了 Cray Blitz 的战术能力,同时利用比赛条件让 Cray Blitz 陷入时间困境。因此,Cray Blitz 无法从其计算能力、深度和准确性等主要优势中获益[19]。

1985 年至 1988 年间,由卡内基·梅隆大学的伯利纳(Berliner)等人开发的 Hitech 迅速成为主导程序,并首次突破 2400 分大关。Hitech 是一个结合了国际象棋知识和搜索深度的混合型博弈程序[20]。1987 年,位于佛罗里达州迈阿密的富达电子开发第一个被官方评级为大师级别的微机国际象棋程序(开发者是 Spracklen 兄弟、Baczynskyjs 和 Kopec)。他们的国际象棋引擎非常优秀,后来卖给了流行的 Chessmaster 系列程序的开发人员并为他们所用。

16.2.2 编程方法

计算机国际象棋程序是一项非常复杂的、需要付出众多努力才最终取得的成果。纵观计算机国际象棋程序的历史,许多编程技术和方法得到了发展与完善。计算机国际象棋程序通常包括以下组成部分。

（1）香农 B 型方法。

（2）棋盘和合法走子的表示。

（3）开局和棋局的评估。

（4）集成了 α-β 极小化极大算法、α-β 搜索窗口、迭代加深的深度优先搜索和换位表（transposition table）的树搜索。

（5）大型开局库以及针对每个博弈阶段的特殊目的的知识。

16.2.2.1 香农方法

自克劳德·香农于 1950 年发表原始论文以来，业内开发了两种基本的方法——**香农 A 型**和**香农 B 型方法**。香农 A 型方法从任何给定的棋局开始，逐层迭代搜索到固定深度。香农 B 型方法指的是，如果一个棋局引起足够的兴趣——例如，发生了吃子、将军或其他尚未完成的战术事件，则可以将搜索范围扩展到指定的深度之外，直到某个棋局被认为**不活跃**或**安静**为止。在国际象棋中，安静的棋局是指不存在迫在眉睫的战术，如将军、牵制、捉双、吃子等。

相比之下，人类棋手会使用一种称为**渐进深化**（progressive deepening）的技术。回顾第 4 章，因为人类记忆不如机器记忆那样强大，所以人类必须不断复习分析过的内容。在尝试决定在国际象棋棋局中走哪一步时，人类棋手会更深入地分析自己特别感兴趣的某种变化（线路），只要记忆和时间允许，他们就会一遍又一遍地回到这些变化中并进行更深入的分析。这就是这种分析方法的渐进式意义。

16.2.2.2 棋盘和合法走子的表示

对于人类来说，享受和理解国际象棋的局面是很容易的，只需要欣赏图 16.7 所示的可爱棋局即可。

英国人霍华德·斯汤顿（Howard Staunton）是 1843 年至 1851 年间的非官方国际象棋世界冠军。他创建了国际象棋棋子的设计标准，这种设计使得我们在本书的国际象棋图表中可以清晰地辨认出每个棋子。

当然，对于计算机来说，这并不容易，重要的是要记住，计算机所有的决策最终都是由数字到 0/1 二进制之间的转换决定的。图 16.7 所示初始棋局的一个简

图 16.7　国际象棋的起始布局

单方案是，用正数表示白色棋子，用负数表示黑色棋子，空方格用 0 表示，如图 16.8 所示。

可通过图 16.8 将棋子分配到棋盘上的方格中，而棋盘上方格的实际地址通常用图 16.9 所示的方案来表示。

不妨将一枚棋子放在任意一个方格中，比如，将王放在 44 号方格中。王可以走子（顺时针方向）到达的方格是 54、55、45、35、34、33、43 和 52 号方格。因此我们可以说，王可以走子到达的方格是 $K+10$、$K+11$、$K+1$、$K-9$、$K-10$、$K-11$、$K-1$ 和 $K+9$ 号方格。这被称为**伪合法走子列表**（pseudo-legal move list）。我们很容易看出，这个方案可以被扩展来处理所有棋子的合法走子。当然，在考虑是否进入某个方格之前，必须确认该方格是否已经被己方占领，或者对方是否会攻击或占据这个方格。与列表不同，棋局中的伪合法走子可以更有效地存储在表格中以便查找。列表或表格都可以存储在 RAM 中，并在分析或进行走子时进行更新。这背后的逻辑是，棋盘上三分之二的棋子不会受到任何一步走子的影响[18]。20 世纪 80 年代，随着程序 Belle

及后续程序 Hitech、Deep Thought 和 Deep Blue 的发展，使用专用硬件来生成合法走子变得相当普遍[21]。再结合其他一些因素，搜索速度提高了数千倍，进而导致搜索深度增加了好几层，这使得这些程序比竞争对手更有优势。

−4	−2	−3	−5	−6	−3	−2	−4
−1	−1	−1	−1	−1	−1	−1	−1
0	0	0	0	0	0	0	0
0	0	0	0	0	0	0	0
0	0	0	0	0	0	0	0
0	0	0	0	0	0	0	0
1	1	1	1	1	1	1	1
4	2	3	5	6	3	2	4

图 16.8　国际象棋的初始棋局在程序中的表示。其中，1 代表兵，2 代表马，3 代表相，4 代表车，5 代表王后，6 代表王，0 代表空方格。白色棋子用正数表示，黑色棋子用负数表示

81	82	83	84	85	86	87	88
71	72	73	74	75	76	77	78
61	62	63	64	65	66	67	68
51	52	52	54	55	56	57	58
41	42	43	44	45	46	47	48
31	32	33	34	35	36	37	38
21	22	23	24	25	26	27	28
11	12	13	14	15	16	17	18

图 16.9　棋盘上的方格"地址"的典型表示方法

16.2.2.3　开局和棋局评估

一般认为国际象棋比赛有三个阶段：开局、中局和残局。在开局中，最为重要的是布局、保护王的安全以及车的连接。

20 世纪 80 年代，人们认为通过编程让计算机在国际象棋比赛中实现良好开局是一项非常困难的任务。似乎有多少规则要遵守，就会有多少例外情况。例如，所有的国际象棋新手都了解基本规则"不要过早移动王后"。然而在许多情况下，由于特定的棋子布局，正是这样的王后走子可以用来对抗对手的下法，这样的机会不能也不应该错过。

自 20 世纪 80 年代起，对于计算机国际象棋程序而言，使用超过 100 万个开局方案的开局库来辅助进行开局已经成为标准。这种做法抑制了计算机国际象棋程序的开局发挥，使该领域不再是一门学科。尽管如此，业内仍出现了以下 5 个启发式方法（或称目标），它们对实现成功的开局至关重要。

（1）布局。

（2）控制中心。

（3）维护王的安全。

（4）控制空间。

（5）保持子力均衡。

1. 布局

在国际象棋比赛的开局阶段，布局可能是最重要的概念和普遍目标。布局通常是指将马和相激活，并将它们从后排移出，以便进行王车易位。当布局完成后，王得到了车的保护，车得到了连接，可以说一方已经到了中局阶段。在中局博弈中，棋子往往会进行第二轮和第三轮移动，并且会发生短期和长期的战术冲突，还会出现长期的战略布局。当棋局中重子值小于或等于20分时，例如棋盘上少于一个王后（或两个车）加3个轻子（相和马），通常就认为到了残局阶段。

大卫·莱维的《计算机国际象棋手册》为此给出了一个著名的精彩示例[18]。至少有 3 本著作（早期有 Znosko-Borovsky 的著作，近期有 Korchnoi 和 Zak 的著作以及 Estrin 和 Glazkov 的著作）对这一历史悠久的王翼弃兵开局（见图 16.10）进行了大量分析。

图 16.10　用于发展分析的王翼弃兵开局

王翼弃兵[C37]

1.e4	e5	2.f4	exf4	3.Nf3	g5	4.Bc4	g4	5.0-0	gxf3	6.Qxf3	Qf6

1.e4　e5　2.f4　exf4　3.Nf3　g5　4.Bc4　g4　5.0-0　gxf3　6.Qxf3　Qf6
7.e5　Qxe5　8.d3　Bh6　9.Nc3　Ne7　10.Bd2　Nbc6　11.Rae1　Qf5　12.Nd5
Kd8　13.Qe2

莱维指出，虽然白方少了一个马和一个兵（或相当于少了 4 个兵），但是白方在机动性（行子自由）方面具有较大的领先优势（46∶34）。接着，他又使用一个公式对布局进行了评估。

$$布局值 = D/3 - U/4 - (K \times C)$$

D：D 值代表不在初始方格中的棋子数目，对白方而言是 3，对黑方而言也是 3。

U：（如果王后没动或被吃掉，那么 U 值为 0，否则等于未移动棋子的数目）对白方而言，U 值为 0，因为白方的王后已经移动，但此时没有未移动的棋子；而对于黑方而言，U 值为 3，因为黑方的王后已经移动，但仍有两车和一相没动。

C：如果对手的王后还在棋盘上，则 C 值为 2。对于白方和黑方而言，C 值均为 2。

K：K 值取决于王车易位权。对于已经王车易位的白方，K 值为 0；而对于失去所有王权的黑方，K 值为 1。

因此，从公式

$$布局值 = D/3 - U/4 - (K \times C)$$

可以得出：

白方的布局值= 3/3 - 0/4 - (0×2)= 1。

黑方的布局值= 3/3 - 3/4 - (1×2)= -1.75。

可以看出，白方在布局上领先黑方 2.75 个单位。

假设 10 个单位的机动性相当于一个兵，再加上黑方王位虚弱、双重孤立兵的情况，我们可以评估这个局面实际上双方势均力敌。因此，白方在布局、机动性、黑方王不安全和兵结构不佳等方面的领先地位弥补了己方 4 分的劣势。事实上，在 13.···Qe6 之后，白方可以回应 14.Qf3 Qf5，然后在 15.Qe2 Qe6 之后进行三次重复，就可以达成和局。

2. 控制中心

在国际象棋中，控制中心一直被认为是一个重要概念，原因类似于"中央车站"的概念。从中心位置，棋子可以很容易地移到棋盘上的任何位置，正如一个人可以从中央车站到达任意地方。图 16.11 提供的加权方案区分了中心（直线 d 和 e，这里指的是图 16.11 底部的字母 d 和 e 对应的棋盘上的竖线，其余以此类推）、子中心（直线 c 和 f）、翼（直线 b 和 g）、边和角。显然，用数字 10 标记的 4 个方格（棋盘上的 d4、d5、e4 和 d5）被认为是中心格，它们是棋盘上最重要的方格。但是，当中心格被封闭时（例如被占领和被兵封锁），情况可能会发生改变，这时争夺活动会转移到子中心和两翼上。

1	2	3	4	4	3	2	1
2	5	6	7	7	6	5	2
3	6	8	9	9	8	6	3
4	7	9	10	10	9	7	4
4	7	9	10	10	9	7	4
3	6	8	9	9	8	6	3
2	5	6	7	7	6	5	2
1	2	3	4	4	3	2	1
a	b	c	d	e	f	g	h

图 16.11　棋盘上方格的典型加权方案

在国际象棋中，有一些众所周知的启发式方法和表达方式，如"马走边缘必亏"，已反映在对边缘方格赋予的权重上，但也有许多例外情况，如马跳到边缘可能是获胜的一步下法。

3. 维护王的安全

维护王的安全是开局的重要目标，通常通过王车易位来实现。随着博弈的进行，通常需要在王的周围维持一道兵卒屏障（就像一座房子或城堡）来保护他，这一点非常重要。王的安全与兵卒布阵有着内在的关联。在国际象棋中，兵的走法复杂而又微妙。衡量王的安全性的一种方法是始终考虑它周围的兵阵结构，并计算它周围的防御兵力及其价值总和。另一种更常见的做法是，测量王所在象限中攻击棋子的数目（和权重），并查看这些力量如何被攻击力量抵消。

4. 控制空间

国际象棋中的空间问题与兵阵结构有着内在的联系（见 16.2.2.5 节）。更先进和健康的兵阵结构必然提供更多的空间。控制空间通常包括更好的中心控制，并暗示着子力的机动性更好。然而，即使是健康的结构也经常会受到攻击和破坏。此外，即使一方拥有更多的空间，也不能确定对手就无法绕过这个空间并深入后阵。因此，空间问题较难解决，通常涉及棋子和兵之间微妙的相互作用。

5. 保持子力均衡

子力均衡是计算机国际象棋程序对国际象棋做出的最大贡献。

在国际象棋的浪漫时期（1850—1880），为达到将死对方的目的牺牲的棋子越多，比赛就被认为越浪漫。然而在此后 150 年左右的时间里，人们开始发展合理的开局策略和防守技巧。当前，正确的国际象棋下法高度重视子力均衡。此外，永久性的兵阵结构弱点通常无法渡过难关,会导致重大子力损失。

在超级犀利的 Ruy Lopez Schliemann 变例开局中,经过前 6 步走子之后,我们会到达图 16.12 所示的关键棋局。许多不知道这一理论棋局的棋手可能会天真地走出 7.Bc4,并在走出 Qa5+和 Qxe5 之后紧接着走出 d5,白方对于损失掉一个兵几乎没获得任何补偿。在把这个棋局交给 Fritz 9 程序后,仅仅经过 2 分钟的 "思考",它就找到了理论上的 7.Nc3!换句话说,Fritz 9 程序能深入搜索,发现必要的(和理论上的)牺牲棋子,因为它认识到,任何其他走子方式都只会损失棋子而得不到任何补偿。

图 16.12 Ruy Lopez Schliemann 变例开局

Ruy Lopez Schliemann 变例[C63]

1.e4 e5 2.Nf3 Nc6 3.Bb5 f5 4.d4 fxe4 5.Nxe5 Nxe5 6.dxe5 c6

在国际象棋中,用于表示子力的标准数如下。

兵: 1。马: 3。相: 3.5。车: 5。王后: 9。王: ∞。

在计算机在国际象棋中发挥重要作用之前,马和相的子力被认为接近于 3.0 分,或者两者被认为子力相等。随着在计算机国际象棋编程中获得的经验和知识的增加,相的子力被认为是 3.25～3.5 分,而马的子力为 3.0 分。计算机国际象棋程序的历史强化了米哈伊尔·博特温尼克(Mikhail Botvinnik,1948 年至 1963 年间的国际象棋世界冠军)的想法。虽然博特温尼克从未完成过一个强大的计算机国际象棋程序,但在他的 *Chess, Computers, and Long Range Planning* 一书中,他试图从数学上证明国际象棋中子力的重要性[22]。近 30 年来的实践证明,这是程序评估功能中最重要的一项。简而言之,程序搜索深度的增加已经证明了,在很久以前人类认为无法防守的棋局中存在可行的防御手段。

图 16.13 第 8 号中级测试棋局

图 16.13 所示的棋局取自 *Test, Evaluate and Improve Your Chess: A Knowledge-Based Approach* 一书[23]。这是第 8 号中级测试棋局,这个棋局的思想是通过牺牲一枚棋子来换取两个兵,以牵制对手。弃子的概念表明了计算机下棋和人类下棋的区别。对此,有一个冗长、深刻、复杂的分析(参见附录 D.3.2)可以证明,在没有失误的下法中,黑方可以僵持下去。这不是人类下棋的方式。人类使用启发式方法来下棋,这里最重要的启发式方法是:当棋局中黑色方格的相无法轻易回到 e7 以打破 N/f6 的牵制时,就不应该走到 g5。像 Fritz 9 这样的计算机国际象棋程序就没有这样的启发式方法,但只要有可能维持子力优势,它就会进行防御。

16.2.2.4 机动性和连通性

在大多数程序的评估函数中,除子力外,第二重要的概念就是机动性。机动性指的是棋子的活力——每个棋子能移动并影响多少格? E.T.O Slater[24]针对大师级博弈中的机动性进行了一项著名的研究。在回顾了 78 局以 40 个回合结束的博弈之后,他发现最终赢家的平均机动性明显高于输家。而随着博弈的进行,博弈双方机动性平均值的差距也在增加。表 16.1 展示了 Slater 的测试结果。

表 16.1　Slater 对任意选出的 78 场大师棋局的测试结果，这些棋局在第 40 回合或之前就已经决出了胜负。这些结果有助于确定在任何程序的评估函数中，将机动性作为其中一项的重要性

走子的步数	胜者的机动性（平均值）	输者的机动性（平均值）	差值
0	20.0	20.0	0
5	34.2	33.9	0.3
10	37.5	36.0	1.5
15	39.7	35.2	4.5
20	38.9	36.4	2.5
25	39.6	31.9	7.7
30	35.6	27.7	7.9
35	31.7	23.2	8.5

e4 e5 2.Nf3 Nc6 3.Bc4 图解

在图 16.14 所示的棋局中，白方刚刚下了 3.Bc4，这是最自然的布局走子法，因为有助于白方用车保护王（即实现王的安全），并且能对中心进行控制。此外，白方的车可以从 f1 移到这个最具有机动性（最活跃）的方格。从 c4 出发，白方的车能影响不少于 10 个方格，而从第二活跃的方格 b5 出发，车只能影响 8 个方格。此外，从 c4 出发，车还影响了最重要的 f7 方格，这是黑方阵营中最弱的方格，因为它是唯一由黑方的王保护的方格。

图 16.14　白方刚刚下了 3.Bc4 这一步

有相当多的证据表明，另一个重要的启发式方法应该是连通性——棋子互相连接或互相保护的程度。连通性是对一个棋局安全性的度量。缺乏连通性意味着可能需要利用未得到保护的棋力（子力）。连通的（受到保护的）棋局更容易进行博弈，这与棋局的规划紧密相关。在 *Connectivity in Chess* 这篇文章中，我们通过回顾上百场大师级、特级和世界冠军级比赛，并使用新手博弈作为对照，证明了连通性是大多数实力强劲的棋手进行博弈的一个重要考虑因素[25]。

具有良好兵阵结构的棋局往往连通性更好。如图 16.15 所示，在这个棋局中（由于在棋盘上，双方都只剩下一马、三兵、一王，因此被归类为"马残局"），白方的连通性和机动性很差，这通常伴随着糟糕的兵阵结构。白方的"a-兵"是叠兵，它有两组不同的兵（a-兵和 d-兵）；而黑方的兵阵和棋局正好相反，它们作为一个组，紧密联系，互相保护。

对于这个棋局，兵的值为 10，马的值为 30，为了简单起见，我们先不考虑王。一个合理的连通性度量如下：

图 16.15　研究连通性的一个棋局案例

对于防守方而言，每个棋子的值+3.2（其中 3.2 是兵的值 10 的平方根）。BN/a5 = 30+3.2（保护者 P/b6）；BP/b6 = 10+3.2；BP/c6 = 10+6.4（两个保护者）；BP/d5 = 10+6.4。黑方的总连通值为 79.2。

对于白方而言，连通性 WN/d2 = 30+3.2；WP/d3 = 10+3.2；WP/a3 = 10；WP:a4 = 10。白方

的总连通值为 66.4。

黑方在连通性方面明显领先。请注意，上述计算过程中使用的是棋子应有的子力值。保护者的值可能会因不同的棋子组合而有所不同，这可以通过快速查表来完成。对于连通性的一种更简单的计算方式如下：从每个棋子被兵保护的情况来看，黑方的保护数为 5，白方的保护数为 2。

这项研究中使用的数据是，赢家和输家从第 20 个回合开始到博弈结束的平均连通性的差值。一个悬而未决的问题是测试连通性和机动性之间的平衡。这可以描述为对"国际象棋风格"的研究。例如，熟悉国际象棋锦标赛的人会预期米哈伊尔·塔尔（Mikhail Tal）（以大胆作战和弃子下法著称）在博弈中有最高的机动性和最低的连通性，而阿纳托利·卡尔波夫（Anatoly Karpov）和季格兰·彼得罗相（Tigran Petrosian）（两人都以谨慎和安全的下法闻名）在博弈中则会有较低的机动性和较高的连通性。介于这两种风格之间的有费希尔（Fischer）、阿廖欣（Alekhine）和卡斯帕罗夫（Kasparov），他们有望在机动性和连通性之间取得更好的平衡。图 16.16 给出了一幅假想图，它比较了上述棋手的机动性和连通性倾向。

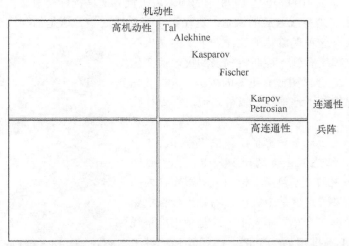

图 16.16   机动性与连通性——这种方法可以用来描述、研究、评估和证明世界冠军的风格

在国际象棋和计算机国际象棋程序中，兵阵结构可能是最重要的主题。这是一个贯穿开局、中局和残局的主题。可以说，几乎所有棋子的走法和布局都与兵阵有关。兵阵结构及其处理在本质上可以是静态的，也可以是动态的。优秀的兵阵结构与控制中心、空间、棋子（和小兵）的机动性，以及攻击对方王的能力，都有着内在的联系。兵阵结构的缺点也会从开局持续到博弈结束。兵阵优势在博弈的任何阶段都可以成为胜利的主要原因。兵阵可以视为"岛屿"或"群体"。棋手拥有的"岛屿"越多，他的兵阵结构就越糟糕。

虽然棋手和机器可以学习关于兵阵（静态）结构好坏的所有必要知识，但是要理解兵阵的动态变化，以及小兵与其他棋子之间的相互作用，则困难得多。更困难和微妙的是，如何生成一个可能导致决定用某个兵发起进攻的规划？尽管如前所述，小兵的走法通常等同于"棋局（或战略）博弈"，但它可能很快就会变成动态的，尤其在涉及对对方的王进行攻击的情况下。通常，在对某个棋局进行评估时，棋局因子的总和不允许超过一个小兵的值（1 分）。因此，如果在执行搜索之后，程序返回的对一个棋局的评估值为+0.75，则表明程序认为己方在棋局（静态）因子上领先 3/4 个小兵。

兵阵结构对残局博弈尤为重要。图 16.17 所示的棋局很容易从最流行的国际象棋开局——黑方使用的西西里防御得出。像 Fritz 9 这样强大的程序，似乎没有意识到在这种棋局下白方通常会遇到什么威胁。每一个强大的人类棋手对这种棋局都很熟悉，并知道白方可以使用 1.Bg5 威胁以相换马这一有利的兑子，最后得到"好马对坏相"的残局。毫无疑问，这个程序不惧怕 Bg5 以及随之而来的白相换黑马，因为它相信相比马有价值。但是，由于特定的兵阵结构（黑棋后方暗色方格 d6 中的兵很关键），这是一个众所周知的例外，在经过 Bg5 和 Bxf6 之后，需要为一个艰巨的防御任务做准备。

图 16.17　基于深层结构知识的一个棋局

16.2.3　超越地平线效应

20 世纪 70 年代初，1995 年至 1998 年的国际象棋世界通信锦标赛冠军汉斯·伯利纳（Hans Berliner）博士提出了**地平线效应**的概念，这在第 4 章介绍过[26]。这是伯利纳在进行博士研究时观察到的一种现象。这种现象基于这样一个观察结果：当计算机国际象棋程序看到一种即将到来的灾难性变化（如棋子损失）时，它会试图放弃更多的棋子，以将其先前"看到"的情况推向"地平线"以外。但这样做往往导致己方更加困难。

图 16.18 所示的棋局是计算机国际象棋程序历史上十分著名的棋局之一。当 Kaissa 选择 34.···Re8 而不是明显应该选择的 34.···Kg7 时，包括一位前世界冠军在内的 500 多名观众都惊呆了。这是个大败招吗？为什么执黑棋的 Kaissa 白白放弃一个车？事实上，这是使用地平线效应/暴力法进行正确推理的一个例子。相较于牺牲王后，Kaissa 更喜欢强行将对方的军，例如 34.Kg7 35.Qf8 + Kxf8 36.Bh6 + Bg7 37.Rc8 +，然后就可以将杀对手。

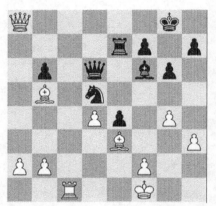

图 16.18　1977 年，在多伦多的世界计算机国际象棋锦标赛上，Kaissa 下出了 34.···Re8！

16.2.4　Deep Thought 和 Deep Blue 与特级大师的较量：1988—1995

大约在同一时期，一个后来被称为 Deep Thought 的程序（由卡内基·梅隆大学的 Anantharaman、Campbell 以及 Nowatzk 等研究生开发）在 1998 年的软件工具赛上与国际特级大师 Tony Miles 并列第一，并在比赛中击败了国际特级大师 Bent Larsen。也正是在这一时期，人们开始意识到，只有最优秀的人类棋手才能经常性击败计算机国际象棋程序，即使在慢棋比赛中也是如此。Deep Thought 达成的等级分是 2551 分，并在 1989 年赢得第六届世界计算机国际象棋锦标赛冠军[27]。

1988 年至 1989 年间的另一件大事对计算机和国际象棋的过去、现在和未来都具有十分重要的意义，那就是现在已故的国际大师 Michael Valvo 在一场 3 天 1 步制的两局互联网比赛中战胜了 Deep Thought。尽管这两局比赛的战术都非常复杂，但 Valvo 仍然最终获胜。这表明只要时间允许、条件适当，人类棋手依然可以与最好的计算机国际象棋程序一较高下。1989 年至 1990 年间，计算机国际象棋界还发生了许多其他重大事件。1989 年 10 月，国际象棋世界冠军（1985 年至 2000 年）加里·卡斯帕罗夫（Gary Kasparov）在纽约市赢得与 Deep Thought 的两场表演赛。显然，计算机还没做好挑战世界冠军的准备。同年 12 月，莱维的挑战赌注（来自莱维的 1000 美元和来自 *Omni* 杂志的 4000 美元）最终被计算机赢得。Deep Thought 以 4：0 的压倒性比分，击败了多年未进行国际象棋训练的莱维。在这次比赛中，本书的作者之一 Danny Kopec 再次担任了莱维备赛时的助手。简而言之，短短几天的时间不足以弥补莱维多年不训练所造成的实力差距，而 Deep Thought 则比过去的挑战者有了显著的进步。1990 年 2 月，前世界冠军阿纳托利·卡尔波夫（Anatoly Karpov）在哈佛大学与 Deep Thought 进行了一场表演赛，最终他以十分微弱的优势险胜。1996 年 2 月，卡斯帕罗夫在费城的比赛中证明了 Deep Blue 中存在的一些缺陷，他以 4：2（+3，=2，−1）赢得了比赛。

上述括号中的内容表示卡斯帕罗夫赢了 3 局，平了两局，输了一局。

需要注意的是，这次比赛在前 4 局后打成平手。在第 5 局中，经过 23 个回合，卡斯帕罗夫考虑到这局比赛双方势均力敌，但是他在时间上有点劣势，于是提出和棋请求，但 Deep Blue 团队不明智地拒绝了这一请求。在比赛的最后一局中，卡斯帕罗夫把握了棋局，掌握了主动权，让计算机几乎没有任何活动空间，并最终击败了 Deep Blue[28]。

1997 年 5 月，卡斯帕罗夫在纽约与 Deeper Blue 再次交手，最终以 2.5：3.5（+1，= 3，−2）

2012 年 6 月 26 日，加里·卡斯帕罗夫在英国曼彻斯特的图灵百年庆典上（由 Dennis Monniaux 拍摄）

落败。的确，这是卡斯帕罗夫自 1985 年成为世界冠军后，第一次在慢棋赛中输掉比赛，但这一结果不应该被赋予太多的意义，因为这只是一场短局比赛，并非为了争夺世界冠军而举行。

图 16.19 摘自 Hsu 于 1990 年发表在 *Scientific American* 杂志上的文章，它可能是本章最重要的一张图[29]。它展示了从 Belle 开始的一种趋势，这种趋势被 Hitech、Deep Thought、Deep Blue 和后继的程序所延续。Hsu 预测，一旦程序可以达到 14 层的穷尽式搜索深度，它们就会下出国际象棋特级大师级的棋局，并能够与世界冠军竞争。Hsu 的预测完全正确，尽管这些程序的等级分并没有像图 16.19 中预测的那样超过 3400 分。

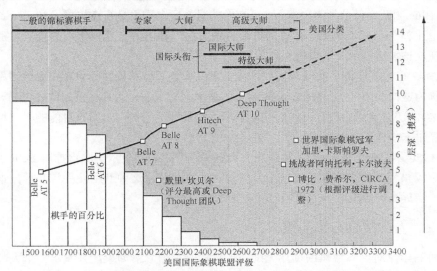

图 16.19　计算机国际象棋程序的等级分历史以及基于搜索深度的预测

16.3　计算机国际象棋程序对人工智能的贡献

如前所述，国际象棋编程已被证明在很大程度上既是一个表示问题——表示强大的国际象棋博弈所需的最重要概念，也是一个搜索问题。迄今为止，没有任何程序能够不进行大量搜索就达到大师级水平，特别是和人类棋手相比。逐层增加搜索深度，或更高效地聚焦大规模搜索，以便能够识别出棋手最关键和最佳的走法，以及及时识别棋局重现或搜索死局，这些能力对计算机国际象棋程序的成功至关重要。

16.3.1　机器搜索

大多数计算机国际象棋程序采用香农 B 型搜索策略，并使用带 α-β 极小化极大算法的深度优先迭代来加深搜索。在当今的计算机国际象棋程序中，超过 14 层的搜索并不罕见。

在大型搜索树（如计算机下棋时生成的搜索树）分析中，许多先前遇到的棋局会在走子序列转换后重新出现。哈希技术是计算机科学家用来有效存储信息或数据的手段，其中存储的信息和数据可以在后期继续使用。为了有效地恢复这些数据，棋局会被存储在所谓的**换位表**中，这样就可以很容易地找到所需的棋局。使用这种方式，一个棋局只要评估过，就不需要再次评估。

有时候，早期在搜索树分析中被证明很重要的走子（概念）变得再次可用。识别和再次使用这样的启发式方法，被称为使用**杀手启发式方法**（killer heuristic）。当能够用于大规模 α-β 剪枝的所谓反抗性（或推翻性）走子（refutation move）在搜索树的某一层出现并再次用来对搜索树进行剪枝（cutoff）时，这种方法特别有效。

20 世纪 80 年代末和 90 年代初，Deep Thought / Deep Blue 团队发现了一种搜索启发式方法——**空走子启发式方法**（null move heuristic）。和杀手启发式方法一样，空走子启发式方法的目的是通过更高效地使用 α-β 算法来实现效率更高的搜索。也就是说，在待分析的棋局中，待走子的一方跳过这一轮次，然后在搜索树的更高一层进行棋局的分析。如果棋局使用空走子启发式方法生成了 α-β 剪枝，则说明它是有效的；否则，搜索将继续深入下去。

Deep Blue 团队尝试使搜索更深入、更有效的另一研究成果是**奇点扩展**（singular extension）。实质上，这个概念是指，如果一步棋的价值特别突出，超出所有其他走子的价值，那么对这步棋的搜索就应该扩展到另一层以确保价值可信。

针对最多 6 枚棋子的所有残局而言，人们已经构建了计算机国际象棋**残局数据库**。这是通过一种被称为**逆向分析**（retrograde analysis）的技术来完成的：从具有已知值的棋局开始（例如 K + Q 对 K），逆向复原出所有可能的前驱棋局，并最终在残局中将所有可能的棋局标记或评估为——在经过 x 步走子后获胜或打平。

自从 1980 年 Ken Thompson（肯尼思·莱恩·汤普森）在贝尔实验室推出 Belle 程序以来，计算机国际象棋程序就一直在探索使用专用硬件的可能性。这种专用硬件与并行搜索算法相结合，将进一步提高计算机国际象棋程序的搜索深度和速度。

16.3.2　人类搜索与机器搜索

计算机科学家对国际象棋的痴迷无疑源于这样一种信念：如果能开发出一个大师级的计算机国际象棋程序，就相当于模仿和实现了人类创造性行为和思维的核心。虽然计算机国际象棋程序变得愈加强大，但显然它们并没有采用与人类相同的方法来获得下棋的能力。我们可以研究一下人类和机器在选择走法上的一些差异。

据估计，给定任何棋局，人类棋手能在 3 分钟的思考时间内搜索 50～200 种未来的棋局。即使是国际象棋世界冠军卡斯帕罗夫，也仅限于此。然而，像 Deeper Blue 这样最好的计算机国际象棋程序，在相同的 3 分钟内可以搜索几千亿种棋局。下棋时，人类棋手的计算能力无法与计算机程序相比。在计算的广度和深度方面，基于给定的中局，国际象棋大师最多能够考虑估计出的 7 种可能的备选走法。而基于同样的中局，计算机程序会从双方棋手的角度考虑每一种可能的走子，对于中局能平均估计出 35 种可能的走法。因此，除了计算能力不足之外，人类棋手在搜索的广度上也无法与计算机程序相比。此外，基于给定的棋局，计算机程序可以搜索多达 14 层（回想一下，一层相当于半个回合，两层相当于白方和黑方各走一子，所以 14 层相当于 7 个回合）的深度。然而，人类棋手很少能搜索到 10 层以上的深度。就连卡斯帕罗夫也承认，这是他在 1996 年 2 月和 1997 年 5 月与 Deeper Blue 比赛中的极限。在不同的情况下，这些搜索的统计数据可能会有所不同，特别是在终局阶段，此时由于棋盘上棋子数目的减少，更深的搜索是可能的。因此，计算机搜索深度的限制大约为 3^5，而人类搜索深度的限制介于 2^5（32，或每个棋局 2 步走子且深度为 5）和 3^5（243，或每个棋局 3 步走子且深度为 5）之间[14]。但是，人们普遍认为，人类与计算机程序不同，人类很难在搜索的广度和深度上与计算机程序保持一致。这更可能发生在计算最密集棋手的极端情况下，人类可能在某个棋局上搜索 10 层，在另一个或两个棋局上搜索 8 层，而在其他棋局上搜索 7 层，其余以此类推。

这比先前提到的、最好的计算机程序搜索的数千亿个状态空间要多一些，可能是因为搜索深度会随着吃子或兑子的结果而增加，一个棋局中可能的走子数目（分支因子，最初为 35）将减少到 25 左右[11]。

人类如何与最好的计算机程序竞争？在计算机搜索的数千亿种棋局中，大多数只是因为它们属于合法走子的范畴而已。换句话说，计算机评估的许多走法并不现实。例如，在走出 1.e4 e5 2.Nf3 Qh4 之后，作为白方的计算机程序会考虑 3.…Qh4 这种走法，但这并不合理（因为会白白失去一个王后）。如果人类可以找到足够补偿搜索深度的组合或弃子方式，那么即使是最好的计算机程序也可能被击败。为了找到这些组合，人们可以依赖长期棋局概念，包括启发式方法，如弱方格或复合弱方格组等。最优秀的人类棋手可以有效地运用这种启发式方法。然而在实践中，计算机程序作为防守方也能给出灵活的防守方式，弃子的补偿深度被推得远远超出地平线，甚至常常得不到足够的补偿。

16.3.3　启发式方法、知识和问题求解

蔡斯（Chase）和西蒙（Simon）在 1972 年的工作以及其他人的研究都表明，人类下棋主要是通过模式识别实现的[30]。AI 研究人员和认知科学家对国际象棋的最初兴趣在于，通过机器解决国际象棋问题或达到国际象棋大师级水平，便可获得人类解决问题和思维方法的重要洞察。此外，解决或掌握国际象棋博弈的程序将证明，机器可以侵入最初被认为是人类智能所特有的、象征性的具有独特创造性的领域（如国际象棋、音乐和数学）并做出贡献。如前所述，机器和人类会以不同的方式解决这些领域的问题，并为这些领域贡献原创材料。

正如第 7 章所述的那样，人们经常使用启发式方法来帮助自己做出决策。人不是机器，

我们的运作方式往往是不精确和近似的，但目的明确，以目标为导向。事实上，当有人试图像机器一样运作或表现，变得规律、可预测和例行公事时，他们要么失败，要么变得疯狂。大多数人不会像下面这样按照清单开始一天的生活：首先洗漱，然后刷牙、穿衣服、吃早餐等等，每项任务均花费 x 分钟。我们必须大致了解某天、某个周末、某月或某年的任务和目标。通过使用启发式方法及其提供的知识，可以弥补我们缓慢而有限的搜索速度。在国际象棋中，启发式方法的例子包括在开局阶段，布局棋子、控制中心、维护王的安全、争取空间以及不丢失任何子力。此外，还有一些更精细的启发式方法，例如，开局阶段布局的前三步等值于一个兵，位于边缘位置的马毫无用处，换句话说，马在棋盘中央比在边缘更好。虽然计算机也通过编程来使用启发式方法下棋，但这些启发式方法不是用文字，而是用数字来表示的。人类实际上也在做同样的事情，只不过我们没有明确且有意识地把数字组合在一起来选择走法，我们是下意识这样做的。

由于人类是机器的编程者，因此计算机评估走子或变化的方法基于人类将不精确的（静态结构的）启发式方法，转换为对所考虑和选择的每一步走子质量的最终评估值。程序员必须基于他们对程序中启发式方法的性能或有效性的理解，来微调**评估函数**。一般来说，这就是我们需要优秀的棋手给国际象棋程序员提供建议并帮他们评估启发式方法的准确性和有效性的原因。自动化地、统计数据库式地尝试研究程序启发式方法（包括 Deep Thought 和 Deep Blue）的性能，已经促进了由程序评估函数组成的启发式方法权重的改进。尽管如此，将由启发式方法表示的国际象棋知识转换成强大的计算机国际象棋程序下法，并与计算机国际象棋程序的所有其他方面（如数据结构、搜索、开局和各种信息表）结合起来，依然是一项复杂而艰巨的任务。

16.3.4　暴力计算：知识与搜索，表现与能力

尽管计算机国际象棋程序于 1982 年就达到大师级水平，于 1988 年达到高级大师（等级分 2400+）水平，并于 20 世纪 90 年代达到特级大师水平，但一些 AI 专家就国际象棋对 AI 的贡献仍持怀疑态度。AI 研究人员持续争论的一个问题是，高效的搜索技术是否构成了强人工智能？回顾一下，强人工智能是一种以人类所采用的方式，从认知心理学的角度，为困难问题搜索解决方案的方法。换句话说，解决方案模拟了人类的行为，能够帮助我们更好地理解人类是如何运作和思考的。根据这个定义，既然人类和机器做出决策的过程有诸多不同，那么在国际象棋中，程序搜索并决定最佳走法是否等同于人类的思维过程呢？

总的来说，计算机国际象棋程序对 AI 和计算机科学的一大贡献在于它的副产品——暴力的力量。在计算机科学的背景下，暴力意味着分配强大的计算能力，以执行从给定的棋局开始到特定深度的穷尽式搜索。暴力法改变了人们对于如何与机器进行最佳博弈的看法。强人工智能的支持者（包括本书的作者之一 Danny Kopec）一直希望能够学习足够多优秀棋手大脑中的思维，以便可以在不需要太多计算的情况下开发出强国际象棋程序。

然而，多年来获得的证据（包括许多伟大科学家的努力）证明我们错了。与我们的想法相反，大量的计算确实是需要的，而且知识在减少搜索需求方面的好处也并不那么明显。因此，在国际象棋中，过去被认为很清晰的战术玩法和战略玩法的区别，几乎完全被暴力的力量所侵蚀。一个例子是图 16.20 所示的迈克尔·亚当斯（Michael Adams，当时世界排名第 7）与计算机 Hydra 之间 6 局系列赛的第 4 局。

我们再次看到了暴力直接导致的漂亮且出人意料的战术概念。Hydra 刚刚下出 44.Rh5，基

本上就锁定了胜利。在这一步之前，黑方的车被困在 h6
这个无所作为的位置。黑方似乎很难尝试激活这枚棋子（比
如通过 Rh8），因为 P/g6 将会失去保护。但是现在，通过
这巧妙的一步，黑方可以将王前移，尽管这样会使己方的
过路 d-兵失去保护，但黑方聪明的战术 f4+可以使这些棋
子免受损失。这场比赛的结局是 45.Ra1 Kc5 46.Rc1 + Kb4
47.Rd1 Kc4 48.Rc1 + Kd3 49.Rc6 Rh6 50.h5 f4 +，白方投子
认输。此外，我们可以从这样的例子中看到，优秀的人类棋
手拥有大量关于国际象棋残局的知识，但是计算机程序可以
用自己的方式弥补这些知识的缺失。

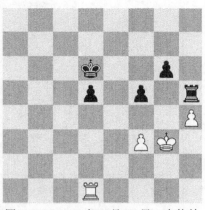

图 16.20　2005 年 6 月 25 日，在伦敦
举行的人机大战（第 4 局比赛）——
Michael Adams 对战 Hydra

　　战术玩法通常指的是黑方和白方之间的白刃战（如将
军、捕获、牵制、捉双），而战略玩法通常指的是更长期的
策略（例如，通过撤退重新组合马、棋子前哨，通过棋子
前移发展和执行规划）。

　　总而言之，计算机程序可以在没有强人工智能技术、没有特殊的国际象棋知识的帮助下，
仅仅通过暴力计算，就下出似乎是有史以来最强的国际象棋对局。人工智能科学家将这种区
别称为**表现**（performance）**与能力**（competence）。也就是说，那些表现出色但对正在做的
事情或背后原理并不了解的计算机程序隶属于弱人工智能（或表现）领域；而那些可以展
示对自己领域的知识有很好理解的计算机程序，则被认为是有能力的，它们表现出了强人
工智能。

16.3.5　残局数据库和并行计算

　　国际象棋残局数据库的发展促进了人们对国际象棋及其与计算机科学问题之间关系的认识[31]。
这个领域的发展进一步证明了搜索与知识的区别。近年来，几乎所有有关国际象棋残局的研究
集中在开发完整的数据库解决方案上，而不是通过组织知识来了解这些残局的奥秘。刘易斯·斯
蒂勒（Lewis Stiller）已经构建了多达 6 枚棋子的完整的残局数据库，这扩展了我们对某些特定
目的的残局的认识[32]。1991 年，当时还是约翰·霍普金斯大学研究生的斯蒂勒解开了 KRB-KNN
残局的奥秘，证明了优势一方能够在第 223 步获胜。

　　由于 6 子残局有超过 60 亿种棋局，斯蒂勒发现超过 96%的棋局是优势一方获胜，这具有
深远的意义，并远远超出人类的理解范畴。

　　但是，残局数据库并没有提供米基（Michie）教授所说的那种"知识精练"过程，而知识精
练可以使人类获得这类残局的关键概念，从而扩展国际象棋和相关学科的知识[33]。

　　20 世纪 70 年代，麦吉尔大学的蒙蒂·纽波尔（Monty Newborn）率先开发了他的 Ostrich
程序的并行版本[34]。随后，包括 Cray Blitz、Hitech、Deep Thought 和 Deep Blue 在内的所有计算
机国际象棋程序开始利用并行架构来提供高级搜索功能。这些被应用于计算机国际象棋程序的
并行搜索技术的发表，以及它们的高效实现方法，对搜索与并行计算学科做出了很大的贡献[35]。
虽然并行计算带来的加速与处理器数量并不是线性关系，但它是当今大多数计算机国际象棋程
序的一个不可或缺的特征。表 16.2 从大小、组成、速度、强度等方面比较了历史上一些知名
的计算机国际象棋程序。

表 16.2　自 1980 年以来，一些知名的计算机国际象棋程序的细节

编号	名称	作者	隶属	年份	编程语言/计算机规格	程序大小	速度/棋局每秒	搜索深度/层	等级分	技术
1	Kaissa	Georgy Adelson-Velsky, Vladimir Arlazarov, Alexander Bitman 和 Anatoly Uskov	理论与实验物理研究所	1960—1974 年	英国国际计算机有限公司（ICL）系统 4/70 计算机，具有 64 位处理器/24 000 字节内存，每秒 900 000 条指令 汇编语言	384KB	200	7	1600	这是第一个使用位棋盘的程序。Kaissa 包含了具有 10 000 步移动的开局并采用了具有窗口的 $\alpha\text{-}\beta$ 技术。这个程序引入了名为"最佳移动服务"的功能，存储了 10 个最佳移动的表格，然后通过使用这个表格删序，改进了 $\alpha\text{-}\beta$ 方法的移动顺序。这个程序的另一个特征是"虚拟移动"，在这种方法中，一方在移动到新威胁时，不做任何事情。这个程序使用这种方法来发现威胁
2	Nchess	David Slate, Larry Atkin 和 Keith Gorlen	美国西北大学	1970—1972 年	美国西北大学的控制数据公司（CDC）6400 计算机/汇编语言	250KB	600 000	7	2400	在这游戏树中，这个程序快速搜索每一步可能的移动，直至搜索到一定的深度，即所谓的全宽度搜索或彻尽搜索
3	Cray Blitz	Robert Hyatt, Harry Nelson 和 Albert Gower	克雷研究所	1980—1994 年	具有 64 位寄存器的克雷 X-MP 超级计算机/CFT77 FORTRAN	64MB	200 000	9 或 10	2258	动态树分割算法：如果处理器完成了工作，即完成对子树的搜索，它就会向所有繁忙的处理器广播帮助请求（help request）。这些处理器快速复制当前子树中搜索每个节点的类型以及每个节点处未搜索到的地方，繁忙的处理器恢复空闲处理器检查数据。空闲处理器的工作量和节点的分割点，继续搜索。基于这些信息发送给空闲工作和节点的深度，选择最有可能的分割点

续表

编号	名称	作者	隶属	年份	编程语言/计算机规格	程序大小	速度/棋局每秒	搜索深度/层	等级分	技术
4	Hitech	Hans Berliner 和 Carl Ebeling	卡内基·梅隆大学	1985—1988 年	Sun 小型机（高速、专用并行硬件）	550KB	10 000	4~9	2530	在开始搜索以寻找最佳移动之前，分析棋局并决定搜索必须发现什么信息。然后，搜索器中 64 个集成电路芯片中的每一个芯片都要加载其所分配的任务。每个芯片并行工作，得到各对最佳移动的想法，最后将数值分数传递给为仲裁器建的 Oracle。比起其他程序，这个程序集成了更完整、更成熟的国际象棋知识
5	Belle	Ken Thompson 和 Joe Condon	贝尔电话实验室	1978—1986 年	主要由电子硬件组成，能够以极快的速度执行通常由软件执行的任务	90KB 或 128KB 的转移表	180 000	8 或 9	2250	在全宽搜索树中，没有选择性地使用蛮力搜索，除了一些扩展以外，主要包括将军吃和吃回
6	Deep Thought	Feng-Hsiung Hsu 和 Thomas Anantharaman	卡内基·梅隆大学	1988 年	Sun 4 工作站/Deep Thought 的国际象棋引擎，在一块电路板上包含了 250 个芯片和两个处理器		720 000	10 或 11	2551	集成了新的搜索算法——"奇点扩展"，允许机器沿有希望路径深入探索，而不是停留在一般的搜索层次上。通过向后回放完成的游戏，机器进行事后总结，从错误中学习
7	Deep Blue	Feng-Hsiung Hsu, Murray Campbell 和 Chung Jen Tan	IBM	1996—1997 年	大规模并行的 32 节点 RS/6000 SP 计算机系统/Power 2 超级芯片处理器		7 000 000	15	2852	Deep Blue 没有使用任何人工智能。对于国际象棋的直觉下法而言，没有公式。Deep Blue 主要依靠算力以及搜索和评估函数

续表

编号	名称	作者	隶属	年份	编程语言/计算机规格	程序大小	速度/棋局每秒	搜索深度层	等级分	技术
7	Deep Blue	Feng-Hsiung Hsu、Murray Campbell 和 Chung Jen Tan	IBM	1996—1997 年	(P2SC)。32 个节点中的每一个节点都采用了包含 8 个专用超大规模集成 (VLSI) 国际象棋处理器 (总共 256 个处理器) 的单微通道卡。C 程序语言 /AIX UNIX 操作系统		7 000 000	15	2852	首先进行"浅层"搜索，比如 10 步移动的深度，获得相略的指示，从而知道哪些步是有希望的，然后重新搜索这些步到更深的深度。如果程序确定了一步"好"的移动，那么一旦证明另一步可替代的移动会导致更糟糕的棋局，程序就会立即停止考虑这一步移动
8	Fritz	Frans Morsch 和 Mathias Feist	ChessBase	20 世纪 90 年代至今	运行在 2.8GHz 的 4 个 Intel Pentium 4 Xeon CPU 上		500 000	最多 14 层	>2600	使用称为空着搜索 (null-move search) 的选择性搜索技术。作为这种搜索的一部分，Fritz 允许方移动两次 (另一方做空移动)。这使得程序在搜索到完全深度之前，能够检测到糟糕的移动
9	Hydra	Christian Donninger 和 GM Christopher Lutz	PAL 集团	2004 年至今	运行在 64 个节点的 Xeon 群集上	64GB 的 RAM	200 000 000	最多 18 层	>2850	使用 alpha-beta 修剪以及空着启发式方法。虽然使用 B 型向前修剪技术可能会错过一些好的移动，但是由于这允许更大的搜索深度，因此通常表现得更好

16.3.6　本书作者 Danny Kopec 的贡献

Danny Kopec（本书的作者之一）在他的关于机器智能的博士论文[36]中，重点比较了国际象棋中机动性最小的残局 K+P 对 K 的几种正确解和最优解的知识表示[36]。他在**可执行性**方面比较了这些解，将其作为新手的建议手册。出于相同的目的，Danny Kopec 在**可理解性**方面也对它们进行了比较（见第 6 章）。换句话说，国际象棋初级玩家能否将这些程序由编程语言（如 ALGOL 或 Prolog）翻译成英语来学习？其中的程序信息显示为决策表或过程。

K+R 对 K+N 是一个专业的国际象棋残局，即使在顶级比赛中也频繁出现。在蒂姆·尼布利特（Tim Niblett）的一篇题为 "How Hard Is the K+R vs. K+N Ending?" 的文章中，我们了解到，在这个残局中，只有大师级别的棋手才可能打成平局或获胜[37]。获胜所需的步数最多为 33。而在这个残局中，即使是大师级别以上的棋手，出现失误也是很常见的。从这项研究中可以发现，弱势的一方想在这个残局中保留悬念，就必须采取反直觉的"分离"走法，即增加防守方 K 和 N 之间的距离，而不像常见的人类启发式方法那样缩小它们之间的距离。换句话说，在某些棋局中，重要的不是 K 和 N 之间的距离，而是它们之间安全路径的可用性。

在与伊万·布拉特科（Ivan Bratko）的合作中，Danny Kopec 开发了一种测试，旨在基于战术能力以及对"杠杆"兵的具体知识的了解，对国际象棋的实力进行评估[38]。这种测试只有 24 个棋局，每个棋局的思考时长为 2 分钟。多年来，它一直是评估人类棋手和计算机国际象棋程序实力的基准。事实证明，它对等级分在 1500 分以上但达不到大师级的棋手来说是非常可靠的。此后的一项研究工作——"国际象棋认知实验"对人类棋手进行了各种测试，以确定两个人是否比一个人更聪明，或者测试两个人合作下棋是否比一个人下棋表现更好[39]。另一项测试涉及时间序列实验，以观察不同级别的棋手在不同难度的棋局上以及不同思考时间限制下的表现。结果发现，总的来说，两个人合作下棋比一个人独自下棋的表现更好。研究发现，在思考时间较短、较容易的棋局中，弱棋手可以表现得与强棋手相当；而在思考时间较长、较困难的棋局中，实力更强的棋手将会脱颖而出。

Danny Kopec 与汉斯·伯利纳（Hans Berliner）的合作始于对所有可以识别的、正确的国际象棋重要概念进行编译和分类[40]。如果能把在一个棋局中选择正确走法的问题归为合适的类别，那么国际象棋中的问题求解也就可以很好地分类，毫无疑问，表现和理解力都会提高。这项工作后来扩展成了 *Test, Evaluate, and Improve Your Chess: A Knowledge-Based Approach* 一书，该书的第 2 版还提供了对所有级别棋手在游戏所有模块上的 7 项测试[41,42]。

16.4　其他博弈游戏

我们已经详细介绍了两种著名的高级计算机博弈游戏——国际象棋和跳棋的历史、研究和进展。接下来，我们将总结其他一些知名博弈游戏的进展，如奥赛罗棋、双陆棋、桥牌、扑克和围棋。

16.4.1　奥赛罗棋

奥赛罗棋游戏的目标是，当游戏结束时，在 8×8 总共 64 个方格的棋盘上，尽可能多地放置己方颜色的棋子。通过每次走子，你可以以"包围"或捕获对手的棋子，将其翻转为颜色的棋子。游戏开始时，棋盘中央有 4 个棋子（两白两黑），如图 16.21 所示。

棋盘的 4 个角以及围绕棋子的某些固定位置的方格被认为是最重要的。在奥赛罗棋游戏中，控制 4 个角及其周围方块对胜负至关重要。下面的一段代码说明了奥赛罗棋游戏中 X 方格（b2）的重要性：

```
If a1 = own THEN RETURN 100 END;
If a1 = opp THEN RETURN 2 END;
IF (g1 = opp) OR (a7 = opp) THEN RETURN - 100 END.
RETURN - 200.
```

这段代码是由凯鲁尔夫（Kierulf）在 1983 年编写的[43]，参见图 16.22。

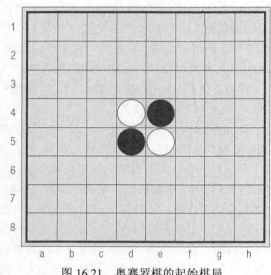

图 16.21　奥赛罗棋的起始棋局

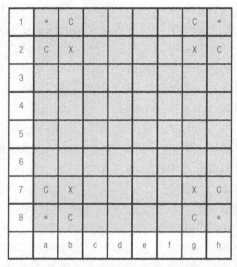

图 16.22　4 个角及其周围方格的重要性

奥赛罗棋游戏是一款策略游戏，仅仅试图在每一步捕获棋子的暴力玩法必然会失败。多年来，人们普遍认为最好的奥赛罗棋程序将会击败最好的人类玩家，而当这最终在 1997 年发生时，顶级程序 Logistello 很快就退役了。

20 世纪 90 年代，Logistello 在其参加的 25 场锦标赛中赢得了 18 次冠军、6 次亚军和 1 次第 4 名。这个程序对深度搜索与复杂的自适应评估函数进行了结合，得到了一个扩展的开局数据库以及一个完美的残局棋手的辅助[2]。谢弗（Schaeffer）认为，奥赛罗棋游戏是下一个可能被解决的候选高级计算机博弈游戏："棋子翻转游戏'奥赛罗棋'有可能是下一个得到彻底解决的流行游戏，但它需要比跳棋游戏多得多的资源。"[8,44] 表 16.3 列出了奥赛罗棋程序的里程碑事件。

表 16.3　　　　　　　　　　　　　　奥赛罗棋程序的里程碑事件

年份	程序或事件	说明
1971 年	Othello	我们现在所知的奥赛罗棋是由长谷川五郎（Goro Hasegawa）在修改了 19 世纪 80 年代末的"Reversi"游戏的规则后创造出来的
1980 年	The Moor	由迈克·里夫（Mike Reeve）和大卫·莱维（David Levy）编写的奥赛罗棋程序 The Moor，在与世界冠军井上浩（Hiroshi Inoue）的 6 局对弈中赢了一局
20 世纪 80 年代初	Iago	保罗·罗森布鲁姆（Paul Rosenbloom）开发了奥赛罗棋程序 Iago。在与 The Moor 对弈时，Iago 更擅长永久捕捉棋子并限制对手移动

续表

年份	程序或事件	说明
20 世纪 80 年代末	Bill	李开复和桑乔伊·马哈詹（Sanjoy Mahajan）开发了奥赛罗棋程序 Bill。Bill 与 Iago 类似，但集成了贝叶斯学习。Bill 毫无疑问可以打败 Iago
1992 年	引入 Logistello	迈克尔·布罗（Michael Buro）编写了奥赛罗棋程序 Logistello。Logistello 的搜索技术、评估函数和模式知识库都优于之前的奥赛罗棋程序。Logistello 能通过超过 10 万次的自我博弈来完善自身
1997 年	完善 Logistello	Logistello 在与世界冠军村上健（Takeshi Murakami）的 6 局对弈中全部获胜。虽然人们对于奥赛罗棋程序比人类棋手强大这一点没有什么疑问，但距离上一次计算机与人类世界冠军的比赛已经过去 17 年。在 1997 年的比赛之后，人们已经不再有任何疑问。Logistello 比任何人类棋手都要强得多
1998 年	Hannibal、Zebra	迈克尔·布罗（Michael Buro）让 Logistello 退役了。虽然人们对研究奥赛罗棋的兴趣有所减退，但仍然有人开发了一些奥赛罗棋程序，包括马丁·皮奥特（Martin Piotte）和路易斯·杰弗里（Louis Geoffrey）开发的 Hannibal 以及冈纳·安德森（Gunnar Andersson）开发的 Zebra

16.4.2 双陆棋

双陆棋是一种有 5000 多年历史的博弈游戏，被称为"终极竞速游戏"，也可以认为是儿童游戏"Parcheesi"的高级版本。"Parcheesi"游戏的目标是，最多 4 名玩家根据骰子数的指示尽可能快地走完整个棋盘[45]。

双陆棋还包括一个防御模块，玩家需要尽力创造出点数来阻碍对手前进。双陆棋对机会因素（骰子）与战略、计算、概率、风险分析，以及经验、直觉和知识等要素进行了结合。虽然在个人游戏或短局游戏中，新手也有机会战胜顶级玩家，但这款游戏绝对是一种技巧的博弈。图 16.23 展示了白方在掷出的骰子数为 6-2 情况下的开局。所进行的走子是 24-18 和 13-11。显然，双陆棋中的走子需要考虑能创造出安全结构（点数）的机会，如何移到可以抵抗的位置，以及应付对手攻击的可能性（和能力）。

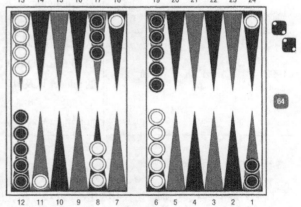

图 16.23　白方在第一次掷骰子为 6-2 的情况下，走子后的棋局

杰拉尔德·特索罗（Gerald Tesauro）开发的 TD-GAMMON 3.0 通过近 150 万次自我博弈，并利用神经网络进行自我训练，获得了最有效的评估函数，这被认为是对人工智能的巨大贡献[2]。为了达到这一目的，在每局游戏结束后，神经网络使用一种称为时间差分学习（temporal difference learning，简称 TD 学习）的技术来确定哪些项对程序的胜利起到最重要的作用。TD 学习是蒙特

卡洛思想和动态规划思想的结合（请回顾 3.6.3 节解释过的动态规划）。与蒙特卡洛方法一样，TD 方法可以直接从原始经验中学习，而不需要环境的动态模型。与动态规划一样，TD 方法部分基于其他学习到的估计来更新评估，而无须等待最终的结果（即它们是自举形式的）。表 16.4 列出了双陆棋程序的里程碑事件。

表 16.4　　　　　　　　　　　　　　双陆棋程序的里程碑事件

年份	程序或事件	说明
1979 年	BKG 9.8	由卡内基·梅隆大学的汉斯·伯利纳（Hans Berliner）编写的第一个强大的双陆棋程序 BKG 9.8，在一场表演赛中击败了世界冠军路易吉·维拉（Luigi Villa）。人们普遍认为维拉下得更好，但是计算机受到命运女神的青睐，掷出了更好的骰子数
1989 年	Neurogammon	杰拉尔德·特索罗（Gerald Tesauro）开发的基于神经网络的双陆棋程序 Neurogammon，利用人类高手的对弈数据库进行训练，在 1989 年的国际计算机奥林匹克竞赛中获得双陆棋锦标赛的冠军。自 Neurogammon 以来，所有顶级的双陆棋程序都基于神经网络。基于搜索的算法目前并不适用于双陆棋，因为这款游戏的分支因子多达数百个
1991 年	TD-Gammon 首次亮相	杰拉尔德·特索罗（Gerald Tesauro）的 TD-Gammon 首次亮相。TD-Gammon 没有使用走子数据库进行训练，而是通过自我对弈进行训练。由于单步走子得不到奖励——只有在对弈结束后才可以奖励，而获胜的功劳必须分配到各个走子步骤中，因此这种方法极具挑战性。特索罗使用理查德·萨顿（Richard Sutton）首创的 DC 学习克服了这个障碍
1992 年	TD-Gammon 得到改进	TD-Gammon 的水平几乎与最优秀的人类棋手相当。此外，它还影响了人类双陆棋专家的下法
1992 年至今	JellyFish、mloner 和 Snowie	从 TD-Gammon 获得灵感的双陆棋程序层出不穷，如弗雷德里克·达尔（Fredrik Dahl）的 JellyFish、哈拉尔德·威特曼（Harald Wittman）的 mloner 以及奥利维尔·埃格（Olivier Egger）的 Snowie 等。虽然人们开发了一些非基于时间差分学习方法的双陆棋程序，但它们未能证明自己的优越性

16.4.3　桥牌

桥牌是一种技巧和运气并存的纸牌游戏。墩（trick）是游戏的单位，游戏中每个玩家从自己的手牌中选出一张出牌。游戏包括 4 名玩家，组成两组搭档。玩家（通常称为东、南、西、北）面对面坐在一张桌子边，南、北组成一个搭档，东、西组成另一个搭档。游戏过程包括叫牌和出牌，在此之后计分。

有关桥牌规则和目标的完整描述，参见附录 D.3.1。

叫牌以定约结束，这是某个搭档的一份声明，他们一方将至少拿下一定数量的墩，使用指定花色作为将牌或无将。桥牌规则类似于其他采用墩的游戏，只不过增加了一个特征，就是其中一个玩家的手牌牌面朝上放在桌子上，称为"明手"。

一局桥牌由几张叫牌（也叫手牌）组成。当一手牌发完，叫牌得到结果后，就可以出牌了。最后，对手牌的结果进行计分。单次发牌的目标是使用给定的牌获得最高分数。分数主要受两个因素的影响：在叫牌过程中出的点数以及在下牌过程中获得（赢得）的点数。如果在叫牌过程中获胜的一方（定约方）得到定约规定的牌数（或更多牌数），则称他们已达成定约并获得分数；否则就称定约"失败"或"宕"，并将分数加给对手（防守方）。表 16.5 列出了桥牌程序的里程碑事件。

表 16.5　　　　　　　　　　　　　　桥牌程序的里程碑事件

年份	程序或事件	说明
1958 年	N/A	国际象棋和桥牌爱好者汤姆·思鲁普（Tom Throop）在一台 UNIVAC 计算机上编写了一个桥牌程序。但这个桥牌程序仅玩一轮就会耗尽内存
20 世纪80 年代	Bridge Baron	尽管桥牌程序吸引了越来越多研究者的关注，但汤姆·思鲁普（Tom Throop）一直处于领先。1982 年，他完成了第一个版本的 Bridge Baron，这个桥牌程序直到今天仍在继续开发
1990 年	提供了一百万英镑	齐亚·马哈茂德（Zia Mahmood）提供了一百万英镑的奖金给任何可以击败他的桥牌程序
1997 年	Bridge Baron	Bridge Baron 获得第一届世界计算机桥牌锦标赛冠军
1998 年	GIB	来自俄勒冈大学的马修·金斯堡（Matthew Ginsberg）编写的 GIB 成为最强的桥牌程序。1998 年，GIB 不仅获得计算机桥牌世界锦标赛冠军，还作为唯一的计算机棋手受邀参加世界桥牌锦标赛的标准桥牌赛。在 35 位竞争者中，GIB 最终位列第 12 名
1998 年	GIB	GIB 在一场表演赛中与齐亚·马哈茂德（Zia Mahmood）和迈克尔·罗森贝格对战（Michael Rosenberg）。虽然 GIB 输了，但是其出色表现让 Zia Mahmood 十分紧张，后者随即取消了一百万英镑奖金的挑战
21 世纪初	Jack、WBridge5	来自荷兰的汉斯·奎夫（Hans Kuijf）编写的 Jack 引领了计算机桥牌界。Jack 在 2001 年、2002 年、2003 年、2004 年和 2006 年分别获得计算机桥牌世界锦标赛冠军，2005 年的冠军是来自法国的伊夫·科斯特尔（Yves Costel）编写的 WBridge5

16.4.4　扑克

扑克也是一种纸牌游戏，在社交场所很受欢迎。作为一种结合了技巧和运气的博弈游戏，它的流行引起了人们极大的兴趣，以至于很多人都试图解析扑克的本质。国际象棋是一种完美信息博弈，任何尝试利用人类心理学上的优缺点的计算机程序都会被鄙视。相比之下，对于扑克而言，任何成功的计算机程序都必须效仿游戏中的人类元素，包括虚张声势等。

在成功的扑克博弈中，玩家必须隐藏自己持有的牌，迷惑对手，然后在最合适的时机出牌。全球计算机游戏编程专家乔纳森·谢弗（Jonathan Schaeffer）在其关于计算机博弈的文章中针对扑克游戏给出了如下结论：

"双人完美信息博弈，是现实世界复杂性的简化模型。现实世界不是双人博弈，也不是回合制的，更不具备完美信息！因此，这类完美信息的博弈游戏给我们传授的人工智能知识是有限的。相比之下，像扑克这样的游戏，由于信息不完全，更能反映现实世界推理的复杂性，因此更有可能为我们对人工智能的理解做出实质性贡献。"[46]

表 16.6 列出了扑克程序的里程碑事件。

表 16.6　　　　　　　　　　　　　扑克程序的里程碑事件

年份	程序或事件	说明
20 世纪 70 年代	第一个"5 张抽"扑克程序	尼古拉斯·芬德勒（Nicolas Findler）编写了一个可以玩"5 张抽"游戏的扑克程序。虽然他的程序不是特别强大，但他的目的是模拟人类玩家的思维过程，而不是创造出最好的扑克程序
1984 年	Orac	职业扑克选手迈克·卡罗（Mike Caro）在一台 Apple II 计算机上编写了 Orac。Orac 玩的是德州扑克——这是一种流行且有趣的计算类型的扑克游戏。遗憾的是，Caro 将程序保密了，因此我们无法知道 Orac 的强弱
20 世纪 90 年代	Turbo 德州扑克	人们开发了一个名为 Turbo 德州扑克的商业扑克程序。这是一个基于规则的扑克程序，它比其他商业扑克程序的销量都要高，直到今天仍在销售
1997 年	Loki	在乔纳森·谢弗（Jonathan Schaeffer）的领导下，阿尔伯塔大学的研究人员编写了德州扑克程序 Loki
1999 年	Poki	阿尔伯塔大学研发团队重写了 Loki 并命名为 Poki。Poki 可以容纳多人一起游戏，最多可以容纳 10 个玩家
2001 年	PsOpti	不断成长的阿尔伯塔大学研发团队编写了 PsOpti，这个扑克程序使用了博弈论。PsOpti 玩的是一对一（双人）德州扑克
21 世纪初	在线赌博网站	在线赌博网站激增。由于这些网站涉及真实资金流动，因此禁止扑克程序或"扑克机器人"参与
21 世纪初	Vexbot	阿尔伯塔大学研发团队继续开发新技术。他们的研究包括创建 Vexbot，这是一个基于学习的扑克程序，它可以根据对手建立的模型进行调整
2005 年	PokerProBot	首届世界扑克机器人锦标赛成功举行。业余组冠军（不包括来自阿尔伯塔大学的扑克程序）PokerProBot 赢得 10 万美金
2006 年	Hyperborean	这一年的 7 月下旬，美国人工智能协会（American Association for Artificial Intelligence，AAAI）举办了第一届 AAAI 计算机扑克大赛，阿尔伯塔大学扑克研究小组的 Hyperborean 组织了此次比赛并获得冠军（领先其他 3 个扑克程序）
2007 年	2007 年扑克大赛	2007 年扑克大赛的参赛选手包括来自 7 个国家的 15 名选手和 43 个机器人。比赛在 32 台运行时间超过一个月、玩了超过 1700 万手的机器之间进行。2007 年 7 月 24 日，AAAI 在温哥华举行的 AAAI 2007 会议上宣布了比赛结果：Limit Series（均衡）和 Limit Bankroll（在线）玩法——来自 13 名竞争对手的 33 个机器人，一共打了 1370 万手牌　无限制玩法——来自 8 名竞争对手的 10 个机器人，一共打了 340 万手牌

16.5 围棋：人工智能的"新果蝇"

围棋是在一块 19×19 的方形棋盘上进行的（因此其分支系数约为 360!），黑白双方轮流在棋盘上放置一枚棋子。围棋挑战了迄今为止已被应用到传统二人零和博弈中的许多技术，如标准的搜索、知识和剪枝技术。谢弗（Schaeffer）认为：

19×19 的棋盘导致非常大的分支系数，仅仅依靠 α-β 搜索根本无法产生很强的玩法。相反，围棋程序使用了大量与应用相关的知识，执行的是小规模的局部搜索。围棋程序 Many Faces of Go 的作者大卫·福特兰（David Fotland）确定了强围棋程序所需的 50 多个主要组件。这些组件有本质上的不同，且大部分难以实现，但它们对于实现强玩法至关重要。实际上，如果存在一个链条，那么整体的强度由其中最弱的一环决定[2,7]。

此外，围棋程序 Explorer 的作者马丁·米勒（Martin Mueller）认为，对于使用计算机进行围棋博弈而言，围棋程序目前还没有足够的信息可以挑战人类棋手[47]。因此，他认为要取得真正的进步，还需要数十年的时间。基于这些原因，围棋很可能会成为未来人工智能的"新果蝇"①。表 16.7 列出了围棋程序的里程碑事件。

表 16.7   围棋程序的里程碑事件

年份	程序或事件	说明
1970 年	Go	艾尔·佐布里斯特（Al Zobrist）编写了第一个围棋程序 Go，并将它作为自己学位论文的一部分
1972 年	Interim.2	沃尔特·赖特曼（Walter Reitman）和布鲁斯·威尔科克斯（Bruce Wilcox）对围棋程序进行了多年的研究。他们编写了 Interim.2，并发表了几篇关于计算机围棋的颇具影响力的文章
1981 年	Many Faces of Go	大卫·福特兰（David Fotland）开始编写现在被称为 Many Faces of Go 的围棋程序
1983 年	Go++	迈克尔·赖斯（Michael Reiss）开始编写现在被称为"Go++"的围棋程序，虽然名为 Go++，但它是用 C 而不是 C++编写的
1984 年	计算机围棋锦标赛	计算机围棋锦标赛在这一年开始举行。常规的锦标赛包括 1985 年至 2000 年举办的应氏杯，以及 1995 年至 1999 年举办的 FOST 杯（由日本科学技术融合基金会赞助）
20 世纪90 年代	Handtalk	由退休化学教授陈志兴编写的围棋程序 Handtalk，于 1995 年、1996 年和 1997 年连续三年赢得应氏杯和 FOST 杯。20 世纪 90 年代后期，当对 Handtalk 开始重新编写时，Go4++（现被称为 Go ++）和 Many Faces of Go 开始崭露头角
2000 年	Goemate	Handtalk 的继任者 Goemate 在第五届计算机奥林匹克围棋大赛中夺冠
2000 年	Ing Prize	再无人赢得应氏奖，应氏奖退出舞台。由宏碁股份有限公司和应昌期围棋教育基金会赞助的应氏奖，将为能够打败一名青少年冠军的围棋程序的开发者提供约 150 万美元的奖金
21 世纪初	Go Intellect、GNU Go	围棋程序激增，其中较强的围棋程序包括 Go Intellect（由位于夏洛特的北卡罗来纳大学的 Ken Chen 开发）和开源程序 GNU Go

---

① 2016 年 3 月，谷歌的 AlphaGO 以 3 : 1 战胜了人类围棋世界冠军李世石，在之后谷歌举行的围棋人机对战中，人类棋手再没获得过一场胜利。围棋博弈问题可以认为已被解决。——译者注

高级计算机博弈之星

人物轶事

汉斯·伯利纳（Hans Berliner）

汉斯·伯利纳（1929—2017）为国际象棋博弈和高级博弈编程做出了重大贡献。他于 1969 年获得卡内基·梅隆大学的博士学位，并担任该校的计算机科学研究教授。伯利纳是 1965 年至 1968 年的国际象棋通信赛冠军，他除了在 1985 年开发出世界上第一个大师级国际象棋程序 Hitech 之外，还于 1979 年开发了双陆棋的一个强程序。

人物轶事

蒙蒂·纽波尔（Monty Newborn）

蒙蒂·纽波尔（1937 年生）是计算机国际象棋程序的先驱之一，他开发了最早的多处理器程序 OSTRICH，并从 1970 年开始组织连续 25 年的北美与世界计算机国际象棋锦标赛。1977 年，他成为国际计算机象棋协会（ICCA）的联合创始人之一。从 1976 年到 1983 年，他担任麦吉尔大学计算机科学学院院长。在 1996 年卡斯帕罗夫与 Deep Blue 的比赛中，他是主要的组织者。同时，他也是多本关于计算机国际象棋程序和定理证明的图书的作者。退休后，他成功研制了漂亮的彩色玻璃灯，他是魁北克地区十分优秀的高级网球运动员之一。

人物轶事

大卫·莱维（David Levy）和亚普·范·登·赫里克（Jaap van den Herik）

大卫·莱维（1945 年生）是计算机国际象棋和计算机博弈领域最高产的人。他是国际象棋大师、出版了 30 多本书的学者、国际公认的 AI 领袖。莱维在 1968 年与 3 位计算机科学教授进行了一场著名的赌局，他声称没有任何计算机程序能在国际象棋比赛中击败他，由此推动了计算机国际象棋的研究。他赢得了几场比赛，本书的作者之一 Danny Kopec 是他的助手，但在 1989 年，Deep Thought 以 4∶0 击败了他。和 Danny Kopec 一样，莱维也是唐纳德·米基（Donald Michie）教授的学生和朋友。

莱维还出版了广受欢迎的 *Robots Unlimited*（2005 年）和 *Love and Sex with Robots*（2007 年）。

亚普·范·登·赫里克（1947 年生）是马斯特里赫特大学计算机科学系的教授。2008 年，他成为 Tilberg 创新计算中心的负责人。赫里克教授积极领导和编辑了 *ICCA Journal*，该期刊后来更名为 *International Computer Games Association Journal*。

自 1988 年以来，赫里克教授在上述领域和其他相关领域发表了大量科学论文，并且自 1988 年以来，他一直担任莱顿大学法律和计算专业的教授。

人物轶事

肯尼思·莱恩·汤普森（Kenneth Lane Thompson）

肯尼思·莱恩·汤普森（1943 年生）是美国计算机科学领域杰出的先驱之一。他最大的

成就是开发了 B 编程语言。他曾在 1969 年与已故的丹尼斯·里奇（Dennis Ritchie）使用 B 编程语言一起编写了 UNIX 操作系统，进而推动了 C 语言的开发。在计算机国际象棋领域，他以在贝尔实验室用专用硬件开发的 Belle 而闻名，他曾在那里工作了多年。1980 年，Belle 在计算机国际象棋锦标赛中夺冠，并且在 1982 年成为第一个大师级的计算机国际象棋程序。汤普森还因开发了国际象棋的残局数据库而闻名，他对国际象棋知识领域做出了巨大的贡献。

汤普森因其与里奇在 UNIX 操作系统上的开创性工作而获得了多项荣誉，包括 IEEE Richard W. Hamming Medal（1990 年）、美国计算机历史博物馆院士（1997 年）、美国国家科技勋章（1999 年）以及日本国家奖（2011 年）。1999 年，汤普森获得第一届 Tsutomi Kanai 奖。

最近，汤普森作为杰出工程师加入谷歌并开发了 Go 语言。

16.6 本章小结

本章重点介绍了高级博弈游戏对 AI 产生影响的历史及意义。这些游戏包括跳棋、国际象棋、双陆棋、奥赛罗棋、桥牌、扑克和围棋等。完美信息博弈（没有机会和运气成分）包括跳棋、国际象棋、奥赛罗棋和围棋，而博弈中的机会元素会影响双陆棋和纸牌游戏（如桥牌和扑克）的结果。尽管如此，在这些游戏的长局博弈和正式比赛中，技能仍然是获胜的主导因素。

最近，跳棋博弈问题（估计有 10^{20} 种可能的棋局）被弱解决了[8]。这意味着首先走子的棋手已经能够确定至少不会输（在无失误的情况下）。相比之下，被亚历山大·克朗拉德（Alexander Kronrad）称为"人工智能的果蝇"的估计存在 10^{42} 种可能的合理棋局的国际象棋博弈，还远远没得到解决。虽然至多 6 枚棋子的国际象棋残局已经被解决，但我们仍然不知道国际象棋中白方的最佳起始步怎么走，黑方的最佳应对是什么。我们也不知道在双方都无失误的情况下，国际象棋的博弈理论（白方获胜，黑方获胜或平局）中的极小化极大最优值分别是什么[31,32]。下一个可能会被解决的博弈游戏或许是奥赛罗棋，这是一种比跳棋更高级的游戏。对于其他博弈游戏（如跳棋、双陆棋、拼字游戏和扑克），人类在使用了 AI 技术的强程序方面已经取得重大进展。人工智能的"新果蝇"可能是围棋。

AI 技术在阿瑟·塞缪尔（Arthur Samuel）的早期工作中得到了非常有效的研究，他为跳棋游戏开发了计算机程序[1,3]。塞缪尔使用参数调整和签名表对启发式方法进行了测试和评估。他改进程序的一个重要方法是让程序自我博弈，然后根据博弈的结果调整参数。Chinook 是谢弗（Schaeffer）等人于 1989 年在加拿大埃德蒙顿的阿尔伯塔大学开发的跳棋程序。到了 20 世纪 90 年代末，Chinook 已经在两场比赛（1992 年和 1994 年）中与世界跳棋冠军马里昂·廷斯利（Marion Tinsley）战成平局，甚至超越了最优秀的人类棋手。Chinook 自 1994 年以来保持不败，并于 1997 年光荣退役。

谢弗等人报告说，跳棋博弈问题已经被弱解决了[8]。谢弗的团队花了超过 18 年的时间进行这项研究，结合了许多 AI 方法，包括深入巧妙的搜索技术、微妙的算法证明、源自人类专家的启发式方法，以及先进的数据库技术。

国际象棋起源于印度，几千年来，人们一直遵循着基本相同的规则进行国际象棋博弈。几个世纪以来，人类一直醉心于制造一台能下出强国际象棋的机器。人们的兴趣始于 18 世纪的"土耳其人"，然后是托雷斯·克韦多在 1890 年所做的工作，他制造了一种机械机器，用于 K+R 对 K 的残局博弈[13]。图灵和香农独立发展了第一个计算机国际象棋程序构建模式的范例，这个范例直到今天依然有效[16,48]。第一批计算机国际象棋程序出现在 20 世纪 60 年代。到了 20 世纪 70 年代，俱乐部级别及以上级别的棋手与计算机国际象棋程序之间的对抗开始变得普遍起来，伴随着越来越深入的搜索、开局数据库、换位表、兵阵结构的启发式方法和王的安全问题，人们开发出了 α-β 极小化极大算法。20 世纪 80 年代，第一个大师级的计算机国际象棋程序被开发出来，它始于由贝尔实验室的肯尼思·莱恩·汤普森开发的 Belle，以及由罗伯特·亚特（Robert Hyatt）、阿尔伯特·高尔（Albert Gower）和赫伯特·纳尔逊（Herbert Nelson）于 1985 年开发的 Crayon Blitz[21,49]。到了 1988 年，伯利纳（Berliner）和埃贝林（Eberling）开发了第一个国际大师级的国际象棋程序[20]。不久后，苏（Hsu）等人利用专用硬件和并行架构，结合 AI 技术开发了一个强国际象棋程序。它被命名为 "Deep Thought"，并成为第一个能够在常规意义上与人类国际象棋大师竞争并获胜的国际象棋程序。1989 年，Deep Thought 输掉了在纽约举行的两场比赛，对手是自 1984 年以来的世界国际象棋冠军加里·卡斯帕罗夫。

20 世纪 90 年代，IBM 聘请 Deep Thought 团队的几名成员开发了 Deep Blue。Deep Blue 继续整合最强大的计算机、AI 技术、并行搜索，并对 α-β 算法进行改进。评估函数也根据人类国际象棋大师在几千场博弈中的选择进行了调整（类似于塞缪尔在跳棋程序上所做的初始工作）。1996 年，卡斯帕罗夫在费城与 Deep Blue 进行了 6 场比赛，尽管在第 5 场比赛中，当比赛陷入僵局时，Deep Thought 团队草率地拒绝了平局（当时本可以打成平手），卡斯帕罗夫还是以 4:2（3 胜 2 平 1 负）赢得了比赛。1997 年，卡斯帕罗夫又与 Deep Blue 的后继者 Deeper Blue 进行了一场比赛。改进后的 Deeper Blue 赢得了最后一局，从而以总比分 3.5:2.5（2 胜 3 平 1 负）取得胜利，并引起轰动。此后的十年间，卡斯帕罗夫、后来的世界冠军克拉姆尼克和其他人类顶级棋手与最好的博弈程序又进行了多次比赛。

结果表明，相较于人类顶尖棋手，当今最好的博弈程序（如 Deep Junior、Deep Fritz、Hydra、Rybka 等）是有竞争力的。我们需要更多地关注如何更好地组织这类比赛，人类棋手应该像机器那样，不受典型人类弱点的影响，如疲劳（无论出于什么原因）、时间压力，以及通常容易导致人类失误的任何条件。只有这样的比赛才能呈现出在与机器对抗时，人类棋手的最高水平。否则，比赛就只是表演赛，没有什么太大的意义。

计算机国际象棋程序及其在开发过程中用到的人工技术，在很多方面会影响国际象棋的博弈方式。首先，棋子多寡是影响博弈结果的最重要因素。因此在战术上，棋手必须保持警惕，避免棋子损失。人类棋手可以通过查看大型数据库来了解对手并做好应对，这些数据库甚至包含世界各地棋手（不仅仅是大师级棋手）最近的比赛记录。计算机程序能够进行深度搜索，这在许多博弈和棋局中能够改进防御（保住棋子），使得受到攻击的一方存活下来并最终获胜。在严肃的国际比赛中，为了防止计算机利用休息时间进行分析，组织者不会安排休息时间。一些残局（如 KRB 对 KR 或 KBB 对 KN）已经通过数据库的构建得到了解决（包括所有多达 6 枚棋子的残局），并能确定某些棋局多于 50 步才能获胜。

一旦了解了奥赛罗棋的规则，你可能就会错误地认为这是一款简单的博弈游戏。奥赛罗棋的规则易学，但精通很难。1980 年，一款由迈克·里夫（Mike Reeve）和大卫·莱维（David Levy）开发的强奥赛罗棋程序在 6 局比赛中战胜了当时的世界冠军井上浩（Hiroshi Inoui）。在整个 20 世纪 80 年代，由保罗·罗森布鲁姆（Paul Rosenbloom）开发的 Iago 被认为是最好的奥赛罗棋程序。20 世纪 80 年代后期，由李开复和桑乔伊·马哈詹（Sanjoy Mahajan）开发的 Bill 集成了贝叶斯学习方法，击败了 Iago。1992 年，迈克尔·布罗（Michael Buro）开始开发 Logistello，这个程序集成了搜索技术、评估函数和模式知识库。通过超过 10 万次的自我博弈，Logistello 越来越完善，并在与世界冠军村上健（Takeshi Murakami）的 6 局比赛中获胜[50]。最好的奥赛罗棋程序是可以击败最优秀的人类棋手的，尽管在 1998 年 Logistello 退役后，奥赛罗棋程序几乎再没什么进展。

双陆棋是另一种易学但难以精通的博弈游戏。它融合了概率、机会、逻辑和知识等大量元素。第一个强双陆棋程序被称为 BKG 9.8，它是由卡内基·梅隆大学的汉斯·伯利纳（Hans Berliner）于 1979 年开发的[51]。1989 年至 1992 年间，杰拉尔德·特索罗（Gerald Tesauro）开发了基于神经网络的 Neurogammon，这个程序能够从一个大型博弈数据库中进行学习。双陆棋的分支因子多达数百个，这意味着相较于传统的基于搜索的方法，它更适合神经网络方法。后来，特索罗开发了 TD-Gammon，这个程序利用时间差分学习来判断在一系列自我博弈过程中，哪一步走子对胜利的贡献最大[52]。TD-Gammon 已被证明与最优秀的人类棋手旗鼓相当，它甚至影响了人类棋手的走法。

汤姆·思鲁普（Tom Throop）是一名优秀的国际象棋棋手和桥牌爱好者，他在 1958 年开发了第一个桥牌程序。1982 年，他开发了 Bridge Baron。1997 年，Bridge Baron 在第一届世界计算机桥牌锦标赛中获得冠军，并且直到今天仍在改进[53]。自 1992 年以来，已有许多强桥牌程序被开发出来。近年来，这些桥牌程序已经变得非常强大，以至于齐亚·马哈茂德（Zia Mahmood）撤回了他在 1990 年提出的给第一个打败他的桥牌程序 10 万英镑奖金的悬赏。

扑克是一种涉及大量博弈技巧（机会和概率）的纸牌游戏，近年来在全球引起广泛的关注。自 20 世纪 70 年代起，人们开始开发扑克程序。1984 年，职业扑克玩家迈克·卡罗（Mike Caro）在一台 Apple II 计算机上编写了 Orac，用来玩德州扑克。20 世纪 90 年代，人们开始为扑克开发商业程序。1997 年，在加拿大埃德蒙顿的阿尔伯塔大学，乔纳森·谢弗（Jonathan Schaeffer）牵头组织了扑克程序的研究工作[54]。他们开发了一个基于学习的扑克程序 Vexbo，试图模拟对手的行为。2005 年，谢弗（Schaeffer）团队的另一个扑克程序 PokerProbot 赢得第一届世界扑克机器人锦标赛业余组冠军，获得 10 万美元的奖金。

人工智能的"新果蝇"很可能是围棋。人类棋手之间的国际象棋比赛通常持续 5 小时左右。对于围棋而言，顶级棋手的对弈通常持续约 10 小时！通过传统 AI 技术应对围棋博弈的研究大多失败了。围棋的棋盘是 19×19 的，分支因子数为 360[55]。围棋程序 Many Faces of Go 的作者大卫·福特兰（David Fotland）确定了大约 50 个主要的独立组件，他认为这些组件是在围棋博弈中实现强玩法的关键。

本章的部分内容发表在 2006 年 7 月 13 日至 15 日于达特茅斯学院举行的 Artificial Intelligence @50 大会上，已录入会议论文集。Artificial Intelligence @50 大会是为了纪念达特茅斯会议 50 周年而召开的，由詹姆斯·莫尔（James Moor）教授组织。

感谢布鲁克林大学图书馆的前信息科学教授吉尔·奇拉塞拉（Jill Cirasella）。她在 2006 年 7 月达特茅斯学院的 Artificial Intelligence @50 大会上发表了计算机博弈简史的一个早期版本（见附录 D.3.3）。感谢哈尔·特里（Hal Terrie）为本章和附录 D.3.2 提供的材料。

我们还要感谢埃德加·特鲁特（Edgar Troudt）和大卫·科佩克（David Kopec）的校对工作。

讨论题

1. 为什么说高级计算机博弈是 AI 的一个有效研究领域？
2. 简要说明计算机跳棋博弈的历史、研究和现状。
3. 计算机跳棋博弈研究的主要参与者有谁？
4. 为什么在很长的一段时间内，国际象棋被认为是人工智能的"果蝇"？人工智能的"新果蝇"可能是什么？

5．国际象棋编程中使用了哪些技术？例如，迭代加深的深度优先搜索、启发式方法、杀手启发式方法、换位表等。

6．国际象棋中状态空间的估计大小是多少？跳棋中呢？

7．最好的国际象棋程序有多强？你能说出其中 5 个吗？

8．在跳棋、奥赛罗棋、桥牌、双陆棋、扑克和围棋领域，计算机博弈已经取得了哪些成就？

9．什么是时间差分学习？它在哪里被用到了？

10．继跳棋博弈问题被弱解决后，最有可能被彻底解决的博弈问题是什么？

练习题

1．解释为什么高级博弈游戏（如跳棋、国际象棋和双陆棋等）是启发式方法和 AI 的优质测试对象。

2．塞缪尔认为跳棋是 AI 研究的一个极好的实验领域，请给出 5 个原因。

3．塞缪尔在他的跳棋程序中使用了一些 AI 技术，这些 AI 技术也适用于其他领域，这些 AI 技术都有哪些？

4．描述跳棋博弈是如何得到弱解决的。

5．博弈中的弱解决和强解决的区别是什么？

6．Connect-Four 是一款可以视为井字棋游戏的扩展或更复杂版本的游戏：在将棋子添加到一个 7 列 6 行的网格中时，目标是在一条直线（行、列或对角线）上获得同一颜色的 4 个棋子。1988 年，詹姆斯·D.艾伦（James D. Allen）和维克托·阿利斯（Victor Allis）分别独立解决了这个博弈问题[56]。

（a）假设要开发一个程序来玩这个游戏，你会怎么做？

（b）你会如何着手解决这个博弈问题？你可能会用哪些 AI 方法来减小所需的搜索量？可以利用哪些问题约束和对称性来减小问题的规模？

7．基于已经阅读过的材料，请你估计、描述和比较井字棋、Connect-Four、跳棋和国际象棋中状态空间的大小。

8．通常情况下，了解一款游戏及其隐藏秘密的最佳方法是通过扮演游戏的双方来进行分析。请尝试研究"两枚棋子对抗一枚棋子"的跳棋残局是否存在平局的可能，或者是否存在某种棋局，其中较强的一方可以强行取胜？

9．为什么国际象棋被称为"人工智能的'果蝇'"？

10．在国际象棋的棋盘上，将白方的王放在方块 c3 中，将白方的兵放在方块 d3 中，而将黑方的王放在方块 b5 中。使用 3 层 α-β 极小化极大算法分析构建一棵搜索树，并使用规则"如果白方的王领先白方的兵两步，则白方获胜"来帮助修剪这棵搜索树。

11．描述国际象棋编程中香农 A 型和香农 B 型方法的区别。

12．为什么最好的计算机国际象棋程序似乎强于最优秀的人类棋手？未来的比赛应该如何组织？

13．描述计算机国际象棋程序中使用的以下方法。

（a）换位表。

（b）静态搜索。

（c）迭代加深。

（d）空走子启发式方法。

（e）杀手启发式方法。

（f）奇点扩展。

（g）残局数据库。

14．国际象棋残局 KRB 对 KR 被称为"令人头痛的残局"。已经可以确定的是，KRB 对 KR 在最长的获胜棋局中需要 59 步。在没有兵被移动或捕获的情况下，国际象棋规则通常只允许在 50 个回合内分出胜负，但是由于上述情况的存在，这条规则不得不更改。

（a）虽然特殊的数据库包含了所有 5 枚棋子的残局，但请解释为什么人们认为开发一个程序，来正确地为双方下完这一残局（在能分出胜负的棋局中获胜，在平局中保持平局）是个挑战。

（b）开发这样一个程序可能会用到什么 AI 方法？

15．尽管已经有了非常强的国际象棋程序，但我们仍然不知道国际象棋在博弈论上的极小化极大最优值，甚至不知道最优的第一步棋应该怎么走。请解释为什么国际象棋在某种程度上难以用跳棋的方式来解决（甚至弱解决也不行）。

16．为什么围棋被称为未来"人工智能的'新果蝇'"？请说明原因。

17．为了对计算机编程进行棋盘游戏的博弈，你需要找到一种表示棋盘的方法。在跳棋博弈中，棋盘被表示为一个数组，其中嵌入了诸如哪些棋子在哪个方格中、轮到哪一方走子的信息[57]。请尝试开发一个数组来表示国际象棋博弈的初始棋盘。

18．**短期研究项目**：阅读以下文献之一，用两页双倍行距的纸写一篇摘要。

- 图灵的论文（1950 年）
- 香农的论文（1950 年）
- 塞缪尔的论文（1959 年）
- 伯利纳（Berliner，1980 年）的 *Computer Backgammon*
- 李开复和马哈詹（Mahajan）的论文（1990 年）
- 特索罗（Tesauro）的论文（2002 年）
- 谢弗（Schaeffer，2007 年）的 *Checkers is Solved*

19．**研究项目**：从下列论文中选择一篇，写一篇 5 页的概述。

- The magical seven, plus or minus two, Miller G A (1956)
- A Program to Play Chess Endgames, Huberman B (1968)
- Chess, Computers, and Long Range Planning, Botvinnik M M (1970)
- Human Problem Solving, Newell and Simon H A (1972)
- Perception in Chess, W. Chase and Simon H A (1973)
- An analysis of alpha-beta pruning, Knuth D E and Moore R (1975)
- Chess Skill in Man and Machine, Frey P (1977)
- A World Championship-Level Othello Program, Rosenbloom P (1982)
- A comparison of human and computer performance in chess, Kopec D and Bratko I (1982)
- Computers, Chess, and Cognition, Marsland T and Schaeffer J (eds.) (1990)
- Kasparov versus Deep Blue: Computer Chess Comes of Age, Newborn M (1997)
- One Jump Ahead: Challenging Human Supremacy in Checkers, Schaeffer J (1997)
- Computer Go: An AI Oriented Survey, Bouzy B and Tristan C (2001)

- The Challenger of Poker, D. Billings, Davidson A, Schaeffer J, and Szafron D (2002)
- Programming Backgammon Using Self-Teaching Neural Nets, Tesauro G (2002)

20．描述人工智能的 5 个领域，计算机博弈程序的开发对这 5 个领域的发展做出了重大贡献。说出游戏名、年份、开发者，并描述所使用的方法和做出的贡献。

参考资料

[1] Samuel A. Some studies in machine learning using the game of checkers. IBM Journal of Research and Development 3: 210-229, 1959.

[2] Schaeffer J. A gamut of games. AI Magazine, v22, 3: 29-46, 2001.

[3] Samuel A. Some studies in machine learning using the game of checkers: Recent progress. IBM Journal of Research and Development 11: 601-617, 1967.

[4] Schaeffer J. The relative importance of knowledge. ICCA Journal 7 (3): 138-145, 1985.

[5] Truscott T. The Duke Checker Program. Journal of Recreational Mathematics 12(4): 241-247, 1979.

[6] Schaeffer J. One Jump Ahead: Challenging Human Supremacy in Checkers. New York: Springer-Verlag, 1997.

[7] Schaeffer J E, van den Herik J. Chips Challenging Champions. Amsterdam: Elsevier, 2002.

[8] Schaeffer J, Burch N, Björnsson Y, Kashimoto A, Müller M, Lake R, Lu P, Sutphen S. Checkers is solved.

[9] Schaeffer J, Björnsson Y, Burch N, Kishimoto A, Müller M, Lake R, Lu P, Sutphen S. Solving checkers. In International Joint Conference on Artificial Intelligence, 292-297. Edinburgh, Scotland: University of Edinburgh, 2005.

[10] Newell A, Shaw J C, Simon H A. Chess-playing programs and the problem of complexity. IBM Journal of Research and Development 2 (4): 320-335, 1958.

[11] McCarthy J. AI as sport. Science 276 (June 6): 1518-1519, 1997.

[12] Michie D. Chess with computers. Interdisciplinary Scientific Review 5 (3): 215-227, 1980.

[13] Standage T. The Turk. New York: Walker Publishing Company, 2002.

[14] Levy D. Chess and Computers. Rockville, MD: Computer Science Press, 1976.

[15] Turing A M. Digital computers applied to games. In: Faster than Thought, edited by B. V. Bowden, 286-310. London: Pitman London, 1953.

[16] Shannon C. Programming a computer for playing chess. Philosophical Magazine, ser.7, 41: 256-275, 1959.

[17] Greenblatt R D, Eastlake III D E, Crocker S D. The Greenblatt chess program. In Fall Joint Computing Conference Proceedings, San Francisco, New York, 31, 801-810. ACM, 1976.

[18] Levy D N L. The Chess Computer Handbook. London: Batsford, 1984.

[19] Kopec D. Advances in man-machine play. In Computers, Chess and Cognition, edited by T. A. Marsland and J. Schaeffer, 9-33. New York: Springer-Verlag, 1990.

[20] Berliner H, Ebeling C. Pattern knowledge and search: The SUPREME architecture. Artificial Intelligence 38: 161-196, 1989.

[21] Condon J, Thompson K. Belle chess hardware. In Advances in Computer Chess 3, edited by M. R. B. Clarke, 45-54. Oxford, England: Pergamon, 1982.

[22] Botvinnik M M. Chess, Computers, and Long Range Planning. New York: Springer-Verlag, 1969.

[23] Kopec D, Terrie H. Test, Evaluate and Improve Your Chess: A Knowledge-Based Approach. New Windsor, NY: US Chess Publications, 2003.

[24] Slater E T O. Statistics for the chess computer and the factor of mobility. In Symposium on Information Theory, London, 150-152. London: Ministry of Supply, 1950.

[25] Kopec D, Northam E, Podber D, Fouda Y. The role of connectivity in chess. In Proceedings of the Workshop on Game-Tree Search, 78-84, 6th World Computer Chess Championship, Edmonton, Alberta, Canada: University of Alberta, 1989.

[26] Berliner H D. Chess as Problem Solving: The Development of a Tactics Analyzer. PhD thesis, Department of Computer Science, Carnegie Mellon University, 1974.

[27] Kopec D. Deep thought outsearches foes, wins World Computer Chess Championship. Chess Life, September, 17-24, 1989.

[28] Kopec D. Kasparov vs. Deep Blue: Mankind is safe—for now. Chess Life, May, 42-51, 1996.

[29] Hsu F H, Anantharaman T, Campbell M, Nowatzyk A. A grandmaster\chess machine. Scientific American 263 (4, October): 44-50, 1990.

[30] Chase W G. Simon H A. Perception in chess. Cognitive Psychology 4: 55-81, 1973.

[31] Thompson K. Retrograde analysis of certain endings. ICCA Journal 9 (3): 131, 1977.

[32] Stiller L. Group graphs and computational symmetry on massively parallel architecture. The Journal of Supercomputing 5 (2-3, October): 99-117, 1991.

[33] Michie D, Bratko I. Ideas on knowledge synthesis stemming from the KBBKN Endgame. ICCA Journal 10 (3): 3-13, 1987.

[34] Newborn M. Ostrich/P—a parallel search chess program. Technical Report 82.3. School of Computer Science, McGill University, Montreal, Canada, 1982.

[35] Kopec D, Marsland T A, Cox J. SEARCH (in AI). Chapter 63 in The Computer Science and Engineering Handbook, 1-26. Boca Raton, FL: CRC Press, 2004.

[36] Kopec D. Human and machine representations of knowledge. PhD Thesis, Machine Intelligence Research Unit, Edinburgh: University of Edinburgh, 1983.

[37] Kopec D, Niblett T. How hard is the King-Rook-King-Knight ending? In Advances in Computer Chess 2, edited by M. R. B. Clarke, 57-80 Edinburgh: Edinburgh University Press, 1980.

[38] Kopec D, Bratko I. The Bratko-Kopec experiment: A test for comparison of human and computer performance in chess. In Advances in Computer Chess 3, edited by M. R. B. Clarke, 57-82, Oxford, England: Pergamon Press, 1982.

[39] Kopec D, Newborn M, Yu W. Experiments in chess cognition. In Advances in Computer Chess 4, edited by D. Beal, 59-79. Oxford, England: Pergamon Press, 1986.

[40] Berliner H, Kopec D, Northam E. A taxonomy of concepts for evaluating chess strength. In Proceedings of SUPERCOMPUTING' 90, 336-343. New York: ACM, 1990.

[41] Kopec D, Terrie H. Test, Evaluate, and Improve Your Chess: A Knowledge-Based Approach. San Francisco, CA: Hypermodern Press, 1997.

[42] Kopec D, Terrie H. Test, Evaluate and Improve Your Chess: A Knowledge-Based Approach, 2nd ed. New Windsor, NY: USCF Publications, 1997.

[43] Kierulf A. Brand—An othello program. In Computer Game-Playing: Theory and Practice, edited by M. A. Bramer, 197-208. Chichester, England: Ellis Horwood, 1983.

[44] van den Herik J, Uiterwijk J, van Rijswijck J. Games solved now and in the future. Artificial

Intelligence 134, 277-311, 2002.

[45] Burns B. The Encyclopedia of Games: Rules and Strategies for More Than 250 Indoor and Outdoor Games, from Darts to Backgammon. Abebooks, 2000.

[46] Billings D, Davidson A, Schaeffer J, Szafron D. The challenger of poker. Artificial Intelligence 134 (1-2, January): 201-240, 2002.

[47] Müller M. Computer Go. Artificial Intelligence 134: 145-179, 2002.

[48] Turing A M. Computing machinery and intelligence. Mind 59: 433-460, 1950.

[49] Hyatt R M, Gower A, Nelson H. Cray Blitz. In Advances in Computer Chess 4, edited by Beal, D. Oxford, England: Pergamon Press, 1985.

[50] Buro M. The Othello match of the year: Takeshio Murakami vs. Logistello. ICCA Journal 20 (3): 189-193, 1997.

[51] Berliner H J. Backgammon computer program beats world champion. Artificial Intelligence V14 (2, September 1980): 205-220, 1979.

[52] Tesauro G. Temporal difference learning and TD-Gammon. Communications of the ACM 38 (3): 58-68, 1995.

[53] Smith S J J, Nau D, Throop T. Computer bridge: A big win for AI planning. AI Magazine 19 (2, Summer 1998): 93-106, 1998.

[54] Billings D, et al. Approximating game-theoretic optimal: strategies for fullscale poker. In Proceedings of the Eighteenth International Joint Conference on Artificial Intelligence (IJCAI-03), Edmonton, Canada, 2003.

[55] Müller M. Schaeffer J, Björnsson Y. (eds.). Computers and Games, Third International Conference, CG 2002, Edmonton, Canada, July 25-27, 2002. Revised Papers, volume 2883 of Lecture Notes in Computer Science. New York: Springer, 2003.

[56] Allis V. Searching for solutions in games and artificial intelligence. PhD Dissertation, Department of Computer Science, University of Maastricht, The Netherlands, 1994.

[57] Strachey C. Logical or non-mathematical programmes. In Proceedings of the ACM Conference in Toronto, 46-49, 1952.

书目

[1] Frey P. (ed.). Chess Skill in Man and Machine. New York: Springer-Verlag, 1977.

[2] Ginsberg M. GIB: Steps toward an expert-level bridge-playing program. In International Joint Conference on Artificial Intelligence, 584-589, 1999.

[3] Hsu F H. Behind Deep Blue. Princeton: Princeton University Press, 2002.

[4] Kopec D, Chabris C. The Fifth Harvard Cup Human Versus Computer. Intel Chess Challenge. ICCA Journal (December 1994), 1994.

[5] Kopec D, Shamkovich L, Schwartzman G. Kasparov–Deep Blue. Chess Life, Special Summer Issue (July): 45-55, 1997.

[6] Newborn M. Kasparov versus Deep Blue: Computer Chess Comes of Age. New York: Springer-Verlag, 1997.

[7] Newborn M. Deep Blue: An Artificial Intelligence Milestone. New York: Springer-Verlag, 2002.

[8] Samuel A. Programming computers to play games. In Advances in Computers, volume 1, edited by F. Alt, 165-192, 1960.

[9] Tesauro G. Programming backgammon using self-teaching neural nets. Artificial Intelligence 134 (1-2): 181-200, 2002.

第 17 章　AI 大事记

本章试图提供一个适当的视角，来回顾 AI 的历程和取得的成就。我们将列出过去半个世纪以来 AI 领域取得的一些成就，并讨论近期的 IBM 沃森系统参加的《危险边缘》电视智力挑战节目。我们还将探讨实现人类级别 AI 的前景。

大卫·费鲁奇（David Ferrucci）

沃德克·扎德罗兹尼（Wlodek Zadrozny）

17.0　引言

在 17.1 节中，我们将回顾搜索、知识表示和学习在 AI 系统构建中的重要性，同时给出一个例子，来说明适当的表示可以促进问题求解的过程。

在 17.2 节中，我们将介绍文学中反复出现的一个主题：试图创造生命或智能往往会带来可怕的后果。也许这是对 AI 社区的一种警告。

我们还将解释计算机科学中"不可解问题"的概念，即存在一些问题没有算法解决方案。那么，创造人类级别的 AI 是否也是这样一个问题？

在 17.3 节中，我们将列出过去半个世纪以来 AI 领域取得的一些成就。

在 17.4 节中，我们将讨论 IBM 沃森系统。2011 年 3 月，在一场备受关注的电视直播比赛中，一台 IBM 计算机击败了两位长期获得《危险边缘》电视智力挑战节目冠军的人类选手。最后，我们将回顾关于生命如何创造的几个理论，以及对智能和意识的一些解释。

17.1　本书第一部分回顾

我们从第 1 章就开始了这段旅程。当时我们提到，如果想设计智能软件，那么这种软件需要具备：

（1）搜索能力；

（2）一种知识表示语言；

（3）学习的能力。

在早期的工作中就显而易见的是，不具备领域知识的盲目搜索算法，比如广度优先搜索和深度优先搜索算法，无法有效地处理它们所面临的大规模搜索空间。

一条有用的指导原则是，如果想设计一个系统来执行某项任务，那么首先需要看看自然界中是否已经存在类似的系统。因此，如果是在 1902 年，你想设计一个"飞行器"，那么你的注意力应该集中在鸟类上。因此，莱特兄弟在 1903 年的成功飞行中使用了一架机身相对较薄、两个大机翼突出的飞机，这一点不足为奇（见图 17.1）。

盲目搜索算法不具备应对 AI 场景中出现的大规模搜索问题的能力。但是，人类是专业的"解决问题的机器"。纽厄尔（Newell）和西蒙（Simon）认识到了

图 17.1 莱特兄弟的飞机，这个早期模型中的机翼是双层的

这一点，他们对被要求在解决问题的过程中"大声思考"的人进行了研究。这项研究在 1957 年的通用问题求解器（GPS）中达到高潮[1]。GPS 通过提取自人类主体的启发式方法，成功解决了以下问题：水壶问题（见第 1 章）、传教士与野人问题（见第 2 章）以及哥尼斯堡桥问题（见第 6 章）等等。第 3 章的搜索算法以及第 4 章和第 16 章的博弈算法能有效地利用启发式方法，部分克服了组合爆炸的难题。

不同的知识表示方法对解决问题的能力存在实质性的影响。哥尼斯堡桥问题在第 6 章介绍过（如图 6.5 所示），本章重新绘制了图示（如图 17.2 所示）。

这个问题的描述如下："从起点出发，能否依次通过这 7 座桥，并且每座桥只通过一次，然后重新回到起点？"

图 6.5 还描绘了哥尼斯堡桥的图模型，本章也进行了重绘（见图 17.3）。

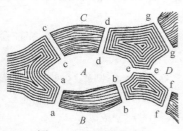

图 17.2 哥尼斯堡桥

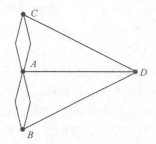

图 17.3 哥尼斯堡桥的图模型

1736 年，莱昂哈德·欧拉（Leonhard Euler）写了第一篇关于图论的论文。他给出的结论是，当且仅当图 17.3 所示的桥包含一个环，且这个环包含所有的边和顶点时，图 17.2 所示的桥才可以像描述的那样被遍历。其他的结论还包括，当且仅当每个顶点的度是偶数时，图才会包含这样一个环（称为"欧拉环"）。

显然，问题的表示对于寻找解决方案的容易程度有很大的影响。

上述指导原则引导我们形成了两种学习范式。人类的大脑和神经系统是自然学习系统最显著的例子。在第 11 章中，它作为一种隐喻出现，在那一章中，我们概述了一种能够从人脑模型中提取出显著特征的学习方法——人工神经网络（ANN）。ANN 模型具有高连通性、并行性和

容错性等特点。从经济预测到博弈和控制系统，ANN 模型在许多问题求解领域都取得了成功。

另一种学习范式是进化，它与前者相比也许不那么明显。达尔文（Darwin）描述了动植物如何适应环境以促进生存。这里的学习者并非个体，而是整个物种本身。第 12 章简单介绍了两种进化学习方法——遗传算法（GA）和遗传规划（GP）。这两种进化学习方法都成功地解决了从调度到优化等领域的问题。

17.2　普罗米修斯归来

在希腊神话中，普罗米修斯是从天庭盗取火种并把火种带到人间的神。有些神话故事还说他肩负用泥土塑造人类的重任。用无生命物质创造生命，这一主题在文学作品中屡见不鲜。也许最令人毛骨悚然的故事出现在 Mary Shelly 的小说 *Frankenstein*（又名 *The Modern Prometheus*）中。这个故事讲的是一位科学家创造了生命，然后对自己的创造充满恐惧。1931 年，在 James Whale 执导的电影中，Boris Karloff 扮演了这个科学怪人的角色。

Frankenstein 的第一版于 1818 年出版，彼时，人类利用蒸汽动力给制造业和纺织业带来巨大的变革。电报的发明使远距离通信实际变成即时通信。许多人认为，这场工业革命并不完全是有益的。我们对蒸汽和煤电产生了依赖，然后是石油，最近是核能，这些已经严重污染了我们的地球、水体和空气。还有人认为，工业革命助长了对物质的过度需求。文学评论家们敏锐地指出，*Frankenstein* 的寓意是，社会必须警惕其控制大自然的企图。这也许是需要 AI 社区持续关注的一个警告，因为它对智能的掌控在整个 21 世纪会持续增强。

计算机科学是一个涉及信息和计算的科技领域，其重点是问题的算法解决方案。20 世纪为这门新生学科提供了低调的理由。这种低调是由于发现了问题解决能力的基本极限。也就是说，存在一些问题无法用算法来解决。这类问题中最著名的就是所谓的"停机问题"（halting problem），即给定任意一个程序 P，运行任意数据 w，$P(w)$ 会停止吗？例如，4 色问题可能是图论中最著名的开放性问题，可表述为"用 4 种颜色对地图进行着色，能否使任意相邻的两个区域颜色都不同？"1976 年，Appel 和 Haken 对这个问题给出了肯定的回答[2]。他们用来求解这个问题的计算机程序运行了数百小时。如果运行这个程序的操作系统能够预测到该程序最终会停止，那将是很有帮助的。"停机问题"告诉我们，这样的先验知识并不总是可能的。

本书开篇就提到了艾伦·图灵（Allen Turing）。让我们回到 1936 年，当时他正在研究什么样的函数是可计算的[3]。例如，加法是一个可计算的函数。也就是说，可以给出一个一步一步的过程，如果给定整数 X 和 Y 作为输入，那么经过有限的计算步骤，就可以得到它们的和 $X+Y$。

他提供了一个计算模型，称为图灵机（Turing Machine，见图 17.4）。图灵机由三部分组成。

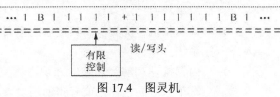

图 17.4　图灵机

（1）输入/输出磁带，用以记录输入的问题和产生的结果。图灵机有多种。图 17.4 所示的是双向无界磁带模型。其中的磁带被分成了单元格，每个单元格可以写入一个符号。磁带在每个单元格上都预写了空白符（B）。

（2）包含某个算法（即问题求解的一步步过程）的有限控制器。

（3）读/写磁头，它可以读取磁带上的符号，也可以将符号写到磁带上。读/写磁头可以向左或向右移动。

图灵讨论了 **通用图灵机**（Universal Turing Machine，UTM）的概念。UTM 是一种能够运行其他图灵机程序的图灵机，也就是说，它能够模拟"普通"图灵机的行为。图灵证明了，对于任意的图灵机 T 及任意输入 w，不可能确定 $T(w)$ 是否会停机。这就是**图灵机停机问题**。这个问题更一般的版本即停机问题，虽然无法证明，但停机问题是**不可判定**的。人们普遍接受了图灵-邱奇论题（Turing-Church Thesis）中的观点。该论题指出，图灵机的计算能力与数字计算机相当，作为论题的结论之一，如果一个问题不能在图灵机上解决，那么大多数计算机科学家相信这个问题在算法上也是无法解决的。因此，计算存在着基本的极限。作为计算机科学的一个子学科，人工智能也继承了这个基本的极限。人们想知道，人类级别 AI 的创造物是否是这些极限之一。

17.3 本书第二部分回顾：目前 AI 领域的成就

我们将在本章的后续章节中讨论创造人类级别 AI 的可行性。现在，我们简要概述本书前 16 章所描述的 AI 成就。

- 搜索
  - A*算法已经被集成到视频游戏设计中，视频游戏因此变得更加真实（参见第 3 章）。
  - Mapquest、Google 和 Yahoo 地图使用了启发式搜索。许多 GPS 和智能手机应用也集成了这种技术（参见第 3 章）。
  - 使用霍普菲尔德网络（参见第 10 章）和进化方法（参见第 12 章）为困难问题（有时是 NP 完全问题，如旅行商问题）寻找近似解。
- 游戏博弈
  - 极小化极大评估使得计算机可以玩相对简单的游戏，如井字棋游戏和 Nim 取物游戏（参见第 4 章）。
  - 在启发式方法和其他机器学习工具的帮助下，通过 α-β 剪枝进行极小化极大评估，使计算机可以下出冠军水准的跳棋（Samuels 和 Schaeffer）和国际象棋（Deeper Blue 在 1997 年击败了国际象棋世界冠军 Garry Kasparov）（参见第 16 章）。
  - 冠军级别的奥赛罗棋程序（Logistello，1997 年）以及"精通"级别的双陆棋程序（TD-Gammon，1992 年）、桥牌程序（Jack 和 WBridge 5，21 世纪初）和扑克程序（2007 年）（参见第 16 章）。
- 模糊逻辑
  - 手持式摄像机对虚假手部动作进行自动补偿。
  - 汽车牵引控制装置。
  - 数码相机、洗衣机和其他家用电器的控制装置。
- 专家系统
  - 内置推理和解释功能的知识密集型软件或专家系统，例如帮助消费者选择合适的汽车型号的软件，或者帮助消费者浏览在线网站并进行购买的软件。
  - 专家系统在分析、控制、诊断（患者得了什么病？）以及指导和预测（我们应该在哪里开采石油？）方面也很有用。
  - 专家系统被广泛应用于医学、化学分析和计算机配置等领域。
  - 只要专家系统用于帮助而不是取代人，那么将专家系统作为 AI 领域的伟大成就之一是没有争议的（参见第 9 章）。

- 神经网络
  - ➢ 雷克萨斯汽车有后置摄像头、声呐设备和神经网络。利用这些技术，汽车可以自动平行泊车。
  - ➢ 当车辆过于靠近其他车辆或物体时，梅赛德斯汽车和其他汽车有自动刹车控制。
  - ➢ Google 汽车是（几乎）完全自动驾驶的，尽管如此，在自动驾驶时，仍必须有人在车内。
  - ➢ 光学字符读取器（OCR）能自动实现对大量邮件的寻址传送。
  - ➢ 自动语音识别系统得到了广泛应用。软件智能体经常帮我们处理信用卡和银行交易。
  - ➢ 当机场检测到"禁飞"名单上的人员时，软件会自动发出安全警报。
  - ➢ 神经网络可以辅助医学诊断和经济预测（参见第 11 章）。
- 进化方法
  - ➢ 对通信卫星进行轨道调度，以防止信号衰减。
  - ➢ 对天线和超大规模集成（VLSI）电路设计进行优化的软件。
  - ➢ 数据挖掘软件，旨在使数据对公司更有价值（参见第 9 章）。
- 自然语言处理（NLP）
  - ➢ 会话智能体为个人提供旅游信息，并协助预订酒店。
  - ➢ GPS 通常会向用户发出语音指令，例如"在下一个路口左转"。一些智能手机具有类似的应用，允许人们提出请求："最近的能制作卡布奇诺的咖啡店在哪里？"
  - ➢ Web 请求允许跨语言信息检索，并在需要时进行语言翻译。
  - ➢ 交互式虚拟智能体可以为学习阅读的儿童提供口头帮助（参见第 13 章）。
  - ➢ 结合了神经网络、自然语言处理、语音理解和规划的机器学习应用，使机器人技术有了显著的进展（参见第 15 章）。

总的来说，对于一个正在开启下一个 50 年发展的计算机科学的分支学科来说，上述进展是一个不错的成绩。

应用之窗

Google 汽车

1998 年，斯坦福大学的研究生拉里·佩奇（Larry Page）和谢尔盖·布林（Sergey Brin）创立了 Google。Google 最初是一个名为 BackRub 的搜索引擎，旨在使用链接对网页的重要性进行排名。Google 这个名字由英文单词 Googol 演化而来，它获得了成功，并迅速成为全球最强大、最知名且占主导地位的搜索引擎。多年来，Google 还开发了同样成功的电子邮件系统 Gmail，并收购了流行的公共视频系统 YouTube。21 世纪初，Google 秘密开发了一款无人驾驶汽车（现在已经成为众所周知的事情）。

Google 无人驾驶汽车的工程师之一是 Dmitri Dolgov，这个项目的负责人是 Sebastian Thrun 博士。Thrun 是斯坦福大学人工智能实验室的前主任，也是 Google 街景地图的联合发明人。Google 汽车已经进行了多年的测试，并将在未来的几年里继续处于实验状态。虽然无人驾驶汽车距离量产似乎还需要数年时间，但技术专家相信，在不久的将来，它们将像手机和 GPS 一样普及。Google 认为，虽然这项技术可能未来很多年都无法盈利，但是通过为其他无人驾驶汽车制造商提供信息和导航服务，有望带来巨额利润。

Google 汽车（见图 17.5）使用了人工智能技术，如激光点标记器，从而可以感知附近的任何物体（比如地面上的标记和标志），进而做出人类司机才会做出的决定，比如转向避开障碍物，或停下来等待行人。

根据法律规定，Google 必须保证有人在方向盘的后面，以防出现问题，同时需要有技术人员监控导航系统，以确保测试是安全的、不会发生事故。此外，Google 汽车有一些可供不同司机选择的驾驶个性，如"小心驾驶""防御性驾驶""攻击性驾驶"等。

机器人的反应通常比人快；基于感受器和装置，机器人具有全方位的感知能力。机器人也不会分心，不会受到疲劳、药物和粗心大意等通常

图 17.5 Google 汽车

导致事故的其他因素的影响。工程师们的目标是使这些无人驾驶汽车比人类更可靠。人为错误是造成许多事故的原因。此外，这些无人驾驶汽车使用的软件必须经过仔细测试，并且必须没有病毒和恶意软件。其他的关注点主要是燃油效率和空间效率。也就是说，这类汽车可能会"堵"在道路上，因为理论上它们是不会发生事故的。Google 的几辆无人驾驶汽车已经在没有发生过任何事故或人为干预的情况下行驶了 1600 多千米，而经过少量的人为修正，这些车辆的行驶里程已经超过 16 万千米[1]。

Google 对其无人驾驶汽车的测试之一是从旧金山附近的园区外开始的。这辆车使用了约 182 米范围内的各种传感器，并按照编入汽车全球定位卫星系统（GPS）的路线行驶。这辆车的行驶速度可以保持在每小时约 100 千米。就像人在驾驶一样，当转弯时，它会减速，转弯后慢慢加速。安装在汽车顶部的装置提供了详细的环境和周围情况的地图版本，因此它知道该走哪条路、该避开哪条路、哪条路是死胡同。它能在繁忙的高速公路上行驶数千米并安全离开。它也可以在车流中穿行，在红灯和停止标志前停车，并能与行人无缝对接。如果有行人出现，它会等待行人先行移动。它有一个语音系统，可以单独向车内的人或司机宣布它的行动。当它的人工智能系统检测到传感器存在问题时，它会提醒司机。它还可以通过使用探测系统来防止事故的发生。司机也可以通过按下右手附近的红色按钮、触摸刹车或转动方向盘来重新获得对汽车的控制。

当汽车处于无人驾驶状态，由系统自动控制时，称汽车开启了**巡航模式**，此时车内的人可以放开方向盘。实际上，无人驾驶汽车正在成为一种公共交通方式，没有了费用、拥挤、寻找路线和其他可能激怒普通汽车司机的因素。

不过，这也同时产生了一些法律问题。例如，如果发生意外，谁将为之负责。在美国，所有允许无人驾驶汽车测试的州，都还没有针对无人驾驶汽车发生事故制定相关的法律。

最近，Google 一直在建造具有正常控制标准的实验性电动汽车，除了启动和停车之外，没有司机控制。这种汽车将通过智能手机应用程序自动驾驶到需要它的人面前，并将人送到目的地。Google 还有一项发明，叫作"交通堵塞辅助"，它允许无人驾驶汽车在行驶过程中跟随另一辆车[2]。

Google 对新型无人驾驶汽车的计划是，拥有至少 100 台电力驱动的新型原型车。Google 团队将把它们的速度限制在每小时 40 千米以内，并且可以在市区和郊区模式下行驶。测试将由 Google 人员进行，这将有助于在狭小的封闭区域内进行测试。当然，要说服监管机构允许

人们使用无人驾驶汽车，还需要一段时间。

参考资料

Thrun S. October 9, 2010. What we're driving at.

Markoff J. October 9, 2009. Google's next phase in driverless cars: No steering wheel or brake pedals. New York Times.

Markoff J. May 27, 2014. Google Cars drive themselves, in traffic. New York Times.

17.4　IBM 沃森-危险边缘挑战赛

人机之间的对战为激发人们对某些技术成就的热情和宣传提供了一个框架。IBM 是三个此类事件的发起人。第一个事件发生在 1997 年，一台具有特殊搜索功能的并行计算机 Deeper Blue 在 6 局比赛中击败了当时的国际象棋世界冠军（参见第 16 章）。

Blue Gene 是另一个项目，致力于生产数台高速超级计算机来研究生物分子现象。在这个项目中，机器已经实现了数百 TFLOP 的速度。2014 年，Blue Gene/L 系统的运算速度超过了每秒 36 万亿次。

---

1 TFLOP（teraflop）表示每秒一万亿（10^{12}）次浮点运算。

---

1 petaflop 表示每秒一千万亿（10^{15}）次浮点运算。

IBM 沃森-危险边缘（Watson-Jeopardy）挑战赛在过去几年一直在进行。它的目标是设计一台能够回答使用自然语言提出的问题的计算机，而自然语言充满了歧义。问答系统在 NLP 领域并不是什么新鲜事物（参见第 13 章）。但是，沃森被寄希望于在速度上能与最好的人类选手相当（2~3 秒）。

有关 IBM 沃森-危险边缘挑战赛的最佳信息来源就是网络。

《危险边缘》是一档电视智力挑战节目，其中顶尖的人类选手掌握着众多不同主题的信息，从世界地理到百老汇戏剧，从文学到流行文化。

下面是曾出现过的几个问题。

（1）"一则 2000 年的广告——第 100 集 Got Milk 广告——展示了哪位流行歌手 3 岁和 18 岁的模样？"正确答案是："Britney Spears。"Blue J（IBM 沃森早期的名字）的回答是："Holy Crap。"

（2）"在九球比赛中，只要你把它击落袋，比赛就结束了。它是谁？" Blue J 的回答是："母球。"

（3）"哪个国家和智利之间的国界线最长？" Blue J 的回答是："玻利维亚。"正确的答案应该是"阿根廷"。

2007 年，IBM 高级员工大卫·费鲁奇（David Ferrucci）被选为沃森开发团队的负责人。他在语言处理系统方面拥有丰富的经验。在 Stephen Baker 的畅销书中，费鲁奇透露了两个相互矛盾的担忧：一是经过数年时间和数百万美元的研发支出后，沃森（以及 IBM）还是会在国际舞台上惨败；二是在最后一刻，另一家公司会绕过 IBM，设计出更好的系统[4]。事实证明，他在以上担忧中度过了漫长的 4 年。费鲁奇明白，沃森要想成功，就必须包含大量的事实——不是任何事实，而是正确的事实。于是，他对数千个早期的比赛问题进行了研究和分类，并决定让沃森装载"成吨"的维基百科文章。接下来，他下载了 Gutenberg 图书馆，并让沃森"学习"这些伟大的著作。他还从人类竞争对手那里收获了一些"洞察力"。在沃森项目的早期，他发现过于渊博的知识并不是必需的——对许多不同的学科有粗略的了解就足够了。Ken Jennings 为比赛做准备的方式不是苦读大部头书，而是使用闪存卡进行练习，目标是掌握大量主题的浅层知识。

再接下来，沃森被填鸭式地"喂食"了百科全书条目、词典、新闻文章和网页。正如 Baker 所描述的那样："（沃森）慢得令人痛苦。"在接下来的几年里，沃森一直在与人类选手进行比赛。慢慢地，它的表现开始有所改善。

沃森由 2000 多个处理器组成，这些处理器可以并行工作，分别执行不同的推理线程。它会为每个问题显示几个候选答案，并列出每个答案的置信度。每当沃森对其中某个答案有足够的信心时，它就会快速地按下蜂鸣器。

逐渐地，沃森在与人类的竞争中表现得越来越出色。但它偶尔也会失言，说脏话。当然，IBM 的企业形象很重要；他们为它安装了一个过滤器，这样沃森就不会说出最常见的脏话了。

人机比赛于 2011 年 3 月月初举行。尽管沃森出现了一些尴尬的失误，但最终还是取得了胜利。其中最有名的失误出现在最后一道问题上：

"它最大的机场是以第二次世界大战的一场战役来命名的。"在"美国城市"这一类别中，沃森的回答是："多伦多。"

费鲁奇解释说，美国的伊利诺伊州也有一个城市叫多伦多，而这个城市同样有一支职业棒球队。然而事实是，沃森犯了一个错误。当然，一个有趣的问题是，"像沃森这样的机器会有什么样的未来？" IBM 预计，沃森及其继任者将被训练成医学、法律等领域的专家，在这些领域，新知识正在以惊人的速度被发现。如果"医学沃森"能够阅读最新的期刊，并就患者的最佳治疗方案向医生提出建议，那将是大有裨益的。或者，"法律沃森"将能识别出可以进行法律辩护的先例。

为了帮助宣传 IBM 沃森-危险边缘挑战赛，IBM 于 2011 年 2 月派代表前往纽约城市学院和纽约城市大学研究生院（CUNY）。参见图 17.0，IBM 团队成员沃德克·扎德罗兹尼彼时在纽约城市学院向师生发表演讲。参加此次活动的 IBM 团队成员如图 17.6 所示。图 17.7 为沃德克·扎德罗兹尼在纽约城市学院与一名与会者讨论沃森。最后，Jerry Moy 主持了两场在 CUNY 举行的演讲，如图 17.8 所示。

图 17.6　参加纽约城市学院演讲活动的 IBM 团队成员（从左至右）：Bruno Bonetti、Jerry Moy、Faton Avdiu、Arif Sheikh、Andrew Rosenberg、Wlodek Zadrozny、Raul Fernandez、Vincent DiPalermo、Andy Aaron 和 Rolando Franco

图 17.7　沃德克·扎德罗兹尼在纽约城市
学院与一名与会者讨论沃森

图 17.8　Jerry Moy 主持了两场在 CUNY 举行的演讲

我们在本书中多次强调，AI 技术的正确角色是辅助人类，而不是取代人类。在未来几十年里，Watson 将成为不同领域中人类专家的得力助手。

人物轶事

雷·库兹韦尔（Ray Kurzweil）和奇点（见图 17.9）

雷·库兹韦尔（见图 17.10）是世界知名的科学家、发明家、企业家和未来学家。《福布斯》杂志称他为"托马斯·爱迪生的合法继承人"，并将他列为全球 8 大企业家之一。正如人们所说，库兹韦尔一直都"自成一个产业"。他为人熟知的发明包括：第一台 CCD 平板扫描仪、第一台全方位字体光学字符识别器、第一台盲人打印语音阅读机、第一台文本语音合成器、第一台能够重现大钢琴和其他管弦乐器的音乐合成器，以及商业化的大词汇量语音识别系统。

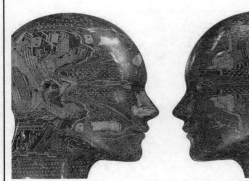

图 17.9　KurzweilAI 网站上描绘的奇点
（图片来源：Shutterstock）

图 17.10　雷·库兹韦尔（摄影师是 Michael
Lutch，由 Kurzweil Technologies 公司提供）

库兹韦尔是创新领域最高奖项——MIT-Lemelson 奖的获得者，奖金为 50 万美元。1999年，他获得美国技术领域的最高荣誉——美国国家技术勋章。2002 年，他入选美国专利局设立的美国国家发明家名人堂。

此外，他还获得 20 个荣誉博士学位，有 3 位美国总统授予其荣誉。他创作了 7 本书，其中 5 本是畅销书。*The Age of Spriritual Machines* 被翻译成 9 种语言，曾是亚马逊网站上最畅销的科学书。*The Singularity Is Near* 是《纽约时报》的畅销书，曾位列亚马逊网站科学和哲学类图书排名榜第一名。

2012 年，库兹韦尔被任命为 Google 的工程总监，领导一个开发机器智能和自然语言理解的团队。库兹韦尔的著作还包括：

- *The Age of Intelligent Machines*（1990 年）；
- *The 10% Solution for a Healthy Life*（1993 年）；
- *The Age of Spiritual Machines*（1999 年）；
- *Fantastic Voyage*（与 Terry Grossman 博士合著）（2004 年）；
- *The Singularity*（2005 年）；
- *Transcend: Nine Steps to Living Well*（与 Terry Grossman 博士合著）（2009 年）；
- *How to Create a Mind*（2012 年）。

此处关于雷·库兹韦尔的大部分信息来自 KurzweilAI 网站。

奇点

2005 年，雷·库兹韦尔出版了他最具有争议的一本书：*The Singularity is Near: When Humans Transcend Biology*。这本书的中心主题就是他所说的"加速回报法则"。他认为，计算机、遗传学、纳米技术和人工智能正在经历指数级增长。他预测，到 2045 年，机器智能将超过地球上人类智能的总和。

库兹韦尔认为进化分为 6 个阶段：

（1）物理与化学；

（2）生物学和 DNA；

（3）大脑；

（4）技术；

（5）人类技术与人类智力的融合；

（6）宇宙苏醒。

他声称前 4 个阶段已经发生了，我们现在处于第 5 个阶段。到 2045 年，技术将突飞猛进，人们将能够通过纳米技术和人工智能在基因上增强自己的身体。

让我们从 *Star Trek: The Next Generation* 中的博格人 Jerri Ryan 开始我们的旅程。如果雷·库兹韦尔的预测是正确的，那么也许一种统一的超级智能将不可避免，就像前一季中博格人的成员一样，我们会发现个性消失了，而抵抗实质上是徒劳的。作为对这种牺牲的回报，我们将得到永生的前景。

图 17.11 展示了 KurzweilAI 网站上描述的摩尔定律。

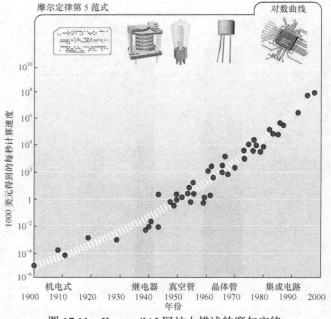

图 17.11　KurzweilAI 网站上描述的摩尔定律

17.5 21 世纪的人工智能

让我们回到前文提到的一个开放性问题：创造人类级别的人工智能是否会超出 AI 的基本极限？我们先来推测一下人类智力的起源，之后再来思考生命本身的起源。

Richard Dawkins[5]解决了后一个问题，他在达尔文的《进化论》中找到了深刻的见解。众所周知，40 亿年前，地球上没有动物或植物——"只有'一锅'由基本原子组成的'原始汤'"[5]。Dawkins 认为，达尔文的理论可以概括为"稳定者生存"，换句话说，稳定的原子（和分子）更有可能在地球上存活下来。他进一步推测，在地球的早期历史上，拥有丰富的水、二氧化碳、甲烷和氨，因此可能形成氨基酸——构成蛋白质的复杂分子。众所周知，蛋白质是生命的前体。Dawkins 设想，在通往生命的漫长道路上，下一步将是偶然创造出一种分子，他称之为"复制因子"。这种"复制因子"分子具有一个显著的特性，那就是能够忠实地复制自身。他坚持认为，能够快速而准确地自我复制的"复制因子"在这种原始环境中是稳定的。

复制（或繁殖）过程本身需要稳定的基本"原料"供给。毫无疑问，不同的"复制因子"一直在竞争充足的水、二氧化碳、甲烷和氨。这个进化过程持续了 40 亿年。Dawkins 的理论是，在这场漫长的进化过程中，后继者可能存在于现今栖息在地球上的现代动植物体内，即我们所说的基因。

Dawkins 通过解释这些基因如何努力地确保自己生存，继续他关于地球上生命可能起源的论述。在过去 6 亿年左右的时间里，它们的行为就像第 12 章中提到的虚构精灵。它们一直在塑造我们的眼睛、耳朵、肺等器官，而血管（也就是它们的身体）就是从这些器官中构造出来的。在这一论述中，动物的身体和植物群似乎只是保护屏障，以确保所有重要基因能存活下来。当阅读 Dawkins 的作品时，笔者的思绪回到了《星球大战》系列电影中的一个场景：敌军在进攻时，会将自己包裹在巨大的、有腿的机器人战斗机器中，这些机器人为里面的士兵提供了一个保护壳。即使接受 Dawkins 的理论，我们也仍然有一个问题："人类的意识从何而来？"Dawkins 可能会坚持认为，那些拥有意识的（再次通过自然选择产生的）动物将具有更优秀的生存技能，因此将获得相对的稳定性，从而确保存活下来。

Gerald Edelman 是一位获得过诺贝尔奖的生物学家。他提出了一种生物学上的意识理论，该理论也建立在达尔文进化论的基础上[6]。他坚持认为意识和思想纯粹是生物现象。神经元群自组织成许多复杂且适应性强的模块。Edelman 认为，大脑具有功能可塑性，也就是说，由于人类基因组没有足够的编码能力来完全指定大脑结构，因此大脑的很大一部分组织是自我导向的。

在物理学中，统一场论被认为是一种关于一切事物的理论，致力于将自然界中出现的各种力统一起来，如引力、电磁力、强力和弱力。

马文·明斯基在《心智社会》一书中探讨了两个更为广泛的问题。"大脑是如何组织的？""认知是如何发生的？"Dawkins 告诉我们，人类的大脑是历经数亿年进化的结果。统一场论不太可能清晰地解释人类头骨内复杂器官的功能。构建一种思想好比组建一支没有指挥的管弦乐队。这支"大杂烩"乐队中的乐器可以理解为智能体（参见第 6 章），它们不是用来演奏音乐的，而是用来解释世界的。一些智能体帮助理解语言，一些智能体负责解释视觉场景，还有一些智能体为人类提供常识（参见第 9 章对 Cyc 项目的讨论）。除非智能体之间存在有效的通信，否则无法完成任何有意义的工作。明斯基假设，一个人的心理状态可以解释为一个函数，表示在任

何时间点主体的哪些子集是活跃的。也许 AI "太过年轻"，还没有为明斯基提出的智能 "统一场论" 做好准备。尽管如此，当 AI 技术足够成熟时，明斯基的 "心智社会" 将可能在其中发挥重要作用。

自 2015 年以来，人类已经在生物和化学层面对个体神经元的功能有了全面的了解。但我们对神经元如何处理感官数据、编码经验、理解语言，以及在一般意义上如何促进认知和实现意识的了解仍然不足。目前的研究使用的是 X 射线和其他扫描技术，在功能模块层面获得对大脑的理解。库兹韦尔预测[8]，到 21 世纪中叶，我们将对人脑结构有一个完整的了解。此外，他从理论上推测，计算机部件的小型化将会发展到一个新阶段，届时在硬件上完全实现大脑将是可行的，而实现这一目标将需要数十亿个人工神经元和数万亿甚至数千万亿个神经元互连。也许到了那时，我们将有足够的力量来实现人类级别的人工智能。

17.6　本章小结

在本章中，我们回顾了过去 50 多年来 AI 领域取得的诸多成就。我们将 AI 放在一个框架中，将其视为计算机科学的一个子学科。就像计算机科学中众所周知的停机问题是无法判定的那样，我们就 "创造人类级别的人工智能是否不可能" 这一命题进行了思考。我们讨论了 IBM 沃森系统，并描述了其作为法律和医学专家助手的作用。

最后，我们讨论了生命、智能和意识的起源，并介绍了库兹韦尔对在不久的将来成功创造人类级别 AI 的可能性的乐观态度。

讨论题

1. 当第一艘船被建造出来（可能是数千年前）时，灵感可能来源于什么样的自然系统？
2. 举个例子，说明适当的表示方法有助于上一个讨论题的解决。
3. 在 Web 上寻找一个不可解问题的例子。
4. 你是否熟悉以普罗米修斯为主题的其他文学作品？
5. 描述图灵机的计算模型。
6. 说出在哪些方面，图灵机类似于
（a）执行计算的人；
（b）做同样事情的计算机。
7. 比较和对照运行图灵机程序的通用图灵机与运行普通程序的数字计算机。
8. GPS（全球定位系统）中集成了哪些启发式方法？你可以参考第 3 章。
9. 到网上查找关于围棋博弈的讨论。对于围棋博弈，是否存在冠军级别的程序？为什么？你可以参考第 16 章。
10. 如何将模糊逻辑整合到我们没有提及的家用电器的控制机制中？
11. 当你上网访问亚马逊购物网站时，请对专家系统如何融入自己的购物体验进行评论。
12. 除了邮局之外，你还在哪些地方见过 OCR 技术？
13. 当你与会话智能体互动时，请尝试思考 AI 技术对体验的影响方式。你希望看到哪些改进？
14. 为什么《危险边缘》会被选为人机挑战赛？
15. 你相信 IBM 沃森拥有人类级别的智力吗？请说明理由。
16. Richard Dawkins 是如何看待地球上生命的起源的？

17．为什么人类基因组不能完全说明大脑的活动过程？

18．为什么马文·明斯基的《心智社会》在 AI 领域没有得到更多的关注？请说出你的看法。

19．为什么库兹韦尔相信人脑的硬件实现将在 21 世纪晚些时候成为可能？

练习题

1．试研究由纽厄尔和西蒙首先开发的符号处理系统。写一篇短文，解释为什么（或为什么不）应该使用他们的方法来设计人类级别的 AI。

2．下列图中的哪一幅图是欧拉图？解释你的答案。

（a）图 2.33（d）。

（b）图 2.39。

（c）图 2.40（b）。

（d）图 2.41。

3．查阅归纳学习方法，特别是 Quinlan 的 ID3 算法（参见第 10 章）。这个算法使用了我们学过的哪些思想？

4．阅读你在讨论题的第 4 题中引用的故事。人工智能可以从中吸取什么教训？

5．本题需要参考图 17.4。磁带使用一元表示法描述两个要相加的数字。你可以把狗的计数方式想象成一元的，"Ruff，Ruff"是狗表示 2 的方式，"Ruff，Ruff，Ruff"是狗表示数字 3 的方式。因此，这个图灵机表示将 2 和 3 相加。一次移动可以表示为一个 5 元组：$<q_i, S_j, S_k, q_l, \{L, R, N\}>$

q_i：当前状态。

S_j：扫描到的符号。

S_k：与 S_j 出现在同一方格中的符号（注意，S_k 可能等于 S_j）。

q_l：图灵机的下一个状态。

$\{L, R, N\}$：图灵机可能向左或向右移动一个方格，或者根本不移动。

假设计算开始时，读/写头的位置如图 17-4 所示，当计算完成时，机器应该在 q_h 中，正对答案右侧空白的下方。试编写一个图灵机程序来执行一元数字的加法运算，并针对给定问题追踪自己的程序。

6．写一篇短文，说明你认为 IBM 沃森未来的应用会是什么？你期望 IBM 沃森有什么改进？

7．阅读 Richard Dawkins 的 *The Blind Watchmaker*[9]。写一篇短文，解释这本书是如何支持自然进化论的。

8．研究 Gerald Edelman 所写（或相关）的一些著作[10-12]，写一篇短文，谈谈他的意识发展理论。

9．阅读 Rodney Brooks 的 *Elephants Don't Play Chess*[13]，详细阐述他的智能发展理论。

10．再次查阅 Searle 的 *The Mystery of Consciousnesss*，阅读他对 Penrose 观点的讨论。对 Penrose 关于人类级别人工智能发展前景的看法，与库兹韦尔所倡导的不受约束的乐观态度进行比较。

11．调查当前的研究，确定我们距离库兹韦尔所预计的，在 21 世纪中叶完全了解大脑功能的愿景，还有多远？

12．阅读 Harold J. Morowitz 的收录在 *The Mind's I* 中的一篇文章 Rediscovering the Mind。Morowitz 描述了量子物理学为开发人类级别 AI 的前景所呈现的困境。总结一下 Hofstadter 的回应[14]。

13. 阅读 Douglas R. Hofstadter 所写的 *Gödel, Escher, Bach: An Eternal Golden Braid* [15]。读完这本书之后，你是否成了强 AI 的信徒？

14. 在网上查找一些关于数字幽灵（digital ghost）的文章。什么是数字幽灵？它们在什么意义上保证了永生？

15. 查一下 "avatar" 这个词。它的早期定义是什么？它更现代的定义是什么？接下来，访问 SecondLife 网站，你如何解释人们对 "avatar" 存在的巨大兴趣？

16. 最近，假肢设备取得了一些进展，比如可以对大脑信号做出适当的反应。阅读一些在线报告，然后谈一谈你觉得我们是否需要注意 1.8 节中关于人机混合的警告。

17. 在线阅读梅赛德斯-奔驰的自动停车技术。如果司机误闯红灯，汽车会自动停下来。为了使这个系统正常工作，国内的每个红绿灯都需要升级。你预计要过多久，司机才能在开车上班的时候看报纸、刮胡子？

参考资料

[1] Newell A, and Simon H A. 1963. GPS: a program that simulates human thought. In Feigenbaum and Feldman (eds.), Computers and Thought, New York: McGraw-Hill.

[2] Appel K, and Haken W. 1977. Every planar map is four-colorable. Illinois Journal of Mathematics 21: 421-567.

[3] Turing A M. 1936. On computable numbers with an application to the Entscheidongs problem. Proceedings of the London Mathematical Society, Vol. 2, 42: 230-252.

[4] Baker S. 2011. Final Jeopardy—Man vs. Machine and the Quest to Know Everything. Boston, MA: Houghton Mifflin Harcourt.

[5] Dawkins R. 1976. The Selfish Gene. Oxford, England: Oxford University Press.

[6] Edelman G. 1990. The Remembered Present: A Biological Theory of Consciousness. New York: Basic Books.

[7] Minsky M. 1986. The Society of Mind. New York: Simon and Schuster.

[8] Kurzweil R. 1999. The Age of Spiritual Machines. New York: Penguin Books.

[9] Dawkins R. 1986. The Blind Watchmaker. New York: W.W. Norton & Company.

[10] Edelman G. 1992. Bright Air Brilliant Fire: On the Matter of the Mind. New York: Basic Books.

[11] Searle J R. 1990. The Mystery of Consciousness. (Read summary of Edelman's Theory). New York: Review of Books.

[12] Edelman G. 2004. Wider than the Sky: The Phenomenal Gift of Consciousness. New Haven, CT: Yale University Press.

[13] Brooks R. 1990. Elephants Don't Play Chess. In Robotics and Autonomous Systems 6, 3-15.

[14] Hofstadter D R, and Dennett D C. 1981. The Mind's I. New York: Bantam Books.

[15] Hofstadter D R. 1989. Godel, Escher, Bach: An Eternal Golden Braid. New York: Vintage Books.

第六部分　安全和编程

第六部分（包含第 18 章和第 19 章）是本书第 3 版新增的内容。第 18 章试图提供人工智能（AI）安全的概述和视角。AI 可以描述为一种前沿技术，它在网络安全行业中的应用日益增多。AI 安全解决方案对于面临日益先进、锲而不舍的攻击者和安全能力短缺的行业至关重要。如今，网络威胁是每个组织都在面临的主要问题之一。该章将帮助读者实施智能解决方案来应对现有的网络安全挑战，并构建适应复杂组织需求的前沿实现。

第 19 章主要介绍一些常见的 AI 编程语言，包括 Prolog、Python 和 MATLAB。

第 18 章　网络安全中的人工智能（选读）

本章针对"人工智能（AI）安全"这一主题，提供了一些分析角度和思路。

来自网络的安全威胁是每个组织正在面对的关键问题之一，而 AI 被认为是在网络安全行业具有广阔前景的一种前沿技术。有些行业需要应对能力水涨船高且锲而不舍的攻击者，而这些行业自身安全能力短缺，在这种情况下，基于 AI 的安全解决方案就尤为重要。本章将帮助读者对现有网络安全挑战的智能解决方案进行梳理，并构建前沿解决方案，以应对日益复杂的企业需求。

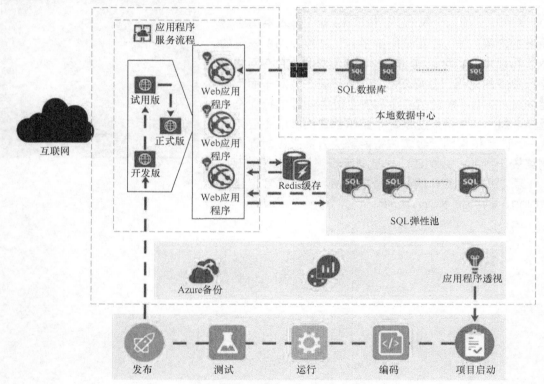

Visual Studio 团队提供的客户服务

18.0　引言

如今的网络安全威胁几乎没有留下犯错的余地。为了持续地、先发制人地应对那些高智商且具有破坏性的在线攻击者，企业的网络安全策略必须包含一系列不断发展的技术手段和技术规程。互联网安全服务（Internet Security Service）提供了包括防范病毒、间谍软件和其他威胁在内的一整套保护措施。此外，互联网安全服务还能够自动阻止对恶意网站的访问，允许公司选定并阻止对不适合工作场所的网页的访问。在开放的网络环境中，只有授权用户才能获取到一些重要信息，而系统安全也涉及对这些信息的保护。网络安全的世界已经发生了变化，攻击者已经学会了恶意代码的自动化编写，并能够对它们进行修改，以"淹没"整个企业，直到企业筑起的"高墙"出现漏洞。

几十年来，传统的防病毒技术都是使用"检测-响应"机制来运行的。然而，AI 可以准确找出网络中的不怀好意者，防止恶意软件和其他威胁，并保护组织免受一系列攻击。此外，由于 AI 不需要执行增量存储、机器扫描和机器重构等操作，因而能够使网络安全策略的实施和运行成为一个无缝、平稳的过程。AI 可以帮助系统使用少量的资源（1%～2%的 CPU 使用率和 40～50 MB 的内存），以极快的速度（毫秒级）应对攻击，并实现大于 99%的有效率，而过时的、基于签名的传统防病毒技术的有效率仅为 50%～60%。因此，AI 技术是稳健且灵活的，可以扩展安全部署，并支持构建更好的防御系统，以应对越来越多的新兴网络威胁。

18.1　IPsec

IPsec（Internet Protocol Security）是一种端到端的互联网安全协议。基于 IPsec，企业可以在互联网上构建安全、虚拟、专用的网络。IPsec 解决了与网络安全相关的数据机密性、数据源身份验证和密钥管理等问题。

IPsec 工作在网络层和传输层（OSI 模型的第 3 层和第 4 层）之间，因此对传输层（TCP/ UDP）及其以上各层是完全透明的。

IPsec 是在局域网边界上基于可用的路由器和防火墙实现的，它只为从局域网流出、进入广域网的通信数据提供安全性，而不涉及局域网边界内通信数据的安全。具体来说，IPsec 提供的服务如下：

- 访问控制；
- 无连接的数据完整性；
- 数据源身份验证；
- 数据机密性；
- 防重放服务（拒绝重放报文）；
- 有限的数据流保密性。

18.2　SA

SA（Security Association，**安全关联**）是 IPsec 支持的一个概念。SA 是发送方和接收方之间的一种单向关系，它为从发送方流向接收方的数据提供安全服务。从另一个角度看，SA 可以视为一组算法和参数（如密钥），用于在一个方向上对数据流进行加密和认证。对于双向安全通信，则需要提供两个 SA。IPsec 管理员拥有加密和认证算法的选择权（从预定义的列表中选择）。SA 会从报头认证（Authentication Header，AH）和安全负载封装（Encapsulating Security Payload，ESP）中选择一项进行操作，但只能选一项。根据需要为流出方向的数据包提供的保护类型，IPsec 将在数据包头中指定以下三个参数，它们共同组成了 SA。

- 安全参数索引（Security Parameter Index，SPI）：这是一个 32 位的字符串，指向与 SA 相关的参数。它允许接收方选择要在哪个 SA 的控制下处理报文。
- 协议标识符：表示 SA 协议是进行报头认证还是安全负载封装。可以在这两种行为中选择其一，但不能全选。

- IP 目的地址：SA 结束端（即接收方）的 IP 地址。

18.3　安全策略

安全策略是 IPsec 编程实现过程中的一组规则，它们规定了所接收到的数据包的处理方式。

18.3.1　安全策略数据库

IPsec 的每次实现都需要一个安全策略数据库（Security Policy Database，SPD）。SPD 中的每个条目都定义了 IP 数据流的一个子集，并指向对这个子集进行处理的一个 SA。

18.3.2　SA 选择器

SA 选择器用于对流出的数据进行过滤，以将它们映射到特定的 SA。通过对流出报文的安全参数与 SPD 条目中定义的安全参数进行比较，可以确定一个匹配的 SPD 条目。匹配的 SPD 条目有一个指向 SA 的指针，该指针将被包含在流出报文的 IPsec 报头中，并形成安全参数索引（Security Parameter Index，SPI）。在接收端，SPI 将允许接收方选择指向的 SA 来处理报文。

18.3.3　SA 的组合

一个 SA 只能支持 AH 和 ESP 中的一种，而不能同时支持。如果发送方同时需要 AH 和 ESP 服务，则可以将多个 SA 组合成一个 SA 组合包。相应的 SPD 条目将包含指向多个 SA 的指针，这个 SA 组合包将对覆盖的 IP 数据流进行处理。同一个 SA 组合包中的多个 SA 可以有相同的接收方，也可以有不同的接收方。

18.3.4　IPsec 模式

IPsec 支持以下操作模式。

- 传输模式：在传输模式下，保护行为只发生在 OSI 模型的传输层及其以上各层中。报文的原始 IP 报头会原样保留（不加密），以便路由器获取目的 IP 地址进行路径选择。但是，报文部分仍然容易受到数据流分析的攻击。
- 隧道模式：隧道模式会对包括 IP 报头在内的整个报文提供保护，常用于通信节点受防火墙保护的场景。隧道模式可以在源防火墙和目的防火墙之间创建一个虚拟专用网（Virtual Private Network，VPN）。所有的流入/流出报文都要经过防火墙。在 ESP 中，流出方向的完整报文（包含原始的 IP 报头）都会在流出方向的防火墙处进行加密，并在加密后的报文前附加一个新的 IP 报头。新 IP 报头包含原防火墙和目的防火墙的 IP 地址。新 IP 报头和 ESP 报头将被原样传输。利用新 IP 报头中的信息，报文将被转发传输到目的防火墙。在目的防火墙处，使用 ESP 报头中的信息进行解密，并将新 IP 报头剥离。然后，利用原始 IP 报头中的信息，将报文传输到目的节点。由于在源防火墙和目的防火墙之间传输时，原始 IP 报头处于加密状态，因此攻击者无法确定源 IP 地址和目的 IP 地址。攻击者能获取到的信息只有源防火墙的 IP 地址和目的防火墙的 IP 地址。因此，报文不容易受到数据流分析的攻击。包含原始 IP 报头的原始数据报文，以隧道模式通过互联网，而不会将自己暴露给攻击者。隧道模式可用于在互联网上创建安全虚拟专用网（Secure Virtual Private Network，SVPN）。如果一个企业有许多地理上分散的站点，则可以使用 SVPN 将这些站点链接起来。

● 通配符模式：在通配符模式下，SA 既可以工作在传输模式下，也可以工作在隧道模式下。模式选择的信息可以从关联的套接字中获得。

18.3.5 防重放窗口

防重放窗口是一种在接收端使用的滑动窗口协议。假设窗口宽度为 W，并且在任何时候，窗口的右边缘都与槽位 N 对齐，如图 18.1 所示。初始时，所有槽位都没有标记。

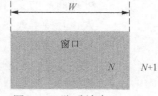

图 18.1 防重放窗口

对收到的报文进行如下处理。

（1）如果报文序列号落在窗口内，并且是一个新报文（即窗口对应的槽位是未标记的），则检查它的 ICV（Integrity Check Value）。如果报文通过了 ICV 验证，则表示它是可接收的，对窗口中对应的槽位进行标记，表示接收了一个有效报文。

（2）如果报文序列号落在窗口内，但窗口中对应的槽位已经被标记，则表示已经收到具有相同序列号的有效报文，新到的报文将作为重放报文被拒绝接收。另外，如果报文序列号落在窗口内，但未能通过 ICV 验证，则报文也会被拒绝接收。这些都是可审计的事件。

（3）如果报文序列号落在窗口左侧，则报文会被认为是重放报文并被丢弃。这也是一个可审计的事件。

（4）如果报文序列号落在窗口右侧且通过 ICV 验证，则窗口向右滑动，使新报文的序列号与窗口的右边缘对齐。新报文会被接收为有效报文并标记槽位。

18.4 安全电子交易

安全电子交易（Secure Electronic Transaction，SET）是一种用于在互联网上保障信用卡交易安全的协议。SET 协议由 VISA 和 Mastercard 联合开发，IBM、微软、网景（Netscape）和 VeriSign 等多家公司也参与其中。SET 协议能够为互联网上的在线交易提供隐私保护，并且可以为参与电子商务的消费者和商家提供相互认证。SET 协议针对互联网上的通信同时使用了对称密钥加密和公钥加密。图 18.2 展示了安全电子交易中的参与者。

（1）客户（持卡人）：银行（即发卡机构）所发行的信用卡的授权持有者。每个持卡人都拥有一个与信用卡相关联的账户。持卡人还会获得由发卡机构签名的 X.509 V3 公钥证书。交易的其他参与者可以使用该证书来验证持卡人的 RSA 签名。

（2）商家：销售商品或提供在线服务的个人或组织。商家接受指定的信用卡支付。

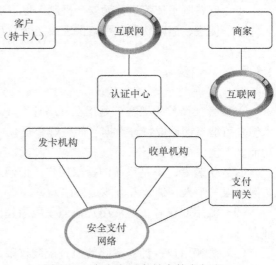

图 18.2 安全电子交易中的参与者

商家与收单机构（如银行）建立合作关系。每个商家都会获得两个公钥证书，一个用于验证其签名，另一个用于交换会话密钥。

（3）发卡机构：一般为金融机构（如银行），在经过核实后，向客户发放信用卡（如万事达卡或 VISA 卡）。每张信用卡都会在发卡银行开设一个账户，该账户与信用卡关联在一起。发卡银行全权负责清算持卡人的所有债务。

（4）收单机构：与商家建立合作关系的金融机构（如银行）。每个商家在其收单机构都有一个账户，收单机构负责以下事项。

  a. 处理商户的支付授权（Payment Authorization），即确认进行消费的持卡人是有效持卡人，且持卡人在其信用额度内进行消费。

  b. 处理资金清算（Payment Capture），处理结果是将资金从持卡人在发卡机构的账户转移到收单机构的商家账户。只有在商家交付持卡人所订购的货品（或提供所订购的服务）后，资金清算才会进行。

（5）支付网关：这是收单机构或能够处理商家支付消息的指定可信第三方才能执行的功能。商家在互联网上通过支付网关交换 SET 消息，支付网关则通过直接的安全链路或安全支付网络与收单机构通信。

SET 的业务需求

- 保证所有传输数据的完整性。
- 提供认证，证明持卡人是信用卡账户的合法用户。
- 提供认证，使商家可以通过与金融机构（收单机构）的合作关系接受信用卡交易。
- 订单信息只能在持卡人和商家之间共享（不能与支付网关共享）。
- 支付信息（包括信用卡详细信息）只能在持卡人和支付网关之间共享（不能与商家共享）。
- 开发一种机制，将支付信息与订单信息链接起来，并且这种链接应该对所有参与者可用。这是为了避免任何参与者篡改订单和支付信息而不被其他参与者发现。如果任何参与者篡改了信息，那么其他各方应该能够证明信息已被篡改。
- 确保采用最佳的安全措施和系统设计技术，以保护在线交易的所有合法参与者。
- 创建既不依赖于传输安全机制，也不阻碍其使用的协议。
- 促进、鼓励软件和网络供应商之间的互操作性。

18.5 入侵者

入侵者（又称为黑客）是指在网络计算环境中对其他域（domain）进行安全攻击的个人。入侵者可能试图读取特许数据（如破解密码），对数据进行未经授权的修改，或破坏系统的正常功能。入侵者分为如下三类。

（1）伪装者：不是系统的授权用户，但渗透了系统的访问控制机制，能正常使用授权用户访问权限的个人。伪装者可能是外部人员。

（2）滥用职权者：合法用户，但使用了超出合法范围的访问权限。显然，滥用职权者是内部人员。

（3）隐秘用户：拥有系统的监督控制权限，并使用这种权限来逃避审计、绕过访问控制或对抗审计收集的个人。

18.6　入侵检测

入侵检测指的是对是否存在一些未经授权的实体（入侵者）试图访问或已经访问了一个受保护的系统进行确认。入侵检测依赖于这样一个假设，即入侵者的行为不同于合法用户的行为，具体到参数上是可以量化的。入侵检测的一个基本工具是审计记录，即用户的持续活动记录，入侵行为也包含在内。然而，合法用户和入侵者的行为会有一些重叠。因此，一个入侵检测系统很可能会产生一些误报警，与此同时，它也可能无法检测出一些真实的入侵。

入侵检测方法

入侵检测方法有两种。

（1）基于统计的异常检测。

- 收集用户在一段时间内的行为数据。
- 对用户行为进行统计检验，以较高置信度水平确定它们是合法用户的行为还是入侵者的行为。从大体上讲，基于统计的异常检测有两种方式。
  - ➢ 阈值检测：这涉及为各种事件发生的频率设定阈值（独立于用户）。阈值检测指的是计算一段时间内不同事件发生的次数，如果次数超过阈值，则认为发生了入侵。
  - ➢ 基于用户轮廓的检测：这种检测方式要求为每个合法用户设定一个行为轮廓，旨在检测用户行为突然且显著的变化。

（2）基于规则的检测：这涉及定义一组规则，以判定给定的行为是合法用户的行为还是入侵者的行为。基于规则的检测也有两种方式。

- 偏差检测：尝试检测出与预先建立的使用模式之间的偏差。
- 渗透识别：使用专家系统来检测可疑用户。

入侵检测系统常用于保护信息系统，对抗黑客行为，使信息系统在工作期间保持安全状态。基于朴素贝叶斯、KNN 和决策树的入侵检测模型能够实现工作的一致性。

入侵检测模型的性能可通过**重合矩阵**（又称为**混淆矩阵**）进行评价。混淆矩阵展示了模型正确分类或错误分类的实例分布。它是一个 $N \times N$ 的矩阵，其中的 N 可以是大于 1 的任何整数。对角线元素表示预测标签等于真实标签的实例数量，而非对角线元素表示那些被分类器错误标记的实例数量。混淆矩阵的对角线元素值越大越好，这表明有更多的预测是正确的。混淆矩阵可以得到 4 个输出结果。

TP：在某指定类别中，被正确分类的实例数量。

TN：在所有非指定类别中，被正确分类的实例数量。

FN：在某指定类别中，被错误分类的实例数量。

FP：在所有非指定类别中，被错误分类的实例数量。

混淆矩阵能够基于数据集实例的真实标签和预测标签来直观地展示统计结果。由于入侵检测系统使用了机器学习分类算法，评价指标（性能指标）常用来对系统的性能进行评价。指标的取值范围通常是 0～1。常用的评价指标有如下几个。

准确率

准确率（ACC）是测试数据集中所有正确分类的实例数量占实例总数的比值。在入侵检测场景下，给定数据集，准确率表示被正确识别的行为（包括攻击行为和正常行为）记录数量与行为记录总数的估计比值。较高的准确率表明机器学习模型表现良好。ACC 的定义如下：

$$ACC = \frac{TP + TN}{FN + FP + TN + TP}$$

真阳性率（灵敏度/召回率）

真阳性率（True Positive Rate，TPR）是被正确预测的正例（指定类别的实例）占正例总数的比值，又称为灵敏度或召回率。在入侵检测场景下，给定数据集，真阳性率表示被正确识别的攻击行为记录数量与攻击行为记录总数的估计比值。较高的真阳性率表明机器学习模型运行良好。TPR 的定义如下：

$$TPR = \frac{TP}{TP + FN}$$

真阴性率（特异度）

真阴性率（True Negative Rate，TNR）是真实负例（非指定类别的实例）中被模型判定为负例的比例，又称为特异度。TNR 的定义如下：

$$TNR = \frac{TN}{TN + FP}$$

假阳性率（误报警率）

假阳性率（False Positive Rate，FPR）又称误报警率（False Alarm Rate，FAR），指的是模型错将负例（非指定类别的实例）分类为正例（指定类别的实例）的比例。FPR 应尽可能低，以避免不必要的误报。

$$FPR = FAR = \frac{FP}{TN + FP}$$

精度

精度（precision）是被正确预测的正例数量与预测出的正例总数的比值。在入侵检测场景下，给定数据集，精度表示被正确识别的攻击行为记录数量与识别出的攻击行为记录总数的估计比值。较高的精度表明机器学习模型表现良好。精度的定义如下：

$$精度 = \frac{TP}{TP + FP}$$

$F1$ 得分（$F1$ 指标）

$F1$ 得分（$F1$-Score）是精度和召回率的调和平均值。$F1$ 得分较高表明机器学习模型表现良好。$F1$ 得分的定义如下：

$$F1得分 = 2 \times \left[\frac{精度 \times 召回率}{精度 + 召回率} \right]$$

在入侵检测场景下，TP、TN、FP 和 FN 等术语都用于描述数据集中正常行为记录和攻击行为记录的分类情况。TP（True Positive）是指在数据集的正常行为类别中被正确分类或识别出的连接记录数量。TN（True Negative）是指在数据集的攻击行为类别中被正确分类或识别出的连接记录数量。FP（False Positive）是指在攻击行为类别中被错误分类或识别为正常行为类别的连接记录数量。FN（False Negative）是指在正常行为类别中被错误分类或识别为攻击行为类别的连接记录数量。

18.7 恶意程序

恶意程序常被入侵者用来攻击系统安全。恶意程序分为以下两种。

（1）病毒程序：一个程序片段，通常附着在另一个程序（宿主程序）中，当宿主程序运行时，它就会秘密运行。一旦病毒程序开始运行，它就可以执行任何功能，比如清除文件。

（2）蠕虫程序：一个独立的程序，它在运行时可能会在当前系统或关联系统中生成更多的副本，这些副本会在特定时刻被激活。

病毒程序生命周期的不同阶段

一个病毒程序在它的生命周期中，通常会经历以下 4 个阶段。

（1）休眠阶段：病毒程序最初处于休眠状态，直至因某个事件（如到了某个日期、出现了某个文件或磁盘容量超过某个限制）而被激活。有的病毒程序也可能没有休眠阶段。

（2）传播阶段：病毒程序将自身的一个副本放入宿主程序或磁盘上的某些系统区域。这样每个被感染的程序都将包含病毒程序的一个副本，后者会再次进入传播阶段，从而实现指数级繁殖。

（3）触发阶段：触发病毒程序，使其执行预期功能。触发可能是由某个事件引起的，如病毒程序的副本达到一定数量等等。

（4）执行阶段：执行预期功能。

病毒程序的种类

- 寄生病毒：这类病毒能够附着在可执行文件上，并在受感染的宿主程序运行时进行复制。
- 驻留内存病毒：这类病毒将自身作为驻留系统程序的一部分驻留在内存中，这样它就能感染每一个运行在内存中的程序。
- 引导扇区病毒：这类病毒能够感染主引导扇区或引导扇区，然后当系统从受感染的磁盘引导时进行传播。
- 隐形病毒：这是一类被设计用来躲避杀毒软件的病毒。
- 多态病毒：每次感染都会发生变异（经历变化），使其特征码难以检测的病毒。
- 宏病毒：这类病毒会利用 Office 应用程序（如 Word 和 Excel）的宏功能。宏指的是嵌入字处理文档中的用于执行重复任务的可执行代码段。利用宏功能，宏病毒能自动重复执行而无须任何用户输入。这是最常见的一类病毒。
- 电子邮件病毒：这类病毒会利用嵌入电子邮件附件中的 Word 宏。当收件人打开附件时，它就会被激活，然后基于用户地址目录，将自己发送到邮件列表中的每个人。这类病毒有可能造成本地破坏。

18.8 反病毒扫描

防范病毒的最好办法是阻止病毒从互联网进入局域网，但要完全阻隔所有病毒是不现实的。一种实用的方法是对病毒进行"检测、识别和删除"，这就需要在系统中安装**反病毒扫描程序**来对系统进行保护。

反病毒扫描程序的不同版本

- **第 1 代反病毒扫描程序**：通过病毒特征码识别病毒。第 1 代反病毒扫描程序只能处理已知病毒。
- **第 2 代反病毒扫描程序**：使用启发式规则搜索可能的病毒感染，旨在尝试识别与病毒相关的代码片段，或者执行完整性检查，例如对校验和进行验证。
- **第 3 代反病毒扫描程序**：驻留在内存中，通过识别病毒的操作（如大量删除文件）来识别病毒。
- **第 4 代反病毒扫描程序**：集成了各种反病毒技术的软件包。

18.9   蠕虫程序

蠕虫程序能快速地、迭式地感染联网的机器，每台被感染的机器都是对其他机器进行攻击的自动发射台。网络蠕虫具有病毒的特征。为了复制自己，网络蠕虫会使用某种网络传输方式。

- 电子邮件蠕虫：通过电子邮件将自己的副本发送给其他系统。
- 远程执行能力：在另一个系统中远程执行自身的副本程序。
- 远程登录能力：登录到远端系统，然后通过命令将自己远程复制到远端系统。

因为电子邮件病毒会从一个系统传播到另一个系统，所以它具有蠕虫程序的一些特征。

- 活门（Trap Door）：进入程序的一个秘密入口，它允许某人绕过所有的安全检查进入程序。在程序开发过程中，活门通常用于调试程序。而当活门被入侵者利用时，它就能无视操作系统的安全控制，成为严重的威胁。
- 逻辑炸弹：嵌入合法程序中的代码，被设置为在满足特定条件时触发。一旦被触发，它可能就会修改或删除文件。
- 特洛伊木马（Trojan Horse）：一个看起来很有用的程序，它包含一些隐藏的代码，当被调用时，它会执行一些不希望的操作。
- 僵尸程序：这类程序能秘密地控制联网的计算机，然后利用所控制的计算机发起安全攻击，所以很难追踪到僵尸程序的制造者。僵尸程序通常被用于进行拒绝服务攻击。

18.10   防火墙

防火墙（见图 18.3）是一种机制，它能够保护本地系统或局域网免受外部网络的安全威胁，同时允许通过网络访问外部世界。

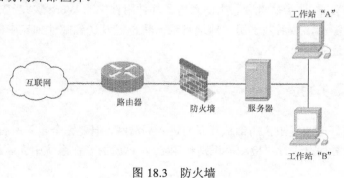

图 18.3   防火墙

18.10.1 防火墙的特点

防火墙的特点如下。

（1）所有流入和流出局域网的数据都必须经过防火墙。

（2）只有经过本地安全策略授权的数据流才允许进入局域网。

（3）防火墙必须使用可信系统（Trusted System）及安全操作系统（Secure Operating System），以达到阻止非期望数据流渗透的效果。

18.10.2 防火墙控制访问的方式

防火墙控制访问的方式如下。

（1）服务控制：这种方式可以设定允许在互联网上访问的服务类型。它可以根据 IP 地址和 TCP 端口号对数据流进行过滤，并且可以使用代理软件来解释每个服务请求。

（2）方向控制：这种方式可以设定某服务请求从哪里发起，以及允许该服务请求通过防火墙的方向。

（3）用户控制：这种方式可以设定本地（局域网内）的某些用户只能访问互联网上的一些特定服务。它也可以用来控制外部用户对本地服务的访问。

（4）行为控制：控制特定服务的使用方式，例如对电子邮件进行过滤以消除垃圾邮件。

18.10.3 防火墙的类型

防火墙的类型如下。

（1）包过滤路由器：对每个流入的 IP 数据包应用同一组规则，并决定是否转发或丢弃它。过滤规则通常基于报文中包含的信息，如源 IP 地址、目的 IP 地址、源端口号、目的端口号、IP 字段、路由器端口号等。

（2）全状态检测防火墙：通过创建流出方向 TCP 连接的目录，对 TCP 数据流规则进行加强控制。同时，基于目的端口号，对流入数据进行过滤。

（3）应用级网关：又称为代理服务器。经过配置，它可以只支持应用程序的某些功能，而拒绝所有其他功能。

（4）链路级网关：它既可以是一个独立运行的系统，也可以是应用级网关的一项具体功能。它不允许端到端的 TCP 连接，而是把端到端的 TCP 连接分成两部分——分别连接网关和内部 TCP 用户，以及网关和外部 TCP 用户。安全功能将决定哪些连接被允许，而哪些连接会被拒绝。

（5）堡垒主机：为应用级网关或链路级网关提供服务的平台。

18.11 可信系统

可信系统是指这样的系统：通过在其上实施指定的安全策略，系统在特定范围内是可信赖的。可信系统的失败可能会破坏它所实施的指定策略。根据美国国防部遵循的概念，可信系统可实现为一个能负责所有的访问控制决策的参考监视器（reference monitor）。

可信系统最重要的设计目标是最小化可信计算模块（Trusted Computing Base，TCB）的规模。TCB 是硬件、软件和固件的组合，用于执行所需的系统安全策略。由于 TCB 的失效会破坏植入的安全策略，因此较小的 TCB 可以提供更好的保障。

客体（数据）上会附加安全标签，以表示它们的敏感度水平。主体（用户）上也会附加标签，以表示不同用户的可信度。主体使用两条安全规则对客体进行访问：简单安全规则和约束规则。

- 简单安全规则：只有当主体的可信度超过客体的敏感度时，主体才能获得客体的读取权限，又称为"不可向上读取（No Read Up）"规则。通俗地说，这意味着不允许具有较低可信度的用户访问敏感度较高的信息。
- 约束规则：只有当客体的敏感度超过主体的可信度时，主体才能获得客体的写入权限，又称为简单规则或"不可向下写入（No Write Down）"规则。这意味着信息应该向上流动，而非向下流动。

参考监视器可以访问一个名为"安全内核数据库（Security Kernel Database）"的文件，这个文件会列出所有主体的访问权限和所有客体的安全等级。参考监视器执行"不可向上读取"和"不可向下写入"的安全规则。参考监视器必须具有以下属性。

- 完全仲裁性：在每次访问对象时都强制执行安全规则。
- 隔离性：参考监视器和安全内核数据库不允许进行未经授权的修改。
- 可验证性：必须能够证明参考监视算法的正确性。也就是说，必须能够验证在每个访问上都执行了安全规则，且满足隔离性。能够提供这种验证的系统称为可信系统。

在社交网络中，大批量攻击行为会表现出复杂的统计规律、相互作用和特征。复杂性可以呈现为神经网络节点之间错综复杂的关系网格。社交网络中的大部分攻击行为会以网络流和日志的形式记录下来，因此可以使用循环神经网络（Recurrent Neural Network，RNN）对序列数据进行训练。传统的 RNN 在使用较大步长进行训练时存在问题，可选择长短期记忆（Long Short-Term Memory，LSTM）网络来解决这个问题。

训练神经网络的算法如下。

1. 输入：从带标签信息的训练数据集中提取出的特征 X
2. 初始化：
3. for channel = 1 $\rightarrow$ N do
4. 　　训练 LSTM-RNN 模型
5. 　　将 LSTM-RNN 模型保存为分类器 c
6. end for
7. return c

用于攻击检测的算法如下。

1. 输入：从带标签信息的测试数据集中提取出的特征 X
2. 初始化：
3. for channel = 1 $\rightarrow$ N do
4. 　　载入训练好的 LSTM-RNN 模型作为分类器
5. 　　获取分类器的结果向量 R
6. end for
7. for r in R do
8. 　　投票以获得多数元素 v

9. end for

10. return v

应用盒子

无处不在的网络安全漏洞

随着企业发展壮大，受到网络攻击的威胁也在增加。有大约 21%的高管表示，他们的企业在 2018 年遭遇了网络安全入侵，出现了（对网络、设备、应用程序或数据）未经授权的访问。此外，14%的高管预计在未来一年，网络攻击的数量将会加倍。企业因为网络安全漏洞付出了沉重的代价，有20%的企业声称损失超过 5000 万美元。例如，美国电信公司掌握了大量的客户数据，这使得它自身成为网络攻击的理想目标。40%的此类公司报告称，由于网络安全漏洞，自己的财务损失超过 5000 万美元（见图 18.4）。企业需要人工智能来帮助它们识别威胁并挫败攻击。在损失超过 5000 万美元的行业中，电信行业报告的损失发生率是最高的。

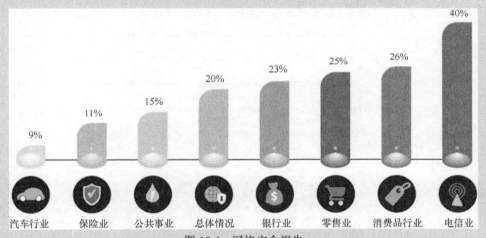

图 18.4　网络安全损失

（来源：凯捷咨询研究所，网络安全调研中的人工智能，对象是 850 名企业高管）

超过三分之一的公司表示，关键业务（如网站/应用程序或工厂/电网）受到了网络安全漏洞的影响。在一个案例中，日本一家主要制造商遭受了一次网络攻击，导致部分生产线关闭三天，产量下降了 50%。

基于最新数字技术的网络攻击比例呈上升趋势，而最新的数字媒体也增加了黑客可利用的攻击面。高管们指出，基于这些数字媒体的网络攻击在过去两年中有所增加。

- 49%的高管表示，通过云服务发生的网络安全事件（例如，公共云服务器实例的配置格式使其容易被入侵）已经增加了 17%。
- 42%的高管表示，基于物联网（Internet of Things，IoT）设备的网络安全事件（例如，黑客侵入不安全的物联网设备进行 DDoS 攻击）有所增加，平均增幅为 16%。

图 18.5 展示了需要人工智能来帮助识别威胁和挫败网络攻击的不同行业。图 18.6 给出了部分国家对人工智能和网络安全的态度。

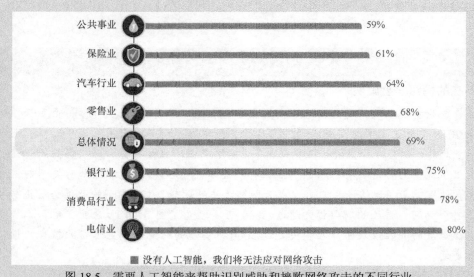

图 18.5　需要人工智能来帮助识别威胁和挫败网络攻击的不同行业

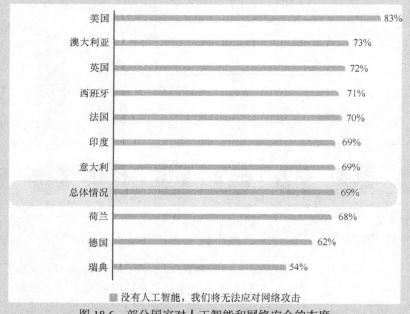

图 18.6　部分国家对人工智能和网络安全的态度
（来源：凯捷咨询研究所，网络安全调研中的人工智能，对象是 850 名企业高管）

18.12　本章小结

　　越来越多的应用程序已经开始采用人工智能技术来提高生产率、改善销售或增强体验。同时，人工智能也是抵御网络攻击的有力手段。在互联网时代，由于黑客有能力从远程实施盗窃并造成损失，保护资产和应对不怀好意者变得比以往任何时候都更加困难。人工智能技术能够基于一系列结构化和非结构化数据，包括日志、设备遥测记录、网络报文的报头信息和其他可用信息，提供增强的预警服务和半自主的网络安全防御功能。

讨论题

1．什么是网际协议安全（IPsec）？

2．IPsec 工作在 OSI 模型的哪些层？

3．IPsec 提供的 4 种服务是什么？

4．什么是安全关联（SA）？

5．安全参数索引是一个 32 位的字符串，指向与 SA 相关的参数。（判断对或错）

6．"协议标识符"用来确定 SA 协议执行"报头认证"操作还是"安全负载封装"操作。（判断对或错）

7．防重放窗口是在接收端使用的一种滑动窗口协议。（判断对或错）

8．什么是安全电子交易？

9．入侵者指的是什么？

10．入侵者分为哪三种类型？

练习题

1．有哪些不同的入侵检测技术？

2．基于规则的入侵检测有哪些不同的方式？

3．病毒程序的生命周期中有哪些不同的阶段？

4．有哪些不同种类的病毒程序？

5．有哪些不同的反病毒扫描程序？

6．防火墙有哪些特点？

7．实现控制访问的防火墙技术有哪些？

8．防火墙有哪些类型？

9．堡垒主机的特点是什么？

10．防火墙可以进行哪些不同的配置？

11．参考监视器有哪些属性？

12．什么是可信系统的"不可向上读取"规则和"不可向下写入"规则？

13．解释以下术语并写出对应的计算公式。

（a）准确率。

（b）真阳性率（灵敏度/召回率）。

（c）真阴性率（特异度）。

（d）假阳性率（误报警率）。

（e）精度。

（f）$F1$ 得分（$F1$ 指标）。

编程题

1．编写程序，实现基于朴素贝叶斯算法的垃圾邮件检测。朴素贝叶斯算法是一种分类技术。该算法的基础是贝叶斯定理，其基本假设是，预测器所使用的变量之间是相互独立的。

2．导入必要的 Python 库，然后从文件 a.csv 中加载数据，这些数据包括我们所检测的每个数据流的时延和网络吞吐量。

```
import numpy as np
import pandas as pd
import matplotlib.pyplot as plt
%matplotlib inline
dataset = pd.read_csv('../datasets/network-logs.csv')
```

将数据加载到内存之后，需要验证样本的分布是否服从高斯分布，并以直方图的形式展示相应的值。

```
hist_dist = dataset[['LATENCY', 'THROUGHPUT']].hist(grid=False, figsize=(10,4))
```

3．编写一个基于击键动力学的击键异常检测的脚本程序。这个脚本程序使用的数据集来自一项研究工作，这项研究工作致力于针对击键动力学的不同异常检测方法进行比较，而收集击键动力学数据集则是为了衡量不同检测器的性能。在这项研究工作中，研究人员收集了 51 个受试者输入的数据，其中每个受试者输入了 400 个密码，并提交了使用 14 种不同算法收集的数据，这些算法从用户检测的角度评估了不同检测器的性能。

如上所述，数据集由 51 个受试者组成，每个受试者输入 400 个密码。收集的数据还包括如下持续时间（在数据集中使用标签 H 表示）：

- 按下键–按下键的时间（标记为 DD）；
- 弹起键–按下键的时间（标记为 UD）。

用于击键检测的脚本代码需要基于用户的不同击键模式，可靠地识别出冒名顶替者，这些冒名顶替者可能已经窃取了正常用户的密码。

4．使用 Python 计算一个可执行文件的 MD5 和 SHA256 哈希值。需要注意的是，由于两个不同对象可能具有相同的哈希值，从而导致哈希冲突，因此 MD5 被认为存在漏洞，应该谨慎使用。

关键词

反病毒扫描	入侵者	安全关联（SA）
防火墙	入侵检测	安全策略
网际协议安全（IPsec）	恶意程序	可信系统
	安全电子交易	蠕虫程序

参考资料

[1] Chen H, and Yang C C. Intelligence and Security Informatics: Techniques and Applications. Springer Verlag, 2008.

[2] Samarati P. Protecting Respondents' Identities in Microdata Release. IEEE Trans. Knowledge and Data Eng., vol. 13, pp. 1010-1027, 2001.

[3] Liu K, and Terzi E. Towards Identity Anonymization on Graphs. Proc. ACM SIGMOD, ACM Press, 2008.

[4] Tang X, and Yang C C. Generalizing Terrorist Social Networks with K-Nearest Neighbor and Edge Betweenness for Social Network Integration and Privacy Preservation. Proc. IEEE Int'l Conf. Intelligence and Security Informatics, 2010.

[5] Yang C C, Tang X, and Thuraisingham B M. Social Networks Integration and Privacy Preservation using

Subgraph Generalization. Proc. AMC SIGKDD Workshop Cybersecurity and Intelligence Informatics, 2009.

[6] IPSwitch. How AI Is Helping: The Finance Industry Prevent Fraud. July 2017.

[7] M. Shankarapani, et al. Kernel Machines for Malware Classification and Similarity.

[8] Analysis. WCCI 2010 IEEE World Congress on Computational Intelligence. Barcelona, Spain, pp. 2504-2509, 2010.

[9] Abu-Nimeh S, Nappa D, Wang X, and Nair S. A comparison of machine learning techniques for phishing detection. APWG eCrime Researchers Summit, 2007.

[10] Andrea I, Chrysostomou C, and Hadjichristofi G. Internet of Things: Security vulnerabilities and challenges. In Proc. IEEE Symposium on Computers and Communications, pp. 180-187. Larnaca, Cyprus, February 2015.

[11] Apruzzese G, and Colajanni M. On the Effectiveness of Machine and Deep Learning for Cyber Security, 2018 10th International Conference on Cyber Conflict, 371-390, 2018.

[12] Benaicha S E, Saoudi L, Bouhouita Guermeche S E, and Lounis O. (2014). Intrusion detection system using genetic algorithm. Science and Information Conference (SAI), 564-568.

[13] Buczak A, and Guven E. A survey of data mining and machine learning methods for cyber security intrusion detection, IEEE Communications Surveys and Tutorials, 2015.

[14] Ferreira E W T, Carrijo G A, de Oliveira R, and de Souza Araujo N V. Intrusion Detection System with Wavelet and Neural Artificial Network Approach for Networks Computers, IEEE Latin America Transactions, 9(5), 832-837, 2011.

[15] Mukkamala S, and Sung A H. Feature Selection for Intrusion Detection Using Neural Networks and Support Vector Machines. Journal of the Transportation Research Board of the National Academics, Transportation Research Record, No 1822, pp. 33-39, 2003.

[16] Jiang F, Fu Y, Gupta B B, Lou F, Rho S, Meng F, and Tian Z. Deep learning based multi-channel intelligent attack detection for data security. IEEE Transactions on Sustainable Computing, pp.1-11, 2018.

第 19 章　人工智能编程工具（选读）

本章将介绍一些常见 AI 编程语言的基本知识，主要关注 Prolog、Python 和 MATLAB 这三种语言。

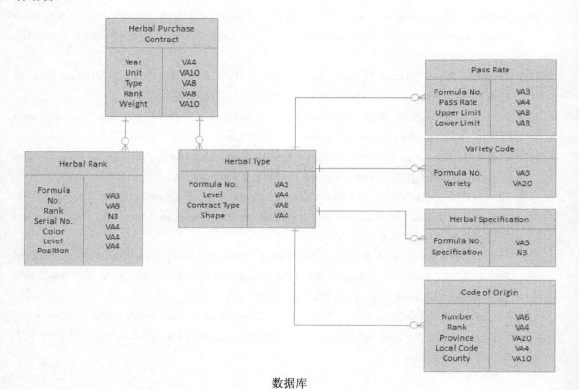

数据库

19.1　Prolog

Prolog（Programming in Logic）是一门人工智能编程语言。数据处理的大部分应用都有自己专门的语言。例如，COBOL 用于商业应用，FORTRAN 用于科学计算，而 BASIC 则用于通用计算。作为一门 AI 编程语言，Prolog 已经取得相当大的成功，原因主要有以下几点。

- Prolog 的语法及语义与形式逻辑类似，而大多数 AI 程序使用逻辑进行推理。
- Prolog 有一个内置的推理引擎，并且具有自动回溯功能。这有助于各种搜索策略的高效实现。
- 编程效率高，并且使用 Prolog 编写的程序易维护。
- Prolog 建立在霍恩子句（Horn clause）的通用形式之上。优点是不受依赖关系具体实现的影响，并且程序趋于统一规范。

- 由于具有固有的与操作（AND）并行性，Prolog 可以在并行计算机上轻松实现。
- Prolog 子句同时具有过程性和描述性含义①。因此，Prolog 语言非常容易理解。
- 在 Prolog 中，每个子句可以像程序一样单独执行。因此，编程和测试均可以模块化进行。
- Prolog 的自由数据结构使其能够适用于复杂的数据结构。
- Prolog 作为一种解释器，适合于快速原型化和系统的增量式开发。
- 通过适度的调试工作，可以在开发期间追踪 Prolog 程序。

逻辑编程是计算机科学的一种方法，其中一阶逻辑的霍恩子句形式被用作高级编程语言。逻辑编程允许程序员用谓词逻辑中的公式描述场景，并使用机械般的问题求解器基于公式进行推理。

19.1.1 Prolog 与 C/C++的不同

C/C++、Java 和 Pascal 是**命令式**语言。在这些语言中，程序由一系列规范的指令序列构成，这些指令一个接一个地执行，以解决要处理的问题。对问题的解释与程序完全结合在一起，通常这类程序并不区分问题解释及求解问题所用的技术。然而，在逻辑编程中，问题解释和求解问题的方法显然是互相分离的。Kowalski 提出了一个等式来定义这种分离，从而解决了这一问题。这个等式可以表示为

$$算法 = 逻辑 + 控制$$

在这个等式中，"逻辑"一词指定了算法的描述部分（即对问题的解释），"控制"一词指定了试图利用问题描述来求解的那一部分。逻辑部分确定算法应该做什么，控制部分指出应该如何做。

C 语言和 Prolog 语言的区别在于，在 C 语言中，程序员告诉计算机如何去做；但在 Prolog 语言中，程序员只告诉计算机要做什么。Prolog 程序基于事实和规则来运行。程序员从事实开始（将事实告诉计算机），然后提供规则。Prolog 程序可以用来询问有关已给事实的问题，计算机将能够以规则的形式给出答案。换言之，用户向 Prolog 程序提出问题，然后便可得到解答。当用户向计算机提问时，系统通过事实和规则库进行搜索，并通过逻辑推理来确定答案。

Prolog 是一种**声明式**语言。声明式语言所用的逻辑是非过程性的。以这种方式编写的程序无须精确定义计算的执行过程，程序本身也仅由多个表示重要事实和规则的声明构成，解答则表示为要回答的问题和要实现的目标。

图 19.1 给出了 Prolog 和逻辑编程的关系。

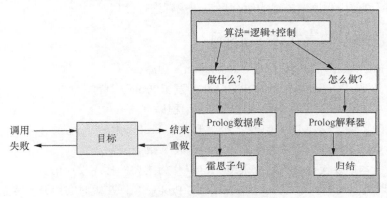

图 19.1　Prolog 和逻辑编程的关系

---

① 编程语言包括过程式（也称命令式）语言和声明式（也称描述式）语言，前者关注怎么做，更偏底层，常常用到"顺序+分支+循环"的控制结构；后者不关心怎么做，而关注做什么，更偏高层抽象，不太用到控制结构。——译者注

19.1.2　Prolog 的运行机制

Prolog 程序利用事实和规则构成的数据库来定义对象之间的关系。Prolog 程序基于霍恩子句[①]编写而成，而霍恩子句主要涉及谓词子集的撰写和表达（或者说它实现了一阶逻辑）。霍恩子句由推论（H）和主体（条件 $B_1, B_2, \cdots, B_n$）组成。

$$H \leftarrow B_1, B_2, \cdots, B_n$$

Prolog 的演绎过程或者说推理过程基于如下演绎推理三段论。

if $P(x)$ then $Q(x)$

$P(a)$

因此 $Q(a)$

例如：

if human(x) then mortal(x)

human(socrates)

因此 mortal(socrates)

在 Prolog 中，关系名被称为**函子**（functor）。一个包含函子的例子如下：

A pie is good = good(pie)

在上面的例子中，good 就是一个函子。有些关系在函子的后面可能还包含多个参数。所有这些对象和关系都适用于 Prolog 语言。当这些对象和关系被标识时，它们必须用维持这些对象及关系的事实和规则来进行谓词化处理。在此，当所有事实和规则都为人所知以后，一个确定的与对象及对象之间的关系有关的问题就可以视为查询来处理。接下来，这个问题便可以通过列出所有事实和规则来求解（解与对象和对象之间的关系相关）。

在编写 Prolog 程序时，需要注意以下三点。

- Prolog 程序是一个文本文件（有时也称为数据库）。该文本文件包含描述问题所需的事实、规则和关系，文件的扩展名是 pl。
- 为了利用事实和规则来运行文件，需要**查询模式窗口**（query mode window），该窗口的提示符是 "?"。在查询模式窗口中，可以询问与所描述关系相关的问题。
- 出现查询模式窗口后，可以在 Prolog 中编写命令来加载程序。等到所有这些都完成之后，便可使用程序中描述的所有事实和规则进行处理。

19.1.3　Prolog 语言发展的里程碑

1965 年，Robinson 开发出了归结（resolution）程序。

1973 年，马赛的 Colmeraur 用 FORTRAN 开发了 Prolog 语言。

1974 年，Kowlaski 的工作将谓词逻辑作为编程语言。

1977 年，爱丁堡大学在 DEC10 计算机上开发了 Prolog 解释器。

1980 年，英国帝国理工学院为个人计算机开发了微 Prolog 语言。

1981 年，日本第 5 代计算机系统采用 Prolog 作为主要的程序设计语言。

由于与实现类似功能的 C 或 Java 语言相比，Prolog 允许在短时间内开发复杂庞大的程序，

[①] 霍恩子句得名于美国逻辑学家 Alfred Horn，指的是 $H \leftarrow B_1, B_2, \cdots, B_n$ 这种形式的子句，每个 B_i 是条件，它们之间是 "与" 的关系。H 为推论，最多只有一个 H。也就是说，一条霍恩子句最多只能有一个推论成立，而普通子句则可能有多个推论同时成立。——译者注

因此很多研究人员选择使用 Prolog。此外，许多领域都使用 Prolog 进行开发。

Prolog 的主要应用如下。

- 人工智能（AI）：在 AI 中，用于专家系统和自然语言处理。
- 数据库：在数据库中，用于查询和数据挖掘。
- 数学：定理证明、符号包。
- 编译器构造。
- 计算机代数领域的研究。
- （并行）计算机体系结构的开发。

19.1.4 子句

Prolog 有两种类型的子句，分别是事实和规则。

19.1.4.1 事实

事实由一个特定项或项之间的关系构成。谓词用来表示事实。事实可以写成原子值（原子是 Prolog 中的一种数据类型）的形式，其中谓词是给定的关系名，原子是常量（用小写字符串表示）。例如，"pari eats pizza"可以写成

```
eats(pari, pizza).
```

上式首先给出的是关系（通常是句子的谓语）。为了在 Prolog 中表示多个对象，可在两个或多个对象之间插入一个逗号（例如，在上面这个例子中，我们在 pari 和 pizza 这两个对象之间插入了逗号），所有这些对象都会出现在圆括号内。末尾的英文句号（.）表示一个语句（即事实）的结束。事实包含简单的语法规则，它们由字母或数字构成，并且可以包含一个特殊字符，即下划线。

19.1.4.2 规则

规则用来从其他事实中推断事实。Prolog 程序员使用多个事实的组合来描述规则。规则是以如下谓词的形式来表示的：

```
predicate(Var1,…):- predicate1(…), predicate2(…), …
```

其中 Var1 是一个变量，通常以大写字母开头。

例如，"vishal likes bikes if they are blue"可以表示为

```
likes(vishal, bikes):- blue(bikes).
```

注意，在 Prolog 中，":-"代表 if。

接下来我们介绍事实的表示方法并对这些事实构建查询。规则允许对我们所在的世界进行有条件的表述。每条规则可以有许多变体，称为子句。这些子句提供了对世界进行推理的不同选项。下面考虑一个事实和规则表示的例子：

All men are mortal.

这句话可以用如下规则来表述。

```
mortal(X) :-human(X).
```

这个子句有两种解读方式，一种是声明式解释，另一种是过程式解释。声明式的解释如下：对于给定的 X，如果 X 是人，那么 X 就会死。而过程式的解释如下：要同时证明主目标和子目

标，其中主要目标是"X会死"，子目标是"X是人"。

规则 1

为了使用相同类型的例子来解释 Prolog 中的其他规则，考虑"Ashoka is human."这一事实，可以编写如下 Prolog 程序：

```
mortal(X) :-human(X).
human(Ashoka).
```

此时，如果询问如下问题：

```
?- mortal(Ashoka).
```

Prolog 解释器就会给出如下回答：

```
true.
```

为了解决查询"?- mortal(Ashoka)."，这里定义了一条规则：要证明某人会死，则必须证明他是人。现在，程序的目的变成了找到子目标，因此 Prolog 生成了子目标 human(Ashoka)。事实和规则是通过匹配过程生成的。在匹配过程中，对事实与已经存储了一些陈述的数据库进行匹配。如果数据库中存在这一事实，则意味着匹配完成，然后 Prolog 会生成回答 true，否则报告失败（false）。

规则 2

规则 2 旨在对查询进行解释。查询由一个变量定义，这个变量代表的意思是"谁"。在查询中，变量 X 总是用于表示"who"。为了解释前面的例子，我们可以看看是否有人会死。查询可以表示为

```
?- mortal(X).
```

Prolog 解释器的回答如下：

```
X = Ashoka.
```

上述回答表明，Prolog 通过将变量 X 与 Ashoka 绑定来达成目标的证明。这同时证明了父目标和子目标：通过证明子目标"某个人是人"来证明父目标"这个人会死"。Prolog 将回答"是否存在这样的人"的问题。所有这些都是通过匹配过程完成的。如果在数据库中找到 human(Ashoka)子句，则匹配该子句，然后将变量 X 与 Ashoka 绑定。这个父目标定义了绑定过程，回复会通过打印进行输出。

规则 3

有时候，你可能想要找出证明某一特定事情的不寻常方法，这可以通过使用相同名称的不同规则和事实来实现。下面举一个例子来说明规则 3。"Something is fun if it's a green toy or a cherry car or it is an ice cream"这句话可以描述为

```
fun(X) :-
green(X),toy(X).
fun(X) :-
cherry(X), car(X).
fun(ice_cream).
```

通过这条规则，便有了三种方法来寻找"fun"（有趣）的事物。如果它是一个绿色的玩具，

或是一辆樱桃车，抑或是一个冰淇淋，则可以完成求解过程。所有事实由不同的子句表示。所有这些子句都使用诸如这里的 fun 谓词来创建。Prolog 将从 fun 的第一个子句（规则或事实）开始进行匹配尝试。如果匹配不成功，就尝试下一个子句。如果最终失败，则回复没有成功。

规则 4

在一条特定的规则中，所有同名变量（例如在下面的第一条 fun 规则中出现的所有 X）对某个特定查询的每个解都只有一个相同的实例。同一变量在不同规则中的名称并不需要互相依赖，因此可以使用不同的变量名。考虑下面这个例子。

```
fun(X) :-
red(X), car(X).
fun(X) :- blue(X),
bike(X).
```

Prolog 会把上面的程序视为

```
fun(X_1) :-
            red(X_1),
            car(X_1).
fun(X_2) :-
            blue(X_2),
            bike(X_2).
```

因此，变量名的作用域仅限于规则（子句）内部。在这个程序中，同一变量只能用于一条规则的不同子句中。这些规则具有不同的变量名，它们每次都针对某个具体情况。在本例中，只有 X 出现了多次，但每次的要求都不相同。

19.1.4.3   霍恩子句

在霍恩子句中，一个条件的后面跟着零个或多个条件，具体表述如下：

```
conclusion:
   condition_1,
   condition_2,
   condition_3,
   ...
   condition_n.
```

条件 conclusion 为真，当且仅当条件 conclusion_1、conclusion_2、conclusion_3 直到 conclusion_n 也为真时。简单地说，霍恩子句由一组通过逻辑"与"连接起来的语句组成。

Prolog 的基础由霍恩子句和 Robinson 归结原理构成。

19.1.5   Robinson 归结原理

Robinson 归结的基本原则如下：如果其中一个子句包含正**文字**（literal）[①]，而另一个子句包含对应的负文字，且它们具有相同的谓词符号和相同数量的参数，则这两个子句可以归结。考虑如下两个子句：

$$-X(a) \quad \lor \quad Y(p, q) \tag{19.1}$$
$$-Y(p, q) \quad \lor \quad T(r, s) \tag{19.2}$$

这两个子句可以合一为

$$T(r, s) \quad \lor \quad -X(a) \tag{19.3}$$

[①] $P(x_1, x_2, \cdots, x_n)$ 是谓词符号，$t_1, t_2, \cdots, t_n$ 是项，$P(t_1, t_2, \cdots, t_n)$ 是原子谓词公式，这里的"文字"指原子谓词公式或其否定形式，即 $-P(t_1, t_2, \cdots, t_n)$。——译者注

式（19.1）～式（19.3）可用于后续的计算。

19.1.6 Prolog 程序的组成

Prolog 程序由一组子句构成。这些子句要么是事实，要么是规则。事实用于表示那些称为对象的元素之间的简单数据关系。

例如，"kumar likes toffees" 可以表示为

```
likes(kumar, toffees).
```

"likes" 是一种将对象连接在一起的关系。谓词是一种抽象意义上的关系，在某个数量的参数下为 "true"。谓词由谓词名及其参数量（参数的数量）表示。在上面的例子中，"likes" 是谓词名，它的参数量为 2。一个谓词可以有任意数量的参数。

最简单的 Prolog 程序是一组事实，也称为数据库。下面给出了一个基于 "likes" 事实的数据库。

```
likes(kumar, toffees).
likes(ram, aircrafts).
likes(mani, toffees).
likes(ram, cars).
```

19.1.7 数据库查询

一旦创建了数据库，就可以对其进行查询。一个简单查询由一个谓词名及其参数组成。

例如，若为上述 "likes" 数据库创建如下查询：

```
?- likes(ram, cars).
```

系统将返回 "true"。

而对于如下查询：

```
?- likes(murali, jeeps)
```

系统将返回 "false"。

也可以使用变量（首字母大写）来代替一个参数。如果查询有一个变量，系统将尝试返回那些使得谓词为 "true" 的变量值。通常，变量以大写字母开头。对于如下查询：

```
?- likes(ram, What)
```

求解结果为

```
What = aircrafts;
What = cars.
true.
```

19.1.8 Prolog 的查询求解过程

Prolog 尝试对查询的参数与数据库中的事实进行匹配(这个过程称为合一)。如果合一成功，则称变量已实例化。当然，也可以为所有的参数设置变量。

对于如下查询：

```
?- likes(Who, What)
```

返回结果为

```
Who = kumar,    What = toffees ;
Who = ram,      What = aircrafts ;
Who = mani,     What = toffees ;
Who = ram,      What = cars.
true.
```

19.1.9　复合查询

前面我们向系统提交的查询都是简单查询，也可以向系统提交复合查询。为此，再次回到刚才的那个"likes"数据库。

对于如下查询：

```
?- likes(mani, What),likes(kumar, What).
```

系统将返回

```
What = toffees.
true.
```

在 Prolog 中，逗号表示逻辑与。

19.1.10　_ 变量

下划线(_)是一个特殊的变量，称为匿名变量，它表示系统将忽略对应参数的值。它可以与任何对象合一，但不会输出结果。

对于如下查询：

```
?- likes(ram, _ ).
```

系统将返回"true"，因为系统可以匹配到数据库中的谓词名和参数。此时，匿名变量将被忽略。

19.1.11　Prolog 中的递归

如果一个函数在执行过程中再次调用自身，则这个函数在本质上是递归的。

为了解释递归指令集，接下来对 N 本答案书进行评估。

if $N = 0$，then 停止校正。

if $N > 0$，评估 1 本答案书，then 评估其余 $N-1$ 本答案书。

递归是 Prolog 中的一个主要内置函数。

下面讨论 Prolog 中递归的运行机制。考虑一个查找 ancestor（"祖先"）的程序，相应的 Prolog 规则如下：

```
ancestor(A, B) :-    /* 子句1 */
        parent(A, B).
ancestor(A, B) :-    /* 子句2 */
        parent(C, B), ancestor(A, C).
```

这些规则共同定义了一个人成为另一个人的祖先的两种方式。

第 1 条子句认为，如果 A 是 B 的父母，那么 A 是 B 的祖先。

第 2 条子句认为，如果 C 是 B 的父母，A 是 C 的祖先，那么 A 也是 B 的祖先。

要验证上述规则是如何运行的，考虑以下数据库：

```
parent(person_1, person_2).
parent(person_1, person_3).
parent(person_3, person_4).
```

对于如下查询：

```
?- ancestor(person_1, Whom).
```

系统将返回

```
Whom = person_2;
Whom = person_3;
Whom = person_4.
true.
```

任何递归过程都必须有

● 一个非递归子句，用于确定递归何时停止；

● 一条递归规则。

在上面的例子中，子句 1 用于停止递归。

19.1.12　Prolog 中的数据结构：列表

列表是 Prolog 中的一种重要数据结构，它是由一些元素组成的有序集合。列表中的元素写在以逗号分隔的方括号中。例如，[apple, orange, mango, grapes]是一个水果列表。因为列表是有序的，所以尽管列表[apple, grapes, orange, mango]中的 4 个元素和前一个列表完全相同，但这两个列表是不同的。

19.1.13　列表的头部和尾部

符号“|”将列表分成了头部和尾部两部分。

在水果列表中，对于如下查询：

```
?- [apple|Rest] = [apple, orange, mango, grapes].
```

系统将返回

```
Rest = [orange, mango, grapes].
```

空列表(没有元素的列表)则表示为[ ]。

列表合一的例子如下：

```
(a) ?- [H|T] = [1,2,3,4].
    H = 1,
    T = [2,3,4].
(b) ?- [H|T] =[a].
    H = a,
    T = [ ].
(c) ?- [H1, H2, H3|T] = [a, b, c, d, e].
    H1 = a,
    H2 = b,
```

```
    H3 = c,
    T = [d, e].
(d) ?- [H1, H2|T] = [a].
    false.
```

上述合一会返回 False，简单来说，这是因为[a]中的元素太少，不够匹配。

19.1.14　输出列表中的所有元素

不能使用 write 语句来输出列表中的元素，而必须编写一个使用递归的子句，如下所示：

```
writelist([ ]).          /* 如果列表为空，停止递归 */
writelist([H|T]) :-
    write(H),            /* 输出列表中的第一个元素*/
    writelist(T).        /* 递归调用子句 */
```

19.1.15　逆序输出列表中的元素

和前面讨论的 writelist 子句类似，只需要修改子目标的顺序即可，子句如下：

```
rev_print([ ]).   /* 如果列表为空，停止递归 */
rev_print([H|T]):-
    rev_print(T),
    write(H).
```

19.1.16　为列表追加元素

在这里，所有参数都是列表类型。第一个参数被追加到第二个参数，结果则返回在第三个参数中。

```
append([ ], List, List).
append([H|List_1], List_2, [H|List_3]):-
        append(List_1, List_2, List_3).
```

19.1.17　确定给定元素是否在列表中

```
member (X, [X|Rest]).        /* X是列表中的第一个元素*/
member(X, [Y|Rest]):-
member(X, Rest).             /* X不是列表中的第一个元素，因此需要在列表的其余元素中寻找 X */
```

19.1.18　输出列表的长度

```
has_length([ ], 0).
has_length([H|T], N):-
    has_length(T, N1),
    N = N1+1.
```

19.1.19　Prolog 的执行控制

Prolog 的执行控制主要通过 fail 和 cut（用"!"表示）谓词来实现。

19.1.19.1　fail 谓词

fail 谓词使子句在执行过程中失败。这个谓词对强制回溯非常有用。fail 谓词的目标及其重要性可通过如下程序来展示：

```
clause_1:-
      person(Name, Designation),
      write(Name),
      write(" "),
      write(Designation),
      nl, /* 输出换行 */
      fail.
person(raman, researcher).
person(kumar, manager).
person(ravi, accountant).
person(selvan, partner).
```

当输入如下查询时：

```
?- clause_1.
```

系统将返回

```
raman researche
kumar manager
ravi accountant
selvan, partner
false.
```

当执行上述程序时，系统首先分别将“raman”绑定到 Name，而将“researcher”绑定到 Designation 并输出。然后故意使用 fail 谓词使子句进入失败过程，从而强制进行回溯。最后，系统使用另外的值对变量 Name 和 Designation 进行实例化。因此，系统最终将输出所有的 Name 和 Designation，并且会因为 fail 谓词而返回 False。

要使系统返回 True，所要做的就是使上述子句为 True。可通过添加不带任何条件的子句来实现，具体可以参考如下程序。

```
clause_1:-
      person(Name, Designation),
      write(Name),
      write(" "),
      write(Designation),
      nl, /* 输出换行 */
      fail.
clause_1. /* 这条子句的执行会导致系统返回 True */
person(raman, researcher).
person(kumar, manager).
person(ravi, accountant).
person(selvan, partner).
```

对于如下查询：

```
?- clause_1.
```

系统将返回

```
raman researche
kumar manager
ravi accountant
selvan, partner
true.
```

这里需要注意的一点是，每当子句失败时，子句中的变量就会丢失它们原有的绑定值，回溯会强制执行新的绑定过程。

但是，fail 谓词不足以实现对执行的完全控制。接下来的例子说明了其他谓词的必要性。考虑前面 person(Name, Designation)的例子。

在这里，我们不想输出 Designation 为"accountant"的人的信息。程序的做法是检查 Designation，一旦发现 Designation 为"accountant"，就不再输出相关信息。整个程序如下：

```
clause_1:-
      person(Name, Designation),
      check_designation(Designation),
      write(Name),
      write(" "),
      write(Designation),
      nl, /* 输出换行 */
      fail.
clause_1. /*这条子句的执行会导致系统返回 True */
check_designation(accountant):- fail.
check_designation( _ ). /* 这条子句能使谓词 check_designation 成功 */
person(raman, researcher).
person(kumar, manager).
person(ravi, accountant).
person(selvan, partner).
```

当程序执行时，一旦 check_designation(accountant)失败，系统就会检查 check_designation(_)并获得成功。这是因为匿名变量会将任何值绑定到它们身上。所以最后"ravi"和"accountant"也被输出，这不是我们想要的结果。这个问题的解决需要使用 cut 谓词。

19.1.19.2　cut 谓词

cut 谓词是一个内置谓词，它指示 Prolog 解释器不要回溯到发生地点之外的地方。cut 谓词主要用于修剪搜索空间。

为了解释 cut 谓词（程序中用"!"表示）的概念，考虑以下带有事实和子句的程序。

```
state(john).
state(hunter).
state(sam_austin).
state(johnson_lands).
state(steve_holmess).
state(mike).
clause_2 :-
     write("Are you from "), write(S), write("? "), read(Reply), Reply = "yes",
     !,
     write("So, you are from "),
     write(S),
     write(".").
clause_2.
```

想象一下，如果一个来自印度北方邦的人回答上述问题，结果会是什么。

对于如下查询：

```
?- clause_2.
```

系统将返回

```
Are you from john? no.
Are you from hunter? no.
Are you from johnson_lands? no.
Are you from sam_austin? yes.
So, you are from sam_austin.
true.
```

实际上，系统在 Reply 中读取用户的变量。如果是"no"，则 Reply 子目标失败，系统回溯到为 S 获取一个新变量。当来自 sam_austin 的用户输入"yes"时，系统允许程序越过 cut 谓词继续运行。cut 谓词确保查询在第一个"yes"回答之后结束，并且不允许回溯。这就是系统不询问有关 mike 和 steve_holmes 的原因。

因为只要回答"no"，系统就会获取新变量并从头开始，所以这个过程被称为**回溯**（backtracking）。使用如下两种方法可以摆脱上述回溯过程。

● 穷尽所有的 state 数据库。

● 允许系统越过 cut 谓词，cut 谓词将避免回溯。

cut 谓词必须非常谨慎地使用，否则它就可能通过修剪所需的 state 来中断程序的正常执行。

下面给出了 person(Name, Designation) 的求解过程。

```
clause_1:-
    person(Name, Designation),
    check_designation(Designation),
    write('Name:'),
    write(Name),
    write(', Designation:'),
    write(Designation),
    nl,
    write(Name),
    write(Designation),
clause_1. /* 这条子句的执行会导致系统返回 True */
check_designation(accountant):-
    !,
    fail.
check_designation( _ ). /* 这条子句会使谓词 check_designation 成功 */
person(david, researcher).
person(adam, manager).
person(ben, accountant).
person(george, partner).
```

对于如下查询：

```
?- clause_1.
```

当 check_designation(accountant) 失败时，Prolog 将回溯到下一个人的 Name 和 Designation 信息，并尝试进行下一轮变量的绑定。因此，"ben"和"accountant"最终不会被输出。

19.1.20 Turbo Prolog

最常见的 Prolog 开发环境是 Borland 国际公司开发的 Turbo Prolog。Turbo Prolog 运行在 DOS 环境下的 IBM 兼容 PC 上[①]。

Turbo Prolog 是一个编译器，程序的一般形式如下。

```
trace                                   /* optional */
project "project_name"                  /* optional */
include "other_source_file"             /* optional */
domains                                 /* This section defines */

person = symbol
shift = symbol
database                                /* the domain used */
```

① SWI-Prolog 是免费的 Prolog 开发环境，有面向多种操作系统（Linux、Windows、macOS 等）的版本。——译者注

```
    works(person, shift)              /* This section declares */
                                      /* the predicates that are
                                      to be stored in the dynamic
                                      database */
predicates
    known(person, person)             /* This section declares the
                                      domains of each argument */
goal
    knows(A, B).                      /* optional. This is needed
                                      when one likes to have an .exe
                                      file */

clauses                               /*actual program starts here*/
        works(jane, day).
        works(elizabeth, day).
knows(X,Y):-
works(X, S),
works(Y, S),
X <> Y.
```

Turbo Prolog 期望谓词中每个参数的取值类型都被定义。为此，可用的取值类型包括 char、integer、real、string、symbol 和 file 等。

在列表中，可以使用*声明来定义取值类型。例如，一个整数列表（int_list）可通过如下方式来声明取值类型：

```
domains int_list = integer*
```

Turbo Prolog 的开发环境对用户十分友好，具有编辑、对话、消息和跟踪窗口。

可使用 trace 命令来调用 Turbo Prolog 调试器，trace 命令将跟踪整个程序的执行。如果希望只跟踪某些谓词，可以使用 shorttrace 命令。

19.2 Python

Python 语言创建于 20 世纪 80 年代末，具体的实现始于 1989 年。Python 开发人员表示，他们喜欢 Python 丰富而又高质量的特性。这些高质量的特性体现在如下方面：

* 数据结构；
* 类；
* 灵活的函数调用语法；
* 迭代器；
* 嵌套函数；
* 包含基于所有你所能想象到的功能的标准库；
* 非常好的科学计算库；
* 非常有用的开源库（NumPy、Cython、IPython 和 matplotlib）。

其他有用的 Python 特性还包括全面的语言设计、深思熟虑的语法、语言的互操作性、高级和低级编程的平衡性、文档生成系统、模块化编程、正确的数据结构、大量的库和测试框架等。

与其他面向对象编程语言相比，Python 更容易学习。Python 有多个面向图像处理的库，如 VTK、Maya3D 可视化工具包、Scientific Python、Numeirc Python 以及 Python Imaging Library。这些工具对于数值和科学应用很有价值。

　　Python 的应用非常广泛，既可以应用于简单的终端命令，也可以应用于重要的科学项目，还可以用于大型企业应用。Python 设计得非常好，并且速度很快。Python 可伸缩、开源、可移植。

　　可通过安装 Anaconda（一个开源分析平台）来实现 Python 的安装，安装时请包含机器学习所需的包，如 NumPy、scikit-learn、IPython Notebook 和 matplotlib。

　　安装 Python 并不难，下载并运行安装程序即可，安装时可能还需要配置一些特定的细节。Python 一旦安装后，就可以使用它的一些变体，最简单的可能是 Python 图形用户界面（GUI）。如果在使用 Windows 系统的 PC 上运行 Python，则可以查看 Python 的 Start 菜单，并单击名为 IDLE（Python GUI）的链接。

　　单击上述链接之后，用户界面就会打开。在 GUI 窗口中单击，就可以开始在那里输入字符。

　　Python 可以在 GUI 窗口中交互地运行。字符序列 “>>>” 被称为提示符，表示 Python 正在等待键盘的输入。这里输入的任何内容都将被假定为 Python 程序。

　　前面提到了 Python 的科学计算库。当构建 AI 程序时，这些 Python 库十分有用。例如，可以使用 NumPy 作为通用数据的容器。NumPy 包含 n 维数组对象、用于集成 C/C++代码的工具、傅里叶变换、随机数功能和其他一些函数，它是 Python 科学计算中最有用的软件包。

　　另一个重要的工具是 pandas，它是一个开源库，旨在为用户提供易于使用的 Python 数据结构和分析工具。matplotlib 是另一个大家都很喜欢的库。它是一个 2D 绘图库，可创建出具有出版品质的图表。matplotlib 的优点包括提供了 6 个 GUI 工具包，还有 Web 应用程序服务器和 Python 脚本可用。scikit-learn 是一个高效的数据分析工具，它开源且在商业上可用，是最流行的通用机器学习库。

　　有了 scikit-learn，就可以利用 Python 将 AI 编程提升到另一个层次，探索 k-均值聚类算法。读者还应该掌握有关决策树、连续数字预测和逻辑斯谛回归的知识。如果想了解 Python AI 编程的更多知识，建议学习深度学习框架 Caffe 和 Python 库 Theano。一些 Python AI 库，如 AIMA、pyDatalog、SimpleAI 和 EasyAi 等，也建议掌握。此外，还有一些用于机器学习的 Python 库，如 PyBrain、MDP、scikit 和 PyML 等，不妨了解一下。如果在找自然语言和文本处理库，建议了解一下 NLTK。

19.2.1　运行 Python

　　接下来假设一切任务都是通过交互式 Python shell 来完成的。要实现这一点，既可以使用标准 Python 发行版附带的 IDE（如 IDLE1），也可以直接从 shell 中运行 ipython3 命令（或者只运行 ipython 命令）。

　　这里描述的是不使用 IDE 的最简版本。如果下载.zip 文件并将目录更改为包含.py 文件的 aipython 文件夹，则应该能够使用相关的用户输入执行如下操作。

　　第一个 ipython3 命令位于操作系统 shell 中（注意，要进入交互模式，-I 选项非常重要）。

　　输入 “copyright” “credits” 或 “license” 可以获取更多信息。

　　下面的程序旨在从图 19.2 中将货物从 o103 节点无环送至目标节点 r123。

```
IPython 5.1.0 — An enhanced Interactive Python.
? -> Introduction and overview of iPython's features.
%quickref -> Quick reference.
help -> Python's own help system.
object? -> Details about "object", use 'object??' for extra details.
In [1]: import searchProblem                    # 加载 searchProblem
In [2]: searcher1 = Searcher(searchProblem.acyclic_delivery_problem)    # 无环送货问题
In [3]: print(searcher1.search())               # 寻找第一条路径
```

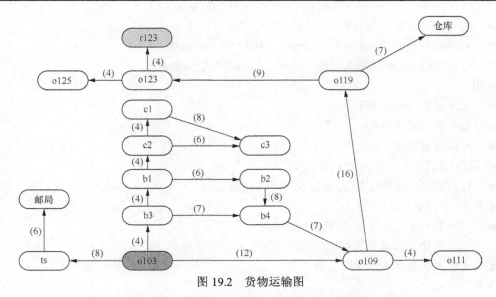

图 19.2　货物运输图

上述命令展开了 16 条路径，下列 5 个节点展示了符合要求的第一条路径。

```
o103→o109→o119→o123→r123
```

```
In [4]: print(searcher1.search())        # 寻找下一条路径
```

上述命令展开了 21 条路径，下列 7 个节点展示了符合要求的下一条路径。

```
o103→b3→b4→o109→o119→o123→r123
```

19.2.2　Python 的不足之处

知道什么时候发生副作用是很重要的。通常，人工智能程序会考虑发生了什么或可能要发生什么。在许多这样的情况下，我们不希望有副作用。

在 Python 中，你需要仔细理解程序可能带来的副作用。例如，向列表中添加元素的函数 append 代价虽然不大，但会更改列表。而在像 LISP 这样的函数式语言中，向列表中添加新元素则不会更改原始列表，因此是一种低代价的运算。例如，如果 x 是一个包含 n 个元素的列表，那么在 Python 中向列表 x 添加一个额外元素（使用 append 函数）的速度是很快的，但副作用是改变了列表 x。要构造一个包含列表 x 中旧元素和新元素的新列表，而不改变 x 的值，则需要复制列表或使用不同的列表表示方式。因此，我们需要在搜索代码中对列表使用不同的表示方式。

19.2.3　Python 的特性

列表、元祖、字典和条件
列表

- Python 有一个灵活而强大的列表结构。
- 列表是可变序列，即它们可以在适当的时候更改。
- 列表用方括号表示，如 l1 = [1, 2, 3, 4]。
- 可以创建嵌套的子列表，如 l2 = [1, 2, [3, 4, [5], 6], 7]。
- 列表可以连接（concatenation），如 l1 + l2。
- 列表可以重复（repetition），如 l1 * 4。

- 列表支持切片操作，如 l1[3:5]、l1[:3]、l1[5:]。
- 列表内置地支持 append、extend、sort 和 reverse 操作。
- 可以使用 range 对象来创建一个指定范围的整数列表。

元组

- 元组就像不可变列表。
- 适合处理枚举类型。
- 可以嵌套和索引。
- Ø t1 = (1,2,3)，t2 =(1,2,(3,4,5))。
- 可以像列表一样支持 index、slice 和 length 操作。
- Ø t1[3]，t1[1:2]，t1[-2]。
- 当想要一个预定义大小/长度的列表时，元组很有用。
- 元组中的元素具有常数访问时间（固定的内存位置）。
- 元组在作为字典的键时非常有用。

字典

- 字典是一个 Python 哈希表（或关联列表）。
- 字典是任意对象的无序集合。例如：

  d1 = {} – d2 = {'spam': 2, 'eggs', 3}
- 可通过键建立索引，如 d2['spam']。
- 键可以是任何不可变对象。
- 可以有嵌套的哈希表。例如：

  Ø d3 = {'spam': 1, 'other':{'eggs':2, 'spam': 3}}

  Ø d3['other']['spam']
- 若满足 for k in keys()，则有_key、keys()和 values()。
- 通常，可通过以下方式来插入/删除字典。

  Ø d3['spam'] = 'delicious!' Ø del d3['spam']

条件表达式

if 语句的一般格式如下。

```
if <test1>:
    <statement1>
    <statement2>
elseif: <test2>:
    <statement3>
else:
    <statement>
```

- 注意条件表达式后面的冒号。
- 复合语句由冒号和后面缩进的代码块组成。
- 逻辑测试返回 1 表示 True，返回 0 表示 False。
- True 和 False 是简写。
- and、or 和 not 可用于复合测试。

Python 的一个特性就是支持列表推导式（对于元组、集合和字典，也可以使用推导式）。例如：

```
(fe for e in iter if cond)
```

当枚举 cond 为真时，iter 中每个 e 的值为 fe。if cond 部分是可选的，但 for 和 in 是必选的。在这里，e 必须是一个变量；iter 是一个迭代器，它可以生成一系列数据，如列表、集合、range 对象或文件；cond 是一个表达式，对于每个 e，其计算结果要么为 True，要么为 False；fe 也是一个表达式，对于 cond 返回 True 的 e 的每个值，该表达式都将被计算。

用 Python 进行 AI 编程

推导式既可以放在列表中，也可以直接使用 next 调用它。下面显示了一个简单的示例，其中用户在>>>提示符的后面进行输入：

```
>>> [e*e for e in range(20) if e%2==0]
[0, 4, 16, 36, 64, 100, 144, 196, 256, 324]
>>> a = (e*e for e in range(20) if e%2==0)
>>> next(a)
0
>>> next(a)
4
>>> next(a)
16
>>> list(a)
[36, 64, 100, 144, 196, 256, 324]
>>> next(a)
Traceback(most recent call last):
File "<stdin>", line 1, in <module>
StopIteration
```

注意 list(a)是如何继续枚举直至循环结束的。

推导式也可以用于字典。下面的代码为列表 a 创建了一个索引：

```
>>> a = ["a","f","bar","b","a","aaaaa"]
>>> ind = {a[i]:i for i in range(len(a))}
>>> ind {'a': 4, 'f': 1, 'bar': 2, 'b': 3, 'aaaaa': 5}
>>> ind['b'] 3
```

这意味着 b 是这个列表中的第 3 个元素。

对 ind 的赋值也可以写成 >>> ind = {val:i for (i,val) in enumerate(a)}，其中 enumerate 返回 (index, value)对的迭代器。

19.2.4 作为第一类对象的函数

Python 可以创建包含函数的列表和其他数据结构。有一个问题困扰着许多 Python 新手。函数在调用时使用变量的最近值，而不使用定义函数时的变量值（这被称为"最近绑定"）。这意味着如果想使用一个变量在创建函数时的值，则需要保存该变量的当前值。Python 默认使用后期绑定，但新手通常期望的替代方法是"早期绑定"。在这种情况下，函数使用变量在定义函数时的值，这种方法很容易实现。

Python 11 的特性

考虑以下创建一个包含 5 个函数的列表的程序，这个列表中的第 i 个函数旨在将 i 添加到其参数中。

```
fun_list1 = []
for i in range(5):
def fun1(e):
return e+i
fun_list1.append(fun1)
```

```
fun_list2 = []
for i in range(5):
    def fun2(e,iv=i):
        return e+iv
    fun_list2.append(fun2)

fun_list3 = [lambda e: e+i for i in range(5)]

fun_list4 = [lambda e,iv=i: e+iv for i in range(5)]

i=56
```

尝试预测并测试以下调用的输出，注意这里使用了未在函数调用中绑定的任何变量的最新值。

```
pythonDemo.py | (continued)
    # in Shell do
    ## ipython -i pythonDemo.py
    # Try these (copy text after the comment symbol and paste in the Python prompt):
    # print([f(10) for f in fun_list1])
    # print([f(10) for f in fun_list2])
    # print([f(10) for f in fun_list3])
    # print([f(10) for f in fun_list4])
```

在第一个 for 循环中，函数 fun_list1 使用了 i，其中 i 的值是它被赋的最后一个值。在第二个 for 循环中，函数 fun_list2 使用了 iv。每个函数都有一个单独的 iv 变量，它的值等于函数定义时 i 的值。因此，函数 fun_list1 使用的是"近期绑定"，而函数 fun_list2 使用的"早期绑定"。除了函数 fun_list4 使用了一个不同的 i 变量之外，函数 fun_list3 和 fun_list4 等价于前两个函数。

使用内嵌定义（如函数 fun1 和 fun2）相较于使用 lambda 的优点之一是可以向内嵌定义添加__doc__字符串，这是 Python 中记录函数的标准。

19.2.5　有用的 Python 库

19.2.5.1　用于计时的代码

为了比较算法的速度，经常需要计算程序的运行时间，程序的运行时间又称为程序的 runtime。最直截了当地计算程序运行时间的方法是使用 time.perf_counter()。

```
import time
start_time = time.perf_counter()
compute_for_a_while()
end_time = time.perf_counter()
print("Time:", end_time - start_time, "seconds")
```

如果上述代码输出的时间非常短（比如短于 0.2 秒），那么这个时间可能并不准确，最好多运行几次代码以获得更准确的时间。为此，可以使用 timeit。要使用 timeit 来计算 foo.bar(aaa)的调用时间，可使用以下语句来实现：

```
import timeit
time = timeit.timeit("foo.bar(aaa)",
setup="from __main__ import foo,aaa", number=100)
```

上面的 setup 是必需的，因为只有这样 Python 才能在被调用的字符串中找到名称的含义。上述代码将返回执行 100 次 foo.bar(aaa)的秒数，你应该将执行次数设置得足够大以保证运行时间不短于 0.2 秒。

一般来说，不应该相信单次测量的精度，因为单次测量可能受到其他过程的干扰。timeit.repeat 可用于执行几次（可能是 3 次）timeit。系统通常会报告最短的时间，但你应该明确并解释报告的内容。

19.2.5.2 用于绘图的 matplotlib 库

Python 的标准绘图是通过 matplotlib 来实现的。下面介绍最基本的绘图功能——pyplot 接口。下面这个例子虽然简单，但已经包含将要使用的一切。

```
pythonDemo.py
import matplotlib.pyplot as plt

    def myplot(min,max,step,fun1,fun2):
    plt.ion()      # make it interactive
    plt.xlabel("The x axis")
    plt.ylabel("The y axis")

    plt.xscale('linear')     # Makes a 'log' or 'linear' scale
    xvalues = range(min,max,step)
    plt.plot(xvalues,[fun1(x) for x in xvalues], label="The first fun")
    plt.plot(xvalues,[fun2(x) for x in xvalues], linestyle='-',color='k', label=fun2.__doc__)
    # use the doc string of the function
plt.legend(loc="upper right")  # display the legend

def slin(x):
"""y=2x+7"""
return 2*x+7 77
def sqfun(x):
"""y=(x-40)^2/10-20"""
return (x-40)**2/10-20

# Try the following:
# from pythonDemo import myplot, slin, sqfun
# import matplotlib.pyplot as plt
# myplot(0,100,1,slin,sqfun)
# plt.legend(loc="best")
# import math
# plt.plot([41+40*math.cos(th/10) for th in range(50)],
# [100+100*math.sin(th/10) for th in range(50)])
# plt.text(40,100,"ellipse?")
# plt.xscale('log')
```

上述代码的最后一段是一些已被注释掉的命令，不妨在交互模式下尝试执行它们。将这些命令从文件中剪切下来并粘贴到 Python 中（记得删除注释符号和前导空格）即可。

19.2.6 实用工具

19.2.6.1 display 函数

为了简单且只使用标准的 Python，这里使用了面向文本的代码跟踪功能。代码的图形化描述可能会覆盖 display 函数的定义（但我们将把它留作一个项目来完成）。

self.display 用于程序的跟踪。当 level 小于或等于最大显示水平时，任意调用 self.display (level，to print…)都会进行输出。"to print…"部分可以是内置函数 print 所能接收的任何内容（包括任何关键字参数）。display 函数的定义如下：

```
utilities.py | AIFCA utilities
class Displayable(object):
max_display_level = 1 # can be overridden in subclasses
```

```
def display(self,level,*args,**nargs):
    """print the arguments if the level is less than or equal to the current max_display_level. level is
an integer. the other arguments are whatever arguments print can take.
    """
    if level <= self.max_display_level:
    print(*args, **nargs)  ##if error you are using Python 2, not Python 3
```

注意，args 会获取一组位置参数，而 nargs 会获取一个包含关键字参数的字典。这在 Python 2 中不起作用，系统将报告错误。

任何想要使用 display 函数的类都可以设置为 Displayable 的子类。

要将最大显示级别更改为 3，可以对类执行 Classname.max_display_level = 3。当 level 小于或等于 3 时，调用 display_print。显示级别默认为 1，这个值可以针对单个对象进行更改（用对象的值覆盖/重写类的值）。

按照惯例，最大显示级别的值如下。

0：什么也不显示。

1：显示答案。

2：当值变化时显示。

3：显示更多的细节。

19.2.6.2　argmax 函数

Python 有一个内置的 max 函数，它接收一个生成器（也可以是列表或集合）并返回最大值。argmax 函数则返回具有最大值的元素的下标或索引。如果有多个元素都是最大值，则随机返回其中一个元素的下标。这里假设有一个（元素，值）对的生成器，由内置枚举生成。

```
utilities.py | (continued)
import random
def argmax(gen):
    """
    gen is a generator of (element,value) pairs, where value is a real number. argmax returns an
    element with maximal value. If there are multiple elements with the max value, one is re-turned
    at random.
    """
    maxv = float('-Infinity')               # negative infinity
    # list of maximal elements 32 for (e,v) in gen:
    if v>maxv: 34 maxvals,maxv = [e], v 35 elif v==maxv: maxvals.append(e)
            return random.choice(maxvals)

            # Try:
            # argmax(enumerate([1,6,3,77,3,55,23]))
```

19.2.6.3　概率

对于许多模拟过程来说，大家都希望以一定的概率使一个变量为 "True"。flip(p)返回 "True" 的概率为 p，返回 "False" 的概率为 $1-p$。

```
utilities.py | (continued)
    def flip(prob):
        """return true with probability prob"""
        return random.random() < prob
```

19.2.6.4　字典并集

函数 dict_union(d1, d2)会返回字典 d1 和 d2 的并集。如果键的值发生冲突，则使用字典 d2 中的值。这和 dict(d1, __ d2)很类似，但后者只有当字典 d2 中的键是字符串时才有效。

```
utilities.py | (continued)
def dict_union(d1,d2):
""" returns a dictionary that contains the keys of d1 and d2.
```

字典 d2 中的每个键的值都是 d2(49)中的值，否则就是字典 d1 中的值。这里没有副作用。

```
"""
d = dict(d1)    # copy d1
d.update(d2)
return d
```

19.2.7   测试代码

尽早并经常测试代码非常重要，下面介绍一种简单形式的单元测试（unit test）。当前模块的值在 __name__ 中，测试代码则在值为 "_main_" 的顶层（即 main 函数内）运行。

下面的代码测试的是 argmax 和 dict_union 这两个工具，但是仅当这两个工具在顶层加载时才对它们进行测试。如果它们被加载到一个非顶层模块中，测试代码则不会运行。

```
utilities.py | (continued)
def test():
    """Test part of utilities"""
    assert argmax(enumerate([1,6,55,3,55,23])) in [2,4]
    assert dict_union({1:4, 2:5, 3:4},{5:7, 2:9}) == {1:4, 2:9, 3:4, 5:7}
    print("Passed unit test in utilities")

if __name__ == "__main__":
    test()
```

19.3   MATLAB

MATLAB 是一种利用了矩阵和向量的数值计算和模拟工具，它能够帮助用户解决多种分析问题。本节简要介绍 MATLAB 在科学和工程系统中的计算应用。

19.3.1   开始使用 MATLAB

双击 MATLAB 图标即可打开 MATLAB。出现 ">>>" 这个特殊提示符的命令窗口，就是用户与 MATLAB 进行交互的主要区域。要使命令窗口处于激活状态，可单击命令窗口内的任何区域。要退出 MATLAB，可从 File 菜单中选择 Exit MATLAB，或直接在命令窗口中输入 quit 或 EXIT。请勿单击 MATLAB 窗口右上角的关闭按钮，因为这可能导致软件出现问题。表 19.1 列出了 MATLAB 中的各种窗口及其用途。

表 19.1 　　　　　　　　　　　　MATLAB 中的各种窗口及其用途

窗口	描述
命令窗口（Command Window）	主窗口，可以输入变量，运行程序
工作区窗口（Workplace Window）	给出所用变量的信息
历史命令窗口（Command History Window）	记录你在命令窗口中输入的命令
当前文件夹窗口（Current Folder Window）	显示当前文件夹中文件的详细信息
编辑器窗口（Editor Window）	编译、调试脚本和函数文件
帮助窗口（Help Window）	给出帮助信息
图像窗口（Figure Window）	包含图像命令的输出结果
启动台窗口（Launch Pad Window）	提供对工具、示例和文档的访问

19.3.2　使用 MATLAB 进行计算

表 19.2 给出了 MATLAB 中常用的运算符。它们的优先级如下：首先是圆括号，如果圆括号嵌套，则首先处理最里层的圆括号；其次是幂运算；接下来是乘法和除法运算（它们的优先级相同）；最后是加法和减法运算。

表 19.2　　　　　　　　　　　　　　　MATLAB 中常用的运算符

运算符	描述
+	加法
-	减法
*	乘法
/	右除，即 a/b 表示 a 除以 b
\	左除，即 $a\backslash b$ 表示 b 除以 a
^	求幂，即 $a\verb|^|b$ 表示 a 的 b 次方
'	复共轭转置
( )	旨在明确指定计算顺序

例如：

```
>> a = 7; b = -2; c = 3;
>> x = 9*a + c^2 - 2
x = 70
>> y = sqrt(x)/5
y = 1.6733
```

表 19.3 给出了一些常用的 MATLAB 函数。可通过在命令窗口中输入 help 来获取更多信息。

表 19.3　　　　　　　　　　　　　　　一些常用的 MATLAB 函数

函数	描述
abs(x)	x 的绝对值
acos(x)、acosh(x)	x（以弧度表示）的反余弦值和反双曲余弦值
angle(x)	复数 x 的相角（以弧度表示）
asin(x)、asinh(x)	x（以弧度表示）的反正弦值和反双曲正弦值
atan(x)、atanh(x)	x（以弧度表示）的反正切值和反双曲正切值
conj(x)	x（以弧度表示）的共轭复数
cos(x)、cosh(x)	x（以弧度表示）的余弦值和双曲余弦值
cot(x)、coth(x)	x（以弧度表示）的余切值和双曲余切值
exp(x)	自然常数 e 的 x 次幂
fix	向零做四舍五入
imag(x)	复数 x 的虚部
log(x)	x 的自然对数
log2(x)	x 的对数（以 2 为底）

函数	描述
log10(x)	x 的对数（以 10 为底）
real(x)	复数 x 的实部
sin(x)、sinh(x)	x（以弧度表示）的正弦值和双曲正弦值
sqrt(x)	x 的平方根
tan(x)、tanh(x)	x（以弧度表示）的正切值和双曲正切值

例如：

```
>> 5+3^(sin(pi/4))
ans =
  7.1746
>> y=7*sin(pi/3)
y =
  6.0622
>> z = exp(y+2.04)
z =
  3.3017e+03
```

除了进行数学运算，MATLAB 还能轻松地处理向量和矩阵。向量（或者说一维数组）是只有一行或一列的特殊矩阵（或者说二维数组）。算术运算可应用于矩阵，表 19.4 给出了一些常见的矩阵运算。

表 19.4　　　　　　　　　　　　一些常见的矩阵运算

矩阵运算	描述
A'	矩阵 A 的转置
det(A)	矩阵 A 的行列式
inv(A)	矩阵 A 的逆矩阵
eig(A)	矩阵 A 的特征值
diag(A)	矩阵 A 的对角元素

通过将已知的数字列表放入方括号[ ]内，就可以构建向量。

例如：

```
>> A = [0 -1 2 5 6 4]
A =
  0 -1 2 5 6 4
>> B = [-1 -2 -3; 0 3 9; 13 6 8]
B =
  -1 -2 -3 0 3 9 13 6 8
```

另外，可以使用命令"变量名=[a: n: b]"来创建具有常数间距的向量，其中 a 是向量的第一个元素，n 是间距，b 是向量的最后一个元素。

例如：

```
>> x = [1:0.5:5]
x =
  1.0000 1.5000 2.0000 2.5000 3.0000 3.5000 4.0000 4.5000 5.0000
```

使用命令"变量名= linespace(*a*, *b*, *m*)"可以创建一个具有恒定间距的向量，其中 *a* 是向量的第一个元素，*b* 是向量的最后一个元素，*m* 是元素的个数。

例如：

```
>> x=linspace(0,5*pi,6)
x =
   0 3.1416 6.2832 9.4248 12.5664 15.7080
```

使用表 19.4 中的函数进行矩阵运算的例子如下。

```
>> A = [0 1 3; 5 4 2; -6 8 9]
A =
   0 1 3
   5 4 2
   -6 8 9
>> B=A^2
B =
   -13 28 29
   8 37 41
   -14 98 79
>> C= A'
C =
   0 5 -6
   1 4 8
   3 2 9
>> D =[-1 4;3 5];
>> inv(D)
ans =
-0.2941 0.2353
 0.1765 0.0588

>> det(D)
ans =
 -17
```

有一些特殊的常数可以在 MATLAB 中使用，这些特殊的常数如表 19.5 所示。

表 19.5　　　　　　　　　　MATLAB 中用特殊名称表示的常数

名称	解释
pi	$\pi = 3.14159\ldots$
i 或 j	根号−1 的虚部
eps	相对精度的浮点数，2^{-52}
realmin	最小的浮点数，2^{-1022}
realmax	最大的浮点数，$(2-\text{eps})\times2^{1023}$
bimax	最大的正整数，$2^{53}-1$
Inf	无穷大
nan 或 NaN	非数值
rand	随机元素
eye	单位矩阵
ones	由一系列 1 构成的数组
zeros	由一系列 0 构成的数组

例如：

```
>> eye(2)
ans =
  1 0
  0 1
>> ones(2)
ans =
  1 1
  1 1

>> 1/0
ans =
  Inf
>> 0/0
ans =
  NaN
```

数组上的算术运算是逐个元素进行的。表 19.6 给出了 MATLAB 中数组上的常用算术运算符。

表 19.6   MATLAB 中数组上的常用算术运算符

数组上的常用算术运算符	描述
+	同矩阵加
−	同矩阵减
.*	元素逐对相乘
./	元素逐对相除（右除）
.\	元素逐对相除（左除）
.^	元素逐对求幂
.'	非共轭数组转置

例如：

```
>> M=[3 1 5; 2 0 4; 7 5 9]
M =
  3 1 5
  2 0 4
  7 5 9
>> M.*M
ans =
  9 1 25
  4 0 16
  49 25 81
>> A=[0 3;4 7;1 2];
>> B=[2 1;0 -1;5 6];
>> A./B
ans =
  0 3.0000
  Inf -7.0000
  0.2000 0.3333
>> A.^2
ans =
   0 9
  16 49
   1 4
```

19.3.3 绘图

MATLAB 利用 plot 命令来创建二维图形。plot 命令最简单的形式是 plot(x, y)，其中 x 和 y 分别是一个向量（即一维数组）。向量 x 和 y 的元素个数必须相同。当执行 plot 命令时，系统就会在图形窗口（Figure Window）中创建一个图形。plot(x, y, 'line specifiers')命令给出了一个额外的可选参数，该参数可用于详细描述画线的颜色和样式。表 19.7～表 19.9 给出了 MATLAB 中的画线类型、点类型和线条颜色类型。

表 19.7　　　　　　　　　　　MATLAB 中的画线类型

画线类型	MATLAB 中的标识符
实线（默认）	-
虚线	--
点虚线	:
点画线	-.

表 19.8　　　　　　　　　　　MATLAB 中的点类型

点类型	MATLAB 中的标识符
星号	*
加号	+
叉号	x
圆圈	o
点	.
方形	s

表 19.9　　　　　　　　　　　MATLAB 中的线条颜色类型

颜色	MATLAB 中的标识符
黑色	K
蓝色	B
绿色	G
红色	R
黄色	Y
洋红色	M
青色	C
白色	W

例如：

```
x=0:pi/20:3*pi;    % 0 ≤ x ≤ 2*pi, 步长为 pi/20
>> y=2*sin(3*pi*x);
>> plot(x,y,'--b')   % 用蓝色虚线创建二维图形
```

结果如图 19.3 所示。

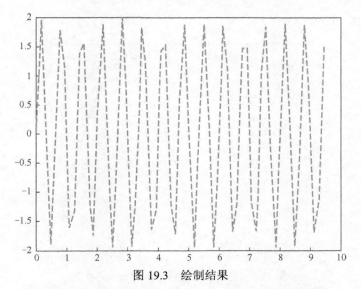

图 19.3 绘制结果

命令 fplot('function', limits, line specifier)可用于绘制形式为 $y=f(x)$ 的函数图形，其中的函数可以在命令中以字符串形式输入。limits 可以是一个包含两个元素的向量，它们指定了 x 的取值范围：[xmin,xmax]。limits 也可以是一个包含 4 个元素的向量，它们分别指定了 x 和 y 的取值范围：[xmin,xmax,ymin,ymax]。行说明符 line specifier 的使用方法与 plot 命令相同。

例如：

```
>> fplot('x^2+3*sin(2*x)-1',[-3,3],'xr')
```

绘制结果如图 19.4 所示。

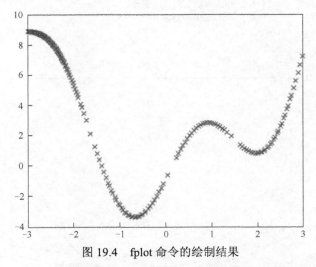

图 19.4 fplot 命令的绘制结果

我们可以使用 plot 命令来为函数 $y=f(x)$ 绘图，此时需要为 x 创建一个取值向量以确定绘图范围，然后通过 $f(x)$ 计算相应的 y 值。

例如：

```
>> x=[0:0.:1];
>> y=cos(3*pi*x);
>>plot(x,y,'ro:')
```

绘制结果如图 19.5 所示。

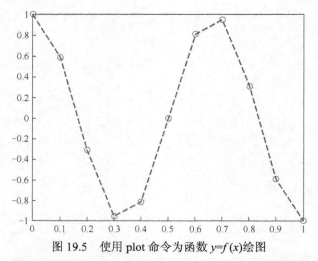

图 19.5 使用 plot 命令为函数 $y=f(x)$ 绘图

此外，我们还可以使用 hold on 和 hold off 命令。hold on 命令将保存绘制的第一个图形，然后在每次键入 plot 命令时向其添加额外的图形；而 hold off 命令则用来停止执行 hold on 命令。

例如：

```
>> x=[-3:0.01:6];
>> y=2*x.^3-15*x+5;
>> y=2*x.^3-15*x+5;
>> ydd=12*x;
>> plot(x,y,'-r')
>> hold on                  % 第一个图形已经创建
>> plot(x,yd,':b')          % 第二个图形被添加到前面的图形上
>> plot(x,ydd,'--k')        % 第三个图形也被添加到前面的图形上
>> hold off
```

绘制结果如图 19.6 所示。

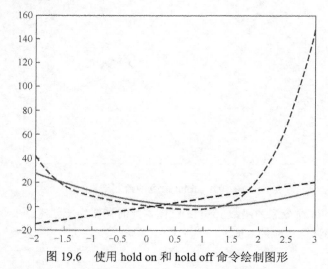

图 19.6 使用 hold on 和 hold off 命令绘制图形

MATLAB 中的图形格式化处理既可以在 plot 命令后通过其他一些命令来进行，也可以在图形窗口中交互式地使用绘图编辑器来进行。首先，使用如下命令对图形进行格式化。

- 通过 xlabel('text as string')和 ylabel('text as string')命令可以将标签放置在 x 轴和 y 轴的旁边。
- 通过 title('text as string')命令可以将标题文本添加到图形的顶部。
- 在图形中放置文本标签有两种方法：一种方法是使用 text(x, y, 'text as string ')命令，将文本放置在图形中，其中文本的第一个字符对应坐标为 (x, y) 的点；另一种方法是使用 gtext('text as string')命令，将文本放置在图形窗口中指定的位置。
- 通过 legend('string1', 'string2',…,pos)命令可以在图形中放置图例。legend 命令会给出每个绘制图形的线条类型示例，并在线条类型示例的旁边放置用户指定的标签。legend 命令中的每个字符串是放置在线条类型示例旁边的标签，它们的顺序对应于图形创建的先后顺序。legend 命令中的 pos 是一个可选数字，用于指定图例在图形中的位置。表 19.10 给出了 pos 参数的选项。
- axis 命令会根据 x 和 y 元素的最小值、最大值改变图形中坐标轴的取值范围和外观。表 19.11 给出了 axis 命令的一些常见形式。
- 命令 grid on 用于将网格线添加到图形中，而命令 grid off 则用于将网格线从图形中移除。

表 19.10　　　　　　　　　　　　　　pos 参数的选项

选项	描述
−1	将图例放置在坐标轴边界外的右边
0	将图例放置在坐标轴边界内对图形干扰最小的位置
1	将图例放置在图形的右上角（默认情况）
2	将图例放置在图形的左上角
3	将图例放置在图形的左下角
4	把图例放置在图形的右下角

表 19.11　　　　　　　　　　　　axis 命令的一些常见形式

axis 命令的形式	描述
axis([xmin, xmax, ymin, ymax])	设置 x 轴和 y 轴的取值范围（xmin、xmax、ymin 和 ymax 都是数值）
axis equal	为两个坐标轴设置相同的刻度
axis tight	按照数据范围设置坐标轴的取值范围
axis square	将坐标轴区域设置为正方形

例如：

```
>> x=0:pi/20:3*pi;y1=exp(-5*x);y2=sin(x*2);
>> plot(x,y1,'-b',x,y2,'--r')
>> xlabel('x')
>> ylabel('y1 , y2')
>> title('y1=exp(-5*x), y2=sin(x*2)')
>> axis([0,1,-1, 1])
>> text(5,0.5,'Comparison between y1 and y2')
>> legend('y1','y2',0)
```

绘制结果如图 19.7 所示。

在 MATLAB 中，用户可以在文本中使用希腊字母，此时通过输入"\name"（\名称）即可得到表 19.12 所示的希腊字母。

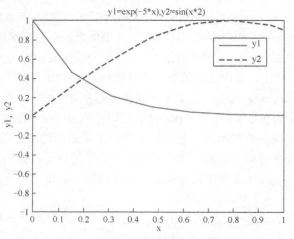

图 19.7　通过常用的命令绘制图形

表 19.12　　　　　　　　　　　　　　一些常用的希腊字母

希腊字母（字符串表示形式）	希腊字母	希腊字母（字符串表示形式）	希腊字母
\alpha	α	\Phi	Φ
\beta	β	\Delta	Δ
\gamma	γ	\Gamma	Γ
\theta	θ	\Lambda	Λ
\pi	π	\Omega	Ω
\sigma	σ	\Sigma	Σ

　　要获得一个小写的希腊字母，对应的字符串形式就必须全部小写。要获得一个大写的希腊字母，对应的字符串形式的首字母就必须大写。

　　下面让我们在图形窗口中交互式地利用图形编辑器来对图形进行格式处理。这可以通过单击图形和/或使用菜单来完成，如图 19.8 所示。

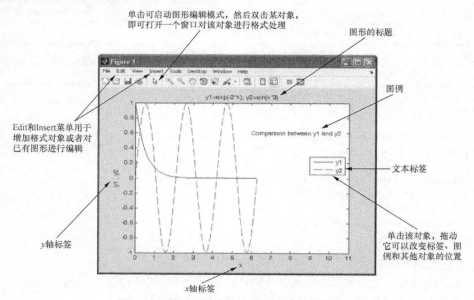

图 19.8　利用绘图编辑器对图形进行格式处理

MATLAB 可以对二维图形进行对数缩放处理。表 19.13 给出了 MATLAB 中的对数缩放命令。

表 19.13　　　　　　　　　　　MATLAB 中的对数缩放命令

命令	描述
loglog	x 轴和 y 轴均采用对数刻度
semilogx	x 轴为对数刻度，y 轴保持线性刻度
semilogy	y 轴为对数刻度，x 轴保持线性刻度

MATLAB 可以绘制特殊图形，相关命令如表 19.14 所示。

表 19.14　　　　　　　　　　MATLAB 中绘制特殊图形的命令

命令	描述
bar(x, y)	纵向柱状图
barh(x, y)	横向柱状图
stairs(x, y)	阶梯图
stem(x, y)	茎叶图
pie(x)	饼图
hist(y)	直方图
polar(x, y)	极线图

例如：

```
>> t=[0:pi/50:2*pi];
>> r=2+5*cos(t);
>> stem(t,r,'r.')
```

绘制结果如图 19.9 所示。

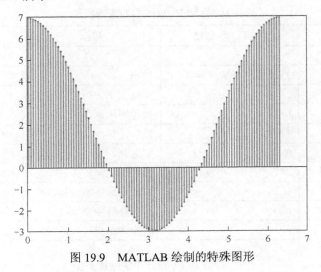

图 19.9　MATLAB 绘制的特殊图形

19.3.4　符号计算

MATLAB 是一个强大的编程和计算工具。然而，基本的 MATLAB 就像在计算器中只使用数字，而大多数计算器和基本的 MATLAB 缺乏处理不含数字的数学表达式的能力。MATLAB 其实可以处理和解决符号表达式，这样我们就可以使用数学符号而不是数字进行计算。这个过程被称为符号数学（symbolic math）。

符号化简并不总是那么直截了当，又因为符号表达式最简表示的意义无法清晰定义，所以并没有通用的化简函数。MATLAB 使用 sym 或 syms 命令将变量声明为符号变量。然后，既可以在表达式中使用符号变量，也可以在许多函数中将符号变量作为参数使用。例如，要将三角函数展开，可以使用 expand 函数。

```
>> syms x y;                          % 创建符号变量 x 和 y
>> x = sym('x'); y = sym('y');        % 这条语句与上一条语句在效果上等价
>> expand (cos(x+y))
ans =
cos(x)*cos(y) - sin(x)*sin(y)
```

你可以用 subs 命令将符号变量替换为具体的数值，也可以用一个符号变量替换另一个符号变量。例如：

```
>> syms x;
>> f=2*x^3-5*x+2;
>> subs(f,2)
ans =
8

>> simplify (sin(x)^2 + cos(x)^2)         % 符号化简
ans =
    1
```

19.3.5 Python 用户如何使用 MATLAB

表 19.15 和表 19.16 分别给出了 MATLAB 和 Python 中的常规操作及数据类型。

表 19.15　　MATLAB 和 Python 中的常规操作

Python 语法	MATLAB 语法	目标	MATLAB 示例
#	%	注释	% hi
print	直接使用变量或常数	输出	x
/	…	延续到下一行	x =1+…2;
os	!	操作系统命令	! echo hello
+－*／	+－*／	数学运算	x=1+2
**	^	幂运算	x=y^3
*/**	.*／.^	元素级运算	x=[1 2].*[4 5]
not、and、or	~ & |	逻辑运算符非、与、或	if x<3 & x>3
del	clear	从内存清除变量	clear x y
clear	clc	清除命令窗口	clc

表 19.16　　MATLAB 和 Python 中的数据类型

Python	MATLAB
float	double、singl
complex	complex single、complex double

续表

Python	MATLAB
int	(u)int8、(u)int16、(u)int32、(u)int64
float(nan)	NaN
float(inf)	inf
str	str、char
bool	logical
dict	struct
list、tuple	cell
panda.dataframe	table

讨论题

1．Prolog 是什么？它和其他编程语言相比有什么不同？

2．如何区分 Prolog 程序和简单的英文句子？

3．给出事实和规则的定义。

4．给出 Prolog 中规则类型的个数并加以解释。

5．在 Prolog 中构建模块时用的是什么记号？

6．Prolog 如何满足目标？

7．使用结构体编写一段 Prolog 程序。

8．使用列表编写一段 Prolog 程序。

9．为 Prolog 定义一个数据结构。

10．用 Prolog 写一段执行算术运算的程序。

11．比较 Python 和 MATLAB 中的常规操作。

12．比较 Python 和 MATLAB 中的数据类型。

编程题

1．如果史蒂夫觉得饿，他就会吃得很快。如果他吃得很快，他就会胃疼。如果胃疼，他就会吃药。现在，史蒂夫感觉饿了。给定上述事实，你能推出关于史蒂夫吃药的什么结论？他到底应该吃药还是不吃药？上述论点是一个连锁推理的结果，也可以看成一系列三段论演绎推理的结果。这个例子非常简单！显然，史蒂夫应该吃药。请利用 Prolog 给出上述结果。

2．亚当在和莎拉约会，并且他正在考虑是否必须离开这里去度假。亚当同时还在和伊丽莎白约会。如果他同时和两个女孩约会，那么莎拉肯定会知道。如果莎拉和苏珊知道亚当在和她们同时约会，那么亚当就百口莫辩了。如果亚当要休假，那么他必须离开这里。请问，亚当必须离开这里吗？你觉得呢？请使用 Prolog 推导出结果。

3．使用 Prolog 分别对如下两个算式进行求解：

$4 + 5 \times 10$

$(4 + 5) \times 10$

4．对 Python 中的 argmax 函数进行修改，可通过一个指定的选项来确定最终返回的最大元素的下标，通过这个下标可以指定在多个最大元素中，函数返回的是第一个元素、最后一个元素还是一个随机值。如果想要第一个或最后一个元素的下标，则不需要保存所有最大元素的列表。

5. 给出以下每个表达式的计算结果，确保计算结果的形式对于其类型（int、long int 或 float）而言是正确的。如果表达式不合法，请解释原因。

（a）`5.0 / 12.0 + 2.5 * 3`

（b）`20 % 2 + 9 / 3`

（c）`abs(6 - 18 / 5) ** 4`

（d）`sqrt(3.5 - 6.0) + 9 * 5`

（e）`5 * 12 / 5 + 15 % 4`

（f）`2L ** 4`

6. 请你给定一个 Python 表达式，要求它可以通过对 s1 和 s2 执行字符串操作来构造下面的每个结果。

（a）`"NI"`

（b）`"ni!spamni!"`

（c）`["sp","m"]`

（d）`"spm"`

7. 使用 random 或 randrange 函数构造一个表达式，计算以下内容。

（a）0 ～15 的随机整数

（b）-0.2～0.6 的随机浮点数

8. 使用 ode23 或 ode45 函数，在给定的初始条件下，在区间$[t_0, t_f]$求解下列微分方程并绘制结果图。

（a）$u' + (1.3 + \sin 8t)u = 0, t_0 = 0, t_f = 7, u(t_0) = 1$

（b）$5u' + \dfrac{1}{1+t^2}u = \cos t, t_f = 4, u(t_0) = 1$

关键词

MATLAB

Prolog

Python

参考资料

[1] Biran A, and Breiner M. MATLAB for Engineers, Harlow, England: Addison-Wesley, 1995.

[2] Steven I G, and Brian G. Introduction to Modeling and Simulation with MATLAB and Python, Chapman and Hall/CRC, 2017.

[3] Stormy A. MATLAB: A Practical Introduction to Programming and Problem Solving, Butterwonh-Heinemann (Elsevier), 2016.

[4] Walter G, Martin J G, and Felix K. Scientific Computing—An Introduction using Maple and MATLAB, Springer International Publishing, 2014.

[5] Peter C N, Alex S, Dave A, Eric F J, Leonard R, Jason D, Aleatha P, and Michael R. Beginning Python, Wiley Pub, 2005.

[6] William F C, Christopher S M. Programming in Prolog. Berlin; New York: Springer-Verlag, 2003.